풍산자

필수유형

중학수학

1-1

구성과 특징

풍쌤비법으로 모든 유형을 대비하는 문제기본서!
풍산자 필수유형으로 수학 문제 앞에서 당당하게!

유형북

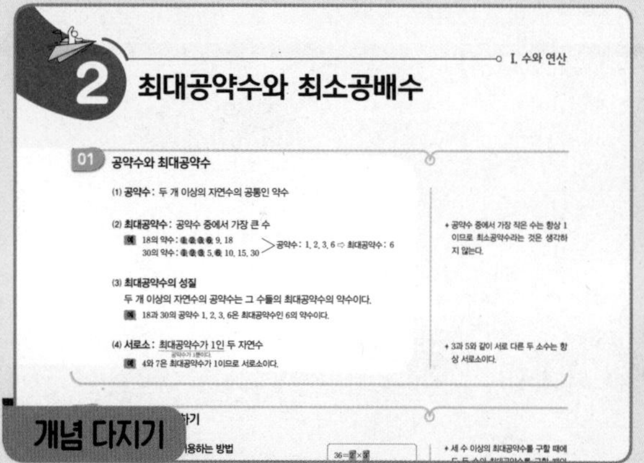

개념 다지기

- 각 중단원별로 개념을 정리하고, 예, 주의, 참고를 추가하여 개념의 이해가 쉽습니다.
- 흔들리지 않는 수학 실력을 만들어 줄 핵심 개념을 학습할 수 있습니다.

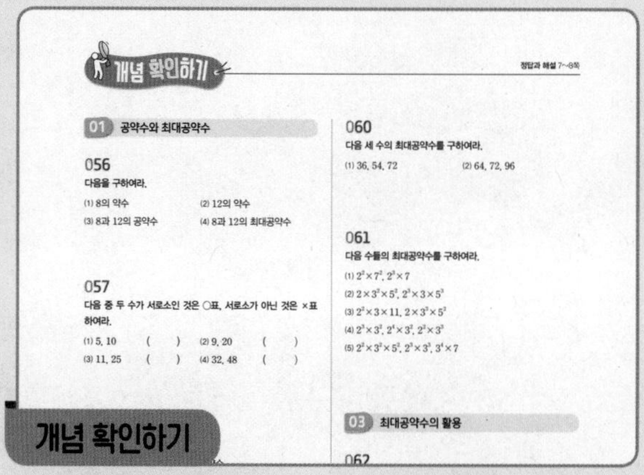

개념 확인하기

- 학습한 핵심 개념을 확인할 수 있도록 문제를 효율적으로 구성하였습니다.
- 개념 이해도를 점검할 수 있는 엄선된 문제들을 수록하였습니다.

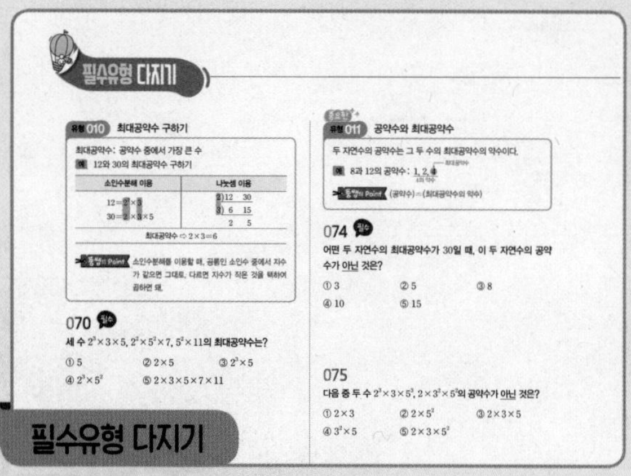

필수유형 다지기

- 꼭 풀어보아야 할 유형들을 분석하여 선정된 유형들과 체계적으로 선별된 문제들을 제시하였습니다.
- 각 유형의 문제들은 필수, 서술형, 창의 문제로 구분하여 체계적 학습이 가능합니다.
- 각 유형별 풍쌤의 Point를 제시하여 문제 해결력을 기를 수 있습니다.

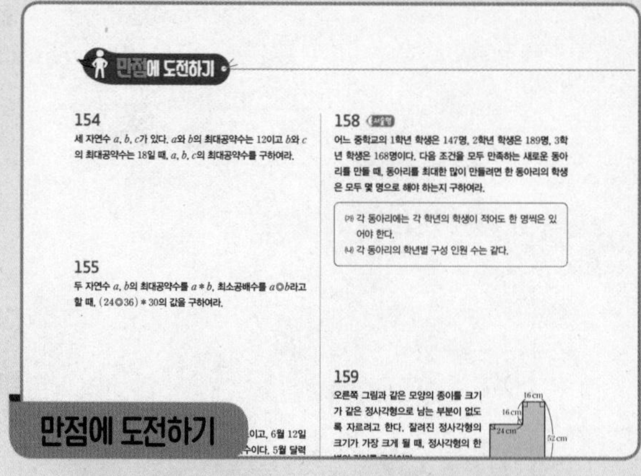

만점에 도전하기

- 학습한 유형을 종합하여 문제 해결력을 향상시킬 수 있는 문제들로 구성하였습니다.
- 각 중단원별로 엄선한 문제를 별도로 제공하여 학습 수준에 따른 나의 실력 점검과 심화 학습이 가능합니다.

실전북

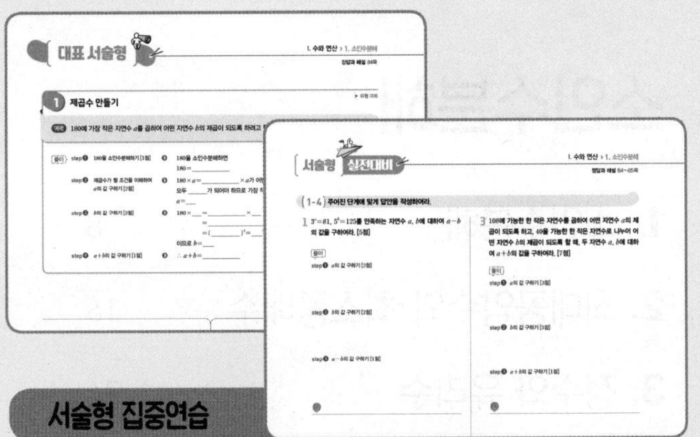

- 대표 서술유형과 서술형 실전대비로 서술형 문제 해결력을 탄탄히 기를 수 있습니다.

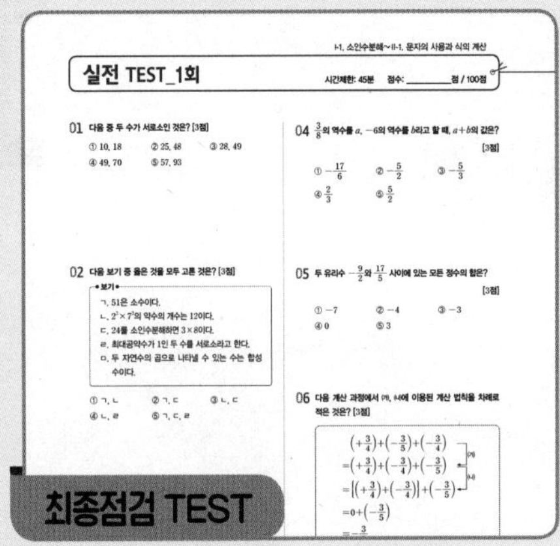

- 실전 TEST를 통해 자신의 실력을 점검을 할 수 있습니다.

정답과 해설

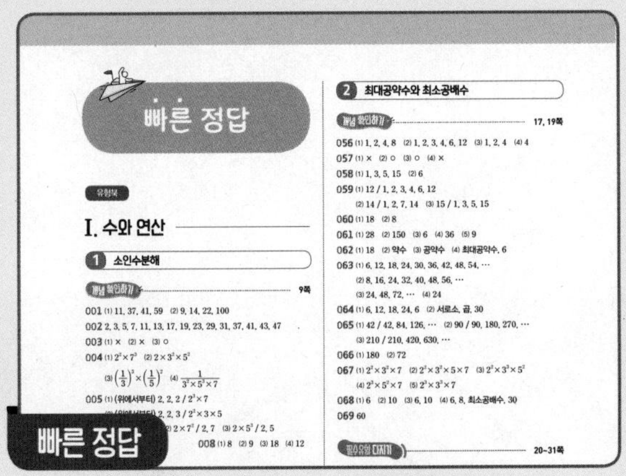

- 빠르고 간편하게 정답을 확인할 수 있습니다.

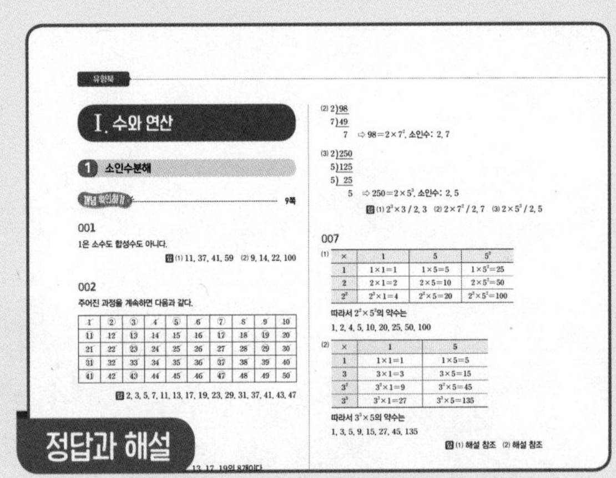

- 이해가 잘되는 꼼꼼하고 친절한 해설을 확인할 수 있습니다.

이 책의 차례

I. 소인수분해

Ⅱ. 문자와 식

Ⅲ. 좌표평면과 그래프

» 실전북이 책 속의 책으로 들어있어요.

열정은 사람에게 꿈을 꾸게 합니다.
계획을 세우게 만듭니다.
이루어내게 도와줍니다.

열정 없이는 아무리 위대한 비전, 거대한 꿈도 이루어낼 수 없습니다.
영혼의 불꽃처럼 안에서 타오르는 에너지,
그 무한대의 힘이 열정입니다.

소인수분해

1 소인수분해

01 소수와 합성수

(1) **소수**: 1보다 큰 자연수 중에서 약수가 1과 자기 자신뿐인 수
① 소수의 약수는 2개이다.
② 2는 소수 중에서 가장 작은 수이고, 유일한 짝수이다.

(2) **합성수**: 1보다 큰 자연수 중에서 소수가 아닌 수

✦ 2, 3, 5, 7, …은 소수(素數)이고 0.1, 3.14, …는 소수(小數)이다.

✦ 소수의 개수는 무한히 많다.

✦ 1은 소수도 아니고 합성수도 아니다.

02 소인수분해

(1) **거듭제곱**: 같은 수나 문자를 여러 번 곱할 때, 이것을 곱한 횟수를 이용하여 식을 간단히 나타내는 것
① 밑: 거듭제곱에서 곱하는 수나 문자
② 지수: 곱한 횟수를 나타내는 수

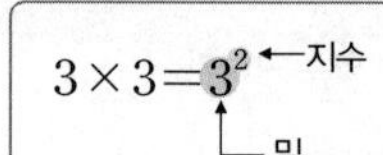

(2) **소인수분해**
① 인수: 자연수의 약수 예 18의 인수 : 1, 2, 3, 6, 9, 18
② 소인수: 인수 중 소수인 인수 예 18의 소인수 : 2, 3
③ 소인수분해: 1보다 큰 자연수를 소인수들만의 곱으로 나타내는 것
예 18의 소인수분해 : $18=2\times3^2$

✦ 소인수분해하여 나타낼 때에는
① 작은 소인수부터 차례대로 쓴다.
② 같은 소인수의 곱은 거듭제곱으로 나타낸다.

(3) **소인수분해하는 방법**: 몫이 소수가 될 때까지 나누어떨어지는 소수로 나누고, 나눈 소수들과 마지막 몫을 곱으로 나타낸다.

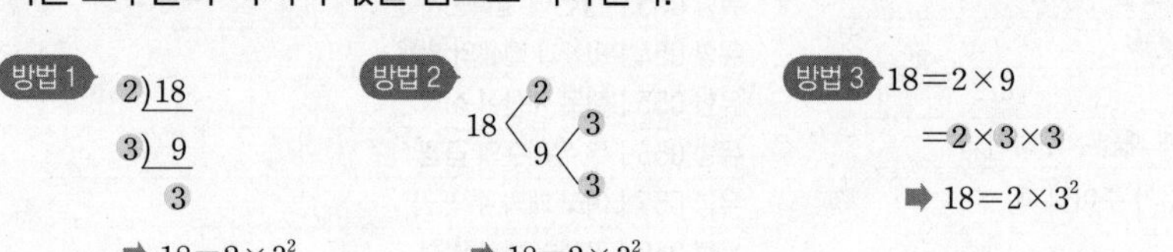

✦ 소인수분해하는 방법은 여러 가지이지만 곱하는 순서를 생각하지 않는다면 그 결과는 오직 한 가지뿐이다.

03 소인수분해를 이용하여 약수 구하기

자연수 A가

$$A=a^m\times b^n\ (a,\ b\text{는 서로 다른 소수, } m,\ n\text{은 자연수})$$

으로 소인수분해될 때

(1) **A의 약수**: (a^m의 약수)×(b^n의 약수)

(2) **A의 약수의 개수**: $(m+1)\times(n+1)$

✦ a^m의 약수: $1, a, a^2, \cdots, a^m$
b^n의 약수: $1, b, b^2, \cdots, b^n$

01 소수와 합성수

001

다음 수 중에서 소수와 합성수를 찾아라.

1, 9, 11, 14, 22, 37, 41, 59, 100

(1) 소수: ______________ (2) 합성수: ______________

002

1에서 50까지의 자연수 중에서 소수를 다음과 같은 방법으로 모두 찾아라.

❶ 1은 소수가 아니므로 지운다.

❷ 소수 2는 남기고, 2의 배수를 모두 지운다.

❸ 소수 3은 남기고, 3의 배수를 모두 지운다.

⋮

이와 같은 과정을 계속하면 소수만 남게 된다.

1	2	3	4	5	6	7	8	9	10
11	12	13	14	15	16	17	18	19	20
21	22	23	24	25	26	27	28	29	30
31	32	33	34	35	36	37	38	39	40
41	42	43	44	45	46	47	48	49	50

003

다음 중 옳은 것은 ○표, 옳지 않은 것은 ×표 하여라.

(1) 1은 소수이다. ( )

(2) 소수는 모두 홀수이다. ( )

(3) 20 이하의 소수는 8개이다. ( )

02 소인수분해

004

다음을 거듭제곱으로 나타내어라.

(1) $2\times2\times7\times7\times7$ (2) $2\times3\times5\times3\times5$

(3) $\frac{1}{3}\times\frac{1}{3}\times\frac{1}{5}\times\frac{1}{3}\times\frac{1}{5}$ (4) $\frac{1}{3\times3\times7\times5\times5\times5}$

005

다음은 소인수분해하는 과정이다. □ 안에 알맞은 수를 써넣고, 각 수를 소인수분해하여 나타내어라.

(1)

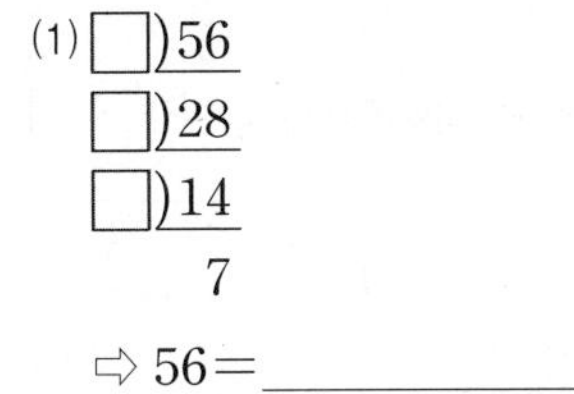

⇨ 56=______________

(2)

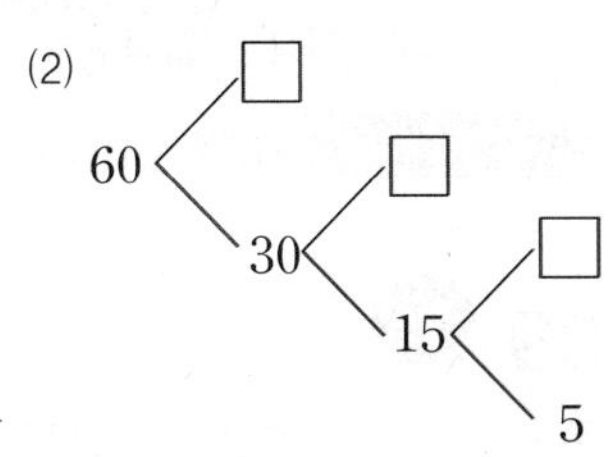

⇨ 60=______________

006

다음 수를 소인수분해하고, 소인수를 모두 구하여라.

(1) 24=______________, 소인수: ______________

(2) 98=______________, 소인수: ______________

(3) 250=______________, 소인수: ______________

03 소인수분해를 이용하여 약수 구하기

007

다음 표의 빈칸에 알맞은 수를 써넣고, 이를 이용하여 주어진 수의 약수를 모두 구하여라.

(1) $2^2\times5^2$

×	1	5	5^2
1			
2			
2^2			

(2) $3^3\times5$

×	1	5
1		
3		
3^2		
3^3		

008

다음 수의 약수의 개수를 구하여라.

(1) 2^7 (2) $3^2\times7^2$

(3) $2\times3^2\times5^2$ (4) 160

유형 001 소수와 합성수

약수가
- 1개 ⇨ 1
- 2개 ⇨ 소수 (1과 자기 자신)
- 3개 이상 ⇨ 합성수

풍쌤의 Point 자연수는 1, 소수, 합성수로 이루어져 있어.

009 필수

다음 중 소수의 개수를 a, 합성수의 개수를 b라고 할 때, 자연수 a, b에 대하여 $a+b$의 값을 구하여라.

1, 5, 13, 18, 19, 22, 25, 39, 61

010

a는 약수가 2개인 10 이상 20 이하의 자연수일 때, a의 값이 될 수 있는 수의 개수는?

① 2 ② 3 ③ 4
④ 5 ⑤ 8

011

두 자리의 자연수 중에서 가장 큰 소수와 가장 작은 소수의 합은?

① 104 ② 106 ③ 108
④ 110 ⑤ 112

012 창의

$10=2+3+5$, $12=2+3+7$과 같이 어떤 자연수는 3개의 소수의 합으로 나타낼 수 있다. 20을 서로 다른 세 소수의 합으로 나타내어라.

유형 002 소수의 성질

(1) 2는 소수 중에서 유일한 짝수이다.
⇨ 2 이외의 소수는 모두 홀수이다.
(2) 2는 소수 중에서 가장 작은 수이다.
(3) 1은 소수도 합성수도 아니지만 모든 자연수의 약수이다.

풍쌤의 Point 2는 특별한 소수!

013 필수

다음 중 옳지 않은 것을 모두 고르면? (정답 2개)

① 모든 소수는 약수가 2개이다.
② 소수 중에서 짝수는 2뿐이다.
③ 약수가 3개인 수는 합성수이다.
④ 소수가 아닌 수는 약수가 3개 이상이다.
⑤ 모든 자연수는 소수들의 곱으로 나타낼 수 있다.

014

다음 보기 중 옳은 것을 모두 고른 것은?

보기
ㄱ. 가장 작은 소수는 2이다.
ㄴ. 두 소수의 곱은 합성수이다.
ㄷ. 두 소수의 합은 항상 짝수이다.
ㄹ. 3의 배수 중에서 소수는 1개뿐이다.
ㅁ. 30 이하의 소수는 12개이다.

① ㄱ, ㄴ, ㄷ ② ㄱ, ㄴ, ㄹ ③ ㄱ, ㄷ, ㄹ
④ ㄴ, ㄷ, ㅁ ⑤ ㄴ, ㄷ, ㄹ

015

다음 대화에서 바르게 말한 학생을 모두 골라라.

민경: 두 소수의 합은 합성수야.
도현: 모든 자연수는 소수이거나 합성수야.
진혁: 합성수와 소수의 곱은 합성수야.
가윤: 모든 합성수는 소수들의 곱으로 나타낼 수 있어.

유형 003 거듭제곱

(1) $\underbrace{a\times a\times\cdots\times a}_{n\text{개}}=a^{n}$ ← 지수, a ← 밑

(2) $\underbrace{a\times a\times\cdots\times a}_{m\text{개}}\times\underbrace{b\times b\times\cdots\times b}_{n\text{개}}=a^{m}\times b^{n}$

(3) $a^{1}=a$ ⇨ 지수 1은 생략하여 나타낸다.

풍쌤의 Point 같은 숫자나 문자를 여러 번 곱할 때, 곱한 횟수를 이용하여 식을 간단히 나타낼 수 있어.

016 필수

다음 중 옳은 것은?

① $2^{3}=6$ ② $5+5+5+5=5^{4}$

③ $7\times7\times7=3^{7}$ ④ $\frac{1}{4}\times\frac{1}{4}\times\frac{1}{4}=\frac{3}{4^{3}}$

⑤ $2\times2\times3\times3\times3\times7=2^{2}\times3^{3}\times7$

017 창의

한 장의 신문지를 반으로 접고 그것을 다시 반으로 접는다. 이와 같이 반으로 10번 접으면 신문지는 몇 겹이 되는가?

① 2^{8}겹 ② 2^{9}겹 ③ 2^{10}겹

④ 10^{2}겹 ⑤ 10^{10}겹

018 서술형

$2^{x}=128$, $3^{4}=y$를 만족하는 자연수 x, y에 대하여 $x+y$의 값을 구하여라.

019

3^{100}의 일의 자리의 숫자를 a, 3^{50}의 일의 자리의 숫자를 b라고 할 때, $a+b$의 값을 구하여라.

중요한 유형 004 소인수분해하기

소인수분해한 결과는

(1) 작은 소인수부터 차례대로 쓴다.

(2) 같은 소인수의 곱은 거듭제곱으로 나타낸다.

예 $12=2\times2\times3=2^{2}\times3$

풍쌤의 Point 수를 소수들만의 곱으로 나타내자.

020 필수

다음 중 소인수분해한 결과가 옳지 않은 것은?

① $40=2^{3}\times5$ ② $84=2^{2}\times3\times7$

③ $105=3\times5\times7$ ④ $120=2^{2}\times3^{2}\times5$

⑤ $140=2^{2}\times5\times7$

021

450을 소인수분해하면 $2^{a}\times3^{b}\times c^{2}$이다. 이때 자연수 a, b, c에 대하여 $a+b+c$의 값은?

① 4 ② 5 ③ 6

④ 7 ⑤ 8

022

176을 소인수분해하면 $a^{m}\times b^{n}$이다. 이때 자연수 a, b, m, n에 대하여 $a+b+m+n$의 값은? (단, a, b는 소수이고 $a<b$)

① 5 ② 8 ③ 10

④ 15 ⑤ 18

023

$1\times2\times3\times\cdots\times20$을 소인수분해하였을 때, 소인수 3의 지수를 구하여라.

중요한

유형 005 소인수 구하기

소인수: 어떤 자연수의 인수 중 소수인 인수

예 $36=2^2\times3^2$ ⇨ 36의 소인수: 2, 3

이때 소인수를 2^2, 3^2이라고 하지 않도록 주의하자.

풍쌤의 Point 소인수분해하였을 때, 밑이 되는 수가 소인수야.

024 필수

다음 중 240의 소인수를 모두 구한 것은?

① 1, 2, 5 ② 2, 3, 5
③ 1, 2, 3, 5 ④ 2^2, 3, 5
⑤ 2^4, 3, 5

025

90을 소인수분해하였을 때, 모든 소인수들의 합을 구하여라.

026

다음 중 2와 3을 모두 소인수로 갖는 것은?

① 45 ② 75 ③ 100
④ 125 ⑤ 144

027

다음 중 소인수가 나머지 넷과 다른 하나는?

① 48 ② 72 ③ 96
④ 128 ⑤ 192

어려운 ★★★

유형 006 제곱수 만들기

(1) 제곱수: 어떤 자연수의 제곱이 되는 수
⇨ 제곱수를 소인수분해하면 모든 소인수의 지수가 짝수이다.

(2) 제곱수 만들기: 주어진 수의 모든 소인수의 지수가 짝수가 되도록 적당한 수를 곱하거나 나눈다.

풍쌤의 Point 모든 소인수의 지수를 짝수로 만들어야 해!

028 필수

52에 자연수를 곱하여 어떤 자연수의 제곱이 되도록 할 때, 곱할 수 있는 가장 작은 자연수는?

① 2 ② 4 ③ 8
④ 13 ⑤ 26

029

168을 자연수로 나누어 어떤 자연수의 제곱이 되도록 할 때, 나눌 수 있는 가장 작은 자연수는?

① 2 ② 3 ③ 7
④ 21 ⑤ 42

030

45에 자연수 x를 곱하여 어떤 자연수의 제곱이 되도록 할 때, x가 될 수 있는 수 중에서 세 번째로 작은 수를 구하여라.

031 서술형

$96\times a=b^2$을 만족하는 가장 작은 자연수 a, b에 대하여 $a+b$의 값을 구하여라.

032

432를 자연수 x로 나누어 어떤 자연수의 제곱이 되도록 할 때, 다음 중 x의 값이 될 수 없는 것은?

① 3 ② 12 ③ 27
④ 72 ⑤ 108

033

540을 가능한 한 작은 자연수 a로 나누어 어떤 자연수 b의 제곱이 되도록 할 때, 자연수 a, b에 대하여 $a+b$의 값을 구하여라.

034

$2^3\times5\times7^2\times a$가 어떤 자연수의 제곱이 되도록 하는 두 자리의 자연수 a의 값의 합은?

① 10 ② 40 ③ 60
④ 100 ⑤ 140

035

288에 자연수 x를 곱하여 어떤 자연수의 제곱이면서 5의 배수가 되도록 할 때, 곱할 수 있는 가장 작은 자연수 x의 값을 구하여라.

중요한

유형 007 소인수분해를 이용하여 약수 구하기

자연수 A가 $a^m\times b^n$ (a, b는 서로 다른 소수, m, n은 자연수)으로 소인수분해될 때, A의 약수는

$$(\underbrace{a^m\text{의 약수}}_{1,\ a,\ a^2,\ \cdots,\ a^m})\times(\underbrace{b^n\text{의 약수}}_{1,\ b,\ b^2,\ \cdots,\ b^n})$$

풍쌤의 Point 소인수분해를 이용하면 약수를 빠뜨리지 않고 구할 수 있어.

036 필수

소인수분해를 이용하여 189의 약수를 모두 구하여라.

037

다음 중 225의 약수가 아닌 것은?

① 3×5 ② 3×5^2 ③ $3^2\times5$
④ $3^2\times5^2$ ⑤ $3^3\times5$

038

자연수 $A=2^2\times3^3\times5$일 때, A의 약수 중에서 홀수인 것의 개수는?

① 3 ② 4 ③ 8
④ 9 ⑤ 12

039 서술형

소인수분해를 이용하여 720의 약수 중에서 어떤 자연수의 제곱이 되는 수를 모두 구하여라.

중요한

유형 008 약수의 개수 구하기

자연수 A가 $a^m \times b^n$ (a, b는 서로 다른 소수, m, n은 자연수)으로 소인수분해될 때, A의 약수의 개수는

$$\underbrace{(m+1)}_{a^m\text{의 약수의 개수}} \times \underbrace{(n+1)}_{b^n\text{의 약수의 개수}}$$

풍쌤의 Point 약수의 개수를 구하는 문제는 소인수분해를 떠올리자.

040 필수

다음 중 약수의 개수가 가장 적은 것은?

① 90 ② 120 ③ 180
④ 196 ⑤ 250

041

다음 중 약수의 개수가 나머지 넷과 다른 하나는?

① 2^{12} ② $2^3 \times 3^2$ ③ 11^{11}
④ $2^5 \times 3$ ⑤ $2 \times 3 \times 5^2$

042 서술형

분수 $\frac{675}{n}$를 자연수가 되게 하는 자연수 n의 개수를 구하여라.

043

두 자리의 자연수 중에서 약수의 개수가 홀수인 것의 개수를 구하여라.

유형 009 약수의 개수가 주어질 때 미지수 구하기

예 $2^2 \times 3^x$의 약수의 개수가 6이면
$(2+1) \times (x+1) = 6$, $x+1=2$ $\therefore x=1$

풍쌤의 Point 어떤 수의 소인수의 지수가 미지수일 때, 약수의 개수를 알면 미지수를 구할 수 있어.

044 필수

$2^2 \times \square$의 약수의 개수가 9일 때, 다음 중 $\square$ 안에 들어갈 수 없는 수는?

① 4 ② 9 ③ 25
④ 49 ⑤ 121

045

$32 \times 3^n \times 5$의 약수의 개수가 72일 때, 자연수 n의 값은?

① 4 ② 5 ③ 7
④ 8 ⑤ 10

046 서술형

360의 약수의 개수와 $3 \times 4 \times 5^n$의 약수의 개수가 같을 때, n의 값을 구하여라.

047

$16 \times \square$의 약수의 개수가 10일 때, $\square$ 안에 들어갈 수 있는 가장 작은 자연수를 구하여라.

048

$3^3\times\square$의 약수의 개수와 540의 약수의 개수가 같을 때, 다음 중 $\square$ 안에 들어갈 수 없는 수는?

① 28 ② 32 ③ 45
④ 50 ⑤ 98

049

어떤 자연수 x를 소인수분해한 결과가 $x=a^m\times b^n\ (a<b)$일 때, $N(x)=(m, n)$이라고 하자. 예를 들어 28은 $28=2^2\times 7$이므로 $N(28)=(2, 1)$로 나타낸다. 이때 $N(x)=(3, 2)$가 되는 가장 작은 x의 값을 구하여라.

050

오른쪽 그림과 같이 3, 5, 7을 두 번씩 사용하여 여섯 개의 면에 각각 숫자 한 개씩을 새긴 주사위가 있다. 다음 중 이 주사위를 여러 번 던져서 나오는 수의 곱으로 만들 수 있는 수는?

① 60 ② 72 ③ 140
④ 189 ⑤ 275

051

자연수 a의 약수의 개수를 $P(a)$와 같이 나타낼 때, $P(P(P(1400)))$의 값을 구하여라.

052

자연수 n을 소인수분해하였을 때, 소인수 3의 지수를 $<n>$이라고 하자. 예를 들어 $18=2\times 3^2$이므로 $<18>=2$이다. 이때 $<n>=3$이 되는 1000 이하의 자연수 n의 개수를 구하여라.

053 서술형

다음 식을 만족하는 가장 작은 자연수 a, b, c에 대하여 $a-b+c$의 값을 구하여라.

$$2\times a=3\times b=c^2$$

054

다음 조건을 모두 만족하는 두 자리의 자연수를 모두 구하여라.

(가) 11의 배수이다.
(나) 70의 소인수의 합과 이 수의 소인수의 합이 같다.

055

다음 수들의 합의 일의 자리의 숫자를 구하여라.

22^{40}	32^{50}	42^{60}	52^{70}	62^{80}
23^{41}	33^{51}	43^{61}	53^{71}	63^{81}

2 최대공약수와 최소공배수

01 공약수와 최대공약수

(1) **공약수** : 두 개 이상의 자연수의 공통인 약수

(2) **최대공약수** : 공약수 중에서 가장 큰 수

예 18의 약수 : 1, 2, 3, 6, 9, 18
30의 약수 : 1, 2, 3, 5, 6, 10, 15, 30
> 공약수 : 1, 2, 3, 6 ⇨ 최대공약수 : 6

✦ 공약수 중에서 가장 작은 수는 항상 1이므로 최소공약수라는 것은 생각하지 않는다.

(3) **최대공약수의 성질**

두 개 이상의 자연수의 공약수는 그 수들의 최대공약수의 약수이다.

예 18과 30의 공약수 1, 2, 3, 6은 최대공약수인 6의 약수이다.

(4) **서로소** : 최대공약수가 1인 두 자연수 (공약수가 1뿐이다.)

예 4와 7은 최대공약수가 1이므로 서로소이다.

✦ 3과 5와 같이 서로 다른 두 소수는 항상 서로소이다.

02 최대공약수 구하기

(1) **소인수분해를 이용하는 방법**

① 각 수를 소인수분해한다.

② 공통인 소인수 중에서 지수가 같으면 그대로, 다르면 지수가 작은 것을 택하여 곱한다.

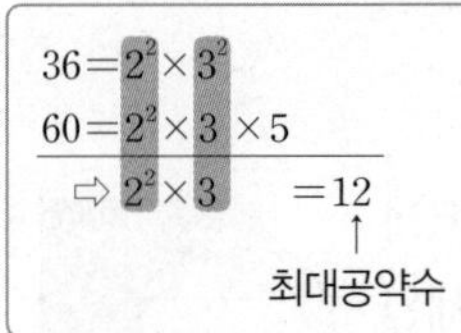

$36=2^2\times3^2$
$60=2^2\times3\times5$
⇨ $2^2\times3=12$ (최대공약수)

(2) **나눗셈을 이용하는 방법**

① 1이 아닌 공약수로 각 수를 나눈다.

② 몫이 서로소가 될 때까지 두 수의 공약수로 각 수를 나눈다.

③ 나눈 공약수를 모두 곱한다.

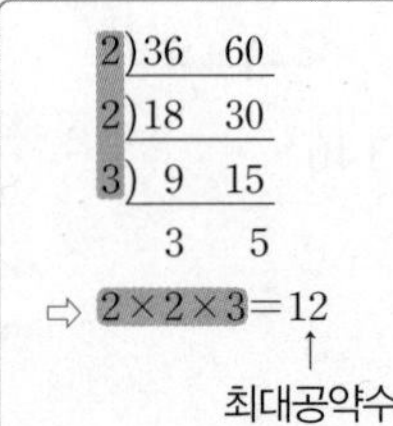

2) 36 60
2) 18 30
3) 9 15
3 5
⇨ $2\times2\times3=12$ (최대공약수)

✦ 세 수 이상의 최대공약수를 구할 때에도 두 수의 최대공약수를 구할 때와 같은 방법으로 구한다.

✦ 나눗셈을 이용하여 최대공약수를 구할 때에는 반드시 모든 수의 공통인 소인수로 나누어야 한다.

03 최대공약수의 활용

실생활 문제에서 '가장 큰', '가능한 한 많은', '되도록 많은', '최대한' 등의 표현이 있으면서 어떤 물건을 똑같이 나누어 주거나, 큰 것을 작게 나누는 경우의 문제는 대부분 최대공약수를 이용한다.

예 ① 어떤 물건을 가능한 한 많은 사람들에게 똑같이 나누어 주는 문제
② 직사각형을 되도록 큰 정사각형으로 채우는 문제
③ 직육면체를 가장 큰 정육면체로 채우는 문제
④ 두 수를 동시에 나누어떨어지게 하는 수 중에서 가장 큰 수를 구하는 문제

정답과 해설 7~8쪽

01 공약수와 최대공약수

056

다음을 구하여라.

(1) 8의 약수 (2) 12의 약수

(3) 8과 12의 공약수 (4) 8과 12의 최대공약수

057

다음 중 두 수가 서로소인 것은 ○표, 서로소가 아닌 것은 ×표 하여라.

(1) 5, 10 (   ) (2) 9, 20 (   )

(3) 11, 25 (   ) (4) 32, 48 (   )

058

다음을 구하여라.

(1) 최대공약수가 15인 두 수의 공약수

(2) 공약수가 6의 약수와 같은 두 수의 최대공약수

02 최대공약수 구하기

059

다음 두 수의 최대공약수를 구하고, 최대공약수를 이용하여 공약수를 구하여라.

(1) 24, 36

최대공약수: ________, 공약수: ________________

(2) 28, 42

최대공약수: ________, 공약수: ________________

(3) 30, 45

최대공약수: ________, 공약수: ________________

060

다음 세 수의 최대공약수를 구하여라.

(1) 36, 54, 72 (2) 64, 72, 96

061

다음 수들의 최대공약수를 구하여라.

(1) $2^2\times7^2$, $2^3\times7$

(2) $2\times3^2\times5^2$, $2^3\times3\times5^3$

(3) $2^2\times3\times11$, $2\times3^3\times5^2$

(4) $2^3\times3^2$, $2^4\times3^2$, $2^2\times3^3$

(5) $2^2\times3^2\times5^2$, $2^3\times3^3$, $3^4\times7$

03 최대공약수의 활용

062

윤호는 과일 가게를 운영하시는 아버지를 도와서 사과 18개와 귤 24개를 남김없이 가능한 한 많은 바구니에 똑같이 나누어 담으려고 한다. 필요한 바구니의 수를 다음과 같이 구할 때, □ 안에 알맞은 수나 말을 써넣어라.

(1) 사과 18개를 남김없이 똑같이 나누어 담으려면 바구니의 수는 □의 약수이어야 한다.

(2) 귤 24개를 남김없이 똑같이 나누어 담으려면 바구니의 수는 24의 □이어야 한다.

(3) (1), (2)에 의하여 사과 18개와 귤 24개를 남김없이 똑같이 나누어 담으려면 바구니의 수는 18과 24의 □이어야 한다.

(4) 사과와 귤을 가능한 한 많은 바구니에 똑같이 나누어 담으려면 (3)에서 구한 바구니의 수 중에서 가장 큰 수를 구하면 된다. 따라서 구하는 바구니의 수는 18과 24의 □인 □이다.

04 공배수와 최소공배수

(1) **공배수** : 두 개 이상의 자연수의 공통인 배수

(2) **최소공배수** : 공배수 중에서 가장 작은 수

예 6의 배수 : 6, 12, 18, 24, 30, 36, ⋯
9의 배수 : 9, 18, 27, 36, ⋯
> 공배수 : 18, 36, ⋯ ⇨ 최소공배수 : 18

+ 두 수의 공배수는 무수히 많이 존재하므로 가장 큰 공배수는 알 수가 없다. 따라서 최대공배수라는 것은 생각하지 않는다.

(3) **최소공배수의 성질**

두 개 이상의 자연수의 공배수는 그 수들의 최소공배수의 배수이다.

예 6과 9의 공배수 18, 36, ⋯은 최소공배수인 18의 배수이다.

+ 두 자연수가 서로소일 때, (두 수의 최소공배수)=(두 수의 곱)

05 최소공배수 구하기

(1) **소인수분해를 이용하는 방법**

① 각 수를 소인수분해한다.

② 공통인 소인수 중에서 지수가 같으면 그대로, 다르면 지수가 큰 것을 택하고, 공통이 아닌 소인수는 모두 택하여 곱한다.

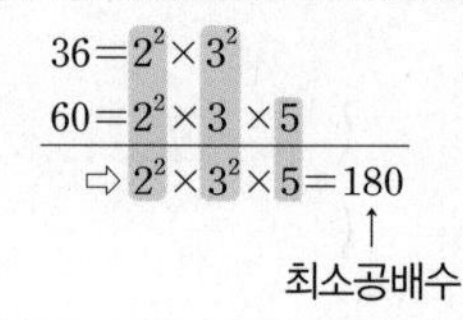
$36=2^2\times3^2$
$60=2^2\times3\times5$
⇨ $2^2\times3^2\times5=180$
최소공배수

(2) **나눗셈을 이용하는 방법**

① 1이 아닌 공약수로 각 수를 나눈다.

② 몫이 서로소가 될 때까지 두 수의 공약수로 각 수를 나눈다.

③ 나눈 공약수와 몫을 모두 곱한다.

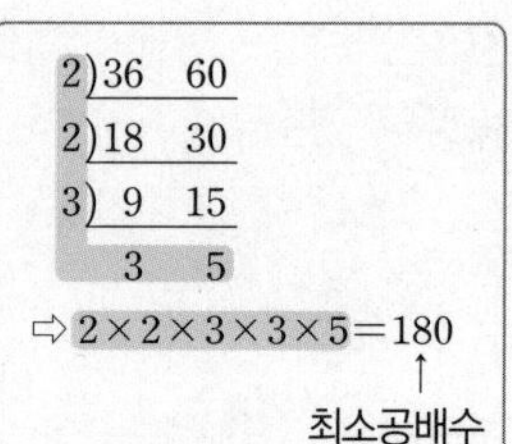
2) 36 60
2) 18 30
3) 9 15
3 5
⇨ $2\times2\times3\times3\times5=180$
최소공배수

+ 세 수의 최소공배수를 구할 때, 세 수의 공약수가 없으면 두 수의 공약수로 나누고, 공약수가 없는 수는 그대로 내려 쓴다.

예 3) 12 15 18
2) 4 5 6
2 5 3

최소공배수 : $3\times2\times2\times5\times3$
$=180$

06 최소공배수의 활용

실생활 문제에서 '가장 작은', '되도록 적은', '처음으로 다시 만나는', '동시에' 등의 표현이 있는 문제는 대부분 최소공배수를 이용한다.

예 ① 동시에 출발한 두 버스 또는 두 사람이 출발 지점에서 처음으로 다시 만나는 시각을 구하는 문제
② 서로 다른 두 톱니바퀴가 처음으로 다시 맞물릴 때까지의 회전 수를 구하는 문제
③ 직육면체를 쌓아서 되도록 작은 정육면체를 만드는 문제
④ 여러 개의 자연수 중 어느 것으로 나누어도, 나머지가 같은 가장 작은 수를 구하는 문제

07 최대공약수와 최소공배수의 관계

두 자연수 A, B의 최대공약수가 G이고 최소공배수가 L일 때,

① $A=a\times G$, $B=b\times G$ (a, b는 서로소)

② $L=a\times b\times G$

③ $A\times B=L\times G$
(두 수의 곱)=(최소공배수)×(최대공약수)

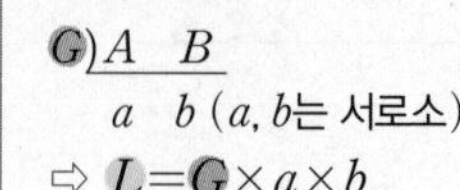
G) A B
a b (a, b는 서로소)
⇨ $L=G\times a\times b$

+ $A\times B=(a\times G)\times(b\times G)$
$=(a\times b\times G)\times G$
$=L\times G$

정답과 해설 8쪽

04 공배수와 최소공배수

063
다음을 구하여라.

(1) 6의 배수　　(2) 8의 배수

(3) 6과 8의 공배수　　(4) 6과 8의 최소공배수

064
다음 □ 안에 알맞은 수나 말을 써넣어라.

(1) 2와 3의 공배수 □, □, □, □, …는 2와 3의 최소공배수인 □의 배수와 같다.

(2) 5와 6은 □이므로 두 수의 최소공배수는 5와 6의 □인 □과 같다.

05 최소공배수 구하기

065
다음 두 수의 최소공배수를 구하고, 최소공배수를 이용하여 공배수를 구하여라.

(1) 14, 21

최소공배수: ________, 공배수: ________________

(2) 18, 30

최소공배수: ________, 공배수: ________________

(3) 30, 42

최소공배수: ________, 공배수: ________________

066
다음 세 수의 최소공배수를 구하여라.

(1) 9, 12, 15　　(2) 18, 24, 36

067
다음 수들의 최소공배수를 소인수의 곱으로 나타내어라.

(1) $2^2\times3^2$, $2\times3^2\times7$

(2) $2^2\times3\times5$, $2\times3^2\times5\times7$

(3) $2^2\times3^2\times5$, $2\times3^3\times5^2$

(4) 2×5^2, 5×7, $2^3\times5$

(5) $2^3\times3^2$, $2^2\times3^3$, $2\times3^2\times7$

06 최소공배수의 활용

068
운동장 한 바퀴를 일정한 속력으로 걷는 데 진수는 6분이 걸리고, 희수는 10분이 걸린다. 두 사람이 동시에 같은 곳에서 출발하여 같은 방향으로 걸을 때, 두 사람이 출발한 곳에서 처음으로 다시 만나는 것은 몇 분 후인지 구하려고 한다. □ 안에 알맞은 수나 말을 써넣어라.

(1) 진수가 출발한 곳으로 돌아오는 데 걸리는 시간은 □의 배수이다.

(2) 희수가 출발한 곳으로 돌아오는 데 걸리는 시간은 □의 배수이다.

(3) (1), (2)에 의하여 두 사람이 동시에 출발한 곳에서 다시 만나는 데 걸리는 시간은 □과 □의 공배수이다.

(4) 두 사람이 처음으로 다시 만나는 데 걸리는 시간은 (3)에서 구한 수 중에서 가장 작은 수를 구하면 된다.

따라서 두 사람이 출발한 곳에서 처음으로 다시 만나는 시간은 □과 □의 □인 □분 후이다.

07 최대공약수와 최소공배수의 관계

069
두 자연수의 곱이 300이고 최대공약수가 5일 때, 이 두 자연수의 최소공배수를 구하여라.

유형 010 최대공약수 구하기

최대공약수: 공약수 중에서 가장 큰 수

예 12와 30의 최대공약수 구하기

소인수분해 이용	나눗셈 이용
$12=2^2\times3$ $30=2\times3\times5$	2) 12 30 3) 6 15 2 5
최대공약수 ⇨ $2\times3=6$	

풍쌤의 Point 소인수분해를 이용할 때, 공통인 소인수 중에서 지수가 같으면 그대로, 다르면 지수가 작은 것을 택하여 곱하면 돼.

070 필수

세 수 $2^3\times3\times5$, $2^2\times5^2\times7$, $5^2\times11$의 최대공약수는?

① 5 ② 2×5 ③ $2^3\times5$
④ $2^3\times5^2$ ⑤ $2\times3\times5\times7\times11$

071

두 수 80, 96의 최대공약수를 구하여라.

072

두 수 $2^3\times3\times5^2$, $2\times5^3\times7$의 최대공약수는?

① 2×5 ② 2×5^2 ③ $2^3\times5^3$
④ $2\times3\times5\times7$ ⑤ $2^3\times3\times5^3\times7$

073

다음 중 최대공약수가 나머지 넷과 다른 하나는?

① 18, 42 ② 12, 30, 48
③ $2^2\times3$, 2×3^2 ④ $2^2\times3\times7$, $2^3\times3^2\times5$
⑤ $2\times3\times7$, $2^2\times3\times5$, $2^2\times3\times7$

중요한 유형 011 공약수와 최대공약수

두 자연수의 공약수는 그 두 수의 최대공약수의 약수이다.

예 8과 12의 공약수: 1, 2, 4 (4의 약수, 4: 최대공약수)

풍쌤의 Point (공약수)=(최대공약수의 약수)

074 필수

어떤 두 자연수의 최대공약수가 30일 때, 이 두 자연수의 공약수가 아닌 것은?

① 3 ② 5 ③ 8
④ 10 ⑤ 15

075

다음 중 두 수 $2^3\times3\times5^3$, $2\times3^2\times5^2$의 공약수가 아닌 것은?

① 2×3 ② 2×5^2 ③ $2\times3\times5$
④ $3^2\times5$ ⑤ $2\times3\times5^2$

076

다음 보기 중 세 수 48, 120, 144의 공약수인 것을 모두 고른 것은?

보기
ㄱ. 3^2 ㄴ. 2^3 ㄷ. 2×3
ㄹ. $2^2\times5$ ㅁ. $2^3\times3$ ㅂ. $2\times3\times5$

① ㄱ, ㄴ, ㄷ ② ㄱ, ㄴ, ㄹ ③ ㄴ, ㄷ, ㅁ
④ ㄴ, ㅁ, ㅂ ⑤ ㄷ, ㄹ, ㅁ

077

두 수 $2\times5^3\times7$, $3\times5^2\times7^2$의 공약수의 개수를 구하여라.

유형 012 서로소

서로소: 최대공약수가 1인 두 자연수

풍쌤의 Point (1) 공약수가 1뿐인 두 자연수는 서로소야.
(2) 서로 다른 두 소수는 항상 서로소야.

078 필수

다음 중 두 수가 서로소인 것은?

① 9, 27　② 12, 18　③ 24, 82
④ 33, 56　⑤ 70, 135

079

20 이하의 두 자리의 자연수 중에서 12와 서로소인 수의 개수는?

① 2　② 3　③ 4
④ 5　⑤ 6

080

다음 조건을 모두 만족하는 자연수를 구하여라.

(가) 약수가 1과 자기 자신뿐이다.
(나) 10 이상 15 이하의 수이다.
(다) 26과 서로소이다.

081 서술형

두 자연수 a, b에 대하여 $a◎b$를 a와 b의 최대공약수라고 할 때, $6◎m=1$을 만족하는 10보다 작은 자연수 m의 개수를 구하여라.

어려운 ★★★

유형 013 최대공약수가 주어질 때 자연수 구하기

풍쌤의 Point 두 수를 최대공약수로 나눈 몫은 서로소야.

$G\,)\,A\quad B$
최대공약수 $a\quad b$
서로소

082 필수

두 자연수 $6\times n$, $8\times n$의 최대공약수가 28일 때, 자연수 n의 값은?

① 11　② 12　③ 13
④ 14　⑤ 15

083

두 자연수 24, $52\times\square$의 최대공약수가 12일 때, □ 안에 들어갈 수 있는 수 중에서 가장 작은 수를 구하여라.

084

100보다 큰 자연수 A와 70의 최대공약수가 14이다. 이러한 자연수 A 중에서 가장 작은 것은?

① 104　② 110　③ 112
④ 120　⑤ 126

085

100보다 작은 자연수 a에 대하여 a와 36의 최대공약수가 18일 때, a의 값을 모두 구하여라.

유형 014 최대공약수의 활용(1)–똑같이 나누어 주는 문제

> 풍쌤의 Point 가능한 한 많은(최대) ○○들에게 똑같이 나누어(공약수) 주는 문제
> ⇨ 최대공약수 이용

086 필수

공책 32권과 연필 28자루를 남김없이 가능한 한 많은 학생들에게 똑같이 나누어 주려고 한다. 이때 몇 명의 학생에게 나누어 줄 수 있는지 구하여라.

087

돌고래 조련사가 꽁치 60마리와 고등어 78마리를 남김없이 가능한 한 많은 돌고래에게 똑같이 나누어 주려고 한다. 이때 몇 마리의 돌고래에게 나누어 줄 수 있는가?

① 2마리 ② 3마리 ③ 4마리
④ 5마리 ⑤ 6마리

088

75개의 빨간색 공과 105개의 파란색 공을 남김없이 가능한 한 많은 주머니에 똑같이 나누어 담으려고 한다. 이때 한 개의 주머니에 들어가는 빨간색 공과 파란색 공은 모두 몇 개인가?

① 5개 ② 7개 ③ 10개
④ 12개 ⑤ 15개

089

어느 합창단의 지휘자가 소프라노 54명, 알토 36명, 베이스 90명을 남는 사람 없이 몇 개의 팀으로 편성하는데 각 팀에 들어가는 파트별 단원의 수가 같게 하려고 한다. 이때 편성할 수 있는 가장 많은 팀은 몇 팀인지 구하여라.

090

오른쪽 표에 있는 청소 도구를 남김없이 가능한 한 여러 학급에 똑같이 나누어 주려고 한다. 이때 몇 학급에 나누어 줄 수 있는가?

빗자루	48개
쓰레받기	32개
대걸레	24개

① 2학급 ② 4학급 ③ 6학급
④ 8학급 ⑤ 12학급

091 서술형

여학생 126명과 남학생 168명을 남녀 학생이 섞이지 않도록 모둠을 짜려고 하는데 각 모둠의 학생 수는 같게 하려고 한다. 모둠의 수를 가능한 한 적게 하려고 할 때, 여학생과 남학생은 각각 몇 모둠인지 구하여라.

유형 015 최대공약수의 활용(2) – 직사각형, 직육면체를 나누거나 채우는 문제

풍쌤의 Point 직사각형을 가장 큰 정사각형으로, 직육면체를 가장 큰 정육면체로 채우는 문제
⇨ 최대공약수 이용

092 필수

가로의 길이가 120 cm, 세로의 길이가 96 cm인 직사각형 모양의 벽이 있다. 이 벽을 되도록 큰 같은 크기의 정사각형 모양의 타일을 사용하여 겹치지 않게 빈틈없이 붙이려고 할 때, 정사각형 모양의 타일의 한 변의 길이는?

① 12 cm ② 18 cm ③ 24 cm
④ 30 cm ⑤ 36 cm

093

오른쪽 그림과 같이 가로의 길이, 세로의 길이, 높이가 각각 112 cm, 84 cm, 56 cm인 직육면체 모양의 상자가 있다. 이 상자 안에 되도록 큰 같은 크기의 정육면체를 사용하여 빈틈없이 채우려고 할 때, 정육면체의 한 모서리의 길이는?
(단, 상자의 두께는 생각하지 않는다.)

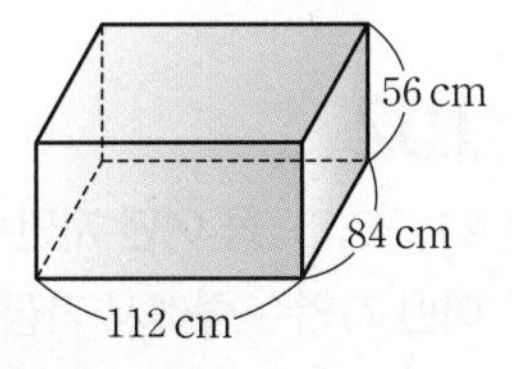

① 22 cm ② 24 cm ③ 26 cm
④ 28 cm ⑤ 30 cm

094

가로의 길이, 세로의 길이, 높이가 각각 96 cm, 64 cm, 48 cm인 직육면체 모양의 나무토막을 남는 부분없이 가능한 한 큰 같은 크기의 정육면체 모양으로 잘라서 주사위를 만들었을 때, 만들어진 주사위의 한 모서리의 길이를 구하여라.

095

가로의 길이가 54 cm, 세로의 길이가 126 cm인 직사각형 모양의 천을 남는 부분없이 가능한 한 큰 같은 크기의 정사각형 모양으로 잘라서 손수건을 만들었을 때, 만들어진 정사각형 모양의 손수건은 모두 몇 장인가?

① 18장 ② 21장 ③ 24장
④ 27장 ⑤ 30장

096 서술형

가로의 길이가 60 cm, 세로의 길이가 48 cm인 직사각형 모양의 탁자가 있다. 이 탁자를 가능한 한 큰 같은 크기의 정사각형 모양의 타일로 겹치지 않게 빈틈없이 채우려고 할 때, 필요한 타일은 모두 몇 장인지 구하여라.

097

같은 크기의 정육면체 모양의 벽돌을 빈틈없이 쌓아 오른쪽 그림과 같이 가로의 길이, 세로의 길이, 높이가 각각 42 cm, 18 cm, 36 cm인 직육면체를 만들려고 한다. 정육면체 모양의 벽돌의 크기를 최대로 할 때, 필요한 벽돌은 모두 몇 장인가?

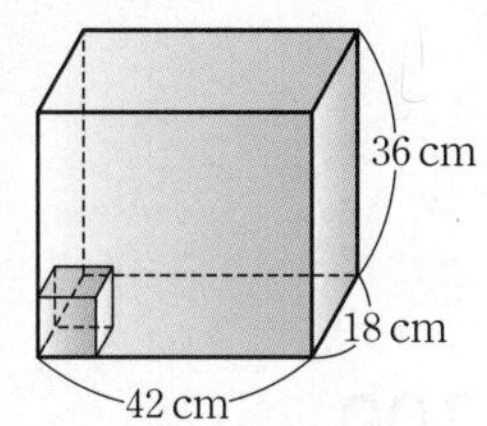

① 60장 ② 90장 ③ 108장
④ 126장 ⑤ 216장

유형 016 최대공약수의 활용(3) – 일정한 간격으로 놓을 때

풍쌤의 Point 일정한 간격으로 물건 사이의 간격이 최대가 되도록 물건을 놓는 문제
⇨ 최대공약수 이용

098 필수

가로의 길이가 108 m, 세로의 길이가 84 m인 직사각형 모양의 땅의 둘레에 일정한 간격으로 나무를 심으려고 한다. 네 모퉁이에는 반드시 나무를 심고, 나무의 수를 최소로 하려고 할 때, 다음을 구하여라.

(1) 나무 사이의 간격

(2) 필요한 나무의 수

099

가로의 길이가 480 m, 세로의 길이가 각각 300 m인 직사각형 모양의 땅의 둘레에 일정한 간격으로 표지판을 세우려고 한다. 네 모퉁이에는 반드시 표지판을 세운다고 할 때, 준비해야 할 표지판은 최소한 몇 개인가?

① 20개 ② 22개 ③ 24개
④ 26개 ⑤ 28개

100

세 변의 길이가 48 m, 60 m, 84 m인 삼각형 모양의 화단의 둘레에 일정한 간격으로 화분을 놓으려고 한다. 각 꼭짓점에는 반드시 화분을 둘 때, 화분의 수를 최소로 하기 위해서 화분 간격을 몇 m로 하면 되는지 구하여라.

유형 017 최대공약수의 활용(4) – 남거나 부족한 경우의 나눗셈 문제

x로 a를 나눌 때
① m이 남는 경우: x는 $(a-m)$의 약수이다.
② n이 부족한 경우: x는 $(a+n)$의 약수이다.

풍쌤의 Point 어떤 자연수로 a를 나누면 m이 남고, b를 나누면 n이 부족할 때, 어떤 자연수 중에서 가장 큰 수
⇨ 어떤 자연수는 $(a-m)$과 $(b+n)$의 최대공약수야.

101 필수

어떤 자연수로 70을 나누면 2가 부족하고, 110을 나누면 2가 남는다. 이러한 수 중에서 가장 큰 수를 구하여라.

102

21, 27, 33을 어떤 자연수로 나누었더니 나머지가 모두 3일 때, 어떤 자연수 중에서 가장 큰 수는?

① 4 ② 5 ③ 6
④ 9 ⑤ 11

103 서술형

55, 65, 85를 어떤 자연수로 나누었더니 나머지가 각각 7, 1, 5이었다. 어떤 수를 모두 구하여라.

104

어느 중학교에서 1학년 학생들을 위하여 생선전 970개, 호박전 650개를 만들었다. 이것을 각 학생마다 같은 개수로 나누어 주었더니 생선전과 호박전이 모두 10개씩 남았다고 한다. 이때 최대 학생 수는?

① 280 ② 300 ③ 320
④ 340 ⑤ 360

105

귤 51개, 연필 93자루, 빵 70개를 학생들에게 같은 개수로 나누어 주었더니 귤은 3개가 남고, 연필은 3자루가 부족하고, 빵은 2개가 부족하였다. 이때 최대 학생 수는?

① 15 ② 18 ③ 21
④ 24 ⑤ 28

106

희야는 친구들에게 빠짐없이 똑같이 초콜릿과 사탕을 나누어 주었다. 이때 65개의 초콜릿을 나누어 주었더니 5개가 남고, 88개의 사탕을 나누어 주었더니 4개가 남았다. 희야가 초콜릿과 사탕을 나누어 준 친구가 12명보다 적을 때, 나누어 준 친구의 수를 구하여라.

유형 018 두 분수가 자연수가 될 조건

두 분수 $\frac{A}{n}$, $\frac{B}{n}$가 모두 자연수가 되도록 하는 n의 값 구하기
(1) 자연수 n의 값: A, B의 공약수
(2) 가장 큰 자연수 n의 값: A, B의 최대공약수

풍쌤의 Point $\frac{b}{a}$가 자연수 ⇨ a는 b의 약수야.

107 필수

두 분수 $\frac{56}{n}$, $\frac{98}{n}$이 모두 자연수가 되도록 하는 자연수 n의 값 중에서 가장 큰 수를 구하여라.

108

두 분수 $\frac{48}{n}$, $\frac{64}{n}$가 모두 자연수가 되도록 하는 자연수 n의 개수는?

① 2 ② 3 ③ 5
④ 6 ⑤ 8

109 서술형

두 분수 $\frac{27}{n}$, $\frac{117}{n}$이 모두 자연수가 되도록 하는 모든 자연수 n의 값의 합을 구하여라.

유형 019 최소공배수 구하기

최소공배수: 공배수 중에서 가장 작은 수

예 12와 30의 최소공배수 구하기

소인수분해 이용	나눗셈 이용
$12=2^2\times3$ $30=2\times3\times5$	2) 12 30 3) 6 15 2 5
최소공배수 ⇨ $2^2\times3\times5=60$	

풍쌤의 Point 소인수분해를 이용할 때, 공통인 소인수 중에서 지수가 같으면 그대로, 다르면 지수가 큰 것을 택하여 곱하고, 공통이 아닌 소인수도 모두 곱하면 돼.

110 필수

세 수 $2^2\times3$, $2\times3^2\times5$, $2^2\times3\times7$의 최소공배수는?

① 210 ② 420 ③ 630 ④ 1260 ⑤ 1800

111

세 수 12, 20, 50의 최소공배수는?

① 2×3 ② 2×5 ③ $2^2\times5^2$ ④ $2^2\times3\times5^2$ ⑤ $2^2\times3^2\times5^2$

112

세 자연수 $2\times3^4\times5$, $2^2\times3^3\times7$, $2^3\times3^2\times5^2$의 최대공약수와 최소공배수를 차례대로 구하면?

① 2×3^2, $2^2\times3^3\times5\times7$
② 2×3^2, $2^3\times3^4\times5^2\times7$
③ $2\times3^2\times5$, $2^3\times3^4\times5^2\times7$
④ $2^2\times3^3\times5$, $2^3\times3^3\times5\times7$
⑤ $2^2\times3^2\times5^2$, $2^3\times3^4\times5\times7$

중요한

유형 020 공배수와 최소공배수

두 자연수의 공배수는 그 두 수의 최소공배수의 배수이다.

예 4와 6의 공배수: 12, 24, 36, ⋯ (12: 최소공배수, 12의 배수)

풍쌤의 Point (공배수)=(최소공배수의 배수)

113 필수

두 자연수 A, B의 최소공배수가 48일 때, A와 B의 공배수 중에서 200보다 작은 자연수의 개수는?

① 2 ② 3 ③ 4 ④ 5 ⑤ 6

114

두 자연수 A, B의 최소공배수가 12일 때, A와 B의 공배수 중에서 100에 가장 가까운 수를 구하여라.

115

800 이하의 자연수 중에서 두 수 $2^3\times5$, $2^2\times3\times5$의 공배수의 개수를 구하여라.

116

다음 중 두 수 $5^2\times7^2$, $5^3\times7$의 공배수가 아닌 것은?

① $5^2\times7^2$ ② $5^3\times7^4$ ③ $5^4\times7^4$ ④ $5^5\times7^3$ ⑤ $5^3\times7^2\times11$

유형 021 최소공배수가 주어질 때 자연수 구하기

두 수 $a\times x$, $b\times x$의 최소공배수가 L이다.
① x는 두 수의 공약수이다.
② a, b가 서로소이면, $L=x\times a\times b$

$$x\,\underline{)\,a\times x \quad b\times x}$$
$$\quad a \qquad b$$

풍쌤의 Point 미지수가 포함된 세 수의 최소공배수가 주어진 문제
⇨ 나눗셈 이용

117 필수

세 자연수 $4\times n$, $5\times n$, $6\times n$의 최소공배수가 180일 때, 자연수 n의 값은?

① 2 ② 3 ③ 5
④ 7 ⑤ 9

118

세 자연수 $9\times n$, $6\times n$, $15\times n$의 최소공배수가 180일 때, 이 세 자연수의 최대공약수를 구하여라.

119 서술형

세 자연수 $3\times n$, $6\times n$, $15\times n$의 최소공배수가 150일 때, 이 세 자연수의 공약수의 합을 구하여라.

120

세 자연수의 비가 $4:5:6$이고 최소공배수는 720일 때, 이 세 자연수의 합을 구하여라.

유형 022 최대공약수, 최소공배수가 주어질 때 미지수 구하기(1)

① 최대공약수는 공통인 소인수 중에서 지수가 같으면 그대로, 지수가 다르면 작은 것을 택하여 곱한다.
② 최소공배수는 공통인 소인수 중에서 지수가 같으면 그대로, 지수가 다르면 큰 것을 택하고, 공통이 아닌 소인수도 모두 곱하여 구한다.

풍쌤의 Point 주어진 수와 최대공약수, 최소공배수의 소인수의 지수를 비교하자.

121 필수

두 수 $2^a\times 5$, $2^2\times 5^b\times 7$의 최소공배수가 $2^3\times 5^2\times 7$일 때, 자연수 a, b에 대하여 $a+b$의 값은?

① 3 ② 4 ③ 5
④ 6 ⑤ 7

122

두 수 $2^4\times 3^a\times 5$, $2^b\times 3^2\times 7$의 최대공약수가 24일 때, 자연수 a, b에 대하여 $a+b$의 값을 구하여라.

123 서술형

두 수 $2^a\times 5\times 7$, $2^2\times 3^b\times 5$의 최대공약수가 $2^2\times c$이고, 최소공배수가 $2^3\times 3\times 5\times 7$일 때, 자연수 a, b, c에 대하여 $a+b+c$의 값을 구하여라.

124

세 수 $2^a\times 3^3\times 5$, $2^2\times 3^2\times 5^b$, $2^2\times 3^c\times 7^2$의 최대공약수가 $2^2\times 3$이고 최소공배수가 $2^3\times 3^3\times 5^4\times 7^d$일 때, 자연수 a, b, c, d에 대하여 $a+b+c+d$의 값을 구하여라.

유형 023 최대공약수, 최소공배수가 주어질 때 미지수 구하기(2)

A와 2×5의 최소공배수가 $2^3\times3\times5$이다.
⇨ ① A는 $2^3\times3$의 배수이다.
② A는 $2^3\times3\times5$의 약수이다.

풍쌤의 Point 주어진 수의 최소공배수를 나눗셈을 이용하여 풀기 어려울 때는 소인수분해를 이용해.

125 필수

두 수 $2^4\times5\times7$, $\square\times5^2$의 최소공배수가 $2^4\times5^2\times7$일 때, $\square$ 안에 들어갈 수 있는 자연수의 개수를 구하여라.

126

세 자연수 n, 35, 42의 최대공약수가 7이고 최소공배수가 420일 때, 가장 작은 자연수 n의 값을 구하여라.

127

세 자연수 4, n, 49의 최소공배수가 980일 때, 다음 중 n의 값이 될 수 없는 것을 모두 고르면? (정답 2개)

① 20 ② 40 ③ 50
④ 70 ⑤ 140

128

세 자연수 36, 54, A의 최대공약수가 18이고 최소공배수가 540일 때, 다음 중 A의 값이 될 수 없는 것은?

① 90 ② 180 ③ 240
④ 270 ⑤ 540

유형 024 최소공배수의 활용(1)-동시에 출발하는 문제

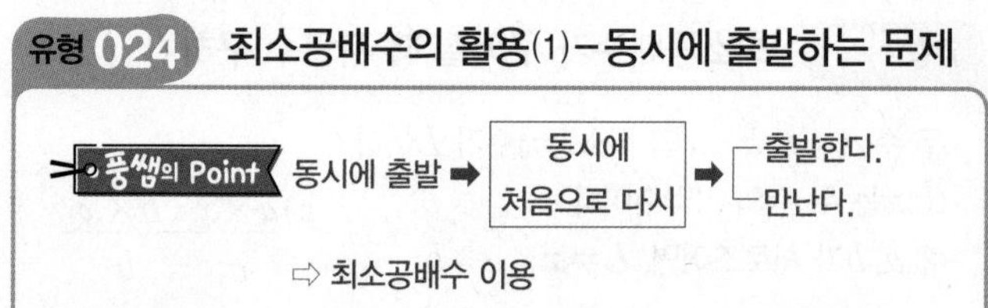

129 필수

지하철 환승역인 서울역에서 지하철 1호선은 6분마다, 지하철 4호선은 8분마다 출발한다고 한다. 어느 날 오전 8시에 지하철 1호선과 4호선이 동시에 출발하였을 때, 처음으로 다시 동시에 출발하는 시각을 구하여라.

130

지호는 6일마다 수영장에 가고 현서는 4일마다 수영장에 간다. 지난 일요일에 수영장에서 지호와 현서가 만났다면 그 다음에 처음으로 다시 만나게 되는 날은 무슨 요일인지 구하여라.

131

A, B 두 사람이 운동장 트랙을 일정한 속력으로 걷는데 A는 12분마다, B는 15분마다 한 바퀴를 돈다고 한다. 두 사람이 출발점에서 같은 방향으로 동시에 출발한 후, 2시간 30분동안 출발점에서 다시 만나는 횟수를 구하여라.

132

어느 버스 회사에서는 A, B, C 세 노선의 버스 출발 간격을 A 노선은 20분, B 노선은 30분, C 노선은 40분이 되도록 시간표를 만들었다. 세 노선의 첫차가 모두 오전 7시 10분에 출발할 때, 오전 중에 세 노선의 버스가 동시에 출발하는 것은 첫차를 포함하여 몇 번인가?

① 2번 ② 3번 ③ 4번
④ 5번 ⑤ 6번

133 서술형

어느 역에서 고속 열차는 40분마다, 일반 열차는 25분마다, 전철은 10분마다 출발한다고 한다. 오전 10시에 세 열차가 동시에 출발하였을 때, 처음으로 다시 동시에 출발하는 시각을 구하여라.

134

A, B 두 등대 중 A 등대는 10초 동안 켜졌다가 14초 동안 꺼지고, B 등대는 20초 동안 켜졌다가 16초 동안 꺼진다고 한다. 두 등대 A, B가 동시에 켜진 후 처음으로 다시 동시에 켜지는 데 걸리는 시간을 구하여라.

유형 025 최소공배수의 활용(2)－톱니바퀴 문제

풍쌤의 Point 처음으로 같은 톱니에서 다시 맞물릴 때까지의 회전 수를 묻는 문제
⇨ 최소공배수 이용

135 필수

서로 맞물려 도는 두 톱니바퀴 A, B가 있다. A의 톱니의 수는 36개, B의 톱니의 수는 48개이다. 이 두 톱니바퀴가 같은 톱니에서 처음으로 다시 맞물리려면 A는 몇 바퀴 회전해야 하는가?

① 1바퀴 ② 2바퀴 ③ 3바퀴
④ 4바퀴 ⑤ 5바퀴

136

톱니의 수가 각각 20개, 36개인 두 톱니바퀴 A, B가 서로 맞물려 돌아가고 있다. 이 두 톱니바퀴가 같은 톱니에서 처음으로 다시 맞물릴 때까지 맞물리는 B의 톱니는 모두 몇 개인지 구하여라.

137

오른쪽 그림과 같이 톱니의 수가 각각 72개, 36개, 24개인 톱니바퀴 A, B, C가 A는 B와, B는 C와 서로 맞물려 돌아가고 있다. 이때 이 세 톱니바퀴가 같은 톱니에서 처음으로 다시 맞물리려면 C는 몇 바퀴 회전해야 하는지 구하여라.

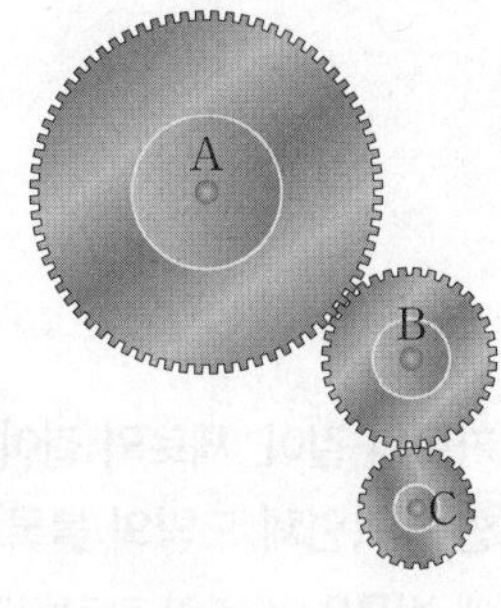

유형 026 최소공배수의 활용(3) –정사각형, 정육면체를 만드는 문제

풍쌤의 Point 직사각형을 붙여서 가장 작은 정사각형을 만드는 문제, 직육면체를 쌓아서 가장 작은 정육면체를 만드는 문제

⇨ 최소공배수 이용

138 필수

가로, 세로의 길이가 각각 21 cm, 15 cm인 직사각형 모양의 타일을 겹치지 않게 빈틈없이 붙여서 가장 작은 정사각형을 만들려고 한다. 이때 정사각형의 한 변의 길이를 구하여라.

139

가로의 길이, 세로의 길이, 높이가 각각 12 cm, 10 cm, 6 cm인 직육면체 모양의 벽돌을 빈틈없이 쌓아서 가장 작은 정육면체를 만들려고 한다. 이때 정육면체의 한 모서리의 길이를 구하여라.

140 서술형

가로의 길이, 세로의 길이, 높이가 각각 10 mm, 8 mm, 16 mm인 직육면체 모양의 나무 블록을 가능한 한 적은 수로 빈틈없이 쌓아 정육면체를 만들려고 한다. 이때 필요한 나무 블록은 모두 몇 개인지 구하여라.

141

가로의 길이, 세로의 길이, 높이가 각각 15 cm, 20 cm, 6 cm인 직육면체 모양의 블록을 가능한 작은 정육면체 모양의 상자에 빈틈없이 넣어 포장하려고 한다. 이 상자에 포장해야 하는 블록이 720개일 때, 모두 포장하면 몇 상자가 되는지 구하여라.

유형 027 최소공배수의 활용(4) – 나눗셈 문제

어떤 자연수를 세 자연수 a, b, c로 나누었을 때

① 어느 수로 나누어도 m이 남는 경우
(어떤 자연수)$=$(a, b, c의 공배수)$+m$

② 어느 수로 나누어도 n이 부족한 경우
(어떤 자연수)$=$(a, b, c의 공배수)$-n$

풍쌤의 Point (a로 나누면 m이 남는 수)$=$(a의 배수)$+m$

142 필수

5, 8, 10의 어느 수로 나누어도 3이 남는 자연수 중에서 가장 작은 두 자리의 자연수를 구하여라.

143

4, 5, 6의 어느 수로 나누어도 나머지가 1인 자연수 중에서 가장 작은 세 자리의 자연수를 구하여라.

144

6으로 나누면 4가 남고, 7로 나누면 5가 남고, 8로 나누면 6이 남는 자연수 중에서 가장 작은 세 자리의 자연수를 구하여라.

145

독서캠프에 참가한 학생들을 몇 개의 조로 나누려고 한다. 한 조에 6명씩 배정하면 3명이 남고, 5명씩 배정하면 2명이 남고, 4명씩 배정하면 1명이 남는다. 캠프에 참가한 학생이 100명 이상 150명 미만일 때, 참가한 학생은 몇 명인가?

① 102명 ② 117명 ③ 123명 ④ 132명 ⑤ 141명

어려운 ★★★

유형 028 최대공약수와 최소공배수의 관계

두 자연수 A, B의 최대공약수가 G이고 최소공배수가 L일 때, $A=a\times G$, $B=b\times G$ (a, b는 서로소)로 나타낼 수 있다. 이때 다음이 성립한다.

(1) $L=a\times b\times G$

(2) $A\times B=L\times G$

풍쌤의 Point (두 수의 곱)=(최소공배수)×(최대공약수)

146 필수

두 자연수 84와 A의 최대공약수가 14이고 최소공배수가 420일 때, A의 값을 구하여라.

147

두 수의 곱이 $2^2\times3^2\times5\times7$이고 최대공약수가 2×3일 때, 두 수의 최소공배수를 구하여라.

148

두 자연수 A, B의 최대공약수가 24이고 최소공배수가 144일 때, 다음 중 $A+B$의 값을 모두 고르면? (정답 2개)

① 96 ② 120 ③ 144

④ 168 ⑤ 192

149

두 자연수의 최대공약수는 3이고, 최소공배수는 54이다. 두 자연수의 합이 33일 때, 두 수를 구하여라.

유형 029 두 분수를 자연수로 만들기

두 분수에 $\frac{(\text{분모의 공배수})}{(\text{분자의 공약수})}$를 곱하면 자연수가 된다.

풍쌤의 Point 그 중 가장 작은 수는 $\frac{(\text{분모의 최소공배수})}{(\text{분자의 최대공약수})}$야.

150 필수

두 분수 $\frac{7}{15}$, $\frac{35}{48}$ 중 어느 것에 곱해도 그 결과가 자연수가 되는 기약분수 중에서 가장 작은 수를 구하여라.

151

1과 100 사이의 자연수 중에서 $\frac{1}{3}$, $\frac{1}{5}$ 중 어느 것에 곱해도 그 결과가 자연수가 되는 수의 개수를 구하여라.

152

두 분수 $\frac{30}{n}$, $\frac{78}{n}$이 자연수가 되도록 하는 자연수 n의 값 중에서 가장 큰 수를 구하여라.

153 서술형

세 분수 $\frac{5}{12}$, $\frac{15}{16}$, $\frac{25}{32}$ 중 어느 것에 곱해도 그 결과가 자연수가 되는 기약분수 중에서 가장 작은 수를 $\frac{a}{b}$라고 할 때, $a-b$의 값을 구하여라.

만점에 도전하기

154

세 자연수 a, b, c가 있다. a와 b의 최대공약수는 12이고 b와 c의 최대공약수는 18일 때, a, b, c의 최대공약수를 구하여라.

155

두 자연수 a, b의 최대공약수를 $a * b$, 최소공배수를 $a ◎ b$라고 할 때, $(24 ◎ 36) * 30$의 값을 구하여라.

156

3월 26일은 월과 일을 나타내는 두 수가 서로소이고, 6월 12일은 일을 나타내는 수가 월을 나타내는 수의 배수이다. 5월 달력에서 월과 일을 나타내는 두 수가 서로소인 날수를 a, 7월 달력에서 일을 나타내는 수가 월을 나타내는 수의 배수인 날수를 b라고 할 때, $a+b$의 값을 구하여라.

(단, 5월과 7월은 모두 31일까지 있다.)

157

두 자연수 A, B를 소인수분해하면 $A=2^a \times 3^2 \times 7^b$, $B=2^2 \times 3^c \times d$이고, A, B의 최대공약수는 36, 최소공배수는 6552이다. 이때 $a+b+c+d$의 값을 구하여라. (단, d는 소수)

158 서술형

어느 중학교의 1학년 학생은 147명, 2학년 학생은 189명, 3학년 학생은 168명이다. 다음 조건을 모두 만족하는 새로운 동아리를 만들 때, 동아리를 최대한 많이 만들려면 한 동아리의 학생은 모두 몇 명으로 해야 하는지 구하여라.

> (가) 각 동아리에는 각 학년의 학생이 적어도 한 명씩은 있어야 한다.
> (나) 각 동아리의 학년별 구성 인원 수는 같다.

159

오른쪽 그림과 같은 모양의 종이를 크기가 같은 정사각형으로 남는 부분이 없도록 자르려고 한다. 잘려진 정사각형의 크기가 가장 크게 될 때, 정사각형의 한 변의 길이를 구하여라.

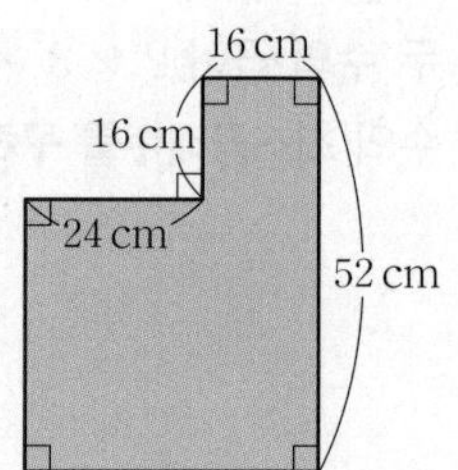

160

사과 100개, 귤 170개를 학생들에게 똑같이 나누어 주었더니 사과는 4개가 남고 귤은 2개가 남았다. 다음 중 학생 수가 될 수 없는 것은?

① 6　② 8　③ 12　④ 16　⑤ 24

161

세 분수 $\frac{66}{a}$, $\frac{78}{a}$, $\frac{b}{a}$가 모두 자연수이고, $\frac{66}{a}<\frac{78}{a}<\frac{b}{a}$이다. $\frac{b}{a}$가 가장 작을 때의 b의 값을 구하여라.

162

서로소도 아니고, 배수와 약수의 관계도 아닌 두 자연수의 최소공배수가 105이다. 두 자연수 모두 1이 아닐 때, 이러한 두 자연수를 모두 구하여라.

163 서술형

세 자연수 14, 35, m의 최소공배수가 140일 때 m의 값이 될 수 있는 가장 작은 자연수는 a이고, 세 자연수 36, 360, n의 최대공약수가 18일 때 n의 값이 될 수 있는 가장 작은 자연수는 b이다. 이때 $a+b$의 값을 구하여라.

164

세 개의 등대 A, B, C가 있다. A 등대는 10초 동안 불이 켜졌다가 6초 동안 꺼지고, B 등대는 16초 동안 불이 켜졌다가 8초 동안 꺼지고, C 등대는 26초 동안 불이 켜졌다가 10초 동안 꺼진다. A, B, C 세 등대에 동시에 불이 켜졌을 때, 처음으로 다시 동시에 불이 켜지는 것은 몇 초 후인지 구하여라.

165

학교 운동장 한 바퀴를 도는 데 서윤이는 5분, 윤슬이는 6분, 승아는 a분이 걸린다. 세 사람이 동시에 같은 지점에서 출발하여 같은 방향으로 돌면 90분 후에 처음으로 세 사람이 동시에 출발한 곳에서 만날 때, a의 값이 될 수 있는 수를 모두 구하여라.

166

5로 나누면 4가 남고, 6으로 나누면 5가 남고, 7로 나누면 6이 남는 자연수 중에서 1000에 가장 가까운 수를 구하여라.

167

두 자연수의 곱이 605이고 최대공약수가 11일 때, 두 자연수의 합을 구하여라.

168

두 자연수의 합이 160이고 최소공배수가 630일 때, 두 자연수의 차를 구하여라.

3 정수와 유리수

01 양수와 음수

(1) **부호의 사용:** 서로 반대의 성질을 가지는 수량을 나타낼 때, 어떤 기준을 중심으로 한 쪽은 양의 부호 $+$를, 다른 한 쪽은 음의 부호 $-$를 사용하여 나타낼 수 있다.

예 영상 5 ℃ ⇨ $+5$ ℃, 영하 5 ℃ ⇨ -5 ℃

(2) **양수와 음수**

① 양수: 0보다 큰 수로 양의 부호 $+$를 붙인 수

② 음수: 0보다 작은 수로 음의 부호 $-$를 붙인 수

✦ $+$ ⇨ 플러스, $-$ ⇨ 마이너스라고 읽는다.

✦ 0은 양수도 아니고 음수도 아니다.

02 정수

(1) **정수:** 양의 정수, 0, 음의 정수를 통틀어 정수라고 한다.

① 양의 정수: 자연수에 양의 부호 $+$를 붙인 수

② 음의 정수: 자연수에 음의 부호 $-$를 붙인 수

(2) **정수의 분류**

$$\text{정수}\begin{cases}\text{양의 정수(자연수)}: +1,\ +2,\ +3,\ \cdots \\ 0 \\ \text{음의 정수}: -1,\ -2,\ -3,\ \cdots\end{cases}$$

주의 정수를 분류할 때 0을 빠뜨리고 양의 정수와 음의 정수만을 정수라고 하지 않도록 주의한다.

✦ 양의 정수 $+1$, $+2$, $+3$, …은 양의 부호 $+$를 생략하여 1, 2, 3, …과 같이 쓰기도 한다. 즉, 양의 정수는 자연수와 같다.

✦ 0은 양의 정수도 아니고 음의 정수도 아니다.

03 유리수

(1) **유리수:** 양의 유리수(양수), 0, 음의 유리수(음수)를 통틀어 유리수라고 한다.

① 양의 유리수(양수): 양의 부호 $+$가 붙은 유리수

② 음의 유리수(음수): 음의 부호 $-$가 붙은 유리수

(2) **유리수의 분류**

$$\text{유리수}\begin{cases}\text{정수}\begin{cases}\text{양의 정수(자연수)}: +1,\ +2,\ +3,\ \cdots \\ 0 \\ \text{음의 정수}: -1,\ -2,\ -3,\ \cdots\end{cases} \\ \text{정수가 아닌 유리수}: -\frac{1}{2},\ 0.7,\ \frac{5}{6},\ \cdots\end{cases}$$

✦ (유리수)는 $\frac{(\text{정수})}{(\text{0이 아닌 정수})}$ 꼴로 나타낼 수 있는 모든 수이다.

✦ 모든 정수는 분수로 나타낼 수 있으므로 유리수이다.

예 $3=\frac{3}{1}$, $0=\frac{0}{1}$, $-2=-\frac{2}{1}$

정답과 해설 18쪽

01 양수와 음수

169

다음 밑줄 친 부분을 □ 안에 부호 +, −를 사용하여 나타내어라.

(1) 용돈으로 3000원을 받은 것을 □원으로 나타내면
⇨ 용돈을 1000원 쓴 것은 □원으로 나타낸다.

(2) 10시간 후를 □시간으로 나타내면
⇨ 5시간 전은 □시간으로 나타낸다.

(3) 2 % 감소를 □ %로 나타내면
⇨ 8 % 증가를 □ %로 나타낸다.

(4) 5년 전을 □년으로 나타내면
⇨ 10년 후는 □년으로 나타낸다.

170

다음을 부호 +, −를 사용하여 나타내어라.

(1) 영하 3 ℃　　(2) 20분 후

(3) 1점 하락　　(4) 12 % 증가

(5) 해발 1352 m　　(6) 5 kg 감소

171

다음 수를 부호 +, −를 사용하여 나타내어라.

(1) 0보다 5만큼 작은 수

(2) 0보다 8만큼 큰 수

(3) 0보다 3.5만큼 큰 수

(4) 0보다 2.7만큼 작은 수

(5) 0보다 $\frac{1}{5}$만큼 큰 수

(6) 0보다 $\frac{3}{4}$만큼 작은 수

02 정수

172

보기의 수 중에서 다음에 해당하는 것을 모두 찾아라.

보기

$-3.5,\quad +2,\quad 0,\quad -4,\quad +\frac{5}{2},\quad \frac{9}{3}$

(1) 양의 정수　　(2) 음의 정수　　(3) 정수

173

다음 수 중에서 양의 정수와 음의 정수는 몇 개인지 각각 구하여라.

$-7,\quad +9,\quad -50,\quad 16,\quad 0,\quad -35,\quad 100$

03 유리수

174

보기의 수 중에서 다음에 해당하는 것을 모두 찾아라.

보기

$+2,\quad -\frac{1}{5},\quad 0,\quad 10,\quad -2.2,\quad +\frac{8}{3}$

(1) 양수　　(2) 유리수

175

다음 수에 대하여 물음에 답하여라.

$-5.3,\quad +7,\quad -\frac{5}{3},\quad 0,\quad -2,\quad 3.4,\quad \frac{3}{4}$

(1) 정수가 아닌 유리수를 모두 찾아라.

(2) 양의 유리수와 음의 유리수를 각각 모두 찾아라.

04 수직선

(1) **수직선:** 직선 위에 기준이 되는 점(원점)을 정하여 수 0을 대응시키고 양의 유리수(양수)를 오른쪽에, 음의 유리수(음수)를 왼쪽에 대응시켜서 만든 직선이다.

(2) **수직선 위에 유리수 나타내기:** a, b가 양수일 때

① $+a$는 원점에서 오른쪽으로 a만큼 간 점에 대응시킨다.

② $-b$는 원점에서 왼쪽으로 b만큼 간 점에 대응시킨다.

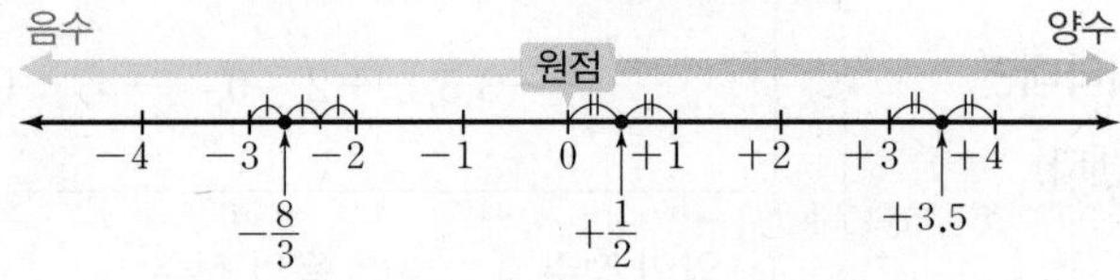

✦ 모든 유리수는 수직선 위에 나타낼 수 있다.

05 절댓값

(1) **절댓값:** 수직선 위에서 어떤 수에 대응하는 점과 원점 사이의 거리를 그 수의 절댓값이라 하고, 기호 | |로 나타낸다.

예 $+3$의 절댓값 ⇨ $|+3|=3$, $-\frac{1}{2}$의 절댓값 ⇨ $\left|-\frac{1}{2}\right|=\frac{1}{2}$

(2) **절댓값의 성질**

① 절댓값은 거리를 나타내므로 항상 0 또는 양수이다.

② 0의 절댓값은 0이다. 즉, $|0|=0$

③ 원점에서 멀리 떨어질수록 절댓값이 크다.

✦ 절댓값이 $a\,(a>0)$인 수는 $+a$, $-a$의 2개이다.

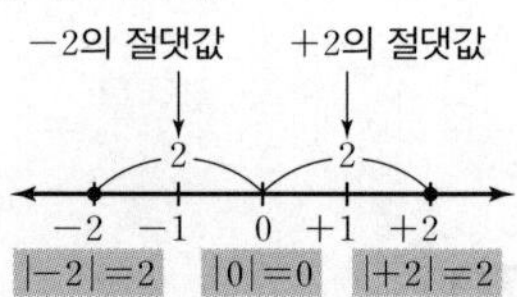

✦ 절댓값이 가장 작은 수는 0이다.

06 수의 대소 관계

(1) **수의 대소 관계**

① (음수)$<0<$(양수) 예 $-7<0<2$

② 양수끼리는 절댓값이 큰 수가 더 크다. 예 $3<5$

③ 음수끼리는 절댓값이 큰 수가 더 작다. 예 $-1>-6$

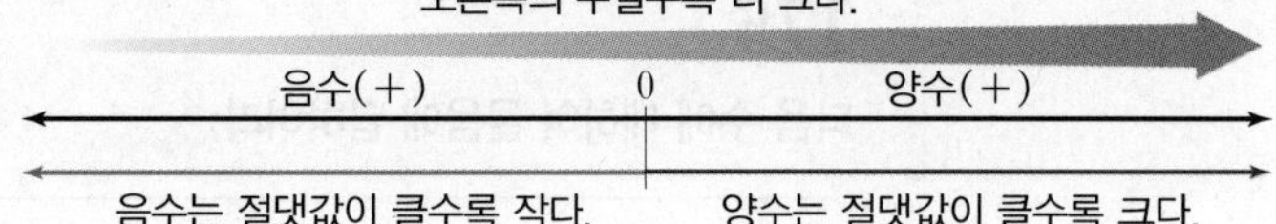

(2) **부등호($>$, $<$, $\geq$, $\leq$)의 사용**

$x>a$	$x<a$	$x\geq a$	$x\leq a$
x는 a 초과이다. x는 a보다 크다.	x는 a 미만이다. x는 a보다 작다.	x는 a 이상이다. x는 a보다 크거나 같다. x는 a보다 작지 않다.	x는 a 이하이다. x는 a보다 작거나 같다. x는 a보다 크지 않다.

✦ 같은 부호를 가진 분수끼리의 대소 관계는 통분을 하여 대소를 비교한다.

예 $\frac{2}{3}$, $\frac{3}{4}$ ⇨ $\frac{8}{12}<\frac{9}{12}$
⇨ $\frac{2}{3}<\frac{3}{4}$

✦ 기호 $\geq$는 '$>$ 또는 $=$'를 뜻하고, $\leq$는 '$<$ 또는 $=$'를 뜻한다.

정답과 해설 18쪽

04 수직선

176

다음 수직선에서 점 A, B, C, D, E가 나타내는 수를 각각 말하여라.

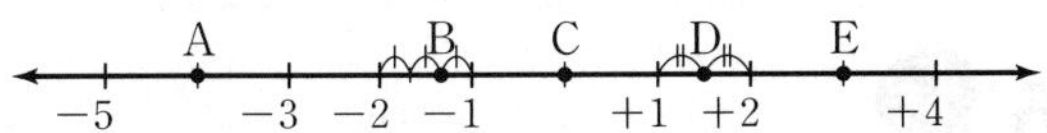

177

다음 수를 아래의 수직선 위에 나타내어라.

(1) A: -3　　(2) B: $+1$

(3) C: $+\frac{1}{2}$　　(4) D: -1.5

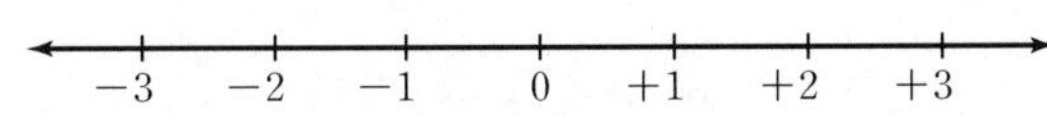

05 절댓값

178

다음을 구하여라.

(1) 9의 절댓값　　(2) -3.2의 절댓값

(3) $\left|-\frac{3}{4}\right|$　　(4) $|-25|$

179

다음을 모두 구하여라.

(1) 절댓값이 2인 수　　(2) 절댓값이 $\frac{1}{6}$인 수

(3) 절댓값이 1.3인 양수　　(4) 절댓값이 $\frac{3}{5}$인 음수

(5) 절댓값이 3 미만인 정수

06 수의 대소 관계

180

다음 □ 안에 부등호 $>$, $<$ 중 알맞은 것을 써넣어라.

(1) 0 □ -2　　(2) -4 □ $+2$

(3) $+\frac{9}{2}$ □ $+4$　　(4) -3 □ -5

(5) $-\frac{1}{3}$ □ 0　　(6) $\frac{1}{4}$ □ -1

(7) $-\frac{1}{15}$ □ -0.1　　(8) $\frac{2}{5}$ □ $\frac{1}{3}$

181

다음 수를 작은 수부터 차례대로 나열하여라.

(1) $-0.5,\ 1.3,\ -1,\ \frac{1}{4},\ 2$

(2) $-5,\ \frac{6}{5},\ -\frac{3}{2},\ -2,\ 1.4$

182

다음을 부등호 $>$, $<$, $\geq$, $\leq$를 사용하여 나타내어라.

(1) a는 $\frac{2}{3}$ 이상이다.

(2) a는 -5보다 작거나 같다.

(3) a는 $-\frac{1}{4}$보다 작지 않다.

(4) a는 -2 초과이고 6 이하이다.

(5) a는 -1보다 크고 5.3 미만이다.

유형 030 부호를 사용하여 나타내기

양의 부호(+)	영상	해발	~후	증가	이익
음의 부호(−)	영하	해저	~전	감소	손해

풍쌤의 Point +와 −는 서로 반대되는 성질을 가져.

183 필수

다음 중 부호 + 또는 −를 사용하여 나타낸 것으로 옳지 않은 것은?

① 영상 10 ℃: +10 ℃

② 12 % 감소: −12 %

③ 출발 2시간 전: −2시간

④ 해저 200 m: −200 m

⑤ 10000원 손해: +10000원

184

다음 중 밑줄 친 부분을 부호 + 또는 −를 사용하여 나타낸 것으로 옳지 않은 것은?

① 지난 달보다 키가 2 cm 더 자랐다.: +2 cm

② 약속 시간의 10분 전에 도착하였다.: +10분

③ 용돈을 500원 더 받았다.: +500원

④ 이번 시합에서 2점을 실점하였다.: −2점

⑤ 오늘 낮 최고 기온이 영상 19 ℃이다.: +19 ℃

185

다음 중 부호 + 또는 −를 사용하여 나타낸 것으로 옳지 않은 것은?

① 0보다 3만큼 작은 수: −3

② 0보다 10만큼 큰 수: +10

③ 0보다 7만큼 큰 수: +7

④ 0보다 12만큼 작은 수: −12

⑤ 0보다 15만큼 큰 수: −15

유형 031 정수의 분류

정수
- 양의 정수(자연수): $+1,\ +2,\ +3,\ \cdots$ ← +(자연수)
- 0 ⇦ 양의 정수도 음의 정수도 아니다.
- 음의 정수: $-1,\ -2,\ -3,\ \cdots$ ← −(자연수)

풍쌤의 Point 양의 정수, 0, 음의 정수를 통틀어 정수라고 해.

186 필수

보기의 수 중에서 다음에 해당하는 것을 모두 찾아라.

보기

$-3,\ 0,\ +\frac{1}{3},\ -2.5,\ -\frac{10}{5},\ 7$

(1) 정수

(2) 양의 정수

(3) 음의 정수

187

다음 수 중에서 정수의 개수를 구하여라.

$\frac{1}{3},\ -5,\ 0,\ 0.9,\ \frac{6}{2},\ 6$

188

다음 보기 중 옳은 것을 모두 고른 것은?

보기

ㄱ. 모든 자연수는 정수이다.

ㄴ. 가장 작은 정수는 1이다.

ㄷ. 음의 정수 중에서 가장 큰 수는 −1이다.

ㄹ. 양의 정수와 음의 정수를 통틀어 정수라고 한다.

① ㄱ, ㄴ ② ㄱ, ㄷ ③ ㄱ, ㄹ

④ ㄴ, ㄷ ⑤ ㄴ, ㄷ, ㄹ

유형 032 유리수의 분류

유리수 { 정수 { 양의 정수(자연수), 0, 음의 정수 }, 정수가 아닌 유리수 }

풍쌤의 Point 유리수: $\frac{(정수)}{(0이 아닌 정수)}$ 꼴로 나타낼 수 있는 수

189 필수

다음 수에 대한 설명으로 옳지 않은 것은?

$\frac{3}{5}$, -2.9, 0, $-\frac{5}{2}$, $\frac{21}{3}$

① 정수는 2개이다.
② 자연수는 1개이다.
③ 유리수는 4개이다.
④ 양의 유리수는 2개이다.
⑤ 음의 유리수는 2개이다.

190

다음 수 중에서 정수가 아닌 유리수의 개수를 구하여라.

-15, $-\frac{4}{5}$, 1.7, $\frac{6}{3}$, -3, $\frac{1}{2}$, 0, 5

191 서술형

다음 수 중에서 양의 유리수의 개수를 a, 음의 유리수의 개수를 b, 정수가 아닌 유리수의 개수를 c라고 할 때, $a-b+c$의 값을 구하여라.

$-\frac{9}{4}$, 0, 0.333, $\frac{2}{13}$, $-\frac{51}{17}$

유형 033 정수와 유리수

(1) 0은 양수도 음수도 아니다.
(2) 모든 정수는 분수로 나타낼 수 있으므로 유리수이다.
(3) 서로 다른 유리수(또는 정수) 사이에는 무수히 많은 유리수가 있다.

풍쌤의 Point 정수나 유리수의 분류에서 0을 빠뜨리지 않도록 하자.

192 필수

다음 중 옳지 않은 것은?

① 모든 자연수는 정수이다.
② 모든 정수는 유리수이다.
③ 0은 유리수이다.
④ 0은 양의 유리수도 음의 유리수도 아니다.
⑤ 유리수는 양의 유리수와 음의 유리수로 이루어져 있다.

193

다음 중 옳은 것은?

① 모든 정수는 자연수이다.
② 가장 작은 양의 정수는 0이다.
③ 정수는 양의 정수와 음의 정수로 이루어져 있다.
④ 서로 다른 두 유리수 사이에는 또 다른 유리수가 있다.
⑤ 유리수 중에는 분수로 나타낼 수 없는 수도 있다.

194

다음 보기 중 옳은 것을 모두 골라라.

보기

ㄱ. 7은 유리수이다.
ㄴ. 0과 1 사이에는 유리수가 없다.
ㄷ. $-\frac{1}{3}$과 1.9 사이의 정수는 2개이다.
ㄹ. 음의 정수가 아닌 정수는 모두 양의 정수이다.
ㅁ. 유리수는 두 정수 a, b에 대하여 $\frac{b}{a}(a\neq0)$의 꼴로 나타낼 수 있는 수이다.

필수유형 다지기

유형 034 수를 수직선 위에 나타내기

0을 기준으로 양수는 오른쪽에, 음수는 왼쪽에 나타낸다.

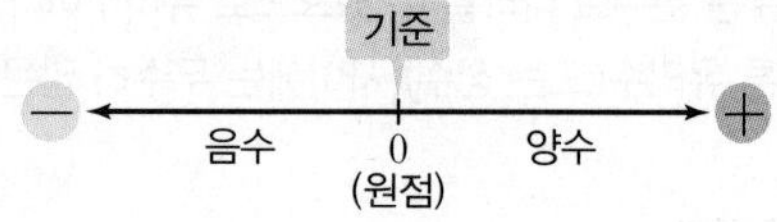

195 필수

다음 중 수직선 위의 점 A, B, C, D, E가 나타내는 수로 옳은 것은?

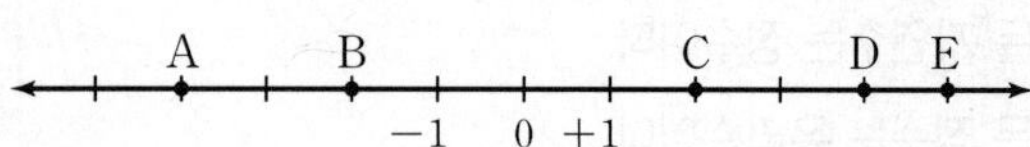

① A: -5　② B: -3　③ C: $+2$
④ D: $+5$　⑤ E: -7

196

다음 수직선의 □ 안에 알맞은 수를 써넣어라.

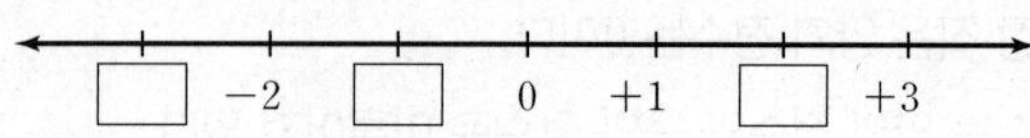

197

다음 중 수직선 위의 점 A, B, C, D, E가 나타내는 수로 옳지 않은 것은?

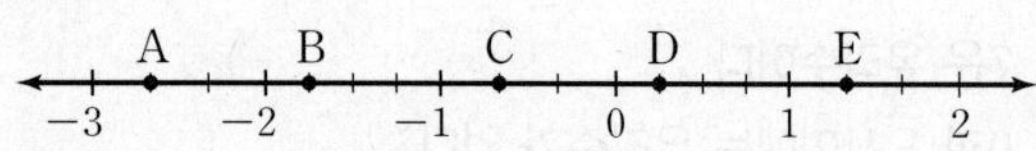

① A: $-\frac{8}{3}$　② B: $-\frac{9}{4}$　③ C: $-\frac{2}{3}$
④ D: $\frac{1}{4}$　⑤ E: $\frac{4}{3}$

198

다음 수를 수직선 위에 나타내었을 때, 가장 오른쪽에 있는 수는?

① 0보다 5만큼 작은 수
② 0보다 $\frac{1}{2}$만큼 큰 수
③ 0보다 $\frac{7}{3}$만큼 작은 수
④ 0보다 $\frac{13}{3}$만큼 큰 수
⑤ 0보다 1만큼 작은 수

199

다음 보기 중 -3과 $+5$에 대한 설명으로 옳지 않은 것을 모두 골라라.

보기

ㄱ. 두 수는 모두 정수이다.
ㄴ. 수직선 위에서 두 수를 나타내는 점 사이의 거리는 8이다.
ㄷ. -3은 0보다 3만큼 큰 수이다.
ㄹ. 두 수 사이에 있는 정수는 모두 8개이다.

200 서술형

수직선 위에서 $\frac{2}{3}$에 가장 가까운 정수를 a, $-\frac{7}{4}$에 가장 가까운 정수를 b라고 할 때, 두 수 a, b 사이에 있는 분모가 4인 기약분수를 모두 구하여라.

유형 035 수직선 위에서 같은 거리에 있는 점

수직선 위에서 점 P가 두 점 A, B의 한가운데에 있다.

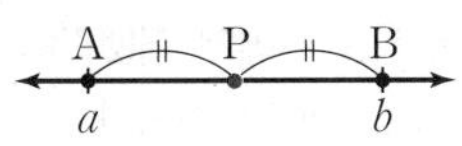

① 두 점 A, B 사이의 거리 ⇨ $b-a$

② 두 점 A, P 사이의 거리 ⇨ $(b-a)\times\frac{1}{2}$

③ 점 P가 나타내는 수 ⇨ $a+(b-a)\times\frac{1}{2}$ $=b-(b-a)\times\frac{1}{2}$

풍쌤의 Point 먼저 두 점 사이의 거리를 구해.

201 필수

수직선 위에서 -4와 6을 나타내는 두 점의 한가운데에 있는 점이 나타내는 수는?

① -1　② 0　③ 1　④ 2　⑤ 3

202

수직선 위에서 -3을 나타내는 점으로부터의 거리가 6인 점이 나타내는 수를 모두 구하여라.

203

다음과 같이 수직선 위의 두 점 A, D가 나타내는 수가 각각 -3, 9이고, 네 점 A, B, C, D에 대하여 각 점 사이의 거리가 모두 같을 때, 두 점 B, C가 나타내는 수의 곱을 구하여라.

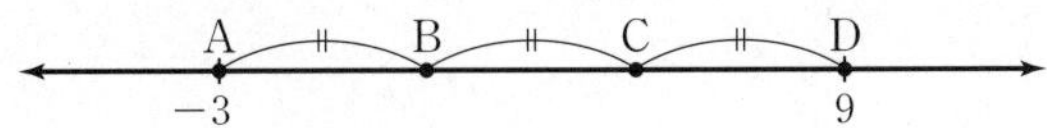

204

두 정수 a, $b(a<b)$를 수직선 위에 나타내면 a, b의 한가운데에 있는 점이 나타내는 수가 3이고, a는 수직선 위에서 -1을 나타내는 점으로부터 왼쪽으로 거리가 2인 점이 나타내는 수이다. 이때 b의 값을 구하여라.

유형 036 절댓값

(1) 절댓값: 수직선에서 a를 나타내는 점과 원점 사이의 거리
⇨ (a의 절댓값)$=|a|$

(2) 절댓값이 $a(a>0)$인 수 ⇨ $\underbrace{+a,\ -a}_{2개}$

풍쌤의 Point 절댓값은 원점으로부터의 거리야.

205 필수

수직선 위에서 원점으로부터의 거리가 5인 점이 나타내는 수를 모두 구하여라.

206

절댓값이 $\frac{3}{2}$인 수를 모두 구하고, 그 수에 대응하는 점을 다음 수직선 위에 나타내어라.

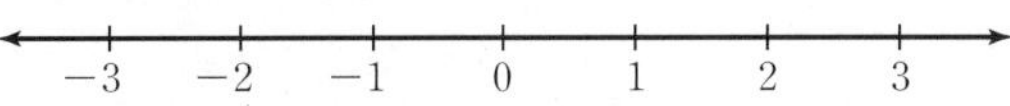

207

$a=-3$, $b=\frac{5}{2}$, $c=-\frac{1}{3}$일 때, $|a|+|b|+|c|$의 값을 구하여라.

208

다음 중 절댓값이 가장 큰 수는?

① 3.5　② $-\frac{17}{4}$　③ -4　④ $\frac{7}{8}$　⑤ $-\frac{7}{6}$

중요한

유형 037 절댓값의 성질

(1) 절댓값이 가장 작은 수는 0이고, 그 절댓값은 0이다.
(2) 절댓값이 클수록 원점에서 멀리 떨어져 있다.

풍쌤의 Point 절댓값은 '거리'를 나타내므로 항상 0 또는 양수야.

209 필수

다음 중 옳지 않은 것은?

① 수직선 위에서 어떤 수를 나타내는 점과 원점 사이의 거리가 그 수의 절댓값이다.

② $+5$와 -5의 절댓값은 모두 5이다.

③ 절댓값이 가장 작은 수는 0이다.

④ 절댓값이 클수록 그 수가 나타내는 점은 원점에서 멀리 떨어져 있다.

⑤ $a>b$이면 a의 절댓값은 b의 절댓값보다 크다.

210

다음 수를 절댓값이 작은 수부터 차례대로 나열할 때, 두 번째에 오는 수를 구하여라.

$$-1,\quad +6,\quad -\frac{7}{2},\quad 0,\quad +\frac{13}{6},\quad -7$$

211

다음 보기 중 옳은 것을 모두 골라라.

보기

ㄱ. $a<0$이면 $|a|=a$이다.
ㄴ. 절댓값은 항상 0보다 크거나 같다.
ㄷ. 절댓값이 3인 수는 -3뿐이다.
ㄹ. 절댓값이 같은 수는 원점으로부터 같은 거리에 있다.

유형 038 절댓값이 같고 부호가 반대인 두 수

수직선 위에서 절댓값이 같고 부호가 반대인 두 수를 나타내는 두 점 사이의 거리가 a일 때,

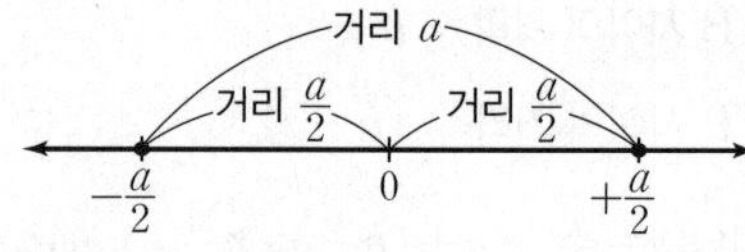

⇨ ① 두 수의 차는 a
② 두 수는 $+\frac{a}{2}$, $-\frac{a}{2}$
③ 두 점은 원점으로부터 서로 반대 방향으로 각각 $\frac{a}{2}$만큼 떨어져 있다.

212 필수

절댓값이 같고 부호가 반대인 두 수를 수직선 위에 나타내었을 때, 그 거리가 12라고 한다. 이를 만족하는 두 수를 구하여라.

213

수직선에서 절댓값이 같고, 부호가 반대인 두 수에 대응하는 두 점 사이의 거리가 8일 때, 두 수 중 작은 수는?

① -8　② -4　③ $\frac{3}{2}$
④ 4　⑤ 8

214

다음 조건을 모두 만족하는 두 수를 구하여라.

(가) 두 수의 절댓값이 같다.
(나) 두 수의 차가 14이다.

215

두 수 A, B는 절댓값이 같고, $A-B=\frac{4}{3}$일 때, A, B의 값을 각각 구하여라.

216

두 수 A, B는 절댓값이 같고, A가 B보다 6만큼 작다. 이때 A, B의 값을 각각 구하여라.

217

두 수 A, B는 절댓값이 같고, A가 B보다 $\frac{6}{7}$만큼 클 때, B의 값은?

① $-\frac{6}{7}$ ② $-\frac{3}{7}$ ③ 0
④ $+\frac{3}{7}$ ⑤ $+\frac{6}{7}$

218 서술형

다음 조건을 모두 만족하는 두 수 a, b의 값을 각각 구하여라.

(가) $a>b$
(나) $|a|=|b|$
(다) 수직선에서 a와 b를 나타내는 두 점 사이의 거리는 $\frac{8}{5}$이다.

유형 039 절댓값의 범위가 주어진 수

절댓값이 $a(a>0)$보다 작은 수
⇨ $-a$보다 크고 a보다 작은 수

풍쌤의 Point 절댓값이 $a(a>0)$인 수가 주어지면
⇨ 반드시 양수 a와 음수 $-a$ 두 개의 수를 떠올리자.

219 필수

다음 수 중 절댓값이 3보다 작은 수의 개수는?

$$-2,\quad \frac{11}{2},\quad 1.8,\quad -\frac{7}{4},\quad +\frac{9}{3}$$

① 1 ② 2 ③ 3
④ 4 ⑤ 5

220

절댓값이 5 이상 9 미만인 정수의 개수는?

① 4 ② 5 ③ 8
④ 9 ⑤ 10

221

절댓값이 $\frac{11}{3}$ 이하인 음의 정수를 모두 구하여라.

222 서술형

A의 절댓값은 4, B의 절댓값은 6이고 $A<0<B$일 때, 두 수 A, B 사이에 있는 정수의 개수를 구하여라.

어려운 ★★★

유형 040 절댓값의 응용

새로운 기호가 나올 때는 약속에 따라 해결한다.

예 두 수 x, y에 대하여
$x◎y$를 x, y 중 절댓값이 큰 수라고 하면
$(-3)◎2=-3$

223 필수

서로 다른 두 수 a, b에 대하여 $a◎b$를 a, b 중 절댓값이 작은 수의 절댓값이라고 할 때, 다음 값을 구하여라.

$$\{(-4)◎5\}-\{2◎(-3)\}$$

224

서로 다른 두 수 x, y에 대하여 $\mathrm{M}(x, y)$를 x, y 중 절댓값이 큰 수의 절댓값이라고 할 때, 다음 값은?

$$\mathrm{M}(4, -2)+\mathrm{M}\left(-\frac{7}{2}, 3\right)$$

① $\frac{9}{2}$ ② 5 ③ $\frac{11}{2}$
④ $\frac{13}{2}$ ⑤ $\frac{15}{2}$

225 서술형

두 수 x, y에 대하여
$x\triangle y=(x, y$ 중 절댓값이 크지 않은 수$)$
$x◎y=(x, y$ 중 절댓값이 작지 않은 수$)$
라고 할 때, $\{(-5)\triangle 3\}◎\left(-\frac{7}{3}\right)$의 값을 구하여라.

중요한

유형 041 수의 대소 관계(1)

유리수를 수직선 위에 나타낼 때, 오른쪽에 있는 수가 왼쪽에 있는 수보다 크다.

① (음수)$<0<$(양수)
② 양수끼리는 절댓값이 큰 수가 더 크다.
③ 음수끼리는 절댓값이 큰 수가 더 작다.

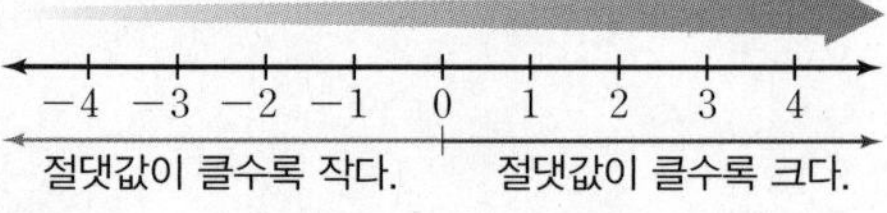

226 필수

다음 중 대소 관계가 옳지 않은 것은?

① $\frac{8}{3}>\frac{9}{4}$ ② $-2.1<0$
③ $-1.3<0.3$ ④ $-\frac{1}{2}<-\frac{1}{3}$
⑤ $-\frac{2}{3}<-0.75$

227

다음 중 대소 관계가 옳은 것은?

① $|-2|<0$ ② $|-5|>3$
③ $|-1|<1$ ④ $-3>-2$
⑤ $|-7|<-6$

228

다음 중 □ 안에 들어갈 부등호가 나머지 넷과 다른 하나는?

① $-\frac{1}{2}\,\square\,-1$ ② $1.6\,\square\,\frac{3}{2}$
③ $\frac{10}{3}\,\square\,|-3.2|$ ④ $\left|-\frac{3}{7}\right|\,\square\,0$
⑤ $\left|-\frac{4}{5}\right|\,\square\,\left|-\frac{5}{6}\right|$

유형 042 수의 대소 관계(2)

수를 크기순으로 나열하는 방법
① 양수, 0, 음수로 분류한다.
② 양수는 양수끼리, 음수는 음수끼리 크기를 비교한다.
③ (음수)<0<(양수)임을 이용하여 크기순으로 나열한다.

풍쌤의 Point 여러 개의 수를 크기 순으로 나열할 때는 먼저 음수, 0, 양수로 분류해.

229 필수

다음 수를 수직선 위에 나타낼 때, 가장 왼쪽에 있는 것은?

① $\frac{8}{5}$ ② 0 ③ -2.3
④ $-3\frac{1}{2}$ ⑤ 3

230

다음 수를 수직선 위에 나타낼 때, $-\frac{3}{4}$을 나타내는 점보다 오른쪽에 있는 수는 모두 몇 개인가?

$$\frac{5}{3},\quad 1,\quad -\frac{5}{4},\quad 0,\quad -0.3$$

① 1개 ② 2개 ③ 3개
④ 4개 ⑤ 5개

231

다음 수를 수직선 위에 나타내었을 때, 왼쪽에서 세 번째에 있는 수는?

$$-3.5,\quad -2,\quad -1,\quad \frac{2}{3},\quad -\frac{4}{3}$$

① -3.5 ② -2 ③ -1
④ $\frac{2}{3}$ ⑤ $-\frac{4}{3}$

232 서술형

다음 수를 작은 수부터 차례대로 나열하여라.

$$-\frac{4}{3},\quad \frac{6}{5},\quad 0.3,\quad -2.7,\quad \frac{5}{3},\quad 0,\quad -\frac{3}{2}$$

233

다음 중 옳지 않은 것은?

① 절댓값이 가장 작은 음의 정수는 -1이다.
② 수를 수직선 위에 나타낼 때, 오른쪽에 있을수록 더 큰 수이다.
③ 음수는 모두 0보다 작다.
④ 양수는 그 수를 나타내는 점이 원점에서 멀수록 더 크다.
⑤ 음수는 그 수를 나타내는 점이 원점에서 가까울수록 더 작다.

234

다음 수에 대한 설명으로 옳지 않은 것은?

$$2\frac{3}{4},\quad -4.2,\quad -0.4,\quad \frac{11}{5},\quad -\frac{7}{3}$$

① 가장 큰 수는 $2\frac{3}{4}$이다.
② 가장 작은 수는 -4.2이다.
③ -0.4보다 큰 수는 3개이다.
④ 음수 중에서 가장 큰 수는 -0.4이다.
⑤ 절댓값이 가장 큰 수는 -4.2이다.

유형 043 부등호의 사용

(1) x는 a보다 크다. ⇨ $x>a$
(2) x는 a보다 작다. ⇨ $x<a$
(3) x는 a보다 크거나 같다. ⇨ $x\geq a$
(4) x는 a보다 작거나 같다. ⇨ $x\leq a$

풍쌤의 Point (크거나 같다.)=(작지 않다.)=(이상이다.)
(작거나 같다.)=(크지 않다.)=(이하이다.)

235 필수

다음 중 옳지 않은 것은?

① a는 $\frac{1}{3}$보다 크거나 같다. ⇨ $a\geq\frac{1}{3}$
② a는 -10보다 작지 않다. ⇨ $a\geq-10$
③ a는 -5 초과 3 미만이다. ⇨ $-5<a<3$
④ a는 1보다 작지 않고 3 이하이다. ⇨ $1<a\leq3$
⑤ a는 -1 이상이고 0보다 크지 않다. ⇨ $-1\leq a\leq0$

236

a는 -5보다 작지 않고 3 이하인 정수일 때, a의 개수는?

① 7 ② 8 ③ 9
④ 10 ⑤ 11

237 서술형

a는 7보다 작거나 같은 양의 정수이고, b는 $-3<b\leq4$인 정수일 때, b의 값 중에서 a의 값이 될 수 없는 수의 개수를 구하여라.

중요한

유형 044 두 유리수 사이에 있는 수

예 -3.4와 $\frac{5}{2}$ 사이에 있는 수 구하기

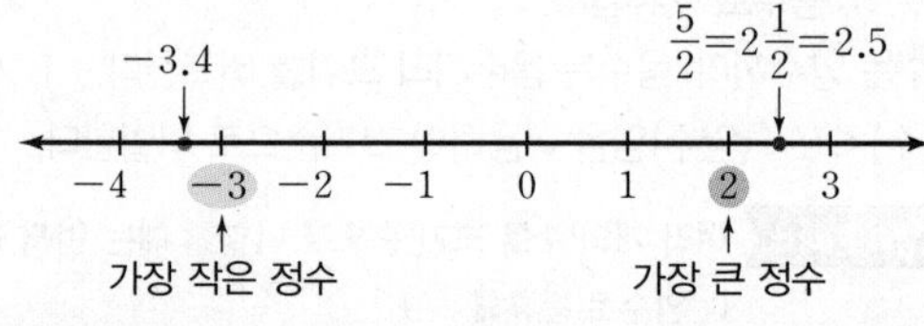

-3.4와 $\frac{5}{2}$ 사이에 있는 정수는 -3, -2, -1, 0, 1, 2이다.

풍쌤의 Point 두 유리수 사이에 있는 정수를 쉽게 찾으려면
⇨ 먼저 가분수는 대분수나 소수로 나타내자.

238 필수

두 유리수 $-\frac{11}{2}$과 $\frac{11}{3}$ 사이에 있는 정수의 개수는?

① 6 ② 7 ③ 8
④ 9 ⑤ 10

239

$-1\frac{4}{5}<x\leq2$일 때, 다음 중 유리수 x의 값이 될 수 없는 것은?

① -2 ② $-\frac{8}{5}$ ③ 0
④ 1 ⑤ $\frac{4}{3}$

240 창의

두 유리수 $-\frac{2}{3}$와 $\frac{1}{4}$ 사이에 있는 정수가 아닌 유리수 중에서 기약분수로 나타내었을 때, 분모가 12인 유리수의 개수를 구하여라.

241

두 정수 a, b에 대하여 $|a| \le 3$, $|b| \ge 3$일 때, a의 값도 될 수 있고 b의 값도 될 수 있는 수를 모두 구하여라.

242

수직선 위에서 두 수 a, b가 나타내는 점의 한가운데에 있는 점이 나타내는 수가 -1이다. $|a|=3$일 때, 음수 b의 값을 구하여라.

243 서술형

$a>b$인 두 정수 a, b에 대하여 $|a|+|b|=3$을 만족하는 a, b의 값을 모두 구하여라.

244

0보다 $\frac{17}{3}$만큼 큰 수를 a, 0보다 $\frac{7}{2}$만큼 큰 수를 b라고 할 때, $b \le |x| < a$를 만족하는 정수 x의 개수는?

① 2 ② 3 ③ 4
④ 5 ⑤ 6

245

다음 조건을 모두 만족하는 서로 다른 세 수 a, b, c의 대소 관계를 부등호를 사용하여 나타내어라.

(가) a는 -10보다 크다.
(나) a의 절댓값은 -10의 절댓값과 같다.
(다) b와 c는 10보다 크다.
(라) c와 10 사이의 거리는 b와 10 사이의 거리보다 더 가깝다.

246 창의

다음 조건을 모두 만족하는 서로 다른 네 수 A, B, C, D의 대소 관계를 부등호를 사용하여 바르게 나타낸 것은?

(가) B는 네 수 A, B, C, D 중에서 가장 작다.
(나) C는 음수이다.
(다) D는 C보다 작다.
(라) A와 B를 나타내는 점은 원점으로부터 거리가 같다.

① $A<D<B<C$ ② $B<A<D<C$
③ $B<D<C<A$ ④ $D<B<C<A$
⑤ $D<C<B<A$

247

수직선 위의 세 점 A, B, C에 대응하는 수를 각각 a, b, c라고 할 때, 세 수 a, b, c는 다음 조건을 만족한다. 이때 $b+c$의 값을 구하여라.

(가) 점 A와 점 B 사이의 거리는 12이다.
(나) $|a|=|c|$이고 $a<0<c<b$
(다) 두 점 B, C 사이의 거리는 두 점 A, C 사이의 거리의 2배이다.

4 정수와 유리수의 계산

01 정수와 유리수의 덧셈

(1) 정수와 유리수의 덧셈

① 부호가 같은 두 수의 덧셈

두 수의 절댓값의 합에 공통인 부호를 붙인 것과 같다.

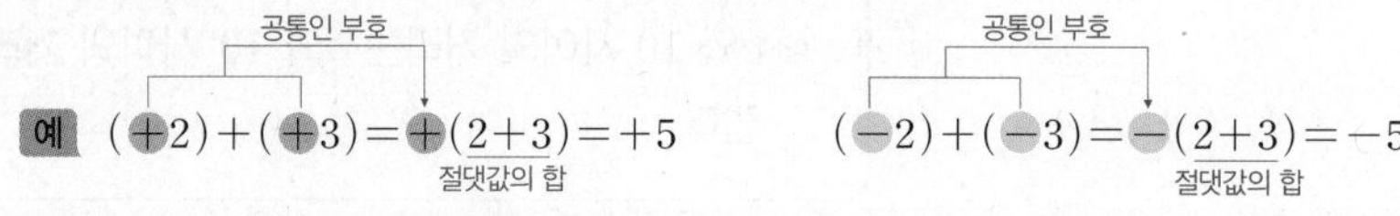

② 부호가 다른 두 수의 덧셈

두 수의 절댓값의 차에 절댓값이 큰 수의 부호를 붙인 것과 같다.

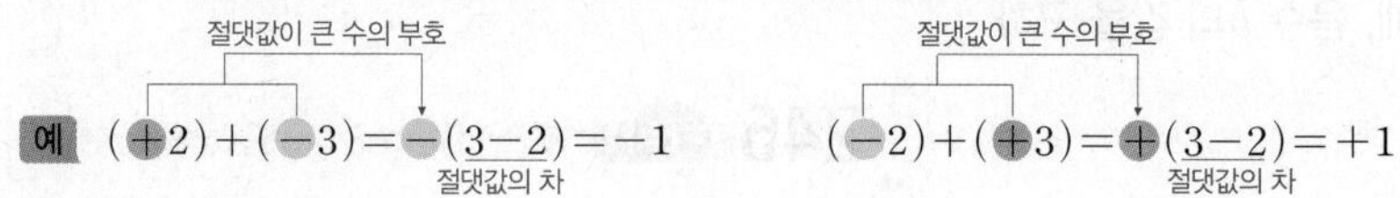

(2) 덧셈의 계산 법칙

세 수 a, b, c에 대하여 다음이 성립한다.

① 덧셈의 교환법칙: $a+b=b+a$

② 덧셈의 결합법칙: $(a+b)+c=a+(b+c)$

참고 세 수의 덧셈에서는 덧셈의 결합법칙이 성립하므로 $(a+b)+c$, $a+(b+c)$를 모두 $a+b+c$로 나타낼 수 있다.

✦ 분모가 다른 두 분수의 덧셈은 분모의 최소공배수로 통분하여 계산한다.

✦ 절댓값이 같고 부호가 다른 두 수의 합은 0이다.

✦ 유리수의 덧셈에서는 교환법칙과 결합법칙이 성립하므로 순서를 적당히 바꾸거나 수를 모아서 계산하면 편리하다.

02 정수와 유리수의 뺄셈

(1) 정수와 유리수의 뺄셈

빼는 수의 부호를 바꾸어 덧셈으로 고쳐서 계산한다.

예 $(+2)-(+3)=(+2)+(-3)=-(3-2)=-1$

(덧셈으로 바꾸고 ~ / 빼는 수의 부호도 바꾸고 ~)

(2) 덧셈과 뺄셈의 혼합 계산

① 뺄셈은 덧셈으로 고친다.

② 앞에서부터 차례대로 계산하거나 양수는 양수끼리, 음수는 음수끼리 모아서 계산한다. ← 덧셈의 교환법칙, 결합법칙 이용

③ 부호가 없는 수의 덧셈과 뺄셈은 양의 부호 +가 생략된 것으로 생각하여 생략된 + 부호를 넣고 부호가 있는 식으로 고친 후 계산하면 편리하다.

예 $3-6=(+3)-(+6)=(+3)+(-6)=-3$

✦ $(+)-(-)$ ⇨ $(+)+(+)$ ⇨ $(+)$

$(-)-(+)$ ⇨ $(-)+(-)$ ⇨ $(-)$

✦ 여러 개의 수의 덧셈과 뺄셈에서는 계산하기 쉬운 수끼리 모아서 계산한다.

⇨ 양수끼리, 음수끼리, 정수끼리, 분수끼리, 소수끼리 등

✦ 어떤 수 a에 대하여

$a+0=a$, $0+a=a$,

$a-0=a$, $0-a=-a$,

$a+(-a)=0$, $a-a=0$

01 정수와 유리수의 덧셈

248

다음 □ 안에 알맞은 수를 써넣어라.

(1) $(+5)+(-6)=$ □

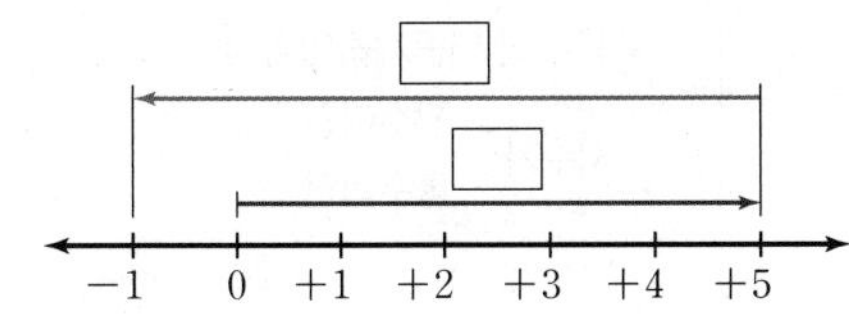

(2) $(-3)+(+7)=$ □

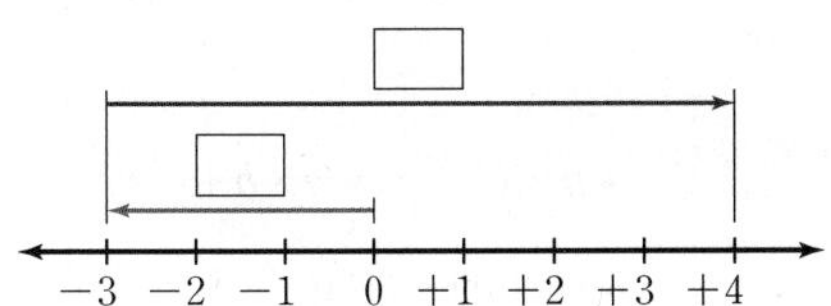

249

다음을 계산하여라.

(1) $(+5)+(+7)$

(2) $(-4)+(-9)$

(3) $(+9)+(-5)$

(4) $(-6)+(+2)$

(5) $\left(-\frac{3}{5}\right)+\left(-\frac{4}{5}\right)$

(6) $\left(+\frac{3}{4}\right)+\left(-\frac{4}{3}\right)$

(7) $(-2.9)+(-3.2)$

(8) $(+4.2)+\left(-\frac{5}{2}\right)$

250

다음을 계산하여라.

(1) $(+6)+(-9)+(+3)$

(2) $(-11)+(+5)+(-7)$

(3) $\left(-\frac{2}{3}\right)+\left(-\frac{1}{4}\right)+\left(+\frac{1}{2}\right)$

(4) $\left(+\frac{1}{3}\right)+\left(-\frac{2}{5}\right)+\left(-\frac{1}{3}\right)$

(5) $(-1.8)+(+5.6)+(-3.2)$

02 정수와 유리수의 뺄셈

251

다음을 계산하여라.

(1) $(+7)-(+12)$

(2) $(-4)-(+10)$

(3) $(-8)-(-11)$

(4) $(+9)-(-5)$

(5) $\left(-\frac{2}{5}\right)-\left(+\frac{4}{5}\right)$

(6) $\left(-\frac{3}{2}\right)-\left(-\frac{1}{3}\right)$

(7) $(+4.9)-(+2.5)$

(8) $(+2.7)-(-6.2)$

252

다음을 계산하여라.

(1) $(+5)+(-9)-(+3)$

(2) $(-8)-(-6)+(-2)$

(3) $(+10)-(+13)-(-5)$

(4) $\left(+\frac{1}{3}\right)-\left(-\frac{3}{4}\right)+(-2)$

(5) $\left(-\frac{3}{4}\right)+\left(+\frac{1}{2}\right)-\left(-\frac{7}{4}\right)$

(6) $(-2.4)-(+3.5)+(-4.9)$

253

다음을 계산하여라.

(1) $-6+2-7$

(2) $9-13+5$

(3) $\frac{1}{4}+\frac{5}{3}-\frac{3}{2}$

(4) $-\frac{3}{2}+\frac{2}{5}-\frac{1}{3}$

(5) $1.9+1.6-3.2$

03 정수와 유리수의 곱셈

(1) **정수와 유리수의 곱셈**

① 부호가 같은 두 수의 곱셈

두 수의 절댓값의 곱에 양의 부호 $+$를 붙인 것과 같다.

② 부호가 다른 두 수의 곱셈

두 수의 절댓값의 곱에 음의 부호 $-$를 붙인 것과 같다.

참고 세 수 이상의 곱셈에서는 먼저 곱의 부호를 정하고, 각 수들의 절댓값의 곱에 그 부호를 붙인다. 이때 곱하는 수 중 음수의 개수가 짝수 개이면 곱의 부호는 $+$, 홀수 개이면 곱의 부호는 $-$이다.

(2) **곱셈의 계산 법칙**

세 수 a, b, c에 대하여 다음이 성립한다.

① 곱셈의 교환법칙: $a\times b=b\times a$

② 곱셈의 결합법칙: $(a\times b)\times c=a\times(b\times c)$

(3) **분배법칙:** 세 수 a, b, c에 대하여

$a\times(b+c)=a\times b+a\times c$, $(a+b)\times c=a\times c+b\times c$

+ $(+)\times(+)=(+)$
  $(-)\times(-)=(+)$
  $(+)\times(-)=(-)$
  $(-)\times(+)=(-)$

+ 어떤 수와 0의 곱은 항상 0이다.

+ 음수의 거듭제곱의 부호
  지수가 ┌ 짝수이면 $+$
  　　　 └ 홀수이면 $-$

+ $a\times(b+c)=a\times b+a\times c$
  $(a+b)\times c=a\times c+b\times c$

04 정수와 유리수의 나눗셈

(1) **정수와 유리수의 나눗셈**

① 부호가 같은 두 수의 나눗셈

두 수의 절댓값의 나눗셈의 몫에 양의 부호 $+$를 붙인 것과 같다.

② 부호가 다른 두 수의 나눗셈

두 수의 절댓값의 나눗셈의 몫에 음의 부호 $-$를 붙인 것과 같다.

(2) **역수를 이용한 나눗셈**

① 역수: 어떤 두 수의 곱이 1일 때, 한 수를 다른 수의 역수라고 한다.

주의 분수의 역수를 구할 때, 분자와 분모는 서로 바꾸지만 부호는 바꾸지 않는다.

즉, $-\frac{3}{5}$의 역수 ⇨ $-\frac{5}{3}$ (○), $\frac{5}{3}$ (×)

② 유리수의 나눗셈은 나누는 수의 역수를 곱해서 계산할 수 있다.

곱셈으로 바꾸고 ~

예 $\left(+\frac{2}{3}\right)\div\left(-\frac{4}{5}\right)=\left(+\frac{2}{3}\right)\times\left(-\frac{5}{4}\right)=-\left(\frac{2}{3}\times\frac{5}{4}\right)=-\frac{5}{6}$

역수로 바꾸고 ~

+ $0\div(0$이 아닌 수$)=0$

+ 나눗셈에서 0으로 나누는 것은 생각하지 않는다.

05 덧셈, 뺄셈, 곱셈, 나눗셈의 혼합 계산

덧셈, 뺄셈, 곱셈, 나눗셈의 혼합 계산 순서

거듭제곱 ⇨ 괄호 (소괄호) → {중괄호} → [대괄호] ⇨ 곱셈, 나눗셈 ⇨ 덧셈, 뺄셈

03 정수와 유리수의 곱셈

254
다음을 계산하여라.

(1) $(+6)\times(+4)$ (2) $(-5)\times(-8)$

(3) $(+3)\times(-10)$ (4) $(-20)\times 0$

(5) $\left(+\frac{1}{2}\right)\times\left(+\frac{4}{5}\right)$ (6) $\left(-\frac{16}{3}\right)\times\left(-\frac{9}{2}\right)$

(7) $\left(+\frac{4}{15}\right)\times\left(-\frac{3}{8}\right)$ (8) $\left(-\frac{3}{10}\right)\times\left(+\frac{5}{9}\right)$

255
다음을 계산하여라.

(1) $(-2)\times(-5)\times(-8)$

(2) $(+8)\times(-2)\times(-3)$

(3) $\left(-\frac{2}{7}\right)\times\left(+\frac{14}{3}\right)\times\left(-\frac{5}{2}\right)$

(4) $(-1)\times(-2)\times(-3)\times(-4)\times(-5)$

256
다음을 계산하여라.

(1) $(-4)^2$ (2) $(-3)^3$

(3) $(-2)^5$ (4) -5^2

(5) $\left(-\frac{2}{3}\right)^2$ (6) $\left(-\frac{3}{4}\right)^3$

(7) $-\left(\frac{1}{2}\right)^3$ (8) $-\left(-\frac{1}{3}\right)^3$

04 정수와 유리수의 나눗셈

257
다음 수의 역수를 구하여라.

(1) -5 (2) $\frac{5}{2}$

(3) $(-2)^2$ (4) $-\frac{4}{3}$

258
다음을 계산하여라.

(1) $(-15)\div(-3)$ (2) $(+21)\div(-7)$

(3) $(-40)\div(+10)$ (4) $0\div(-12)$

(5) $\left(-\frac{2}{3}\right)\div(-4)$ (6) $\left(+\frac{1}{3}\right)\div\left(-\frac{11}{6}\right)$

(7) $\left(-\frac{8}{15}\right)\div\left(+\frac{2}{5}\right)$ (8) $\left(-\frac{5}{6}\right)\div\left(+\frac{5}{3}\right)$

259
다음을 계산하여라.

(1) $\left(-\frac{8}{5}\right)\times\left(-\frac{10}{3}\right)\div\left(+\frac{6}{5}\right)$

(2) $2\times(-12)\div\left(-\frac{3}{5}\right)\times\left(-\frac{1}{4}\right)$

(3) $(-2)^4\times(-3)\div\frac{8}{3}\times\frac{1}{6}$

05 덧셈, 뺄셈, 곱셈, 나눗셈의 혼합 계산

260
다음을 계산하여라.

(1) $10-(-2)\times(-6)$

(2) $(-50)\div\{8+(-3)\}$

(3) $(-3)^2-12\div(-3)+2^4$

(4) $(-3)\times\frac{1}{12}-6\div\left(-\frac{2}{3}\right)$

(5) $3\div\left\{(-4)^2+\left(4\div\frac{4}{3}-7\right)\right\}\times\frac{1}{3}$

유형 045 수직선을 이용한 두 수의 덧셈

예 $(+3)+(-2)$와 $(+3)+(+2)$의 계산

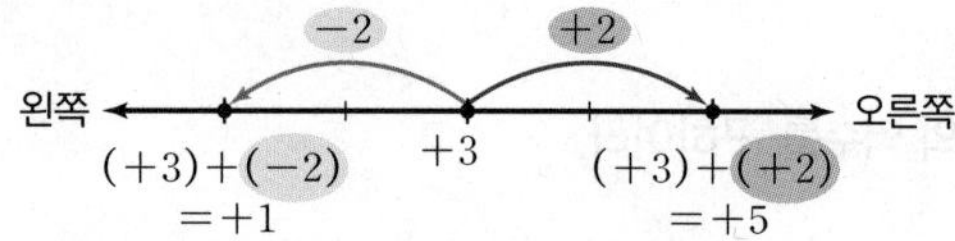

⇨ $(+3)+(-2)=+1$, $(+3)+(+2)=+5$

풍쌤의 Point 수직선에서 양수를 더하면 오른쪽으로, 음수를 더하면 왼쪽으로 가.

261 필수

다음 수직선으로 설명할 수 있는 덧셈식은?

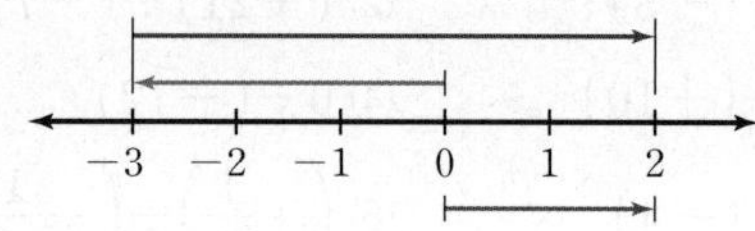

① $(-3)+(+2)=-1$　② $(-3)+(+5)=+2$
③ $(-3)+(-2)=-5$　④ $(+5)+(-2)=+3$
⑤ $(-5)+(+3)=-2$

262

다음 수직선으로 설명할 수 있는 덧셈식은?

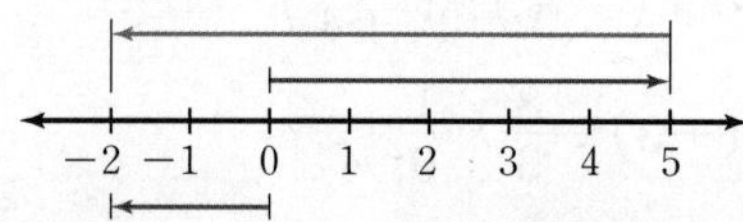

① $(-7)+(-5)=-12$　② $(-2)+(-7)=-9$
③ $(-2)+(+5)=+3$　④ $(+5)+(-2)=+3$
⑤ $(+5)+(-7)=-2$

263

다음 수직선으로 설명할 수 있는 덧셈식을 구하여라.

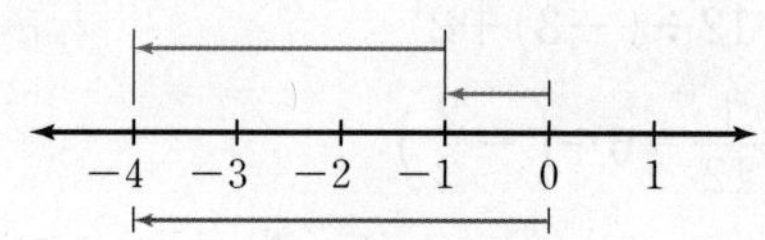

유형 046 정수와 유리수의 덧셈

(1) 부호가 같은 두 수의 덧셈: 절댓값의 합에 공통인 부호를 붙인 것과 같다.

예 $(-3)+(-2)=-(3+2)=-5$ (공통인 부호, 절댓값의 합)

(2) 부호가 다른 두 수의 덧셈: 절댓값의 차에 절댓값이 큰 수의 부호를 붙인 것과 같다.

예 $(+3)+(-2)=+(3-2)=+1$ (절댓값이 큰 수의 부호, 절댓값의 차)

(3) 절댓값이 같고 부호가 다른 두 수의 합은 0이다.

예 $\left(+\frac{1}{2}\right)+\left(-\frac{1}{2}\right)=0$

264 필수

다음 중 계산 결과가 옳지 않은 것은?

① $(+17)+(-10)=+7$
② $\left(-\frac{1}{4}\right)+\left(-\frac{3}{2}\right)=-\frac{9}{4}$
③ $\left(-\frac{1}{3}\right)+\left(+\frac{1}{3}\right)=0$
④ $\left(-\frac{5}{2}\right)+(+0.5)=-2$
⑤ $(+3)+\left(-\frac{5}{3}\right)=+\frac{4}{3}$

265

다음 보기 중 계산 결과가 음수인 것을 모두 고른 것은?

보기
ㄱ. $(+5)+(-4)$　ㄴ. $(+3)+\left(-\frac{7}{2}\right)$
ㄷ. $\left(-\frac{1}{2}\right)+\left(-\frac{3}{2}\right)$　ㄹ. $\left(-\frac{3}{5}\right)+\left(+\frac{5}{2}\right)$

① ㄱ, ㄴ　② ㄱ, ㄷ　③ ㄴ, ㄷ
④ ㄷ, ㄹ　⑤ ㄱ, ㄴ, ㄷ

266

다음 중 계산 결과가 나머지 넷과 다른 하나는?

① $(+9)+(-4)$ ② $(+3)+(+2)$
③ $(+10)+(-5)$ ④ $(-4)+(-1)$
⑤ $(-6)+(+11)$

267

다음 중 계산 결과가 가장 작은 것은?

① $(-4)+(-5)$ ② $(-7)+(+4)$
③ $(+3)+(+6)$ ④ $(-6)+(+6)$
⑤ $(+12)+(-8)$

268 서술형

다음 수 중에서 절댓값이 가장 작은 수와 절댓값이 가장 큰 수를 제외한 나머지 세 수의 합을 구하여라.

$$\frac{7}{6},\quad -\frac{3}{5},\quad -2,\quad \frac{1}{2},\quad -1.5$$

269

두 유리수 $-\frac{16}{3}$과 $\frac{8}{3}$ 사이에 있는 정수 중 가장 큰 수와 가장 작은 수의 합은?

① -3 ② -1 ③ 1
④ 3 ⑤ 7

유형 047 덧셈의 계산 법칙

(1) 덧셈의 교환법칙: ●+■=■+●
(2) 덧셈의 결합법칙: (●+■)+▲=●+(■+▲)

풍쌤의 Point 계산 도우미 삼인방 ⇨ 교환법칙, 결합법칙, 분배법칙
※ 분배법칙은 유형 061에서 등장해.

270 필수

다음 계산 과정에서 (가), (나)에 이용된 덧셈의 계산 법칙을 각각 말하여라.

$$\left(+\frac{2}{3}\right)+(-22)+\left(-\frac{2}{3}\right)$$
$$=\left(+\frac{2}{3}\right)+\left(-\frac{2}{3}\right)+(-22) \quad \text{(가)}$$
$$=\left\{\left(+\frac{2}{3}\right)+\left(-\frac{2}{3}\right)\right\}+(-22) \quad \text{(나)}$$
$$=0+(-22)=-22$$

271

다음 계산 과정에서 (가)~(라)에 알맞은 것은?

$$\left(-\frac{3}{4}\right)+\left(-\frac{1}{2}\right)+\left(+\frac{7}{4}\right)$$
$$=\left(-\frac{3}{4}\right)+\left(+\frac{7}{4}\right)+\left(-\frac{1}{2}\right) \quad \text{덧셈의 (가) 법칙}$$
$$=\left\{\left(-\frac{3}{4}\right)+\left(\boxed{(다)}\right)\right\}+\left(-\frac{1}{2}\right) \quad \text{덧셈의 (나) 법칙}$$
$$=(\boxed{(라)})+\left(-\frac{1}{2}\right)=+\frac{1}{2}$$

	(가)	(나)	(다)	(라)
①	교환	결합	$-\frac{3}{4}$	-1
②	교환	결합	$+\frac{7}{4}$	$+1$
③	교환	교환	$+1$	$+\frac{7}{4}$
④	결합	교환	$-\frac{1}{4}$	$+1$
⑤	결합	교환	$+\frac{7}{4}$	$+1$

유형 048 정수와 유리수의 뺄셈

빼는 수의 부호를 바꾸어 덧셈으로 계산한다.

예 $\left(-\frac{1}{3}\right)-\left(-\frac{5}{3}\right)=\left(-\frac{1}{3}\right)+\left(+\frac{5}{3}\right)=\frac{4}{3}$

(덧셈으로 바꾸고~ / 빼는 수의 부호도 바꾸고~)

풍쌤의 Point 뺄셈을 덧셈으로 변신시키자.

272 필수

다음 중 계산 결과가 옳지 않은 것은?

① $\left(+\frac{1}{4}\right)-(+3)=-\frac{11}{4}$

② $(+2)-\left(+\frac{1}{3}\right)=\frac{5}{3}$

③ $\left(-\frac{1}{2}\right)-\left(-\frac{5}{6}\right)=\frac{1}{3}$

④ $\left(-\frac{2}{5}\right)-\left(+\frac{2}{5}\right)=0$

⑤ $\left(-\frac{3}{5}\right)-\left(+\frac{7}{4}\right)=-\frac{47}{20}$

273

다음 중 계산 결과가 가장 큰 것은?

① $(+3)-(-5)$　② $(-1)-(-6)$

③ $(+9)-(+4)$　④ $(+8)-(-3)$

⑤ $(-6)-(+9)$

274

다음 수 중에서 절댓값이 가장 큰 수를 a, 절댓값이 가장 작은 수를 b라고 할 때, $b-a$의 값을 구하여라.

$-\frac{7}{2},\ 3,\ -\frac{10}{3},\ 0,\ -\frac{1}{6},\ \frac{12}{5}$

275

수직선 위에서 $\frac{8}{3}$에 가장 가까운 정수를 a, $-\frac{11}{6}$에 가장 가까운 정수를 b라고 할 때, $a-b$의 값은?

① -5　② -3　③ -1

④ 3　⑤ 5

276 창의

다음은 어느 해 3월 우리나라의 도시별 최저 기온을 조사하여 나타낸 것이다. 이 중 최고 기온과 최저 기온의 차를 구하여라.

도시	세종	강릉	목포	제주
기온(℃)	-6.4	-5.8	-3.9	1.8

277

두 수 A, B가 다음과 같을 때, $A-B$의 값을 구하여라.

$A=\left(-\frac{1}{2}\right)+\left(-\frac{3}{5}\right)$

$B=(+0.75)-\left(-\frac{1}{2}\right)$

어려운 ★★★

유형 049 절댓값이 주어진 수의 덧셈과 뺄셈

절댓값이 주어진 두 수 a, b에 대하여 $a+b$ 또는 $a-b$의 값 구하기
⇨ a, b의 값을 모두 구하여 $a+b$ 또는 $a-b$의 값을 구한다.

278 필수

절댓값이 $\frac{2}{5}$인 수를 a, 절댓값이 $\frac{1}{2}$인 수를 b라고 할 때, 다음 중 $a+b$의 값이 될 수 없는 것은?

① $-\frac{9}{10}$ ② $-\frac{1}{10}$ ③ $\frac{1}{10}$
④ $\frac{3}{10}$ ⑤ $\frac{9}{10}$

279 서술형

다음을 만족하는 두 수 A, B에 대하여 $A-B$의 가장 큰 값을 구하여라.

$$|A|=7,\quad |B|=10$$

280

두 정수 a, b에 대하여 $|a|<5$, $|b|<7$일 때, $a-b$의 가장 큰 값을 M, 가장 작은 값을 m이라고 하자. $M-m$의 값은?

① -4 ② 0 ③ 4
④ 10 ⑤ 20

중요한

유형 050 덧셈과 뺄셈의 혼합 계산

덧셈과 뺄셈이 섞여 있을 때는 뺄셈을 모두 덧셈으로 고친 다음 앞에서부터 계산하거나 계산하기 편한 수끼리 모아서 계산한다.

예 $\left(-\frac{3}{5}\right)-(-3)+\left(-\frac{7}{5}\right)=\left(-\frac{3}{5}\right)+(+3)+\left(-\frac{7}{5}\right)$
$=\left\{\left(-\frac{3}{5}\right)+\left(-\frac{7}{5}\right)\right\}+(+3)$
$=(-2)+(+3)=1$

풍쌤의 Point 덧셈의 계산 법칙을 이용하자.

281 필수

$\left(-\frac{3}{4}\right)+\left(-\frac{1}{3}\right)-\left(-\frac{1}{6}\right)-\left(-\frac{7}{12}\right)$을 계산하면?

① -1 ② $-\frac{1}{3}$ ③ 0
④ $\frac{1}{3}$ ⑤ 1

282

다음을 계산하여라.

$$(-50)-(-40)+(-30)-(-20)-(+10)$$

283

다음 수직선 위의 점 A, B, C, D가 나타내는 수를 각각 a, b, c, d라고 할 때, $a+b-c+d$의 값을 구하여라.

A B C D
-3 -2 -1 0 $+1$ $+2$ $+3$

유형 051 괄호가 없는 수의 덧셈과 뺄셈

① 괄호가 없는 수 앞에 $+$를 붙인다.
② 뺄셈은 덧셈으로 고친다.
③ 양수는 양수끼리, 음수는 음수끼리 묶어서 계산한다.

예 $-\frac{5}{6}-\frac{2}{3}=\left(-\frac{5}{6}\right)-\left(+\frac{2}{3}\right)=\left(-\frac{5}{6}\right)+\left(-\frac{2}{3}\right)$
$=\left(-\frac{5}{6}\right)+\left(-\frac{4}{6}\right)=-\frac{9}{6}=-\frac{3}{2}$

풍쌤의 Point 사라진 괄호와 부호 $+$를 찾아.

284 필수

$\frac{2}{5}-\frac{5}{6}-2$를 계산하면?

① $-\frac{107}{30}$ ② $-\frac{97}{30}$ ③ $-\frac{73}{30}$
④ $\frac{73}{30}$ ⑤ $\frac{97}{30}$

285

두 수 $A=-3-8+11$, $B=6-10-17$에 대하여 $A-B$의 값은?

① -21 ② -11 ③ 0
④ 11 ⑤ 21

286

$A=7-\frac{13}{4}+\frac{9}{5}-3$일 때, A보다 작은 모든 자연수의 합은?

① 1 ② 3 ③ 6
④ 10 ⑤ 15

287

오른쪽 계산 과정에서 처음으로 잘못된 부분을 찾고, 바르게 계산한 답을 구하여라.

$\frac{5}{3}-2+\frac{2}{3}$
$=2-\frac{5}{3}+\frac{2}{3}$ (가)
$=2-1$ (나)
$=1$ (다)

288

$\left|\frac{1}{2}-\frac{3}{4}\right|-\left|-\frac{1}{8}+1\right|$을 계산하면?

① $-\frac{11}{8}$ ② $-\frac{5}{8}$ ③ $\frac{1}{8}$
④ $\frac{7}{8}$ ⑤ $\frac{13}{8}$

289 서술형

다음을 계산하여라.

$$1-2+3-4+5-6+\cdots+99-100$$

290

다음 식을 계산하여 값이 작은 것부터 차례대로 나열하여라.

ㄱ. $-6+5-0.5$ ㄴ. $\frac{1}{2}-\frac{1}{5}+\frac{3}{10}$
ㄷ. $-1.9-1.1+\frac{1}{2}$ ㄹ. $\frac{1}{3}-\frac{1}{2}-\frac{7}{6}$

중요한 유형 052 a보다 b만큼 큰 수 또는 작은 수

(1) a보다 b만큼 큰 수 ⇨ $a+b$
(2) a보다 b만큼 작은 수 ⇨ $a-b$

풍쌤의 Point '~만큼 큰'이면 더하고, '~만큼 작은'이면 빼.

291 필수

$-\frac{7}{5}$보다 $-\frac{2}{7}$만큼 작은 수는?

① $-\frac{59}{35}$ ② $-\frac{53}{35}$ ③ $-\frac{47}{35}$
④ $-\frac{39}{35}$ ⑤ $-\frac{33}{35}$

292

다음 □ 안에 알맞은 수를 각각 써넣어라.

$-\frac{2}{3}$보다 $\frac{1}{2}$만큼 큰 수는 □이고,
$-\frac{2}{3}$보다 $\frac{1}{2}$만큼 작은 수는 □이다.

293

다음 중 가장 작은 수는?

① -2보다 2만큼 작은 수
② 0보다 $-\frac{5}{2}$만큼 작은 수
③ 5보다 -1만큼 큰 수
④ $-\frac{1}{2}$보다 $\frac{1}{2}$만큼 작은 수
⑤ -3보다 -2만큼 큰 수

294

절댓값이 4인 수 중에서 작은 수를 a, -5보다 -4만큼 작은 수를 b라고 할 때, $a-b$의 값은?

① -5 ② -3 ③ -2
④ 0 ⑤ 3

295 서술형

두 수 A, B가 다음과 같을 때, $A-B$의 값을 구하여라.

A: $-\frac{5}{6}$보다 $-\frac{2}{3}$만큼 작은 수
B: 절댓값이 $\frac{3}{4}$인 수 중에서 작은 수

296

두 수 a, b에 대하여 a는 $\frac{3}{2}$보다 $\frac{5}{3}$만큼 작은 수이고, $b=|a+3|$일 때, $a+b$의 값을 구하여라.

297

-8보다 -3만큼 작은 수를 a, $-\frac{3}{2}$보다 $\frac{5}{2}$만큼 큰 수를 b라고 할 때, $a<x<b$를 만족하는 정수 x의 개수를 구하여라.

필수유형 다지기

유형 053 □ 안에 알맞은 수

두 수 a, b에 대하여

(1) $\square+a=b$ ⇨ □보다 a만큼 큰 수는 b이다.
⇨ □는 b보다 a만큼 작은 수이다.
⇨ $\square=b-a$

(2) $\square-a=b$ ⇨ □보다 a만큼 작은 수는 b이다.
⇨ □는 b보다 a만큼 큰 수이다.
⇨ $\square=b+a$

298 필수

다음 □ 안에 알맞은 수를 각각 구하여라.

(1) $\square-(+3)=+6$

(2) $\square-(-9)=+1$

299

다음 식의 □ 안에 알맞은 수를 구하여라.

$$\square+\left(+\frac{1}{2}\right)=-\frac{2}{3}$$

300

$\square+(-2)=\frac{1}{2}$에서 □ 안에 알맞은 수를 a,

$\square-\left(-\frac{1}{3}\right)=1$에서 □ 안에 알맞은 수를 b라고 할 때, $a-b$의 값은?

① $-\frac{13}{6}$ ② $-\frac{11}{6}$ ③ $\frac{1}{6}$

④ $\frac{5}{6}$ ⑤ $\frac{11}{6}$

유형 054 덧셈과 뺄셈의 활용

예 오른쪽 그림에서 가로, 세로, 대각선 방향에 놓인 세 수의 합이 같으려면

a	1	b
	0	
	−1	4

$1+0+(-1)=0$이므로

$a+0+4=0$ ⇨ $a+4=0$ ⇨ $a=-4$

$-4+1+b=0$ ⇨ $-3+b=0$ ⇨ $b=3$

풍쌤의 Point 가로, 세로, 대각선 방향에 놓인 수들의 합이 모두 같으면 ⇨ 수가 모두 있는 변의 수의 합을 먼저 구해.

301 필수

오른쪽 그림에서 삼각형의 세 변에 놓인 세 수의 합이 각각 0일 때, $a+b+c$의 값을 구하여라.

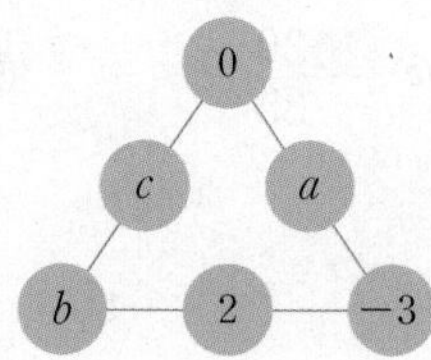

302 서술형

오른쪽 그림에서 삼각형의 세 변에 놓인 네 수의 합이 모두 같을 때, $A-B$의 값을 구하여라.

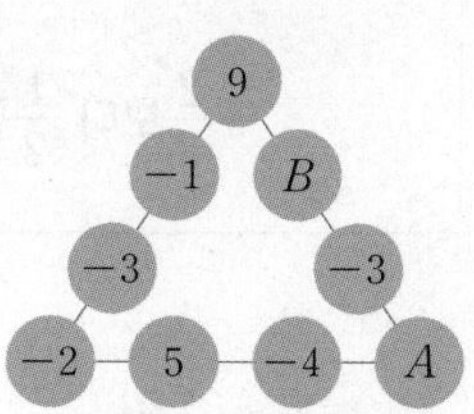

303

오른쪽 그림에서 가로, 세로, 대각선 방향에 놓인 세 수의 합이 모두 같도록 빈칸에 알맞은 수를 써넣어라.

−2		
3	−1	
−4		

유형 055 잘못 계산한 식

어떤 수에 A를 더해야 할 것을 잘못하여 빼었더니 B가 되었다.
(1) (어떤 수)$=A+B$
(2) (바르게 계산한 답)$=$(어떤 수)$+A$

풍쌤의 Point 어떤 수에 A를 더해야 할 것을 잘못하여 빼었더니 B가 되었으면 (어떤 수)$-A=B$야.

304 필수

어떤 유리수에서 $-\frac{2}{3}$를 빼어야 할 것을 잘못하여 더하였더니 그 결과가 $\frac{3}{2}$이 되었다. 바르게 계산한 답은?

① $\frac{3}{4}$ ② $\frac{10}{9}$ ③ $\frac{17}{6}$
④ $\frac{19}{5}$ ⑤ $\frac{14}{3}$

305 서술형

유리수 A에 $-\frac{7}{2}$을 더해야 할 것을 잘못하여 빼었더니 그 결과가 $-\frac{1}{6}$이 되었다. 다음 물음에 답하여라.

(1) 유리수 A를 구하여라.
(2) 바르게 계산한 답을 구하여라.

306

어떤 유리수에 $\frac{4}{3}$를 더해야 할 것을 잘못하여 $-\frac{3}{4}$을 더하였더니 그 결과가 $\frac{11}{12}$이 되었다. 어떤 유리수를 a, 바르게 계산한 답을 b라고 할 때, $a-b$의 값을 구하여라.

유형 056 두 유리수의 곱셈

(1) 부호가 같은 두 수의 곱셈: $+$(절댓값의 곱)
$(+)\times(+) \Rightarrow (+)$, $(-)\times(-) \Rightarrow (+)$
(2) 부호가 다른 두 수의 곱셈: $-$(절댓값의 곱)
$(+)\times(-) \Rightarrow (-)$, $(-)\times(+) \Rightarrow (-)$
(3) (유리수)$\times 0=0$

풍쌤의 Point 두 유리수의 곱셈에서 두 유리수의 절댓값의 곱에 부호가 같으면 $+$, 다르면 $-$를 붙여.

307 필수

다음 중 계산 결과가 옳은 것은?

① $\left(-\frac{2}{5}\right)\times(-10)=-4$
② $\left(+\frac{2}{3}\right)\times\left(-\frac{9}{4}\right)=+\frac{3}{2}$
③ $\left(-\frac{5}{2}\right)\times\left(+\frac{12}{5}\right)=+6$
④ $(+1.5)\times(-0.6)=-0.9$
⑤ $(-7)\times(-3)=-21$

308

다음 중 계산 결과가 가장 큰 것은?

① $(-6)\times(-4)$ ② $(-7)\times(+2)$
③ $(+15)\times 0$ ④ $(+9)\times(+2)$
⑤ $(+3)\times(-11)$

309 서술형

$A=\left(+\frac{2}{3}\right)\times\left(-\frac{15}{4}\right)$, $B=(-6)\times\left(-\frac{2}{9}\right)$일 때, $A\times B$의 값을 구하여라.

중요한

유형 057 여러 개의 수의 곱

세 수 이상의 곱의 부호

⇨ 곱하는 수 중 음수가 짝수 개이면 +(플러스), 홀수 개이면 −(마이너스)

예 $(-1)\times(-2)\times(+3)=+6$ 짝뿔

$(-1)\times(-2)\times(-3)=-6$ 홀마

풍쌤의 Point 먼저 '짝뿔홀마'의 법칙으로 부호를 정하고, 절댓값의 곱에 그 부호를 붙이자.

310 필수

다음 중 계산 결과가 양수인 것은?

① $(-5)\times(-3)\times(-1)$

② $(-5)\times4\times(-3)\times2\times(-1)$

③ $(-1)\times(-2)\times(-3)\times(-2)\times(-1)$

④ $(-10)\times(-5)\times0\times5\times10$

⑤ $(-10)\times(-8)\times(-6)\times(-4)\times2$

311 창의

다음 보기 중 계산 결과가 음수인 것을 모두 고른 것은?

보기

ㄱ. $3\times2\times1\times(-1)\times(-2)\times(-3)$

ㄴ. $(99-9)\times(99-19)\times(99-29)\times\cdots\times(99-199)$

ㄷ. $\left(-\frac{1}{3}\right)\times\left(-\frac{3}{5}\right)\times\left(-\frac{5}{7}\right)\times\cdots\times\left(-\frac{17}{19}\right)$

① ㄱ ② ㄴ ③ ㄷ

④ ㄱ, ㄷ ⑤ ㄱ, ㄴ, ㄷ

312 서술형

네 수 $\frac{7}{4}$, $-\frac{3}{2}$, 7, -4에서 세 수를 뽑아 곱한 값 중에서 가장 큰 수를 a, 가장 작은 수를 b라고 할 때, $a-b$의 값을 구하여라.

유형 058 곱셈의 계산 법칙

(1) 곱셈의 교환법칙: ●×▲=▲×●

(2) 곱셈의 결합법칙: (●×▲)×■=●×(▲×■)

풍쌤의 Point 덧셈과 마찬가지로 곱셈에서도 교환법칙, 결합법칙이 성립해.

313 필수

다음 계산 과정에서 (가), (나)에 이용된 곱셈의 계산 법칙을 각각 말하여라.

$$(-21)\times\left(+\frac{3}{5}\right)\times\left(-\frac{2}{7}\right)$$
$$=\left(+\frac{3}{5}\right)\times(-21)\times\left(-\frac{2}{7}\right) \quad (가)$$
$$=\left(+\frac{3}{5}\right)\times\left\{(-21)\times\left(-\frac{2}{7}\right)\right\} \quad (나)$$
$$=\left(+\frac{3}{5}\right)\times(+6)=+\frac{18}{5}$$

314

다음 계산 과정에서 이용된 곱셈의 계산 법칙을 □ 안에 각각 써넣어라.

$$(-5)\times(-9)\times(-4)\times(+7)$$
$$=(-5)\times(-4)\times(-9)\times(+7) \quad 곱셈의\ \square\ 법칙$$
$$=\{(-5)\times(-4)\}\times\{(-9)\times(+7)\} \quad 곱셈의\ \square\ 법칙$$
$$=(+20)\times(-63)=-1260$$

315

다음 식을 만족하는 유리수 a, b, c에 대하여 $a+b+c$의 값을 구하여라.

$$\left(-\frac{6}{5}\right)\times(-8)\times\left(-\frac{10}{9}\right)=\left(-\frac{6}{5}\right)\times a\times(-8)$$
$$=\left\{\left(-\frac{6}{5}\right)\times a\right\}\times(-8)$$
$$=b\times(-8)=c$$

중요한

유형 059 거듭제곱의 계산

(1) 양수의 거듭제곱 ⇨ +
(2) 음수의 거듭제곱 ⇨ 지수가 짝수이면 +, 홀수이면 −

풍쌤의 Point $(-)^{\text{짝수}}$ ⇨ +, $(-)^{\text{홀수}}$ ⇨ −

316 필수

다음 중 옳지 않은 것은?

① $\left(-\frac{1}{3}\right)^2=\frac{1}{9}$　② $\left(+\frac{1}{2}\right)^2=\frac{1}{4}$

③ $\left(-\frac{1}{3}\right)^3=-\frac{1}{27}$　④ $-\left(+\frac{1}{2}\right)^3=-\frac{1}{8}$

⑤ $-\left(-\frac{2}{3}\right)^3=-\frac{8}{27}$

317

다음 보기 중 옳은 것을 모두 골라라.

보기

ㄱ. $-5^2=25$　ㄴ. $-(-5)^2=-25$
ㄷ. $-5^3=-125$　ㄹ. $-(-5)^3=-125$

318 서술형

다음 중에서 가장 큰 수와 가장 작은 수의 곱을 구하여라.

-10^3, $(-10)^2$, $-(-10)^2$, $-(-10^3)$

319

$\left(-\frac{5}{3}\right)^3\times\left(-\frac{1}{5}\right)^2\times(-6)^2\times(-1)^5$을 계산하여라.

어려운 ★★★

유형 060 $(-1)^n$의 계산

$(-1)^n=\begin{cases}1 & (n\text{이 짝수})\\ -1 & (n\text{이 홀수})\end{cases}$

예 $(-1)^8=1$, $(-1)^9=-1$, $(-1)^{10}=1$
$-1^8=-1$, $-1^9=-1$, $-1^{10}=-1$

풍쌤의 Point $(-1)^{\text{짝수}}=1$, $(-1)^{\text{홀수}}=-1$

320 필수

$(-1)^{100}-(-1)^{101}-(-1)^{102}+(-1)^{103}$을 계산하면?

① -2　② -1　③ 0
④ 1　⑤ 2

321

n이 짝수일 때, $(-1)^n-(-1)^{n+1}+(-1)^{n+2}$의 값은?

① -3　② -1　③ 1
④ 2　⑤ 3

322

n이 홀수일 때,
$-1^{n+1}-\{(-1)^n-(-1)^{n+1}\}-(-1)^{n+2}$의 값은?

① -1　② 0　③ 1
④ 2　⑤ 3

중요한

유형 061 분배법칙

(1) ●×(▲+■)=●×▲+●×■ (①, ②)

(●+▲)×■=●×■+▲×■ (①, ②)

(2) ●×▲+●×■=●×(▲+■)

풍쌤의 Point 분배법칙은 괄호 밖의 수를 괄호 안으로 골고루 나누어 주는 것!

323 필수

다음은 분배법칙을 이용하여 43×97을 계산하는 과정이다. □ 안에 공통으로 들어가는 수를 구하여라.

$$\begin{aligned}43\times 97&=43\times(\square-3)\\&=43\times\square-43\times 3\\&=4171\end{aligned}$$

324

분배법칙을 이용하여 다음을 계산하여라.

$$(-2.75)\times 135+(-2.75)\times(-35)$$

325

세 수 a, b, c에 대하여 $a\times b=10$, $a\times(b+c)=-7$일 때, $a\times c$의 값을 구하여라.

326 서술형

분배법칙을 이용하여 다음을 계산하여라.

$$(-9)\times 7-(-9)\times 10+(-3)\times 19$$

중요한

유형 062 역수

(1) 어떤 두 수의 곱이 1일 때,
한 수를 다른 수의 역수라고 한다.

(2) 대분수는 가분수로, 소수는 분수로 고친 후 역수를 구한다.

(3) 정수는 분모가 1인 분수로 생각한다.

예 $2=\frac{2}{1}$ ⇨ 2의 역수는 $\frac{1}{2}$

(4) 1과 -1의 역수는 각각 1과 -1이고, 0의 역수는 없다.

풍쌤의 Point 분수의 역수를 구할 때, 분자와 분모는 서로 바꾸되 부호는 바꾸지 않아.

327 필수

다음 중 두 수가 서로 역수 관계인 것은?

① $1,\ -1$　② $\frac{1}{3},\ -\frac{1}{3}$　③ $-0.3,\ \frac{10}{3}$

④ $0.2,\ -\frac{1}{5}$　⑤ $-1\frac{1}{2},\ -\frac{2}{3}$

328 서술형

$-\frac{5}{6}$의 역수를 a, -0.4의 역수를 b라고 할 때, $a\times b$의 값을 구하여라.

329

$a=\frac{1}{3}\times\left(-\frac{1}{2}\right)$이고 $a\times b=1$일 때, b의 값을 구하여라.

330 창의

오른쪽 그림과 같은 주사위에서 마주 보는 면에 있는 두 수의 곱이 1일 때, 보이지 않는 세 면에 있는 수의 곱을 구하여라.

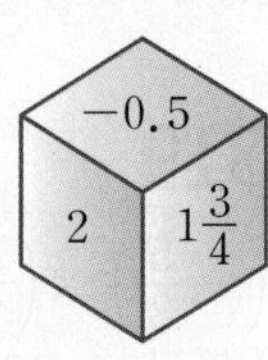

유형 063 정수와 유리수의 나눗셈

(1) 나눗셈은 곱셈으로 바꾸고 나누는 수는 역수로 바꾼다.

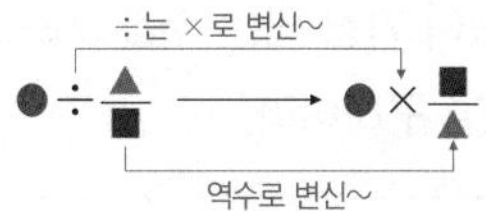

(2) 부호 결정하기 ⇨ 두 수의 부호가 {같으면 +, 다르면 −}

풍쌤의 Point 두 유리수의 나눗셈에서 두 유리수의 절댓값의 몫에 부호가 같으면 +, 다르면 −를 붙여.

331 필수

다음 중 계산 결과가 옳지 않은 것은?

① $\left(+\frac{2}{3}\right)\div(+4)=\frac{1}{6}$

② $\left(-\frac{5}{6}\right)\div\left(-\frac{10}{9}\right)=-\frac{3}{4}$

③ $\left(-\frac{3}{2}\right)\div(+0.5)=-3$

④ $(+36)\div(-3)\div(-4)=3$

⑤ $\left(+\frac{12}{5}\right)\div\left(-\frac{2}{9}\right)\div(-2)=\frac{27}{5}$

332 서술형 창의

다음 그림과 같이 7개의 사각형이 3층의 모양을 이루고 있다. 아래층의 연결된 두 사각형에 적힌 수의 곱이 위층의 연결된 사각형에 들어가는 수와 같을 때, 세 유리수 A, B, C에 대하여 $A+B+C$의 값을 구하여라.

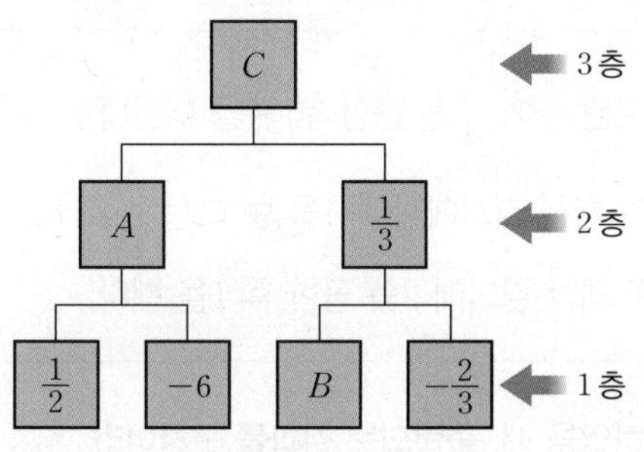

유형 064 곱셈, 나눗셈의 혼합 계산

(1) 거듭제곱을 먼저 계산한다.
(2) 나눗셈은 곱셈으로 바꾼다. ⇨ 역수를 곱한다.
(3) 절댓값의 곱에 부호를 붙인다.

풍쌤의 Point 분수끼리는 반드시 약분하여 간단히 하기

333 필수

$(-5)^2\times\left(-\frac{1}{3}\right)^2\div\left(-\frac{5}{3}\right)^3$의 계산 결과의 역수를 구하여라.

334 서술형

두 수 A, B가 다음과 같을 때, $A\div B$의 값을 구하여라.

$$A=\left(-\frac{3}{4}\right)\times\frac{8}{21}\div\left(-\frac{12}{7}\right)$$
$$B=\left(-\frac{1}{2}\right)\div\left(-\frac{3}{4}\right)\times\left(-\frac{2}{3}\right)$$

335

다음 식의 □ 안에 알맞은 수를 구하여라.

$$\left(-\frac{3}{2}\right)\div\square\times\left(-\frac{3}{5}\right)=\frac{3}{10}$$

336

두 수 A, B에 대하여 $A\div(-3)=-5$, $B\times(-4)=+12$일 때, $A\div(-5)\times B$의 값을 구하여라.

중요한

유형 065 덧셈, 뺄셈, 곱셈, 나눗셈의 혼합 계산

유리수의 혼합 계산은 다음과 같은 순서대로 한다.

거듭제곱 ⇨ 괄호 ⇨ 곱셈, 나눗셈 ⇨ 덧셈, 뺄셈

( )→{ }→[ ] 나눗셈은 곱셈으로 뺄셈은 덧셈으로

풍쌤의 Point 모든 일에는 순서가 있는 법! 계산도 마찬가지야.

337 필수

다음 식의 계산 순서를 차례대로 나열하여라.

$$\frac{1}{2}-\left[\frac{2}{3}+(-2)\times\left\{6\div\left(-\frac{1}{2}\right)\times\frac{1}{3}\right\}\right]$$

(↑ ㉠: $-$, ㉡: $+$, ㉢: $\times$, ㉣: $\div$, ㉤: $\times$)

338

다음 두 수 A, B의 크기를 비교하여 □ 안에 부등호 $>$ 또는 $<$를 써넣어라.

$A=1+3\div\left(-\frac{1}{3}\right)$, $B=7\div\left(\frac{1}{18}-\frac{5}{6}\right)$

⇨ A □ B

339

$1-\left[\frac{9}{2}+(-9)\div\left\{4\times\left(-\frac{1}{10}\right)+2\right\}\right]$를 계산하면?

① $-\frac{21}{8}$ ② $-\frac{17}{8}$ ③ $-\frac{1}{8}$

④ $\frac{17}{8}$ ⑤ $\frac{25}{8}$

340 서술형

다음 수 중에서 가장 큰 수를 a, 가장 작은 수를 b, 절댓값이 가장 큰 수를 c, 절댓값이 가장 작은 수를 d라고 할 때, $a\div c+d\div b$의 값을 구하여라.

-5, $\frac{12}{5}$, $-\frac{3}{4}$, $\frac{1}{2}$, 2.3, $-\frac{11}{2}$

341

세 수 a, b, c가 다음과 같을 때, a, b, c의 대소 관계를 부등호 $<$를 사용하여 나타내어라.

$a=(+3)+(-5)+(+1)+(-7)$

$b=4\times(-3^2)\div(-1)^2$

$c=\frac{1}{2}\div\frac{3}{8}+3\times\left\{\frac{5}{3}-6\times\left(-\frac{1}{3}\right)^2\right\}$

342 창의

다음과 같이 어떤 수를 입력하면 규칙에 따라 A, B, C의 순서대로 계산하여 결과를 출력하는 연산 상자가 있다.

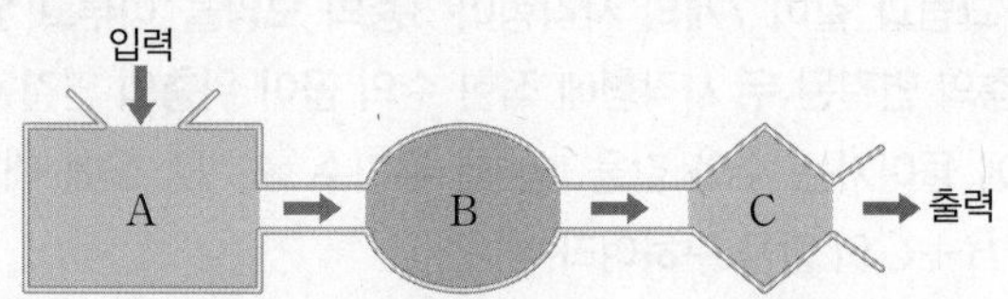

A: 입력된 수에 $\frac{3}{4}$을 곱한 후 $\frac{3}{2}$을 더한다.

B: A의 계산 결과에서 -1을 뺀 다음 $\frac{1}{3}$로 나눈다.

C: B의 계산 결과에 2를 곱한 후 1을 뺀다.

$\frac{2}{3}$를 입력하였을 때, 출력되는 결과를 구하여라.

어려운 ★★★

유형 066 새로운 연산 기호

새로운 연산 기호에 따라 계산할 때, 임의로 수의 위치를 바꾸어서 계산하지 않도록 주의한다.

풍쌤의 Point 기호는 약속이야. 따라서 그대로 지키기만 하면 돼.

343 필수

서로 다른 두 수 a, b에 대하여

$$a\triangle b=a+b-\frac{1}{2}$$

이라고 할 때, $\left\{\left(-\frac{1}{4}\right)\triangle\left(+\frac{2}{3}\right)\right\}\triangle\left(-\frac{1}{6}\right)$의 값은?

① $-\frac{3}{4}$ ② $-\frac{5}{12}$ ③ $-\frac{1}{4}$

④ $\frac{1}{4}$ ⑤ $\frac{7}{4}$

344

0이 아닌 서로 다른 두 수 a, b에 대하여

$$a\triangle b=a\times b-1$$
$$a\bigstar b=a\div b+2$$

라고 할 때, 다음 식의 값을 구하여라.

$$\{2\triangle(-3)\}\bigstar\{(-2)\triangle(-4)\}$$

345 창의

$n\geq 2$인 자연수 n에 대하여

$$n^*=\left(-\frac{1}{2}\right)\times\left(-\frac{2}{3}\right)\times\left(-\frac{3}{4}\right)\times\cdots\times\left(-\frac{n-1}{n}\right)$$

이라고 할 때, 10^*의 값을 구하시오.

유형 067 문자로 주어진 수의 부호와 대소 관계

(1) $-(+)\Rightarrow(-)$, $-(-)\Rightarrow(+)$

(2) $(+)+(+)\Rightarrow(+)$, $(-)+(-)\Rightarrow(-)$

$(+)-(-)\Rightarrow(+)$, $(-)-(+)\Rightarrow(-)$

(3) $(+)\times(+)\Rightarrow(+)$, $(-)\times(-)\Rightarrow(+)$

$(+)\times(-)\Rightarrow(-)$, $(-)\times(+)\Rightarrow(-)$

풍쌤의 Point 문자로 주어진 수의 대소 관계는 적당한 수 또는 +, − 부호를 대입하여 비교해.

346 필수

두 수 a, b에 대하여 $a<0$, $b>0$일 때, 다음 중 옳지 않은 것은?

① $-a>0$ ② $a^2>0$ ③ $b-a>0$

④ $a\times b<0$ ⑤ $a^2\times b<0$

347

두 수 a, b에 대하여 $a>0$, $b<0$, $|a|<|b|$일 때, 다음 보기 중 계산 결과가 항상 양수인 것을 모두 고른 것은?

보기

ㄱ. $a+b$ ㄴ. $a-b$ ㄷ. $b-a$

ㄹ. $a\div b$ ㅁ. $|b|-|a|$

① ㄱ, ㄹ ② ㄴ, ㅁ ③ ㄷ, ㄹ

④ ㄱ, ㄴ, ㅁ ⑤ ㄱ, ㄴ, ㄷ, ㄹ

348

$-1<a<0$인 유리수 a에 대하여 다음 중 가장 큰 값은?

① a ② $\frac{1}{a}$ ③ a^2

④ $\frac{1}{a^2}$ ⑤ a^3

유형 068 곱의 부호를 알 때, 수의 부호 결정하기

(1) ⊕ × ⊕ ⇨ ⊕, ⊖ × ⊖ ⇨ ⊕
(2) ⊕ × ⊖ ⇨ ⊖, ⊖ × ⊕ ⇨ ⊖

풍쌤의 Point (1) $a\times b>0$이면 a, b는 서로 같은 부호
(2) $a\times b<0$이면 a, b는 서로 다른 부호

349 필수

세 수 a, b, c에 대하여 $a<b$, $a\times b<0$, $a\times c>0$일 때, 다음 중 옳은 것은?

① $a>0,\ b>0,\ c>0$
② $a>0,\ b>0,\ c<0$
③ $a<0,\ b>0,\ c>0$
④ $a<0,\ b>0,\ c<0$
⑤ $a<0,\ b<0,\ c<0$

350

두 수 a, b에 대하여 $a-b<0$, $\frac{a}{b}<0$일 때, 다음 중 옳은 것은?

① $b-a<0$
② $-\frac{a}{b}<0$
③ $\{-(-a)\}^2>0$
④ $-a^2\times(-1)^2>0$
⑤ $a^2\times(-1)^{99}>0$

351

세 수 a, b, c에 대하여 $a-c>0$, $\frac{a}{b}>0$, $b\times c<0$일 때, 다음 중 옳은 것은?

① $a>0,\ b>0,\ c>0$
② $a>0,\ b>0,\ c<0$
③ $a>0,\ b<0,\ c<0$
④ $a<0,\ b>0,\ c<0$
⑤ $a<0,\ b<0,\ c>0$

어려운 ★★★

유형 069 수직선 위에서 $m:n$으로 나누는 점

예 수직선 위에서 두 수 -3과 6을 나타내는 점 A, B 사이의 거리를 2 : 1로 나누는 점 P가 나타내는 수 x 구하기

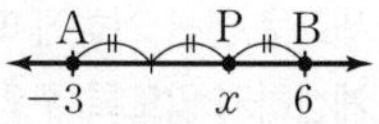

① 두 점 A, B 사이의 거리는 $6-(-3)=9$
② 두 점 A, B 사이의 거리를 3등분한 한 구간의 길이는 $9\div3=3$
③ x는 -3보다 $3\times2=6$만큼 큰 수이므로 $x=-3+6=3$

풍쌤의 Point 두 점 사이의 거리를 $(m+n)$등분한 한 구간의 길이부터 구해 보자.

352 필수

다음 수직선 위에서 점 A는 두 점 B, C 사이의 거리를 5 : 2로 나누는 점이다. 점 A가 나타내는 수를 구하여라.

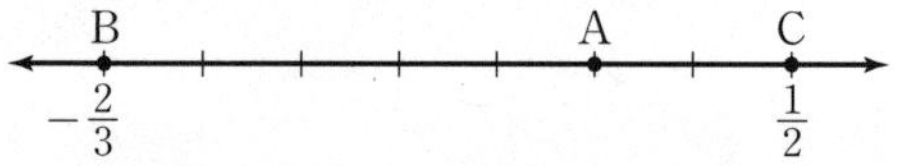

353

수직선 위에서 두 수 $-\frac{1}{3}$과 $\frac{7}{3}$을 나타내는 점 사이의 거리를 1 : 3으로 나누는 점 A가 나타내는 수는?

① $\frac{1}{3}$
② $\frac{1}{2}$
③ 1
④ $\frac{6}{5}$
⑤ $\frac{5}{3}$

354 서술형

다음 수직선 위에 있는 두 점 A, B의 한가운데에 있는 점을 M, 두 점 A, B 사이의 거리를 2 : 1로 나누는 점을 N이라고 할 때, 두 점 M, N 사이의 거리를 구하여라.

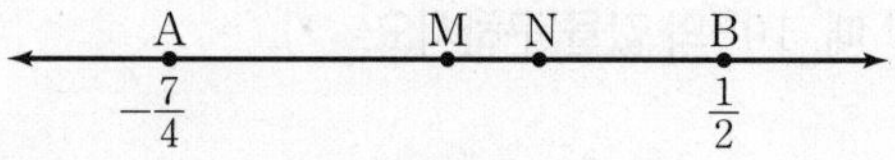

355

서로 다른 두 수 a, b에 대하여

$<a,\ b>=$(두 수 a, b 중 절댓값이 큰 수)

라고 할 때, $<5,\ -8>+<\square,\ 2>=-15$가 성립한다. 이때 □ 안에 알맞은 수를 구하여라.

356

서로 다른 세 음의 정수의 곱은 -24이고, 그중 한 정수의 절댓값은 6이다. 세 정수의 합을 구하여라.

357

$a>0$, $b<0$인 두 정수 a, b가 다음 두 조건을 모두 만족할 때, $a\times b$의 값을 구하여라.

(가) $|a|$는 $|b|$의 2배이다.
(나) 수직선 위에서 a, b를 나타내는 두 점 사이의 거리는 6이다.

358

호서와 민주는 가위바위보를 하여 이기면 $+2$점, 지면 -1점을 얻는 놀이를 하였다. 가위바위보를 20번 하여 호서가 12번을 이겼을 때, 호서의 점수에서 민주의 점수를 뺀 값을 구하여라.

(단, 둘 다 0점에서 시작하고, 비기는 경우는 없다.)

359

$\frac{1}{2\times3}=\frac{1}{2}-\frac{1}{3}$, $\frac{1}{3\times4}=\frac{1}{3}-\frac{1}{4}$과 같은 성질을 이용하여 다음을 계산하여라.

$$\frac{1}{10\times11}+\frac{1}{11\times12}+\frac{1}{12\times13}+\cdots+\frac{1}{19\times20}$$

360 서술형

두 유리수 a, b가 다음과 같을 때, $a-b$의 값을 구하여라.

$$a=5-(-3)\times\{(-2)^2-24\div(-2)^3\}\div(-1)^9$$
$$b=(-1)^3\times(-1)^4-5\times\{(-8)+(-3^2)\div9\}$$

361 창의

오른쪽 전개도를 접어서 정육면체를 만들려고 한다. 서로 마주 보는 면에 적힌 두 수의 곱이 1이 되도록 할 때, 비어 있는 세 면에 들어가는 수의 곱을 구하여라.

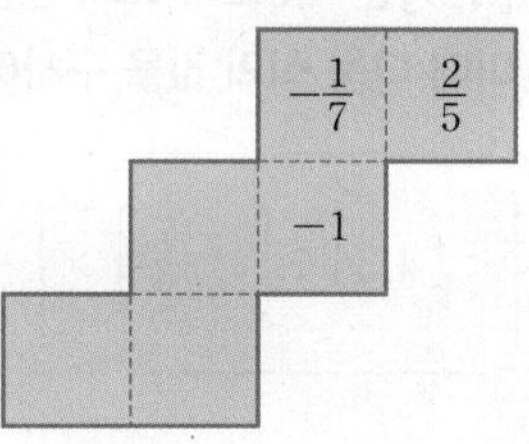

362

네 수 $-\frac{5}{4}$, $\frac{2}{3}$, 1.25, $-\frac{1}{2}$ 중에서 서로 다른 두 수를 택하여 a, b라고 할 때, $a\div b$의 값 중 가장 큰 값을 구하여라.

363

다음 조건을 모두 만족하는 두 수 a, b에 대하여 a^2+b^2의 값을 구하여라.

(가) $\lvert a\rvert=\lvert b\rvert$	(나) $a=b+\frac{12}{5}$

364

두 수 a, b에 대하여 기호 ◎를

$$a◎b=\begin{cases} a\times b+a+b\ (a\geq b\text{일 때}) \\ a\times b-a-b\ (a<b\text{일 때}) \end{cases}$$

라고 할 때, $(-10)◎\{3◎(-2)\}$의 값을 구하여라.

365

$[x]$는 x보다 크지 않은 최대의 정수를 나타낸다. 예를 들어 $[4.6]$은 4.6보다 크지 않은 최대의 정수이므로 $[4.6]=4$이다. 이때 다음 식의 값을 구하여라.

$$[4.3]\div\left[-\frac{7}{2}\right]^2\times\left[-\frac{5}{4}\right]-\left\{\left(\left[\frac{1}{2}\right]-[3.1]\right)\div\frac{1}{2}\right\}$$

366

두 수 a, b에 대하여 $a\times b>0$, $a+b<0$일 때, 다음 보기 중 옳은 것을 모두 골라라.

보기

ㄱ. $a-b<0$	ㄴ. $a\div b>0$
ㄷ. $a^2+b^2<0$	ㄹ. $(a+b)^2>0$

367

네 수 a, b, c, d가 다음 조건을 모두 만족할 때, a, b, c, d의 부호는?

(가) $a\times b<0$	(나) $a-d<0$
(다) $a+c+d=0$	(라) $a\times b\times c\times d<0$

① $a>0,\ b>0,\ c>0,\ d<0$
② $a>0,\ b<0,\ c<0,\ d<0$
③ $a<0,\ b>0,\ c>0,\ d>0$
④ $a<0,\ b<0,\ c>0,\ d<0$
⑤ $a<0,\ b<0,\ c<0,\ d>0$

368

다음에서 ▩ 안의 수들이 일정하게 커진다고 할 때, 유리수 a의 값을 구하여라.

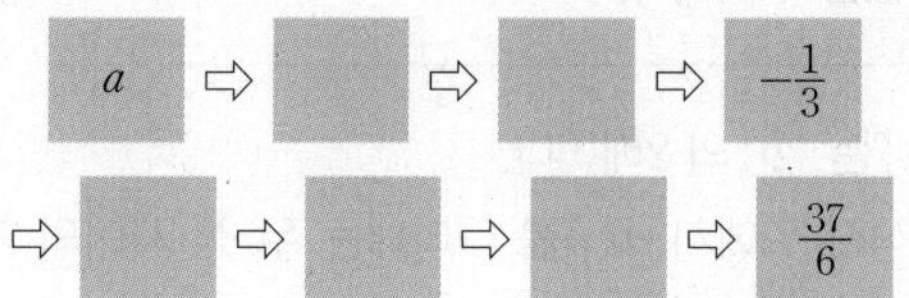

369 서술형

수직선 위에서 두 점 A, B 사이의 거리는 8이고 두 점 A, B 사이의 거리를 $2:1$로 나누는 점이 나타내는 수가 $-\frac{2}{3}$일 때, 두 점 A와 B가 나타내는 수를 각각 구하여라.

(단, 점 A는 점 B보다 왼쪽에 있다.)

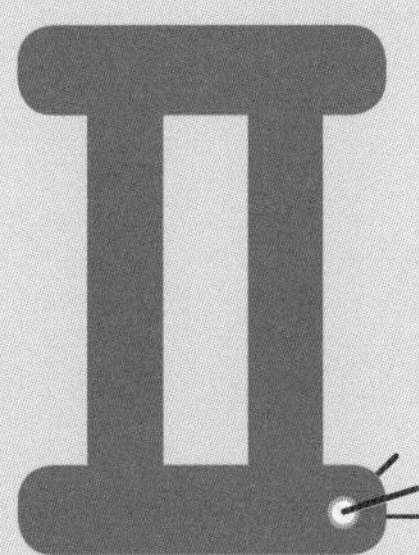

문자와 식

1 문자의 사용과 식의 계산

01 문자의 사용과 기호의 생략

(1) 문자의 사용

문자를 사용하면 수량 사이의 관계를 식으로 간단히 나타낼 수 있다.

예 한 봉지에 700원 하는 과자 x봉지의 값 ⇨ $(700\times x)$원

(2) 곱셈 기호의 생략

수와 문자, 문자와 문자 사이의 곱에서는 곱셈 기호 '×'를 다음과 같이 생략하여 간단히 나타낼 수 있다.

① 수와 문자의 곱에서는 수를 문자 앞에 쓴다. 예 $a\times(-5)=-5a$

② 1 또는 -1과 문자의 곱에서는 1을 생략한다.

예 $1\times a=a$, $(-1)\times b=-b$

주의 $0.1\times a$는 1을 생략하지 않는다.
즉, $0.1\times a=0.1a$(○), $0.1\times a=0.a$(×)

③ 문자끼리의 곱에서는 각 문자를 보통 알파벳 순서로 쓴다. 예 $b\times a=ab$

④ 같은 문자의 곱은 거듭제곱으로 나타낸다. 예 $a\times a\times b=a^2b$

⑤ 괄호가 있는 식과 수의 곱에서는 곱셈 기호 '×'를 생략하고 수를 괄호 앞에 쓴다. 예 $(a+b)\times(-3)=-3(a+b)$

(3) 나눗셈 기호의 생략

나눗셈 기호 '÷'를 생략하고 분수의 꼴로 나타낸다.

예 $a\div3=\frac{a}{3}$ 또는 $a\div3=a\times\frac{1}{3}=\frac{1}{3}a$

나누는 수의 역수를 곱한다.

✦ 문자를 사용하여 식을 세울 때 단위를 반드시 쓰도록 한다.

✦ 문자를 사용한 식에서 자주 쓰이는 공식

① (물건의 값)
=(한 개의 값)×(물건의 개수)

② (거스름돈)
=(지불한 금액)−(물건의 값)

③ (거리)=(속력)×(시간)

$(\text{속력})=\frac{(\text{거리})}{(\text{시간})}$

$(\text{시간})=\frac{(\text{거리})}{(\text{속력})}$

④ (소금물의 농도)

$=\frac{(\text{소금의 양})}{(\text{소금물의 양})}\times100(\%)$

(소금의 양)

$=(\text{소금물의 양})\times\frac{(\text{소금물의 농도})}{100}$

02 식의 값

(1) 대입: 문자를 포함한 식에서 문자 대신 수를 넣는 것

(2) 식의 값: 문자를 포함한 식에서 문자에 수를 대입하여 계산한 결과

(3) 식의 값을 구하는 방법

① 주어진 식에서 생략된 곱셈 기호 '×'와 나눗셈 기호 '÷'를 다시 쓴다.

② 문자에 주어진 수를 대입하여 계산한다.

예 $a=2$, $b=-3$일 때, $3a-5b$의 값

$3a-5b=3\times2-5\times(-3)=6-(-15)=6+15=21$

($a=2$를 대입, $b=-3$을 대입, 식의 값)

✦ 대입(대신할 代, 넣을 入)
⇨ 대신하여 넣는다.

✦ 음수를 대입할 때에는 반드시 괄호를 사용하도록 한다.

정답과 해설 39쪽

01 문자의 사용과 기호의 생략

370

다음을 문자를 사용한 식으로 나타내어라.

(1) 세 수 a, b, c의 평균

(2) 한 변의 길이가 a cm인 정사각형의 둘레의 길이

(3) 시속 60 km로 달리는 자동차가 x시간 동안 간 거리

(4) 길이가 b cm인 리본을 삼등분하였을 때 한 개의 길이

(5) 한 개에 a원 하는 물건을 10개 사고 3000원을 내었을 때의 거스름돈

(6) 한 자루에 700원 하는 볼펜 a자루와 한 권에 1500원 하는 공책 b권의 값의 합

371

다음 식을 곱셈 기호를 생략하여 나타내어라.

(1) $a\times 0.1$　(2) $b\times(-7)$

(3) $a\times b\times a\times b\times a$　(4) $(a+b)\times 5$

372

다음 식을 나눗셈 기호를 생략하여 나타내어라.

(1) $x\div 5$　(2) $y\div(-6)$

(3) $8\div(x+y)$　(4) $x\div 4\div y$

373

다음 식을 곱셈 기호 또는 나눗셈 기호를 생략하여 나타내어라.

(1) $3\times a+b\times(-1)$　(2) $x\times(-3)\div y$

(3) $a\div 5+b\div c$　(4) $x\div z\times x\div z\times y$

374

다음 식을 곱셈 기호 또는 나눗셈 기호를 사용하여 나타내어라.

(1) $5ab^2$　(2) $9(a+b)$

(3) $-3a^2bc$　(4) $2(a-b)^2$

(5) $\dfrac{7}{x}$　(6) $\dfrac{x+y}{3}$

(7) $5+\dfrac{y}{x}$　(8) $\dfrac{4}{x-y}$

02 식의 값

375

$x=-3$일 때, 다음 식의 값을 구하여라.

(1) $-2x$　(2) $5x+1$

(3) $7x+10$　(4) $-x^2$

(5) $2x^2+x-1$　(6) $\dfrac{6}{x}+5$

376

$x=4$, $y=-2$일 때, 다음 식의 값을 구하여라.

(1) $\dfrac{3xy}{8}$　(2) $5x-y$

(3) x^2-y^2　(4) $-2x^2y$

377

$x=-\dfrac{1}{2}$일 때, 다음 식의 값을 구하여라.

(1) $\dfrac{1}{x}$　(2) $-\dfrac{x}{4}$

(3) $2x+3$　(4) $1-x^2$

03 다항식과 일차식

(1) **항**: 수 또는 문자의 곱으로만 이루어진 식
(2) **상수항**: 수로만 이루어진 항
(3) **계수**: 수와 문자의 곱으로 이루어진 항에서 문자에 곱해진 수

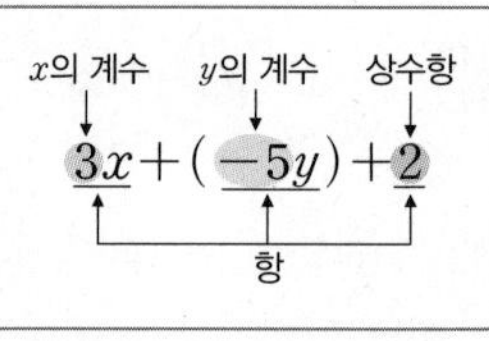

(4) **다항식**: 한 개의 항 또는 두 개 이상의 항의 합으로 이루어진 식
(5) **단항식**: 다항식 중에서 한 개의 항으로만 이루어진 식
(6) **차수**: 문자를 포함한 항에서 문자가 곱해진 개수

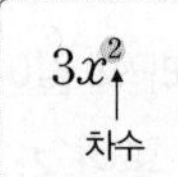

(7) **다항식의 차수**: 다항식에서 차수가 가장 큰 항의 차수
(8) **일차식**: 차수가 1인 다항식 예 $3x-1$, $\frac{x}{5}$

✦ 단항식이나 상수항만으로 이루어진 식도 다항식이다.

✦ 상수항의 차수는 0이다.

04 일차식과 수의 곱셈, 나눗셈

(1) **단항식과 수의 곱셈, 나눗셈**

① (단항식)×(수): 수끼리 곱하여 문자 앞에 쓴다. 예 $3x\times2=6x$

② (단항식)÷(수): 나누는 수의 역수를 곱한다. 예 $6x\div3=6x\times\frac{1}{3}=2x$

(2) **일차식과 수의 곱셈, 나눗셈**

① (일차식)×(수): 분배법칙을 이용하여 일차식의 각 항에 그 수를 곱한다.

예 $2(x+3)=2\times x+2\times3=2x+6$

② (일차식)÷(수): 분배법칙을 이용하여 나누는 수의 역수를 일차식의 각 항에 곱한다.

예 $(6x-9)\div3=(6x-9)\times\frac{1}{3}=2x-3$

✦ **분배법칙**
$m(a+b)=ma+mb$
$(a+b)m=am+bm$

✦ $(a+b)\div m$
$=(a+b)\times\frac{1}{m}$ ← 역수의 곱
$=a\times\frac{1}{m}+b\times\frac{1}{m}$ ← 분배법칙

05 일차식의 덧셈과 뺄셈

(1) **동류항의 계산**

① 동류항: 문자와 차수가 각각 같은 항 예 $2x$와 $-5x$

주의 상수항끼리는 모두 동류항이고, x, x^2과 같이 문자가 같아도 차수가 다르면 동류항이 아님에 주의한다.

② 동류항의 덧셈, 뺄셈: 동류항의 계수의 덧셈, 뺄셈에 문자를 곱한다.

예 $2a+5a=(2+5)\times a=7a$

(2) **일차식의 덧셈과 뺄셈**

괄호가 있는 경우 괄호를 먼저 풀고 동류항끼리 모아서 계산한다.

예 $2(x+3)+(x+1)=2x+6+x+1=(2x+x)+(6+1)=3x+7$

$(3x+5)-(2x+4)=3x+5-2x-4=(3x-2x)+(5-4)=x+1$

✦ 동류항(같을 同, 무리 類, 항 項)
⇨ 같은 종류의 항

✦ $ax+bx=(a+b)x$
$ax-bx=(a-b)x$

✦ $+(a+b)=a+b$
$-(a-b)=-a+b$

03 다항식과 일차식

378

다음 표의 빈칸에 알맞은 것을 써넣어라.

다항식	$2x+6y-4$	$5x^2-\frac{x}{3}+1$
항		
상수항		
계수	x의 계수: (　　) y의 계수: (　　)	x^2의 계수: (　　) x의 계수: (　　)
차수		

379

다음 다항식의 차수를 말하고, 일차식을 모두 찾아라.

(1) $-10x$

(2) $7x+2$

(3) $2x-3x^2+5$

(4) $\frac{x}{2}-4$

04 일차식과 수의 곱셈, 나눗셈

380

다음 식을 간단히 하여라.

(1) $4x\times(-3)$

(2) $12x\times\left(-\frac{3}{4}\right)$

(3) $-7x\div\frac{1}{3}$

(4) $\left(-\frac{1}{4}x\right)\div\left(-\frac{1}{2}\right)$

381

분배법칙을 이용하여 다음 식을 간단히 하여라.

(1) $3(7x-3)$

(2) $-\frac{1}{3}(15-9x)$

(3) $(6x+10)\div(-2)$

(4) $(12x+9)\div\frac{3}{5}$

05 일차식의 덧셈과 뺄셈

382

다음 식에서 동류항을 말하여라.

(1) $2a-7+3a+5$

(2) $\frac{1}{3}a+5b-2-a+b+3$

383

다음 식을 간단히 하여라.

(1) $3a-7a$

(2) $a+2a+3a$

(3) $\frac{5}{2}b-\frac{3}{4}b$

(4) $b-\frac{b}{2}+\frac{b}{4}$

(5) $3x-2-x+\frac{1}{2}$

(6) $-4x+6-x-1$

384

다음 식을 간단히 하여라.

(1) $(3x-5)+(2x-3)$

(2) $(6-a)-(4a+7)$

(3) $(5x+1)+2(x-3)$

(4) $\frac{1}{2}(2a-6)-(3-4a)$

(5) $3(3x+1)+2(7-3x)$

(6) $6(2x-3)-\frac{1}{3}(6x-3)$

385

다음 식을 간단히 하여라.

(1) $\frac{1}{2}(4x-5)+\frac{1}{3}(6x-5)$

(2) $\frac{x-3}{2}-\frac{x-1}{3}$

유형 070 곱셈 기호의 생략

(수)×(문자)와 (문자)×(문자)에서는 곱셈 기호 '×'를 생략할 수 있다.

(1) 수는 문자 앞으로 예 $a\times2=2a$
(2) 문자는 알파벳 순서로 예 $y\times x\times a=axy$
(3) 같은 문자는 거듭제곱으로 예 $a\times a\times b\times b\times b=a^2b^3$
(4) 문자 앞의 1은 생략 예 $1\times a=a$, $(-1)\times a=-a$

풍쌤의 Point 0.1, 0.01, …과 같은 소수와 문자의 곱에서는 1을 생략하지 않아.

386 필수

다음은 곱셈 기호를 생략하여 나타낸 것이다. 옳지 않은 것은?

① $(-1)\times a\times b=-ab$
② $a\times b\times b\times 3=3ab^2$
③ $a\times a\times 0.1\times b=0.a^2b$
④ $(a-b)\times(-5)=-5(a-b)$
⑤ $\left(-\frac{1}{2}\right)\times a\times(-b)=\frac{1}{2}ab$

387

$(-5)\times x\times y\times x\times y\times y$를 곱셈 기호를 생략하여 나타내어라.

388

$(x+y)\times(x+y)\times(-3)\times a$를 곱셈 기호를 생략하여 나타내면?

① $-3a+(x+y)^2$　② $-3a(x^2+y^2)$
③ $-3a(x+y)$　④ $-3a(x+y)^2$
⑤ $3a(x+y)^2$

유형 071 나눗셈 기호의 생략

(1) 나눗셈 기호 '÷'를 생략하고 분수의 꼴로 나타낸다.
예 $x\div3=\frac{x}{3}$
(2) 나눗셈을 역수의 곱셈으로 바꾸어 곱셈 기호 '×'를 생략한다.
예 $x\div3=x\times\frac{1}{3}=\frac{1}{3}x$

389 필수

다음은 나눗셈 기호를 생략하여 나타낸 것이다. 옳지 않은 것은?

① $a\div(-b)=-\frac{a}{b}$　② $5\div(a+b)=\frac{5}{a+b}$
③ $a\div3\div b=\frac{a}{3b}$　④ $1\div a\div a\div a=\frac{1}{a^4}$
⑤ $(a-b)\div(-10)=-\frac{a-b}{10}$

390

$10+(a+b)\div(-3)$을 나눗셈 기호를 생략하여 나타내면?

① $10-3(a+b)$　② $-\frac{3(a+b)}{10}$
③ $-\frac{10+a+b}{3}$　④ $10+\frac{a+b}{3}$
⑤ $10-\frac{a+b}{3}$

391

$a\div5\div(b\div c)$를 나눗셈 기호를 생략하여 나타내면?

① $\frac{ab}{5c}$　② $\frac{ac}{5b}$　③ $-\frac{5ac}{b}$
④ $\frac{5}{abc}$　⑤ $\frac{a}{5bc}$

중요한

유형 072 곱셈, 나눗셈 기호의 생략

(1) 곱셈과 나눗셈이 섞여 있는 식은 앞에서부터 차례대로 기호를 생략해 나간다.
(2) 괄호가 있으면 괄호 안을 먼저 생각한다.

풍쌤의 Point 곱셈, 나눗셈 기호만 생략할 수 있어. 덧셈, 뺄셈 기호는 절대! 절대! 생략하면 안 돼!

392 필수

다음은 곱셈 기호와 나눗셈 기호를 생략하여 나타낸 것이다. 옳지 않은 것은?

① $x\div3\times y=\frac{x}{3y}$

② $x-y\times z\div2=x-\frac{yz}{2}$

③ $a\times(5+b)\div8=\frac{a(5+b)}{8}$

④ $x\div(a+b)\times(-1)=-\frac{x}{a+b}$

⑤ $a\div(b\times c)=\frac{a}{bc}$

393

다음 중 나머지 넷과 다른 하나는?

① $\frac{a}{bc}$ ② $a\div b\div c$ ③ $a\times\frac{1}{b}\div c$
④ $a\div b\times c$ ⑤ $a\div(b\times c)$

394

$a\div(5+b)\times c$를 곱셈 기호와 나눗셈 기호를 생략하여 나타내어라.

유형 073 문자를 사용한 식(1) – 도형

(1) (직사각형의 둘레의 길이)
$=2\times\{$(가로의 길이)$+$(세로의 길이)$\}$
(2) (정사각형의 둘레의 길이)$=4\times$(한 변의 길이)
(3) (삼각형의 넓이)$=\frac{1}{2}\times$(밑변의 길이)$\times$(높이)
(4) (직사각형의 넓이)$=$(가로의 길이)$\times$(세로의 길이)
(5) (사다리꼴의 넓이)
$=\frac{1}{2}\times\{$(윗변의 길이)$+$(아랫변의 길이)$\}\times$(높이)

395 필수

오른쪽 그림과 같은 사다리꼴의 넓이를 문자를 사용한 식으로 나타내어라.

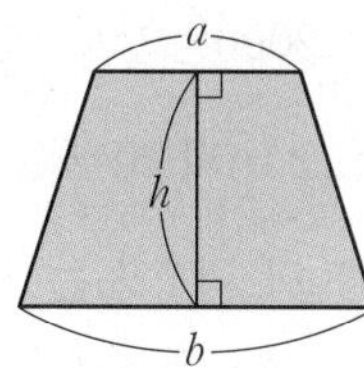

396 서술형

오른쪽 그림과 같은 사각형의 넓이를 문자를 사용한 식으로 나타내어라.

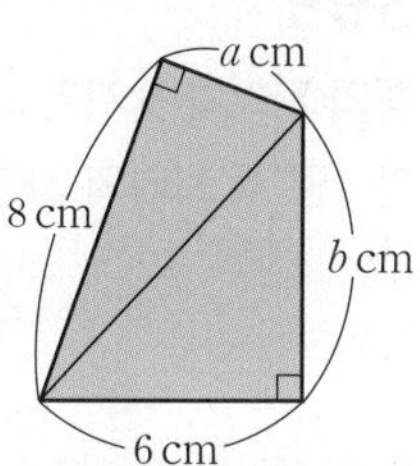

397

오른쪽 그림과 같이 직사각형 모양의 땅에 폭이 3 m로 일정한 길을 만들었다. 길의 넓이를 문자를 사용한 식으로 나타내어라.

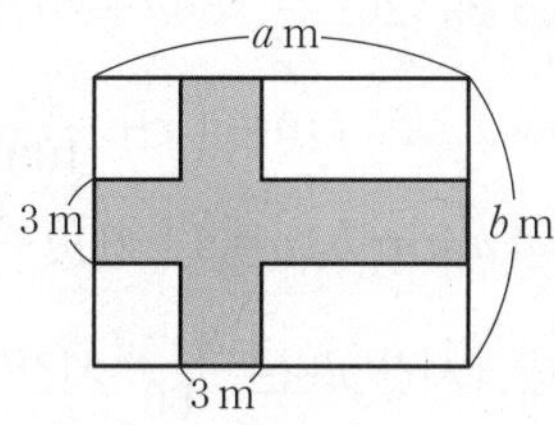

유형 074 문자를 사용한 식(2) - 단위, 자연수

(1) a분$=\frac{a}{60}$시간, b cm$=\frac{b}{100}$ m, a %$=\frac{a}{100}$

(2) 백의 자리의 숫자가 a, 십의 자리의 숫자가 b, 일의 자리의 숫자가 c인 자연수 ⇨ $100a+10b+c$

풍쌤의 Point 단위가 다를 때는 반드시 단위를 통일시켜야 해.

398 필수

다음 중 옳지 않은 것은?

① 1000원의 $10a$ %는 $100a$원이다.

② 2000명의 b %는 $20b$명이다.

③ x m의 20 %는 $\frac{x}{5}$ m이다.

④ y L의 7 %는 $0.07y$ L이다.

⑤ a kg의 25 %는 $25a$ g이다.

399

백의 자리의 숫자가 x, 십의 자리의 숫자가 7, 일의 자리의 숫자가 y인 세 자리의 자연수를 문자를 사용한 식으로 나타내어라.

400

다음 중 옳지 않은 것은?

① x mL는 $\frac{x}{1000}$ L이다.

② a분 20초는 $(60a+20)$초이다.

③ x m b cm는 $\left(x+\frac{b}{100}\right)$ m이다.

④ a km b m는 $(1000a+b)$ m이다.

⑤ x시간 y분은 $\frac{x+y}{60}$시간이다.

유형 075 문자를 사용한 식(3) - 가격

(1) 정가가 a원인 물건을 x % 할인하였을 때의 가격은

(정가)$-$(할인 금액)$=a-a\times\frac{x}{100}=a-\frac{ax}{100}$ (원)

(2) (거스름돈)$=$(낸 돈)$-$(물건 값)

풍쌤의 Point 원가는 물건을 팔기 위해 사올 때의 가격이고, 정가는 원가에 적당한 이익을 붙여 정한 가격이야.

401 필수

정가가 a원인 옷을 20 % 할인하여 샀을 때, 지불해야 할 금액을 문자를 사용한 식으로 나타내어라.

402

2자루에 a원인 연필 3자루와 3권에 b원인 공책 4권을 샀을 때, 지불해야 할 금액을 문자를 사용한 식으로 나타내어라.

403

원가가 a원인 물건에 x %의 이윤을 붙여서 팔 때, 이 물건의 판매 가격을 문자를 사용한 식으로 나타내면?

① $\frac{ax}{100}$원 ② $\frac{(a+1)x}{100}$원 ③ $\frac{ax}{10}$원

④ $\left(a+\frac{ax}{100}\right)$원 ⑤ $\left(a+\frac{ax}{10}\right)$원

404 서술형

정가가 x원인 공책을 10 % 할인하여 5권을 사고, 10000원을 냈을 때의 거스름돈을 문자를 사용한 식으로 나타내어라.

중요한

유형 076 문자를 사용한 식(4) – 거리, 속력, 시간

(1) (거리)=(속력)×(시간)

(2) (속력)=$\frac{(거리)}{(시간)}$

(3) (시간)=$\frac{(거리)}{(속력)}$

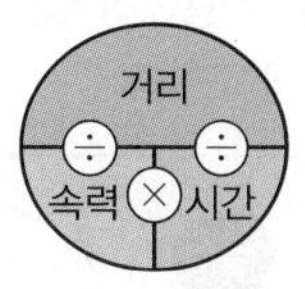

405 필수

A지점에서 출발하여 a km만큼 떨어진 B지점을 향하여 시속 v km로 x시간 동안 갔을 때, 남은 거리를 문자를 사용한 식으로 나타내면?

① $(a+vx)$ km
② $(a-vx)$ km
③ $\left(a-\frac{v}{x}\right)$ km
④ $\left(a-\frac{x}{v}\right)$ km
⑤ $(v-ax)$ km

406

길이가 a m인 버스가 분속 150 m의 속력으로 길이가 b m인 터널을 완전히 통과하는 데 걸리는 시간을 문자를 사용한 식으로 나타내면?

① $\frac{2a+b}{150}$분
② $\frac{2a-b}{150}$분
③ $\frac{a+b}{150}$분
④ $\frac{b-a}{150}$분
⑤ $\frac{2a}{150}$분

407 창의

소현이는 시속 60 km로 달리는 버스를 타고 5개의 정류장을 거쳐 학교 앞에 도착하였다. 버스를 타고 간 거리는 x km이고 한 정류장에서 y분씩 머물렀을 때, 소현이가 학교 앞에 도착할 때까지 걸린 시간을 문자를 사용한 식으로 나타내면?

① $\left(\frac{x}{60}+5y\right)$시간
② $\left(\frac{x}{60}+\frac{y}{12}\right)$시간
③ $(60x+y)$시간
④ $\left(60x+\frac{y}{12}\right)$시간
⑤ $(60x+5y)$시간

중요한

유형 077 문자를 사용한 식(5) – 농도

(1) (소금물의 농도)=$\frac{(소금의 양)}{(소금물의 양)}\times 100(\%)$

(2) (소금의 양)=(소금물의 양)×$\frac{(소금물의 농도)}{100}$

408 필수

농도가 5 %인 소금물 a g과 농도가 7 %인 소금물 b g을 섞었을 때, 이 소금물 속에 들어 있는 소금의 양을 a, b를 사용한 식으로 나타내어라.

409

농도가 x %인 소금물 70 g 속에 들어 있는 소금의 양을 문자를 사용한 식으로 나타내면?

① $\frac{9}{10}x$ g
② $\frac{7}{10}x$ g
③ $\frac{3}{10}x$ g
④ $\frac{7}{100}x$ g
⑤ $\frac{3}{100}x$ g

410 서술형

농도가 x %인 소금물 100 g과 농도가 y %인 소금물 200 g을 섞어서 만든 소금물의 농도는 몇 %인지 x, y를 사용한 식으로 나타내어라.

유형 078 식의 값

문자에 수를 대입할 때에는 생략된 곱셈 기호와 나눗셈 기호를 다시 쓴다.

예 $x=-1$일 때, $2x+1$의 값 구하기
$2\times x+1=2\times(-1)+1=-1$ ⇨ 식의 값

풍쌤의 Point 식의 문자에 수를 넣으면 식의 값이 나와.
주의! 음수를 대입할 때에는 반드시 괄호를 사용하자!

411 필수

$a=3$, $b=-4$일 때, $5a^2-\frac{1}{2}b^2$의 값을 구하여라.

412

$a=2$일 때, $(-a)^2-4a$의 값을 구하여라.

413

$x=-1$일 때, 다음 식의 값 중 나머지 넷과 다른 하나는?

① $-x^2$ ② $1-2x^2$ ③ $-(-x^3)$
④ $\frac{1}{x^2}$ ⑤ x^5

414

$a=\frac{1}{2}$, $b=\frac{1}{3}$, $c=-\frac{1}{6}$일 때, 다음 식의 값을 구하여라.

$$\frac{2}{a}-\frac{3}{b}+\frac{1}{c}$$

중요한

유형 079 식의 값의 활용

문자를 사용하여 식을 세우고, 그 식의 문자에 수를 대입하여 식의 값을 구한다.

415 필수

섭씨 a ℃는 화씨 $\left(\frac{9}{5}a+32\right)$ °F이다. 섭씨 30 ℃는 화씨 몇 °F인지 구하여라.

416 서술형

오른쪽 그림과 같이 대각선의 길이가 각각 a cm, b cm인 마름모의 넓이를 a, b를 사용한 식으로 나타내고, $a=6$, $b=4$일 때 마름모의 넓이를 구하여라.

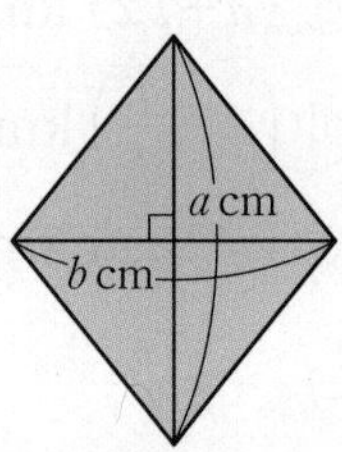

417 창의

키가 l cm, 몸무게가 w kg인 남학생의 비만도는

$$\frac{w}{(l-100)\times0.9}\times100(\%)$$

와 같이 구한다. 다음 표를 보고, 키가 156 cm이고 몸무게가 63 kg인 남학생의 비만 정도를 구하여라.

비만도 (%)	비만 정도
90 이하	체중 미달
90 초과 110 이하	표준 체중
110 초과 120 이하	과체중
120 초과 150 이하	비만
150 초과	고도 비만

418 창의

공기 중에서 소리의 속력은 기온이 x ℃일 때 초속 $(331+0.6x)$ m라고 한다. 기온이 15 ℃일 때, 번개가 치고 5초 후에 천둥소리를 들었다면 번개가 친 곳까지의 거리는 몇 m인지 구하여라.

중요한

유형 080 단항식과 다항식

(1) 다항식: 한 개의 항 또는 두 개 이상의 항의 합으로 이루어진 식

예 $3x^2-2x-4=3x^2+(-2x)+(-4)$ (계수, 상수항, 항)

(2) 단항식: 다항식 중에서 한 개의 항으로만 이루어진 식

풍쌤의 Point 항이나 계수를 말할 때는 문자 앞에 붙어 있는 부호 '−'도 잊지 말고 꼭 챙기자.

419 필수

다항식 $-5x^2-4x+8$의 차수를 a, x의 계수를 b, 상수항을 c라고 할 때, $a+b+c$의 값을 구하여라.

420

다음 중 다항식 $-2x^2+\frac{x}{3}+1$에 대한 설명으로 옳지 않은 것은?

① 항은 모두 3개이다.
② x^2의 계수는 -2이다.
③ 상수항은 1이다.
④ x의 계수는 $\frac{1}{3}$이다.
⑤ 다항식의 차수는 3이다.

421

다음 중 옳은 것은?

① $2x^2-3x-2$의 상수항은 2이다.
② $5x-7y+7$에서 y의 계수는 7이다.
③ $-7x$, $3x+y+1$은 모두 다항식이다.
④ $4x^2-y-3$의 항은 2개이다.
⑤ $-\frac{x}{2}+y+1$에서 x의 계수는 -2이다.

유형 081 일차식

차수가 1인 다항식, 즉 $ax+b$ (a, b는 상수, $a\neq0$)의 꼴로 정리되는 식을 x에 대한 일차식이라고 한다.

풍쌤의 Point $\frac{1}{x}$, $\frac{1}{x+1}$ 등과 같이 분모에 문자가 있는 경우는 다항식이 아니야.

422 필수

다음 중 일차식인 것은?

① x^3+10 ② $\frac{1}{x}-4$ ③ $x-x^2$
④ $7x+1$ ⑤ $0\times x+5$

423

다음 보기 중 일차식은 모두 몇 개인지 구하여라.

보기

ㄱ. $\frac{x}{2}+3$ ㄴ. $y-1$ ㄷ. $3-x^3+2x$
ㄹ. x^2-x ㅁ. $0.7y+1$ ㅂ. $\frac{2}{x}$

424

다음 중 일차식에 대한 설명으로 옳은 것은?

① $0.1x$는 일차식이 아니다.
② 단항식이다.
③ x의 계수는 항상 1이다.
④ 차수가 가장 큰 항의 차수는 1이다.
⑤ 상수항은 0이 될 수 없다.

중요한

유형 082 일차식과 수의 곱셈, 나눗셈

(1) (일차식)×(수): 분배법칙 이용

(2) (일차식)÷(수): (일차식)×$\frac{1}{(수)}$로 바꾸어 분배법칙 이용

풍쌤의 Point 나누는 수가 분수인 경우

(일차식)÷$\frac{n}{m}$ ⇨ (일차식)×$\frac{m}{n}$

425 필수

다음 중 옳지 않은 것은?

① $(3x+2)\times 2=6x+4$

② $-(3-x)=x-3$

③ $-\frac{2}{5}(5x-10)=-2x+4$

④ $(3x-9)\div 3=x-3$

⑤ $(8x-12)\div\left(-\frac{4}{3}\right)=-6x-9$

426

$(20x-25)\div 5$를 간단히 하였을 때, x의 계수와 상수항의 합을 구하여라.

427 서술형

$\frac{3x-2}{4}\times(-8)=ax+b$일 때, 상수 a, b에 대하여 $a+b$의 값을 구하여라.

428

다음 중 식을 간단히 한 결과가 $-3(4x-5)$와 같은 것은?

① $(4x+5)\times 3$　② $(-4x+5)\div\left(-\frac{1}{3}\right)$

③ $(4x-5)\div\frac{1}{3}$　④ $(-4x+5)\div\frac{1}{3}$

⑤ $(-4x+5)\times(-3)$

유형 083 동류항

동류항: 문자가 같고, 차수도 같은 항

예 $2x^2$과 $-5x^2$은 동류항이다. (같은 차수, 같은 문자)

429 필수

다음 중 동류항끼리 짝 지어진 것은?

① $-2a$, a^2　② $\frac{x}{2}$, $-3x$　③ x^2y, xy^2

④ $\frac{1}{x}$, $-x$　⑤ $4a$, $4b$

430

다음 중 $5x$와 동류항인 것은?

① 5　② $-\frac{5}{x}$　③ $5x^2$

④ $-\frac{1}{5}x$　⑤ $-5y$

431

다음 중 동류항끼리 짝 지어진 것은?

① x, $3x^2$　② ab, a^2　③ $\frac{y}{2}$, y^2

④ $5x^3$, $-2y^3$　⑤ $-\frac{2}{3}a^2$, $5a^2$

432

다음 중 x^2과 동류항인 것을 모두 찾아라.

$-5x^2$, 7, y^2, $2x$, $\frac{x^2}{3}$, xy

유형 084 동류항의 계산

동류항의 덧셈, 뺄셈에서는 계수끼리만 계산한 후 문자는 그대로 써 준다.

예 $3x+2x=(3+2)x=5x$
계수끼리의 합

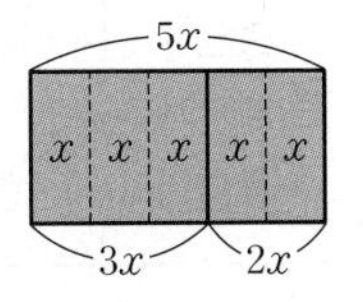

433 필수

다음 중 옳지 않은 것은?

① $a+a=2a$ ② $3a-8a=-5a$
③ $5a-4=a$ ④ $6x+x-3x=4x$
⑤ $2x-10x=-8x$

434

다음 보기 중 옳은 것을 모두 고른 것은?

보기
ㄱ. $x+3x=3x^2$ ㄴ. $2y-3y=-y$
ㄷ. $3a+a+5a=9a$ ㄹ. $3b+7b-5a=5b$

① ㄱ, ㄴ ② ㄱ, ㄷ ③ ㄴ, ㄷ
④ ㄴ, ㄹ ⑤ ㄷ, ㄹ

435

$3x-2y+4+2x+y-5$를 간단히 한 식에서 x의 계수가 a, y의 계수가 b, 상수항이 c일 때, $a+b+c$의 값은?

① 1 ② 2 ③ 3
④ 4 ⑤ 5

436

$ax+7y+3-by+4x-9=2x+5y+c$일 때, 상수 a, b, c에 대하여 $a+b+c$의 값을 구하여라.

중요한 유형 085 일차식의 덧셈과 뺄셈

분배법칙을 이용하여 괄호를 풀고 동류항끼리 모아서 계산한다.

예 $(x+1)-(x+2)=x+1-x-2=x-x+1-2=-1$
빼는 식의 부호 바꾸기

풍쌤의 Point 괄호 앞에 '$-$'가 있으면 괄호 안의 모든 항의 부호를 빠짐없이 바꿔야 해!

437 필수

$2(5x-6)-3(4-3x)$를 간단히 하였을 때, x의 계수와 상수항의 합을 구하여라.

438

$(ax+3)-(x-b)$를 간단히 하면 x의 계수가 -3이고 상수항이 4일 때, ab의 값은? (단, a, b는 상수이다.)

① -5 ② -4 ③ -3
④ -2 ⑤ -1

439 서술형

다음 표는 연우의 5회에 걸친 수학 시험 점수를 나타낸 것이다. 평균을 x에 대한 식으로 나타내어라.

회차	1	2	3	4	5
점수(점)	$2x$	$2x+3$	$3x-6$	$x+9$	$2x-1$

440

오른쪽 그림과 같이 두 직사각형을 그렸을 때, 색칠한 부분의 넓이를 x에 대한 식으로 나타내어라.

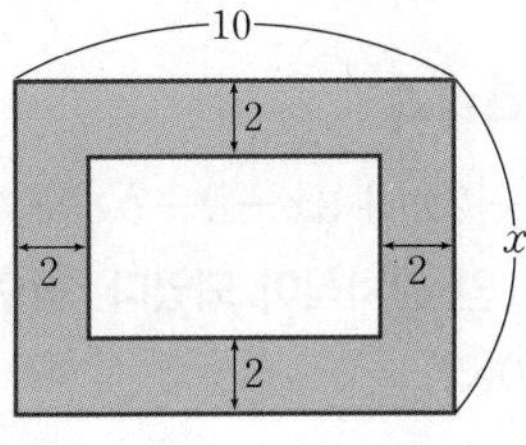

유형 086 일차식이 되기 위한 조건

동류항끼리 모아서 정리한 식에서 차수가 가장 높은 항이 일차이어야만 일차식이다.
즉, $ax^2+bx+c=0$이 x에 대한 일차식이 되기 위한 조건
⇨ $a=0,\ b\neq0$

풍쌤의 Point $bx+c$(b, c는 상수, $b\neq0$) 꼴이 되도록 계수를 정해라!

441 필수

$3x^2-5x+7+ax^2+x-8$을 간단히 하였을 때, x에 대한 일차식이 되도록 상수 a의 값을 구하여라.

442

다항식 $4x-ax+7$이 x에 대한 일차식일 때, 다음 중 상수 a의 값이 될 수 없는 것은?

① -6 ② -4 ③ -2
④ 2 ⑤ 4

443

$7x-5+ax-b$를 간단히 하였더니 상수항이 0인 일차식이 되었다. 이때 상수 a, b에 대한 조건으로 알맞은 것은?

① $a=-7,\ b=-5$ ② $a\neq-7,\ b=-5$
③ $a\neq-7,\ b=5$ ④ $a\neq7,\ b=5$
⑤ $a=7,\ b=5$

444

$-2x^2+3x-a+bx^2-4x+5$를 간단히 하였더니 상수항이 1인 일차식이 되었다. 상수 a, b에 대하여 $a-b$의 값을 구하여라.

중요한

유형 087 복잡한 일차식의 덧셈과 뺄셈

(1) 괄호가 있는 식은 (소괄호), {중괄호}, [대괄호] 순으로 계산한다.
(2) 계수가 분수인 일차식은 분모의 최소공배수로 통분한 다음 동류항끼리 계산한다.

445 필수

$\dfrac{3x+1}{4}-\dfrac{x-2}{3}$를 간단히 하면?

① $\dfrac{5x-5}{12}$ ② $\dfrac{5x+1}{12}$ ③ $\dfrac{5x+11}{12}$
④ $7x-5$ ⑤ $5x+11$

446

$x+2y-[2x-y-\{3(x+y)-4(x-y)\}]$를 간단히 하여라.

447

$0.5(5x+1)-\dfrac{1}{3}(2x-2)$를 간단히 하면 $ax+b$일 때, 상수 a, b에 대하여 $a+b$의 값을 구하여라.

448 서술형

다음 다항식을 간단히 한 식에서 x의 계수를 a, 상수항을 b라고 할 때, $3a+5b$의 값을 구하여라.

$$2x-\left[\frac{2}{3}x+2\left\{-x+\frac{1}{2}(8x-5)\right\}\right]$$

유형 088 일차식의 대입

문자에 일차식을 대입할 때에는 반드시 괄호를 사용한다.

예 $A=x+1$, $B=2x-1$일 때,
$A-B=(x+1)-(2x-1)$
$=x+1-2x+1=-x+2$

449 필수

$A=3x-5y$, $B=2x+y$일 때, $2A-B$를 x, y를 사용하여 나타내면?

① $4x-4y$ ② $4x-9y$ ③ $4x-11y$
④ $4x-13y$ ⑤ $4x-17y$

450

$A=2x+1$, $B=6x-2$, $C=-3x+4$일 때,
$A-\frac{1}{2}B-3C$를 x에 대한 식으로 나타내어라.

451

$A=4x-3$, $B=-x+2$일 때, $-A+5B+3(A-2B)$를 x에 대한 식으로 나타내면?

① $-9x+8$ ② $-9x+6$ ③ $9x-8$
④ $9x-6$ ⑤ $9x+6$

452 창의

$a☆b=2a-3b$, $a★b=-3a+2b$라고 할 때,
$3(x☆y)-(x★y)$를 간단히 한 식에서 x의 계수와 y의 계수의 합을 구하여라.

어려운 ★★★ 유형 089 어떤 식 구하기

$□+A=B ⇨ □=B-A$
$□-A=B ⇨ □=B+A$

풍쌤의 Point 어떤 식을 □로 놓고 먼저 조건에 맞게 식을 세우자.

453 필수

어떤 식에서 $3x-5$를 빼어야 할 것을 잘못하여 더하였더니 $-5x+2$가 되었다. 바르게 계산한 식을 구하여라.

454 서술형

다음 조건을 만족하는 두 다항식 A, B에 대하여 $A+B$를 간단히 하여라.

(가) A에서 $3x+2$를 빼었더니 $-x+5$가 되었다.
(나) B에 $7-4x$를 더했더니 A가 되었다.

455 창의

다음은 이웃한 두 칸의 식을 더하여 아래 줄에 쓴 것이다. 세 다항식 A, B, C에 대하여 $A-B+C$를 간단히 하여라.

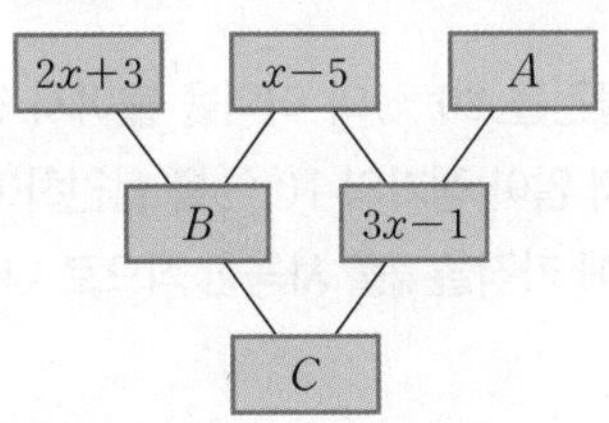

456

오른쪽 표에서 가로, 세로, 대각선에 놓인 세 다항식의 합이 모두 같도록 빈칸을 채울 때, $2A-B$를 간단히 하여라.

-3		B
$x+2$	$2x-1$	$3x-4$
A		

만점에 도전하기

457
다음 그림과 같이 성냥개비로 정육각형을 만들어 나갈 때, n개의 정육각형을 만드는 데 필요한 성냥개비의 개수를 n을 사용한 식으로 나타내어라.

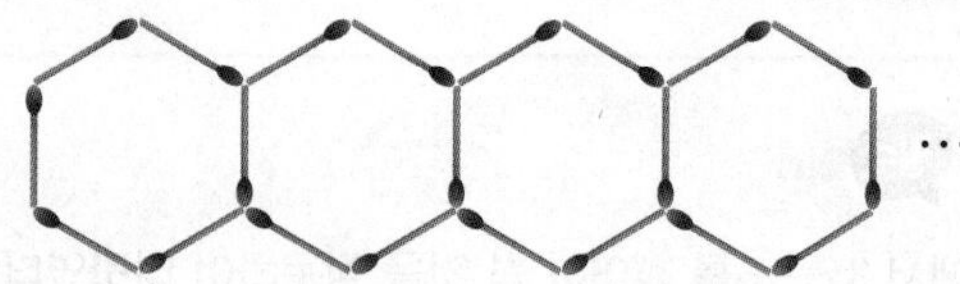

458
연이율이 $5\ \%$이고, 세금이 이자의 $20\ \%$인 1년 만기 정기 예금에 A원을 예금하였을 때, 만기 후 찾게 되는 금액을 A를 사용한 식으로 나타내면?

① $\frac{101}{100}A$원 ② $\frac{26}{25}A$원 ③ $\frac{41}{40}A$원
④ $\frac{207}{200}A$원 ⑤ $\frac{307}{300}A$원

459
원가가 a원인 물건을 $20\ \%$의 이익을 붙여서 정가로 정하였는데 물건이 팔리지 않아 정가의 $10\ \%$를 할인하여 판매하기로 하였다. 할인한 판매 가격을 a를 사용한 식으로 나타내어라.

460
자연수 a를 3으로 나누면 몫은 m, 나머지는 2이고, 자연수 b를 3으로 나누면 몫은 n, 나머지는 2이다. $a+b$를 3으로 나누었을 때의 몫을 m, n을 사용한 식으로 나타내어라.

461
서로 다른 세 수 a, b, c에 대하여 $(a, b, c)=\frac{ab+bc+ca}{a+b+c}$라고 할 때, $\left(4, -\frac{1}{2}, 2\right)$의 값을 구하여라.

462 창의
0이 아닌 두 수 a, b에 대하여 $\frac{1}{b}-\frac{1}{a}=3$일 때, 다음 식의 값을 구하여라.

$$\frac{5a-ab-5b}{10a-9ab-10b}$$

463
다음을 문자를 사용한 식으로 나타내었을 때, ㈎에서 구한 식의 상수항을 a, ㈏에서 구한 식의 x의 계수를 b라고 하자. 이때 $a+b$의 값을 구하여라.

㈎ 가로의 길이가 x cm, 세로의 길이가 $(x+3)$ cm인 직사각형의 둘레의 길이
㈏ 10 km 떨어진 지점을 시속 2 km로 x시간 동안 갔을 때, 남은 거리 (단, $x\le5$)

464
x의 계수가 -5인 일차식이 있다. $x=-1$일 때의 식의 값을 a, $x=2$일 때의 식의 값을 b라고 할 때, $a-b$의 값을 구하여라.

465

$\frac{x}{4}-\frac{2x-1}{3}-\frac{2x+3}{8}$을 간단히 한 식에서 일차항의 계수를 a, 상수항을 b라고 할 때, $\frac{a}{b}$의 값을 구하여라.

466

오른쪽 그림은 가로의 길이가 12 cm, 세로의 길이가 x cm인 직사각형 2개를 겹쳐서 만든 도형이다. 이때 색칠한 도형의 둘레의 길이를 x에 대한 식으로 나타내어라.

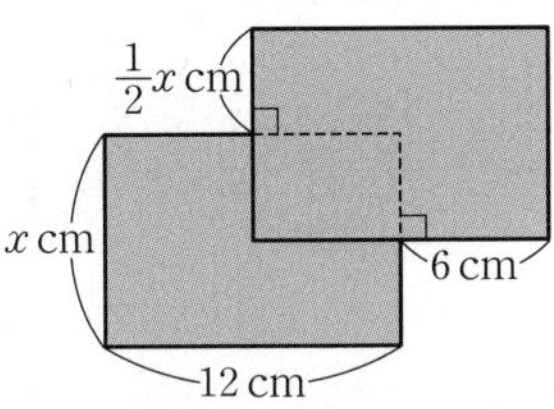

467

민서네 반 학생 중에서 남학생은 19명이고, 여학생은 15명이다. 수학 시험 결과에서 남학생의 평균 점수는 m점이고, 여학생의 평균 점수는 남학생의 평균 점수보다 4점이 더 높았다고 한다. 민서네 반 학생 전체의 수학 점수의 평균을 m을 사용한 식으로 나타내어라.

468

$A=(a+2)x^2-5x+3$, $B=3x^2-x+2$에 대하여 $A-4B$를 간단히 하였더니 x에 대한 일차식이 되었다. 이때 상수 a에 대하여 $-a^2+3a+9$의 값을 구하여라.

469 서술형

어떤 식에 $\frac{3x-1}{5}$을 더해야 할 것을 잘못하여 빼었더니 $\frac{x-2}{10}$가 되었다. 바르게 계산한 식을 A라고 할 때, $5x-2-10A$를 간단히 하여라.

470 창의

학생들에게 두 수학 문제 A, B를 풀게 하였더니 A의 정답을 맞힌 학생은 a명이었고, B의 정답을 맞힌 학생은 A의 정답을 맞힌 학생보다 10명이 더 많았다. 또 A와 B의 정답을 모두 맞힌 학생은 B의 정답을 맞힌 학생의 40 %이었다고 할 때, A, B 중에서 적어도 한 문제의 정답을 맞힌 학생은 몇 명인지 a를 사용한 식으로 나타내어라.

471

n이 자연수일 때, 다음 식을 간단히 하여라.

$$(-1)^{2n}\left(\frac{a+b}{2}\right)-(-1)^{2n+1}\left(\frac{a-b}{2}\right)$$

472

$a+\frac{1}{b}=1$, $b+\frac{2}{c}=1$일 때, $\frac{2}{abc}$의 값을 구하여라.

(단, $b\neq1$, $abc\neq0$)

2 일차방정식

01 등식

(1) **등식**: 등호 '='를 사용하여 두 수 또는 두 식이 같음을 나타낸 식

① 좌변: 등식에서 등호의 왼쪽 부분

② 우변: 등식에서 등호의 오른쪽 부분

③ 양변: 좌변과 우변을 통틀어 양변이라고 한다.

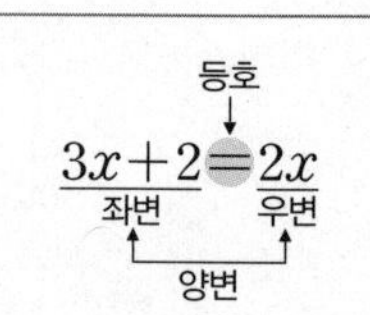

(2) **방정식**: 미지수의 값에 따라 참이 되기도 하고 거짓이 되기도 하는 등식

① 미지수: 방정식에 들어 있는 문자

② 방정식의 해(근): 방정식을 참이 되게 하는 미지수의 값

③ 방정식을 푼다: 방정식의 해를 구하는 것

(3) **항등식**: 미지수에 어떤 값을 대입하여도 항상 참이 되는 등식

✦ 등식에서 좌변과 우변의 값이 같으면 참이고, 좌변과 우변의 값이 다르면 거짓이다.

✦ 등식에서 좌변과 우변을 각각 정리하였을 때, (좌변)=(우변)이거나 $0\times$(미지수)$=0$의 꼴이면 항등식이다.

02 등식의 성질

(1) **등식의 성질**

① 등식의 양변에 같은 수를 더하여도 등식은 성립한다.
⇨ $a=b$이면 $a+c=b+c$

② 등식의 양변에서 같은 수를 빼어도 등식은 성립한다.
⇨ $a=b$이면 $a-c=b-c$

③ 등식의 양변에 같은 수를 곱하여도 등식은 성립한다.
⇨ $a=b$이면 $ac=bc$

④ 등식의 양변을 0이 아닌 같은 수로 나누어도 등식은 성립한다.
⇨ $a=b$이면 $\frac{a}{c}=\frac{b}{c}$ (단, $c\neq0$)

✦ $a=b$이면 $ac=bc$이지만 $ac=bc$라고 해서 반드시 $a=b$인 것은 아니다.
예 $2\times0=3\times0$이지만 $2\neq3$이다.

(2) **등식의 성질을 이용한 방정식의 풀이**

등식의 성질을 이용하여 주어진 방정식을 $x=$(수)의 꼴로 바꾸어 해를 구한다.

예 방정식 $2x-1=3$의 해를 구하여라.

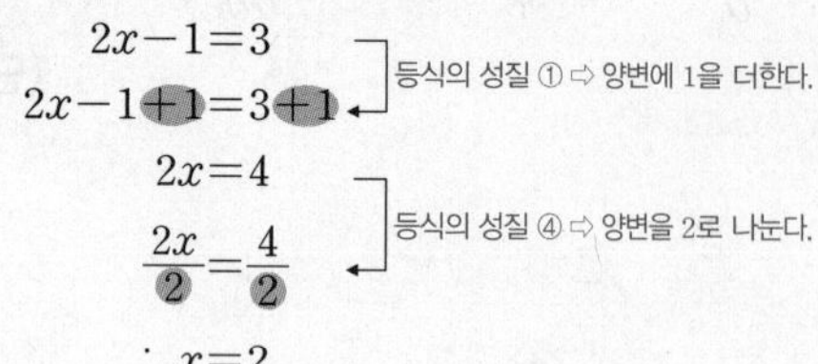

✦ 등식의 성질을 이용하여 방정식을 변형하여도 그 해는 변하지 않는다.

01 등식

473

다음 중 등식인 것은 ○표, 등식이 아닌 것은 ×표 하여라.

(1) $5x-1$ ( )

(2) $3+10=13$ ( )

(3) $2x+3=x+4$ ( )

(4) $3<7$ ( )

(5) $x+y=y+x$ ( )

(6) $x-4\leq 5$ ( )

474

다음 문장을 등식으로 나타내어라.

(1) 10에서 15를 뺀 수는 -5이다.

(2) 어떤 수 x의 3배에 5를 더한 값은 11이다.

(3) 한 변의 길이가 a cm인 정사각형의 둘레의 길이는 20 cm 이다.

(4) 24년 후 정규의 나이는 현재 나이 x살의 3배와 같다.

475

다음 보기의 방정식 중 해가 2인 것을 모두 골라라.

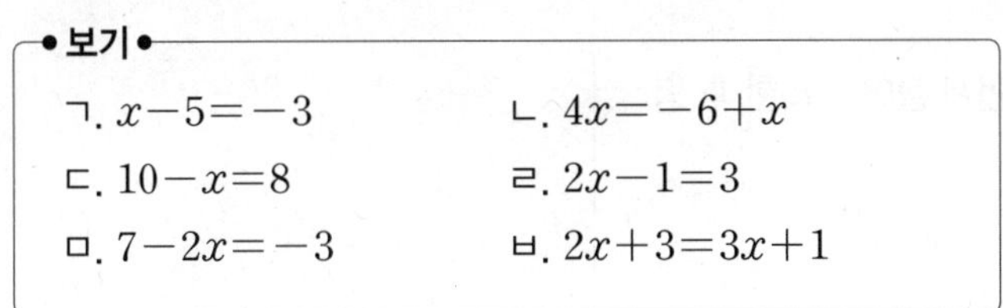

• 보기 •

ㄱ. $x-5=-3$　　ㄴ. $4x=-6+x$

ㄷ. $10-x=8$　　ㄹ. $2x-1=3$

ㅁ. $7-2x=-3$　　ㅂ. $2x+3=3x+1$

476

다음 방정식에서 [ ] 안의 수가 해인 것을 모두 찾아라.

(1) $2x+3=x$ [3]　　(2) $\frac{1}{2}x+1=2$ [2]

(3) $-3x-2=7$ [-3]　　(4) $3x=2(x+1)$ [-1]

477

다음 등식 중 항등식인 것은 ○표, 항등식이 아닌 것은 ×표 하여라.

(1) $x-1=5$ ( )

(2) $3x+x=4x$ ( )

(3) $3x-1=-1+3x$ ( )

(4) $x+1=2x+1$ ( )

(5) $2(x-4)=2x-8$ ( )

478

다음 문장을 등식으로 나타내고, 항등식인 것을 골라라.

(1) 40개의 사탕을 6명의 학생들에게 x개씩 나누어 주었더니 4개가 남았다.

(2) 가로의 길이가 $3x$ cm이고 세로의 길이가 6 cm인 직사각형의 둘레의 길이는 한 변의 길이가 $(x+2)$ cm인 정육각형의 둘레의 길이와 같다.

02 등식의 성질

479

다음은 등식의 성질을 이용하여 등식을 변형하는 과정을 나타낸 것이다. □ 안에 알맞은 식을 써넣어라.

(1) $a=2b$이면 $a+5=$ □이다.

(2) $3a=-9b$이면 $a=$ □이다.

(3) $\frac{a}{2}=b$이면 $a=$ □이다.

(4) $5a+3=5b+3$이면 $a=$ □이다.

480

등식의 성질을 이용하여 다음 방정식을 풀어라.

(1) $x-6=-3$　　(2) $x+10=-6$

(3) $3x=-12$　　(4) $-\frac{x}{5}=4$

(5) $2x-3=7$　　(6) $5x+2=12$

03 일차방정식의 풀이

(1) **이항**: 등식의 성질을 이용하여 등식의 한 변에 있는 항의 부호를 바꾸어 다른 변으로 옮기는 것

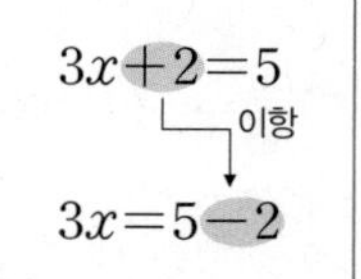

참고 이항할 때의 항의 부호
$+a$를 이항하면 ⇨ $-a$
$-a$를 이항하면 ⇨ $+a$

✦ 이항은 '등식의 양변에 같은 수를 더하거나 빼어도 등식은 성립한다.'는 등식의 성질을 이용한 것이다.

(2) **일차방정식**: 방정식의 우변에 있는 모든 항을 좌변으로 이항하여 동류항끼리 정리했을 때 (일차식)$=0$의 꼴이 되는 방정식
$ax+b=0$ (단, $a\neq0$)

예 $2x-1=3-3x$ $\xrightarrow{\text{이항}}$ $5x-4=0$ ⇨ 일차방정식이다.
$5x+2=7+5x$ $\xrightarrow{\text{이항}}$ $-5=0$ ⇨ 일차방정식이 아니다.
$x^2-4=x$ $\xrightarrow{\text{이항}}$ $x^2-x-4=0$ ⇨ 일차방정식이 아니다.

✦ 등식을 정리하지 않고 일차방정식인지 판단하지 않도록 한다.

(3) **일차방정식의 풀이**
① x를 포함한 항은 좌변으로, 상수항은 우변으로 이항한다.
② 양변을 정리하여 $ax=b(a\neq0)$의 꼴로 나타낸다.
③ 양변을 x의 계수 a로 나누어 일차방정식의 해 $x=\frac{b}{a}$를 구한다.

예 일차방정식 $4x+2=2x-6$을 풀어라.
$4x+2=2x-6$
$4x-2x=-6-2$ ← x를 포함한 항은 좌변으로, 상수항은 우변으로 이항한다.
$2x=-8$ ← 양변을 정리한다.
$\therefore x=-4$ ← 양변을 x의 계수로 나눈다.

04 복잡한 일차방정식의 풀이

(1) **괄호가 있는 경우**
괄호가 있는 일차방정식은 분배법칙을 이용하여 괄호를 먼저 풀어 정리한 후 방정식을 푼다.

(2) **계수에 소수나 분수가 있는 경우**
계수에 소수나 분수가 있는 일차방정식은 양변에 적당한 수를 곱하여 계수를 정수로 바꾼 후 푼다.
① 계수가 소수인 경우
⇨ 양변에 10, 100, 1000, ⋯ 중에서 적당한 수를 곱한다.
② 계수가 분수인 경우
⇨ 양변에 분모의 최소공배수를 곱한다.

✦ 양변에 적당한 수를 곱할 때에는 모든 항에 빠짐없이 곱하도록 주의한다.
예 $0.2x+0.1=10$
⇨ $2x+1=10$ (×)
$2x+1=100$ (○)

(3) **비례식으로 주어진 경우**
비례식의 성질 '$a:b=x:y$이면 $ay=bx$'임을 이용하여 푼다.
외항의 곱과 내항의 곱은 같다.

✦ $a:b=x:y$
⇨ $ay=bx$

정답과 해설 49~50쪽

03 일차방정식의 풀이

481
다음 등식에서 밑줄 친 항을 이항하여라.

(1) $2x\underline{-3}=5$

(2) $3x\underline{+5}=2$

(3) $-5x=\underline{-x}+10$

(4) $5x\underline{+3}=\underline{2x}+6$

482
다음 중 일차방정식인 것은 ○표, 일차방정식이 아닌 것은 ×표 하여라.

(1) $2x+3=7$ ( )

(2) $3x=x-5$ ( )

(3) $x^2-1=x+1$ ( )

(4) $3x+3=3x-1$ ( )

(5) $x^2-4x-7=-x^2$ ( )

(6) $4x-10=2x+9$ ( )

483
다음 일차방정식의 풀이 과정에서 □ 안에 알맞은 수를 써넣어라.

(1) $2x-9=5$ ⇨ $2x=$□ ⇨ $x=$□

(2) $3x+14=5x$ ⇨ □$x=-14$ ⇨ $x=$□

484
다음 일차방정식을 풀어라.

(1) $2x+5=17$ (2) $3-4x=5x$

(3) $3x+5=-4x-9$ (4) $7-3x=2x-28$

04 복잡한 일차방정식의 풀이

485
다음 일차방정식을 풀어라.

(1) $2(x-3)=4+x$

(2) $x-9=3(x-1)+4$

(3) $6(1-3x)=4(5-x)$

(4) $2(x+3)=5-(1+2x)$

486
다음 일차방정식을 풀어라.

(1) $0.4x-0.5=1.3$

(2) $0.2x-0.1=0.25x$

(3) $2.4x-0.24=-0.08x-5.2$

(4) $3.2x-0.6=3(x-0.4)$

487
다음 일차방정식을 풀어라.

(1) $\frac{1}{2}x+3=\frac{5}{3}$ (2) $\frac{3x-1}{2}=1$

(3) $\frac{1}{2}-\frac{2x+4}{3}=x$ (4) $\frac{4-x}{6}=\frac{2x+5}{3}$

488
다음 비례식을 만족하는 x의 값을 구하여라.

(1) $(x+1):5=2:1$

(2) $(x-5):(x+4)=5:8$

필수유형 다지기

유형 090 등식

등식: 등호 '='를 사용하여 나타낸 식

풍쌤의 Point 참이든 거짓이든 등호 '='만 있으면 등식이야.

489 필수

다음 중 등식인 것은?

① $x-5$ ② $x+3=7$ ③ $2x+10$
④ $6<8$ ⑤ $2x+3>12$

490

다음 중 등식이 아닌 것은?

① $x=5x$ ② $3x+2\leq 9$ ③ $x=0$
④ $10-6=3$ ⑤ $x+1=1$

491

다음 보기 중 등식인 것을 모두 고른 것은?

보기
ㄱ. $5\leq 8$ ㄴ. $2x\leq 5x$ ㄷ. $5x=9$
ㄹ. $2x=8-4x$ ㅁ. $4x+6y-8$

① ㄱ, ㄷ ② ㄴ, ㅁ ③ ㄷ, ㄹ
④ ㄷ, ㅁ ⑤ ㄴ, ㄷ, ㄹ

492

다음 보기 중 등식인 것은 모두 몇 개인가?

보기
ㄱ. $3x+4$ ㄴ. $8\leq 3x$ ㄷ. $2+5=7$
ㄹ. $2x+3y-7$ ㅁ. $-x=5$ ㅂ. $x+2x=3x$

① 1개 ② 2개 ③ 3개
④ 4개 ⑤ 5개

유형 091 문장을 등식으로 나타내기

문장을 등식으로 나타낼 때에는 '~는 / ~이다.'와 같은 문장에서 왼쪽 부분을 좌변, 오른쪽 부분을 우변으로 하여 등호를 사용하여 나타낸다.

예 어떤 수 x에서 3을 뺀 것은 / 2와 같다. ⇨ $x-3=2$
($x-3$) ($=2$)

493 필수

다음 중 등식으로 나타낼 수 있는 것은?

① x의 3배는 10보다 작다.
② x의 5배에 7을 더한다.
③ x에 4를 더해서 2배한다.
④ x의 2배에서 5를 뺀 수는 9와 같다.
⑤ x의 3배에 x의 5배를 더한다.

494

다음 문장을 등식으로 나타내어라.

(1) 어떤 수 x를 7배한 수보다 2만큼 큰 수는 x의 3배와 같다.
(2) x명의 학생들에게 사과를 나누어 주는데 한 학생에게 4개씩 주면 3개가 남고 6개씩 주면 1개가 부족하다.

495

다음 문장을 등식으로 나타낸 것 중 옳지 않은 것은?

① 한 변의 길이가 x cm인 정삼각형의 둘레의 길이는 15 cm이다. ⇨ $3x=15$
② 시속 10 km로 x시간 동안 간 거리는 60 km이다. ⇨ $10x=60$
③ 10000원을 내고 한 개에 700원 하는 음료수 x개를 샀더니 거스름돈이 3000원이었다. ⇨ $10000-700x=3000$
④ 50개의 사과를 x명에게 6개씩 나누어 주면 2개가 모자란다. ⇨ $50-6x=2$
⑤ 정가가 a원인 옷을 20 % 할인하여 팔 때의 가격은 8000원이다. ⇨ $0.8a=8000$

유형 092 방정식과 항등식

(1) 방정식: 미지수의 값에 따라 참이 되기도 하고 거짓이 되기도 하는 등식
(2) 항등식: 미지수에 어떤 값을 대입하여도 항상 참이 되는 등식
⇨ 다음은 모두 항등식을 의미하는 말이다.
'(좌변)=(우변)인 등식'
'x의 값에 관계없이 항상 참인 등식'
'x에 어떤 수를 대입하여도 항상 참이 되는 등식'

풍쌤의 Point 미지수의 값에 따라 참, 거짓이 바뀌는지(방정식), 미지수의 값에 관계없이 항상 참이 되는지(항등식) 확인하자.

496 필수

다음 중 항등식인 것은?

① $x-3=0$　② $x+3=-x+3$
③ $x+3=2x+3$　④ $2x+3=2x$
⑤ $2(x-3)=-6+2x$

497

다음 중 방정식인 것은?

① $x+2$　② $2x<4$　③ $x+2=3$
④ $5x+3x=8x$　⑤ $2x+x-y$

498

다음 보기 중 x가 어떤 값을 갖더라도 항상 참이 되는 등식은 모두 몇 개인가?

보기
ㄱ. $2x+3=x+4$　ㄴ. $3(x+2)=3x+6$
ㄷ. $4x=5$　ㄹ. $4x+1+2x$
ㅁ. $9x+3=(4x-3)+(5x+6)$

① 1개　② 2개　③ 3개
④ 4개　⑤ 5개

중요한 유형 093 방정식의 해(근)

방정식의 해(근): 방정식을 참이 되게 하는 미지수의 값

풍쌤의 Point 방정식의 해를 방정식의 미지수에 대입하면 등식이 성립하므로 방정식의 해가 주어지면 우선 대입해 보자.

499 필수

다음 방정식 중 해가 $x=-1$인 것은?

① $2x-7=x-8$　② $1-x=x-1$
③ $2(x-3)=x-5$　④ $4x=x+3$
⑤ $3x+1=x+1$

500

다음 방정식 중 해가 $x=3$이 아닌 것은?

① $3x=x+6$　② $x-2=5-2x$
③ $2(x-1)=3x-5$　④ $2x-11=-5$
⑤ $3x+2=x+8$

501

다음 중 [　] 안의 수가 주어진 방정식의 해가 되는 것은?

① $-x+5=7$ [2]　② $x+3=-5$ [−2]
③ $2x-16=0$ [−8]　④ $3x-6=15$ [−7]
⑤ $\frac{x}{6}+1=0$ [−6]

502

절댓값이 2인 수 중 $2(-x+5)+3x=8$의 해를 구하여라.

유형 094 항등식이 되기 위한 조건

(1) $ax+b=cx+d$가 x에 대한 항등식이다.
⇨ $a=c$, $b=d$이어야 한다.
(2) $ax+b=0$이 x에 대한 항등식이다.
⇨ $a=0$, $b=0$이어야 한다.

풍쌤의 Point 항등식이 되려면 (좌변)=(우변)이어야 해.

503 필수

등식 $-2(x-4)=8+kx$가 x에 대한 항등식일 때, 상수 k의 값은?

① -4 ② -3 ③ -2
④ 2 ⑤ 4

504

다음 등식이 모두 x에 대한 항등식일 때, 상수 a, b에 대하여 $a+b$의 값은?

$$-ax+6=3(x+2),\quad bx+5x-12=4(x-3)$$

① -5 ② -4 ③ -3
④ -2 ⑤ -1

505

등식 $3x+2b=ax-8$이 x에 대한 항등식일 때, 상수 a, b에 대하여 $a-b$의 값은?

① 6 ② 7 ③ 8
④ 9 ⑤ 10

506

다음 등식이 항등식일 때, □ 안에 알맞은 식은?

$$-3(x-2)=x+\square$$

① $2x-6$ ② $x-3$ ③ $-2x+3$
④ $-4x+6$ ⑤ $-4x-6$

507

등식 $2x+b=ax-5+4x$가 x의 값에 관계없이 항상 참일 때, 상수 a, b에 대하여 ab의 값은?

① -10 ② -8 ③ -6
④ 8 ⑤ 10

508

등식 $5(x-1)=-x+ax-b$가 모든 x에 대하여 항상 참일 때, 상수 a, b에 대하여 $2a-b$의 값은?

① 6 ② 7 ③ 8
④ 9 ⑤ 10

509 서술형

등식 $(a-2)x+12=3(x+2b)+2x$가 x에 대한 항등식일 때, 상수 a, b에 대하여 $a+b$의 값을 구하여라.

중요한
유형 095 등식의 성질

$a=b$이면
(1) $a+c=b+c$ (2) $a-c=b-c$
(3) $ac=bc$ (4) $\frac{a}{c}=\frac{b}{c}$ (단, $c\neq0$)

풍쌤의 Point 양변을 같은 수로 나눌 때, 나누는 수는 0이 아닌지 반드시 확인하자.

510 필수

다음 중 옳지 않은 것은?

① $a+3=b+3$이면 $a=b$이다.
② $3a-2=3b-2$이면 $a=b$이다.
③ $\frac{a}{4}=\frac{b}{3}$이면 $4a=3b$이다.
④ $8a=-4b$이면 $a=-\frac{b}{2}$이다.
⑤ $-a=b$이면 $-2a+3=2b+3$이다.

511

$10a=5b$일 때, 다음 중 옳지 않은 것은?

① $2a=b$ ② $2a-b=0$
③ $2a-3=b-3$ ④ $2(a+1)=b+2$
⑤ $a+4=\frac{b+4}{2}$

512

다음 보기 중 옳은 것의 개수를 구하여라.

보기
ㄱ. $x-a=y-a$이면 $x=y$이다.
ㄴ. $ax=bx$이면 $a=b$이다.
ㄷ. $\frac{1}{5}x=\frac{1}{4}y$이면 $4x=5y$이다.
ㄹ. $a=b$이면 $ax=bx$이다.
ㅁ. $\frac{1}{2}x=-3y$이면 $x=-\frac{3}{2}y$이다.

중요한
유형 096 등식의 성질을 이용한 방정식의 풀이

등식의 성질을 이용하여 주어진 방정식을 $x=$(수)의 꼴로 바꾸어 방정식의 해를 구할 수 있다.

예 방정식 $2x-3=7$의 해 구하기

$2x-3=7$
$2x-3+3=7+3$ ← 양변에 3을 더하면
$2x=10$
$\frac{2x}{2}=\frac{10}{2}$ ← 양변을 2로 나누면
$\therefore x=5$ ← 해

풍쌤의 Point 등식의 성질을 이용해서 방정식을 $x=$(수)의 꼴로 만들면 그 (수)가 바로 방정식의 해야.

513 필수

다음은 등식의 성질을 이용하여 방정식의 해를 구하는 과정이다. (가), (나)에 이용된 등식의 성질을 보기에서 찾아 차례대로 나열한 것은?

$$5x-3=7 \xrightarrow{(가)} 5x=10 \xrightarrow{(나)} x=2$$

보기
$a=b$이고 c가 자연수일 때,
ㄱ. $a+c=b+c$ ㄴ. $a-c=b-c$
ㄷ. $ac=bc$ ㄹ. $\frac{a}{c}=\frac{b}{c}$

① ㄱ, ㄷ ② ㄱ, ㄹ ③ ㄴ, ㄷ
④ ㄴ, ㄹ ⑤ ㄷ, ㄹ

514

등식의 성질 '$a=b$이면 $a-c=b-c$이다.'를 이용하여 방정식 $2x+5=11$을 푸는 과정에서 c의 값으로 알맞은 것은?

① -11 ② -5 ③ -2
④ 5 ⑤ 11

515

다음은 등식의 성질을 이용하여 방정식 $\frac{3}{4}x-1=-\frac{1}{3}$의 해를 구하는 과정이다. (가), (나), (다)에 이용된 등식의 성질을 보기에서 찾아 차례대로 나열하여라.

$$\frac{3}{4}x-1=-\frac{1}{3}$$
(가)
$$9x-12=-4$$
(나)
$$9x=8$$
(다)
$$\therefore x=\frac{8}{9}$$

보기

$a=b$이고 c가 자연수일 때,

ㄱ. $a+c=b+c$ ㄴ. $a-c=b-c$

ㄷ. $ac=bc$ ㄹ. $\frac{a}{c}=\frac{b}{c}$

516

등식의 성질을 이용하여 방정식 $\frac{3x+4}{5}=-2$를 풀고, 이때 이용된 등식의 성질을 보기에서 모두 골라라.

보기

$a=b$이고 c가 자연수일 때,

ㄱ. $a+c=b+c$ ㄴ. $a-c=b-c$

ㄷ. $ac=bc$ ㄹ. $\frac{a}{c}=\frac{b}{c}$

517

방정식 $-\frac{x}{3}+4=x$를 등식의 성질을 이용하여 $4x=a$로 나타내었을 때, 상수 a의 값은?

① 10 ② 11 ③ 12

④ 13 ⑤ 14

유형 097 이항

이항: 등식의 성질을 이용하여 등식의 한 변에 있는 항의 부호를 바꾸어 다른 변으로 옮기는 것

⇨ $+$♥를 이항하면 $-$♥, $-$◆를 이항하면 $+$◆

풍쌤의 Point 이항하면 부호가 바뀌어.
즉, $+$는 $-$로, $-$는 $+$로 바뀌어.

518 필수

다음 중 밑줄 친 항을 바르게 이항한 것은?

① $x\underline{-3}=5$ ⇨ $x=5-3$

② $5x=7\underline{-2x}$ ⇨ $5x-2x=7$

③ $\underline{-2x}=10$ ⇨ $x=10+2$

④ $4x\underline{+3}=7$ ⇨ $4x=7-3$

⑤ $-x\underline{+5}=\underline{3x}-3$ ⇨ $-x-3x=-3+5$

519

다음 중 등식 $4x+3=19$에서 좌변의 3을 이항한 것과 결과가 같은 것을 모두 고르면? (정답 2개)

① 양변에 -3을 더한다.

② 양변에 3을 곱한다.

③ 양변을 3으로 나눈다.

④ 양변에 -3을 곱한다.

⑤ 양변에서 3을 뺀다.

520 서술형

다음 방정식을 이항만을 이용하여 $ax+b=0$의 꼴로 나타내었을 때, 상수 a, b에 대하여 $a+b$의 값을 구하여라. (단, $a>0$)

$$2x+9=5-3x$$

유형 098 일차방정식

x에 대한 일차방정식 ⇨ $\underset{x\text{에 대한 일차식}}{\underline{ax+b}}=0$ (단, $a\neq0$)

풍쌤의 Point 일차방정식은 (일차식)$=0$의 꼴로 바꿀 수 있는 방정식이야.

521 필수

다음 중 일차방정식인 것은?

① $2x=x$ ② $6x-18$
③ $x+7=7+x$ ④ $2x=2x-5$
⑤ $2x^2+x=x^2-1$

522

다음 중 일차방정식이 아닌 것은?

① $2x=0$ ② $3x+1=x-5$
③ $x^2-4x=x^2+6$ ④ $x-9=-9+x$
⑤ $8x+5=4(1-2x)$

523

다음 문장을 식으로 나타낼 때, 일차방정식이 아닌 것을 모두 고르면? (정답 2개)

① x와 25의 평균은 35이다.
② 한 변의 길이가 x cm인 정사각형의 넓이는 16 cm^{2}이다.
③ 어떤 수 x의 3배는 x의 4배에서 x를 뺀 것과 같다.
④ 한 개에 x원인 물건 5개를 사고 10000원을 냈을 때의 거스름돈은 6500원이다.
⑤ 시속 3 km로 x시간 동안 간 거리는 9 km이다.

524

다음 보기 중 일차방정식은 모두 몇 개인가?

보기
ㄱ. $2x+4$ ㄴ. $3x+4x=7x$
ㄷ. $2x+3=3x+2$ ㄹ. $x(x-1)=x^2+5$
ㅁ. $-x^2+x=2+x^2$

① 1개 ② 2개 ③ 3개
④ 4개 ⑤ 5개

525

다음 중 방정식 $3x+b=ax-2$가 x에 대한 일차방정식이 되기 위한 조건은? (단, a, b는 상수)

① $a=3$ ② $a\neq3$ ③ $a\neq-3$
④ $a=3$, $b=-2$ ⑤ $a=3$, $b\neq-2$

526

방정식 $4x^2+2x+a=ax^2-x-5$가 x에 대한 일차방정식일 때, 상수 a의 값을 구하여라.

527

방정식 $a(x+1)=-2x+5$가 x에 대한 일차방정식일 때, 다음 중 상수 a의 값이 될 수 없는 것은?

① -2 ② -1 ③ 0
④ 1 ⑤ 2

필수유형 다지기

중요한

유형 099 간단한 일차방정식의 풀이

① x를 포함한 항은 좌변으로, 상수항은 우변으로 이항한다.
② $ax=b(a\neq0)$의 꼴로 정리한다.
③ 해는 $x=\frac{b}{a}$이다. (x의 계수로 양변을 나눈다.)

풍쌤의 Point 일차방정식을 풀 때는 x항은 x항끼리, 상수항은 상수항끼리 모은 후 $x=$(수)의 꼴로 나타내자.

528 필수

다음 중 해가 나머지 넷과 다른 하나는?

① $x+5=4$ ② $2x+10=x+11$
③ $9x=4x+5$ ④ $-4x+7=4-x$
⑤ $3x-7=x-5$

529

다음 일차방정식 중 해의 절댓값이 가장 큰 것은?

① $5x-1=3x+9$ ② $3+x=-2x+9$
③ $3x+4=10+x$ ④ $4x+6=x+3$
⑤ $2x-5=5x+13$

530

일차방정식 $2x+7=-5x-7$의 해가 $x=a$일 때, a^2+a의 값은?

① 0 ② 2 ③ 6
④ 12 ⑤ 20

유형 100 괄호가 있는 일차방정식의 풀이

괄호가 있는 일차방정식은 분배법칙을 이용하여 괄호를 먼저 푼다. 이때 (소괄호) ⇨ {중괄호} ⇨ [대괄호] 순으로 푼다.

풍쌤의 Point 괄호부터 풀어 방정식을 $ax=b$의 꼴로 만들자.

531 필수

일차방정식 $3(2x+5)+4=5-x$를 풀면?

① $x=-\frac{14}{5}$ ② $x=-2$ ③ $x=-1$
④ $x=2$ ⑤ $x=\frac{14}{5}$

532

다음 보기 중 해가 같은 일차방정식끼리 짝 지어진 것은?

보기
ㄱ. $2(5x-7)=5x+1$
ㄴ. $4x=2(x+1)-5$
ㄷ. $3+2(x+2)=4+x$
ㄹ. $2(x-5)=4x-7$

① ㄱ, ㄴ ② ㄱ, ㄷ ③ ㄱ, ㄹ
④ ㄴ, ㄷ ⑤ ㄴ, ㄹ

533

다음 일차방정식을 풀어라.

$$2x-[x+3\{4x-(5x-1)\}]=5x+2$$

유형 101 계수가 소수 또는 분수인 일차방정식의 풀이

계수에 소수나 분수가 있으면 양변에 적당한 수를 곱하여 계수를 정수로 바꾼 후 푼다.

풍쌤의 Point (1) 계수가 소수인 경우
⇨ 양변에 10, 100, 1000, … 중에서 적당한 수를 곱하자.
(2) 계수가 분수인 경우
⇨ 양변에 분모의 최소공배수를 곱하자.

534 필수

일차방정식 $\frac{3x-2}{5}=\frac{x-4}{3}+2$를 풀면?

① $x=\frac{8}{7}$ ② $x=\frac{12}{7}$ ③ $x=\frac{16}{7}$
④ $x=4$ ⑤ $x=8$

535

일차방정식 $0.05x=0.1(2.5x-4)$를 풀면?

① $x=-1$ ② $x=0$ ③ $x=1$
④ $x=2$ ⑤ $x=3$

536

다음은 일차방정식 $\frac{3}{2}x-\frac{1}{4}=\frac{2}{3}x+1$의 해를 구하는 과정이다. □ 안에 알맞은 수를 써넣어라.

$\frac{3}{2}x-\frac{1}{4}=\frac{2}{3}x+1$ ⇨ $10x=$□ ⇨ $x=$□

537

다음 일차방정식의 해가 $x=a$일 때, a^2-4a의 값을 구하여라.

$$\frac{x+3}{2}-\frac{3x-1}{4}=1$$

538

다음 일차방정식을 풀어라.

$$\frac{2x+1}{5}=0.4(4x-3)$$

539

다음 일차방정식 중 해가 가장 작은 것은?

① $x-0.8=1.2x+4$
② $0.2(x+3)=0.3x-1$
③ $\frac{5}{4}x+10=\frac{1}{2}(x-7)$
④ $\frac{1}{2}x+7=\frac{2x-5}{6}$
⑤ $\frac{x}{5}-\frac{x-3}{2}=0.3$

540 서술형

일차방정식 $0.2(x-3)=\frac{1}{2}(x+3)$의 해를 $x=a$, 일차방정식 $\frac{2x-1}{3}=0.5x+3$의 해를 $x=b$라고 할 때, a^2+b^2의 값을 구하여라.

유형 102 비례식으로 주어진 일차방정식의 풀이

비례식의 성질을 이용하여 방정식을 세운다.

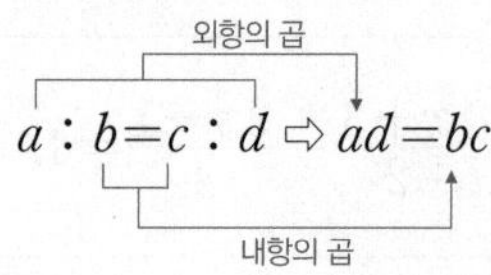

풍쌤의 Point 비례식에서 외항의 곱은 내항의 곱과 같아.

541 필수

다음 비례식을 만족하는 x의 값은?

$$(x+1) : 3 = (2x-3) : 4$$

① $\frac{5}{2}$　② $\frac{7}{2}$　③ $\frac{9}{2}$　④ $\frac{11}{2}$　⑤ $\frac{13}{2}$

542

다음 일차방정식 중 비례식 $(x-4) : (3x-2) = 3 : 4$를 만족하는 x의 값을 해로 갖는 것은?

① $2x-3=0$　② $2x-12=0$　③ $4-2x=-2$　④ $2x+6=x+4$　⑤ $3x=-12$

543

비례식 $\frac{x-3}{2} : 5 = (0.3x+1) : 4$를 만족하는 x의 값은?

① 10　② 12　③ 18　④ 20　⑤ 22

중요한 유형 103 해가 주어질 때 미지수 구하기

방정식의 해가 $x=k$이다.
⇨ 주어진 방정식에 $x=k$를 대입하면 등식이 성립한다.

544 필수

일차방정식 $3x+a=\frac{1}{2}x+5a$의 해가 $x=8$일 때, 상수 a의 값은?

① -5　② -3　③ 2　④ 3　⑤ 5

545

일차방정식 $ax-3=7-2x$의 해가 $x=-5$일 때, 상수 a의 값을 구하여라.

546

일차방정식 $\frac{x-a}{2}-\frac{x+1}{6}=1$의 해가 $x=-4$일 때, 상수 a에 대하여 a^2+3a의 값은?

① -40　② -10　③ 10　④ 15　⑤ 40

547 서술형

두 일차방정식 $\frac{x+3}{6}-\frac{2x-a}{4}=2$, $4(2x-1)=2(x-b)$의 해가 모두 $x=3$일 때, 상수 a, b에 대하여 $a+b$의 값을 구하여라.

유형 104 두 일차방정식의 해가 같을 때

두 일차방정식의 해가 같을 때
⇨ 한 방정식의 해를 구하여 그 해를 다른 방정식에 대입한다.

풍쌤의 Point 계수나 상수항에 미지수가 없는 일차방정식을 먼저 풀어서 해를 구하자.

548 필수

두 일차방정식 $x+3=\frac{1}{4}x$, $a(x-2)=3a+9$의 해가 같을 때, 상수 a의 값을 구하여라.

549

다음 두 일차방정식의 해가 같을 때, 상수 a의 값을 구하여라.

$$0.6x-1.2=x+1.6,\quad a-2x=ax+10$$

550

두 일차방정식 $\frac{3}{5}x+0.3=1.1x-\frac{1}{5}$, $\frac{2x+a}{4}-5x=1$의 해가 같을 때, 상수 a의 값은?

① 16 ② 18 ③ 20
④ 22 ⑤ 24

551 서술형

비례식 $(x-a):2=(4+x):3$을 만족하는 x의 값이 일차방정식 $\frac{2}{3}x+1=\frac{1}{2}x+\frac{a}{6}$의 해일 때, 상수 a의 값을 구하여라.

어려운 ★★★

유형 105 자연수(정수) 해를 갖는 일차방정식

'해가 자연수(정수)일 때, ~'라는 조건이 있으면
⇨ $x=\square$로 정리한 후 $\square$가 자연수(정수)가 되도록 하는 미지수의 값을 구한다.

풍쌤의 Point $x=\frac{B}{A}$가 자연수(정수)이려면
⇨ B는 A의 배수, A는 B의 약수이어야 해.

552 필수

x에 대한 일차방정식 $2(x-4)=1-a$의 해가 자연수가 되도록 하는 모든 자연수 a의 개수는?

① 1 ② 2 ③ 3
④ 4 ⑤ 5

553

x에 대한 일차방정식 $x-2(x+a)=4x-9$의 해가 자연수가 되도록 하는 자연수 a의 값과 그때의 해를 구하여라.

554 창의

x에 대한 일차방정식 $-\frac{1}{6}(x+5a)+x=-5$의 해가 음의 정수일 때, 모든 자연수 a의 값의 합을 구하여라.

555

x에 대한 일차방정식 $5(7-2x)=a$의 해가 양의 정수일 때, 모든 자연수 a의 값의 합을 구하여라.

만점에 도전하기

556
방정식 $ax^2+\frac{x+1}{3}=0.5(x^2-bx+3)$이 x에 대한 일차방정식이 되도록 하는 상수 a, b의 조건은?

① $a=\frac{1}{2}$ ② $b=-\frac{2}{3}$
③ $a=\frac{1}{2}$, $b=-\frac{2}{3}$ ④ $a=\frac{1}{2}$, $b\neq-\frac{2}{3}$
⑤ $a\neq\frac{1}{2}$, $b\neq-\frac{2}{3}$

557 서술형
다음과 같이 x에서 시작하여 주어진 규칙대로 계산하였더니 5가 되었다. 이때 x의 값을 구하여라.

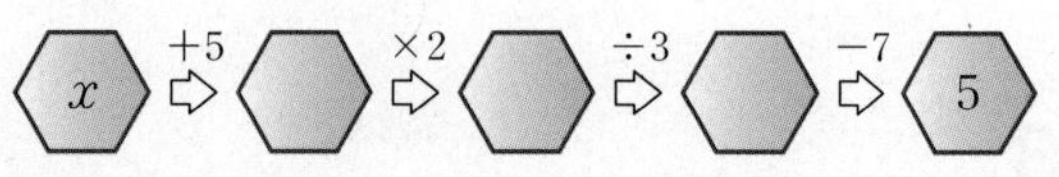

558 창의
유나는 수학체험학교에서 방정식의 방을 탈출하는 방탈출 게임에 참여하였다. 문은 자물쇠로 잠겨 있고, 다음과 같이 써 있었다.

> 이 자물쇠의 비밀번호는 다음 방정식 ㉠, ㉡, ㉢, ㉣의 해를 천의 자리부터 차례대로 나열한 네 자리의 수이다.
> ㉠ $5x-1=7+x$
> ㉡ $\frac{14x+1}{3}=5$
> ㉢ $(4x-2):(x+1)=2:1$
> ㉣ $0.1(x+1)=0.5x-2.3$

유나는 비밀번호를 알아내어 문을 열고 방에서 탈출하였다. 유나가 알아낸 자물쇠의 비밀번호를 구하여라.

559
등식 $(3-a)x-1=2x-a$가 모든 x에 대하여 항상 참일 때, 방정식 $2x-\frac{x-a}{3}=a-4$의 해는? (단, a는 상수)

① $x=-3$ ② $x=-2$ ③ $x=-1$
④ $x=2$ ⑤ $x=3$

560 서술형
다음 세 일차방정식의 해가 모두 같을 때, 상수 a, b에 대하여 ab의 값을 구하여라.

> (가) $3x-2(2-x)=6$
> (나) $0.2(ax-3)-0.3(x+a)=0.8x$
> (다) $\frac{x-b}{6}-\frac{x}{2}=b+1$

561
x에 대한 두 일차방정식

$6x-\frac{1}{2}=1$ …… ㉠, $ax+3b=2$ …… ㉡

에서 ㉡의 해가 ㉠의 해의 4배일 때, 상수 a, b에 대하여 $2a+6b$의 값을 구하여라.

562
일차방정식 $4x-3=2x-1$에서 우변의 x의 계수 2를 잘못 보고 풀어 $x=-2$를 해로 얻었다. 2를 어떤 수로 잘못 보았는지 구하여라.

563

두 수 a, b에 대하여 $a*b=ab-(a-b)$라고 할 때,

$$x*5-\{(x+1)*2\}=10$$

을 만족하는 x의 값을 구하여라.

564

x에 대한 두 일차방정식

$$0.3-0.2x=0.2(x-1)+0.1,\ 12x-\frac{3}{5}=6x-2a$$

의 해의 절댓값이 같을 때, 모든 상수 a의 값의 합을 구하여라.

565

x에 대한 두 일차방정식 $\frac{x-1}{4}-\frac{a-3}{2}=1$과 $\frac{x+1-2a}{3}=\frac{a-4}{6}$의 해의 비가 $2:3$일 때, 상수 a의 값은?

① -1　② -2　③ -3
④ -4　⑤ -5

566

x에 대한 일차방정식 $2x-\frac{3x-a}{2}=4x-1$의 해가 2의 배수가 되는 가장 작은 자연수 a의 값은?

① 5　② 8　③ 10
④ 12　⑤ 18

567

x에 대한 일차방정식 $4(6-x)-a=-3$의 해가 6의 약수일 때, 다음 중 상수 a의 값이 될 수 <u>없는</u> 것은?

① 3　② 9　③ 15
④ 19　⑤ 23

568

$\frac{a}{2}=\frac{b}{3}=\frac{c}{6}$일 때, x에 대한 일차방정식 $(2a+b-c)x-(a-b+c)=0$의 해는?

(단, a, b, c는 상수, $abc\neq0$)

① $x=-3$　② $x=-1$　③ $x=1$
④ $x=3$　⑤ $x=5$

569

$2a+b=a+3b$를 만족하는 상수 a, b에 대하여 $\frac{2a-b}{a+b}$의 값이 x에 대한 일차방정식 $\frac{7-m}{2}-x=\frac{2+mx}{5}$의 해일 때, 상수 m의 값은? (단, $ab\neq0$)

① 1　② 2　③ 3
④ 4　⑤ 5

570 창의

방정식 $2x+3|x|=5$의 해를 구하여라.

3 일차방정식의 활용

01 일차방정식의 활용 문제 풀이

일차방정식의 활용 문제는

미지수 정하기 ⇨ 방정식 세우기 ⇨ 방정식 풀기 ⇨ 답 확인하기

의 순서로 푼다.

✦ 일차방정식의 활용 문제를 풀 때 가장 중요한 것은 문제의 뜻을 잘 이해하는 것이다. 이에 어려움이 있을 때는 문제 상황을 그림이나 표 등으로 시각화해 보도록 한다.

02 수에 대한 문제

(1) 연속한 수에 대한 문제

① 연속한 두 정수는 $x,\ x+1$ 또는 $x-1,\ x$로 놓는다.

② 연속한 세 정수는 $x-1,\ x,\ x+1$ 또는 $x,\ x+1,\ x+2$로 놓는다.

(2) 두 자리의 자연수 자리 바꾸기 문제

십의 자리의 숫자가 x, 일의 자리의 숫자가 y인 두 자리의 자연수 ⇨ $10x+y$

이 자연수의 일의 자리와 십의 자리의 숫자를 바꾼 수 ⇨ $10y+x$

✦ 연속한 세 홀수(짝수)는 $x-2,\ x,\ x+2$ 또는 $x,\ x+2,\ x+4$로 놓는다.

✦ 십의 자리의 숫자가 x, 일의 자리의 숫자가 y인 두 자리의 자연수를 xy 또는 $x+y$로 놓지 않도록 주의한다.

03 거리, 속력, 시간에 대한 문제

거리, 속력, 시간에 대한 문제는 다음 공식을 이용하여 방정식을 세운다.

① (거리)=(속력)×(시간)

② (속력)=$\dfrac{(\text{거리})}{(\text{시간})}$

③ (시간)=$\dfrac{(\text{거리})}{(\text{속력})}$

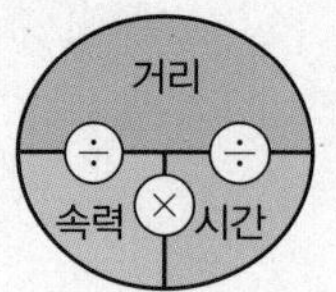

✦ 거리, 속력, 시간에 대한 문제를 풀 때에는 단위를 통일하여 방정식을 세우도록 한다.

04 농도에 대한 문제

소금물의 농도에 대한 문제는 다음 공식을 이용하여 방정식을 세운다.

① (소금물의 농도)=$\dfrac{(\text{소금의 양})}{(\text{소금물의 양})}\times 100(\%)$

② (소금의 양)=(소금물의 양)×$\dfrac{(\text{소금물의 농도})}{100}$

✦ 농도: 어떤 물질이 물에 녹아 있는 양의 정도

정답과 해설 58~59쪽

01 일차방정식의 활용 문제 풀이

571

길이가 1 m인 테이프를 A, B 두 조각으로 잘랐더니 A가 B보다 10 cm 더 길었다. A와 B의 길이를 다음 순서에 따라 구하여라.

(1) B의 길이를 x cm라고 할 때, A의 길이를 x에 대한 식으로 나타내어라.

(2) 문제의 뜻에 맞는 방정식을 세워라.

(3) (2)의 방정식을 풀어라.

(4) A와 B의 길이를 각각 구하여라.

02 수에 대한 문제

572

연속한 두 자연수의 합이 31일 때, 두 자연수를 다음 순서에 따라 구하여라.

(1) 두 자연수 중에서 작은 수를 x라고 할 때, 다른 수를 x에 대한 식으로 나타내어라.

(2) 문제의 뜻에 맞는 방정식을 세워라.

(3) (2)의 방정식을 풀어라.

(4) 두 자연수를 구하여라.

573

일의 자리의 숫자가 7인 두 자리의 자연수가 있다. 이 자연수는 각 자리 숫자의 합의 3배와 같다고 할 때, 이 자연수를 다음 순서에 따라 구하여라.

(1) 십의 자리의 숫자를 x라고 할 때, 이 두 자리의 자연수를 x에 대한 식으로 나타내어라.

(2) 문제의 뜻에 맞는 방정식을 세워라.

(3) (2)의 방정식을 풀어라.

(4) 이 자연수를 구하여라.

03 거리, 속력, 시간에 대한 문제

574

승용차로 두 지점 A, B 사이를 왕복하는 데 갈 때는 시속 40 km, 올 때는 시속 60 km로 달려서 총 1시간이 걸렸다. 두 지점 A, B 사이의 거리를 다음 순서에 따라 구하여라.

(1) 다음 표를 완성하여라.

	갈 때	올 때
속력	시속 40 km	시속 60 km
거리	x km	
시간	$\frac{x}{40}$ 시간	

(2) 문제의 뜻에 맞는 방정식을 세워라.

(3) (2)의 방정식을 풀어라.

(4) 두 지점 A, B 사이의 거리를 구하여라.

04 농도에 대한 문제

575

7 %의 소금물 300 g에 x g의 물을 더 넣으면 5 %의 소금물이 된다. 더 넣은 물의 양을 다음 순서에 따라 구하여라.

(1) 다음 표를 완성하여라.

농도	7 % —물 x g 추가→	5 %
소금물의 양 (g)	300	
소금의 양 (g)	$300\times\frac{7}{100}$	

(2) 문제의 뜻에 맞는 방정식을 세워라.

(3) (2)의 방정식을 풀어라.

(4) 몇 g의 물을 더 넣었는지 구하여라.

유형 106 어떤 수에 대한 문제

일차방정식의 활용 문제 풀이 순서
① 어떤 수를 x로 놓는다.
② 수량 사이의 관계를 등식으로 나타낸다.
③ x에 대한 방정식을 푼다.
④ 구한 해가 문제의 뜻에 맞는지 확인한다.

576 필수

어떤 수를 2배하여 11을 더한 수는 어떤 수를 3배하여 5를 뺀 수와 같다. 이때 어떤 수는?

① 13 ② 14 ③ 15
④ 16 ⑤ 17

577

어떤 수에 4를 더해야 할 것을 잘못해서 4를 곱했더니 구하려고 했던 수보다 29만큼 커졌다. 이때 어떤 수를 구하여라.

578

합이 163인 서로 다른 두 자연수가 있다. 큰 수를 작은 수로 나누면 몫이 11이고 나머지가 7일 때, 작은 자연수는?

① 11 ② 12 ③ 13
④ 14 ⑤ 15

유형 107 연속한 수에 대한 문제

	가장 작은 수	가운데 수	가장 큰 수
연속한 세 정수	x $\xrightarrow{+1}$	$x+1$ $\xrightarrow{+1}$	$x+2$
	$x-1$ $\xrightarrow{+1}$	x $\xrightarrow{+1}$	$x+1$
연속한 세 짝수(홀수)	x $\xrightarrow{+2}$	$x+2$ $\xrightarrow{+2}$	$x+4$
	$x-2$ $\xrightarrow{+2}$	x $\xrightarrow{+2}$	$x+2$

풍쌤의 Point 연속한 정수는 1씩 커지고, 연속한 짝수 또는 홀수는 2씩 커져.

579 필수

연속한 세 자연수의 합이 39일 때, 세 자연수 중에서 가운데 수를 구하여라.

580

연속한 두 정수의 합은 두 수 중에서 작은 수의 3배보다 7만큼 작다고 한다. 이때 두 정수를 구하여라.

581

연속한 세 홀수의 합이 117일 때, 세 홀수 중에서 가장 작은 수를 구하여라.

582

연속한 세 짝수에서 가장 큰 수의 3배는 나머지 두 수의 합보다 32만큼 크다고 한다. 이때 세 짝수를 구하여라.

유형 108 자리의 숫자에 대한 문제

십의 자리의 숫자가 a, 일의 자리의 숫자가 b인 두 자리의 자연수
⇨ $10a+b$
이 자연수의 십의 자리와 일의 자리의 숫자를 바꾼 수
⇨ $10b+a$

583 필수

십의 자리의 숫자가 6인 두 자리의 자연수가 있다. 이 자연수의 십의 자리의 숫자와 일의 자리의 숫자를 바꾼 수는 처음 수보다 27이 작다고 할 때, 처음 수를 구하여라.

584

일의 자리의 숫자가 5인 두 자리의 자연수에서 각 자리의 숫자의 합을 빼면 63일 때, 이 자연수를 구하여라.

585 서술형

십의 자리의 숫자가 3인 두 자리의 자연수가 있다. 이 자연수의 십의 자리의 숫자와 일의 자리의 숫자를 바꾼 수는 처음 수의 2배보다 7만큼 크다고 할 때, 처음 수를 구하여라.

586

십의 자리의 숫자가 일의 자리의 숫자보다 3만큼 작은 두 자리의 자연수가 있다. 이 자연수는 각 자리의 숫자의 합의 4배와 같다고 할 때, 이 자연수를 구하여라.

유형 109 나이에 대한 문제

(x년 후의 나이)=(현재 나이)$+x$

풍쌤의 Point 나이는 1년에 1세씩 똑같이 늘어나.

587 필수

현재 아버지의 나이는 48세이고 아들의 나이는 14세이다. 아버지의 나이가 아들의 나이의 3배가 되는 것은 몇 년 후인가?

① 2년 후 ② 3년 후 ③ 5년 후
④ 6년 후 ⑤ 8년 후

588 서술형

올해 영주와 영주의 어머니의 나이의 합은 63세이다. 12년 후에 어머니의 나이가 영주의 나이의 2배가 된다고 할 때, 올해 영주의 나이를 구하여라.

589

현재 이모와 다연이의 나이의 차는 24세이다. 6년 후에는 이모의 나이가 다연이의 나이의 2배보다 4세가 더 많아진다고 할 때, 현재 이모의 나이를 구하여라.

590 창의

효민이네 네 자매의 나이는 각각 2세씩 차이가 난다. 가장 큰 언니의 나이는 막내의 나이의 2배보다 7세 적다고 할 때, 네 자매 중에서 셋째의 나이를 구하여라.

유형 110 수량에 대한 문제

(1) 개수의 합이 일정하다.
⇨ 어느 하나의 개수 : x, 다른 하나의 개수 : (합)$-x$
(2) A, B가 가지고 있는 물건의 개수가 각각 a, b일 때, A가 B에게 x만큼 주었다.
⇨ B가 A에게서 x만큼 받았다.
⇨ A : $a-x$, B : $b+x$

591 필수

딱지를 민준이는 20장, 정현이는 32장 갖고 있었는데 민준이가 정현이에게 딱지를 몇 장 주었더니 정현이의 딱지의 수가 민준이의 딱지의 수의 3배가 되었다. 민준이가 정현이에게 준 딱지의 장수를 구하여라.

592

어느 농구 시합에서 한 선수가 2점짜리와 3점짜리 슛을 합하여 12골을 넣어 총 28득점을 하였다. 이 선수는 3점짜리 슛을 몇 골 넣었는가?

① 1골 ② 2골 ③ 3골
④ 4골 ⑤ 5골

593

은지네 농장에는 염소와 오리를 합하여 모두 14마리가 있다. 다리 수의 합이 40개일 때, 염소는 모두 몇 마리인가?

① 6마리 ② 7마리 ③ 8마리
④ 9마리 ⑤ 10마리

유형 111 상품 가격에 대한 문제

(1) (지불액)=(한 개의 가격)×(물건의 개수)
(2) (거스름돈)=(낸 돈)−(물건의 값)

594 필수

지호는 부모님께 꽃다발을 만들어 드리기 위하여 카네이션 8송이와 안개꽃을 사고 30000원을 냈더니 1000원을 거슬러 받았다. 지호가 산 안개꽃의 값이 5000원일 때, 카네이션 한 송이의 값을 구하여라.

595

슬기는 4000원을 가지고 있고, 연지는 3000원을 가지고 있다. 슬기가 볼펜 2자루를 사고, 연지는 같은 볼펜 1자루와 400원짜리 연필을 한 자루 사면 남는 돈이 서로 같다고 할 때, 볼펜 한 자루의 가격을 구하여라.

596

한 개에 800원 하는 사과와 한 개에 1500원 하는 배를 합하여 16개를 사고 17000원을 지불하였다. 이때 구입한 사과와 배는 각각 몇 개인지 구하여라.

597 서술형

어느 도서 대여점에서는 모든 책에 대하여 1권당 대여료는 동일하고 1일 연체료는 대여료보다 500원 싸다고 한다. 민서가 책 한 권을 2일 늦게 반납하고 새로 책 3권을 대여하면서 2500원을 지불하였을 때, 이 도서 대여점의 1일 연체료를 구하여라.

(단, 대여료는 책을 대여할 때 지불한다.)

유형 112 예금액에 대한 문제

현재 예금액이 a원이고, 매달 b원씩 x개월 동안 예금하면
(x개월 후의 예금액)$=$(현재 예금액)$+$(매달 예금액)$\times x$
$=a+bx$(원)

598 필수

현재 동주와 남주의 통장에는 각각 40000원, 20000원이 예금되어 있다. 동주는 매월 2000원씩, 남주는 매월 3000원씩 예금한다고 할 때, 두 사람의 예금액이 같아지는 것은 몇 개월 후인가?

① 18개월 후 ② 19개월 후 ③ 20개월 후
④ 21개월 후 ⑤ 22개월 후

599 서술형

현재 형석이의 예금액은 100000원, 준구의 예금액은 10000원이다. 두 사람이 매월 5000원씩 예금할 때, 형석이의 예금액이 준구의 예금액의 2배가 되는 것은 몇 개월 후인지 구하여라.

600

현재 언니의 예금액은 60000원, 동생의 예금액은 40000원이다. 언니는 매월 5000원씩, 동생은 매월 x원씩 예금한다면 10개월 후에 언니의 예금액이 동생의 예금액의 2배가 된다고 한다. 이때 x의 값을 구하여라.

중요한 유형 113 이익과 정가에 대한 문제

(1) (정가)$=$(원가)$+$(원가)$\times$(이익률)
$=\{1+$(이익률)$\}\times$(원가)
(2) (이익)$=$(판매 가격)$-$(원가)

601 필수

어떤 물건의 원가에 30 %의 이익을 붙여 정가를 정하였는데 정가에서 1000원을 할인하여 팔았더니 10 %의 이익이 생겼다. 이 물건의 원가는?

① 3600원 ② 4000원 ③ 4500원
④ 5000원 ⑤ 5600원

602

어떤 상품의 원가에 5 %의 이익을 붙여 정가를 정하였다. 정가에서 600원을 할인한 금액이 1500원일 때, 상품의 원가를 구하여라.

603

원가에 50 %의 이익을 붙여 정가를 정한 상품이 팔리지 않아 다시 정가의 30 %를 할인하여 팔았더니 1500원의 이익이 생겼다. 이때 이 상품의 정가를 구하여라.

604

원가가 10000원인 상품이 있다. 정가의 20 %를 할인하여 팔았더니 원가의 12 %의 이익이 생겼다. 이 상품의 정가를 구하여라.

유형 114 학생 수의 증감에 대한 문제

(올해의 학생 수)=(작년의 학생 수)+(변화된 학생 수)

풍쌤의 Point 학생 수가 증가하면 $+$, 감소하면 $-$

605 필수

어느 학교의 전체 학생 수가 작년에는 800명이었다. 올해에는 작년에 비하여 남학생은 10 % 증가하고, 여학생은 그대로여서 전체적으로는 6 % 증가하였다. 작년의 여학생 수를 구하여라.

606

어느 학교의 학생 수는 작년보다 5 % 감소하여 올해는 893명이 되었다. 이 학교의 작년의 학생 수를 구하여라.

607 서술형

어느 학교의 전체 학생 수가 작년에는 1600명이었다. 올해에는 작년에 비하여 남학생은 5 % 증가하고, 여학생은 3 % 감소하여 전체적으로는 16명이 늘었다. 이 학교의 올해의 남학생 수를 구하여라.

608

어느 중학교의 작년의 전체 학생 수는 280명이었다. 올해에는 작년에 비하여 남학생은 10 % 증가하고, 여학생은 2명 감소하여 전체적으로는 5 % 증가하였다. 이 학교의 올해의 남학생 수를 구하여라.

유형 115 과부족에 대한 문제

(1) 물건을 나누어 주는 문제는 사람 수를 x로 놓는다.
(2) 긴 의자 문제는 의자의 개수를 x로 놓는다.

풍쌤의 Point '나누어 주는데 남고, 부족하고 ~'의 문구가 있으면 (남는 것에 대한 식)=(부족한 것에 대한 식)으로 방정식을 세워서 해결하자.

609 필수

학생들에게 연필을 3자루씩 나누어 주면 12자루가 남고, 4자루씩 나누어 주면 8자루가 모자란다고 한다. 이때 학생은 모두 몇 명인가?

① 15명 ② 17명 ③ 19명
④ 20명 ⑤ 25명

610

농구 동아리의 학생들이 모두 같은 액수의 돈을 내어 농구공을 사려고 한다. 1500원씩 내면 800원이 부족하고 1600원씩 내면 1800원이 남을 때, 농구공의 가격을 구하여라.

611 서술형

강당에 있는 긴 의자에 학생들이 앉는데 한 의자에 4명씩 앉으면 9명이 앉지 못하고, 한 의자에 5명씩 앉으면 남는 의자는 없지만 마지막 의자에는 2명이 앉는다고 한다. 이때 학생 수를 구하여라.

612

어느 학교 학생들이 야영을 하는데 텐트 하나에 6명씩 들어가면 12명이 남고, 8명씩 들어가면 텐트 2개는 완전히 비고 어느 한 텐트에는 6명이 들어가게 된다. 이때 텐트의 개수와 학생 수를 각각 구하여라.

유형 116 길이, 도형에 대한 문제

둘레의 길이 또는 넓이를 구하는 공식을 이용하여 방정식을 세운다.

풍쌤의 Point 길이, 도형에 대한 문제는 단위를 통일시키고, 그림을 그려서 살펴보자.

613 필수

둘레의 길이가 34 m이고, 가로의 길이가 세로의 길이의 2배보다 10 m 짧은 직사각형 모양의 밭을 만들려고 한다. 이때 가로의 길이를 구하여라.

614

아랫변의 길이가 12 cm이고 높이가 7 cm인 사다리꼴의 넓이가 63 cm^2일 때, 이 사다리꼴의 윗변의 길이를 구하여라.

615 창의

어느 미술관에서 폭이 3 m인 벽에 다음 그림과 같이 가로의 길이가 45 cm인 직사각형 모양의 액자 4개를 걸려고 한다. 벽 양끝의 여백과 액자 사이의 간격을 모두 같게 배열할 때, 액자 사이의 간격을 구하여라.

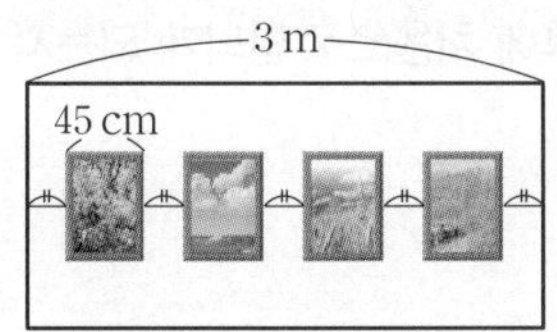

616

오른쪽 그림과 같이 가로의 길이가 12 cm, 세로의 길이가 9 cm인 직사각형에서 가로의 길이는 x cm 줄이고, 세로의 길이는 4 cm 늘였더니 넓이가 처음보다 4 cm^2만큼 줄어들었다. 이때 x의 값을 구하여라.

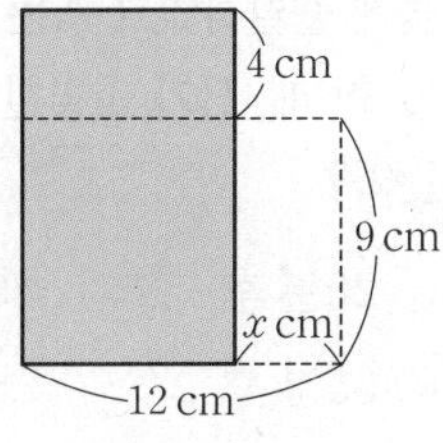

유형 117 거리, 속력, 시간에 대한 문제(1) – 속력이 바뀌는 경우

시속 a km로 가다가 시속 b km로 가는 경우
⇨ (시속 a km로 가는 시간)+(시속 b km로 가는 시간)
=(총 걸린 시간)

풍쌤의 Point 각 구간에서 걸린 시간의 합으로 방정식을 세우자.

617 필수

유람선을 타고 잔잔한 바닷가의 두 지점 A, B 사이를 같은 길로 왕복하는 데 갈 때는 시속 20 km, 올 때는 시속 30 km로 운행하여 모두 1시간이 걸렸다. 두 지점 A, B 사이의 거리를 구하여라. (단, 바닷물의 이동 속도는 생각하지 않는다.)

618

등산을 하는 데 올라갈 때는 시속 2 km로 걷고, 내려올 때는 올라갈 때보다 3 km 더 먼 길을 시속 4 km로 걸었더니 모두 6시간이 걸렸다. 올라갈 때 걸은 거리를 x km라고 할 때, 다음 중 x를 구하기 위한 방정식으로 옳은 것은?

① $2x+4(x+3)=6$　② $2x-4(x+3)=6$
③ $\frac{x}{2}+\frac{x+3}{4}=6$　④ $\frac{x}{2}-\frac{x+3}{4}=6$
⑤ $\frac{x+3}{2}+\frac{x}{4}=6$

619

다현이는 집에서 2.4 km 떨어진 도서관을 가는 데 처음에는 분속 240 m로 뛰어가다가 중간에는 분속 120 m로 걸어갔더니 16분 만에 도서관에 도착하였다. 다현이가 뛰어간 거리는?

① 900 m　② 920 m　③ 940 m
④ 960 m　⑤ 980 m

유형 118 거리, 속력, 시간에 대한 문제(2) – 시간 차가 나는 경우

(1) 시간 차 ⇨ (오래 걸린 시간)−(짧게 걸린 시간)
(2) A와 B가 만난다. ⇨ (A가 간 거리)=(B가 간 거리)

620 필수

수현이가 집에서 할머니 댁까지 자동차를 타고 같은 길로 가는데 시속 45 km로 가면 시속 60 km로 갈 때보다 5분이 더 걸린다. 수현이네 집에서 할머니 댁까지의 거리를 구하여라.

621

A도시에서 B도시까지 같은 길로 가는 데 시속 300 km인 KTX를 타면 시속 120 km인 새마을호를 타는 것보다 30분 빨리 도착한다고 한다. A도시에서 B도시까지의 거리를 구하여라.

622 서술형

연우는 학교를 출발하여 자전거를 타고 분속 200 m로 가고 있다. 연우가 출발한 지 10분 후에 민서도 학교를 출발하여 같은 길을 따라 자전거를 타고 분속 250 m로 연우를 따라갔다. 민서가 학교를 출발한 지 몇 분 후에 연우와 만나는지 구하여라.

623

동생은 오전 8시에 집을 출발하여 학교까지 분속 50 m로 걸어가고 있다. 동생이 집에 놓고 간 준비물이 있어 형은 오전 8시 15분에 집을 출발하여 같은 길을 따라 자전거를 타고 분속 200 m로 동생을 따라갔다. 형이 출발한 지 몇 분 후에 동생과 만나는가?

① 4분 후 ② 5분 후 ③ 6분 후
④ 7분 후 ⑤ 8분 후

유형 119 거리, 속력, 시간에 대한 문제(3) – 마주 보고 출발하는 경우, 호수 둘레를 도는 경우

두 사람이 만날 때
(1) 서로 다른 지점에서 동시에 출발하여 마주 보고 걷는 경우
(두 사람이 걸은 거리의 합)=(처음 두 사람 사이의 거리)
(2) 서로 같은 지점에서 동시에 출발하여 호수 둘레를 반대 방향으로 도는 경우
(두 사람이 걸은 거리의 합)=(호수 둘레의 길이)
(3) 서로 같은 지점에서 동시에 출발하여 호수 둘레를 같은 방향으로 도는 경우
(두 사람이 걸은 거리의 차)=(호수 둘레의 길이)

624 필수

종찬이네 집과 찬혁이네 집 사이의 거리는 1200 m이다. 종찬이는 분속 60 m로, 찬혁이는 분속 40 m로 각자의 집에서 상대방의 집을 향하여 동시에 출발하였다. 두 사람은 출발한 지 몇 분 후에 만나게 되는지 구하여라.

625

둘레의 길이가 3000 m인 호수가 있다. 이 호수의 둘레를 형은 분속 90 m, 동생은 분속 60 m로 걷는데, 두 사람이 같은 출발점에서 서로 반대 방향으로 동시에 걷기 시작하였다. 두 사람은 출발한 지 몇 분 후에 처음으로 만나게 되는지 구하여라.

626

둘레의 길이가 2400 m인 연못의 둘레를 A, B 두 사람이 같은 출발점에서 서로 같은 방향으로 걷고 있다. B가 A보다 10분 늦게 출발하였고 A는 분속 120 m, B는 분속 80 m로 걷는다고 할 때, B가 출발한 지 몇 분 후에 A와 처음으로 만나게 되는가?

① 20분 후 ② 25분 후 ③ 30분 후
④ 35분 후 ⑤ 40분 후

유형 120 거리, 속력, 시간에 대한 문제(4) – 기차가 다리 또는 터널을 지나는 경우

(열차의 속력)$=\dfrac{(\text{기차의 길이})+(\text{터널의 길이})}{(\text{완전히 통과하는 데 걸린 시간})}$

풍쌤의 Point 길이가 x m인 열차가 l m 길이의 철교를
① 완전히 통과하려면 $(x+l)$ m를 달려야 해.
② 열차가 보이지 않을 때는 $(l-x)$ m를 달리는 동안이야.

627 필수

일정한 속력으로 달리는 기차가 1800 m 길이의 터널을 완전히 통과하는 데 1분 40초가 걸렸고, 600 m 길이의 철교를 완전히 통과하는 데 40초가 걸렸다. 이 기차의 길이를 x m라고 할 때, 다음 중 x를 구하기 위한 방정식으로 옳은 것은?

① $100(600-x)=40(1800-x)$
② $100(x+1800)=40(600-x)$
③ $\dfrac{x+600}{100}=\dfrac{x+1800}{40}$
④ $\dfrac{1800-x}{100}=\dfrac{x+600}{40}$
⑤ $\dfrac{x+1800}{100}=\dfrac{x+600}{40}$

628

일정한 속력으로 달리는 기차가 240 m 길이의 다리를 완전히 통과하는 데 24초가 걸렸고, 180 m 길이의 터널을 완전히 통과하는 데 20초가 걸렸다. 이 기차의 길이를 구하여라.

629

일정한 속력으로 달리는 기차가 570 m 길이의 철교를 완전히 통과하는 데 26초가 걸렸다. 또, 880 m 길이의 터널을 통과할 때에는 터널 밖에서 기차가 완전히 보이지 않은 시간이 32초였다. 이 기차의 길이를 구하여라.

유형 121 소금물의 농도에 대한 문제(1) – 물을 넣거나 증발시키는 경우, 소금을 넣는 경우

(소금의 양)$=$(소금물의 양)$\times\dfrac{(\text{소금물의 농도})}{100}$

풍쌤의 Point 소금물에 물을 더 넣거나 물을 증발시켜도 소금의 양은 변하지 않음을 이용하여 방정식을 세우자.

630 필수

7 %의 소금물 500 g이 있다. 여기에 몇 g의 물을 더 넣으면 5 %의 소금물이 되는지 구하여라.

631 서술형

6 %의 소금물 900 g이 있다. 여기에 소금 x g을 더 넣어 10 %의 소금물을 만들려고 할 때, 다음 물음에 답하여라.

(1) (6 %의 소금물에 들어 있는 소금의 양)+(더 넣은 소금의 양)
=(10 %의 소금물에 들어 있는 소금의 양)
임을 이용하여 방정식을 세워라.

(2) x의 값을 구하여라.

632

8 %의 소금물 300 g이 있다. 이 소금물에서 한 컵을 퍼내고 퍼낸 양만큼 물을 부어 6 %의 소금물을 만들려고 할 때, 컵으로 퍼낸 소금물의 양은?

① 65 g ② 70 g ③ 75 g
④ 80 g ⑤ 85 g

유형 122 소금물의 농도에 대한 문제(2) – 농도가 다른 두 소금물을 섞는 경우

(섞기 전 두 소금물에 들어 있는 소금의 양의 합)
=(섞은 후 소금물에 들어 있는 소금의 양)

풍쌤의 Point 농도가 다른 두 소금물을 섞으면 소금의 양은 변하지 않고 농도만 변해.

633 필수

5 %의 설탕물 600 g과 12 %의 설탕물을 섞어서 8 %의 설탕물을 만들려고 한다. 이때 필요한 12 %의 설탕물의 양을 구하여라.

634

10 %의 소금물 15 g에 x %의 소금물 25 g을 섞어서 15 %의 소금물을 만들려고 한다. 이때 x의 값을 구하여라.

635

3 %의 소금물 200 g과 6 %의 소금물 100 g을 섞은 다음 물을 더 넣었더니 2 %의 소금물이 되었다. 이때 더 넣은 물의 양은?

① 300 g ② 325 g ③ 350 g
④ 375 g ⑤ 400 g

636 서술형

12 %의 소금물 400 g에서 한 컵의 소금물을 퍼내고, 퍼낸 소금물의 양만큼 6 %의 소금물을 더 넣었더니 9 %의 소금물이 되었다. 컵으로 퍼낸 소금물의 양은 몇 g인지 구하여라.

유형 123 일에 대한 문제

(1) 전체 일의 양이 1이고 혼자서 완성하는 데 x일 걸린다.
⇨ 하루 일한 양은 $\frac{1}{x}$

(2) 하루 일한 양이 a일 때, x일 동안 일한 양은 ax이다.

풍쌤의 Point 전체 해야 할 일의 양을 1로 놓고, 각 사람이 단위 시간에 할 수 있는 일의 양을 구하자.

637 필수

어떤 일을 완성하는 데 석규가 혼자 하면 20일, 예진이가 혼자 하면 30일이 걸린다고 한다. 석규와 예진이가 함께 일한다면 이 일을 완성하는 데 며칠이 걸리겠는가?

① 10일 ② 12일 ③ 14일
④ 16일 ⑤ 18일

638

어떤 물탱크에 물을 가득 채우는 데 A호스로는 3시간, B호스로는 6시간이 걸린다. A, B 두 호스를 모두 사용하여 이 물탱크에 물을 가득 채우는 데 걸리는 시간은?

① 1시간 ② 2시간 ③ 3시간
④ 4시간 ⑤ 5시간

639 서술형

어떤 물탱크에 물을 가득 채우는 데 A호스로는 2시간, B호스로는 3시간이 걸리고, 가득 찬 물을 C호스로 빼내는 데에는 6시간이 걸린다고 한다. 이 물탱크에 A, B호스로 물을 넣으면서 동시에 C호스로 물을 빼낸다고 할 때, 물을 가득 채우는 데 걸리는 시간을 구하여라.

유형 124 비가 주어진 경우

$\left(\text{전체의 } \frac{n}{m}\right)=(\text{전체})\times\frac{n}{m}$

풍쌤의 Point '◆의 $\frac{1}{a}$은 ~이고, ◆의 $\frac{1}{b}$은 ~이고'가 나오면 ◆를 x로 놓고 방정식을 세우자.

640 필수

개와 고양이만을 보호하는 어느 유기동물 보호소에서 개는 전체의 $\frac{1}{2}$보다 27마리가 많고, 고양이는 전체의 $\frac{2}{5}$보다 2마리가 적다고 한다. 이때 고양이는 몇 마리인지 구하여라.

641

다음은 고대 그리스의 시집에 나오는 피타고라스의 제자에 관한 시이다. 이 시를 읽고 피타고라스의 제자는 몇 명인지 구하여라.

> 내 제자의 $\frac{1}{2}$은 수의 아름다움을 탐구하고, $\frac{1}{4}$은 자연의 이치를 연구하며, $\frac{1}{7}$의 제자들은 굳게 입을 다물고 깊은 사색에 잠겨 있다. 그 밖에 여자인 제자가 세 사람 있고 그들이 제자의 전부이다.

642

선혜네 가족은 주말농장 밭의 $\frac{1}{6}$에는 가지를 심고, 남은 밭의 $\frac{1}{4}$에는 고추를 심고, 36 m^2에는 감자를 심었더니 아무것도 심지 않은 밭은 전체의 $\frac{1}{8}$이었다. 선혜네 주말농장 밭의 넓이를 구하여라.

어려운 ★★★ 유형 125 시계에 대한 문제

시침, 분침이 움직이는 각도

	60분	1분	x분
분침	360°	6°	$(6x)°$
시침	30°	0.5°	$(0.5x)°$

풍쌤의 Point 12시를 기준으로 시침과 분침이 회전하는 각도를 이용하여 방정식을 세우자.

643 필수

2시와 3시 사이에 시계의 시침과 분침이 겹쳐지는 시각은?

① 2시 $10\frac{2}{11}$분 ② 2시 $10\frac{4}{11}$분 ③ 2시 $\frac{6}{11}$분
④ 2시 $10\frac{8}{11}$분 ⑤ 2시 $10\frac{10}{11}$분

644

8시와 9시 사이에 시계의 시침과 분침이 서로 반대 방향으로 일직선을 이루는 시각은?

① 8시 $\frac{8}{11}$분 ② 8시 $\frac{10}{11}$분 ③ 8시 $5\frac{8}{11}$분
④ 8시 $5\frac{10}{11}$분 ⑤ 8시 $10\frac{10}{11}$분

645

3시와 4시 사이에 시침과 분침이 90°를 이루는 시각은?

① 3시 $32\frac{5}{11}$분 ② 3시 $32\frac{6}{11}$분 ③ 3시 $32\frac{7}{11}$분
④ 3시 $32\frac{8}{11}$분 ⑤ 3시 $32\frac{9}{11}$분

646

합이 40인 두 자리의 자연수 2개가 있다. 이 두 수 중 작은 수의 일의 자리 뒤에 0을 하나 써넣고 두 수의 차를 구했더니 그 차가 92가 되었다. 이때 작은 수를 구하여라.

647

가로의 길이가 35 m, 세로의 길이가 24 m인 직사각형 모양의 화단에 오른쪽 그림과 같이 십자 모양의 길을 내었더니 길을 제외한 화단의 넓이가 처음 넓이의 80 %가 되었다고 한다. 이때 x의 값을 구하여라.

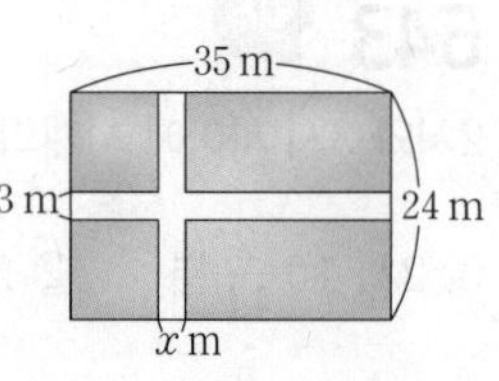

648

다음 그림과 같이 첫 번째 주사위는 각 면에 1에서 6까지의 자연수, 두 번째 주사위는 각 면에 7에서 12까지의 자연수, 세 번째 주사위는 각 면에 13에서 18까지의 자연수가 적혀 있다. 이와 같은 방법으로 계속 주사위를 만들 때, 한 주사위에 적힌 자연수의 합이 237이 되는 것은 몇 번째 주사위인지 구하여라.

649

어떤 자격증 시험의 지원자 수의 남녀의 비는 5 : 4이고, 합격자 중 남녀의 비는 3 : 2, 불합격자 중 남녀의 비는 1 : 1이다. 합격자가 200명일 때, 남자 지원자 수를 구하여라.

650 창의

민규와 정호는 함께 만나 숙제를 하기로 하고 각자의 집을 출발하였다. 민규는 3시에 출발하여 분속 50 m로 걷고, 정호는 2시 45분에 출발하여 분속 60 m로 걸어 두 집 사이에서 만났다. 정호가 민규와 함께 민규의 집에 가서 숙제를 한 후 집으로 돌아왔을 때, 정호가 걸은 총거리가 민규가 걸은 총거리의 4배였다. 두 집 사이의 거리는 몇 km인지 구하여라.

651

길이가 120 m인 터널을 완전히 지나는 데 6초가 걸리는 A열차와 길이가 135 m이고 초속 20 m로 달리는 B열차가 서로 평행인 선로에서 반대 방향으로 달려서 완전히 지나치는 데에는 4초가 걸린다고 한다. 이때 A열차의 길이를 구하여라.

652 서술형

4 %의 소금물과 6 %의 소금물을 섞은 후에 물을 더 부어서 3 %의 소금물 120 g을 만들었다. 4 %의 소금물과 더 부은 물의 양의 비가 1 : 3이었을 때, 더 부은 물의 양을 구하여라.

653

어느 만두 가게의 만두 빚는 달인은 1달 경력의 수습생보다 2분 동안 15개의 만두를 더 빚는다고 한다. 달인이 30분, 수습생이 40분 작업했더니 수습생은 달인보다 반밖에 만들지 못했다. 이와 같은 속도로 두 사람이 한 시간 동안 만두를 함께 빚으면 모두 몇 개를 빚을 수 있는지 구하여라.

유형북

좌표평면과 그래프

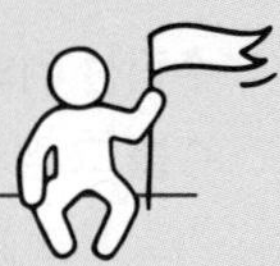

1 좌표평면과 그래프

01 순서쌍과 좌표

(1) **수직선 위의 점의 좌표:** 수직선 위의 한 점에 대응하는 수를 그 점의 좌표라 하고, 점 P의 좌표가 a일 때 기호 $P(a)$로 나타낸다.

(2) **순서쌍:** 두 수의 순서를 정하여 쌍으로 나타낸 것 예 $(1, 2)$, $(-3, 1)$

(3) **좌표평면**

두 수직선이 점 O에서 서로 수직으로 만날 때

① x축: 가로의 수직선 ─ 좌표축
② y축: 세로의 수직선 ─ 좌표축
③ 원점: x축과 y축이 만나는 점 O
④ 좌표평면: 좌표축이 정해져 있는 평면

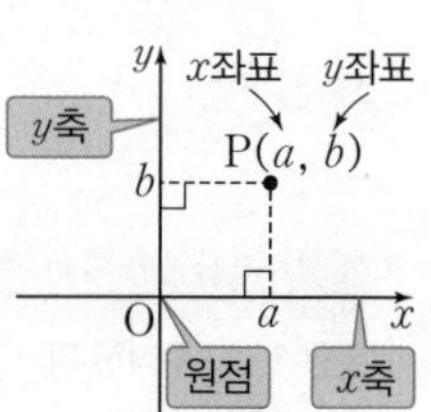

(4) **좌표평면 위의 점의 좌표**

좌표평면 위의 한 점 P에서 x축, y축에 각각 내린 수선과 x축, y축이 만나는 점에 대응하는 수를 각각 a, b라고 할 때

① 순서쌍 (a, b)를 점 P의 좌표라 하고, 기호 $P(a, b)$로 나타낸다.
② a를 점 P의 x좌표, b를 점 P의 y좌표라고 한다.

+ 수직선에서 원점을 중심으로 양수는 오른쪽에, 음수는 왼쪽에 나타낸다.

+ (1) x축 위의 점의 좌표
⇨ $(a, 0)$의 꼴
⇨ y좌표가 모두 0이다.
(2) y축 위의 점의 좌표
⇨ $(0, b)$의 꼴
⇨ x좌표가 모두 0이다.
(3) 원점의 좌표 ⇨ $(0, 0)$

02 사분면

사분면

좌표평면은 좌표축에 의하여 네 부분으로 나누어지는데, 그 각각을 제1사분면, 제2사분면, 제3사분면, 제4사분면이라고 한다.

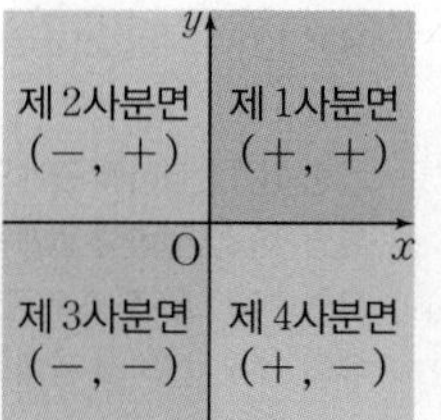

+ 좌표축, 즉 x축과 y축 위의 점은 어느 사분면에도 속하지 않는다.

03 그래프

(1) **변수:** 여러 가지로 변하는 값을 나타내는 문자

(2) **그래프:** 여러 가지 상황을 분석하여 그 변화를 한눈에 알아볼 수 있도록 두 변수 사이의 관계를 좌표평면 위에 나타낸 점, 직선 또는 곡선으로 증가와 감소, 주기적 변화 등을 쉽게 파악할 수 있게 해 준다.

예 〈증가〉

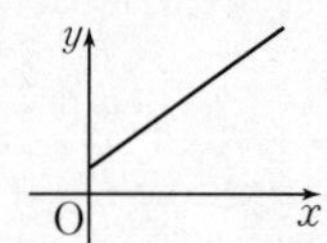

〈감소〉

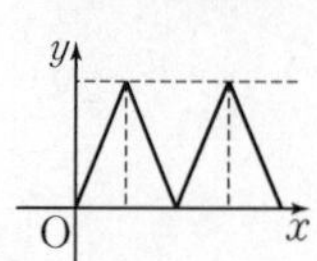

<주기적 변화>

정답과 해설 67~68쪽

01 순서쌍과 좌표

654

다음 수직선 위의 세 점 A, B, C의 좌표를 각각 기호로 나타내어라.

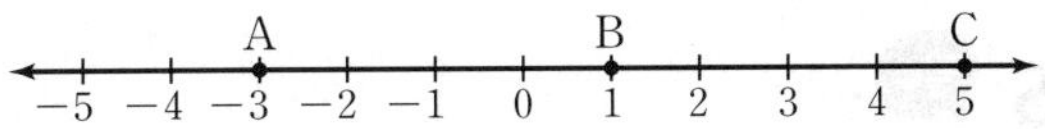

655

세 점 $A(-4)$, $B(2)$, $C(3.5)$를 다음 수직선 위에 나타내어라.

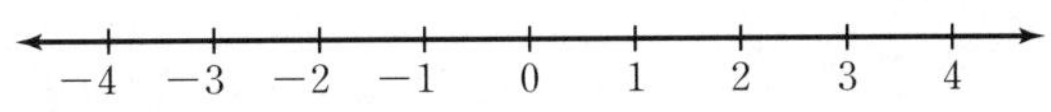

656

a의 값은 1 또는 2이고, b의 값은 3 또는 4 또는 5일 때, 다음 순서쌍을 모두 구하여라.

(1) (a, b)

(2) (b, a)

657

오른쪽 좌표평면 위의 점 P, Q, R, S, T의 좌표를 각각 기호로 나타내어라.

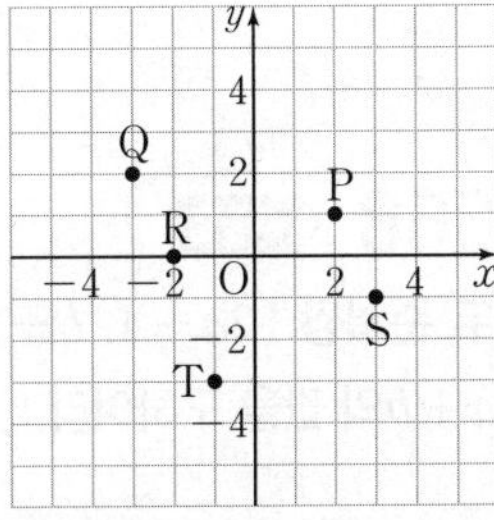

658

다음 점들을 오른쪽 좌표평면 위에 나타내어라.

$A(1, 2)$, $B(-2, 3)$,
$C(-4, -2)$, $D(5, -3)$

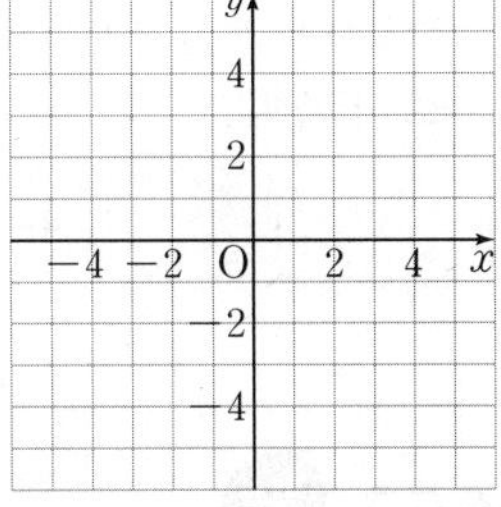

659

다음 점의 좌표를 기호로 나타내어라.

(1) x좌표가 5이고, y좌표가 3인 점 P

(2) x축 위에 있고, x좌표가 -8인 점 Q

(3) y축 위에 있고, y좌표가 4인 점 R

02 사분면

660

다음은 제몇 사분면 위의 점인지 말하여라.

(1) $(-3, 7)$

(2) $(6, 4)$

(3) $(-5, -2)$

(4) $(2, -3)$

661

점 (a, b)가 제2사분면 위의 점일 때, 다음은 제몇 사분면 위의 점인지 말하여라.

(1) $(a, -b)$

(2) (b, a)

유형 126 수직선 위의 점의 좌표

수직선 위의 점 P의 좌표가 x일 때, 점 P의 좌표를 기호 $P(x)$로 나타낸다.

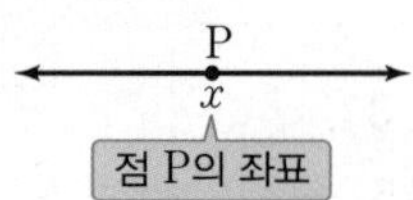

662 필수

다음 수직선 위의 점의 좌표를 기호로 나타낸 것으로 옳지 않은 것은?

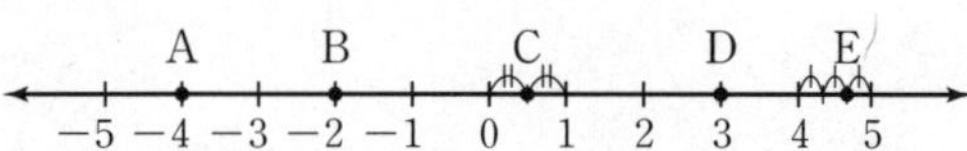

① $A(-4)$ ② $B(-2)$ ③ $C\left(-\frac{1}{2}\right)$

④ $D(3)$ ⑤ $E\left(\frac{14}{3}\right)$

663

다음 수직선 위의 점 A, B, C, D의 좌표를 각각 기호로 나타내어라.

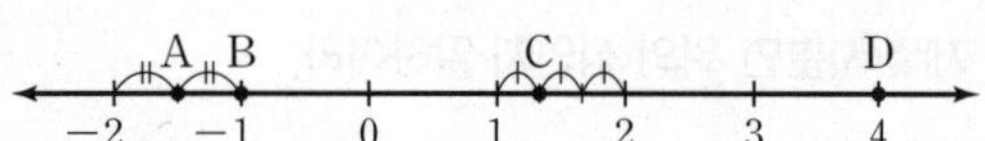

664

다음 네 점을 아래의 수직선 위에 나타내어라.

$A(1.5)$, $B\left(-\frac{2}{3}\right)$, $C(-2)$, $D(3)$

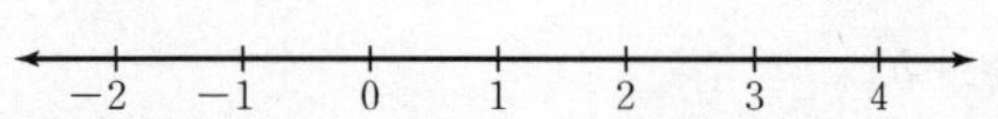

유형 127 순서쌍

순서쌍: 두 수의 순서를 정하여 쌍으로 나타낸 것

⇨ 순서쌍 (a, b)의 개수:

(a의 값의 개수)×(b의 값의 개수)

풍쌤의 Point $a \neq b$일 때, (a, b)와 (b, a)는 서로 달라.

665 필수

X의 값은 1, 2, 3이고, Y의 값은 2, 3, 4, 5일 때, 순서쌍 (X, Y)의 개수는?

① 3 ② 4 ③ 7

④ 12 ⑤ 15

666

자연수 X, Y에 대하여 $X+Y=8$이 되는 순서쌍 (X, Y)의 개수를 구하여라.

667

두 개의 주사위 A, B를 던져서 나온 눈의 수를 각각 a, b라고 할 때, $ab=12$가 되는 순서쌍 (a, b)를 모두 구하여라.

668 서술형

두 순서쌍 $(2a-4, b+3)$, $(2-a, 3b+5)$가 서로 같을 때, $a+b$의 값을 구하여라.

유형 128 좌표평면 위의 점의 좌표

점 P의 x좌표가 a, y좌표가 b일 때,
점 P의 좌표를 기호 $P(a, b)$로 나타낸다.

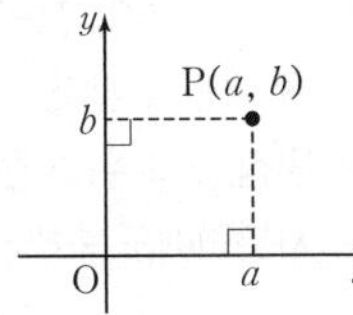

풍쌤의 Point 점 P에서 x축, y축에 각각 내린 수선과 x축, y축이 만나는 점에 대응하는 수를 각각 찾아.

669 필수

다음 중 좌표평면 위의 점 A, B, C, D, E의 좌표를 나타낸 것으로 옳지 않은 것은?

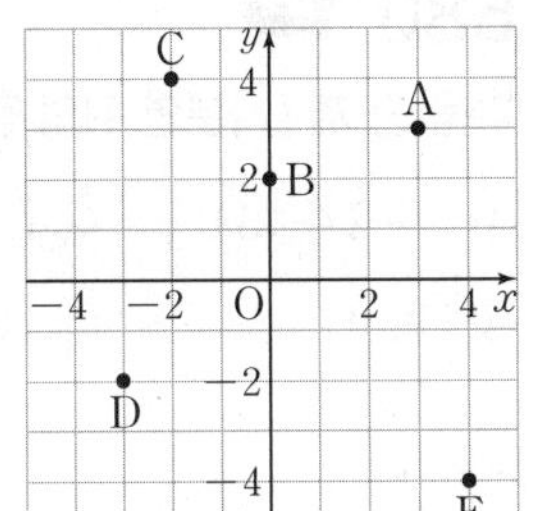

① $A(3, 3)$
② $B(2, 0)$
③ $C(-2, 4)$
④ $D(-3, -2)$
⑤ $E(4, -4)$

670

오른쪽 좌표평면 위의 점 A, B, C, D, E의 좌표를 기호로 나타내어라.

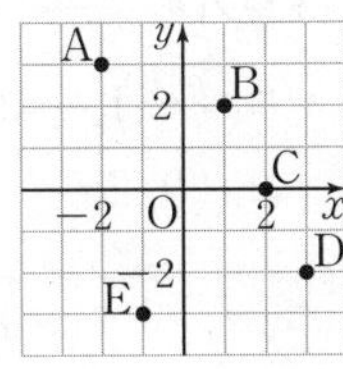

671

다음 점들을 아래의 좌표평면 위에 나타내어라.

$P(3, 2)$, $Q(-1, -5)$, $R(-4, 3)$,
$S(0, 4)$, $T(2, -4)$, $U(-3, 0)$

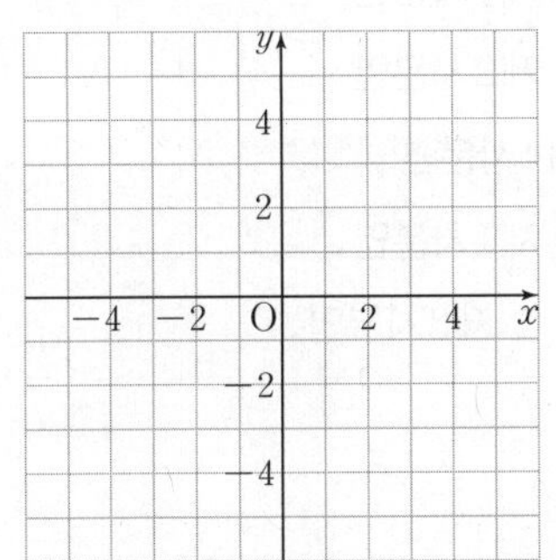

유형 129 좌표축 위의 점의 좌표

(1) x축 위의 점의 좌표 ⇨ (x좌표, 0)
(2) y축 위의 점의 좌표 ⇨ (0, y좌표)
(3) 원점의 좌표 ⇨ (0, 0)

풍쌤의 Point x축 위의 점은 y좌표가 0, y축 위의 점은 x좌표가 0

672 필수

x축 위에 있고, x좌표가 -10인 점의 좌표는?

① $(-10, -10)$　② $(-10, 0)$
③ $(0, -10)$　④ $(-10, 10)$
⑤ $(10, 0)$

673

y축 위에 있고, y좌표가 $-\frac{3}{4}$인 점의 좌표는?

① $\left(-\frac{3}{4}, 0\right)$　② $\left(0, -\frac{3}{4}\right)$　③ $\left(0, \frac{3}{4}\right)$
④ $\left(\frac{3}{4}, \frac{3}{4}\right)$　⑤ $\left(-\frac{3}{4}, -\frac{3}{4}\right)$

674

점 $(2, 3a+3)$이 x축 위의 점일 때, a의 값은?

① -1　② 0　③ 1
④ 2　⑤ 3

675 서술형

두 점 $A(a+3, 2-a)$, $B(b-5, 2b+1)$이 각각 x축, y축 위에 있을 때, ab의 값을 구하여라.

중요한

유형 130 좌표평면 위의 도형의 넓이

(1) (삼각형의 넓이)$=\frac{1}{2}\times$(밑변의 길이)$\times$(높이)

(2) (직사각형의 넓이)$=$(가로의 길이)$\times$(세로의 길이)

풍쌤의 Point 주어진 점들을 좌표평면 위에 나타낸 후 넓이를 구하는 공식을 이용하여 도형의 넓이를 구하자.

676 필수

좌표평면 위의 세 점 $\mathrm{A}(2,\ 3)$, $\mathrm{B}(-3,\ -1)$, $\mathrm{C}(0,\ -1)$을 꼭짓점으로 하는 삼각형 ABC의 넓이를 구하여라.

677

좌표평면 위의 네 점 $\mathrm{A}(-1,\ 4)$, $\mathrm{B}(-1,\ -3)$, $\mathrm{C}(3,\ -3)$, $\mathrm{D}(3,\ 4)$를 꼭짓점으로 하는 사각형 ABCD의 넓이는?

① 22 ② 24 ③ 26
④ 28 ⑤ 30

678

좌표평면 위의 네 점 $\mathrm{A}(-3,\ 4)$, $\mathrm{B}(-3,\ 1)$, $\mathrm{C}(3,\ 1)$, $\mathrm{D}(1,\ 4)$를 꼭짓점으로 하는 사각형 ABCD의 넓이를 구하여라.

679 서술형

좌표평면 위의 세 점 $\mathrm{A}(-2,\ 3)$, $\mathrm{B}(-4,\ -2)$, $\mathrm{C}(3,\ 0)$을 꼭짓점으로 하는 삼각형 ABC의 넓이를 구하여라.

유형 131 사분면(1)

(1) 사분면 위의 점의 좌표의 부호는 오른쪽 그림과 같다.

(2) 원점, x축 위의 점, y축 위의 점은 어느 사분면에도 속하지 않는다.

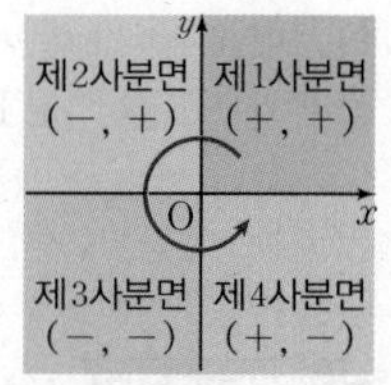

풍쌤의 Point 점의 x좌표와 y좌표의 부호를 확인한 후 그 점이 제몇 사분면 위에 있는지 구하자.

680 필수

다음 중 제4사분면 위의 점은?

① $(-2,\ -6)$ ② $(-1,\ 3)$ ③ $(2,\ -4)$
④ $(3,\ 0)$ ⑤ $(5,\ 7)$

681

다음 보기의 점 중 제3사분면 위의 점의 개수를 구하여라.

보기

ㄱ. $(-1,\ -3)$ ㄴ. $(-2,\ 4)$ ㄷ. $(4,\ -2)$
ㄹ. $(0,\ 2)$ ㅁ. $(-5,\ -5)$ ㅂ. $(3,\ 4)$

682

다음 중 점의 좌표와 그 점이 속하는 사분면을 바르게 짝 지은 것은?

① $(-5,\ 2)$ ⇨ 제3사분면
② $(-1,\ 0)$ ⇨ 제2사분면
③ $(0,\ 4)$ ⇨ 제4사분면
④ $(2,\ -1)$ ⇨ 제1사분면
⑤ $(-6,\ -3)$ ⇨ 제3사분면

683

다음 중 좌표평면의 어느 사분면에도 속하지 않는 점은?

① $(2, -5)$ ② $(-3, 3)$ ③ $(5, 2)$
④ $(0, -3)$ ⑤ $(-2, -3)$

684

점 $(a, 4)$가 제2사분면 위의 점일 때, 다음 중 a의 값이 될 수 있는 것은?

① -1 ② 0 ③ 1
④ 2 ⑤ 3

685

다음 중 옳지 않은 것을 모두 고르면? (정답 2개)

① x축과 y축이 만나는 점의 좌표는 $(0, 0)$이다.
② 점 $(3, -8)$은 제2사분면 위의 점이다.
③ 좌표축 위의 점은 어느 사분면에도 속하지 않는다.
④ 제4사분면 위의 점은 x좌표와 y좌표가 모두 음수이다.
⑤ y좌표가 0인 점은 모두 x축 위에 있다.

686

다음 중 옳은 것은?

① x축 위의 모든 점은 x좌표가 0이다.
② 점 $(1, 0)$은 제1사분면 위의 점이다.
③ 원점은 어느 사분면에도 속하지 않는다.
④ 점 $(1, -2)$와 점 $(-2, 1)$은 같은 사분면 위의 점이다.
⑤ x좌표가 양수인 점은 제1사분면 또는 제2사분면 위의 점이다.

중요한
유형 132 사분면(2) – x, y좌표가 문자로 주어진 경우

점 $P(a, b)$에서
(1) $a>0 \Rightarrow -a<0$, $a<0 \Rightarrow -a>0$
(2) $ab>0 \Rightarrow a, b$는 같은 부호
$ab<0 \Rightarrow a, b$는 다른 부호
(3) $a>0, b<0 \Rightarrow a-b>0$
$a<0, b>0 \Rightarrow a-b<0$

풍쌤의 Point 점이 속하는 사분면이 주어지면 점의 좌표의 부호부터 파악해 보자.

687 필수

$a>0$, $b<0$일 때, 점 $A(a, -b)$는 제몇 사분면 위의 점인가?

① 제1사분면 ② 제2사분면
③ 제3사분면 ④ 제4사분면
⑤ 어느 사분면에도 속하지 않는다.

688

점 $A(a, b)$가 제3사분면 위의 점일 때, 점 $B(ab, a+b)$는 제몇 사분면 위의 점인가?

① 제1사분면 ② 제2사분면
③ 제3사분면 ④ 제4사분면
⑤ 어느 사분면에도 속하지 않는다.

689

점 $P(a, b)$가 제4사분면 위의 점일 때, 다음 중 점 $Q(b, a)$와 같은 사분면 위의 점은?

① $A(6, -3)$ ② $B(2, 5)$ ③ $C(-4, 5)$
④ $D(0, -2)$ ⑤ $E(-1, -1)$

필수유형 다지기

690
점 $(x, -y)$가 제1사분면 위의 점일 때, 다음 중 제3사분면 위의 점은?

① (x, y) ② $(-x, y)$ ③ $(-x, -y)$
④ $(x, 0)$ ⑤ $(0, -y)$

691
점 $\mathrm{P}(a, b)$가 제2사분면 위의 점일 때, 다음 중 항상 옳은 것은?

① $ab>0$ ② $\dfrac{b}{a}>0$ ③ $a+b>0$
④ $a-b>0$ ⑤ $b-a>0$

692
점 (a, b)가 제4사분면 위의 점일 때, 다음 중 제1사분면 위의 점은?

① $(-a, b)$ ② $(-a, -b)$ ③ $(a-b, ab)$
④ $(-ab, -b)$ ⑤ $(b-a, ab)$

693 서술형
$b-a>0$, $ab<0$일 때, 점 $(a-b, -b)$는 제몇 사분면 위의 점인지 구하여라.

어려운 ★★★
유형 133 대칭인 점의 좌표

점 (a, b)에 대하여
(1) x축에 대하여 대칭인 점 ⇨ $(a, -b)$
(2) y축에 대하여 대칭인 점 ⇨ $(-a, b)$
(3) 원점에 대하여 대칭인 점 ⇨ $(-a, -b)$

풍쌤의 Point x축에 대하여 대칭이면 y좌표의 부호만 바뀌고, y축에 대하여 대칭이면 x좌표의 부호만 바뀌는 것을 기억하자.

694 필수
좌표평면 위의 두 점 $\mathrm{A}(-5, a)$, $\mathrm{B}(b, 2)$가 원점에 대하여 서로 대칭일 때, $a-b$의 값은?

① -9 ② -7 ③ -3
④ 3 ⑤ 5

695
좌표평면 위의 점 $(-4, 6)$과 y축에 대하여 대칭인 점의 좌표는?

① $(-6, 4)$ ② $(-4, -6)$ ③ $(4, -6)$
④ $(4, 6)$ ⑤ $(6, -4)$

696
점 $(5, -3)$과 x축에 대하여 대칭인 점의 좌표가 (a, b)일 때, $3a-2b$의 값은?

① -9 ② -5 ③ 5
④ 9 ⑤ 11

697
좌표평면 위의 두 점 $\mathrm{A}(a+3, -2)$, $\mathrm{B}(5, 4-b)$가 x축에 대하여 대칭일 때, $a+b$의 값을 구하여라.

698

점 A$(2, 4)$와 x축에 대하여 대칭인 점을 B, 점 B와 y축에 대하여 대칭인 점을 C라고 할 때, 점 C의 좌표를 구하여라.

699

점 A$(3, 2)$와 원점에 대하여 대칭인 점을 B, 점 A와 x축에 대하여 대칭인 점을 C라고 할 때, 삼각형 ABC의 넓이를 구하여라.

700

세 점 A$(2, a)$, B$(b, -4)$, C$(-2, 2b)$에 대하여 두 점 A, B는 x축에 대하여 대칭인 점일 때, 삼각형 ABC의 넓이를 구하여라.

701

두 점 $(a-3, 1-2b)$, $(4a+2, 3b+2)$가 x축에 대하여 대칭일 때, 두 수 a, b의 곱을 구하여라.

유형 134 그래프의 이해(1)

좌표평면 위의 점 (a, b)는 $x=a$일 때, $y=b$임을 나타낸다.

풍쌤의 Point 그래프에서 주어진 점의 x좌표와 y좌표를 보고 그래프를 해석할 수 있어.

702 필수

오른쪽 그림은 주형이가 자전거를 타고 집에서 3.5 km 떨어진 할머니 댁까지 갈 때, x분 동안 이동한 거리 y km 사이의 관계를 나타낸 그래프이다. 다음 물음에 답하여라.

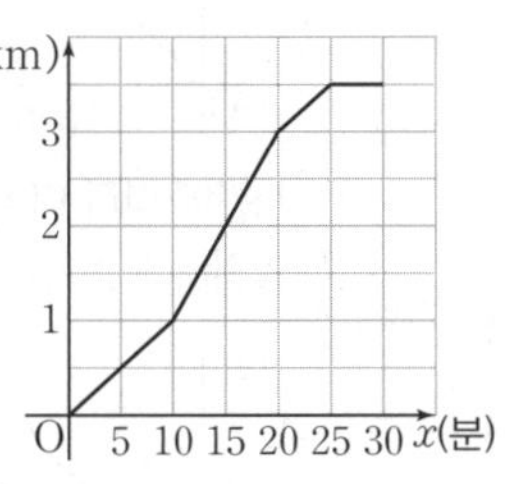

(1) 주형이가 출발한 후 15분 동안 이동한 거리를 구하여라.

(2) 주형이가 3 km를 이동하였을 때는 출발하고 몇 분 후인지 구하여라.

703

오른쪽 그림은 물을 가열하기 시작한 지 x분 후의 물의 온도를 y°C라고 할 때, x와 y 사이의 관계를 나타낸 그래프이다. 물의 온도가 35°C에서 75°C가 될 때까지 걸린 시간을 구하여라.

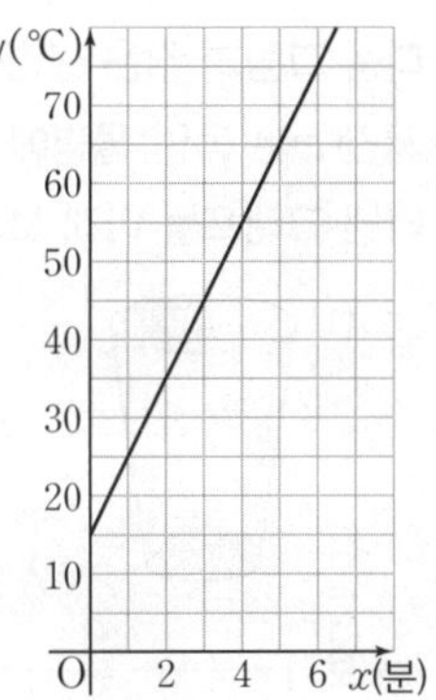

704

오른쪽 그림은 주원이가 자전거를 타고 집에서 출발하여 공원에 도착할 때까지의 시간 x분과 시속 y km 사이의 관계를 나타낸 그래프이다. 가장 빨리 달릴 때의 속력은 시속 몇 km인지 구하여라.

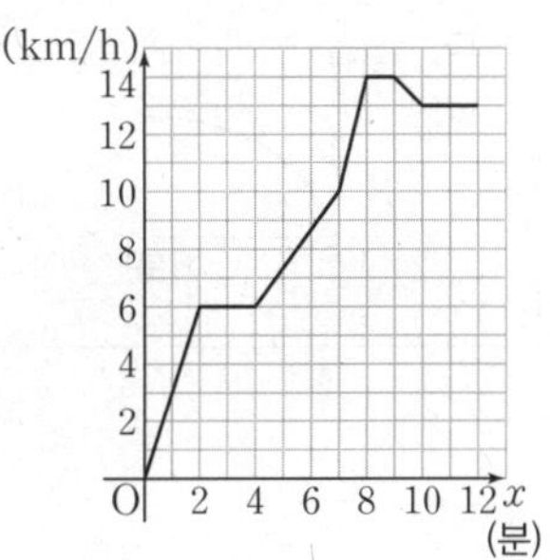

중요한

유형 135 그래프의 이해(2)

좌표평면 위에 두 양 사이의 관계를 나타내면 두 양의 변화 관계를 알아보기 쉽다.

예 다음과 같이 시간에 따른 이동 거리의 변화를 나타낸 그래프를 해석할 수 있다.

① 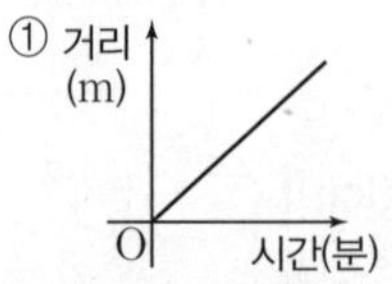

⇨ 시간에 따라 이동 거리가 일정하게 증가한다.

② 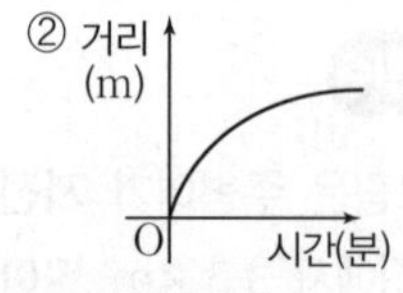

⇨ 시간에 따라 이동 거리가 서서히 증가한다.

③ 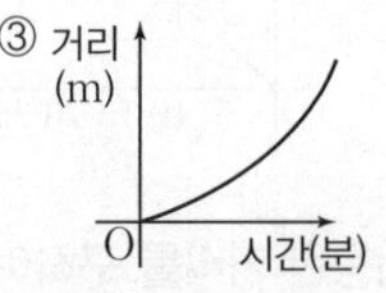

⇨ 시간에 따라 이동 거리가 급격하게 증가한다

④ 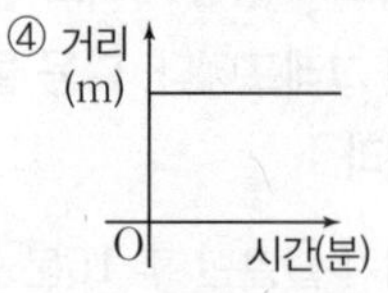

⇨ 시간에 따라 이동 거리가 변하지 않는다.

풍쌤의 Point 그래프를 해석할 때에는 x의 값의 변화에 따라 y의 값이 어떻게 변하는지 살펴봐야 해.

705 필수

다음 그림과 같은 물병에 일정한 속력으로 물을 똑같이 넣을 때, 시간 x분 동안 물병에 담긴 물의 높이 y cm 사이의 관계를 나타낸 그래프를 아래 보기에서 골라라.

(1) 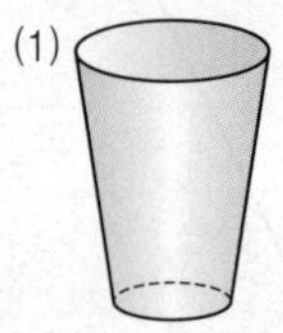

(2) 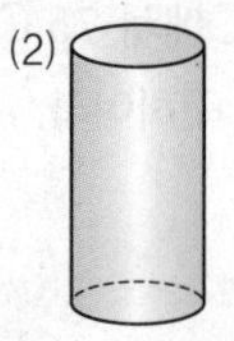

(3) 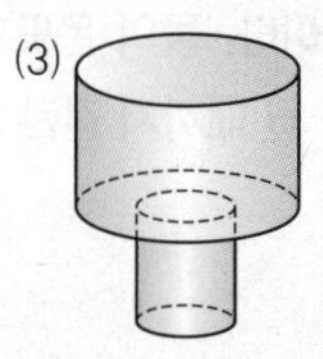

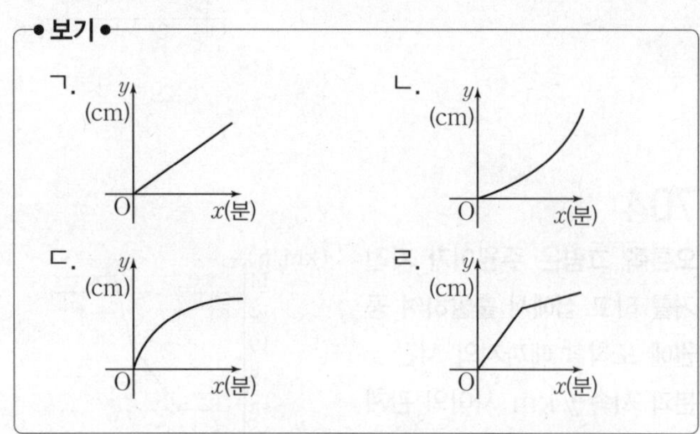

706

다음은 세 학생 가인, 지환, 정규가 같은 지점에서 출발하여 5 km 떨어진 목적지까지 가는 데 걸린 시간 x분과 이동한 거리 y km 사이의 관계를 그래프로 각각 나타낸 것이다. 목적지에 빨리 도착한 학생부터 순서대로 바르게 나열한 것은?

[가인] 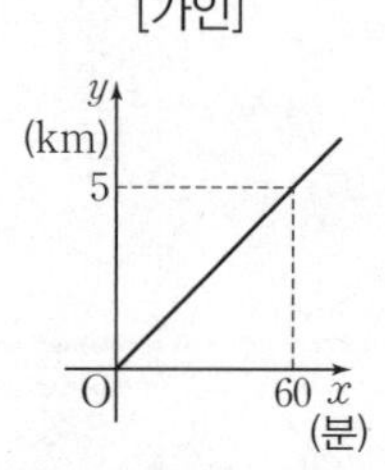

[지환] 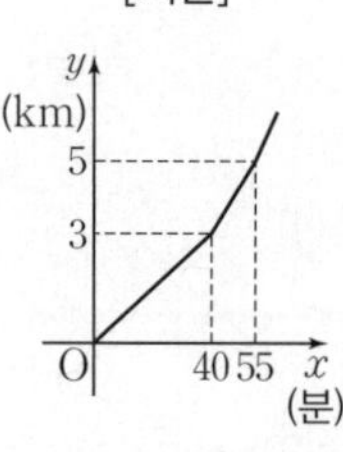

[정규] 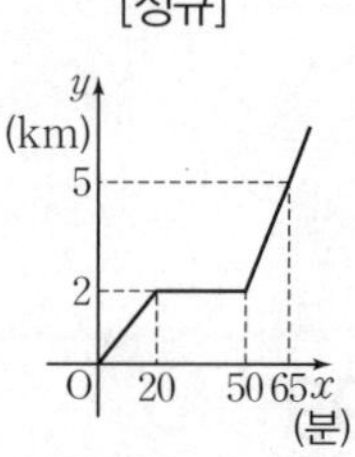

① 가인, 지환, 정규
② 가인, 정규, 지환
③ 지환, 정규, 가인
④ 지환, 가인, 정규
⑤ 정규, 지환, 가인

707

다음 그림은 관람차가 운행을 시작한 지 x분 후 지면으로부터의 높이 y m 사이의 관계를 그래프로 나타낸 것이다. 그래프에 대한 설명으로 옳지 않은 것은?

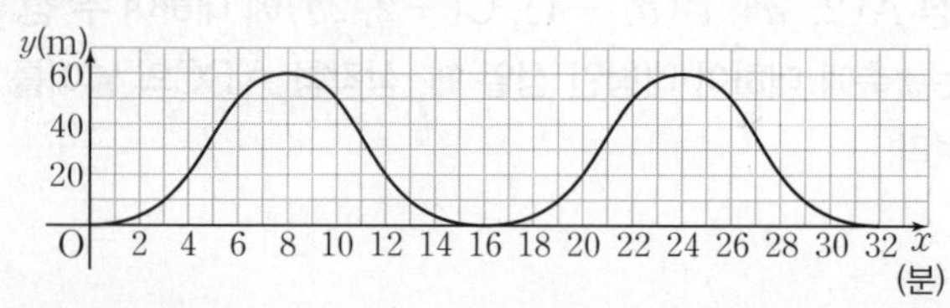

① 관람차를 탑승하여 처음으로 지면으로부터의 높이가 20 m가 되는 때는 4분 후이다.
② 관람차를 탑승하여 8분 후에 지면으로부터 최고 높이에 올라간다.
③ 관람차가 지면으로부터 가장 높은 곳에 있을 때의 높이는 60 m이다.
④ 관람차가 처음으로 지면에 도달하는 데 걸리는 시간은 8분이다.
⑤ 관람차가 처음으로 지면에 도달하는 동안 지면으로부터 50 m 이상의 높이에 있는 시간은 4분이다.

708

$-1 \le a \le 2$, $2 < b \le 4$인 두 정수 a, b에 대하여 순서쌍 (a, b)의 개수를 구하여라.

709

좌표평면 위의 다음 네 점을 꼭짓점으로 하는 사각형 ABCD의 넓이는?

A(0, 3), B(−2, 2), C(0, −2), D(4, 0)

① 10 ② 12 ③ 13
④ 15 ⑤ 17

710 서술형

점 (a, b)가 제4사분면 위의 점이고 $|a| < |b|$일 때, 점 $(a+b, a^3b)$는 제몇 사분면 위의 점인지 구하여라.

711

두 점 $A(4a-3, 5b+2)$, $B(2-3a, 4-3b)$가 x축에 대하여 대칭일 때, 점 $(7a-6, b+4)$는 제몇 사분면 위의 점인지 구하여라.

712

좌표평면 위의 세 점 A(5, 5), B(6, 0), C(0, a)에 대하여 삼각형 ABC의 넓이가 14일 때, a의 값을 구하여라.

(단, $0 < a < 5$)

713

오른쪽 그래프는 토마토를 심고 토마토 줄기가 자라는 기간 x일에 따른 줄기 y cm의 변화를 나타낸 것이다. 다음 중 토마토의 줄기가 가장 많이 자란 기간은?

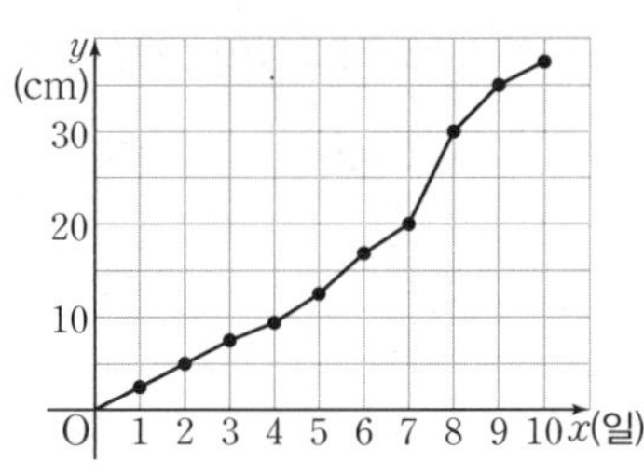

① 3일~4일 ② 4일~5일 ③ 5일~6일
④ 7일~8일 ⑤ 9일~10일

714

다음 그림과 같이 들이가 각각 10 L인 세 종류의 물통에 일정한 속도로 물을 끝까지 채울 때, 물을 넣는 시간과 물의 높이 사이의 관계를 나타낸 그래프를 보기에서 각각 골라라.

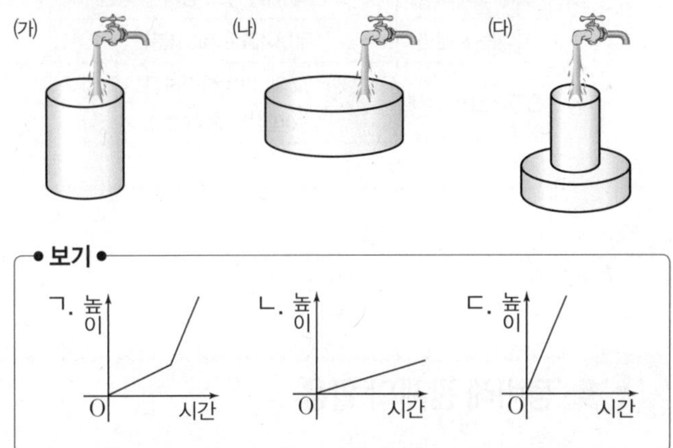

2 정비례와 반비례

01 정비례 관계

(1) **정비례:** 두 변수 x, y에 대하여 x의 값이 2배, 3배, 4배, …가 될 때, y의 값도 2배, 3배, 4배, …가 되는 관계에 있으면 y는 x에 정비례한다고 한다.

(2) **정비례 관계식**

y가 x에 정비례하면 관계식은 $y=ax(a\neq0)$ 꼴이다.

(3) **정비례의 성질**

y가 x에 정비례할 때, $\frac{y}{x}(x\neq0)$의 값은 항상 일정하다.

✦ **정비례 관계식 구하기**
⇨ $y=ax$ $(a\neq0)$로 놓고 x, y의 값을 대입하여 a의 값을 구한다.

✦ **정비례 관계**
① $y=ax$에서 $a=0$이면 정비례 관계가 아니다.
② $y=ax+b$ $(a\neq0,\ b\neq0)$와 같이 0이 아닌 상수항 b가 있으면 x, y는 정비례 관계가 아니다.

02 정비례 관계 $y=ax(a\neq0)$의 그래프

정비례 관계의 그래프

정비례 관계 $y=ax(a\neq0)$의 그래프는 원점을 지나는 직선이다.

	$a>0$일 때	$a<0$일 때
그래프	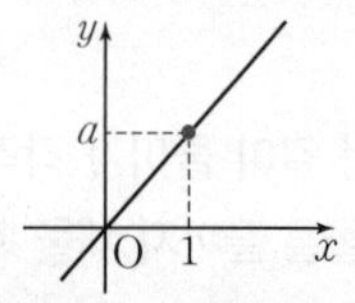	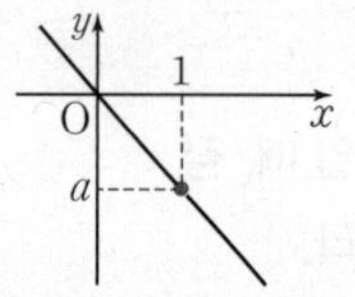
그래프의 모양	오른쪽 위(↗)로 향하는 직선	오른쪽 아래(↘)로 향하는 직선
지나는 사분면	제1사분면, 제3사분면	제2사분면, 제4사분면
증가 · 감소 상태	x의 값이 증가하면 y의 값도 증가한다.	x의 값이 증가하면 y의 값은 감소한다.

✦ 정비례 관계 $y=ax(a\neq0)$의 그래프는 a의 절댓값이 클수록 y축에 가깝고, a의 절댓값이 작을수록 x축에 가깝다.

✦ 정비례 관계 $y=ax(a\neq0)$의 그래프는 항상 점 $(1,\ a)$를 지난다.

✦ 정비례 관계 $y=ax(a\neq0)$에서 x의 값이 정해져 있지 않을 때는 x가 수 전체일 때로 생각한다.

03 정비례 관계의 활용

정비례 관계의 활용 문제 해결 방법

① 두 변수 x, y 사이의 관계가 정비례 관계인지 알아본다.
⇨ 정비례 관계이면 x, y 사이의 관계식은 $y=ax(a\neq0)$ 꼴이다.
② 관계식을 이용하여 문제의 뜻에 맞는 답을 구한다.

정답과 해설 72~73쪽

01 정비례 관계

715

정비례 관계 $y=2x$에서 x의 값이 $-2,\ -1,\ 0,\ 1,\ 2$일 때, 다음 물음에 답하여라.

(1) 다음 표를 완성하여라.

x	-2	-1	0	1	2
y					

(2) 위의 표에서 x의 값을 x좌표, y의 값을 y좌표로 하는 순서쌍 $(x,\ y)$를 오른쪽 좌표평면 위에 나타내어라.

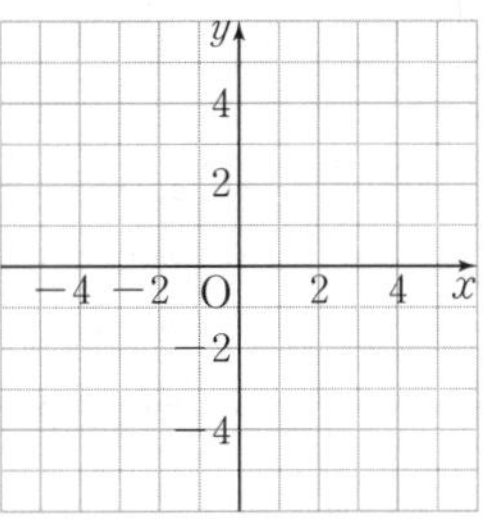

716

정비례 관계 $y=-2x$에서 x의 값이 다음과 같을 때, 각각의 그래프를 아래 좌표평면 위에 그려라.

(1) $-2,\ -1,\ 0,\ 1,\ 2$ (2) 수 전체

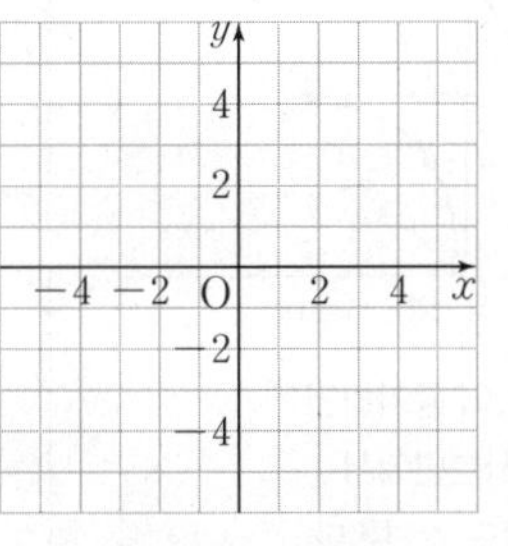

02 정비례 관계 $y=ax(a\neq0)$의 그래프

717

다음 정비례 관계의 그래프를 아래 좌표평면 위에 그려라.

(1) $y=x$ (2) $y=-3x$

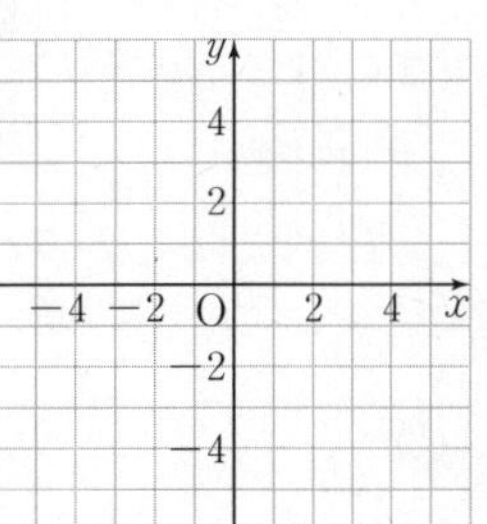
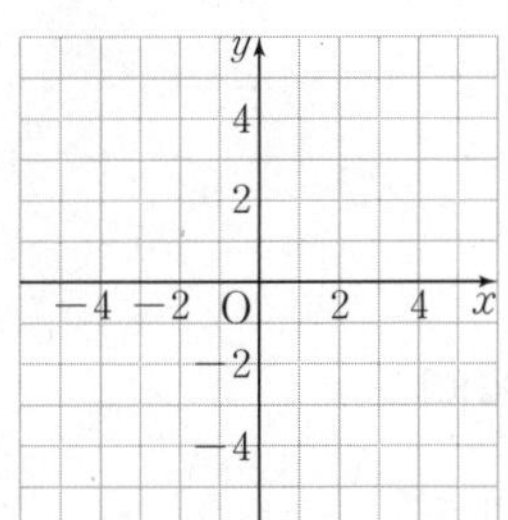

718

다음 정비례 관계의 그래프를 아래 좌표평면 위에 그려라.

(1) $y=\frac{1}{2}x$ (2) $y=-\frac{3}{4}x$

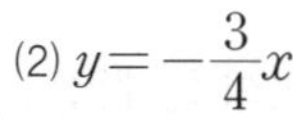

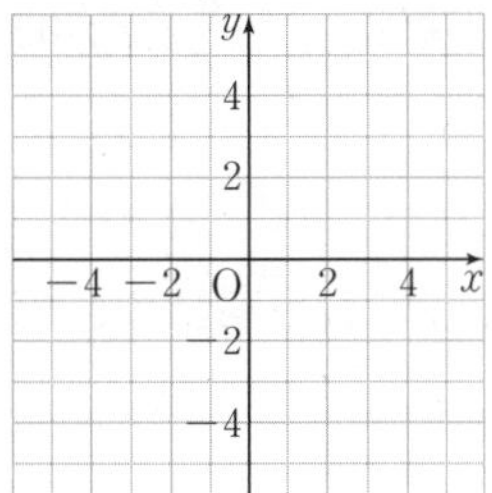
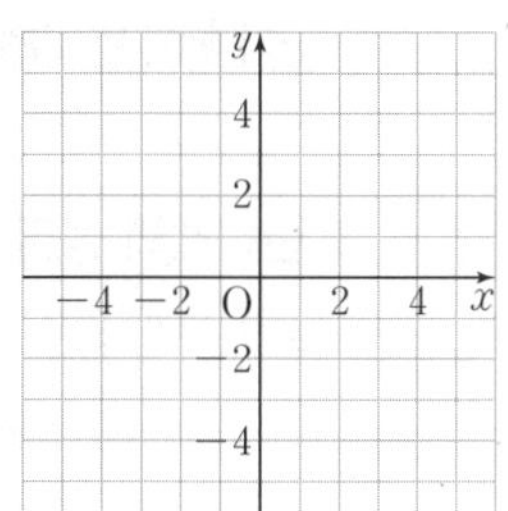

719

다음 그래프가 나타내는 정비례 관계의 식을 구하여라.

(1)

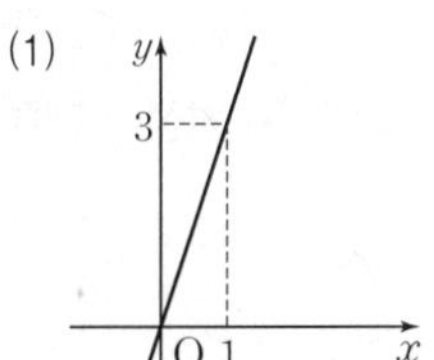

(2)

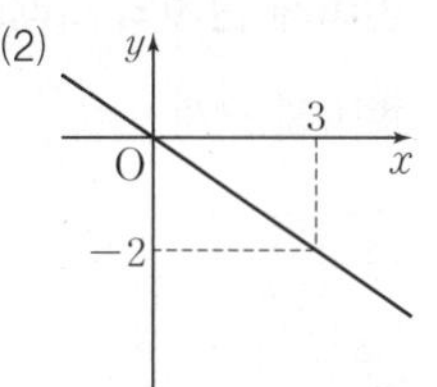

03 정비례 관계의 활용

720

한 시간에 60 km를 달리는 자동차가 x시간 동안 달린 거리를 y km라고 할 때, 다음 물음에 답하여라.

(1) 다음 표를 완성하여라.

x	1	2	3	4	…
y					…

(2) x와 y 사이의 관계식을 구하여라.

(3) 8시간 동안 달린 거리를 구하여라.

04 반비례 관계

(1) **반비례:** 두 변수 x, y에 대하여 x의 값이 2배, 3배, 4배, …가 될 때, y의 값이 $\frac{1}{2}$배, $\frac{1}{3}$배, $\frac{1}{4}$배, …가 되는 관계가 있으면 y는 x에 반비례한다고 한다.

(2) **반비례 관계식**

y가 x에 반비례하면 관계식은 $y=\frac{a}{x}\ (a\neq 0)$ 꼴이다.

(3) **반비례의 성질**

y가 x에 반비례할 때, xy의 값은 항상 일정하다.

✦ **반비례 관계식 구하기**

⇨ $y=\frac{a}{x}(a\neq 0)$로 놓고 x, y의 값을 대입하여 a의 값을 구한다.

✦ **반비례 관계**

$y=\frac{5}{x}+2$와 같이 상수항이 있으면 x, y는 반비례 관계가 아니다.

05 반비례 관계 $y=\frac{a}{x}(a\neq 0)$의 그래프

반비례 관계의 그래프

반비례 관계 $y=\frac{a}{x}\ (a\neq 0)$의 그래프는 원점에 대하여 대칭인 한 쌍의 곡선이다.

	$a>0$일 때	$a<0$일 때
그래프		
지나는 사분면	제1사분면, 제3사분면	제2사분면, 제4사분면
각 사분면에서 증가 · 감소 상태	x의 값이 증가하면 각 사분면에서 y의 값은 감소한다.	x의 값이 증가하면 각 사분면에서 y의 값도 증가한다.

✦ 반비례 관계 $y=\frac{a}{x}(a\neq 0)$의 그래프는 a의 절댓값이 작을수록 원점에 가깝고, a의 절댓값이 클수록 원점에서 멀어진다.

✦ 반비례 관계 $y=\frac{a}{x}(a\neq 0)$의 그래프는 항상 점 $(1, a)$를 지난다.

06 반비례 관계의 활용

반비례 관계의 활용 문제 해결 방법

① 두 변수 x, y 사이의 관계가 반비례 관계인지 알아본다.

⇨ 반비례 관계이면 x, y 사이의 관계식은 $y=\frac{a}{x}(a\neq 0)$ 꼴이다.

② 관계식을 이용하여 문제의 뜻에 맞는 답을 구한다.

04 반비례 관계

721

반비례 관계 $y=\frac{4}{x}$에서 x의 값이 -4, -2, -1, 1, 2, 4일 때, 다음 물음에 답하여라.

(1) 다음 표를 완성하여라.

x	-4	-2	-1	1	2	4
y						

(2) 함수의 그래프를 오른쪽 좌표평면 위에 그려라.

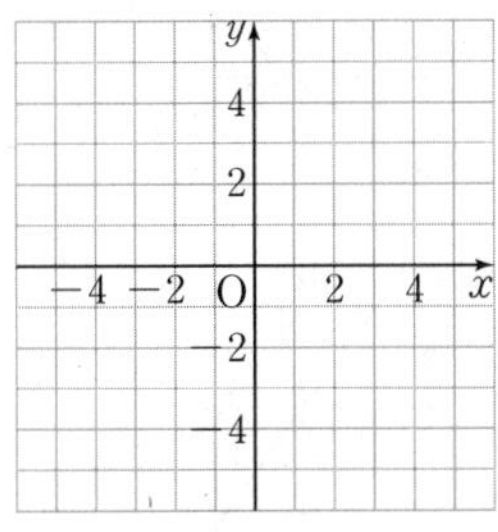

722

반비례 관계 $y=-\frac{6}{x}$에서 x의 값이 다음과 같을 때, 각각의 그래프를 아래 좌표평면 위에 그려라.

(1) -6, -3, -2, -1, 1, 2, 3, 6

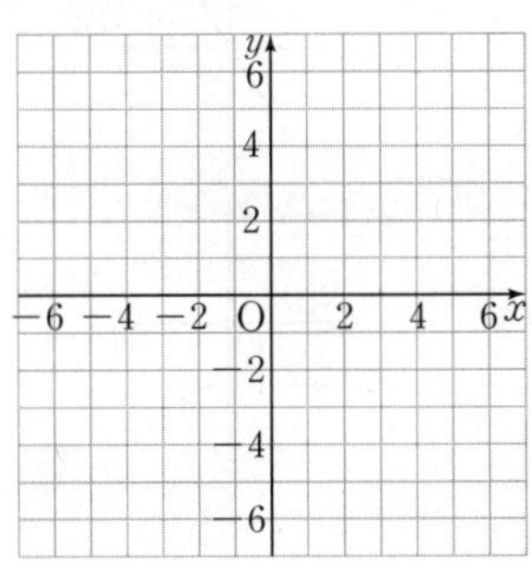

(2) 0을 제외한 수 전체

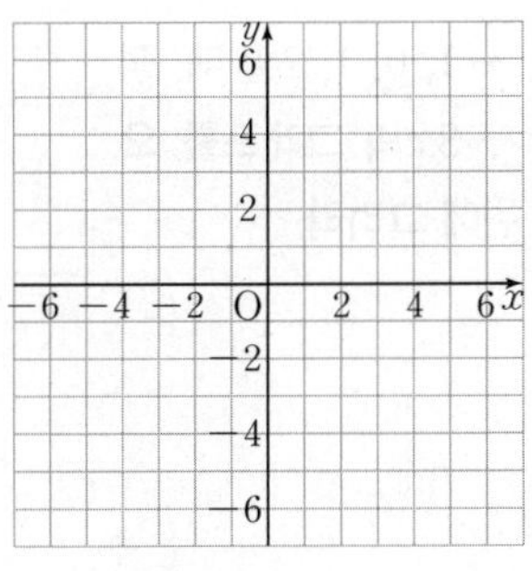

05 반비례 관계 $y=\frac{a}{x}(a\neq0)$의 그래프

723

x의 값이 0을 제외한 수 전체일 때, 다음 반비례 관계의 그래프를 아래 좌표평면 위에 그려라.

(1) $y=\frac{2}{x}$

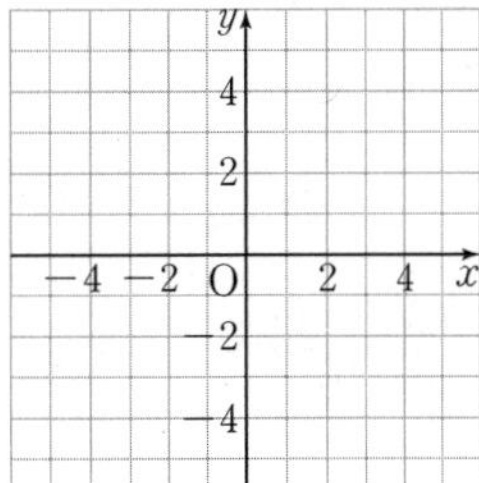

(2) $y=-\frac{4}{x}$

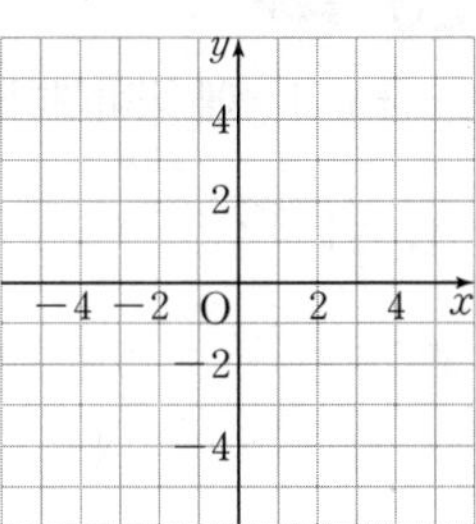

724

다음 그래프가 나타내는 반비례 관계의 식을 구하여라.

(1)

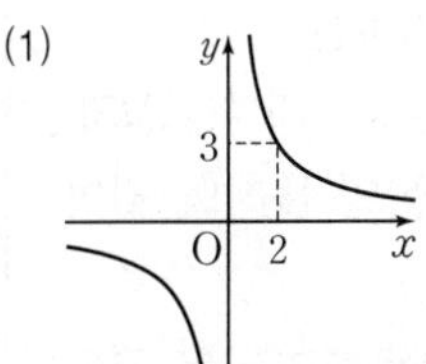

(2)

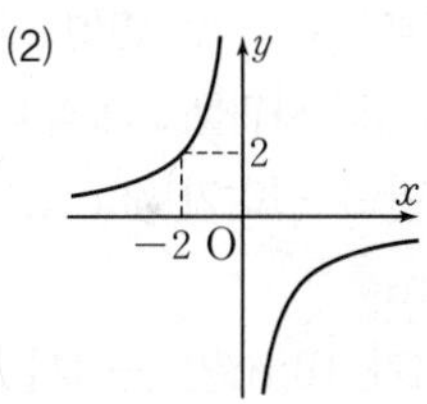

06 반비례 관계의 활용

725

300 L 들이 물통에 매분 $x\text{ L}$씩 일정하게 물을 넣을 때, 물통에 물이 가득 차는 데 걸리는 시간을 y분이라고 한다. 다음 물음에 답하여라.

(1) x와 y 사이의 관계식을 구하여라.

(2) 매분 50 L씩 일정하게 물을 넣을 때, 물통에 물이 가득 차는 데 걸리는 시간을 구하여라.

유형 136 정비례 관계의 이해

(1) 두 변수 x, y에 대하여 x의 값이 2배, 3배, 4배, …가 될 때, y의 값도 2배, 3배, 4배, …가 되는 관계가 있으면 y는 x에 정비례한다고 한다.
(2) y가 x에 정비례하면 관계식은 $y=ax\,(a\neq 0)$ 꼴이다.

풍쌤의 Point $y=ax$ 또는 $\frac{y}{x}=a\,(a\neq 0)$를 만족하는지 확인하자.

726 필수

다음 중 y가 x에 정비례하는 것은?

① $xy=1$ ② $y=\frac{3}{x}$ ③ $xy+1=0$
④ $y=x+1$ ⑤ $2x-6y=0$

727

다음 보기 중 y가 x에 정비례하지 않는 것을 모두 고른 것은?

보기
ㄱ. 한 개에 800원인 연필 x자루의 가격 y원
ㄴ. 200개의 사과를 x개씩 나누어 담은 상자의 수 y상자
ㄷ. 한 변의 길이가 x cm인 정사각형의 둘레의 길이 y cm
ㄹ. 길이가 10 m인 끈에서 x m를 사용하고 남은 끈의 길이 y m

① ㄱ, ㄷ ② ㄱ, ㄹ ③ ㄴ, ㄷ
④ ㄴ, ㄹ ⑤ ㄷ, ㄹ

728

다음을 만족하는 x와 y 사이의 관계식을 구하여라.

y가 x에 정비례하고 $x=2$일 때, $y=-8$이다.

유형 137 정비례 관계 $y=ax\,(a\neq 0)$의 그래프

(1) x의 값이 수 전체이면 그래프는 원점을 지나는 직선이다.
(2) x의 값이 유한개이면 그래프는 유한개의 점이다.

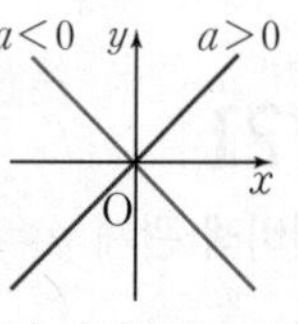

729 필수

다음 중 정비례 관계 $y=\frac{3}{4}x$의 그래프는?

①

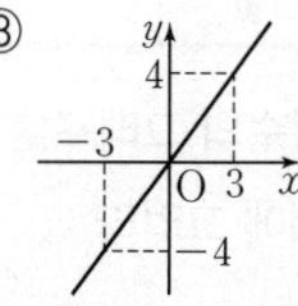

②

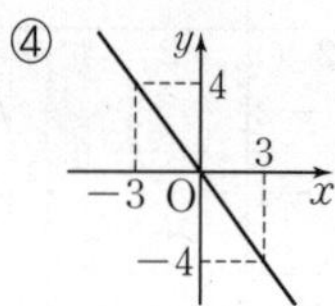

③

④

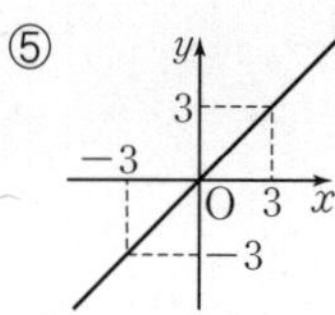

⑤

730

x의 값이 $-2, 0, 2$일 때, 다음 중 정비례 관계 $y=\frac{3}{2}x$의 그래프는?

①

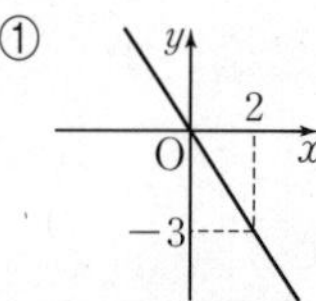

②

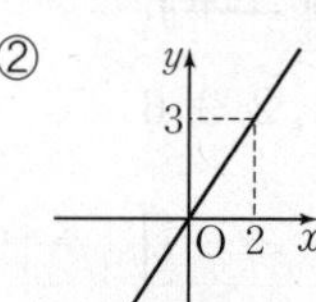

③

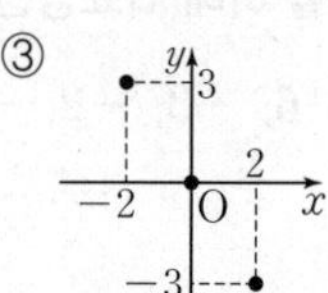

④

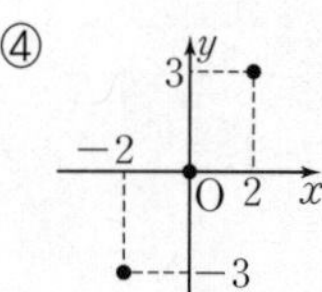

⑤

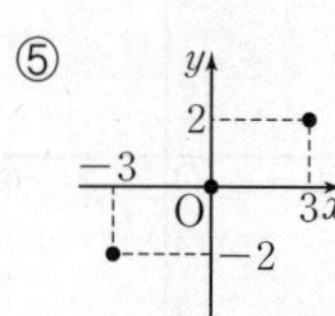

731

x의 값이 $-2, -1, 0, 1, 2$일 때, 정비례 관계 $y=-3x$의 그래프를 오른쪽 좌표평면 위에 그려라.

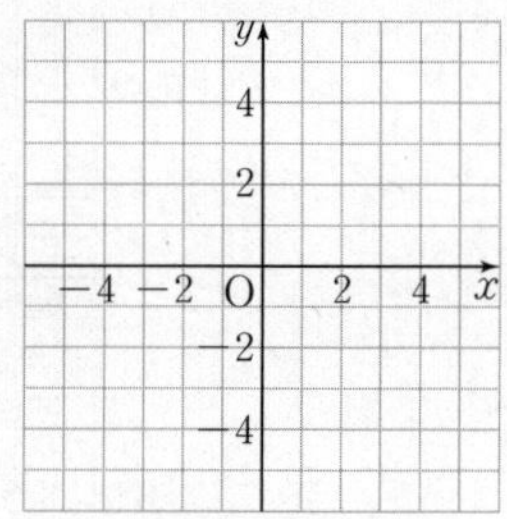

중요한 **유형 138** $y=ax(a\neq0)$의 그래프의 성질

(1)

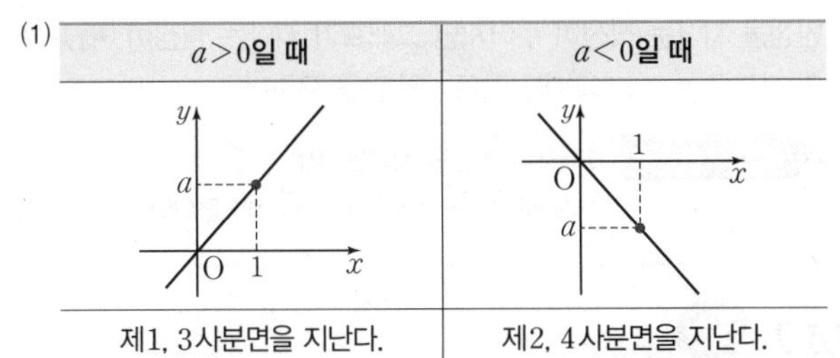

$a>0$일 때	$a<0$일 때
제1, 3사분면을 지난다.	제2, 4사분면을 지난다.

(2) a의 절댓값이 커질수록 그래프는 y축에 가까워진다.

풍쌤의 Point 정비례 관계 $y=ax(a\neq0)$의 그래프
⇨ $a>0$이면 오른쪽 위(↗)로, $a<0$이면 오른쪽 아래(↘)로 향하는 원점을 지나는 직선이야.

732 필수

다음 중 정비례 관계 $y=2x$의 그래프에 대한 설명으로 옳지 않은 것은?

① 원점을 지난다.
② 점 $(-3, -6)$을 지난다.
③ 제1사분면과 제2사분면을 지난다.
④ 그래프는 오른쪽 위로 향하는 직선이다.
⑤ x의 값이 증가할 때, y의 값도 증가한다.

733

다음 정비례 관계 중 그래프가 제2, 4사분면을 지나는 것은?

① $y=\frac{x}{6}$　② $y=-\frac{1}{3}x$　③ $y=\frac{1}{3}x$
④ $y=3x$　⑤ $y=6x$

734

다음 보기의 정비례 관계 중 그래프가 x축에 가장 가까운 것부터 차례로 나열하여라.

보기

ㄱ. $y=-4x$　ㄴ. $y=-3x$　ㄷ. $y=-\frac{1}{2}x$
ㄹ. $y=2x$　ㅁ. $y=\frac{7}{2}x$　ㅂ. $y=6x$

735

다음 보기 중 정비례 관계 $y=ax(a\neq0)$의 그래프에 대한 설명으로 옳은 것을 모두 고른 것은?

보기

ㄱ. 원점을 지난다.
ㄴ. 점 $(1, a)$를 지난다.
ㄷ. x의 값이 증가하면 y의 값은 감소한다.
ㄹ. 그래프의 모양이 한 쌍의 곡선이다.
ㅁ. $a<0$이면 제2, 4사분면을 지나는 직선이다.

① ㄱ, ㄴ　② ㄴ, ㄷ　③ ㄴ, ㄹ
④ ㄱ, ㄴ, ㄹ　⑤ ㄱ, ㄴ, ㅁ

736

오른쪽 그림에서 정비례 관계 $y=x$의 그래프가 될 수 있는 것은?

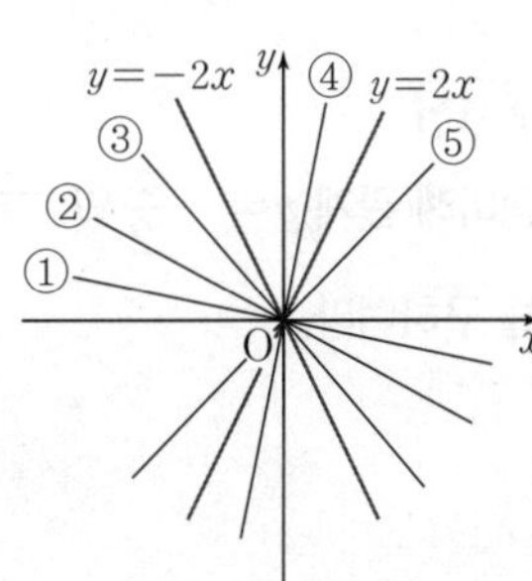

737

다음 정비례 관계의 그래프 중 오른쪽 그림의 직선 (가)가 될 수 있는 것은?

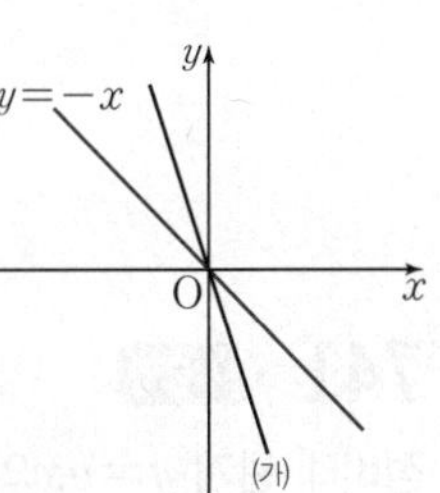

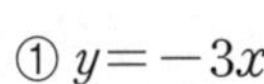
① $y=-3x$　② $y=-\frac{1}{3}x$
③ $y=\frac{1}{3}x$　④ $y=\frac{3}{2}x$
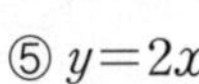
⑤ $y=2x$

필수유형 다지기

유형 139 $y=ax(a\neq0)$의 그래프 위의 점

점 (p, q)가 정비례 관계 $y=ax$의 그래프 위의 점이다.
⇨ 정비례 관계 $y=ax$의 그래프가 점 (p, q)를 지난다.
⇨ $y=ax$에 $x=p$, $y=q$를 대입하면 등식이 성립한다.

풍쌤의 Point 그래프 위에 있는 점의 좌표를 관계식에 대입하면 등식이 성립해.

738 필수

정비례 관계 $y=ax$의 그래프가 오른쪽 그림과 같을 때, b의 값은? (단, a는 상수)

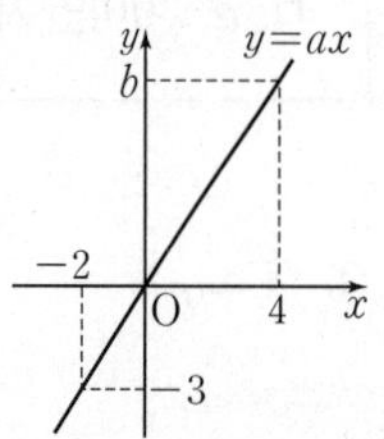

① 3　② 4
③ 5　④ 6
⑤ 7

739

정비례 관계 $y=-\frac{x}{2}$의 그래프가 점 $(6, a)$를 지날 때, a의 값을 구하여라.

740

정비례 관계 $y=3x$의 그래프가 점 $(m-1, m-5)$를 지날 때, m의 값을 구하여라.

741 서술형

정비례 관계 $y=ax$의 그래프가 두 점 $(-2, 6)$, $(1, b)$를 지날 때, ab의 값을 구하여라. (단, a는 상수)

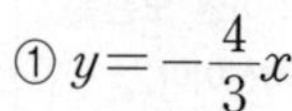

유형 140 그래프의 식 구하기(1)

원점을 지나는 직선이 주어지면 그래프가 지나는 원점이 아닌 점의 좌표를 $y=ax$에 대입하여 a의 값을 구한다.

풍쌤의 Point 그래프가 원점을 지나는 직선
⇨ 그래프의 식은 $y=ax(a\neq0)$ 꼴이야.

742 필수

오른쪽 그래프가 나타내는 x와 y 사이의 관계식은?

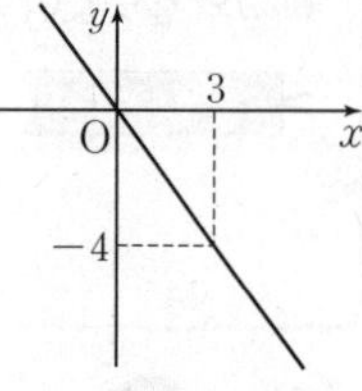

① $y=-\frac{4}{3}x$　② $y=-\frac{3}{4}x$
③ $y=\frac{1}{3}x$　④ $y=\frac{3}{4}x$
⑤ $y=\frac{4}{3}x$

743

다음 중 오른쪽 그래프 위에 있는 점을 모두 고르면? (정답 2개)

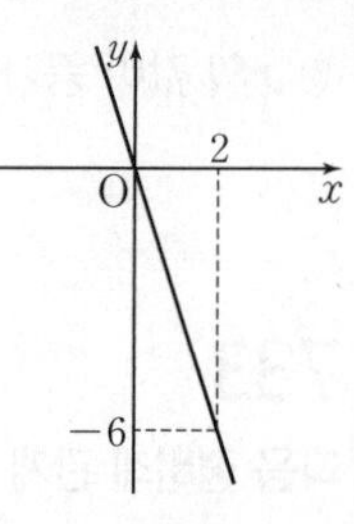

① $(-3, -9)$　② $(-2, 6)$
③ $(-1, -3)$　④ $\left(\frac{1}{3}, -1\right)$
⑤ $\left(\frac{1}{2}, -\frac{1}{6}\right)$

744

한 그래프가 원점을 지나는 직선이다. 이 그래프가 두 점 $(-2, a)$, $(6, 4)$를 지날 때, a의 값은?

① $-\frac{4}{3}$　② $-\frac{2}{3}$　③ 0
④ $\frac{2}{3}$　⑤ $\frac{4}{3}$

유형 141 정비례 관계의 그래프와 도형의 넓이

직선 위의 점 $A(a,\ b)$에서 x축, y축에 그은 수선이 좌표축과 만나는 점은 각각 $P(a,\ 0)$, $Q(0,\ b)$이다.

⇨ 삼각형 AOP와 삼각형 AOQ의 넓이는 모두 $\frac{1}{2}\times|a|\times|b|=\frac{1}{2}|ab|$이다.

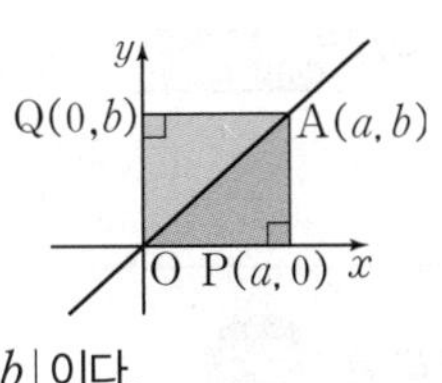

745 필수

오른쪽 그림과 같이 정비례 관계 $y=\frac{3}{4}x$의 그래프 위의 한 점 A에서 x축에 그은 수선이 x축과 만나는 점 B의 좌표가 $(8,\ 0)$이다. 이때 삼각형 AOB의 넓이를 구하여라.

(단, 점 O는 원점)

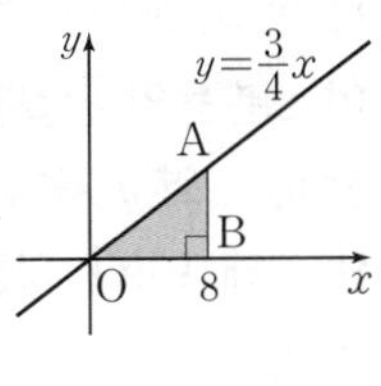

746

오른쪽 그림과 같이 정비례 관계 $y=4x$의 그래프 위의 점 A와 정비례 관계 $y=-x$의 그래프 위의 점 B의 x좌표가 모두 2일 때, 삼각형 AOB의 넓이를 구하여라. (단, 점 O는 원점)

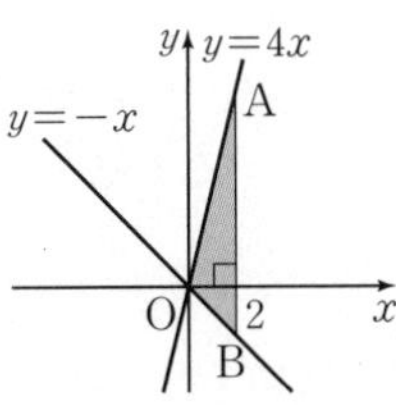

747 창의

오른쪽 그림에서 점 A, D는 각각 정비례 관계 $y=-2x$, $y=\frac{1}{3}x$의 그래프 위의 점이고, 사각형 ABCD는 직사각형이다. 선분 AD의 길이가 7일 때, 삼각형 AOD의 넓이를 구하여라. (단, 점 O는 원점)

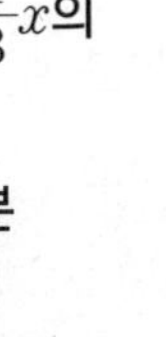

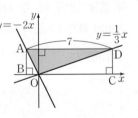

유형 142 정비례 관계의 활용

풍쌤의 Point 변하는 두 양 x, y 사이에 정비례 관계가 있으면

⇨ $\frac{y}{x}$의 값이 일정해.

⇨ 관계식은 $y=ax(a\neq0)$ 꼴이야.

748 필수

길이가 18 cm인 양초에 불을 붙이면 5분에 2 cm씩 타 들어간다. x분 동안 타 들어간 양초의 길이를 y cm라고 할 때, 다음을 구하여라. (단, $0\leq x\leq45$)

(1) x와 y 사이의 관계식

(2) 30분 동안 타 들어간 양초의 길이

749

5 L의 휘발유를 넣으면 60 km를 갈 수 있는 자동차가 있다. x L의 휘발유로 y km를 간다고 할 때, x와 y 사이의 관계식을 구하여라.

750 창의

톱니의 수가 각각 8개, 16개인 두 톱니바퀴 A, B가 서로 맞물려 돌고 있다. A가 x번 회전하는 동안 B는 y번 회전한다고 할 때, x와 y 사이의 관계를 그래프로 나타낸 것은?

①
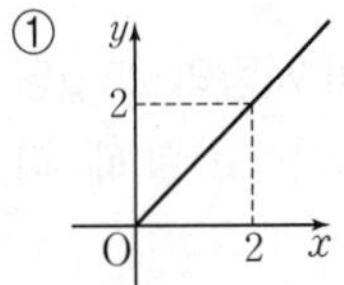

②
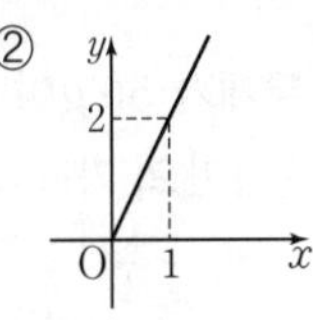

③
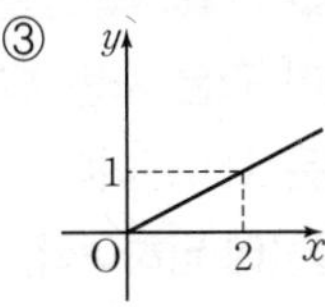

④
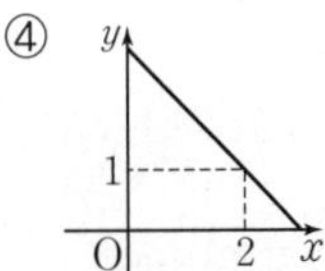

⑤
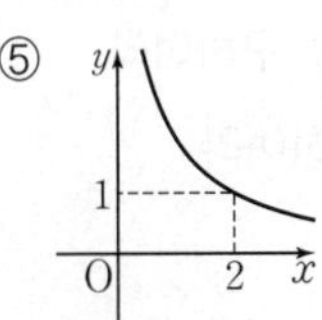

751

구입 금액의 5 %를 포인트로 적립해 주는 상점에서 x원어치의 물건을 구입하였을 때 적립되는 포인트를 y점이라고 한다. 이 상점에서 14500원어치의 물건을 구입하였을 때, 적립되는 포인트는 몇 점인지 구하여라.

752

오른쪽 그림과 같은 직각삼각형 ABC에서 점 P는 점 B에서 출발하여 변 BC를 따라 점 C까지 움직인다. 선분 BP의 길이를 x cm, 삼각형 ABP의 넓이를 $y\text{ cm}^2$라 고 할 때, 다음 물음에 답하여라. (단, $0<x\le10$)

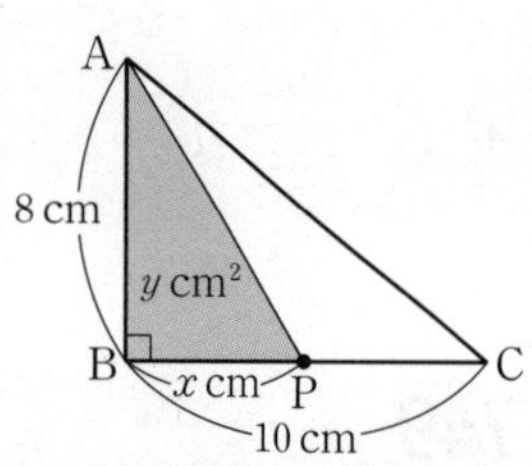

(1) x와 y 사이의 관계식을 구하여라.

(2) 삼각형 ABP의 넓이가 24 cm^2일 때, 선분 BP의 길이를 구하여라.

753 서술형

무게가 같은 사탕 4개의 무게가 50 g이고, 이 사탕의 25 g당 가격은 160원이다. 이 사탕 x개의 가격을 y원이라고 할 때, 다음 물음에 답하여라.

(1) x와 y 사이의 관계식을 구하여라.

(2) 사탕 7개의 가격을 구하여라.

유형 143 두 정비례 관계의 그래프의 활용

풍쌤의 Point 두 직선이 함께 그려진 실생활 문제
⇨ 먼저 두 그래프를 나타내는 정비례 관계식부터 구해.

754 필수

민영이와 승헌이가 일정한 속력으로 물건을 포장하는 일을 하기로 했다. 오른쪽 그림은 두 사람이 x분 동안 y상자를 포장한다고 할 때, x와 y 사이의 관계를 나타낸 그래프이다. 다음 물음에 답하여라.

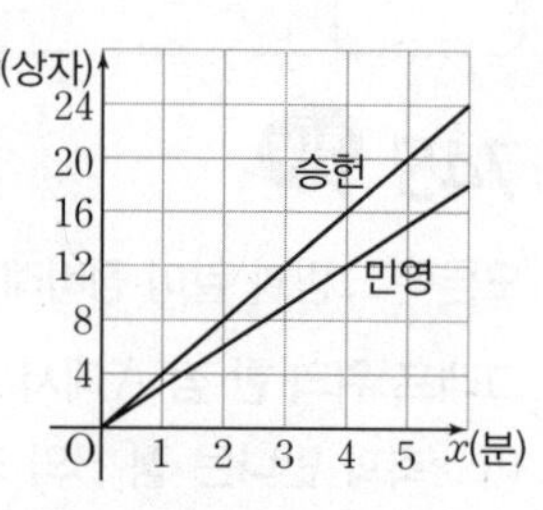

(1) 승헌이의 그래프를 나타내는 식을 구하여라.

(2) 민영이의 그래프를 나타내는 식을 구하여라.

(3) 27분 동안 일을 하였을 때, 두 사람이 포장한 상자 수의 차는 몇 상자인지 구하여라.

755 창의

오른쪽 그림은 A, B 두 사람이 자전거를 탈 때, 달린 시간 x분과 달린 거리 y km 사이의 관계를 그래프로 나타낸 것이다. A, B가 동시에 출발하였을 때, 두 사람이 달린 거리의 차가 4 km가 되는 데 걸리는 시간은?

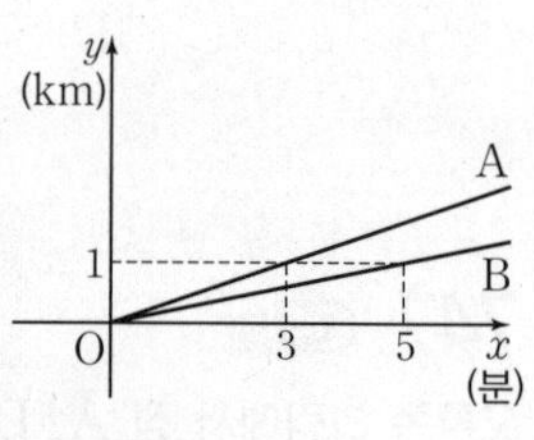

① 15분 ② 20분 ③ 25분
④ 30분 ⑤ 35분

유형 144 반비례 관계의 이해

(1) 두 변수 x, y에 대하여 x의 값이 2배, 3배, 4배, …가 될 때, y의 값은 $\frac{1}{2}$배, $\frac{1}{3}$배, $\frac{1}{4}$배, …가 되는 관계가 있으면 y는 x에 반비례한다고 한다.

(2) y가 x에 반비례하면 관계식은 $y=\frac{a}{x}(a\neq0)$ 꼴이다.

풍쌤의 Point $y=\frac{a}{x}$ 또는 $xy=a(a\neq0)$를 만족하는지 확인하자.

756 필수

다음 보기에서 y가 x에 반비례하는 것을 모두 고른 것은?

보기

ㄱ. $y=\frac{x}{3}$　　ㄴ. $y=x+1$　　ㄷ. $\frac{y}{x}=10$

ㄹ. $y=-\frac{8}{x}$　　ㅁ. $xy=10$

① ㄱ, ㄷ　② ㄱ, ㄹ　③ ㄴ, ㅁ
④ ㄷ, ㄹ　⑤ ㄹ, ㅁ

757

다음 중 y가 x에 반비례하지 않는 것을 모두 고르면? (정답 2개)

① 시속 15 km로 자전거를 타고 x시간 달린 거리 y km
② 800 m의 거리를 분속 x m로 걸어갈 때 걸린 시간 y분
③ 가로의 길이가 x cm이고, 넓이가 20 cm^2인 직사각형의 세로의 길이 y cm
④ 우유 2000 mL를 x명이 똑같이 나누어 마실 때 한 사람이 마신 우유의 양 y mL
⑤ 하루 24시간 중 해가 떠 있는 시간의 길이가 x시간일 때, 해가 떠 있지 않은 시간의 길이 y시간

758

다음을 만족하는 x와 y 사이의 관계식을 구하여라.

y가 x에 반비례하고 $x=9$일 때, $y=4$이다.

유형 145 반비례 관계 $y=\frac{a}{x}(a\neq0)$의 그래프

(1) x의 값이 0이 아닌 수 전체이면 그래프는 원점에 대하여 대칭인 한 쌍의 매끄러운 곡선이다.

(2) x의 값이 유한개이면 그래프는 유한개의 점이다.

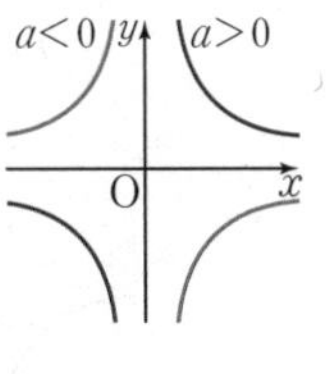

759 필수

다음 중 반비례 관계 $y=-\frac{10}{x}$의 그래프는?

①　②

③
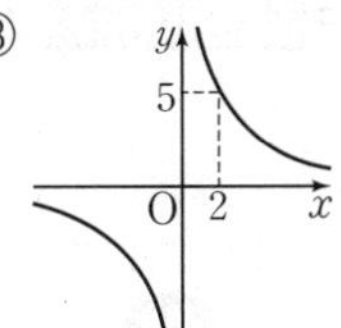

④
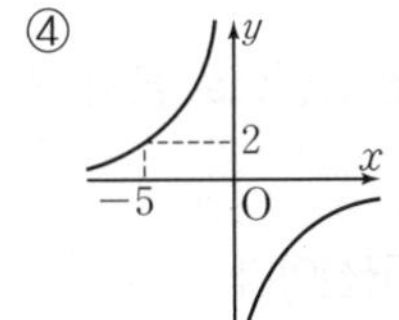

⑤
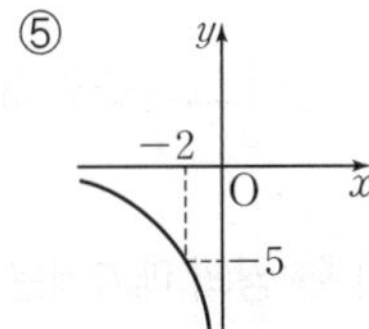

760

x의 값이 -8, -4, -2, -1, 1, 2, 4, 8일 때, 반비례 관계 $y=\frac{8}{x}$의 그래프를 다음 좌표평면 위에 그려라.

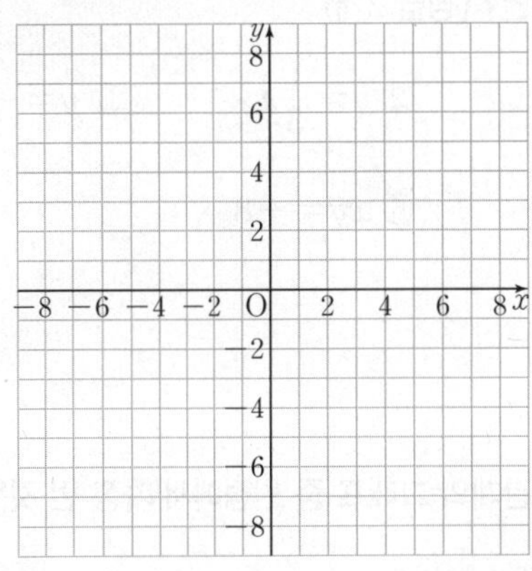

중요한 유형 146 $y=\frac{a}{x}(a\neq0)$의 그래프의 성질

(1)

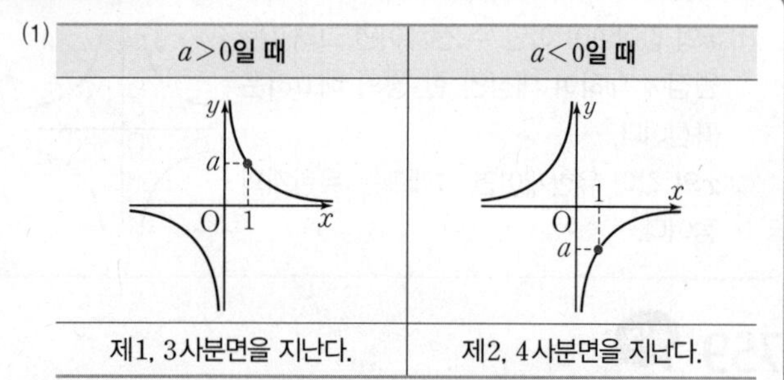

a>0일 때
a<0일 때
제1, 3사분면을 지난다.
제2, 4사분면을 지난다.

(2) a의 절댓값이 커질수록 그래프는 원점에서 멀어진다.

풍쌤의 Point 반비례 관계 $y=\frac{a}{x}(a\neq0)$의 그래프

⇨ x축, y축과 만나지 않지만 한없이 가까워지는 곡선이야.

761 필수

다음 중 반비례 관계 $y=\frac{5}{x}$의 그래프에 대한 설명으로 옳지 않은 것은?

① 원점에 대하여 대칭인 한 쌍의 매끄러운 곡선이다.
② 각 사분면에서 x의 값이 증가하면 y의 값도 증가한다.
③ 제1사분면과 제3사분면을 지난다.
④ y는 x에 반비례한다.
⑤ 점 $(1, 5)$를 지난다.

762

다음 관계식의 그래프 중 제1사분면과 제3사분면을 지나는 것을 모두 고르면? (정답 2개)

① $y=-2x$ ② $y=\frac{1}{3}x$ ③ $y=-\frac{10}{x}$
④ $y=\frac{3}{x}$ ⑤ $xy=-8$

763

다음 반비례 관계의 그래프 중 원점에서 가장 먼 것은?

① $y=\frac{4}{x}$ ② $y=\frac{2}{x}$ ③ $y=-\frac{1}{x}$
④ $y=-\frac{6}{x}$ ⑤ $y=-\frac{8}{x}$

764

다음 보기 중 반비례 관계 $y=\frac{a}{x}(a\neq0)$의 그래프에 대한 설명으로 옳은 것을 모두 고른 것은?

보기
ㄱ. 원점과 점 $(1, a)$을 지난다.
ㄴ. 원점에 대하여 대칭인 한 쌍의 매끄러운 곡선이다.
ㄷ. a의 절댓값이 클수록 원점에서 멀어진다.
ㄹ. $a<0$일 때, 각 사분면에서 x의 값이 증가하면 y의 값은 감소한다.

① ㄱ, ㄴ ② ㄱ, ㄷ ③ ㄱ, ㄹ
④ ㄴ, ㄷ ⑤ ㄷ, ㄹ

765

다음 중 정비례 관계 $y=3x$와 반비례 관계 $y=\frac{3}{x}$의 그래프의 공통점으로 옳은 것을 모두 고르면? (정답 2개)

① 원점을 지난다.
② 점 $(1, 3)$을 지난다.
③ 제1, 3사분면을 지난다.
④ 한 쌍의 매끄러운 곡선이다.
⑤ x의 값의 범위는 수 전체이다

766 창의

다음 관계식의 그래프 중 정비례 관계 $y=-4x$의 그래프와 원점이 아닌 점에서 만나는 것은?

① $y=4x$ ② $y=-8x$ ③ $y=\frac{4}{x}$
④ $y=\frac{3}{4}x$ ⑤ $y=-\frac{16}{x}$

유형 147 $y=\frac{a}{x}(a\neq0)$의 그래프 위의 점

점 (p, q)가 반비례 관계 $y=\frac{a}{x}$의 그래프 위의 점이다.

⇨ 반비례 관계 $y=\frac{a}{x}$의 그래프가 점 (p, q)를 지난다.

⇨ $y=\frac{a}{x}$에 $x=p$, $y=q$를 대입하면 등식이 성립한다.

풍쌤의 Point 점이 그래프 위에 있다.
⇨ 점의 좌표를 관계식에 대입하면 등식이 성립해.

767 필수

반비례 관계 $y=-\frac{6}{x}$의 그래프가 점 $\mathrm{P}(2, a)$를 지날 때, a의 값은?

① -3　② -1　③ 1
④ 3　⑤ 5

768

다음 중 반비례 관계 $y=-\frac{8}{x}$의 그래프 위에 있는 점은?

① $\mathrm{A}(1, 1)$　② $\mathrm{B}(2, 4)$　③ $\mathrm{C}(8, -2)$
④ $\mathrm{D}(-1, -8)$　⑤ $\mathrm{E}(-4, 2)$

769

반비례 관계 $y=-\frac{16}{x}$의 그래프가 두 점 $(8, a)$, $(b, -16)$을 지날 때, $a+b$의 값은?

① -3　② -2　③ -1
④ 1　⑤ 2

770 서술형

반비례 관계 $y=\frac{a}{x}$의 그래프가 두 점 $(-3, -4)$, $(b, 6)$을 지날 때, $a-b$의 값을 구하여라. (단, a는 상수)

771

정비례 관계 $y=ax$의 그래프가 점 $(-2, -18)$을 지날 때, 다음 중 반비례 관계 $y=\frac{a}{x}$의 그래프 위에 있는 점은?

(단, a는 상수)

① $\left(-\frac{1}{3}, 27\right)$　② $\left(-\frac{1}{2}, -18\right)$　③ $\left(\frac{1}{6}, \frac{1}{3}\right)$
④ $\left(3, \frac{1}{3}\right)$　⑤ $\left(6, \frac{1}{6}\right)$

772 서술형

반비례 관계 $y=\frac{a}{x}$의 그래프가 오른쪽 그림과 같을 때, $a+b$의 값을 구하여라.

(단, a는 상수)

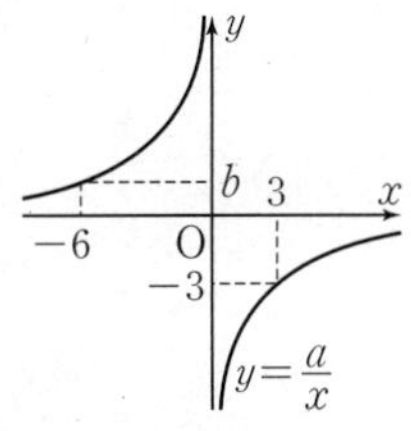

773

반비례 관계 $y=\frac{10}{x}$의 그래프 위에 있는 점 중에서 x좌표와 y좌표가 모두 정수인 점의 개수는?

① 4　② 6　③ 8
④ 10　⑤ 12

중요한 유형 148 그래프의 식 구하기(2)

원점에 대하여 대칭인 한 쌍의 곡선이 주어지면 그래프가 지나는 점의 좌표를 $y=\frac{a}{x}$에 대입하여 a의 값을 구한다.

풍쌤의 Point 그래프가 좌표축에 한없이 가까워지는 한 쌍의 곡선
⇨ 그래프의 식은 $y=\frac{a}{x}\,(a\neq0)$ 꼴이야.

774 필수

오른쪽 그래프가 나타내는 x와 y 사이의 관계식은?

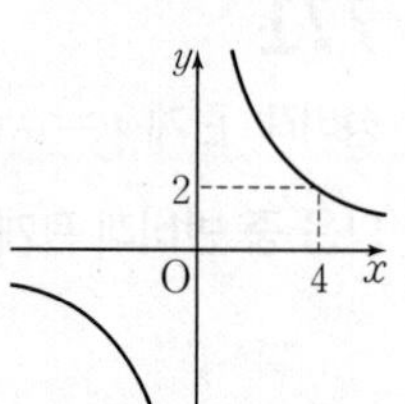

① $y=4x$ ② $y=8x$
③ $y=\frac{x}{2}$ ④ $y=\frac{4}{x}$
⑤ $y=\frac{8}{x}$

775

다음 그래프가 나타내는 x와 y 사이의 관계식을 구하여라.

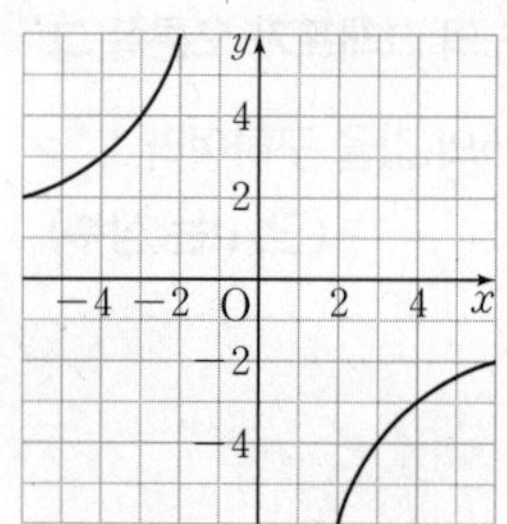

776

한 그래프가 좌표축에 한없이 가까워지고 원점에 대하여 대칭인 한 쌍의 곡선이다. 이 그래프가 두 점 $(3, -5)$, $\left(k, -\frac{1}{2}\right)$을 지날 때, k의 값을 구하여라.

777

y는 x에 반비례하고, 그 그래프는 점 $(-2, -3)$을 지난다. 다음 중 이 그래프 위에 있는 점은?

① $A(-3, 2)$ ② $B(-1, 6)$ ③ $C(1, -6)$
④ $D(3, 2)$ ⑤ $E(6, -2)$

778

오른쪽 그래프가 나타내는 관계식으로 옳지 않은 것은?

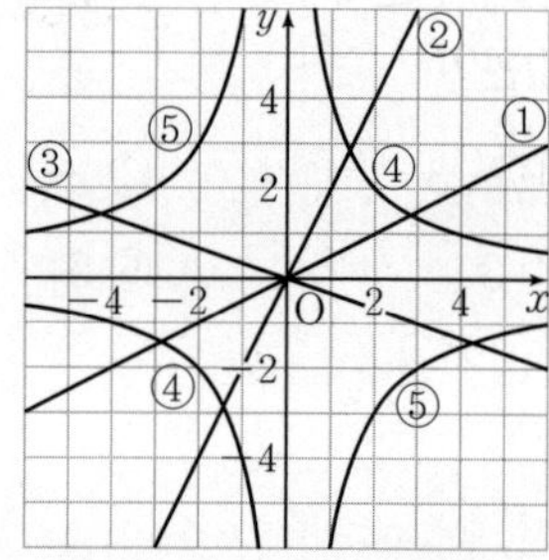

① $y=\frac{x}{2}$ ② $y=2x$
③ $y=-\frac{x}{3}$ ④ $y=\frac{4}{x}$
⑤ $y=-\frac{5}{x}$

779

오른쪽 그림은 반비례 관계 $y=\frac{a}{x}\,(x>0)$의 그래프이다. 점 P와 점 Q의 y좌표의 차가 6일 때, 상수 a의 값을 구하여라.

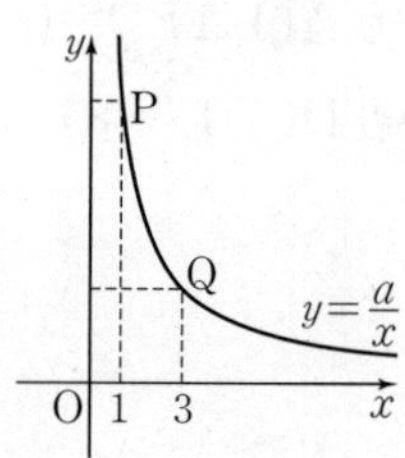

780 창의

좌표축에 한없이 가까워지고 원점에 대하여 대칭인 한 쌍의 곡선인 그래프가 점 $\left(-10, \frac{9}{5}\right)$를 지난다. 이 그래프 위의 점 중에서 x좌표와 y좌표가 모두 정수인 점의 개수를 구하여라.

유형 149 반비례 관계의 그래프와 도형의 넓이

반비례 관계 $y=\frac{a}{x}(a\neq0)$의 그래프에서
(직사각형 OAPB의 넓이)
=(선분 OA의 길이)
×(선분 OB의 길이)
$=|p|\times|q|=|a|$

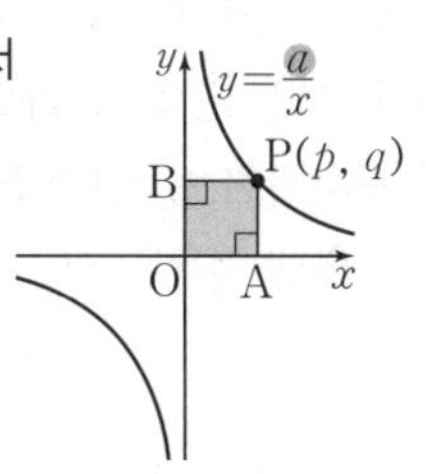

풍쌤의 Point 점 P의 위치에 상관없이 직사각형 OAPB의 넓이는 항상 $|a|$로 일정해.

781 필수

오른쪽 그림과 같이 반비례 관계 $y=\frac{12}{x}$의 그래프 위의 한 점 P에서 x축, y축에 수선을 그어 x축, y축과 만나는 점을 각각 A, B라고 할 때, 직사각형 OAPB의 넓이를 구하여라. (단, 점 O는 원점)

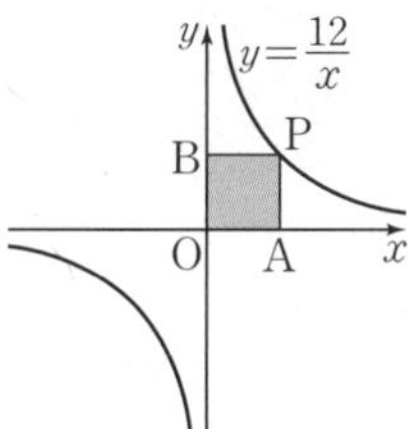

782

오른쪽 그림은 반비례 관계 $y=\frac{a}{x}$의 그래프이다. 점 B의 좌표가 $(-3, 0)$이고 직사각형 ABOC의 넓이가 15일 때, 상수 a의 값을 구하여라. (단, 점 O는 원점)

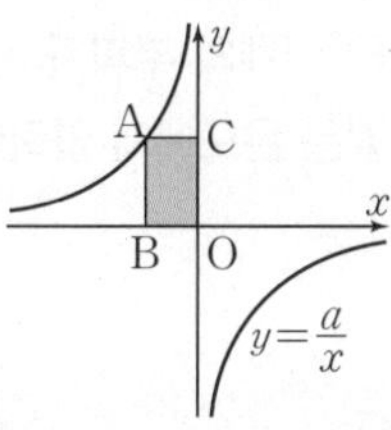

783

오른쪽 그림과 같이 두 점 A$(2, k)$, C$(-2, -k)$가 반비례 관계 $y=\frac{a}{x}$의 그래프 위에 있다. 직사각형 ABCD의 넓이가 24일 때, 상수 a의 값을 구하여라.

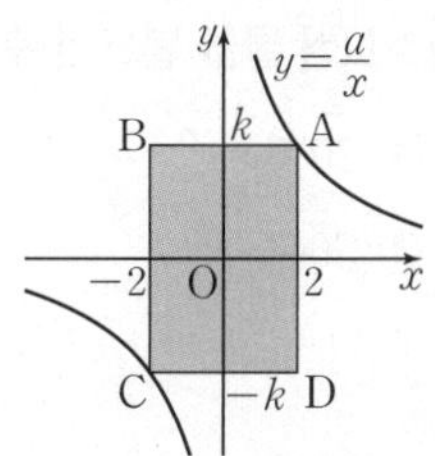

유형 150 두 그래프가 만나는 점

정비례 관계 $y=ax$의 그래프와 반비례 관계 $y=\frac{b}{x}$의 그래프가 만나는 점이 (p, q)이다.
⇨ 두 관계식에 $x=p$, $y=q$를 각각 대입하면 등식이 모두 성립한다.

풍쌤의 Point 두 그래프가 만나는 점
⇨ 두 그래프가 모두 지나는 점
⇨ 두 관계식에 점의 좌표를 각각 대입하면 등식이 모두 성립해.

784 필수

정비례 관계 $y=ax$의 그래프와 반비례 관계 $y=\frac{b}{x}$의 그래프가 점 P$(2, 8)$에서 만날 때, 상수 a, b에 대하여 $a+b$의 값을 구하여라.

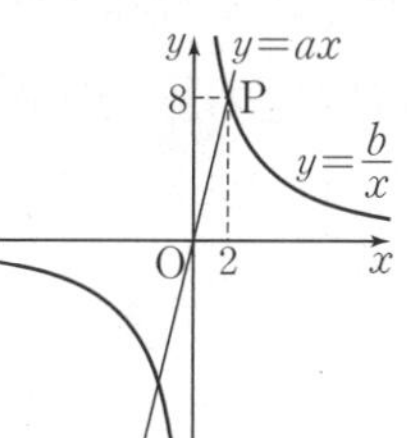

785

오른쪽 그림과 같이 정비례 관계 $y=3x$의 그래프와 반비례 관계 $y=\frac{a}{x}$의 그래프가 점 A에서 만난다. 점 A의 x좌표가 2일 때, 상수 a의 값을 구하여라.

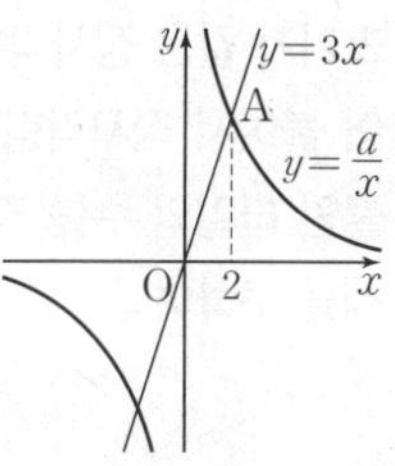

786

오른쪽 그림과 같이 정비례 관계 $y=ax$의 그래프와 반비례 관계 $y=-\frac{12}{x}$의 그래프가 점 P$(b, 4)$에서 만날 때, $\frac{a}{b}$의 값을 구하여라.

(단, a는 상수)

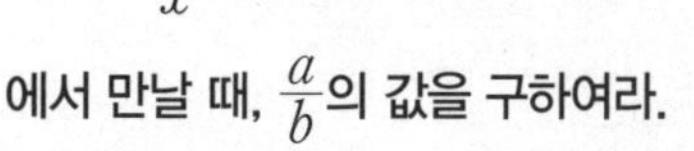

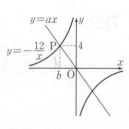

중요한 유형 151 반비례 관계의 활용

풍쌤의 Point 변하는 두 양 x, y 사이에 반비례 관계가 있으면
⇨ xy의 값이 일정해.
⇨ 관계식은 $y=\frac{a}{x}(a\neq0)$ 꼴이야.

787 필수

수지네 집에서 외할머니 댁까지 자동차를 타고 시속 80 km로 가면 3시간이 걸린다. 수지네 집에서 외할머니 댁까지 자동차를 타고 시속 x km로 가면 y시간이 걸린다고 할 때, 다음 물음에 답하여라.

(1) x와 y 사이의 관계식을 구하여라.

(2) 자동차를 타고 시속 60 km로 갈 때, 외할머니 댁까지 가는 데 걸리는 시간을 구하여라.

788

크기가 같은 정사각형 모양의 타일 20개를 서로 겹치지 않게 이어 붙여서 직사각형을 만들려고 한다. 직사각형의 가로, 세로에 붙인 타일의 수를 각각 x개, y개라고 할 때, x와 y 사이의 관계식을 구하여라.

789

소금 25 g이 들어 있는 소금물 x g이 있다. 이 소금물의 농도가 y %라고 할 때, x와 y 사이의 관계식을 구하여라.

790 창의

자전거에 톱니바퀴 두 개가 체인으로 연결되어 있다. 톱니의 수가 42개인 한 톱니바퀴가 1번 회전할 때, 톱니의 수가 x개인 다른 톱니바퀴는 y번 회전한다. 이때 x와 y 사이의 관계를 그래프로 나타낸 것은?

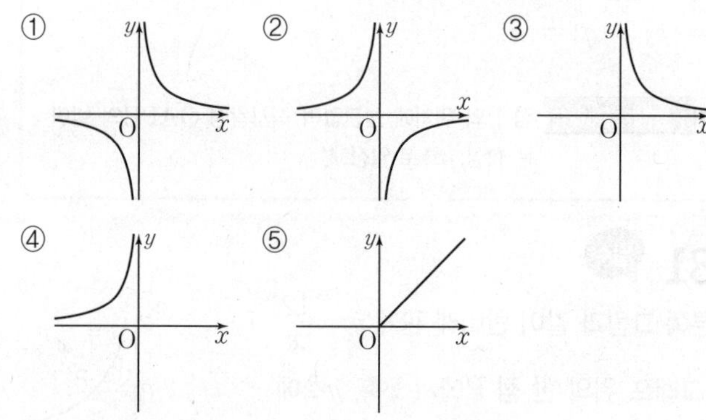

791

온도가 일정하면 기체의 부피는 압력에 반비례한다. 0℃에서 어떤 기체의 부피가 5 cm³일 때, 이 기체의 압력이 2기압이었다. 같은 온도에서 압력이 8기압일 때, 이 기체의 부피를 구하여라.

792

매분 3 L씩 물을 넣으면 80분 후에 가득 차는 수조가 있다. 매분 4 L씩 물을 넣으면 수조를 가득 채우는 데 몇 분이 걸리는가?

① 20분 ② 30분 ③ 40분
④ 50분 ⑤ 60분

793

정비례 관계 $y=-3x$의 그래프와 y축에 대하여 대칭인 그래프를 나타내는 정비례 관계의 식을 구하여라.

794

네 정비례 관계 $y=ax$, $y=bx$, $y=cx$, $y=dx$의 그래프가 오른쪽 그림과 같을 때, 상수 a, b, c, d의 대소 관계를 구하여라.

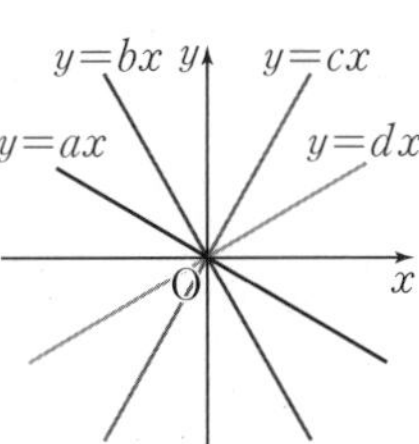

795

오른쪽 그림과 같이 좌표평면 위에 두 점 $\mathrm{A}(2, 7)$, $\mathrm{B}(5, 2)$가 있다. 정비례 관계 $y=ax$의 그래프가 선분 AB와 만날 때, 상수 a의 값의 범위를 구하여라.

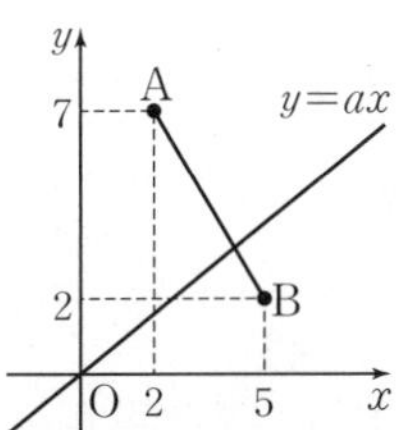

796

오른쪽 그림에서 정사각형 ABCD의 네 변은 x축 또는 y축에 평행하고, 한 변의 길이는 3이다. 두 꼭짓점 A, C가 각각 정비례 관계 $y=2x$와 $y=\frac{1}{2}x$의 그래프 위에 있을 때, 점 C의 좌표를 구하여라.

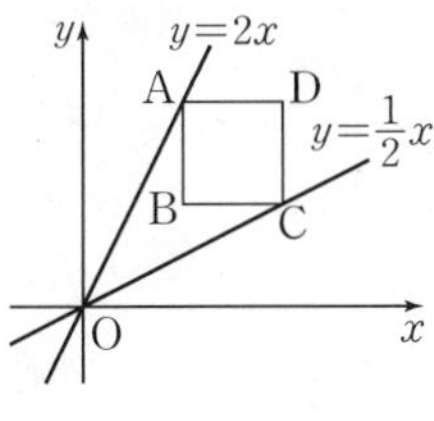

797 서술형

오른쪽 그림에서 정비례 관계 $y=ax$의 그래프가 삼각형 AOB의 넓이를 이등분할 때, 상수 a의 값을 구하여라.

(단, 점 O는 원점)

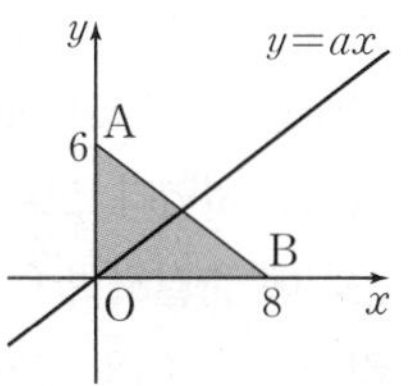

798

오른쪽 그림과 같이 좌표평면 위에 세 점 $\mathrm{A}(8, 0)$, $\mathrm{B}(8, 2)$, $\mathrm{C}(0, 2)$가 있고, 선분 CD와 선분 BD의 길이가 같다. 정비례 관계 $y=ax$의 그래프가 사다리꼴 OABD의 넓이를 이등분할 때, 상수 a의 값은? (단, 점 O는 원점)

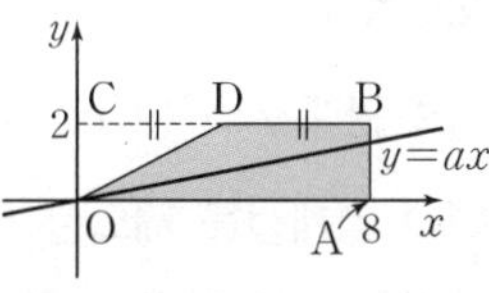

① $\frac{1}{8}$　② $\frac{3}{16}$　③ $\frac{1}{4}$
④ $\frac{5}{16}$　⑤ $\frac{3}{8}$

799

현선이와 민수가 벽면에 페인트를 칠하고 있다. 벽면을 모두 칠하는 데 현선이가 혼자 하면 3시간이 걸리고, 민수가 혼자 하면 2시간이 걸린다고 한다. 현선이와 민수가 함께 x시간 동안 칠한 부분의 전체 벽면에 대한 넓이의 비율을 y라고 할 때, x와 y 사이의 관계식을 구하여라.

800

학교에서 1.8 km 떨어진 도서관까지 광태는 걸어가고, 보라는 자전거를 타고 가기로 하였다. 오른쪽 그림은 두 사람이 동시에 출발하여 이동한 시간 x분과 거리 y m 사이의 관계를 그래프로 나타낸 것이다. 보라가 도서관에 도착하고 몇 분이 지나야 광태가 도착하는지 구하여라.

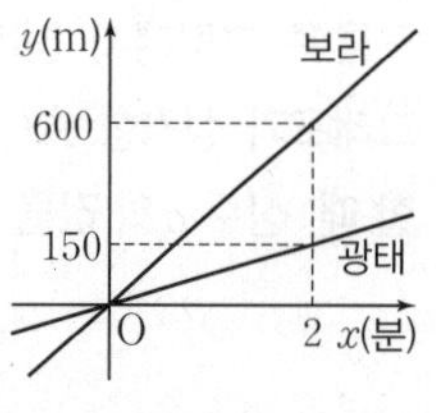

801

오른쪽 그림은 점 $\mathrm{P}(2, 4)$를 지나는 반비례 관계 $y=\frac{a}{x}(x>0)$의 그래프이다. 이때 경계선을 제외한 색칠한 부분에서 x좌표, y좌표가 모두 정수인 점의 개수를 구하여라. (단, a는 상수)

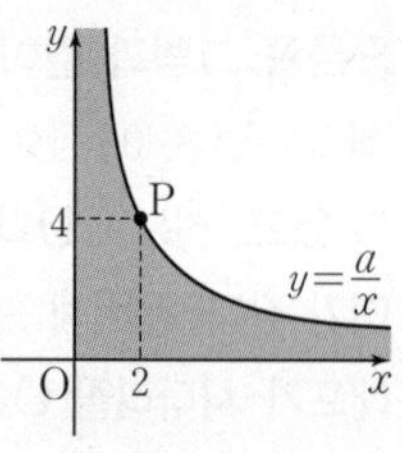

802

반비례 관계 $y=\frac{18}{x}$의 그래프 위의 점 $\mathrm{P}(c, d)$에 대하여 세 점 $\mathrm{O}(0, 0)$, $\mathrm{A}(c, 0)$, $\mathrm{P}(c, d)$를 꼭짓점으로 하는 삼각형 OAP의 넓이를 구하여라.

803

오른쪽 그림에서 곡선은 반비례 관계 $y=\frac{16}{x}(x>0)$의 그래프이다. 두 점 P, Q가 이 그래프 위의 점이고, 직사각형 ABCP의 넓이가 10일 때, 직사각형 CDEQ의 넓이를 구하여라.

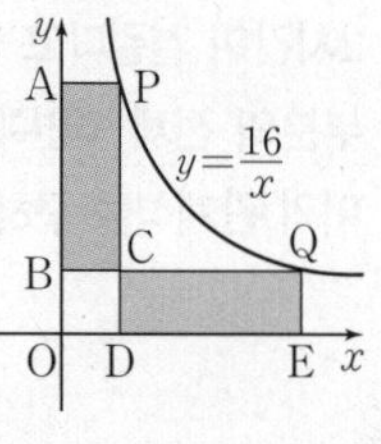

804 서술형

오른쪽 그림과 같이 정비례 관계 $y=-\frac{3}{5}x$의 그래프와 반비례 관계 $y=\frac{a}{x}$의 그래프가 점 $\mathrm{A}(2, b)$에서 만난다. 이때 $y=\frac{a}{x}$의 그래프 위의 한 점 $\mathrm{B}(4, c)$에 대하여 $a+b+c$의 값을 구하여라. (단, a는 상수)

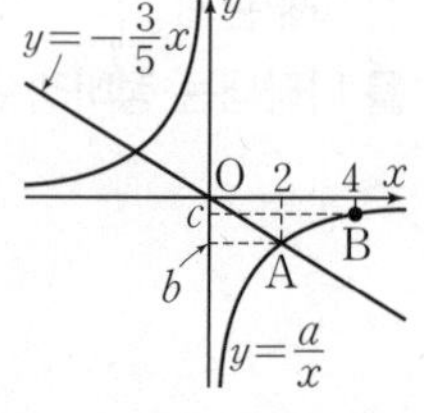

805

9명이 작업하면 1시간 20분 만에 끝나는 일이 있다고 한다. 전체 일을 x명이 작업하여 y분 만에 끝낸다고 할 때, x와 y 사이의 관계식을 구하여라. (단, 사람들의 작업 속도는 모두 같다.)

806

다음 그림과 같은 저울은 추의 위치를 조절하여 수평을 유지할 수 있다. 저울이 수평을 이루고 있을 때, 물체 A의 무게와 추의 무게는 각각 G 지점으로부터의 거리에 반비례한다. 추의 무게가 2kg일 때, 물체 A의 무게를 구하여라.

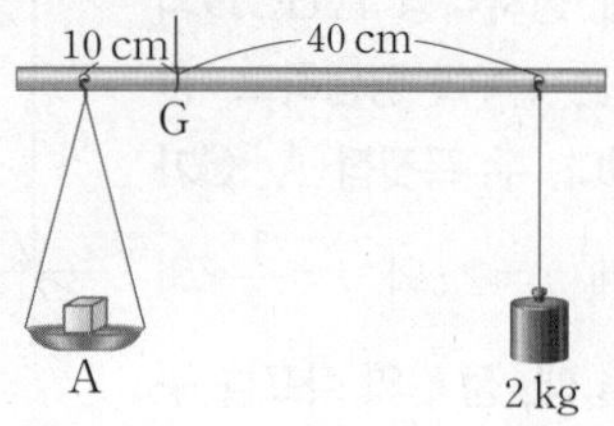

MEMO

MEMO

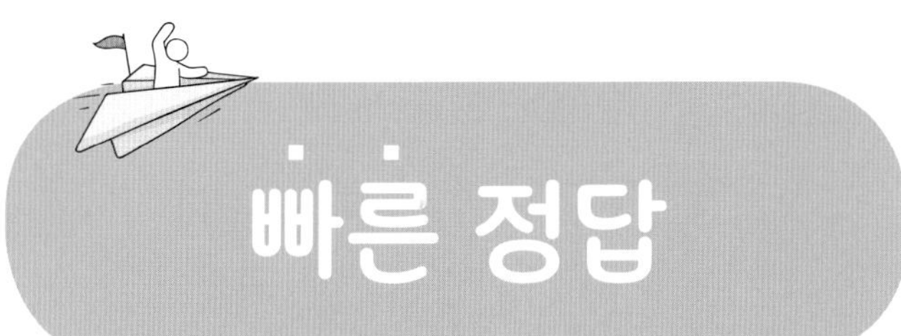

유형북

I. 수와 연산

1 소인수분해

개념 확인하기 9쪽

001 (1) 11, 37, 41, 59 (2) 9, 14, 22, 100
002 2, 3, 5, 7, 11, 13, 17, 19, 23, 29, 31, 37, 41, 43, 47
003 (1) × (2) × (3) ○
004 (1) $2^2\times7^3$ (2) $2\times3^2\times5^2$
(3) $\left(\frac{1}{3}\right)^3\times\left(\frac{1}{5}\right)^2$ (4) $\frac{1}{3^2\times5^3\times7}$
005 (1) (위에서부터) 2, 2, 2 / $2^3\times7$
(2) (위에서부터) 2, 2, 3 / $2^2\times3\times5$
006 (1) $2^3\times3$ / 2, 3 (2) 2×7^2 / 2, 7 (3) 2×5^3 / 2, 5
007 (1) (위에서부터) 1, 5, 25, 2, 10, 50, 4, 20, 100 / 1, 2, 4, 5, 10, 20, 25, 50, 100
(2) (위에서부터) 1, 5, 3, 15, 9, 45, 27, 135 / 1, 3, 5, 9, 15, 27, 45, 135
008 (1) 8 (2) 9 (3) 18 (4) 12

필수유형 다지기 10~14쪽

009 8 010 ③ 011 ③
012 2+5+13 또는 2+7+11 013 ④, ⑤ 014 ②
015 진혁, 가윤 016 ⑤ 017 ③ 018 88
019 10 020 ④ 021 ⑤ 022 ⑤
023 8 024 ② 025 10 026 ⑤
027 ④ 028 ④ 029 ⑤ 030 45
031 30 032 ④ 033 21 034 ⑤
035 50 036 1, 3, 7, 9, 21, 27, 63, 189 037 ⑤
038 ③ 039 1, 4, 9, 16, 36, 144 040 ⑤
041 ① 042 12 043 6 044 ①
045 ② 046 3 047 3

만점에 도전하기 15쪽

048 ③ 049 72 050 ④ 051 4
052 25 053 12 054 33, 99 055 9

2 최대공약수와 최소공배수

개념 확인하기 17, 19쪽

056 (1) 1, 2, 4, 8 (2) 1, 2, 3, 4, 6, 12 (3) 1, 2, 4 (4) 4
057 (1) × (2) ○ (3) ○ (4) ×
058 (1) 1, 3, 5, 15 (2) 6
059 (1) 12 / 1, 2, 3, 4, 6, 12 (2) 14 / 1, 2, 7, 14
(3) 15 / 1, 3, 5, 15
060 (1) 18 (2) 8
061 (1) 28 (2) 150 (3) 6 (4) 36 (5) 9
062 (1) 18 (2) 약수 (3) 공약수 (4) 최대공약수, 6
063 (1) 6, 12, 18, 24, 30, 36, 42, 48, 54, …
(2) 8, 16, 24, 32, 40, 48, 56, …
(3) 24, 48, 72, … (4) 24
064 (1) 6, 12, 18, 24, 6 (2) 서로소, 곱, 30
065 (1) 42 / 42, 84, 126, … (2) 90 / 90, 180, 270, …
(3) 210 / 210, 420, 630, …
066 (1) 180 (2) 72
067 (1) $2^2\times3^2\times7$ (2) $2^2\times3^2\times5\times7$ (3) $2^2\times3^3\times5^2$
(4) $2^3\times5^2\times7$ (5) $2^3\times3^3\times7$
068 (1) 6 (2) 10 (3) 6, 10 (4) 6, 10, 최소공배수, 30
069 60

필수유형 다지기 20~31쪽

070 ① 071 16 072 ② 073 ④
074 ③ 075 ④ 076 ③ 077 6
078 ④ 079 ③ 080 11 081 3
082 ④ 083 3 084 ③ 085 18, 54, 90
086 4명 087 ⑤ 088 ④ 089 18팀
090 ④ 091 여학생 : 3모둠, 남학생 : 4모둠
092 ③ 093 ④ 094 16 cm 095 ②
096 20장 097 ④ 098 (1) 12 m (2) 32
099 ④ 100 12 m 101 36 102 ③
103 8, 16 104 ③ 105 ④ 106 6
107 14 108 ③ 109 13 110 ④
111 ④ 112 ② 113 ③ 114 96
115 6 116 ① 117 ② 118 6
119 24 120 180 121 ③ 122 4
123 9 124 10 125 10 126 28
127 ②, ③ 128 ③ 129 오전 8시 24분
130 금요일 131 2회 132 ②

133 오후 1시 20분　134 72초　135 ④
136 180개　137 3바퀴　138 105 cm　139 60 cm
140 400개　141 6상자　142 43　143 121
144 166　145 ②　146 70　147 210
148 ②, ④　149 6, 27　150 $\frac{240}{7}$　151 6
152 6　153 91

만점에 도전하기 32~33쪽

154 6　155 6　156 29　157 19
158 24명　159 4 cm　160 ④　161 84
162 15와 21, 15와 35, 21과 35　163 22　164 144초
165 9, 18, 45, 90　166 1049　167 66
168 20

3 정수와 유리수

개념 확인하기 35, 37쪽

169 (1) $+3000$, -1000　(2) $+10$, -5
(3) -2, $+8$　(4) -5, $+10$
170 (1) -3℃　(2) $+20$분　(3) -1점
(4) $+12$ %　(5) $+1352$ m　(6) -5 kg
171 (1) -5　(2) $+8$　(3) $+3.5$　(4) -2.7　(5) $+\frac{1}{5}$　(6) $-\frac{3}{4}$
172 (1) $+2$, $\frac{9}{3}$　(2) -4　(3) $+2$, 0, -4, $\frac{9}{3}$
173 양의 정수: 3개, 음의 정수: 3개
174 (1) $+2$, 10, $+\frac{8}{3}$　(2) $+2$, $-\frac{1}{5}$, 0, 10, -2.2, $+\frac{8}{3}$
175 (1) -5.3, $-\frac{5}{3}$, 3.4, $\frac{3}{4}$
(2) 양의 유리수: $+7$, 3.4, $\frac{3}{4}$ / 음의 유리수: -5.3, $-\frac{5}{3}$, -2
176 A: -4, B: $-\frac{4}{3}$, C: 0, D: $+\frac{3}{2}$, E: $+3$
177 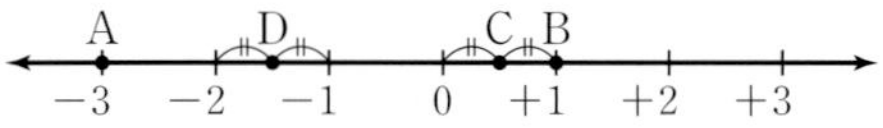

178 (1) 9　(2) 3.2　(3) $\frac{3}{4}$　(4) 25
179 (1) $+2$, -2　(2) $+\frac{1}{6}$, $-\frac{1}{6}$　(3) $+1.3$　(4) $-\frac{3}{5}$
(5) -2, -1, 0, 1, 2
180 (1) $>$　(2) $<$　(3) $>$　(4) $>$　(5) $<$　(6) $>$　(7) $>$　(8) $>$
181 (1) -1, -0.5, $\frac{1}{4}$, 1.3, 2　(2) -5, -2, $-\frac{3}{2}$, $\frac{6}{5}$, 1.4
182 (1) $a\geq\frac{2}{3}$　(2) $a\leq-5$　(3) $a\geq-\frac{1}{4}$
(4) $-2<a\leq6$　(5) $-1<a<5.3$

필수유형 다지기 38~46쪽

183 ⑤　184 ②　185 ⑤
186 (1) -3, 0, $-\frac{10}{5}$, 7　(2) 7　(3) -3, $-\frac{10}{5}$
187 4　188 ②　189 ③　190 3
191 3　192 ⑤　193 ④　194 ㄱ, ㄷ, ㅁ
195 ③　196 -3, -1, $+2$　197 ②
198 ④　199 ㄷ, ㄹ
200 $-\frac{7}{4}$, $-\frac{5}{4}$, $-\frac{3}{4}$, $-\frac{1}{4}$, $\frac{1}{4}$, $\frac{3}{4}$　201 ③
202 $+3$, -9　203 5　204 9　205 $+5$, -5
206 $\frac{3}{2}$, $-\frac{3}{2}$, 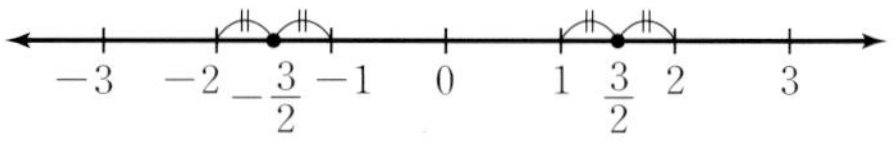

207 $\frac{35}{6}$　208 ②　209 ⑤　210 -1
211 ㄴ, ㄹ　212 $+6$, -6　213 ②　214 $+7$, -7
215 $A=\frac{2}{3}$, $B=-\frac{2}{3}$　216 $A=-3$, $B=+3$
217 ②　218 $a=\frac{4}{5}$, $b=-\frac{4}{5}$　219 ③
220 ③　221 -3, -2, -1　222 9
223 2　224 ⑤　225 3　226 ⑤
227 ②　228 ⑤　229 ④　230 ④
231 ⑤　232 -2.7, $-\frac{3}{2}$, $-\frac{4}{3}$, 0, 0.3, $\frac{6}{5}$, $\frac{5}{3}$
233 ⑤　234 ③　235 ④　236 ③
237 3　238 ④　239 ①　240 4

만점에 도전하기 47쪽

241 -3, 3　242 -5
243 $a=3$, $b=0$ 또는 $a=2$, $b=1$ 또는 $a=2$, $b=-1$ 또는
$a=1$, $b=-2$ 또는 $a=-1$, $b=-2$ 또는 $a=0$, $b=-3$
244 ③　245 $a<c<b$　246 ③　247 12

4 정수와 유리수의 계산

개념 확인하기 49, 51쪽

248 (1) (위에서부터) -1 / -6, $+5$
(2) (위에서부터) $+4$ / $+7$, -3
249 (1) $+12$　(2) -13　(3) $+4$　(4) -4
(5) $-\frac{7}{5}$　(6) $-\frac{7}{12}$　(7) -6.1　(8) $+1.7$
250 (1) 0　(2) -13　(3) $-\frac{5}{12}$　(4) $-\frac{2}{5}$　(5) $+0.6$
251 (1) -5　(2) -14　(3) $+3$　(4) $+14$

(5) $-\frac{6}{5}$ (6) $-\frac{7}{6}$ (7) $+2.4$ (8) $+8.9$

252 (1) -7 (2) -4 (3) $+2$ (4) $-\frac{11}{12}$ (5) $+\frac{3}{2}$ (6) -10.8

253 (1) -11 (2) 1 (3) $\frac{5}{12}$ (4) $-\frac{43}{30}$ (5) 0.3

254 (1) $+24$ (2) $+40$ (3) -30 (4) 0
(5) $+\frac{2}{5}$ (6) $+24$ (7) $-\frac{1}{10}$ (8) $-\frac{1}{6}$

255 (1) -80 (2) $+48$ (3) $+\frac{10}{3}$ (4) -120

256 (1) $+16$ (2) -27 (3) -32 (4) -25
(5) $+\frac{4}{9}$ (6) $-\frac{27}{64}$ (7) $-\frac{1}{8}$ (8) $+\frac{1}{27}$

257 (1) $-\frac{1}{5}$ (2) $\frac{2}{5}$ (3) $\frac{1}{4}$ (4) $-\frac{3}{4}$

258 (1) $+5$ (2) -3 (3) -4 (4) 0
(5) $+\frac{1}{6}$ (6) $-\frac{2}{11}$ (7) $-\frac{4}{3}$ (8) $-\frac{1}{2}$

259 (1) $+\frac{40}{9}$ (2) -10 (3) -3

260 (1) -2 (2) -10 (3) 29 (4) $\frac{35}{4}$ (5) $\frac{1}{12}$

필수유형 다지기 52~66쪽

261 ② **262** ⑤ **263** $(-1)+(-3)=-4$
264 ② **265** ③ **266** ④ **267** ①
268 $-\frac{14}{15}$ **269** ①
270 (가) 덧셈의 교환법칙, (나) 덧셈의 결합법칙
271 ② **272** ④ **273** ④ **274** $\frac{7}{2}$
275 ⑤ **276** 8.2℃ **277** $-\frac{47}{20}$ **278** ④
279 17 **280** ⑤ **281** ② **282** -30
283 $-\frac{43}{12}$ **284** ③ **285** ⑤ **286** ②
287 (가), $\frac{1}{3}$ **288** ② **289** -50
290 ㄷ, ㄱ, ㄹ, ㄴ **291** ④
292 $-\frac{1}{6}$, $-\frac{7}{6}$ **293** ⑤ **294** ②
295 $\frac{7}{12}$ **296** $\frac{8}{3}$ **297** 5
298 (1) $+9$ (2) -8 **299** $-\frac{7}{6}$ **300** ⑤
301 3 **302** 11 **303**

-2	-3	2
3	-1	-5
-4	1	0

304 ③ **305** (1) $-\frac{11}{3}$ (2) $-\frac{43}{6}$ **306** $-\frac{4}{3}$
307 ④ **308** ① **309** $-\frac{10}{3}$ **310** ⑤

311 ④ **312** 91
313 (가) 곱셈의 교환법칙, (나) 곱셈의 결합법칙 **314** 교환, 결합
315 $-\frac{94}{9}$ **316** ⑤ **317** ㄴ, ㄷ
318 -1000000 **319** $\frac{20}{3}$ **320** ③
321 ⑤ **322** ④ **323** 100 **324** -275
325 -17 **326** -30 **327** ⑤ **328** 3
329 -6 **330** $-\frac{4}{7}$ **331** ② **332** $-\frac{9}{2}$
333 $-\frac{5}{3}$ **334** $-\frac{3}{8}$ **335** 3 **336** 9
337 ㉣, ㉤, ㉢, ㉡, ㉠ **338** $>$ **339** ④
340 $-\frac{29}{55}$ **341** $b<a<c$ **342** 17 **343** ①
344 1 **345** $-\frac{1}{10}$ **346** ⑤ **347** ②
348 ④ **349** ④ **350** ③ **351** ②
352 $\frac{1}{6}$ **353** ① **354** $\frac{3}{8}$

만점에 도전하기 67~68쪽

355 -7 **356** -11 **357** -8 **358** 12점
359 $\frac{1}{20}$ **360** -60 **361** $\frac{35}{2}$ **362** $\frac{5}{2}$
363 $\frac{72}{25}$ **364** 65 **365** $\frac{11}{2}$ **366** ㄴ, ㄹ
367 ③ **368** $-\frac{125}{24}$ **369** A: -6, B: 2

Ⅱ. 문자와 식

1 문자의 사용과 식의 계산

개념 확인하기 71, 73쪽

370 (1) $\frac{a+b+c}{3}$ (2) $(4\times a)$ cm (3) $(60\times x)$ km
(4) $(b\div 3)$ cm (5) $(3000-a\times 10)$원
(6) $(700\times a+1500\times b)$원

371 (1) $0.1a$ (2) $-7b$ (3) a^3b^2 (4) $5(a+b)$

372 (1) $\frac{x}{5}$ (2) $-\frac{y}{6}$ (3) $\frac{8}{x+y}$ (4) $\frac{x}{4y}$

373 (1) $3a-b$ (2) $-\frac{3x}{y}$ (3) $\frac{a}{5}+\frac{b}{c}$ (4) $\frac{x^2y}{z^2}$

374 (1) $5\times a\times b\times b$ (2) $9\times(a+b)$ (3) $-3\times a\times a\times b\times c$
(4) $2\times(a-b)\times(a-b)$ (5) $7\div x$ (6) $(x+y)\div 3$
(7) $5+y\div x$ (8) $4\div(x-y)$

375 (1) 6 (2) -14 (3) -11 (4) -9 (5) 14 (6) 3

376 (1) -3 (2) 22 (3) 12 (4) 64

377 (1) -2 (2) $\frac{1}{8}$ (3) 2 (4) $\frac{3}{4}$

378

다항식	$2x+6y-4$	$5x^2-\frac{x}{3}+1$
항	$2x$, $6y$, -4	$5x^2$, $-\frac{x}{3}$, 1
상수항	-4	1
계수	x의 계수: (2) y의 계수: (6)	x^2의 계수: (5) x의 계수: ($-\frac{1}{3}$)
차수	1	2

379 (1) 1 (2) 1 (3) 2 (4) 1 / 일차식: (1), (2), (4)

380 (1) $-12x$ (2) $-9x$ (3) $-21x$ (4) $\frac{1}{2}x$

381 (1) $21x-9$ (2) $-5+3x$ (3) $-3x-5$ (4) $20x+15$

382 (1) $2a$와 $3a$, -7과 5 (2) $\frac{1}{3}a$와 $-a$, $5b$와 b, -2와 3

383 (1) $-4a$ (2) $6a$ (3) $\frac{7}{4}b$ (4) $\frac{3}{4}b$
(5) $2x-\frac{3}{2}$ (6) $-5x+5$

384 (1) $5x-8$ (2) $-5a-1$ (3) $7x-5$
(4) $5a-6$ (5) $3x+17$ (6) $10x-17$

385 (1) $4x-\frac{25}{6}$ (2) $\frac{x-7}{6}$

필수유형 다지기 ---------- 74~83쪽

386 ③ **387** $-5x^2y^3$ **388** ④ **389** ④
390 ⑤ **391** ② **392** ① **393** ④
394 $\frac{ac}{5+b}$ **395** $\frac{(a+b)h}{2}$
396 $(4a+3b)\text{ cm}^2$ **397** $(3a+3b-9)\text{ m}^2$
398 ⑤ **399** $100x+y+70$ **400** ⑤
401 $\frac{4}{5}a$원 **402** $\left(\frac{3}{2}a+\frac{4}{3}b\right)$원 **403** ④
404 $\left(10000-\frac{9}{2}x\right)$원 **405** ② **406** ③
407 ② **408** $\left(\frac{1}{20}a+\frac{7}{100}b\right)$ g **409** ②
410 $\frac{x+2y}{3}$ % **411** 37 **412** -4 **413** ④
414 -11 **415** 86 °F **416** $\frac{ab}{2}\text{ cm}^2$, 12 cm^2
417 비만 **418** 1700 m **419** 6 **420** ⑤
421 ③ **422** ④ **423** 3개 **424** ④
425 ⑤ **426** -1 **427** -2 **428** ④
429 ② **430** ④ **431** ⑤ **432** $-5x^2$, $\frac{x^2}{3}$
433 ③ **434** ③ **435** ③ **436** -6
437 -5 **438** ④ **439** $(2x+1)$점
440 $4x+24$ **441** -3 **442** ⑤ **443** ②
444 2 **445** ③ **446** $-2x+10y$
447 3 **448** 11 **449** ③ **450** $8x-10$
451 ③ **452** -2 **453** $-11x+12$
454 $8x+7$ **455** $5x+3$ **456** $11x-4$

만점에 도전하기 ---------- 84~85쪽

457 $5n+1$ **458** ② **459** $1.08a$원 **460** $m+n+1$
461 $\frac{10}{11}$ **462** $\frac{2}{3}$ **463** 4 **464** 15
465 16 **466** $(3x+36)$ cm
467 $\left(m+\frac{30}{17}\right)$점 **468** -61 **469** $-8x+4$
470 $(1.6a+6)$명 **471** a **472** -1

2 일차방정식

개념 확인하기 ---------- 87, 89쪽

473 (1) × (2) ○ (3) ○ (4) × (5) ○ (6) ×

474 (1) $10-15=-5$ (2) $3x+5=11$
(3) $4a=20$ (4) $x+24=3x$

475 ㄱ, ㄷ, ㄹ, ㅂ **476** (2), (3)

477 (1) × (2) ○ (3) ○ (4) × (5) ○

478 (1) $6x+4=40$ (2) $2(3x+6)=6(x+2)$ / 항등식: (2)

479 (1) $2b+5$ (2) $-3b$ (3) $2b$ (4) b

480 (1) $x=3$ (2) $x=-16$ (3) $x=-4$
(4) $x=-20$ (5) $x=5$ (6) $x=2$

481 (1) $2x=5+3$ (2) $3x=2-5$
(3) $-5x+x=10$ (4) $5x-2x=6-3$

482 (1) ○ (2) ○ (3) × (4) × (5) × (6) ○

483 (1) 14, 7 (2) -2, 7

484 (1) $x=6$ (2) $x=\frac{1}{3}$ (3) $x=-2$ (4) $x=7$

485 (1) $x=10$ (2) $x=-5$ (3) $x=-1$ (4) $x=-\frac{1}{2}$

486 (1) $x=\frac{9}{2}$ (2) $x=-2$ (3) $x=-2$ (4) $x=-3$

487 (1) $x=-\frac{8}{3}$ (2) $x=1$ (3) $x=-\frac{1}{2}$ (4) $x=-\frac{6}{5}$

488 (1) 9 (2) 20

필수유형 다지기 ---------- 90~99쪽

489 ② **490** ② **491** ③ **492** ③
493 ④ **494** (1) $7x+2=3x$ (2) $4x+3=6x-1$

495 ④ 496 ⑤ 497 ③ 498 ②
499 ① 500 ② 501 ⑤ 502 $x=-2$
503 ③ 504 ② 505 ② 506 ④
507 ⑤ 508 ② 509 9 510 ③
511 ⑤ 512 3 513 ② 514 ④
515 ㄷ, ㄱ, ㄹ 516 $x=-\frac{14}{3}$, ㄴ, ㄷ, ㄹ 517 ③
518 ④ 519 ①, ⑤ 520 9 521 ①
522 ④ 523 ②, ③ 524 ② 525 ②
526 4 527 ① 528 ① 529 ⑤
530 ② 531 ② 532 ⑤ 533 $x=-5$
534 ④ 535 ④ 536 15, $\frac{3}{2}$ 537 -3
538 $x=\frac{7}{6}$ 539 ④ 540 449 541 ⑤
542 ④ 543 ⑤ 544 ⑤ 545 -4
546 ③ 547 3 548 -1 549 $-\frac{1}{2}$
550 ④ 551 -7 552 ④
553 $a=2$, $x=1$ 554 15 555 45

만점에 도전하기 100~101쪽

556 ④ 557 13 558 2126 559 ②
560 -40 561 4 562 5 563 $\frac{8}{3}$
564 $\frac{3}{5}$ 565 ③ 566 ④ 567 ②
568 ⑤ 569 ③ 570 $x=-5$ 또는 $x=1$

3 일차방정식의 활용

개념 확인하기 103쪽

571 (1) $(x+10)$ cm (2) $(x+10)+x=100$ (3) $x=45$
(4) A의 길이: 55 cm, B의 길이: 45 cm
572 (1) $x+1$ (2) $x+(x+1)=31$ (3) $x=15$ (4) 15, 16
573 (1) $10x+7$ (2) $10x+7=3(x+7)$ (3) $x=2$ (4) 27
574 (1) x km, $\frac{x}{60}$시간 (2) $\frac{x}{40}+\frac{x}{60}=1$
(3) $x=24$ (4) 24 km
575 (1) $300+x$, $(300+x)\times\frac{5}{100}$
(2) $300\times\frac{7}{100}=(300+x)\times\frac{5}{100}$
(3) $x=120$ (4) 120 g

필수유형 다지기 104~113쪽

576 ④ 577 11 578 ③ 579 13
580 8, 9 581 37 582 22, 24, 26 583 63
584 75 585 38 586 36 587 ②
588 17세 589 38세 590 15세 591 7장
592 ④ 593 ① 594 3000원 595 1400원
596 사과: 10개, 배: 6개 597 200원 598 ③
599 16개월 후 600 1500 601 ④ 602 2000원
603 45000원 604 14000원 605 320 606 940
607 840 608 176 609 ④ 610 39800원
611 57 612 텐트의 개수: 15, 학생 수: 102
613 8 m 614 6 cm 615 24 cm 616 4
617 12 km 618 ③ 619 ④ 620 15 km
621 100 km 622 40분 후 623 ② 624 12분 후
625 20분 후 626 ③ 627 ⑤ 628 120 m
629 80 m 630 200 g
631 (1) $54+x=(900+x)\times\frac{10}{100}$ (2) 40 632 ③
633 450 g 634 18 635 ① 636 200 g
637 ② 638 ② 639 1시간 30분
640 98마리 641 28명 642 72 m^2 643 ⑤
644 ⑤ 645 ④

만점에 도전하기 114쪽

646 12 647 3 648 일곱 번째 649 200
650 2 km 651 75 m 652 54 g 653 990개

Ⅲ. 좌표평면과 그래프

1 좌표평면과 그래프

개념 확인하기 117쪽

654 A(-3), B(1), C(5)
655 (수직선: A는 -4, B는 2, C는 $\frac{7}{2}$ 위치; 눈금 -4 -3 -2 -1 0 1 2 3 4)
656 (1) (1, 3), (1, 4), (1, 5), (2, 3), (2, 4), (2, 5)
(2) (3, 1), (3, 2), (4, 1), (4, 2), (5, 1), (5, 2)
657 P(2, 1), Q$(-3, 2)$, R$(-2, 0)$, S$(3, -1)$, T$(-1, -3)$

658

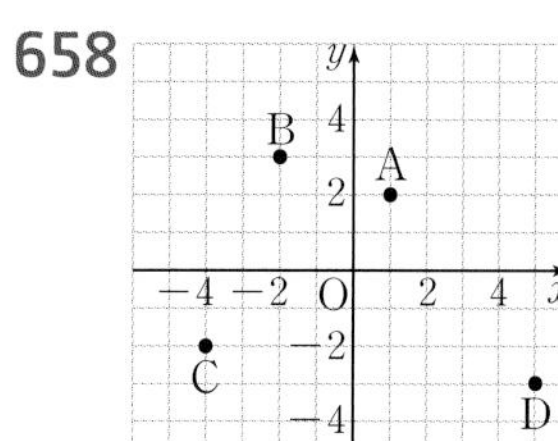

659 (1) P(5, 3) (2) Q(−8, 0) (3) R(0, 4)

660 (1) 제2사분면 (2) 제1사분면 (3) 제3사분면 (4) 제4사분면

661 (1) 제3사분면 (2) 제4사분면

필수유형 다지기

118~124쪽

662 ③ 663 $A(-1.5)$, $B(-1)$, $C\left(\frac{4}{3}\right)$, $D(4)$

664

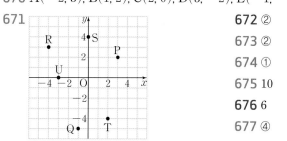

665 ④ 666 7

667 (2, 6), (3, 4), (4, 3), (6, 2) 668 1

669 ②

670 $A(-2, 3)$, $B(1, 2)$, $C(2, 0)$, $D(3, -2)$, $E(-1, -3)$

671

672 ②

673 ②

674 ①

675 10

676 6

677 ④

678 15 679 $\frac{31}{2}$ 680 ③ 681 2

682 ⑤ 683 ④ 684 ① 685 ②, ④

686 ③ 687 ① 688 ④ 689 ③

690 ② 691 ⑤ 692 ④ 693 제3사분면

694 ② 695 ④ 696 ④ 697 4

698 $C(-2, -4)$ 699 12 700 16

701 5 702 (1) 2 km (2) 20분 후 703 4분

704 시속 14 km 705 (1) ㄷ (2) ㄱ (3) ㄹ

706 ④ 707 ④

만점에 도전하기

125쪽

708 8 709 ④ 710 제3사분면 711 제2사분면

712 2 713 ④ 714 (가) ㄷ (나) ㄴ (다) ㄱ

2 정비례와 반비례

개념 확인하기

127, 129쪽

715 (1)

x	−2	−1	0	1	2
y	−4	−2	0	2	4

(2)

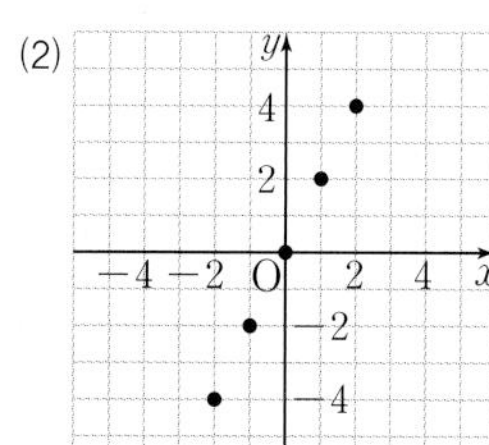

716 (1) (2)

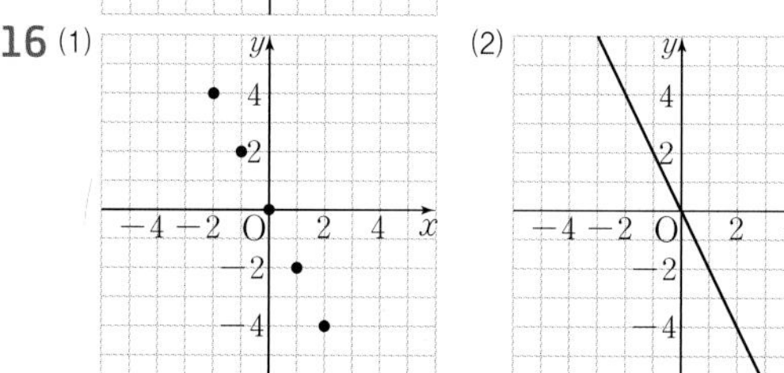

717 (1) (2)

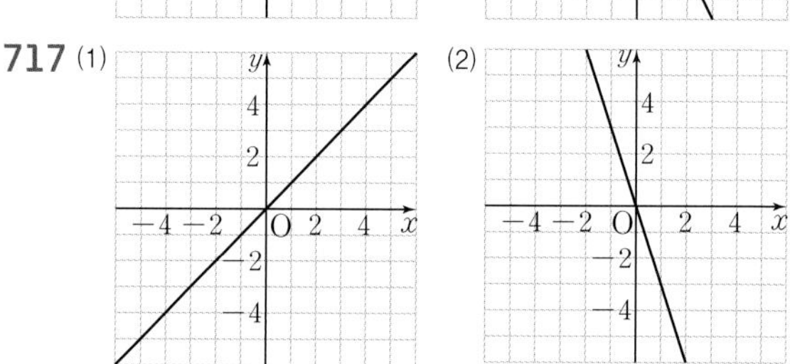

718 (1) (2)

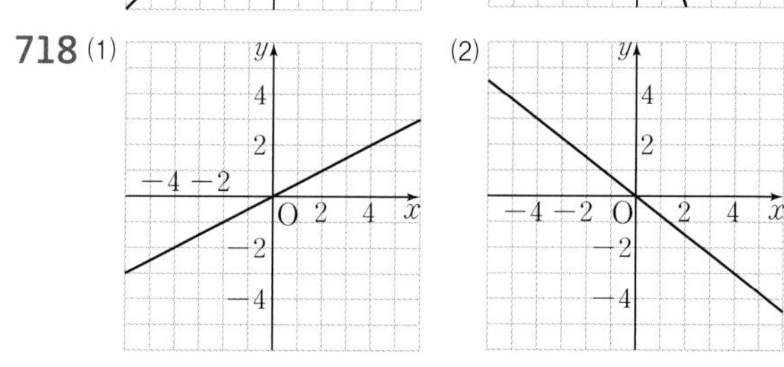

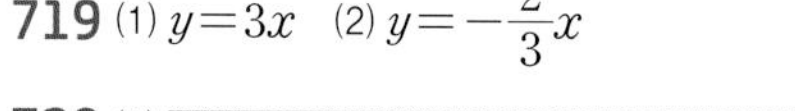

719 (1) $y=3x$ (2) $y=-\frac{2}{3}x$

720 (1)

x	1	2	3	4	⋯
y	60	120	180	240	⋯

(2) $y=60x$ (3) 480 km

721 (1)

x	−4	−2	−1	1	2	4
y	−1	−2	−4	4	2	1

(2)

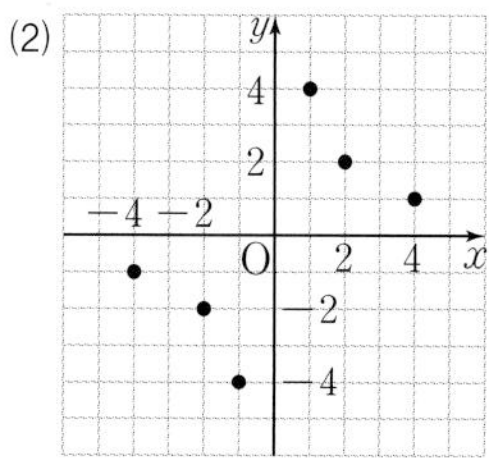

722 (1)
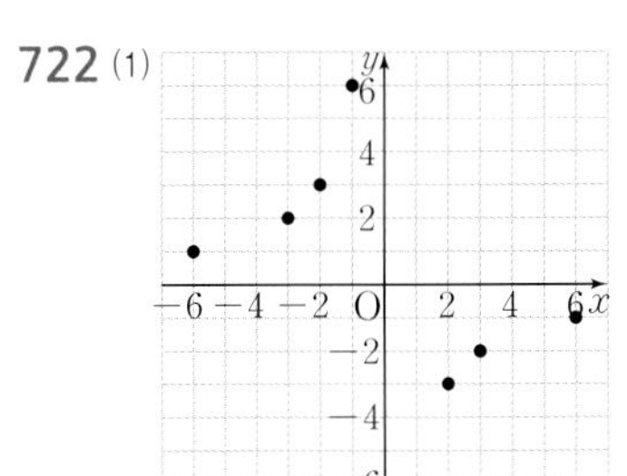
(2)
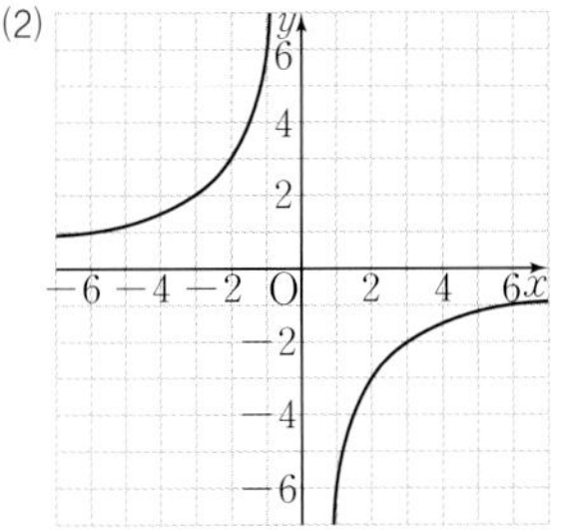

723 (1)
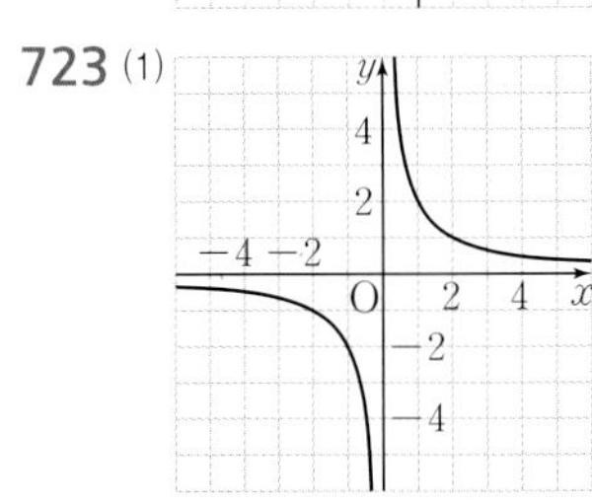
(2)
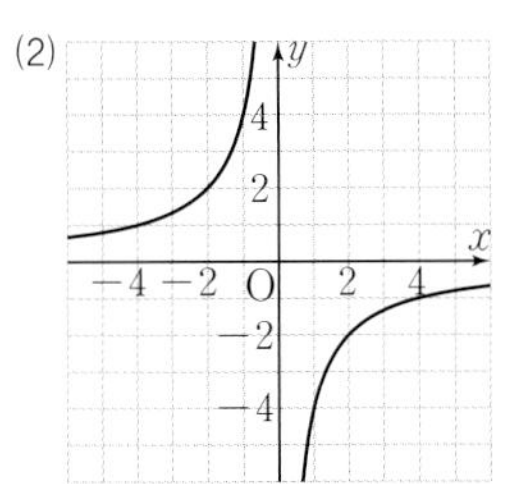

724 (1) $y=\frac{6}{x}$ (2) $y=-\frac{4}{x}$

725 (1) $y=\frac{300}{x}$ (2) 6분

필수유형 다지기 130~140쪽

726 ⑤ 727 ④ 728 $y=-4x$ 729 ①

730 ④ 731
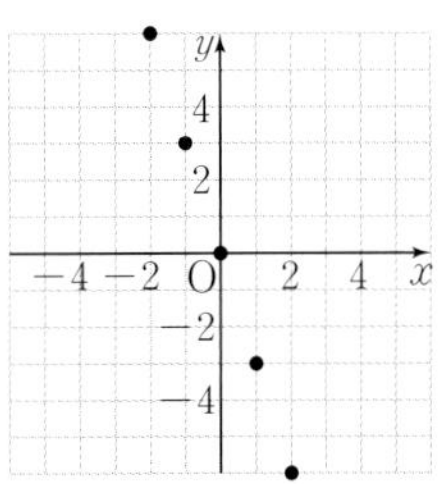

732 ③ 733 ② 734 ㄷ, ㄹ, ㄴ, ㅁ, ㄱ, ㅂ

735 ⑤ 736 ⑤ 737 ① 738 ④

739 -3 740 -1 741 9 742 ①

743 ②, ④ 744 ① 745 24 746 10

747 7 748 (1) $y=\frac{2}{5}x$ (2) 12 cm 749 $y=12x$

750 ③ 751 725점 752 (1) $y=4x$ (2) 6 cm

753 (1) $y=80x$ (2) 560원

754 (1) $y=4x$ (2) $y=3x$ (3) 27상자 755 ④

756 ⑤ 757 ①, ⑤ 758 $y=\frac{36}{x}$ 759 ④

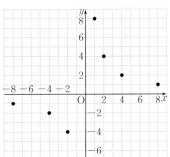

760

761 ②

762 ②, ④

763 ⑤

764 ④

765 ②, ③

766 ⑤

767 ①

768 ⑤

769 ③ 770 10 771 ② 772 $-\frac{15}{2}$

773 ③ 774 ⑤ 775 $y=-\frac{12}{x}$ 776 30

777 ④ 778 ⑤ 779 9 780 12

781 12 782 -15 783 6 784 20

785 12 786 $\frac{4}{9}$ 787 (1) $y=\frac{240}{x}$ (2) 4시간

788 $y=\frac{20}{x}$ 789 $y=\frac{2500}{x}$ 790 ③ 791 $\frac{5}{4}$ cm^3

792 ⑤

만점에 도전하기 141~142쪽

793 $y=3x$ 794 $b<a<d<c$

795 $\frac{2}{5}\le a\le\frac{7}{2}$ 796 $(6, 3)$ 797 $\frac{3}{4}$

798 ② 799 $y=\frac{5}{6}x$ 800 18분 801 16

802 9 803 10 804 $-\frac{21}{5}$ 805 $y=\frac{720}{x}$

806 8 kg

실전북

• 서술형 집중 연습 •

서술형 문제는 정답을 확인하는 것보다 바른 풀이 과정을 확인하는 것이 더 중요합니다.
정답과 해설 84~98쪽에서 확인해 보세요.

•최종 점검 테스트•

실전 TEST 1회 40~43쪽

01 ②	02 ④	03 ⑤	04 ⑤
05 ②	06 ①	07 ⑤	08 ③
09 ②	10 ③	11 ②	12 ⑤
13 ②	14 ②	15 ③	16 ③
17 ②	18 ③	19 ②	20 ④
21 12	22 $\frac{27}{35}$	23 $-\frac{19}{24}$	24 -20

25 (1) $-x+2$ (2) $2x+3$ (3) $x+5$

실전 TEST 2회 44~47쪽

01 ③	02 ④	03 ②	04 ③
05 ④	06 ②	07 ④	08 ⑤
09 ⑤	10 ②	11 ⑤	12 ④
13 ②	14 ⑤	15 ③	16 ④
17 ①	18 ⑤	19 ②	20 ④

21 (1) 140 (2) 5바퀴　22 $\frac{1}{3}$　23 9

24 10　25 $2x-3$

실전 TEST 3회 48~51쪽

01 ⑤	02 ④	03 ②, ③	04 ③
05 ④	06 ③	07 ④	08 ③
09 ⑤	10 ②	11 ①	12 ④
13 ②	14 ⑤	15 ③	16 ①
17 ①	18 ②	19 ③	20 ③
21 3	22 8 km	23 -10	

24 (1) $y=\frac{72}{x}$ (2) 9일

25

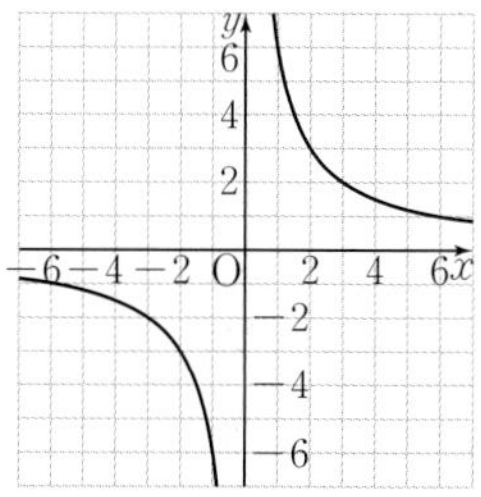

실전 TEST 4회 52~55쪽

01 ⑤	02 ②	03 ③	04 ⑤
05 ④	06 ④	07 ④	08 ⑤
09 ④	10 ②	11 ⑤	12 ②
13 ⑤	14 ④	15 ①	16 ⑤
17 ②	18 ④	19 ③	20 ③
21 1	22 제3사분면	23 20	24 $\frac{5}{7}$

25 $y=\frac{4}{3}x$

필수 유형 문제와
학교 시험 예상 문제로
내신을 완벽하게 대비하는
문제기본서!

풍산자수학연구소 지음

풍산자
필수유형

중학수학
1-1

지학사

실전북

실전북

풍산자 필수유형

서술형 집중연습

중학수학 1-1

정답과 해설 84쪽

1 제곱수 만들기

▶ 유형 006

예제 180에 가장 작은 자연수 a를 곱하여 어떤 자연수 b의 제곱이 되도록 하려고 한다. 이때 $a+b$의 값을 구하여라. [6점]

풀이

step❶ 180을 소인수분해하기 [1점]

180을 소인수분해하면

$180=$ ______

step❷ 제곱수가 될 조건을 이해하여 a의 값 구하기 [2점]

$180\times a=$ ______ $\times a$가 어떤 자연수의 제곱이 되려면 각 소인수의 지수가 모두 ____가 되어야 하므로 가장 작은 자연수 a는

$a=$ ___

step❸ b의 값 구하기 [2점]

$180\times$ ___ $=$ ______ $\times$ ___

$=$ ______

$=($ ______ $)^2=$ ___ ^{2}

이므로 $b=$ ___

step❹ $a+b$의 값 구하기 [1점]

$\therefore a+b=$ ______

유제 1-1

▶ 유형 006

72에 자연수 x를 곱하여 어떤 자연수의 제곱이 되도록 할 때, x의 값이 될 수 있는 수 중에서 세 번째로 작은 수를 구하여라. [6점]

풀이

step❶ 72를 소인수분해하기 [1점]

72를 소인수분해하면

$72=$ ______

step❷ x의 값이 될 수 있는 수 나타내기 [4점]

$72\times x=$ ______ $\times x$가 어떤 자연수의 제곱이 되려면

______

즉, $x=$ ______의 꼴이므로 x의 값이 될 수 있는 수는 ______

step❸ 세 번째로 작은 수 구하기 [1점]

따라서 x의 값이 될 수 있는 수 중에서 세 번째로 작은 수는

______

유제 1-2

▶ 유형 006

135를 자연수로 나누어 어떤 자연수의 제곱이 되도록 할 때, 나눌 수 있는 가장 작은 자연수를 구하여라. [4점]

풀이

step❶ 135를 소인수분해하기 [1점]

135를 소인수분해하면

$135=$ ______

step❷ 나눌 수 있는 가장 작은 자연수 구하기 [3점]

$135=$ ______를 자연수로 나누어 어떤 자연수의 제곱이 되도록 하려면 ______

______

따라서 나눌 수 있는 가장 작은 자연수는

______

2 약수의 개수가 주어질 때 미지수 구하기

▶ 유형 009

예제 자연수 a의 약수의 개수를 $f(a)$로 나타낼 때, $f(120)\times f(x)=48$을 만족하는 가장 작은 자연수 x의 값을 구하여라. [7점]

풀이

step❶ $f(a)$의 의미를 이해하여 $f(120)$의 값 구하기 [2점]

➋ $f(120)$은 120의 ______를 나타내고,
120을 소인수분해하면 $120=$______이므로
$f(120)=$____________$=$___

step❷ $f(120)$의 값을 이용하여 $f(x)$의 값 구하기 [2점]

➋ $f(120)\times f(x)=48$에서 ___$\times f(x)=48$이므로
$f(x)=$___

step❸ $f(x)$의 값을 만족하는 가장 작은 자연수 x의 값 구하기 [3점]

➋ $f(x)=$___이므로 x의 약수의 개수는 ___이다.
이때 약수의 개수가 ___인 수는 ______과 같이 ____의 꼴이다.
따라서 가장 작은 자연수 x의 값은
$x=$____

유제 2-1 ▶ 유형 009

자연수 a의 약수의 개수를 $n(a)$라고 할 때, $n(360)\div n(56)\times n(x)=18$을 만족하는 가장 작은 자연수 x의 값을 구하여라. [8점]

풀이

step❶ $n(360)$, $n(56)$의 값 구하기 [3점]

$n(360)$과 $n(56)$은 각각 360과 56의 ______이고,
$360=$______, $56=$____이므로
$n(360)=$____________$=$___
$n(56)=$________$=$___

step❷ $n(x)$의 값 구하기 [2점]

$n(360)\div n(56)\times n(x)=18$에서
___$\div$___$\times n(x)=18$이므로 $n(x)=$___

step❸ 가장 작은 자연수 x의 값 구하기 [3점]

$6=$___$+1=($___$+1)\times($___$+1)$이므로
____ 또는 ______ 중에서 가장 작은 x의 값은
___이다.

유제 2-2 ▶ 유형 009

자연수 a의 약수의 개수를 $p(a)$라고 할 때, $p(p(2000))$의 값을 구하여라. [5점]

풀이

step❶ $p(2000)$의 값 구하기 [2점]

$p(2000)$은 2000의 ______이고,
$2000=$______이므로
$p(2000)=$__________$=$___

step❷ $p(p(2000))$의 값 구하기 [3점]

$p(2000)=$___이므로
$p(p(2000))$은 $p($___$)$의 값과 같다.
따라서 $p(p(2000))=p($___$)$은 ___의 ______이고
___$=$____이므로
$p(p(2000))=p($___$)$
$=$____________

정답과 해설 84~85쪽

(1-4) 주어진 단계에 맞게 답안을 작성하여라.

1 $3^a=81$, $5^b=125$를 만족하는 자연수 a, b에 대하여 $a-b$의 값을 구하여라. [5점]

풀이

step❶ a의 값 구하기 [2점]

step❷ b의 값 구하기 [2점]

step❸ $a-b$의 값 구하기 [1점]

2 7^{50}의 일의 자리의 숫자를 구하여라. [6점]

풀이

step❶ 7의 거듭제곱에서 일의 자리의 숫자만 차례대로 나열하기 [2점]

step❷ 7의 거듭제곱에서 일의 자리의 숫자의 규칙 찾기 [2점]

step❸ 7^{50}의 일의 자리의 숫자 구하기 [2점]

3 108에 가능한 한 작은 자연수를 곱하여 어떤 자연수 a의 제곱이 되도록 하고, 40을 가능한 한 작은 자연수로 나누어 어떤 자연수 b의 제곱이 되도록 할 때, 두 자연수 a, b에 대하여 $a+b$의 값을 구하여라. [7점]

풀이

step❶ a의 값 구하기 [3점]

step❷ b의 값 구하기 [3점]

step❸ $a+b$의 값 구하기 [1점]

4 350의 약수의 개수와 $2^a \times 3 \times 5^b$의 약수의 개수가 같을 때, 두 자연수 a, b에 대하여 $a \times b$의 값을 구하여라. (단, $a>b$) [7점]

풀이

step❶ 350의 약수의 개수 구하기 [2점]

step❷ a, b의 값 구하기 [4점]

step❸ $a \times b$의 값 구하기 [1점]

답

(5-8) 풀이 과정을 자세히 써라.

5 720을 소인수분해하면 $2^a \times 3^b \times 5^c$일 때, 자연수 a, b, c에 대하여 $a-b+c$의 값을 구하여라. [5점]

풀이

답

6 $60 \times a = b^2$, $\frac{120}{c} = d^2$을 만족하는 가장 작은 자연수 a, c와 자연수 b, d에 대하여 $a+b+c+d$의 값을 구하여라. [7점]

풀이

답

도전! 창의 서술

7 50보다 크고 60보다 작은 자연수 중에서 소인수분해했을 때 2개의 소인수를 가지며 두 소인수의 합이 9인 자연수의 약수의 개수를 구하여라. [6점]

풀이

답

8 다음 조건을 모두 만족하는 두 자연수 A, B를 각각 구하여라. [6점]

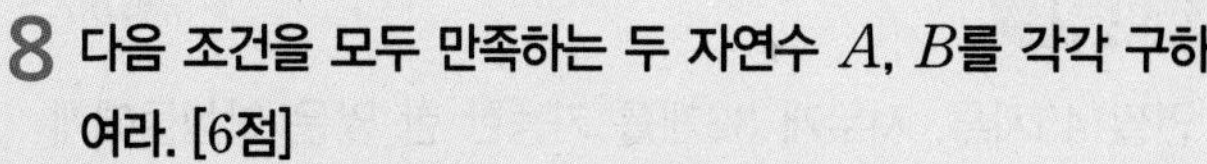

(가) $A < B < 100$
(나) A와 B의 최대공약수는 1이다.
(다) A와 B는 각각 약수의 개수가 3이다.
(라) $B-A=24$

풀이

답

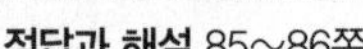
정답과 해설 85~86쪽

1 최대공약수의 활용 - 남거나 부족한 경우의 나눗셈 문제

▶ 유형 017

예제 사과 58개, 배 33개, 감 49개를 가능한 한 많은 학생들에게 똑같이 나누어 주려고 하는데 사과는 2개가 부족하고, 배는 3개가 남고, 감은 4개가 남는다. 몇 명의 학생들에게 나누어 줄 수 있는지 구하여라. [6점]

풀이

step❶ 가능한 한 많은 학생들에게 똑같이 나누어 줄 때, 학생 수의 특징 이해하기 [4점]

똑같이 나누어 줄 수 있는 학생 수는

$58+$___$=$___, $33-$___$=$___, $49-$___$=$___의 ______이다.

이때 가능한 한 많은 학생들에게 똑같이 나누어 주려고 하므로

___, ___, ___의 ________를 구해야 한다.

step❷ 가능한 한 많은 학생들에게 똑같이 나누어 줄 때, 학생 수 구하기 [2점]

3) ___ ___ ___

___) 20 10 15

___ 2 ___

따라서 ___, ___, ___의 최대공약수는 ________이므로 ___명의 학생들에게 나누어 줄 수 있다.

유제 1-1

▶ 유형 017

연필 45자루, 지우개 32개를 가능한 한 많은 학생들에게 똑같이 나누어 주려고 하는데 연필은 3자루가 남고, 지우개는 3개가 부족하다. 지우개 3개를 채워 한 학생이 받게 되는 연필의 수를 a, 지우개의 수를 b라 할 때, $a+b$의 값을 구하여라. [6점]

풀이

step❶ 최대공약수를 이용하여 학생 수 구하기 [3점]

똑같이 나누어 줄 수 있는 학생 수는 ________와 ________의 ______이고, 이 중에서 가능한 한 많은 학생들에게 나누어 주려고 하므로 ___와 ___의 ________인 ___명에게 나누어 줄 수 있다.

step❷ a, b의 값 구하기 [각 1점]

한 학생이 받게 되는 연필의 수 a는

__________ $\therefore a=$___

한 학생이 받게 되는 지우개의 수 b는

__________ $\therefore b=$___

step❸ $a+b$의 값 구하기 [1점]

$\therefore a+b=$________

유제 1-2

▶ 유형 014

초콜릿 60개, 사탕 72개를 남김없이 가능한 한 많은 어린이에게 똑같이 나누어 주려고 할 때, 한 어린이가 받게 되는 초콜릿과 사탕의 수를 각각 구하여라. [5점]

풀이

step❶ 최대공약수를 이용하여 어린이의 수 구하기 [3점]

똑같이 나누어 줄 수 있는 어린이의 수는 ___과 ___의 ______이고, 이 중에서 가능한 한 많은 어린이에게 나누어 주려고 하므로 ___과 ___의 __________인 ___명에게 나누어 줄 수 있다.

step❷ 한 어린이가 받게 되는 초콜릿의 수 구하기 [1점]

따라서 한 어린이가 받게 되는 초콜릿의 수는

____

step❸ 한 어린이가 받게 되는 사탕의 수 구하기 [1점]

한 어린이가 받게 되는 사탕의 수는

____

2 최소공배수의 활용 - 나눗셈 문제

▶ 유형 027

예제 9, 12, 18의 어느 수로 나누어도 7이 남는 자연수 중에서 가장 작은 자연수를 구하여라. [7점]

풀이

step❶ 구하는 자연수의 특징 이해하기 [3점]
➡ 9, 12, 18의 어느 수로 나누어도 7이 남는 자연수는 9, 12, 18의 ______에 ___을 더한 수이다.

step❷ 9, 12, 18의 최소공배수 구하기 [1점]
➡
___) 9　12　18
___) ___　___　___
3) 3　___　___
　　___　___　___ ⇨ 최소공배수: ________

step❸ 조건에 맞는 가장 작은 자연수 구하기 [3점]
➡ 구하는 수는 9, 12, 18의 최소공배수인 ___의 배수인 ___, ___, ___, …에 7을 더한 수 ___, ___, ___, … 중에서 가장 작은 자연수이므로 ___이다.

유제 2-1 ▶ 유형 027

4로 나누면 2가 남고, 5로 나누면 3이 남고, 8로 나누면 2가 부족한 자연수 중에서 가장 작은 자연수를 구하여라. [8점]

풀이

step❶ 구하는 자연수의 특징 이해하기 [4점]

4로 나누면 2가 남고, 5로 나누면 3이 남고, 8로 나누면 2가 부족한 수는 4, 5, 8로 나누면 모두 ___가 부족한 수이다.
즉, 구하는 수를 x라고 하면
______는 4, 5, 8의 ______이다.

step❷ 조건을 만족하는 가장 작은 자연수 구하기 [4점]

______는 4, 5, 8의 최소공배수인 ___의 배수이므로
__________이다.
따라서 x는 __________이므로 이 중에서 가장 작은 자연수는 ___이다.

유제 2-2 ▶ 유형 027

5로 나누면 2가 남고, 6으로 나누면 3이 남고, 7로 나누면 4가 남는 자연수 중에서 세 자리의 자연수는 모두 몇 개인지 구하여라. [8점]

풀이

step❶ 구하는 자연수의 특징 이해하기 [4점]

5로 나누면 2가 남고, 6으로 나누면 3이 남고, 7로 나누면 4가 남는 수는 5, 6, 7로 나누면 모두 ___이 부족한 수이다.
즉, 구하는 수를 x라고 하면
______은 5, 6, 7의 ______이다.

step❷ 조건을 만족하는 세 자리의 자연수의 개수 구하기 [4점]

______은 5, 6, 7의 최소공배수인 ___의 배수이므로
____________________이다.
따라서 x는 ____________________이므로 이 중에서 세 자리의 자연수는 ___개이다.

정답과 해설 86~87쪽

(1-4) 주어진 단계에 맞게 답안을 작성하여라.

1 두 수 $2^a\times3^b$과 $2^3\times3\times c$의 최대공약수가 12이고 최소공배수가 504일 때, 자연수 a, b, c에 대하여 $a-b+c$의 값을 구하여라. (단, c는 소수) [6점]

풀이

step❶ 12와 504를 각각 소인수분해하기 [각 1점]

step❷ a, b, c의 값 각각 구하기 [각 1점]

step❸ $a-b+c$의 값 구하기 [1점]

2 가로, 세로의 길이가 각각 510 cm, 390 cm인 직사각형 모양의 벽면에 같은 크기의 정사각형 모양의 타일을 겹치지 않게 빈틈없이 붙이려고 한다. 타일의 크기를 가능한 한 크게 하려고 할 때, 필요한 타일의 개수를 구하여라. [6점]

풀이

step❶ 타일의 한 변의 길이 구하기 [3점]

step❷ 가로, 세로에 필요한 타일의 개수 각각 구하기 [각 1점]

step❸ 필요한 전체 타일의 개수 구하기 [1점]

3 A, B, C 세 학생이 운동장 한 바퀴를 도는 데 A는 뛰어서 100초가 걸리고, B는 인라인스케이트를 타고 60초가 걸리고, C는 자전거를 타고 40초가 걸린다. A, B, C 세 학생이 같은 곳에서 동시에 출발하여 같은 방향으로 돌 때, 출발한 곳으로 처음으로 동시에 돌아올 때까지 운동장을 각각 몇 바퀴씩 돌게 되는지 구하여라. [6점]

풀이

step❶ 출발한 곳으로 처음으로 동시에 돌아올 때까지 걸리는 시간 구하기 [3점]

step❷ A, B, C 세 학생이 돌게 되는 바퀴 수 각각 구하기 [각 1점]

4 25를 나누면 1이 남고, 50을 나누면 2가 남고, 35를 나누면 3이 남는 자연수의 합을 구하여라. [7점]

풀이

step❶ 구하는 자연수의 특징 이해하기 [3점]

step❷ 조건을 만족하는 자연수 구하기 [3점]

step❸ 위에서 구한 자연수의 합 구하기 [1점]

답

(5-8) 풀이 과정을 자세히 써라.

5 세 자연수 63, $2^a \times 3^2 \times 7^2$, $2^3 \times 3 \times 5^b$의 최소공배수가 어떤 자연수의 제곱일 때, 가장 작은 자연수 a, b에 대하여 $a+b$의 값을 구하여라. [6점]

풀이

답

6 톱니의 수가 각각 108개, 72개인 두 톱니바퀴 A, B가 서로 맞물려 돌아가고 있다. 두 톱니바퀴가 돌기 시작하여 다시 처음 위치에서 만날 때, 두 톱니바퀴 A, B는 각각 몇 바퀴 회전한 후인지 구하려고 한다. 다음 물음에 답하여라. [총 7점]

(1) 두 톱니바퀴가 같은 톱니에서 처음으로 다시 맞물릴 때까지 돌아간 톱니의 수를 구하여라. [3점]

(2) 톱니바퀴 A는 몇 바퀴 회전한 후인지 구하여라. [2점]

(3) 톱니바퀴 B는 몇 바퀴 회전한 후인지 구하여라. [2점]

풀이

답

도전! 창의 서술

7 세 변의 길이가 각각 40 m, 56 m, 64 m인 삼각형 모양의 땅의 둘레에 일정한 간격으로 나무를 심으려고 한다. 세 모퉁이에는 반드시 나무를 심으려고 할 때, 최소한 몇 그루의 나무를 심어야 하는지 구하여라. [7점]

풀이

답

8 $A>B$인 두 자연수 A, B의 최대공약수를 G, 최소공배수를 L이라고 하면 $G \times L=180$, $A+B=28$이다. 이때 $A-B$의 값을 구하여라. [7점]

풀이

답

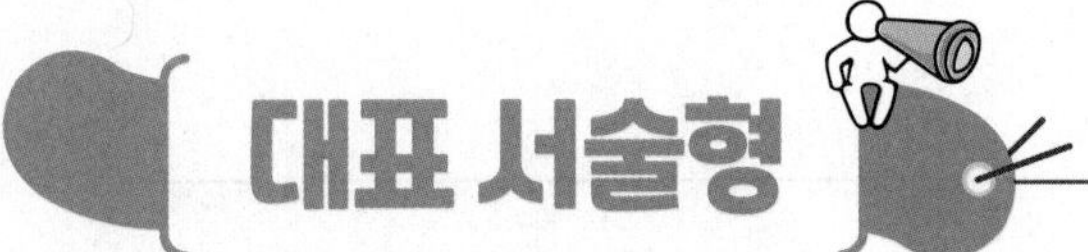

정답과 해설 87쪽

1 유리수의 분류

▶ 유형 032

예제 다음 수 중에서 양의 유리수의 개수를 a, 음의 정수의 개수를 b라고 할 때, $a+b$의 값을 구하여라. [5점]

$$-6,\ \frac{3}{4},\ -3.5,\ +\frac{7}{2},\ 8,\ -\frac{2}{3},\ -\frac{20}{5},\ \frac{1}{5}$$

풀이

step❶ 양의 유리수를 찾아 a의 값 구하기 [2점] ➜ 양의 유리수는 ______의 ___개이므로 $a=$___

step❷ 음의 정수를 찾아 b의 값 구하기 [2점] ➜ 음의 정수는 ______의 ___개이므로 $b=$___

step❸ $a+b$의 값 구하기 [1점] ➜ $\therefore a+b=$___$+$___$=$___

유제 1-1

▶ 유형 032

다음 수 중에서 정수가 아닌 유리수의 개수를 a, 양수의 개수를 b라고 할 때, $a+b$의 값을 구하여라. [5점]

$$-3.8,\ -\frac{1}{2},\ 0,\ +4,\ \frac{15}{3},\ -\frac{42}{7}$$

풀이

step❶ 정수가 아닌 유리수를 찾아 a의 값 구하기 [2점]

정수가 아닌 유리수는 ______의 ___개이므로

$a=$___

step❷ 양수를 찾아 b의 값 구하기 [2점]

양수는 ______의 ___개이므로

$b=$___

step❸ $a+b$의 값 구하기 [1점]

$\therefore a+b=$______

유제 1-2

▶ 유형 032

다음 수 중에서 정수의 개수를 a, 자연수의 개수를 b, 음의 유리수의 개수를 c라고 할 때, $a+b-c$의 값을 구하여라. [7점]

$$-2,\ \frac{2}{3},\ -\frac{4}{7},\ +5,\ +\frac{6}{2},\ -1.8,\ \frac{3}{8}$$

풀이

step❶ 정수를 찾아 a의 값 구하기 [2점]

정수는 ______의 ___개이므로 $a=$___

step❷ 자연수를 찾아 b의 값 구하기 [2점]

자연수는 ______의 ___개이므로 $b=$___

step❸ 음의 유리수를 찾아 c의 값 구하기 [2점]

음의 유리수는 ______의 ___개이므로

$c=$___

step❹ $a+b-c$의 값 구하기 [1점]

$\therefore a+b-c=$______$=$___

2 절댓값이 같고 부호가 반대인 수

▶ 유형 038

예제 두 수 a, b는 절댓값이 같고 a가 b보다 16만큼 크다고 할 때, a, b의 값을 각각 구하여라. [6점]

풀이

step❶ a, b의 부호 결정하기 [2점]
두 수 a, b는 절댓값이 같고 a가 b보다 크므로
a___0, b___0

step❷ a, b가 원점으로부터 떨어진 거리 구하기 [3점]
a가 b보다 16만큼 크므로 수직선에서 두 수 a, b에 대응하는 두 점 사이의 거리는 ___이다.
두 점은 원점으로부터 같은 거리에 있으므로 두 수 a, b에 대응하는 두 점은 원점으로부터 거리가 각각 ___의 반인 ___만큼 떨어진 곳에 있다.

step❸ a, b의 값 구하기 [1점]
따라서 $a=$___, $b=$___이다.

유제 2-1

▶ 유형 038

다음 조건을 모두 만족하는 두 수 a, b의 값을 각각 구하여라. [6점]

(가) $|a|=|b|$
(나) b가 a보다 $\frac{10}{3}$만큼 크다.

풀이

step❶ a, b의 부호 결정하기 [2점]
조건 (가), (나)에서 두 수 a, b는 ______이 같고 a___b이므로
a___0, b___0

step❷ a, b가 원점으로부터 떨어진 거리 구하기 [3점]
b가 a보다 ___만큼 크고 두 수 a, b에 대응하는 두 점은 원점으로부터 같은 거리에 있으므로 두 점은 원점으로부터 거리가 각각 _________만큼 떨어진 곳에 있다.

step❸ a, b의 값 구하기 [1점]
따라서 $a=$____, $b=$____이다.

유제 2-2

▶ 유형 039

$2\le|x|<5$인 정수 x의 개수를 구하여라. [5점]

풀이

step❶ 정수 x가 어떤 수인지 이해하기 [2점]
x는 절댓값이 ___ 이상 ___ 미만인 정수, 즉 절댓값이 _____인 정수이다.

step❷ 정수 x 구하기 [2점]
따라서 $2\le|x|<5$인 정수 x는
____
이다.

step❸ 정수 x의 개수 구하기 [1점]
그러므로 구하는 정수 x의 개수는 ___이다.

서술형 실전대비

1-4 주어진 단계에 맞게 답안을 작성하여라.

1 $-\frac{13}{4}$에 가장 가까운 정수의 절댓값을 a, -0.5와 3.4 사이에 있는 모든 정수의 합을 b라고 할 때, $a+b$의 값을 구하여라. [5점]

풀이

step❶ a의 값 구하기 [2점]

step❷ b의 값 구하기 [2점]

step❸ $a+b$의 값 구하기 [1점]

2 서로 다른 두 수 x, y에 대하여

$x\triangle y=$(x, y 중 절댓값이 큰 수)

$x\triangledown y=$(x, y 중 절댓값이 작은 수)

라고 할 때, $\left(-\frac{4}{5}\right)\triangledown\left\{\left(-\frac{5}{3}\right)\triangle\frac{3}{2}\right\}$의 값을 구하여라. [5점]

풀이

step❶ $\left(-\frac{5}{3}\right)\triangle\frac{3}{2}$의 값 구하기 [2점]

step❷ $\left(-\frac{4}{5}\right)\triangledown\left\{\left(-\frac{5}{3}\right)\triangle\frac{3}{2}\right\}$의 값 구하기 [3점]

3 두 유리수 $-\frac{2}{3}$와 $\frac{5}{2}$ 사이에 있는 정수가 아닌 유리수 중에서 기약분수로 나타내었을 때, 분모가 6인 유리수의 개수를 구하여라. [6점]

풀이

step❶ $-\frac{2}{3}$와 $\frac{5}{2}$를 분모가 6인 분수로 나타내기 [2점]

step❷ 조건을 만족하는 수 구하기 [3점]

step❸ 조건을 만족하는 유리수의 개수 구하기 [1점]

4 수직선에서 -4와 2를 나타내는 두 점의 한가운데에 있는 점을 P, 3과 7을 나타내는 두 점의 한가운데에 있는 점을 Q라고 할 때, 두 점 P, Q의 한가운데에 있는 점이 나타내는 수를 구하여라. [6점]

풀이

step❶ 점 P가 나타내는 수 구하기 [2점]

step❷ 점 Q가 나타내는 수 구하기 [2점]

step❸ 두 점 P, Q의 한가운데에 있는 점이 나타내는 수 구하기 [2점]

답

(5-8) 풀이 과정을 자세히 써라.

5 수직선 위에 -1과 9를 나타내는 점을 각각 A, B라고 할 때, 두 점 A와 B 사이에 있는 점 P에 대하여 두 점 A, P 사이의 거리와 두 점 P, B 사이의 거리의 비가 $2:3$이다. 이때 점 P가 나타내는 수를 구하여라. [5점]

풀이

답

6 두 정수 a, b에 대하여 $|a| \le 3$이고 $-\frac{1}{2} < b \le 3$일 때, a의 값 중에서 b의 값이 될 수 없는 수를 모두 구하려고 한다. 다음 물음에 답하여라. [총 5점]

(1) $|a| \le 3$을 만족하는 a의 값을 모두 구하여라. [2점]

(2) $-\frac{1}{2} < b \le 3$을 만족하는 b의 값을 모두 구하여라. [2점]

(3) a의 값 중에서 b의 값이 될 수 없는 수를 모두 구하여라. [1점]

풀이

답

도전! 창의 서술

7 다음 조건을 모두 만족하는 두 수 a, b에 대하여 b의 값을 구하여라. [6점]

> (가) $a > b$이고, a, b의 절댓값은 같다.
> (나) 수직선에서 두 수 a, b에 대응하는 두 점 사이의 거리가 $\frac{14}{5}$이다.

풀이

답

8 다음 조건을 모두 만족하는 서로 다른 네 수 a, b, c, d의 대소 관계를 부등호를 사용하여 나타내어라. [6점]

> (가) $|b| = |d|$ (나) $b > d$ (다) $a < 0$
> (라) 절댓값이 가장 큰 수는 a, 절댓값이 가장 작은 수는 c이다.

풀이

답

정답과 해설 88~89쪽

1 a보다 b만큼 큰 수 또는 작은 수

▶ 유형 052

예제 -3보다 4만큼 큰 수를 a, 6보다 -7만큼 작은 수를 b라고 할 때, $a+b$의 값을 구하여라. [5점]

풀이

step❶ a의 값 구하기 [2점] ➔ a는 -3보다 4만큼 큰 수이므로
$a=$ ______

step❷ b의 값 구하기 [2점] ➔ b는 6보다 -7만큼 작은 수이므로
$b=$ ______

step❸ $a+b$의 값 구하기 [1점] ➔ $\therefore a+b=$ ______

유제 1-1

▶ 유형 052

-1보다 2만큼 작은 수를 a, -3보다 -5만큼 큰 수를 b라고 할 때, $|a|+|b|$의 값을 구하여라. [6점]

풀이

step❶ a의 값 구하기 [2점]

a는 -1보다 2만큼 작은 수이므로
$a=$ ______

step❷ b의 값 구하기 [2점]

b는 -3보다 -5만큼 큰 수이므로
$b=$ ______

step❸ $|a|+|b|$의 값 구하기 [2점]

$\therefore |a|+|b|=$ ______

유제 1-2

▶ 유형 052

a는 $\frac{4}{3}$보다 3만큼 작은 수이고, b는 절댓값이 $\frac{3}{2}$인 음수일 때, $|a-b|$의 값을 구하여라. [6점]

풀이

step❶ a의 값 구하기 [2점]

a는 $\frac{4}{3}$보다 3만큼 작은 수이므로

$a=$ ______

step❷ b의 값 구하기 [2점]

절댓값이 $\frac{3}{2}$인 수는 ______ 이고, b는 음수이므로

$b=$ ______

step❸ $|a-b|$의 값 구하기 [2점]

$\therefore |a-b|=$ ______

2 덧셈, 뺄셈, 곱셈, 나눗셈의 혼합 계산

▶ 유형 065

예제 두 수 a, b가 다음과 같을 때, $a+b$의 값을 구하여라. [6점]

$$a=\frac{1}{6}-\left(-\frac{4}{27}\right)\div2\times\frac{9}{2},\quad b=\left(-\frac{1}{2}\right)^2\times(-4)+\left\{1+\left(-\frac{1}{4}\right)-(-1)^3\div8\right\}$$

풀이

step❶ 주어진 식을 계산하여 a의 값 구하기 [2점]

$a=\frac{1}{6}-\left(-\frac{4}{27}\right)\div2\times\frac{9}{2}=\frac{1}{6}-\left(-\frac{4}{27}\right)\times\_\_\times\frac{9}{2}=\frac{1}{6}-(\_\_)=\_\_$

step❷ 주어진 식을 계산하여 b의 값 구하기 [3점]

$b=\left(-\frac{1}{2}\right)^2\times(-4)+\left\{1+\left(-\frac{1}{4}\right)-(-1)^3\div8\right\}$

$=\_\_\times(-4)+\left\{1+\left(-\frac{1}{4}\right)-(\_\_)\times\_\_\right\}$

$=(\_\_)+\left\{1+\left(-\frac{1}{4}\right)-(\_\_)\right\}=(\_\_)+\_\_=-\_\_$

step❸ $a+b$의 값 구하기 [1점]

$\therefore a+b=\_\_+(\_\_)=\_\_$

유제 2-1 ▶ 유형 065

두 수 a, b가 다음과 같을 때, a에 가장 가까운 정수와 b에 가장 가까운 정수의 합을 구하여라. [7점]

$$a=(-2)+(-5)\div(-3)\times2$$
$$b=\left(-\frac{5}{3}\right)-\left\{2+3\times\left(-\frac{1}{6}\right)\right\}$$

풀이

step❶ a에 가장 가까운 정수 구하기 [3점]

$a=(-2)+(-5)\div(-3)\times2$

$=$________________

따라서 a에 가장 가까운 정수는 ___이다.

step❷ b에 가장 가까운 정수 구하기 [3점]

$b=\left(-\frac{5}{3}\right)-\left\{2+3\times\left(-\frac{1}{6}\right)\right\}$

$=$________________

따라서 b에 가장 가까운 정수는 ___이다.

step❸ a, b에 각각 가장 가까운 정수의 합 구하기 [1점]

$\therefore$ ________

유제 2-2 ▶ 유형 065

다음 수 중에서 가장 큰 수를 a, 가장 작은 수를 b, 절댓값이 가장 큰 수를 c, 절댓값이 가장 작은 수를 d라고 할 때, $a\times b+c-d$의 값을 구하여라. [6점]

$$3,\quad -\frac{8}{3},\quad \frac{5}{3},\quad 0,\quad -2$$

풀이

step❶ a, b의 값 각각 구하기 [각 1점]

주어진 수들을 작은 수부터 차례로 나열하면

____

$\therefore a=\_\_,\ b=\_\_$

step❷ c, d의 값 각각 구하기 [각 1점]

절댓값이 가장 큰 수는 ___이므로 $c=\_\_$

절댓값이 가장 작은 수는 ___이므로 $d=\_\_$

step❸ $a\times b+c-d$의 값 구하기 [2점]

$\therefore a\times b+c-d=$________

정답과 해설 89~90쪽

(1-4) 주어진 단계에 맞게 답안을 작성하여라.

1 어떤 유리수에 $\frac{1}{2}$을 더해야 할 것을 잘못하여 빼었더니 그 결과가 $-\frac{2}{3}$가 되었다. 바르게 계산한 답을 구하여라. [6점]

풀이

step❶ 잘못 계산한 식 세우기 [2점]

step❷ 어떤 유리수 구하기 [2점]

step❸ 바르게 계산한 답 구하기 [2점]

2 1.6의 역수가 a, $-\frac{b}{3}$의 역수가 $\frac{3}{4}$일 때, $a\times b$의 값을 구하여라. [6점]

풀이

step❶ a의 값 구하기 [2점]

step❷ b의 값 구하기 [3점]

step❸ $a\times b$의 값 구하기 [1점]

3 다음 정수에서 서로 다른 세 수를 뽑아 곱한 값 중에서 가장 큰 수를 x, 가장 작은 수를 y라고 할 때, $x+y$의 값을 구하여라. [7점]

$$5,\quad -4,\quad 4,\quad -7$$

풀이

step❶ x의 값 구하기 [3점]

step❷ y의 값 구하기 [3점]

step❸ $x+y$의 값 구하기 [1점]

4 x의 절댓값은 $\frac{3}{5}$, y의 절댓값은 $\frac{1}{4}$이고 $x-y$의 값 중에서 가장 큰 수를 M, 가장 작은 수를 m이라고 할 때, $M\div m$의 값을 구하여라. [7점]

풀이

step❶ M의 값 구하기 [3점]

step❷ m의 값 구하기 [3점]

step❸ $M\div m$의 값 구하기 [1점]

5-8 풀이 과정을 자세히 써라.

5 다음 두 수 a, b에 대하여 $(a\times b)^{2025}$의 값을 구하여라. [5점]

$a=1\div3\div9\div27\div54\div108$
$b=(-3)\times9\times(-27)\times54\times(-108)$

풀이

답

6 오른쪽 그림에서 가로, 세로, 대각선 방향에 놓인 네 수의 합이 모두 같을 때, $a\sim g$의 값을 각각 구하여라. [8점]

5	a	-6	8
b	c	3	d
e	-2	f	1
-7	g	6	-4

풀이

답

도전! 창의 서술

7 두 수 a, b에 대하여

$a◎b=a\times b-2$
$a*b=a\div b+1$

이라고 할 때, 다음 식의 값을 구하여라. [7점]

$\{(-3)◎2\}*\{(-6)*(-2)\}$

풀이

답

8 다음 (가), (나), (다)의 순서로 계산되는 계산기가 있다. $\frac{2}{3}$를 (가)에 입력하였을 때, 최종적으로 (다)에서 계산된 값을 구하여라. [6점]

(가) 입력된 수를 제곱한 다음 $\left(-\frac{4}{3}\right)$로 나눈다.
(나) (가)에서 구한 수의 역수를 제곱한 다음 $\left(-\frac{2}{3}\right)$를 곱하고 8을 더한다.
(다) (나)에서 구한 수를 10으로 나눈 다음 $\frac{6}{5}$을 뺀다.

풀이

답

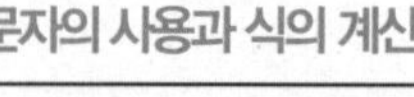

1 식의 값의 활용

▶ 유형 079

예제 어떤 농구 선수가 어느 경기에서 한 개에 1점을 얻는 자유투를 a개, 2점 슛을 b개, 3점 슛을 c개 성공하였을 때, 이 선수가 이 경기에서 얻은 점수는 모두 몇 점인지 a, b, c를 사용한 식으로 나타내어라. 또, $a=5$, $b=10$, $c=2$일 때, 점수를 구하여라. [6점]

풀이

step ❶ 점수를 문자를 사용한 식으로 나타내기 [3점]

➋ 선수가 얻은 점수를 a, b, c를 사용한 식으로 나타내면
$1\times$___ $+2\times$___ $+3\times$___ $=$______(점)

step ❷ $a=5$, $b=10$, $c=2$일 때, 점수 구하기 [3점]

➋ ______에 $a=5$, $b=10$, $c=2$를 각각 대입하면 이 선수가 얻은 점수는
______ $=$___ $+2\times$___ $+3\times$___
$=$___(점)

유제 1-1

▶ 유형 079

길이가 30 cm인 양초가 1분에 x cm씩 일정한 속력으로 타고 있다. 양초에 불을 붙인 지 y분 후에 남은 양초의 길이를 x, y를 사용한 식으로 나타내어라. 또, $x=0.5$, $y=20$일 때, 남은 양초의 길이를 구하여라. [6점]

풀이

step ❶ 문자를 사용한 식으로 나타내기 [3점]

y분 동안 타는 양초의 길이는 ___ cm이므로 남은 양초의 길이를 x, y를 사용한 식으로 나타내면
______ (cm)

step ❷ $x=0.5$, $y=20$일 때, 남은 양초의 길이 구하기 [3점]

______에 $x=0.5$, $y=20$을 대입하면 남은 양초의 길이는

____

유제 1-2

▶ 유형 079

오른쪽 그림과 같은 사다리꼴에서 색칠한 부분의 넓이를 a, b를 사용한 식으로 나타내어라. 또, $a=6$, $b=12$일 때, 색칠한 부분의 넓이를 구하여라. [6점]

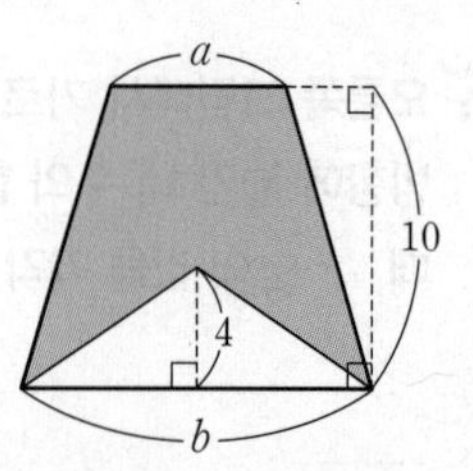

풀이

step ❶ 문자를 사용한 식으로 나타내기 [3점]

(색칠한 부분의 넓이)
$=$(______의 넓이)$-$(______의 넓이)
$=$____________
$=$____________

step ❷ $a=6$, $b=12$일 때, 색칠한 부분의 넓이 구하기 [3점]

______에 $a=6$, $b=12$를 대입하면 색칠한 부분의 넓이는

____

2 복잡한 일차식의 덧셈과 뺄셈

▶ 유형 087

예제 $5x-[4x-9-\{2x+(3x-7)\}]$을 간단히 하면 $ax+b$가 될 때, 상수 a, b에 대하여 $a-b$의 값을 구하여라. [6점]

풀이

step❶ 주어진 식을 간단히 하기 [3점]

➔ $5x-[4x-9-\{2x+(3x-7)\}]=5x-\{4x-9-(\_\_\_\_\_\_)\}$
$=5x-(4x-9-\_\_\_+\_\_\_)$
$=5x-(\_\_\_\_\_\_)$
$=5x+\_\_\_+\_\_\_=\_\_\_\_\_\_$

step❷ a, b의 값 각각 구하기 [각 1점]

➔ $______=ax+b$이므로
$a=\_\_\_$, $b=\_\_\_$

step❸ $a-b$의 값 구하기 [1점]

➔ $\therefore a-b=\_\_\_\_\_\_\_\_$

유제 2-1

▶ 유형 087

$\frac{x+2}{2}-\frac{5x-7}{3}$을 간단히 한 식에서 x의 계수를 a, 상수항을 b라고 할 때, $6a-3b$의 값을 구하여라. [6점]

풀이

step❶ 주어진 식을 간단히 하기 [3점]

$\frac{x+2}{2}-\frac{5x-7}{3}=\_\_\_\_\_\_\_\_\_\_\_\_$
$=\_\_\_\_\_\_\_\_\_\_\_\_$
$=\_\_\_\_\_\_\_\_\_\_\_\_$
$=\_\_\_\_\_\_\_\_\_\_\_\_$

step❷ a, b의 값 각각 구하기 [각 1점]

따라서 x의 계수가 ____, 상수항이 ___ 이므로

$a=\_\_\_\_$, $b=\_\_\_$

step❸ $6a-3b$의 값 구하기 [1점]

$\therefore 6a-3b=\_\_\_\_\_\_\_\_$

유제 2-2

▶ 유형 087

다음 식을 간단히 하였을 때, x의 계수와 상수항의 합을 구하여라. [6점]

$$-\frac{3}{2}(4x-2y-6)-(6x-9y+5)\div 3$$

풀이

step❶ 주어진 식을 간단히 하기 [3점]

$-\frac{3}{2}(4x-2y-6)-(6x-9y+5)\div 3$
$=\_\_\_\_\_\_\_\_\_\_\_\_$
$=\_\_\_\_\_\_\_\_\_\_\_\_$
$=\_\_\_\_\_\_\_\_\_\_\_\_$

step❷ x의 계수와 상수항 구하기 [각 1점]

이때 x의 계수는 ____, 상수항은 ___ 이다.

step❸ x의 계수와 상수항의 합 구하기 [1점]

따라서 x의 계수와 상수항의 합은

____

정답과 해설 91~92쪽

(1-4) 주어진 단계에 맞게 답안을 작성하여라.

1 $a>0$, $b<0$이고, $|a|=3$, $|b|=5$일 때, $\dfrac{3a+2b}{a^2-b^2}$의 값을 구하여라. [5점]

풀이

step❶ a의 값 구하기 [1점]

step❷ b의 값 구하기 [1점]

step❸ 주어진 식의 값 구하기 [3점]

답

2 다음 식을 간단히 하였을 때, x에 대한 일차식이 되도록 하는 상수 a의 값을 구하고, 그때의 일차식을 구하여라. [6점]

$$|a|x^2+4x-3-2x^2+2(ax-1)$$

풀이

step❶ 주어진 식 간단히 하기 [2점]

step❷ a의 값 구하기 [2점]

step❸ 그때의 일차식 구하기 [2점]

답

3 일차식 $-4x+3$에서 어떤 식을 빼어야 할 것을 잘못하여 더하였더니 $x-1$이 되었을 때, 바르게 계산한 식을 구하여라. [6점]

풀이

step❶ 어떤 식 구하기 [4점]

step❷ 바르게 계산한 식 구하기 [2점]

답

4 n이 짝수일 때,

$$(-1)^{n+1}(2a-3)+(-1)^{n+2}(2a+3)$$

을 간단히 하여라. [6점]

풀이

step❶ $(-1)^{n+1}$, $(-1)^{n+2}$의 값 구하기 [3점]

step❷ 주어진 식 간단히 하기 [3점]

답

(5-8) 풀이 과정을 자세히 써라.

5 $\frac{6x-3}{2}-\frac{3x-1}{3}$을 간단히 한 식에서 x의 계수를 a, $8\left(\frac{y}{2}-1\right)-10\left(\frac{4}{5}y-2\right)$를 간단히 한 식에서 y의 계수를 b라고 할 때, $a+b$의 값을 구하여라. [6점]

풀이

답

6 오른쪽 표에서 가로, 세로, 대각선에 놓인 세 식의 합이 모두 같을 때, $B-A$를 간단히 하여라. [8점]

A	$x-4$	$6x-3$
	$3x-2$	
	$5x$	B

풀이

답

도전! 창의 서술

7 다음 그림과 같이 성냥개비를 사용하여 정사각형을 만들고 있다. 정사각형을 a개 만들었을 때 사용한 성냥개비의 수를 a에 대한 식으로 나타내고, 정사각형을 8개 만들었을 때 사용한 성냥개비는 몇 개인지 구하여라. [7점]

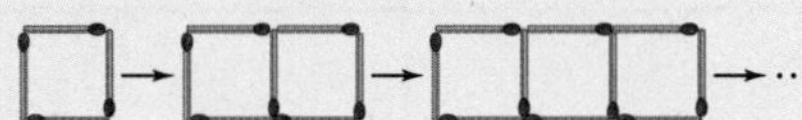

풀이

답

8 다음 조건을 만족하는 세 다항식 A, B, C에 대하여 $A-B+C$를 간단히 하려고 한다. 물음에 답하여라. [총 8점]

> (가) A에 $x+7$을 더하면 $-4x+5$이다.
> (나) B에서 $2x-7$을 빼면 A이다.
> (다) C에 -3을 곱하면 B이다.

(1) 세 다항식 A, B, C를 각각 구하여라. [각 2점]

(2) $A-B+C$를 간단히 하여라. [2점]

풀이

답

정답과 해설 92쪽

1 항등식이 되기 위한 조건

▶ 유형 094

예제 등식 $(a+1)x-1=3(x+1)+b$가 x의 값에 관계없이 항상 참일 때, 상수 a, b에 대하여 $a+b$의 값을 구하여라. [6점]

풀이

step❶ 우변 정리하기 [1점] ➜ 우변을 정리하면
$(a+1)x-1=$________

step❷ a의 값 구하기 [2점] ➜ $a+1=$___이므로
$a=$___

step❸ b의 값 구하기 [2점] ➜ $-1=$_____이므로
$b=$___

step❹ $a+b$의 값 구하기 [1점] ➜ $\therefore a+b=$________

유제 1-1

▶ 유형 094

등식 $(a-3)x+8=2(x+4b)+3x$가 x에 대한 항등식일 때, 상수 a, b에 대하여 $a+b$의 값을 구하여라. [6점]

풀이

step❶ 우변 정리하기 [1점]

우변을 정리하면
$(a-3)x+8=$________

step❷ a의 값 구하기 [2점]

$a-3=$___이므로
$a=$___

step❸ b의 값 구하기 [2점]

$8=$___이므로
$b=$___

step❹ $a+b$의 값 구하기 [1점]

$\therefore a+b=$________

유제 1-2

▶ 유형 094

등식 $3x-(b-4x)=a(x-2)+9$가 x에 대한 항등식일 때, 상수 a, b에 대하여 $a-b$의 값을 구하여라. [6점]

풀이

step❶ 양변 정리하기 [2점]

양변을 정리하면
$7x-b=$________

step❷ a의 값 구하기 [1점]

$a=$___

step❸ b의 값 구하기 [2점]

$-b=$____________이므로
$b=$___

step❹ $a-b$의 값 구하기 [1점]

$\therefore a-b=$________

2 해가 주어질 때 미지수 구하기

▶ 유형 103

예제 일차방정식 $3x+a(x-1)=4$의 해가 $x=2$일 때, 상수 a에 대하여 a^2+a의 값을 구하여라. [5점]

풀이 step❶ $x=2$를 대입하여 a의 값 구하기 [3점] ➔ $x=2$를 $3x+a(x-1)=4$에 대입하면

____

$\therefore a=$___

step❷ a^2+a의 값 구하기 [2점] ➔ $\therefore a^2+a=$______________

유제 2-1

▶ 유형 103

일차방정식 $4-\frac{x-a}{2}=a-x$의 해가 $x=-3$일 때, 상수 a에 대하여 $2a^2-a$의 값을 구하여라. [6점]

풀이

step❶ a의 값 구하기 [4점]

$x=-3$을 $4-\frac{x-a}{2}=a-x$에 대입하면

____

양변에 ___를 곱하면

____

____

$\therefore a=$___

step❷ $2a^2-a$의 값 구하기 [2점]

$\therefore 2a^2-a=$______________

유제 2-2

▶ 유형 103

일차방정식 $11+2(a-x)=8-7x$의 해가 $x=-1$일 때, 일차방정식 $2.6x-a=-0.8x-7.8$의 해를 구하여라. (단, a는 상수) [8점]

풀이

step❶ a의 값 구하기 [4점]

$x=-1$을 $11+2(a-x)=8-7x$에 대입하면

____

____

____

$\therefore a=$___

step❷ 일차방정식 $2.6x-a=-0.8x-7.8$의 해 구하기 [4점]

$a=$___을 $2.6x-a=-0.8x-7.8$에 대입하면

____

양변에 ___을 곱하면

____

____

$\therefore x=$___

(1-4) 주어진 단계에 맞게 답안을 작성하여라.

1 방정식 $ax^2-x+7=-bx+4$가 x에 대한 일차방정식이 되기 위한 상수 a, b의 조건을 구하여라. [4점]

풀이

step❶ 방정식 정리하기 [2점]

step❷ a, b의 조건 각각 구하기 [각 1점]

답

2 일차방정식 $3x-1=x+7$의 해를 $x=a$, 일차방정식 $-3(2x-1)=4(x-3)-5$의 해를 $x=b$라고 할 때, $a-b$의 값을 구하여라. [6점]

풀이

step❶ 일차방정식 $3x-1=x+7$ 풀기 [2점]

step❷ 일차방정식 $-3(2x-1)=4(x-3)-5$ 풀기 [3점]

step❸ $a-b$의 값 구하기 [1점]

답

3 다음은 일차방정식 $0.5(x-0.6)+2=0.3x$의 해를 구하는 과정이다. 처음으로 잘못된 부분을 찾고, 해를 바르게 구하여라. [6점]

$$0.5(x-0.6)+2=0.3x$$
$$5(x-6)+20=3x \quad \cdots\cdots ㉠$$
$$5x-10=3x \quad \cdots\cdots ㉡$$
$$2x=10 \quad \cdots\cdots ㉢$$
$$\therefore x=5 \quad \cdots\cdots ㉣$$

풀이

step❶ 처음으로 잘못된 부분을 찾아 설명하기 [3점]

step❷ 해를 바르게 구하기 [3점]

답

4 다음 두 일차방정식의 해가 같을 때, 상수 a의 값을 구하여라. [6점]

$$\frac{x+5}{6}-2=\frac{3x-1}{8}, \quad 4-3x=a$$

풀이

step❶ 일차방정식 $\frac{x+5}{6}-2=\frac{3x-1}{8}$ 풀기 [4점]

step❷ a의 값 구하기 [2점]

답

5-8 풀이 과정을 자세히 써라.

5 등식 $2-\frac{ax+5}{3}=-\frac{2}{3}x+b$가 x에 대한 항등식일 때, 방정식 $ax-b=0$을 풀어라. (단, a, b는 상수) [6점]

풀이

답

6 일차방정식 $0.2(x+3)-0.7=0.1x+0.3$의 해가 일차방정식 $\frac{x+a}{4}-\frac{1}{2}x=1$의 해의 2배일 때, 상수 a의 값을 구하여라. [7점]

풀이

답

도전! 창의 서술

7 x에 대한 일차방정식 $8x+a=4(x+3)$의 해가 자연수가 되도록 하는 자연수 a의 값을 모두 구하여라. [8점]

풀이

답

8 두 정수 a, b에 대하여

$a◎b=3a+2b$

라 할 때, $(x◎3)◎2=4$를 만족하는 x의 값을 구하여라. [7점]

풀이

답

정답과 해설 93~94쪽

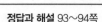

1 자리의 숫자에 대한 문제

▶ 유형 108

예제 일의 자리의 숫자가 9인 두 자리의 자연수가 있다. 이 자연수의 십의 자리의 숫자와 일의 자리의 숫자를 바꾼 수는 처음 수의 3배보다 5만큼 크다고 할 때, 처음 수를 구하여라. [6점]

풀이

step❶ 방정식 세우기 [3점] ➔ 처음 자연수의 십의 자리의 숫자를 x라고 하면 처음 자연수는 ______이고, 십의 자리의 숫자와 일의 자리의 숫자를 바꾼 수는 ________이므로

________ $=3($______$)+5$

step❷ 방정식 풀기 [2점] ➔ 이 방정식을 풀면

______________, ___$x=$___

$\therefore x=$___

step❸ 처음 수 구하기 [1점] ➔ 따라서 처음 수는 ___이다.

유제 1-1 ▶ 유형 108

십의 자리의 숫자가 7인 두 자리의 자연수가 있다. 이 자연수의 십의 자리의 숫자와 일의 자리의 숫자를 바꾼 수는 처음 수보다 9만큼 클 때, 처음 수를 구하여라. [6점]

풀이

step❶ 방정식 세우기 [3점]

처음 자연수의 일의 자리의 숫자를 x라고 하면 처음 자연수는 ________이고, 십의 자리의 숫자와 일의 자리의 숫자를 바꾼 수는 ________이므로

________ $=($________$)+9$

step❷ 방정식 풀기 [2점]

이 방정식을 풀면

____

___$x=$___ $\therefore x=$___

step❸ 처음 구하기 [1점]

따라서 처음 수는 ___이다.

유제 1-2 ▶ 유형 108

십의 자리와 일의 자리의 숫자의 합이 8인 두 자리의 자연수가 있다. 이 자연수의 십의 자리의 숫자와 일의 자리의 숫자를 바꾼 수는 처음 수보다 18만큼 클 때, 처음 수를 구하여라. [7점]

풀이

step❶ 방정식 세우기 [4점]

처음 자연수의 십의 자리의 숫자를 x라고 하면 일의 자리의 숫자는 ______이므로 처음 자연수는 ___________이고, 십의 자리의 숫자와 일의 자리의 숫자를 바꾼 수는

___________이므로

___________ $=$ ___________ $+18$

step❷ 방정식 풀기 [2점]

이 방정식을 풀면

____

_____$x=$_____ $\therefore x=$____

step❸ 처음 수 구하기 [1점]

따라서 처음 수는 ___이다.

2 거리, 속력, 시간에 대한 문제

▶ 유형 117

예제 두 지점 A, B 사이를 같은 길로 왕복하는 데 갈 때는 시속 30 km, 올 때는 시속 20 km로 왔더니 총 2시간 15분이 걸렸다. 두 지점 A, B 사이의 거리를 구하여라. [7점]

풀이

step❶ 방정식 세우기 [3점] ❯ 두 지점 A, B 사이의 거리를 x km라고 하면
(갈 때 걸린 시간)+(올 때 걸린 시간)=(2시간 15분)이므로
___ + ___ =2+ ___

step❷ 방정식 풀기 [2점] ❯ 이 방정식을 풀면
________, ________
$\therefore x=$___

step❸ 두 지점 A, B 사이의 거리 구하기 [2점] ❯ 따라서 두 지점 A, B 사이의 거리는 ______이다.

유제 2-1

▶ 유형 118

월악산 국립공원 입구에서 제비봉까지 시속 3 km로 올라갔다가 같은 길을 시속 4 km로 내려왔다. 내려올 때 걸린 시간은 올라갈 때 걸린 시간보다 30분 단축되었다고 할 때, 국립공원 입구에서 제비봉까지의 거리를 구하여라. [6점]

풀이

step❶ 방정식 세우기 [3점]
국립공원 입구에서 제비봉까지의 거리를 x km라고 하면
(올라갈 때 걸린 시간)−(내려올 때 걸린 시간)=(30분)
이므로

____

step❷ 방정식 풀기 [2점]
위의 식의 양변에 ___를 곱하면
________ $\therefore x=$___

step❸ 국립공원 입구에서 제비봉까지의 거리 구하기 [1점]
따라서 국립공원 입구에서 제비봉까지의 거리는
____이다.

유제 2-2

▶ 유형 120

일정한 속력으로 달리는 길이가 240 m인 화물열차는 어떤 다리를 완전히 건너는 데 1분이 걸리고, 길이가 430 m인 여객열차는 이 다리를 완전히 건너는 데 24초가 걸린다고 한다. 여객열차의 속력이 화물열차의 속력의 3배일 때, 이 다리의 길이를 구하여라. [8점]

풀이

step❶ 방정식 세우기 [4점]
다리의 길이를 x m라고 하면
화물열차의 속력은 초속 _____ m이고,
여객열차의 속력은 초속 _____ m이므로

____

step❷ 방정식 풀기 [3점]
위의 식의 양변에 ____을 곱하면
____
________ $\therefore x=$____

step❸ 다리의 길이 구하기 [1점]
따라서 다리의 길이는 ____이다.

정답과 해설 94~95쪽

(1-4) 주어진 단계에 맞게 답안을 작성하여라.

1 연속한 세 짝수의 합이 108일 때, 세 짝수 중 가장 큰 수와 가장 작은 수의 합을 구하여라. [6점]

풀이

step❶ 방정식 세우기 [2점]

step❷ 방정식 풀기 [2점]

step❸ 가장 큰 수와 가장 작은 수의 합 구하기 [2점]

답

2 학생들에게 볼펜을 나누어 주는데 4자루씩 나누어 주면 2자루가 남고, 5자루씩 나누어 주면 4자루가 모자란다고 한다. 이때 학생 수와 볼펜 수를 각각 구하여라. [6점]

풀이

step❶ 방정식 세우기 [2점]

step❷ 방정식 풀기 [2점]

step❸ 학생 수와 볼펜 수 각각 구하기 [각 1점]

답

3 가로의 길이가 세로의 길이의 2배보다 3 cm만큼 긴 직사각형의 둘레의 길이가 30 cm일 때, 이 직사각형의 가로의 길이를 구하여라. [6점]

풀이

step❶ 방정식 세우기 [3점]

step❷ 방정식 풀기 [2점]

step❸ 직사각형의 가로의 길이 구하기 [1점]

답

4 어떤 일을 완성하는 데 A가 혼자 하면 12일, B가 혼자 하면 18일이 걸린다고 한다. 이 일을 A가 혼자 2일 동안 하고 나서 나머지 일을 A와 B가 함께 하여 완성하였을 때, A와 B가 함께 일한 날은 며칠인지 구하여라. [6점]

풀이

step❶ 방정식 세우기 [3점]

step❷ 방정식 풀기 [2점]

step❸ A와 B가 함께 일한 날수 구하기 [1점]

답

(5-8) 풀이 과정을 자세히 써라.

5 어떤 수를 5배하고 3을 더해야 할 것을 잘못하여 3배하고 5를 더했더니 구하려고 했던 수보다 12만큼 작아졌다. 구하려고 했던 수를 구하여라. [7점]

풀이

답

6 효준이는 35장, 동생은 25장의 우표를 가지고 있다. 효준이가 동생에게 몇 장의 우표를 주어야 효준이와 동생이 가진 우표 수의 비가 2 : 3이 되는지 구하여라. [6점]

풀이

답

도전! 창의 서술

7 어떤 물건을 정가의 20 %를 할인하여 팔았더니 원가에 대하여 4 %의 이익을 얻었다고 한다. 이 물건은 원가에 몇 %의 이익을 붙여서 정가를 정한 것인지 구하여라. [7점]

풀이

답

8 수현이가 가지고 있던 6 %의 소금물 200 g 중 절반을 하늘이가 가지고 있는 10 %의 소금물 x g에 부었다. 하늘이는 이것을 잘 섞어서 다시 수현이의 그릇에 절반을 부었더니 수현이의 소금물의 농도는 7 %가 되었다. 처음 하늘이의 그릇에 들어 있던 소금물의 양을 구하여라. [8점]

풀이

답

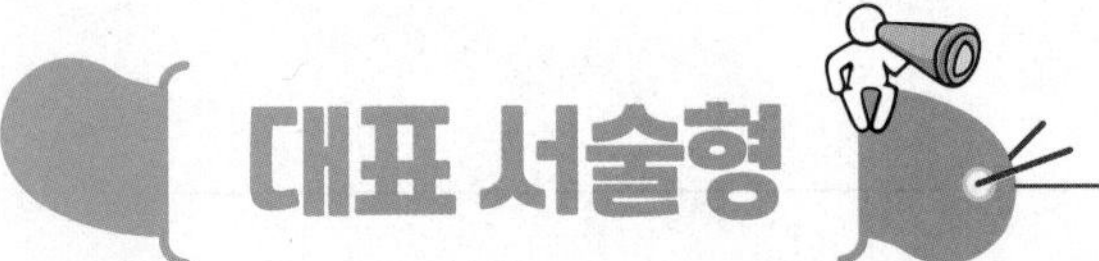

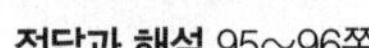

정답과 해설 95~96쪽

1 사분면 - x, y좌표가 문자로 주어진 경우

▶ 유형 132

예제 좌표평면 위의 점 $\mathrm{P}(a, b)$가 제4사분면 위의 점일 때, 점 $\mathrm{Q}(b-a, ab)$는 제몇 사분면 위의 점인지 구하여라. [6점]

풀이

step❶ a, b의 부호 각각 구하기 [각 1점] ➜ 점 $\mathrm{P}(a, b)$가 제4사분면 위의 점이므로
(x좌표)$=a$___0, (y좌표)$=b$___0이다.

step❷ $b-a$, ab의 부호 각각 구하기 [각 1점] ➜ a___0, b___0에서 $b-a$___0, ab___0이므로
점 Q의 (x좌표)$=b-a$___0, (y좌표)$=ab$___0이다.

step❸ 점 Q가 제몇 사분면 위의 점인지 구하기 [2점] ➜ 따라서 점 $\mathrm{Q}(b-a, ab)$는 제 ___사분면 위의 점이다.

유제 1-1

▶ 유형 132

좌표평면 위의 점 $\mathrm{P}\left(\frac{b}{a}, a-b\right)$가 제2사분면 위의 점일 때, 점 $\mathrm{Q}(a, b)$는 제몇 사분면 위의 점인지 구하여라. [6점]

풀이

step❶ $\frac{b}{a}$, $a-b$의 부호 각각 구하기 [각 1점]

점 $\mathrm{P}\left(\frac{b}{a}, a-b\right)$가 제2사분면 위의 점이므로

$\frac{b}{a}$___0, $a-b$___0

step❷ a, b의 부호 각각 구하기 [각 1점]

$\frac{b}{a}$___0이므로

a___0, b___0 또는 a___0, b___0

그런데 $a-b$___0이므로

a___0, b___0

step❸ 점 Q가 제몇 사분면 위의 점인지 구하기 [2점]

따라서 점 $\mathrm{Q}(a, b)$는 제 ___사분면 위의 점이다.

유제 1-2

▶ 유형 133

$x+y<0$, $xy>0$일 때, 점 $\mathrm{P}(x, -y)$와 원점에 대하여 대칭인 점 Q는 제몇 사분면 위의 점인지 구하여라. [7점]

풀이

step❶ x, y의 부호 각각 구하기 [각 1점]

xy___0이므로

x___0, y___0 또는 x___0, y___0

그런데 $x+y$___0이므로

x___0, y___0

step❷ 점 Q의 좌표 구하기 [2점]

점 $\mathrm{P}(x, -y)$와 원점에 대하여 대칭인 점 Q의 좌표는 (___, ___)이다.

step❸ 점 Q가 제몇 사분면 위의 점인지 구하기 [3점]

따라서 ______, ______이므로 점 Q(___, ___)는 제___사분면 위의 점이다.

2 그래프의 이해

▶ 유형 135

예제 오른쪽 그래프는 태은이와 태웅이가 같은 지점에서 동시에 출발하였을 때, 시간 x분에 따른 이동 거리 y m의 변화를 나타낸 것이다. 출발한지 10분 후의 태은이와 태웅이 사이의 거리를 구하여라. [5점]

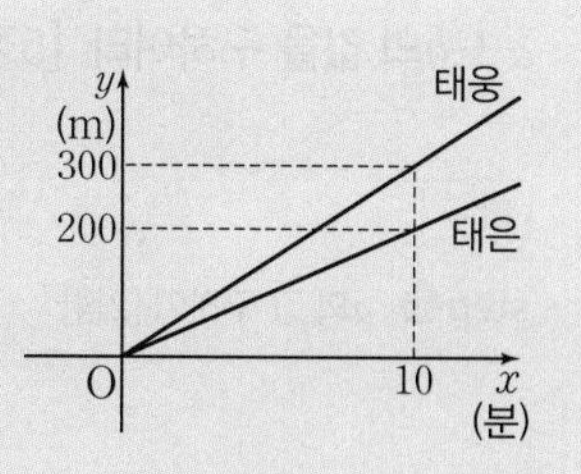

풀이

step❶ 10분 동안 태은이와 태웅이가 각각 간 거리 구하기 [각 2점] ➔ 태은이의 그래프는 점 (10, ___)을 지나고, 태웅이의 그래프는 점 (10, ___)을 지나므로 10분 동안 태은이는 ___ m를 가고, 태웅이는 ___ m를 간다.

step❷ 두 사람 사이의 거리 구하기 [1점] ➔ 따라서 두 사람 사이의 거리는 ___ − ___ = ___ (m)

유제 2-1

▶ 유형 135

집에서 1.5 km 떨어진 도서관까지 선준이는 걸어가고, 정욱이는 자전거를 타고 갔다. 오른쪽 그래프는 두 사람이 동시에 출발할 때 걸린 시간 x분과 이동 거리 y m 사이의 관계를 나타낸 것이다. 정욱이가 도서관에 도착한 후 몇 분을 기다려야 선준이가 도착하는지 구하여라. [5점]

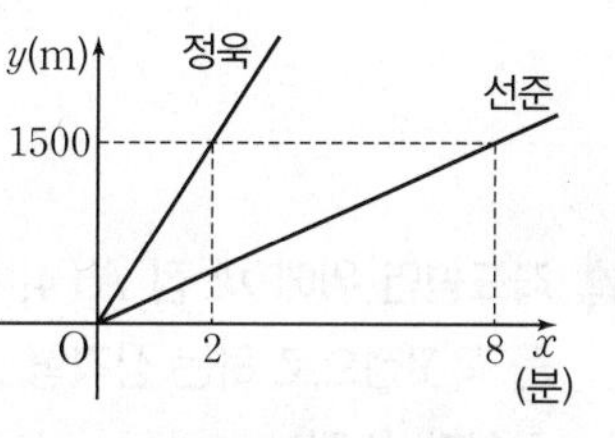

풀이

step❶ 도서관에 도착할 때까지 걸리는 시간 각각 구하기 [각 2점]

선준이의 그래프는 점 (___, 1500)을 지나고, 정욱이의 그래프는 점 (___, 1500)을 지나므로 도서관에 도착할 때까지 선준이는 ___분, 정욱이는 ___분이 걸린다.

step❷ 기다려야 하는 시간 구하기 [1점]

따라서 정욱이가 기다려야 하는 시간은

___ − ___ = ___ (분)

유제 2-2

▶ 유형 135

다음 그래프는 A, B 두 명이 400 m 달리기를 할 때 달린 시간 x초와 달린 거리 y m 사이의 관계를 나타낸 것이다. 출발 후 A, B는 몇 초 후에 처음으로 다시 만나고, 그때까지 달린 거리는 몇 m인지 구하여라. [6점]

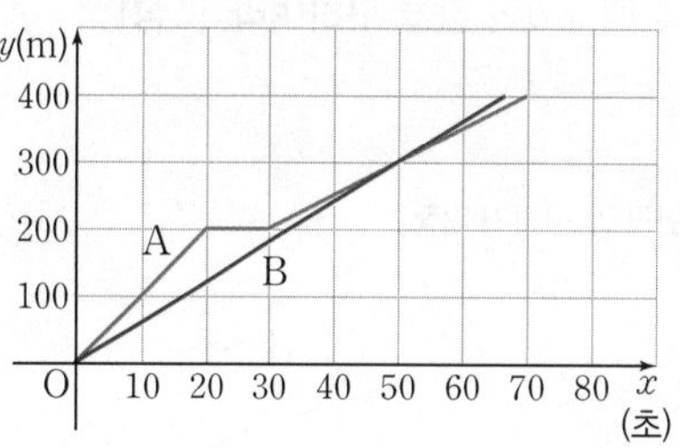

풀이

step❶ 그래프에서 A, B가 만나는 점의 x좌표, y좌표 각각 읽기 [각 2점]

그래프에서 A, B가 처음으로 다시 만나는 점의 좌표는 (___, ___)이므로 이 점의 x좌표는 ___, y좌표는 ___이다.

step❷ 두 사람이 처음으로 다시 만나는 시간과 그때까지 달린 거리 구하기 [각 1점]

따라서 두 사람은 출발하여 ___초가 될 때 다시 만나고, 그때까지 달린 거리는 ___ m이다.

정답과 해설 96~97쪽

(1-4) 주어진 단계에 맞게 답안을 작성하여라.

1 두 순서쌍 $(3a-1,\ b+5)$, $(5,\ 3b-1)$이 서로 같을 때, $a+b$의 값을 구하여라. [5점]

풀이

step❶ a의 값 구하기 [2점]

step❷ b의 값 구하기 [2점]

step❸ $a+b$의 값 구하기 [1점]

답

2 두 점 $\mathrm{A}(5a,\ a+6)$, $\mathrm{B}(2b+8,\ 3-b)$가 각각 x축, y축 위에 있을 때, ab의 값을 구하여라. [5점]

풀이

step❶ a의 값 구하기 [2점]

step❷ b의 값 구하기 [2점]

step❸ ab의 값 구하기 [1점]

답

3 좌표평면 위의 두 점 $(3a,\ -1)$, $(4,\ b-2)$가 y축에 대하여 대칭일 때, 점 $\mathrm{P}(a,\ b)$는 제몇 사분면 위의 점인지 구하여라. [6점]

풀이

step❶ a, b의 값 각각 구하기 [각 2점]

step❷ $\mathrm{P}(a,\ b)$가 제몇 사분면 위의 점인지 구하기 [2점]

답

4 좌표평면 위에 세 점 $\mathrm{A}(4,\ 3)$, $\mathrm{B}(-2,\ -3)$, $\mathrm{C}(-3,\ 1)$을 꼭짓점으로 하는 삼각형 ABC를 나타내고, 그 넓이를 구하여라. [7점]

풀이

step❶ 좌표평면 위에 삼각형 ABC 나타내기 [3점]

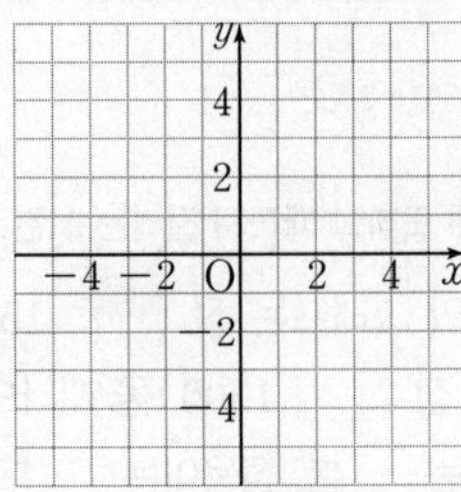

step❷ 삼각형 ABC의 넓이 구하기 [4점]

답

5-8 풀이 과정을 자세히 써라.

5 세 점 $\mathrm{A}(6,\ a)$, $\mathrm{B}(0,\ 5)$, $\mathrm{C}(6,\ -1)$을 꼭짓점으로 하는 삼각형 ABC의 넓이가 12일 때, 양수 a의 값을 구하여라. [6점]

풀이

답

6 점 $\mathrm{A}(a-3,\ a+5)$가 제2사분면 위의 점이 되기 위한 정수 a의 개수를 구하여라. [6점]

풀이

답

도전! 창의 서술

7 두 점 $\mathrm{A}(a,\ b+2)$, $\mathrm{B}(3b,\ a-1)$이 x축 위에 있고 점 C의 좌표가 $(-b,\ 2a)$일 때, 삼각형 ABC의 넓이를 구하여라. [8점]

풀이

답

8 점 $\mathrm{P}(a,\ b)$가 제2사분면 위에 있고, 점 $\mathrm{Q}(c,\ d)$가 제3사분면 위에 있을 때, 점 $\mathrm{R}(ac,\ b-d)$는 제몇 사분면 위의 점인지 구하여라. [8점]

풀이

답

정답과 해설 97쪽

1 그래프의 식 구하기

▶ 유형 140

예제 두 점 $(3, 2)$, $(k, -12)$를 지나는 그래프가 원점을 지나는 직선일 때, k의 값을 구하여라. [6점]

풀이

step❶ 관계식의 꼴 정하기 [2점] ❯ 그래프가 원점을 지나는 직선이므로 관계식을 ______로 놓자.

step❷ a의 값을 구하여 그래프의 식 구하기 [2점] ❯ ______의 그래프가 점 $(3, 2)$를 지나므로 ______에 $x=3$, $y=2$를 대입하면 ______, $a=$ ___ $\therefore y=$ ___

step❸ k의 값 구하기 [2점] ❯ ______의 그래프가 점 $(k, -12)$를 지나므로 ______에 $x=k$, $y=-12$를 대입하면 ______ $\therefore k=$ ______

유제 1-1

▶ 유형 140

정비례 관계 $y=ax$의 그래프가 오른쪽 그림과 같을 때, $a+b$의 값을 구하여라. (단, a는 상수) [5점]

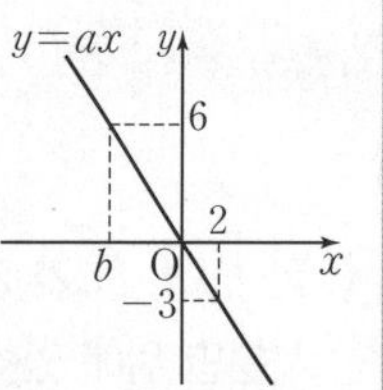

풀이

step❶ a의 값 구하기 [2점]

$y=ax$의 그래프가 점 $(2, -3)$을 지나므로
$y=ax$에 $x=2$, $y=-3$을 대입하면
______ $\therefore a=$ ___

step❷ b의 값 구하기 [2점]

______의 그래프가 점 $(b, 6)$을 지나므로
______에 $x=b$, $y=6$을 대입하면
______ $\therefore b=$ ___

step❸ $a+b$의 값 구하기 [1점]

$\therefore a+b=$ ______

유제 1-2

▶ 유형 148

오른쪽 그래프에서 k의 값을 구하여라. [6점]

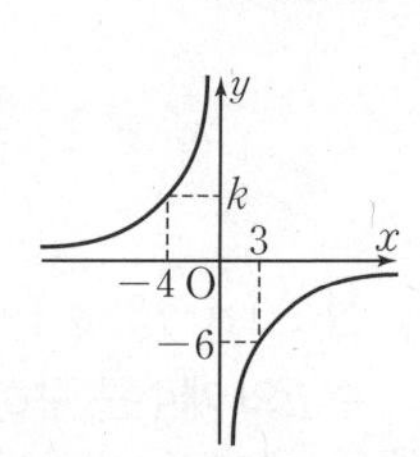

풀이

step❶ 관계식의 꼴 정하기 [2점]

주어진 그래프가 원점에 대하여 대칭인 한 쌍의 곡선이므로
관계식을 ______로 놓자.

step❷ 그래프의 식 구하기 [2점]

______의 그래프가 점 $(3, -6)$을 지나므로
______에 $x=3$, $y=-6$을 대입하면
______, $a=$ ______ $\therefore y=$ ______

step❸ k의 값 구하기 [2점]

______의 그래프가 점 $(-4, k)$를 지나므로
______에 $x=-4$, $y=k$를 대입하면
$k=$ ______

2 반비례 관계의 활용

▶ 유형 151

예제 두 톱니바퀴 A, B가 서로 맞물려 돌고 있다. 톱니의 수가 16개인 톱니바퀴 A가 30번 회전하는 동안 톱니의 수가 x개인 톱니바퀴 B는 y번 회전한다고 할 때, x와 y 사이의 관계식을 구하여라. 또, 톱니바퀴 B의 톱니의 수가 24개일 때, 톱니바퀴 B는 몇 번 회전하는지 구하여라. [6점]

풀이

step❶ x와 y 사이의 관계식 구하기 [4점] ➜ 회전하는 동안 맞물려 돌아가는 톱니의 수가 같으므로
$x\times$___$=16\times$___ $\therefore y=$_____

step❷ 톱니바퀴 B의 회전 수 구하기 [2점] ➜ _______에 $x=24$를 대입하면 ___________
따라서 톱니바퀴 B는 ___번 회전한다.

유제 2-1

▶ 유형 151

어떤 일을 4명이 함께 하면 완성하는 데 15일이 걸린다고 한다. 이 일을 x일 동안 완성하는 데 필요한 사람 수를 y명이라고 할 때, x와 y 사이의 관계식을 구하여라. 또, 이 일을 12일 만에 완성하려면 몇 명이 함께 일해야 하는지 구하여라. (단, 사람들의 작업 속도는 모두 같다.) [6점]

풀이

step❶ x와 y 사이의 관계식 구하기 [4점]

전체 일의 양은 일정하므로
$x\times$___$=$___$\times$___
$\therefore y=$_____

step❷ 12일 만에 완성하는 데 필요한 사람 수 구하기 [2점]

______에 $x=12$를 대입하면
$y=$______
따라서 12일 만에 일을 완성하려면 ___명이 함께 일해야 한다.

유제 2-2

▶ 유형 142

가로의 길이가 20 cm, 세로의 길이가 30 cm, 높이가 40 cm인 직육면체 모양의 수조에 물을 넣을 때, 수면의 높이는 매분 4 cm씩 올라간다. 물을 넣기 시작한 지 x분 후 수조에 담긴 물의 부피를 $y\text{ cm}^3$라고 할 때, x와 y 사이의 관계식을 구하여라. 또, 물을 넣기 시작한 지 5분 후 수조에 담긴 물의 부피를 구하여라. [6점]

풀이

step❶ x와 y 사이의 관계식 구하기 [4점]

x분 후 수면의 높이는 _____ cm이므로 수조에 담긴 물의 부피는
_________$=$_____(cm^3)
$\therefore y=$______

step❷ 물을 넣기 시작한 지 5분 후 물의 부피 구하기 [2점]

_________에 $x=5$를 대입하면
$y=$___________
따라서 물을 넣기 시작한 지 5분 후 수조에 담긴 물의 부피는 ______ cm^3이다.

정답과 해설 97~98쪽

1-4 주어진 단계에 맞게 답안을 작성하여라.

1 반비례 관계 $y=-\dfrac{3}{x}$의 그래프가 두 점 $(a,\ -1)$, $\left(\dfrac{1}{2},\ b\right)$를 지날 때, $a+b$의 값을 구하여라. [5점]

풀이

step❶ a, b의 값 각각 구하기 [각 2점]

step❷ $a+b$의 값 구하기 [1점]

답

2 y가 x에 반비례하고 $x=3$일 때, $y=-12$이다. $x=k$일 때, $y=9$를 만족하는 k의 값을 구하여라. [5점]

풀이

step❶ 관계식 구하기 [3점]

step❷ k의 값 구하기 [2점]

답

3 오른쪽 그림과 같이 정비례 관계 $y=-\dfrac{2}{3}x$와 반비례 관계 $y=\dfrac{a}{x}$의 그래프가 점 $\mathrm{P}(-3,\ b)$에서 만날 때, $a+b$의 값을 구하여라. (단, a는 상수) [6점]

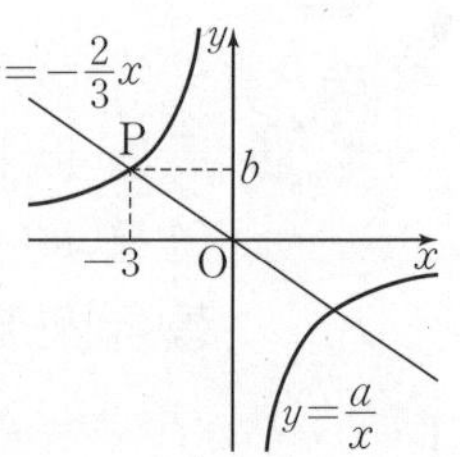

풀이

step❶ b의 값 구하기 [2점]

step❷ a의 값 구하기 [3점]

step❸ $a+b$의 값 구하기 [1점]

답

4 1시간에 3 cm씩 타는 양초가 있다. x시간 동안 타는 양초의 길이를 y cm라고 할 때, x와 y 사이의 관계식을 구하여라. 또, 양초를 6시간 동안 켜 놓았을 때, 탄 양초의 길이를 구하여라. [6점]

풀이

step❶ x와 y 사이의 관계식 구하기 [4점]

step❷ 6시간 동안 켜 놓았을 때, 탄 양초의 길이 구하기 [2점]

답

5-8 풀이 과정을 자세히 써라.

5 반비례 관계 $y=\frac{a}{x}$의 그래프가 점 $\left(\frac{3}{2}, 4\right)$를 지날 때, 이 그래프 위에 있는 점 중에서 x좌표와 y좌표가 모두 정수인 점의 개수를 구하여라. (단, a는 상수) [6점]

풀이

답

6 오른쪽 그림에서 점 C는 반비례 관계 $y=\frac{20}{x}$의 그래프 위의 점일 때, 직사각형 AOBC의 넓이를 구하여라. (단, 점 O는 원점) [6점]

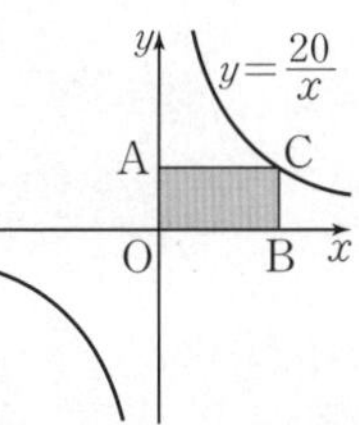

풀이

답

도전! 창의 서술

7 오른쪽 그래프는 두 정비례 관계 $y=2x$와 $y=ax$의 그래프를 좌표평면 위에 나타낸 것이다. 선분 BP의 길이가 선분 AP의 길이의 2배일 때, 상수 a의 값을 구하여라. [7점]

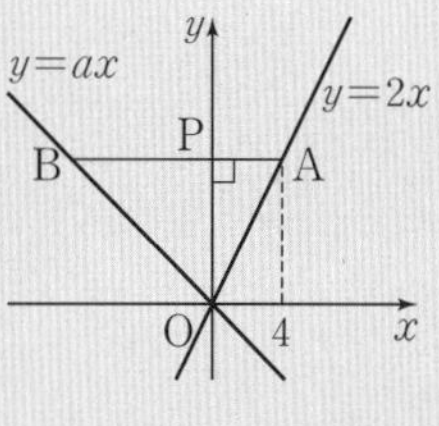

풀이

답

8 오른쪽 그래프는 물이 300 L씩 들어 있는 두 수조 A, B에서 동시에 물을 일정한 속력으로 뺄 때, 수조 A와 B에서 각각 물을 뺀 시간과 흘러나온 물의 양 사이의 관계를 나타낸 것이다. x분 동안 흘러나온 물의 양을 y L라고 할 때, 다음 물음에 답하여라. [총 7점]

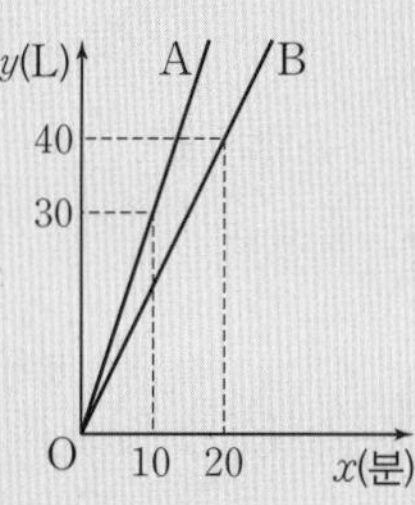

(1) 수조 A의 x와 y 사이의 관계식을 구하여라. [2점]

(2) 수조 B의 x와 y 사이의 관계식을 구하여라. [2점]

(3) A와 B 두 수조의 물을 모두 빼는 데 걸리는 시간의 차를 구하여라. [3점]

풀이

답

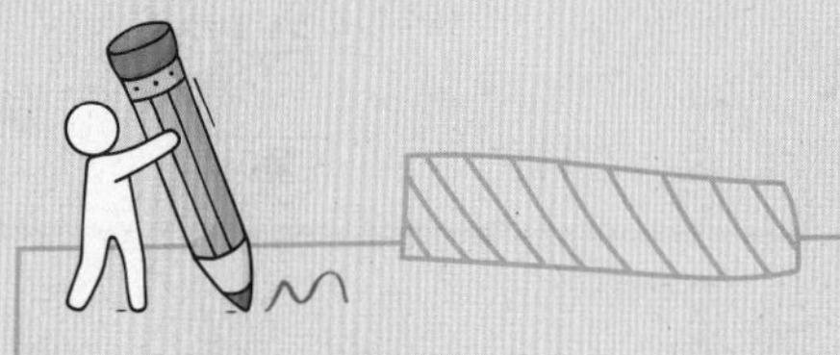

공부는 좋은 사람이 되는 길이고,

세상을 향해 던지는 질문이며,

모두에게 이로운 혁명입니다.

실전북

풍산자
필수유형

최종점검 TEST

중학수학

1-1

실전 TEST_1회

시간제한: 45분 점수: ________점 / 100점

정답과 해설 99쪽

01 다음 중 두 수가 서로소인 것은? [3점]

① 10, 18 ② 25, 48 ③ 28, 49
④ 49, 70 ⑤ 57, 93

02 다음 보기 중 옳은 것을 모두 고른 것은? [3점]

보기
ㄱ. 51은 소수이다.
ㄴ. $2^3\times7^2$의 약수의 개수는 12이다.
ㄷ. 24를 소인수분해하면 3×8이다.
ㄹ. 최대공약수가 1인 두 수를 서로소라고 한다.
ㅁ. 두 자연수의 곱으로 나타낼 수 있는 수는 합성수이다.

① ㄱ, ㄴ ② ㄱ, ㄷ ③ ㄴ, ㄷ
④ ㄴ, ㄹ ⑤ ㄱ, ㄷ, ㄹ

03 다음 중 대소 관계가 옳지 않은 것은? [3점]

① $-\frac{10}{3}<-\frac{7}{3}$ ② $0>-1.4$
③ $0.5>-5.5$ ④ $-4>-6$
⑤ $-1.24<-\frac{3}{2}$

04 $\frac{3}{8}$의 역수를 a, -6의 역수를 b라고 할 때, $a+b$의 값은? [3점]

① $-\frac{17}{6}$ ② $-\frac{5}{2}$ ③ $-\frac{5}{3}$
④ $\frac{2}{3}$ ⑤ $\frac{5}{2}$

05 두 유리수 $-\frac{9}{2}$와 $\frac{17}{5}$ 사이에 있는 모든 정수의 합은? [3점]

① -7 ② -4 ③ -3
④ 0 ⑤ 3

06 다음 계산 과정에서 (가), (나)에 이용된 계산 법칙을 차례로 적은 것은? [3점]

$$\begin{aligned}&\left(+\frac{3}{4}\right)+\left(-\frac{3}{5}\right)+\left(-\frac{3}{4}\right)\\ &=\left(+\frac{3}{4}\right)+\left(-\frac{3}{4}\right)+\left(-\frac{3}{5}\right) \quad \text{(가)}\\ &=\left\{\left(+\frac{3}{4}\right)+\left(-\frac{3}{4}\right)\right\}+\left(-\frac{3}{5}\right) \quad \text{(나)}\\ &=0+\left(-\frac{3}{5}\right)\\ &=-\frac{3}{5}\end{aligned}$$

① 덧셈의 교환법칙, 덧셈의 결합법칙
② 덧셈의 교환법칙, 분배법칙
③ 덧셈의 결합법칙, 덧셈의 교환법칙
④ 덧셈의 결합법칙, 분배법칙
⑤ 분배법칙, 덧셈의 결합법칙

07 다음 중 계산 결과가 나머지 넷과 다른 하나는? [3점]

① $(-3)\div6\times4$　② $4+(-2)\times3$
③ $2^4\div(-2)^3$　④ $16\div(-2)-(-6)$
⑤ $(-10)\div(-5)\times(-1)^2$

08 다음 중 곱셈 기호와 나눗셈 기호를 생략하여 나타낸 것이 옳지 않은 것은? [3점]

① $5\times x\div(a+b)=\frac{5x}{a+b}$
② $x\div y\times(-1)\times z=-\frac{xz}{y}$
③ $2x-y\div7=\frac{2x-y}{7}$
④ $x\times x\times(-2)+x\div y=-2x^2+\frac{x}{y}$
⑤ $0.1\times x-a\div(x+10)=0.1x-\frac{a}{x+10}$

09 한 개에 a원인 사과 x개를 사고 b원을 냈을 때, 거스름돈을 나타내는 식은? [3점]

① $(a-bx)$원　② $(b-ax)$원
③ $x(a-b)$원　④ $\left(b-\frac{b}{x}\right)$원
⑤ $\left(a-\frac{b}{x}\right)$원

10 $2^3\times\square$의 약수의 개수가 12일 때, 다음 중 $\square$ 안에 들어갈 수 없는 수는? [4점]

① 9　② 25　③ 36
④ 49　⑤ 256

11 두 수 $\frac{24}{n}$, $\frac{56}{n}$이 자연수가 되도록 하는 자연수 n의 개수는? [4점]

① 3　② 4　③ 6
④ 7　⑤ 8

12 가로의 길이가 64 cm, 세로의 길이가 48 cm인 직사각형 모양의 벽이 있다. 이 벽을 되도록 큰 같은 크기의 정사각형 모양의 타일을 사용하여 겹치지 않게 빈틈없이 붙이려고 할 때, 정사각형 모양의 타일의 한 변의 길이는? [4점]

① 4 cm　② 6 cm　③ 8 cm
④ 12 cm　⑤ 16 cm

13 철호와 경희가 자전거를 타고 트랙을 한 바퀴 도는 데 각각 16분, 20분이 걸린다. 이와 같은 속력으로 출발점을 동시에 출발하여 같은 방향으로 트랙을 돌 때, 철호와 경희가 처음으로 출발점에서 다시 만나게 되는 것은 몇 분 후인가? [4점]

① 40분 후　② 80분 후　③ 100분 후
④ 120분 후　⑤ 160분 후

14 다음 보기 중 옳은 것은 모두 몇 개인가? [4점]

보기
ㄱ. 가장 작은 정수는 0이다.
ㄴ. 절댓값이 같은 수는 항상 2개씩 있다.
ㄷ. 유리수는 양수와 음수로 이루어져 있다.
ㄹ. 절댓값이 4보다 작은 정수는 7개이다.
ㅁ. 지상 21 km를 $+21$ km라고 할 때, 지하 5 km는 -5 km라고 나타낸다.

① 1개 ② 2개 ③ 3개
④ 4개 ⑤ 5개

15 다음 수직선 위의 점 A, B, C, D에 대한 설명으로 옳지 않은 것은? [4점]

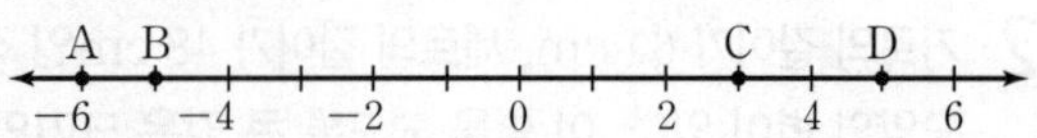

① 양수를 나타내는 점은 2개이다.
② 점 C가 나타내는 수는 점 D가 나타내는 수보다 2만큼 작다.
③ 점 A가 나타내는 수는 점 B가 나타내는 수보다 크다.
④ 점 C가 나타내는 수의 절댓값은 3이다.
⑤ 원점으로부터의 거리가 5인 점은 점 B와 D이다.

16 다음 중 $a=-2$일 때, 그 값이 가장 큰 것은? [4점]

① $a-1$ ② $-a-1$ ③ $1-a$
④ $\frac{1}{a}$ ⑤ $\frac{1}{a^2}$

17 다음을 계산하면? [4점]

$$(-2)^2\times(-3)+\{6+18\div(-3)^2\}\div 2$$

① -10 ② -8 ③ -4
④ 4 ⑤ 6

18 다음은 은찬이네 반 학생들이 다항식에 관련된 용어를 배우고 각자 설명한 내용이다. 바르게 설명한 사람은? [4점]

- 은찬: $3x+5$와 $\frac{6}{x}$은 모두 일차식이다.
- 준호: 다항식 $3x^2-x$의 차수는 3이다.
- 동주: $-\frac{x}{5}$에서 x의 계수는 $-\frac{1}{5}$이다.
- 희은: $-2x$와 $-2x^2$은 동류항이다.
- 효재: $5x^2-8x+7$의 항은 $5x^2$, $8x$, 7의 3개이다.

① 은찬 ② 준호 ③ 동주
④ 희은 ⑤ 효재

19 다음 식을 간단히 하면? [4점]

$$16x-9y-\{6x-7y-2(-x-8y)\}$$

① $8x-8y$ ② $8x-18y$ ③ $8x+7y$
④ $12x-8y$ ⑤ $12x-18y$

20 80, 60, 95를 어떤 자연수로 나누었더니 나머지가 각각 8, 6, 5이었다. 어떤 수가 될 수 있는 수의 합은? [5점]

① 18 ② 20 ③ 25
④ 27 ⑤ 30

[21-25] 풀이 과정을 자세히 쓰고 답을 적어라.

21 두 수 $2^4\times3^2$, $2^a\times3$의 최대공약수가 $2^3\times3$, 최소공배수가 $2^4\times b$일 때, 자연수 a, b에 대하여 $a+b$의 값을 구하여라. [5점]

풀이

22 어떤 유리수에 $\frac{3}{5}$을 더해야 할 것을 잘못하여 빼었더니 그 결과가 $-\frac{3}{7}$이 되었다. 바르게 계산한 답을 구하여라. [5점]

풀이

23 다음을 만족하는 두 수 a, b에 대하여 가장 작은 $a-b$의 값을 구하여라. [6점]

$$|a|=\frac{5}{12},\quad |b|=\frac{3}{8}$$

풀이

24 4개의 정수 3, -2, -4, 5가 각각 적힌 4장의 카드 중에서 세 장을 뽑아 적힌 수를 곱하였을 때, 가장 큰 수를 a, 가장 작은 수를 b라고 하자. 이때 $a+b$의 값을 구하여라. [7점]

풀이

25 다음 조건을 만족하는 두 일차식 A, B에 대하여 $A+B$를 간단히 하려고 한다. 물음에 답하여라. [총 5점]

(가) A에 $2x-3$을 더하면 $x-1$이다.
(나) B에서 A를 빼면 $3x+1$이다.

(1) 일차식 A를 구하여라. [2점]
(2) 일차식 B를 구하여라. [2점]
(3) $A+B$를 간단히 하여라. [1점]

풀이

실전 TEST_2회

시간제한: 45분 점수: ________점 / 100점

정답과 해설 101쪽

01 다음 중 600의 약수가 아닌 것은? [3점]

① $2\times3\times5$ ② 3×5^2 ③ $2^4\times5$
④ $2\times3\times5^2$ ⑤ $2^3\times5^2$

02 다음 설명 중 옳은 것은? [3점]

① 소수는 모두 홀수이다.
② 두 소수의 곱은 홀수이다.
③ 자연수는 소수와 합성수로 이루어져 있다.
④ 7의 배수 중 소수는 1개뿐이다.
⑤ 1을 제외한 모든 자연수는 약수가 짝수 개이다.

03 다음 중 두 수 $2\times3^2\times5^2$, $2^2\times3\times5^3$의 공약수가 될 수 없는 것은? [3점]

① 2×3 ② 2×3^3 ③ 2×5
④ 3×5 ⑤ $2\times3\times5$

04 두 수 $2^a\times3^4\times5^3$, $2^2\times3^b\times c$의 최대공약수가 $2^2\times3^2$이고, 최소공배수가 $2^3\times3^4\times5^3\times7$일 때, 자연수 a, b, c에 대하여 $a+b+c$의 값은? (단, c는 소수) [3점]

① 10 ② 11 ③ 12
④ 13 ⑤ 14

05 다음 수에 대한 설명 중 옳은 것은? [3점]

$$\frac{2}{3},\quad -4,\quad 10,\quad 3.6,\quad -\frac{2}{5},\quad 0,\quad -\frac{1}{2}$$

① 유리수는 4개이다.
② 자연수는 2개이다.
③ 음의 정수는 3개이다.
④ 정수가 아닌 유리수는 4개이다.
⑤ 절댓값이 가장 작은 수는 $-\frac{1}{2}$이다.

06 다음 중 부등호를 사용하여 나타낸 것으로 옳지 않은 것은? [3점]

① x는 2보다 작다. ⇨ $x<2$
② x는 $\frac{1}{2}$보다 크지 않다. ⇨ $x<\frac{1}{2}$
③ x는 -4보다 작지 않다. ⇨ $x\geq-4$
④ x는 3보다 크고 5보다 작다. ⇨ $3<x<5$
⑤ x는 -2보다 크고 1보다 크지 않다. ⇨ $-2<x\leq1$

07 다음을 계산하면? [3점]

$$\left(-\frac{1}{2}\right)\div\left(-\frac{1}{4}\right)+9\times\left\{\frac{2}{3}+(-2)^2\right\}$$

① -44 ② -40 ③ 40
④ 44 ⑤ 54

08 다음 중 옳은 것은? [3점]

① 5000원짜리 문화상품권 n장의 값은 $\frac{5000}{n}$원이다.

② 한 변의 길이가 x cm인 정사각형의 넓이는 $4x$ cm^{2}이다.

③ 정가가 a원인 옷을 30 % 할인하여 살 때, 지불한 금액은 $\frac{3}{10}a$원이다.

④ 시속 60 km로 일정하게 달리는 자동차가 x시간 동안 이동한 거리는 $\frac{60}{x}$ km이다.

⑤ 2 %의 소금물 x g과 4 %의 소금물 y g을 섞은 소금물에 들어 있는 소금의 양은 $\left(\frac{1}{50}x+\frac{1}{25}y\right)$ g이다.

09 다음 중 옳은 것은? [3점]

① $\frac{5y-1}{3}\times 6=10y-6$

② $(3x-10)\times(-5)=-15x-50$

③ $(4y+7)\div\left(-\frac{1}{2}\right)=-8y-7$

④ $-\frac{1}{3}(-12a+15)=4a-15$

⑤ $(9-3a)\div(-6)=-\frac{3}{2}+\frac{a}{2}$

10 다음 식을 간단히 하였을 때, x의 계수를 a, 상수항을 b라고 하면 $a-b$의 값은? [3점]

$$\frac{2x-5}{3}-\frac{x-3}{2}$$

① -3 ② $\frac{1}{3}$ ③ $\frac{1}{2}$
④ $\frac{5}{3}$ ⑤ 3

11 두 자연수 a, b에 대하여 $160\times a=b^2$을 만족하는 가장 작은 자연수 b의 값은? [4점]

① 8 ② 16 ③ 24
④ 32 ⑤ 40

12 어떤 자연수로 36을 나누면 4가 남고, 50을 나누면 2가 남는다. 이러한 수 중에서 가장 큰 수는? [4점]

① 6 ② 8 ③ 12
④ 16 ⑤ 18

13 두 분수 $\frac{14}{15}$, $\frac{25}{24}$의 어느 것에 곱해도 그 결과가 자연수가 되는 가장 작은 자연수는? [4점]

① 60　② 120　③ 150
④ 180　⑤ 196

14 다음 그림과 같이 수직선 위에서 서로 다른 4개의 정수 -5, a, b, 7을 나타내는 네 점 사이의 거리가 모두 같을 때, $a+b$의 값은? [4점]

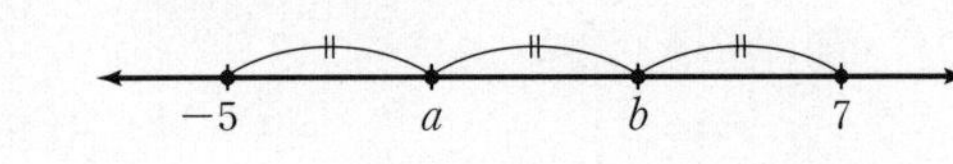

① -2　② -1　③ 0
④ 1　⑤ 2

15 다음을 계산하면? [4점]

$$(-1)+(-1)^2+(-1)^3+\cdots+(-1)^{1000}$$

① -2　② -1　③ 0
④ 1　⑤ 2

16 세 수 a, b, c에 대하여

$$a-c<0,\ a\times c<0,\ \frac{b}{c}>0$$

일 때, 다음 중 항상 옳은 것은? [4점]

① $a>0$, $b>0$, $c<0$　② $a>0$, $b<0$, $c>0$
③ $a>0$, $b<0$, $c<0$　④ $a<0$, $b>0$, $c>0$
⑤ $a<0$, $b<0$, $c>0$

17 $x=\frac{1}{2}$, $y=-4$일 때, $x^2y+\frac{1}{2}xy^2$의 값은? [4점]

① 3　② 5　③ 6
④ 7　⑤ 9

18 어떤 식에 $3x-4$를 더해야 할 것을 잘못하여 빼었더니 $6x+3$이 되었다. 바르게 계산한 식은? [4점]

① $6x-5$　② $6x+3$　③ $9x+3$
④ $9x+10$　⑤ $12x-5$

19 다음 조건을 모두 만족하는 서로 다른 세 수 a, b, c의 대소 관계를 부등호를 사용하여 옳게 나타낸 것은? [5점]

(가) a는 c보다 0에 더 가깝다.
(나) b는 2보다 크다.
(다) a와 c는 -2보다 크다.
(라) c의 절댓값은 -2의 절댓값과 같다.

① $a<b<c$　② $a<c<b$　③ $b<c<a$
④ $c<a<b$　⑤ $c<b<a$

20 서로 다른 두 수 a, b에 대하여

$$a\star b=a\times b+2$$

라고 할 때, $\left(-\frac{5}{2}\right)\star\left\{\frac{5}{2}\star(-2.4)\right\}$의 값은? [5점]

① -18　② -8　③ 10

④ 12　⑤ 15

서술형 [21-25] 풀이 과정을 자세히 쓰고 답을 적어라.

21 서로 맞물려 도는 두 톱니바퀴 A, B가 있다. A의 톱니의 수는 28개, B의 톱니의 수는 20개이다. 이 두 톱니바퀴가 같은 톱니에서 처음으로 다시 맞물리려면 톱니바퀴 A는 몇 바퀴 회전해야 하는지 구하려고 한다. 다음 물음에 답하여라. [총 5점]

(1) 두 톱니바퀴가 같은 톱니에서 처음으로 다시 맞물릴 때까지 맞물리는 톱니의 수를 구하여라. [3점]

(2) 두 톱니바퀴가 같은 톱니에서 처음으로 다시 맞물릴 때까지 톱니바퀴 A는 몇 바퀴 회전해야 하는지 구하여라. [2점]

풀이

22 수직선 위에서 -2와 6에 대응하는 두 점의 한가운데에 있는 점에 대응하는 수를 a, -2에 대응하는 점에서 거리가 4인 점에 대응하는 음수를 b라고 할 때, a의 역수와 b의 역수의 합을 구하여라. [6점]

풀이

23 두 유리수 $\frac{1}{4}$과 $\frac{5}{2}$ 사이에 있는 유리수 중에서 기약분수로 나타내었을 때, 분모가 8인 유리수의 개수를 구하여라. [5점]

풀이

24 두 정수 a, b에 대하여 $|a|=2$, $|b|=3$이다. 가장 큰 $a+b$의 값을 p, 가장 작은 $a-b$의 값을 q라고 할 때, $|p|+|q|$의 값을 구하여라. [7점]

풀이

25 다음 조건을 만족하는 두 일차식 A, B에 대하여 $A+B$를 간단히 하여라. [5점]

(가) A에 -2를 곱하면 $-6x+2$이다.
(나) B에 $-x+3$을 더하면 $-2x+1$이다.

풀이

실전 TEST_3회

시간제한: 45분 점수: ________점 / 100점

정답과 해설 103쪽

01 다음 중 x의 값에 관계없이 항상 참인 등식은? [3점]

① $2-3x=3x$ ② $3(x-2)=6x-6$

③ $\frac{1}{2}x+2=\frac{1}{2}x$ ④ $5-x=x-5$

⑤ $-2(x+5)+4=-2x-6$

02 다음 방정식 중 그 해가 $x=-3$인 것은? [3점]

① $11-2x=15$ ② $2x+5=-11$

③ $-5(x-3)=0$ ④ $25-x=-5x+13$

⑤ $\frac{1}{2}(x-5)=4$

03 다음 중 옳지 않은 것을 모두 고르면? (정답 2개) [3점]

① $a=b$이면 $a-b=0$이다.

② $2a=3b$이면 $2(a+1)=3(b+1)$이다.

③ $x=y-1$이면 $x-1=y$이다.

④ $\frac{x}{3}=\frac{y}{4}$이면 $4x=3y$이다.

⑤ $-2(a+3)=-2(b+3)$이면 $a=b$이다.

04 다음 중 해가 나머지 넷과 다른 하나는? [3점]

① $4x+2=10$ ② $4x=-x+10$

③ $9-3x=15$ ④ $12-6x=x-2$

⑤ $2x+6=5x$

05 어떤 수를 5배하여 8을 뺀 수는 어떤 수에 17을 더하여 2배한 수와 같을 때, 어떤 수는? [3점]

① 11 ② 12 ③ 13

④ 14 ⑤ 15

06 a의 값은 1 또는 2 또는 3이고 b의 값은 2 또는 3 또는 4일 때, $a+b=5$가 되는 순서쌍 (a, b)의 개수는? [3점]

① 1 ② 2 ③ 3

④ 4 ⑤ 5

07 좌표평면 위의 점 $\mathrm{P}(4, -8)$에서 x축에 평행하게 그은 직선이 y축과 만나는 점을 Q라고 할 때, 점 Q의 좌표는? [3점]

① $(-8, -8)$ ② $(-8, 0)$ ③ $(-8\ 8)$

④ $(0, -8)$ ⑤ $(0, 8)$

08 다음 중 옳지 않은 것은? [3점]

① 점 $(4, 0)$은 x축 위에 있다.

② y축 위에 있는 점의 x좌표는 0이다.

③ 점 $(1, -4)$는 제2사분면 위의 점이다.

④ 점 $(-4, -5)$는 제3사분면 위의 점이다.

⑤ x좌표가 음수이고, x축 위에 있지 않은 점은 제2사분면 또는 제3사분면 위의 점이다.

09 일차방정식 $\frac{1}{3}x=\frac{1}{2}x-2$의 해를 $x=a$, 일차방정식 $0.2(x+1)=0.3x+0.5$의 해를 $x=b$라고 할 때, $a+b$의 값은? [4점]

① 5 ② 6 ③ 7

④ 8 ⑤ 9

10 비례식 $5:(11-3x)=4:(x+2)$를 만족하는 x의 값은? [4점]

① 1 ② 2 ③ 3

④ 4 ⑤ 5

11 연속한 세 자연수의 합이 72일 때, 세 자연수 중에서 가장 작은 수는? [4점]

① 23 ② 24 ③ 25

④ 26 ⑤ 27

12 8 %의 소금물 400 g을 그릇에 담아 한참 동안 두었더니 물이 증발하여 농도가 10 %인 소금물이 되었다. 증발한 물의 양과 같은 양의 소금을 이 그릇에 넣었을 때, 소금물의 농도는? [4점]

① 16 % ② 20 % ③ 24 %

④ 28 % ⑤ 32 %

13 점 $(a, 3a+2)$는 x축 위의 점이고 점 $(-b+3, 2b-1)$은 y축 위의 점일 때, ab의 값은? [4점]

① -3 ② -2 ③ 0

④ 2 ⑤ 3

14 좌표평면에서 x축 위에 있는 두 점 $\mathrm{A}(a, b-2)$, $\mathrm{B}(3b, a+1)$과 점 $\mathrm{C}(2a, 2b)$를 꼭짓점으로 하는 삼각형 ABC의 넓이는? [4점]

① 5 ② 7 ③ 9
④ 13 ⑤ 14

15 장난감 기차가 점점 빨라지는 속도로 움직이고 있다. 시간에 따라 장난감 기차가 움직인 거리를 그래프로 바르게 나타낸 것은? [4점]

①
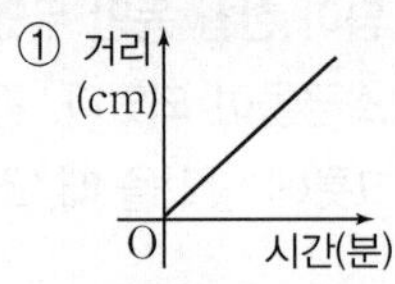

②
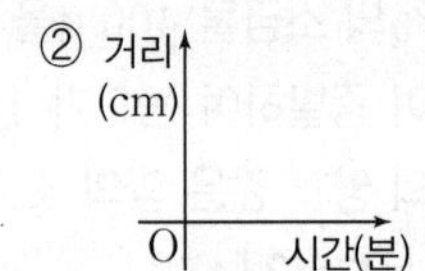

③
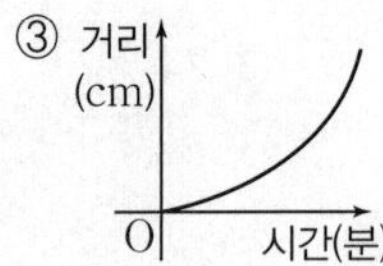

④
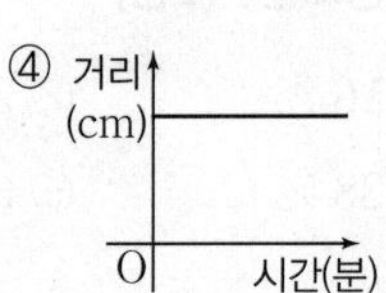

⑤
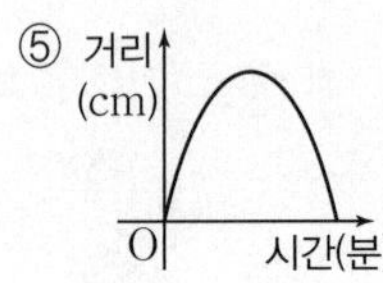

16 오른쪽 그림과 같이 정비례 관계 $y=\frac{1}{3}x$의 그래프 위의 한 점 P에서 x축에 그은 수선이 x축과 만나는 점을 Q라고 할 때, 삼각형 POQ의 넓이는? (단, 점 O는 원점) [4점]

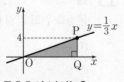

① 24 ② 28 ③ 32
④ 36 ⑤ 40

17 시계의 시침이 $x°$ 움직일 때, 분침은 $y°$ 움직인다고 한다. x와 y 사이의 관계식은? [4점]

① $y=12x$ ② $y=24x$ ③ $y=36x$
④ $y=\frac{12}{x}$ ⑤ $y=\frac{24}{x}$

18 다음 중 정비례 관계 $y=-\frac{3}{2}x$의 그래프로 옳은 것은? [4점]

①
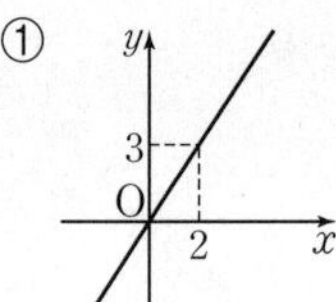

②
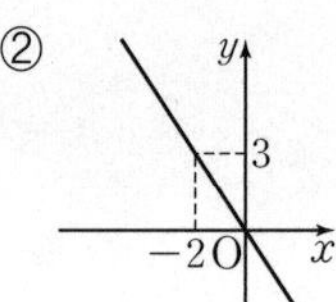

③
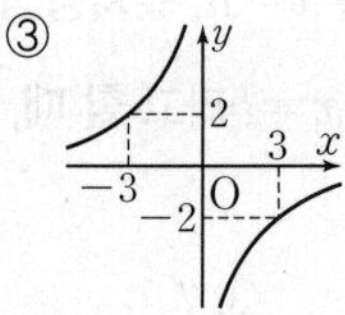

④
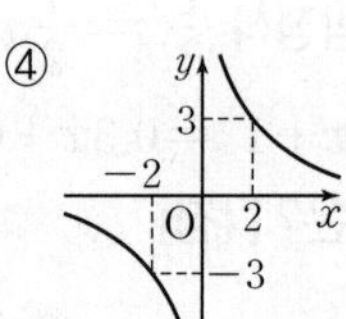

⑤
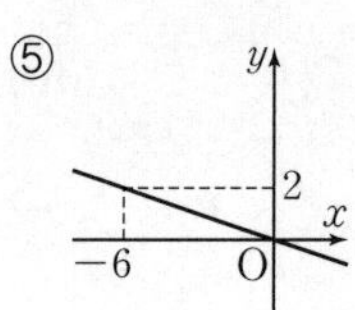

19 오른쪽 그림과 같이 정비례 관계 $y=ax$와 반비례 관계 $y=-\frac{8}{x}$의 그래프가 점 P에서 만난다. 점 P의 x좌표가 -4일 때, 상수 a의 값은? [4점]

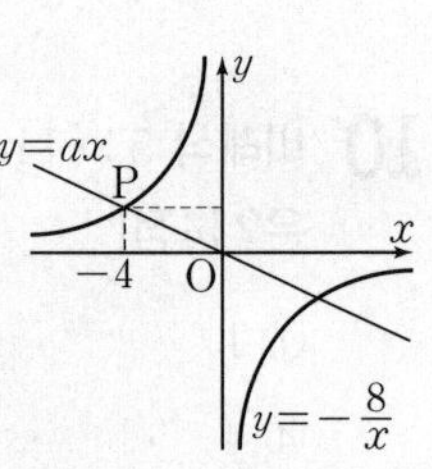

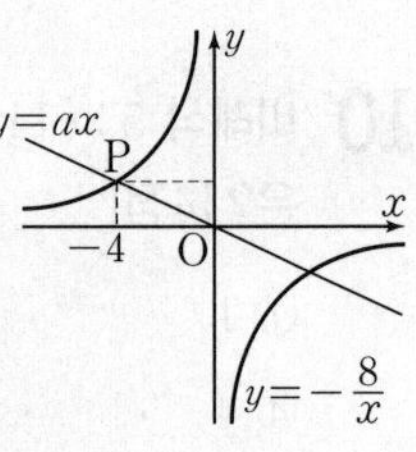

① -2 ② -1 ③ $-\frac{1}{2}$
④ $-\frac{1}{4}$ ⑤ $-\frac{1}{8}$

20 오른쪽 그림과 같은 직사각형 ABCD에서 점 P는 점 C에서 출발하여 사각형의 네 변을 따라 시계 반대 방향으로 움직인다. 점 P가 매초 3 cm의 속력으로 움직일 때, 점 P가 변 BC 위에 있으면서 삼각형 ABP의 넓이가 처음으로 216 cm^2가 되는 것은 출발한 지 몇 초 후인가? [5점]

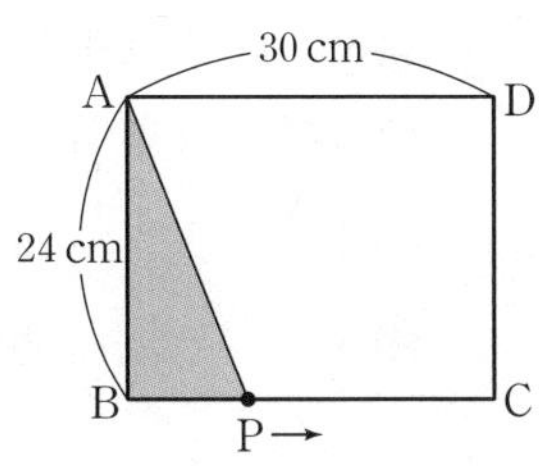

① 24초 후 ② 28초 후 ③ 32초 후
④ 36초 후 ⑤ 40초 후

[21-25] 풀이 과정을 자세히 쓰고 답을 적어라.

21 일차방정식 $a(x-1)=12$의 해가 $x=5$일 때, 일차방정식 $4x+a(x+2)=13$의 해를 $x=b$라고 하자. 이때 ab의 값을 구하여라. (단, a는 상수) [5점]

풀이

22 길이가 12 km인 산책로를 처음에는 시속 4 km로 걷다가 나중에는 시속 6 km로 달렸더니 모두 2시간 40분이 걸렸다. 걸은 산책로의 길이를 구하여라. [6점]

풀이

23 y가 x에 정비례하고, $x=3$일 때 $y=6$이다. $x=-5$일 때, y의 값을 구하여라. [5점]

풀이

24 소희는 수학 시험을 대비하여 수학책 72쪽의 분량을 매일 일정한 양만큼씩 공부하려고 한다. x일 동안 매일 y쪽씩 공부하여 끝낸다고 할 때, 다음 물음에 답하여라. [총 6점]

(1) x와 y 사이의 관계식을 구하여라. [3점]

(2) 매일 8쪽씩 공부하면 며칠 만에 끝낼 수 있는지 구하여라. [3점]

풀이

25 반비례 관계 $y=\frac{a}{x}$의 그래프가 점 $\left(4, \frac{3}{2}\right)$을 지날 때, 반비례 관계 $y=\frac{a}{x}$의 그래프를 다음 좌표평면 위에 그려라. (단, a는 상수) [5점]

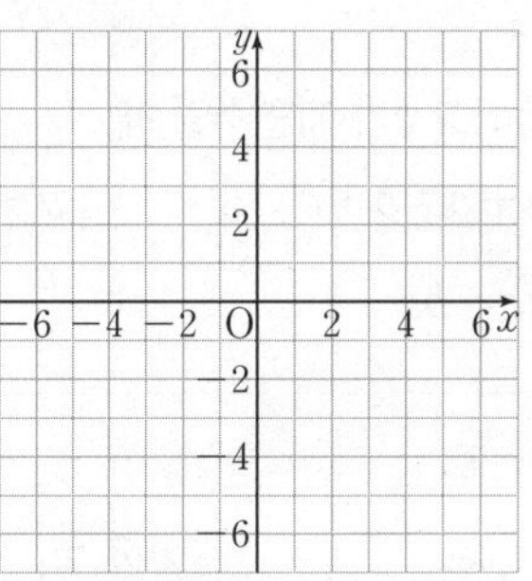

풀이

실전 TEST_4회

시간제한: 45분 점수: ________점 / 100점

정답과 해설 105쪽

01 다음 문장을 등식으로 나타낸 것 중 옳지 않은 것은? [3점]

① 서연이의 15년 후의 나이는 현재 나이인 x살의 3배보다 3살 적다. ⇨ $x+15=3x-3$

② 시속 40 km로 x시간 동안 간 거리는 120 km이다. ⇨ $40x=120$

③ 5000원을 내고 700원짜리 볼펜 x자루를 샀더니 거스름돈이 1500원이다. ⇨ $5000-700x=1500$

④ 7에서 x를 뺀 수의 4배는 12이다. ⇨ $4(7-x)=12$

⑤ 50 cm인 끈을 x cm씩 6번 잘라냈더니 8 cm가 남았다. ⇨ $50-\frac{x}{6}=8$

02 다음은 등식의 성질을 이용하여 방정식의 해를 구하는 과정이다. 풀이 과정에서 (가), (나), (다)에 이용된 등식의 성질을 보기에서 찾아 차례로 나열한 것은? [3점]

$$-\frac{3}{2}+2x=\frac{9}{2}$$
(가)
$$-3+4x=9$$
(나)
$$4x=12$$
(다)
$$x=3$$

보기

$a=b$이고 c가 자연수일 때,

ㄱ. $a+c=b+c$ ㄴ. $a-c=b-c$

ㄷ. $ac=bc$ ㄹ. $\frac{a}{c}=\frac{b}{c}$

① ㄷ, ㄱ, ㄴ ② ㄷ, ㄱ, ㄹ
③ ㄷ, ㄴ, ㄹ ④ ㄹ, ㄱ, ㄷ
⑤ ㄹ, ㄷ, ㄱ

03 등식 $(a-2)x+12=3(x+2b)$가 x에 대한 항등식일 때, 상수 a, b에 대하여 $a-b$의 값은? [3점]

① 1 ② 2 ③ 3
④ 4 ⑤ 5

04 어느 중학교 1학년 학생들이 야영을 하는데 텐트 한 개에 9명씩 자면 학생 3명이 남고, 11명씩 자면 2개의 텐트가 남고 어느 한 텐트에서는 8명이 자게 된다. 텐트의 개수를 x라 할 때, 다음 중 x를 구하기 위한 방정식으로 옳은 것은? [3점]

① $9x-3=11x-39$ ② $9x-3=11x-25$
③ $9x+3=11x-39$ ④ $9x+3=11x-32$
⑤ $9x+3=11x-25$

05 다음 중 옳지 않은 것은? [3점]

① 점 $(-3, 0)$은 x축 위의 점이다.
② 점 $(0, 4)$는 y축 위의 점이다.
③ 원점의 좌표는 $(0, 0)$이다.
④ 점 $(-2, -1)$과 점 $(-1, -2)$는 같은 점이다.
⑤ x좌표가 4, y좌표가 2인 점의 좌표는 $(4, 2)$이다.

06 다음 점을 좌표평면 위에 나타낼 때, 점이 위치하는 사분면이 바르게 짝 지어진 것은? [3점]

① $A(5, -3)$: 제1사분면
② $B(-3, 3)$: 제3사분면
③ $C(1, 4)$: 제2사분면
④ $D(-2, -1)$: 제3사분면
⑤ $E(0, 1)$: 제4사분면

07 x와 y 사이의 관계식이 $y=-4x$일 때, 다음 중 옳지 않은 것은? [3점]

① x, y는 정비례 관계이다.
② x의 값이 -2일 때, y의 값은 8이다.
③ y의 값이 -12일 때의 x의 값은 3이다.
④ x의 값이 2배가 되면 y의 값은 $\frac{1}{2}$배가 된다.
⑤ x와 y 사이의 관계를 그래프로 나타내면 직선이다.

08 다음 중 반비례 관계 $y=-\frac{12}{x}$의 그래프에 대한 설명으로 옳은 것은? [3점]

① 원점을 지난다.
② x축과 만난다.
③ 점 $(-3, -4)$를 지난다.
④ 제1, 3사분면을 지나는 한 쌍의 곡선이다.
⑤ 각 사분면에서 x의 값이 증가하면 y의 값도 증가한다.

09 다음 보기의 관계식 중 그 그래프가 제3사분면을 지나는 것의 개수는? [3점]

• 보기 •

ㄱ. $y=\frac{1}{2}x$　　ㄴ. $y=-3x$　　ㄷ. $y=-\frac{5}{x}$
ㄹ. $y=\frac{8}{x}$　　ㅁ. $y=\frac{3}{4}x$　　ㅂ. $y=4x$

① 1　　② 2　　③ 3
④ 4　　⑤ 5

10 맑은 날 운동장에 길이가 30 cm인 막대기를 똑바로 세웠더니 48 cm의 그림자가 생겼다. 오른쪽 그림과 같이 길이가 x cm인 막대기를 세웠을 때 생긴 그림자의 길이를 y cm라고 한다. 이때 x와 y 사이의 관계식은?
(단, 그림자의 길이는 물체의 길이에 정비례한다.) [3점]

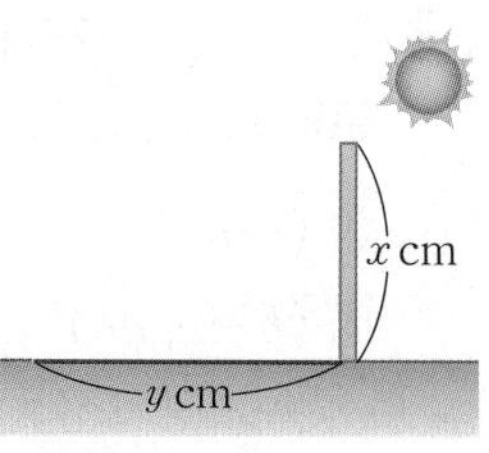

① $y=\frac{1}{5}x$　　② $y=\frac{8}{5}x$　　③ $y=8x$
④ $y=\frac{5}{x}$　　⑤ $y=\frac{8}{x}$

11 다음 일차방정식을 풀면? [4점]

$$\frac{4}{3}(x-3)=\frac{3}{2}-\frac{1-x}{2}$$

① $x=2$　　② $x=3$　　③ $x=4$
④ $x=5$　　⑤ $x=6$

12 어떤 상품의 원가에 10 %의 이익을 붙여 정가를 정한 상품이 팔리지 않아 정가에서 4000원을 할인하여 팔았더니 10000원의 이익이 생겼다. 이때 이 상품의 원가는? [4점]

① 135000원　　② 140000원　　③ 145000원
④ 150000원　　⑤ 155000원

실전 TEST_4회

13 점 $(-b, ab)$가 제4사분면 위의 점일 때, 다음 중 제1사분면 위의 점은? [4점]

① $(-a, b)$　② $(-a, -b)$　③ $(a-b, ab)$
④ $(b-a, ab)$　⑤ $(-ab, -b)$

14 300 L들이 물통에 매분 x L씩 일정하게 물을 넣을 때, 물통에 물이 가득 차는 데 걸리는 시간을 y분이라고 한다. 매분 50 L씩 물을 넣을 때, 물통에 물이 가득 차는 데 걸리는 시간은? [4점]

① 2분　② 4분　③ 5분
④ 6분　⑤ 12분

15 정비례 관계 $y=ax$의 그래프가 오른쪽 그림과 같을 때, 다음 중 반비례 관계 $y=-\frac{a}{x}$의 그래프는?
(단, a는 상수) [4점]

①
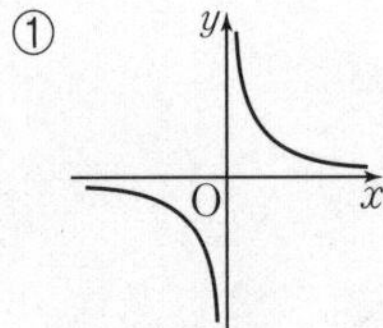

②
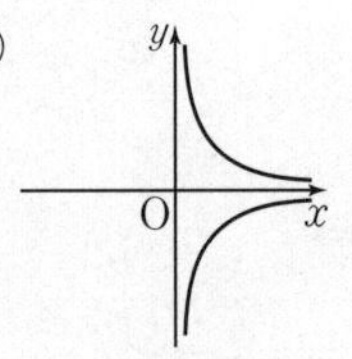

③
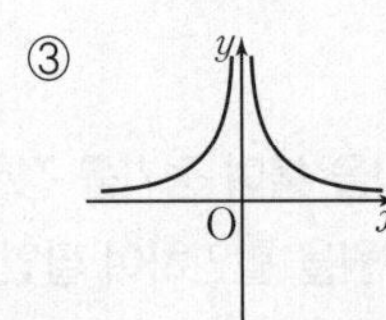

④

⑤
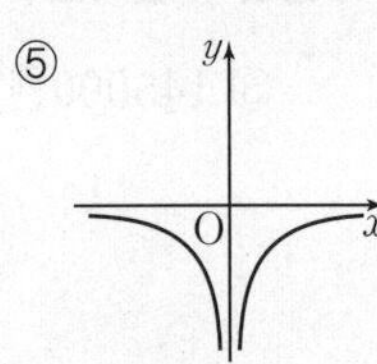

16 $y=\frac{12}{x}$의 관계를 만족하는 자연수 x, y의 순서쌍 (x, y)의 개수는? [4점]

① 2　② 3　③ 4
④ 5　⑤ 6

17 반비례 관계 $y=\frac{a}{x}$의 그래프가 두 점 $(5, 2)$, $(b, -4)$를 지날 때, ab의 값은? (단, a는 상수) [4점]

① -27　② -25　③ -24
④ -20　⑤ -18

18 지구 온난화의 영향으로 평균 해수면이 매년 1.5 mm씩 높아지고 있다고 한다. x년 동안 높아지는 해수면의 높이를 y mm라고 할 때, 이와 같은 추세가 지속된다면 40년 동안 평균 해수면은 몇 cm 높아지는가? [4점]

① 4.5 cm　② 5 cm　③ 5.5 cm
④ 6 cm　⑤ 6.5 cm

19 좌표평면 위의 세 점 $\mathrm{A}(4, 3)$, $\mathrm{B}(-3, 0)$, $\mathrm{C}(2, -2)$를 꼭짓점으로 하는 삼각형 ABC의 넓이는? [5점]

① $\frac{27}{2}$　② 14　③ $\frac{29}{2}$
④ 15　⑤ $\frac{31}{2}$

20 수영이는 집에서 학교까지 자전거를 타고 다닌다. 매일 같은 시각에 집을 출발하여 시속 8 km로 가면 9시 20분에 도착하고 시속 24 km로 가면 8시 40분에 도착한다고 할 때, 정각 9시에 도착하기 위해서는 시속 몇 km로 가야 하는가? [5점]

① 시속 10 km　② 시속 11 km　③ 시속 12 km　④ 시속 13 km　⑤ 시속 15 km

서술형 [21-25] 풀이 과정을 자세히 쓰고 답을 적어라.

21 다음 두 일차방정식의 해가 같을 때, 상수 a의 값을 구하여라. [5점]

$$4(0.1x-0.5)=-1.1x+1,\ 4x-a=3x+1$$

풀이

22 점 $\mathrm{P}(a, b)$가 제3사분면 위에 있고, 점 $\mathrm{Q}(c, d)$가 제2사분면 위에 있을 때, 점 $\mathrm{R}\left(a+c, \dfrac{d}{b}\right)$는 제몇 사분면 위의 점인지 구하여라. [5점]

풀이

23 두 점 $\mathrm{A}(-2, 2)$, $\mathrm{B}(-3, -2)$와 y축에 대하여 대칭인 점을 각각 C, D라고 할 때, 네 점 A, B, C, D를 꼭짓점으로 하는 사각형의 넓이를 구하여라. [5점]

풀이

24 오른쪽 그림과 같이 점 A와 점 C가 각각 정비례 관계 $y=3x$, $y=bx$의 그래프 위에 있다. 사각형 ABCD는 넓이가 16인 정사각형이고 점 A의 좌표가 $(a, 9)$일 때, 상수 b의 값을 구하여라. [7점]

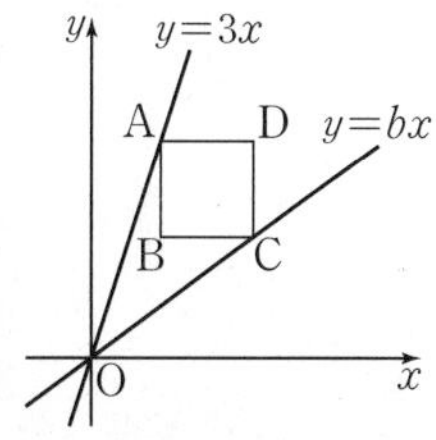

풀이

25 오른쪽 그림과 같이 반비례 관계 $y=\dfrac{12}{x}$의 그래프와 원점을 지나는 직선이 점 $(3, k)$에서 만날 때, 이 직선의 그래프가 나타내는 x와 y 사이의 관계식을 구하여라. [6점]

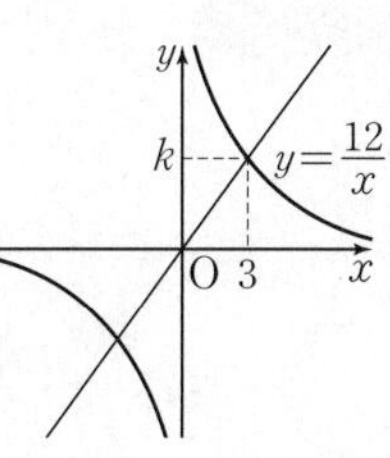

풀이

MEMO

풍산자

필수유형

중학수학

1-1

고등 풍산자와 함께하면
개념부터 ~ 고난도 문제까지!

어떤 시험 문제도 익숙해집니다!

고등 풍산자 1등급 로드맵

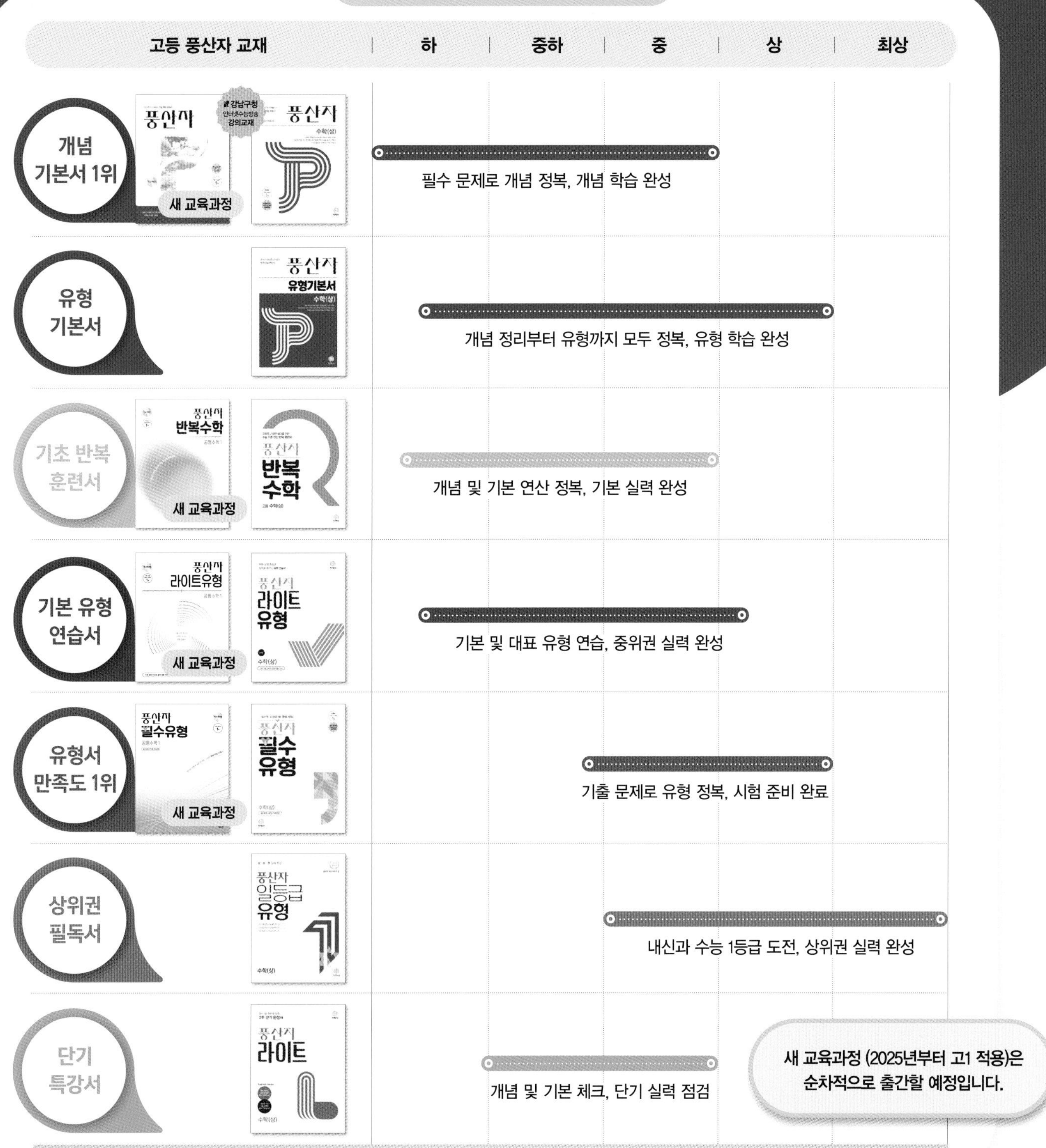

고등 풍산자 교재
하
중하
중
상
최상
개념 기본서 1위
새 교육과정
필수 문제로 개념 정복, 개념 학습 완성
유형 기본서
개념 정리부터 유형까지 모두 정복, 유형 학습 완성
기초 반복 훈련서
새 교육과정
개념 및 기본 연산 정복, 기본 실력 완성
기본 유형 연습서
새 교육과정
기본 및 대표 유형 연습, 중위권 실력 완성
유형서 만족도 1위
새 교육과정
기출 문제로 유형 정복, 시험 준비 완료
상위권 필독서
내신과 수능 1등급 도전, 상위권 실력 완성
단기 특강서
개념 및 기본 체크, 단기 실력 점검
새 교육과정 (2025년부터 고1 적용)은
순차적으로 출간할 예정입니다.

풍산자
필수유형

중학수학

1-1

필수 유형 문제와
학교 시험 예상 문제로
내신을 완벽하게 대비하는
문제기본서!

풍산자수학연구소 지음

풍산자
필수유형

중학수학
1-1

지학사

정답과 해설

풍산자 필수유형

정답과 해설

유형북

중학수학

1-1

Ⅰ. 수와 연산

1 소인수분해

개념 확인하기 9쪽

001

1은 소수도 합성수도 아니다.

답 (1) 11, 37, 41, 59 (2) 9, 14, 22, 100

002

주어진 과정을 계속하면 다음과 같다.

~~1~~	②	③	~~4~~	⑤	~~6~~	⑦	~~8~~	~~9~~	~~10~~
⑪	~~12~~	⑬	~~14~~	~~15~~	~~16~~	⑰	~~18~~	⑲	~~20~~
~~21~~	~~22~~	㉓	~~24~~	~~25~~	~~26~~	~~27~~	~~28~~	㉙	~~30~~
㉛	~~32~~	~~33~~	~~34~~	~~35~~	~~36~~	㊲	~~38~~	~~39~~	~~40~~
㊶	~~42~~	㊸	~~44~~	~~45~~	~~46~~	㊼	~~48~~	~~49~~	~~50~~

답 2, 3, 5, 7, 11, 13, 17, 19, 23, 29, 31, 37, 41, 43, 47

003

(1) 1은 소수도 합성수도 아니다.

(2) 2는 짝수인 소수이다.

(3) 20 이하의 소수는 2, 3, 5, 7, 11, 13, 17, 19의 8개이다.

답 (1) × (2) × (3) ○

004

답 (1) $2^2\times7^3$ (2) $2\times3^2\times5^2$

(3) $\left(\frac{1}{3}\right)^3\times\left(\frac{1}{5}\right)^2$ (4) $\frac{1}{3^2\times5^3\times7}$

005

(1)
$$\begin{array}{r|l} 2 & 56 \\ 2 & 28 \\ 2 & 14 \\ & 7 \end{array}$$
⇨ $56=2^3\times7$

(2) $60 < 2, 30$; $30 < 2, 15$; $15 < 3, 5$

⇨ $60=2^2\times3\times5$

답 (1) (위에서부터) 2, 2, 2 / $2^3\times7$

(2) (위에서부터) 2, 2, 3 / $2^2\times3\times5$

006

(1)
$$\begin{array}{r|l} 2 & 24 \\ 2 & 12 \\ 2 & 6 \\ & 3 \end{array}$$
⇨ $24=2^3\times3$, 소인수: 2, 3

(2)
$$\begin{array}{r|l} 2 & 98 \\ 7 & 49 \\ & 7 \end{array}$$
⇨ $98=2\times7^2$, 소인수: 2, 7

(3)
$$\begin{array}{r|l} 2 & 250 \\ 5 & 125 \\ 5 & 25 \\ & 5 \end{array}$$
⇨ $250=2\times5^3$, 소인수: 2, 5

답 (1) $2^3\times3$ / 2, 3 (2) 2×7^2 / 2, 7 (3) 2×5^3 / 2, 5

007

(1)

×	1	5	5^2
1	$1\times1=1$	$1\times5=5$	$1\times5^2=25$
2	$2\times1=2$	$2\times5=10$	$2\times5^2=50$
2^2	$2^2\times1=4$	$2^2\times5=20$	$2^2\times5^2=100$

따라서 $2^2\times5^2$의 약수는

1, 2, 4, 5, 10, 20, 25, 50, 100

(2)

×	1	5
1	$1\times1=1$	$1\times5=5$
3	$3\times1=3$	$3\times5=15$
3^2	$3^2\times1=9$	$3^2\times5=45$
3^3	$3^3\times1=27$	$3^3\times5=135$

따라서 $3^3\times5$의 약수는

1, 3, 5, 9, 15, 27, 45, 135

답 (1) 해설 참조 (2) 해설 참조

008

(1) $7+1=8$

(2) $(2+1)\times(2+1)=9$

(3) $(1+1)\times(2+1)\times(2+1)=18$

(4) $160=2^5\times5$이므로 약수의 개수는

$(5+1)\times(1+1)=12$

답 (1) 8 (2) 9 (3) 18 (4) 12

필수유형 다지기 10~14쪽

009

소수는 5, 13, 19, 61의 4개이므로 $a=4$

합성수는 18, 22, 25, 39의 4개이므로 $b=4$

$\therefore a+b=8$

답 8

010

a는 약수가 2개이므로 소수이다.

10 이상 20 이하의 자연수 중에서 소수는 11, 13, 17, 19의 4개이므로 a의 값이 될 수 있는 수는 모두 4개이다.

답 ③

011

두 자리의 자연수 중에서 가장 큰 소수는 97, 가장 작은 소수는 11이다.

$\therefore 97+11=108$ 답 ③

> 참고 1부터 100까지의 수 중에서 소수는 다음과 같다.

2, 3, 5, 7, 11, 13, 17, 19, 23, 29, 31, 37, 41, 43, 47, 53, 59, 61, 67, 71, 73, 79, 83, 89, 97

012

20보다 작은 소수 2, 3, 5, 7, 11, 13, 17, 19 중에서 세 수의 합이 20인 경우는 $2+5+13$ 또는 $2+7+11$이다.

답 $2+5+13$ 또는 $2+7+11$

013

④ 소수가 아닌 수 중에서 1은 약수가 1개이다.

⑤ 1은 소수들의 곱으로 나타낼 수 없다. 답 ④, ⑤

014

ㄴ. 두 소수의 곱은 약수가 3개 이상이 되므로 합성수가 된다.

ㄷ. 두 소수 2와 3의 합 5는 홀수이므로 두 소수의 합이 항상 짝수인 것은 아니다.

ㄹ. 3의 배수 중에서 소수는 3으로 1개뿐이다.

ㅁ. 30 이하의 소수는 2, 3, 5, 7, 11, 13, 17, 19, 23, 29의 10개이다.

따라서 보기 중 옳은 것은 ② ㄱ, ㄴ, ㄹ이다. 답 ②

015

민경: 두 소수 2와 3의 합 5는 소수이므로 두 소수의 합이 항상 합성수인 것은 아니다.

도현: 1은 소수도 아니고 합성수도 아니다.

따라서 바르게 말한 학생은 진혁, 가윤이다. 답 진혁, 가윤

016

① $2^3=2\times2\times2=8$

② $5+5+5+5=5\times4$

③ $7\times7\times7=7^3$

④ $\frac{1}{4}\times\frac{1}{4}\times\frac{1}{4}=\left(\frac{1}{4}\right)^3$ 또는 $\frac{1}{4}\times\frac{1}{4}\times\frac{1}{4}=\frac{1}{4^3}$

⑤ $2\times2\times3\times3\times3\times7=2^2\times3^3\times7$

따라서 옳은 것은 ⑤이다. 답 ⑤

017

한 번 접으면 2겹

두 번 접으면 $2\times2=2^2$(겹)

세 번 접으면 $2\times2\times2=2^3$(겹)

⋮

따라서 반으로 10번 접으면

$\underbrace{2\times2\times\cdots\times2}_{10\text{개}}=2^{10}$(겹) 답 ③

018

$128=2\times2\times2\times2\times2\times2\times2=2^7$이므로

$2^x=2^7 \quad \therefore x=7$ ―― ❶

$3^4=3\times3\times3\times3=81 \quad \therefore y=81$ ―― ❷

$\therefore x+y=7+81=88$ ―― ❸

답 88

단계	채점 기준	배점
❶	x의 값 구하기	50 %
❷	y의 값 구하기	30 %
❸	$x+y$의 값 구하기	20 %

019

3의 거듭제곱에서 일의 자리의 숫자만을 구하면 다음과 같다.

수	3	3^2	3^3	3^4	3^5	3^6	3^7	3^8	…
일의 자리의 숫자	3	9	7	1	3	9	7	1	…

즉, 3의 거듭제곱의 일의 자리의 숫자는 3, 9, 7, 1의 순서로 반복된다.

$100=4\times25$이므로 3^{100}의 일의 자리의 숫자는 3^4의 일의 자리의 숫자와 같다. $\therefore a=1$

$50=4\times12+2$이므로 3^{50}의 일의 자리의 숫자는 3^2의 일의 자리의 숫자와 같다. $\therefore b=9$

$\therefore a+b=1+9=10$ 답 10

020

④ $120=2^3\times3\times5$ 답 ④

021

2)450
3)225
3) 75
5) 25
    5

$450=2\times3^2\times5^2$이므로 $a=1, b=2, c=5$

$\therefore a+b+c=1+2+5=8$ 답 ⑤

022

2)176
2) 88
2) 44
2) 22
    11

$176=2^4\times11$이고 $a<b$이므로

$a=2, b=11, m=4, n=1$

$\therefore a+b+m+n=2+11+4+1=18$ 답 ⑤

023

1, 2, 3, …, 20 중에서 3의 배수는

3, $6=2\times3$, $9=3\times3$, $12=2\times2\times3$, $15=3\times5$, $18=2\times3\times3$

따라서 $1\times2\times3\times\cdots\times20$을 소인수분해하면 3은 모두 8번 곱해지므로 3의 지수는 8이다. 답 8

024

$240=2^4\times3\times5$이므로 240의 소인수는 2, 3, 5이다. 답 ②

025

$90=2\times3^2\times5$이므로 90의 소인수는 2, 3, 5이다.

따라서 모든 소인수들의 합은

$2+3+5=10$ 답 10

026

① $45=3^2\times5$이므로 소인수는 3, 5이다.

② $75=3\times5^2$이므로 소인수는 3, 5이다.

③ $100=2^2\times5^2$이므로 소인수는 2, 5이다.

④ $125=5^3$이므로 소인수는 5이다.

⑤ $144=2^4\times3^2$이므로 소인수는 2, 3이다. 답 ⑤

› 다른 풀이 주어진 수 중에서 2와 3으로 모두 나누어떨어지는 수는 144이므로 2와 3을 모두 소인수로 갖는 수는 ⑤ 144이다.

027

① $48=2^4\times3$ ② $72=2^3\times3^2$ ③ $96=2^5\times3$

④ $128=2^7$ ⑤ $192=2^6\times3$

①, ②, ③, ⑤의 소인수는 2, 3이고, ④의 소인수는 2이다.

따라서 소인수가 나머지 넷과 다른 하나는 ④이다. 답 ④

028

$52=2^2\times13$에 자연수를 곱하여 어떤 자연수의 제곱이 되려면 각 소인수의 지수가 짝수가 되어야 하므로 곱할 수 있는 가장 작은 자연수는 13이다. 답 ④

029

$168=2^3\times3\times7$을 자연수로 나누어 어떤 자연수의 제곱이 되려면 각 소인수의 지수가 짝수가 되어야 하므로 나눌 수 있는 가장 작은 자연수는 $2\times3\times7=42$이다. 답 ⑤

030

$45\times x=3^2\times5\times x$가 어떤 자연수의 제곱이 되려면 각 소인수의 지수가 모두 짝수가 되어야 하므로 $x=5\times(\text{자연수})^2$ 의 꼴이어야 한다.

따라서 5, $5\times2^2=20$, $5\times3^2=45$, …이므로 이 중에서 세 번째로 작은 수는 45이다. 답 45

031

$96=2^5\times3$ ❶

$2^5\times3\times a$가 어떤 자연수의 제곱이 되려면 각 소인수의 지수가 모두 짝수가 되어야 하므로 가장 작은 자연수 a는

$a=2\times3=6$ ❷

$$2^5\times3\times2\times3=2\times2\times2\times2\times2\times2\times3\times3$$
$$=(2\times2\times2\times3)\times(2\times2\times2\times3)$$
$$=24\times24=24^2$$

$\therefore b=24$ ❸

$\therefore a+b=6+24=30$ ❹

답 30

단계	채점 기준	배점
❶	96을 소인수분해하기	20 %
❷	a의 값 구하기	30 %
❸	b의 값 구하기	30 %
❹	$a+b$의 값 구하기	20 %

032

$432\div x=2^4\times3^3\div x$가 어떤 자연수의 제곱이 되려면 x는 432의 약수 중에서 $3\times(\text{자연수})^2$의 꼴이어야 한다.

① $3=3\times1^2$ ② $12=3\times2^2$ ③ $27=3\times3^2$

④ $72=3\times24$ ⑤ $108=3\times6^2$

따라서 x의 값이 될 수 없는 것은 ④이다. 답 ④

› 참고 ① $432\div3=144=12^2$

② $432\div12=36=6^2$

③ $432\div27=16=4^2$

④ $432\div72=6$

⑤ $432\div108=4=2^2$

033

$540=2^2\times3^3\times5$를 가능한 한 작은 자연수로 나누어 어떤 자연수의 제곱이 되려면 각 소인수의 지수가 짝수가 되어야 하므로 나눌 수 있는 가장 작은 자연수는 $a=3\times5=15$

$\frac{540}{15}=36=6^2$이므로 $b=6$

$\therefore a+b=15+6=21$ 답 21

034

$2^3\times5\times7^2\times a$가 어떤 자연수의 제곱이 되려면 a는 $2\times5\times(\text{자연수})^2$의 꼴이어야 한다.

따라서 a의 값이 될 수 있는 수는

$2\times5=10$, $2\times5\times2^2=40$, $2\times5\times3^2=90$, $2\times5\times4^2=160$, …

이므로 두 자리의 자연수 a의 값의 합은

$10+40+90=140$ 답 ⑤

035

$288 \times x = 2^5 \times 3^2 \times x$가 5를 소인수로 가지면서 각 소인수의 지수가 짝수가 되어야 하므로 $x = 2 \times 5^2 \times (\text{자연수})^2$의 꼴이어야 한다.

따라서 가장 작은 자연수 x의 값은

$x = 2 \times 5^2 \times 1^2 = 50$ 답 50

036

189는 소인수분해하면

$189 = 3^3 \times 7$

$\times$	1	7
1	$1 \times 1 = 1$	$1 \times 7 = 7$
3	$3 \times 1 = 3$	$3 \times 7 = 21$
3^2	$3^2 \times 1 = 9$	$3^2 \times 7 = 63$
3^3	$3^3 \times 1 = 27$	$3^3 \times 7 = 189$

따라서 189의 약수는

1, 3, 7, 9, 21, 27, 63, 189 답 1, 3, 7, 9, 21, 27, 63, 189

037

$225 = 3^2 \times 5^2$의 약수는 3^2의 약수와 5^2의 약수의 곱이다.

3^2의 약수: 1, 3, 3^2

5^2의 약수: 1, 5, 5^2

따라서 225의 약수가 아닌 것은 ⑤ $3^3 \times 5$이다. 답 ⑤

> 다른 풀이 $225 = 3^2 \times 5^2$의 약수

$\times$	1	5	5^2
1	$1 \times 1 = 1$	$1 \times 5 = 5$	$1 \times 5^2 = 25$
3	$3 \times 1 = 3$	$3 \times 5 = 15$	$3 \times 5^2 = 75$
3^2	$3^2 \times 1 = 9$	$3^2 \times 5 = 45$	$3^2 \times 5^2 = 225$

038

자연수 $A = 2^2 \times 3^3 \times 5$의 약수 중에서 홀수인 것은

1, 3, 5, $3^2 = 9$, $3 \times 5 = 15$, $3^3 = 27$, $3^2 \times 5 = 45$, $3^3 \times 5 = 135$

의 8개이다. 답 ③

039

$720 = 2^4 \times 3^2 \times 5$ ❶

$2^4 \times 3^2 \times 5$의 약수 중에서 어떤 자연수의 제곱이 되는 수는 소인수의 지수가 모두 짝수인 경우이므로

$1 = 1^2$, $2^2 = 4$, $3^2 = 9$, $2^4 = 16$, $2^2 \times 3^2 = 36$, $2^4 \times 3^2 = 144$ ❷

답 1, 4, 9, 16, 36, 144

단계	채점 기준	배점
❶	720을 소인수분해하기	10 %
❷	720의 약수 중에서 제곱수 모두 구하기	각 15 %

040

약수의 개수는 각각 다음과 같다.

① $90 = 2 \times 3^2 \times 5$이므로 약수의 개수는

$(1+1) \times (2+1) \times (1+1) = 12$

② $120 = 2^3 \times 3 \times 5$이므로 약수의 개수는

$(3+1) \times (1+1) \times (1+1) = 16$

③ $180 = 2^2 \times 3^2 \times 5$이므로 약수의 개수는

$(2+1) \times (2+1) \times (1+1) = 18$

④ $196 = 2^2 \times 7^2$이므로 약수의 개수는

$(2+1) \times (2+1) = 9$

⑤ $250 = 2 \times 5^3$이므로 약수의 개수는

$(1+1) \times (3+1) = 8$

따라서 약수의 개수가 가장 적은 것은 ⑤이다. 답 ⑤

041

약수의 개수는 각각 다음과 같다.

① $12 + 1 = 13$

② $(3+1) \times (2+1) = 12$

③ $11 + 1 = 12$

④ $(5+1) \times (1+1) = 12$

⑤ $(1+1) \times (1+1) \times (2+1) = 12$

따라서 약수의 개수가 다른 것은 ①이다. 답 ①

042

$\frac{675}{n}$가 자연수가 되려면 n은 675의 약수이어야 한다. ❶

$675 = 3^3 \times 5^2$ ❷

이므로 675의 약수의 개수는

$(3+1) \times (2+1) = 12$

따라서 자연수 n은 모두 12개이다. ❸

답 12

단계	채점 기준	배점
❶	n이 675의 약수임을 이해하기	30 %
❷	675를 소인수분해하기	30 %
❸	자연수 n의 개수 구하기	40 %

043

소인분해했을 때 소인수의 지수가 모두 짝수인 경우에 약수의 개수는 홀수이다.

이때 소인수의 지수가 모두 짝수인 경우는 어떤 자연수의 제곱수인 경우이므로 두 자리의 자연수 중에서 제곱수를 구하면

$2^4 = 16$, $5^2 = 25$, $2^2 \times 3^2 = 36$, $7^2 = 49$, $2^6 = 64$, $3^4 = 81$

따라서 구하는 수는 모두 6개이다. 답 6

044

① $2^2\times4=2\times2\times2\times2=2^4$의 약수의 개수는 $4+1=5$
② $2^2\times9=2^2\times3^2$의 약수의 개수는
$(2+1)\times(2+1)=9$
③ $2^2\times25=2^2\times5^2$의 약수의 개수는
$(2+1)\times(2+1)=9$
④ $2^2\times49=2^2\times7^2$의 약수의 개수는
$(2+1)\times(2+1)=9$
⑤ $2^2\times121=2^2\times11^2$의 약수의 개수는
$(2+1)\times(2+1)=9$
따라서 □ 안에 들어갈 수 없는 수는 ①이다. 답 ①

045

$32\times3^n\times5=2^5\times3^n\times5$의 약수의 개수가 72이므로
$(5+1)\times(n+1)\times(1+1)=72$에서
$12\times(n+1)=72$, $n+1=6$
$\therefore n=5$ 답 ②

046

360을 수인수분해하면
$360=2^3\times3^2\times5$ ❶
360의 약수의 개수는
$(3+1)\times(2+1)\times(1+1)=24$ ❷
$3\times4\times5^n=3\times2^2\times5^n$의 약수의 개수는
$(1+1)\times(2+1)\times(n+1)=6\times(n+1)$
따라서 $6\times(n+1)=24$이므로
$n+1=4$ $\therefore n=3$ ❸
답 3

단계	채점 기준	배점
❶	360을 소인수분해하기	20 %
❷	360의 약수의 개수 구하기	40 %
❸	n의 값 구하기	40 %

047

$16\times□=2^4\times□$의 약수의 개수가 10이고,
$10=9+1$ 또는 $10=(4+1)\times(1+1)$이므로
(i) 약수의 개수가 $10=9+1$일 때
$2^4\times□=2^9$에서
$□=2^5=32$
(ii) 약수의 개수가 $10=(4+1)\times(1+1)$일 때
$2^4\times□=2^4\times$(2 이외의 소수)에서
$□=3, 5, 7, 11, \cdots$
(i), (ii)에서 □ 안에 들어갈 수 있는 가장 작은 자연수는 3이다.
답 3

만점에 도전하기 15쪽

048

$540=2^2\times3^3\times5$이므로 540의 약수의 개수는
$(2+1)\times(3+1)\times(1+1)=24$
① $3^3\times28=3^3\times2^2\times7$의 약수의 개수는
$(3+1)\times(2+1)\times(1+1)=24$
② $3^3\times32=3^3\times2^5$의 약수의 개수는
$(3+1)\times(5+1)=24$
③ $3^3\times45=3^3\times3^2\times5=3^5\times5$의 약수의 개수는
$(5+1)\times(1+1)=12$
④ $3^3\times50=3^3\times2\times5^2$의 약수의 개수는
$(3+1)\times(1+1)\times(2+1)=24$
⑤ $3^3\times98=3^3\times2\times7^2$의 약수의 개수는
$(3+1)\times(1+1)\times(2+1)=24$
따라서 □ 안에 들어갈 수 없는 수는 ③이다. 답 ③

049

$N(x)=(3, 2)$이므로 x를 소인수분해하면
$x=a^3\times b^2\ (a<b)$으로 나타낼 수 있다.
x는 $a=2$, $b=3$일 때 가장 작으므로 구하는 x의 값은
$2^3\times3^2=72$ 답 72

050

3, 5, 7을 여러 번 곱해서 만들 수 있는 수는 3, 5, 7만을 소인수로 갖는 수이다.
① $60=2^2\times3\times5$ ② $72=2^3\times3^2$ ③ $140=2^2\times5\times7$
④ $189=3^3\times7$ ⑤ $275=5^2\times11$
따라서 주사위를 여러 번 던져서 나오는 수의 곱으로 만들 수 있는 수는 ④이다. 답 ④

051

$1400=2^3\times5^2\times7$이므로
$P(1400)=(3+1)\times(2+1)\times(1+1)=24$
$24=2^3\times3$이므로
$P(P(1400))=P(24)=(3+1)\times(1+1)=8$
$8=2^3$이므로
$P(P(P(1400)))=P(8)=3+1=4$ 답 4

052

$3^3=27$이므로 $\langle n\rangle=3$이 되는 수는
$27\times$(3의 배수가 아닌 자연수)의 꼴이다.
이때 n이 1000 이하의 자연수이므로
$27\times1=27$, $27\times2=54$, $\cdots$, $27\times37=999$이고 1부터 37까지의 수 중 3의 배수가 아닌 수는 25개이므로 구하는 자연수 n은 25개이다.
답 25

053

$2\times a$와 $3\times b$는 자연수 c의 제곱이 되어야 하므로 가장 작은 자연수 a, b는

$a=2\times 3^2=18$, $b=2^2\times 3=12$ ──── ❶

$2\times 18=3\times 12=6^2$이므로 $c=6$ ──── ❷

$\therefore a-b+c=18-12+6=12$ ──── ❸

답 12

단계	채점 기준	배점
❶	a, b의 값 각각 구하기	각 30 %
❷	c의 값 구하기	30 %
❸	$a-b+c$의 값 구하기	10 %

054

$70=2\times 5\times 7$이므로 70의 소인수의 합은

$2+5+7=14$

구하는 수는 11의 배수이므로 11을 소인수로 갖고, 소인수의 합이 14이므로 3을 소인수로 갖는다.

따라서 구하는 두 자리의 자연수는

$11\times 3=33$, $11\times 3^2=99$

답 33, 99

055

일의 자리의 숫자가 a인 수의 거듭제곱에서 일의 자리의 숫자는 a의 거듭제곱에서 일의 자리의 숫자와 같다.

2의 거듭제곱에서 일의 자리의 숫자는 2, 4, 8, 6의 순서로 반복되고, 3의 거듭제곱에서 일의 자리의 숫자는 3, 9, 7, 1의 순서로 반복된다.

또, $40=4\times 10$, $50=4\times 12+2$, $60=4\times 15$, $70=4\times 17+2$, $80=4\times 20$이므로 주어진 자연수들의 일의 자리의 숫자는 각각 다음과 같다.

수	22^{40}	32^{50}	42^{60}	52^{70}	62^{80}	23^{41}	33^{51}	43^{61}	53^{71}	63^{81}
일의 자리의 숫자	6	4	6	4	6	3	7	3	7	3

따라서 구하는 수는 일의 자리의 숫자의 합의 일의 자리의 숫자와 같으므로

$6+4+6+4+6+3+7+3+7+3=49$

에서 9이다.

답 9

2 최대공약수와 최소공배수

개념 확인하기 17, 19쪽

056

답 (1) 1, 2, 4, 8 (2) 1, 2, 3, 4, 6, 12 (3) 1, 2, 4 (4) 4

057

(1) 5와 10의 최대공약수는 5이므로 서로소가 아니다.

(2) 9와 20의 최대공약수는 1이므로 서로소이다.

(3) 11과 25의 최대공약수는 1이므로 서로소이다.

(4) 32와 48의 최대공약수는 16이므로 서로소가 아니다.

답 (1) × (2) ○ (3) ○ (4) ×

058

두 개 이상의 자연수의 공약수는 그 수들의 최대공약수의 약수이다.

(1) 두 수의 공약수는 15의 약수이므로 1, 3, 5, 15이다.

(2) 두 수의 공약수가 6의 약수이므로 최대공약수는 6이다.

답 (1) 1, 3, 5, 15 (2) 6

059

(1)
```
2)24  36
2)12  18
3) 6   9   ⇨ 최대공약수: 2×2×3=⑫ ─┐
   2   3   ⇨ 공약수: 1, 2, 3, 4, 6, 12 ←┘ 약수
```

(2)
```
2)28  42
7)14  21   ⇨ 최대공약수: 2×7=⑭ ─┐
   2   3   ⇨ 공약수: 1, 2, 7, 14 ←┘ 약수
```

(3)
```
3)30  45
5)10  15   ⇨ 최대공약수: 3×5=⑮ ─┐
   2   3   ⇨ 공약수: 1, 3, 5, 15 ←┘ 약수
```

답 (1) 12 / 1, 2, 3, 4, 6, 12 (2) 14 / 1, 2, 7, 14 (3) 15 / 1, 3, 5, 15

060

(1)
```
2)36  54  72
3)18  27  36
3) 6   9  12
   2   3   4
```
⇨ $2\times 3\times 3=18$

(2)
```
2)64  72  96
2)32  36  48
2)16  18  24
   8   9  12
```
⇨ $2\times 2\times 2=8$

답 (1) 18 (2) 8

061

(1)
$2^2\times 7^2$
$2^3\times 7$
$2^2\times 7=28$

(2)
$2\times 3^2\times 5^2$
$2^3\times 3\times 5^3$
$2\times 3\times 5^2=150$

(3) 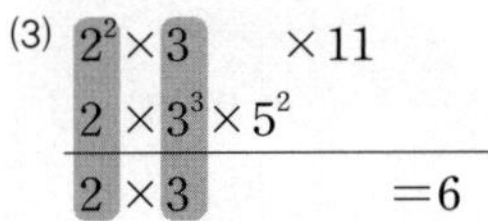

(4)
$2^3 \times 3^2$
$2^4 \times 3^2$
$2^2 \times 3^3$
$2^2 \times 3^2 = 36$

(5) 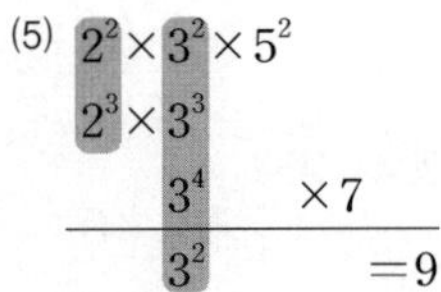

답 (1) 28 (2) 150 (3) 6 (4) 36 (5) 9

062

답 (1) 18 (2) 약수 (3) 공약수 (4) 최대공약수, 6

063

답 (1) 6, 12, 18, 24, 30, 36, 42, 48, 54, ⋯
(2) 8, 16, 24, 32, 40, 48, 56, ⋯
(3) 24, 48, 72, ⋯ (4) 24

064

답 (1) 6, 12, 18, 24, 6 (2) 서로소, 곱, 30

065

(1)
7) 14 21
    2   3
⇨ 최소공배수: $7 \times 2 \times 3 = 42$
⇨ 공배수: 42, 84, 126, ⋯ (배수)

(2)
2) 18 30
3) 9 15
    3   5
⇨ 최소공배수: $2 \times 3 \times 3 \times 5 = 90$
⇨ 공배수: 90, 180, 270, ⋯ (배수)

(3)
2) 30 42
3) 15 21
    5   7
⇨ 최소공배수: $2 \times 3 \times 5 \times 7 = 210$
⇨ 공배수: 210, 420, 630, ⋯ (배수)

답 (1) 42 / 42, 84, 126, ⋯ (2) 90 / 90, 180, 270, ⋯
(3) 210 / 210, 420, 630, ⋯

066

(1)
3) 9 12 15
   3   4   5
⇨ $3 \times 3 \times 4 \times 5 = 180$

(2)
2) 18 24 36
3) 9 12 18
2) 3   4   6
3) 3   2   3
    1   2   1
⇨ $2 \times 3 \times 2 \times 3 \times 2 = 72$

답 (1) 180 (2) 72

067

(1) 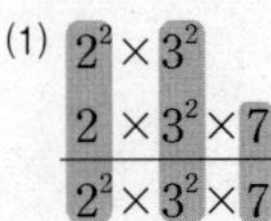

(2) 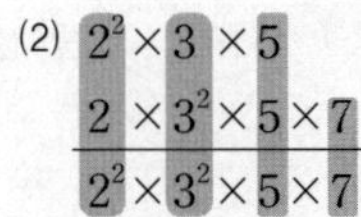

(3) 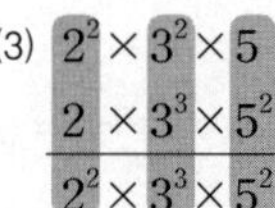

(4) 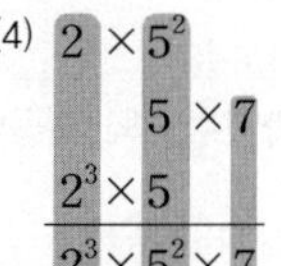

(5)
$2^3 \times 3^2$
$2^2 \times 3^3$
$2 \times 3^2 \times 7$
$2^3 \times 3^3 \times 7$

답 (1) $2^2 \times 3^2 \times 7$ (2) $2^2 \times 3^2 \times 5 \times 7$ (3) $2^2 \times 3^3 \times 5^2$
(4) $2^3 \times 5^2 \times 7$ (5) $2^3 \times 3^3 \times 7$

068

답 (1) 6 (2) 10 (3) 6, 10 (4) 6, 10, 최소공배수, 30

069

(두 수의 곱)=(최소공배수)×(최대공약수)이므로
두 자연수의 최소공배수를 L이라고 하면
$300 = L \times 5$ $\therefore L = 60$ 답 60

필수유형 다지기 20~31쪽

070

$2^3 \times 3 \times 5$
$2^2 \times 5^2 \times 7$
$\times 5^2 \times 11$
5
⇨ 최대공약수: 5 답 ①

071

2) 80 96
2) 40 48
2) 20 24
2) 10 12
    5   6
⇨ 최대공약수: $2 \times 2 \times 2 \times 2 = 16$ 답 16

072

$2^3 \times 3 \times 5^2$
$2 \times 5^3 \times 7$
$2 \quad 5^2$
⇨ 최대공약수: 2×5^2 답 ②

073

①
2) 18 42
3) 9 21
    3   7
⇨ 최대공약수: $2 \times 3 = 6$

②
2) 12 30 48
3) 6 15 24
    2   5   8
⇨ 최대공약수: $2 \times 3 = 6$

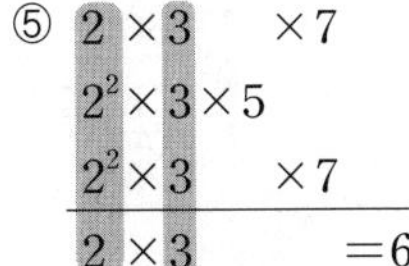

④ $2^2\times3\quad\times7$
$2^3\times3^2\times5$
$2^2\times3\quad=12$

⑤ $2\times3\quad\times7$
$2^2\times3\times5$
$2^2\times3\quad\times7$
$2\times3\quad=6$

따라서 최대공약수가 다른 하나는 ④이다. 답 ④

074

두 자연수의 공약수는 최대공약수인 30의 약수이므로 1, 2, 3, 5, 6, 10, 15, 30이다.
따라서 이 두 자연수의 공약수가 아닌 것은 ③이다. 답 ③

075

두 수의 최대공약수가 $2\times3\times5^2$이므로 ④ $3^2\times5$는 공약수가 될 수 없다. 답 ④

076

$48=2^4\times3$, $120=2^3\times3\times5$, $144=2^4\times3^2$이므로 최대공약수는 $2^3\times3$이다.
따라서 세 수의 공약수인 것은 ③ ㄴ, ㄷ, ㅁ이다. 답 ③

077

두 수의 최대공약수는 $5^2\times7$이므로 공약수의 개수는
$(2+1)\times(1+1)=6$ 답 6

078

두 수의 최대공약수는
① 9 ② 6 ③ 2 ④ 1 ⑤ 5
따라서 두 수가 서로소인 것은 최대공약수가 1인 ④이다. 답 ④

079

20 이하의 두 자리의 자연수 중에서 12와 서로소인 수는 11, 13, 17, 19의 4개이다. 답 ③

080

10, 11, 12, 13, 14, 15 (나) 중에서 26과 서로소(다)이면서 소수(가)인 수는 11이다. 답 11

081

$6◎m=1$에서 6과 m의 최대공약수가 1이므로 두 수는 서로소이다. ❶

$m<10$이므로 10보다 작은 자연수 중에서 6과 서로소인 수는 1, 5, 7의 3개이다. ❷

답 3

단계	채점 기준	배점
❶	6과 m의 관계 알기	50 %
❷	m의 개수 구하기	50 %

082

$2\,)\,6\times n\quad 8\times n$
$n\,)\,3\times n\quad 4\times n$
$\quad 3\quad 4$

최대공약수가 28이므로
$2\times n=28\qquad\therefore n=14$ 답 ④

083

$2\,)\,24\quad 52\times\square$
$2\,)\,12\quad 26\times\square$
$\quad 6\quad 13\times\square$

최대공약수가 12이므로 □ 안에 들어갈 수 있는 수는 3의 배수이면서 2의 배수가 아닌 수이다.
따라서 □ 안에 들어갈 수 있는 가장 작은 수는 3이다. 답 3

084

$14\,)\,A\quad 70$
$\quad a\quad 5$

A를 14로 나눈 몫을 a라고 하면 $A>100$이고,
a와 5는 서로소이므로 $a=8, 9, 11, \cdots$
따라서 A가 될 수 있는 가장 작은 수는
$14\times8=112$ 답 ③

› 다른 풀이 14의 배수 중에서 100보다 큰 자연수는 112, 126, 140, …이다.
이때 112와 70의 최대공약수가 14이므로 구하는 수는 112이다.

085

$18\,)\,a\quad 36$
$\quad b\quad 2$

a를 18로 나눈 몫을 b라고 하면 $a<100$이고,
b와 2는 서로소이므로 $b=1, 3, 5$
$18\times1=18$, $18\times3=54$, $18\times5=90$
따라서 구하는 a의 값은 18, 54, 90이다. 답 18, 54, 90

› 다른 풀이 18의 배수 중에서 100보다 작은 자연수는 18, 36, 54, 72, 90이다. 이때 a와 36의 최대공약수가 18이므로 a는 36의 배수인 36, 72는 될 수 없다.
따라서 구하는 a의 값은 18, 54, 90이다.

086

$2\,)\,32\quad 28$
$2\,)\,16\quad 14$
$\quad 8\quad 7$

똑같이 나누어 줄 수 있는 학생 수는 32와 28의 공약수이고, 이 중에서 가능한 한 많은 학생에게 나누어 주어야 하므로 학생 수는 32와 28의 최대공약수인 4이다.
따라서 학생 4명에게 나누어 줄 수 있다. 답 4명

087

똑같이 나누어 줄 수 있는 돌고래의 수는 60과 78의 공약수이고, 이 중에서 가능한 한 많은 돌고래에게 나누어 주어야 하므로 돌고래의 수는 60과 78의 최대공약수인 6이다.

따라서 6마리의 돌고래에게 나누어 줄 수 있다.

```
2)60 78
3)30 39
  10 13
```

답 ⑤

088

똑같이 나누어 담을 수 있는 주머니의 수는 75와 105의 공약수이고, 이 중에서 가능한 많은 주머니에 나누어 담아야 하므로 주머니의 수는 75와 105의 최대공약수인 15이다.

```
3)75 105
5)25  35
   5   7
```

이때 한 개의 주머니에 들어가는 공의 개수를 구하면

빨간색 공: $75 \div 15 = 5$, 파란색 공: $105 \div 15 = 7$

이므로 구하는 합은 $5+7=12$

따라서 한 개의 주머니에 들어가는 공은 12개이다.

답 ④

089

편성할 수 있는 수는 54, 36, 90의 공약수이고, 이 중에서 편성할 수 있는 가장 많은 팀의 수는 54, 36, 90의 최대공약수인 18이다.

따라서 최대 18팀을 편성할 수 있다.

```
2)54 36 90
3)27 18 45
3) 9  6 15
   3  2  5
```

답 18팀

090

똑같이 나누어 줄 수 있는 학급 수는 48, 32, 24의 공약수이고, 이 중에서 가능한 한 여러 학급에 나누어 주어야 하므로 학급 수는 48, 32, 24의 최대공약수인 8이다.

따라서 최대 8학급에 나누어 줄 수 있다.

```
2)48 32 24
2)24 16 12
2)12  8  6
   6  4  3
```

답 ④

091

모둠의 수를 가능한 한 적게 하려면 각 모둠의 학생 수는 가능한 한 많아야 한다. 이때 구하는 모둠은 학생 수가 모두 같고 남녀가 섞이지 않아야 하므로 한 모둠의 학생 수는 126과 168의 최대공약수인

```
2)126 168
3) 63  84
7) 21  28
    3   4
```

$2 \times 3 \times 7 = 42$ ——— ❶

따라서 여학생은 $126 \div 42 = 3$(모둠), ——— ❷

남학생은 $168 \div 42 = 4$(모둠) ——— ❸

답 여학생: 3모둠, 남학생: 4모둠

단계	채점 기준	배점
❶	한 모둠의 학생 수 구하기	40 %
❷	여학생의 모둠 수 구하기	30 %
❸	남학생의 모둠 수 구하기	30 %

092

정사각형 모양의 타일의 한 변의 길이는 120과 96의 공약수이고, 타일이 되도록 큰 정사각형이어야 하므로 타일의 한 변의 길이는 120과 96의 최대공약수인 24 cm이다.

```
2)120 96
2) 60 48
2) 30 24
3) 15 12
    5  4
```

답 ③

093

정육면체의 한 모서리의 길이는 112, 84, 56의 공약수이고, 되도록 큰 정육면체이어야 하므로 정육면체의 한 모서리의 길이는 112, 84, 56의 최대공약수인 28 cm이다.

```
2)112 84 56
2) 56 42 28
7) 28 21 14
    4  3  2
```

답 ④

094

정육면체 모양으로 잘라 주사위를 만들었으므로 주사위의 한 모서리의 길이는 96, 64, 48의 공약수이고, 가능한 큰 정육면체 모양이어야 하므로 주사위의 한 모서리의 길이는 96, 64, 48의 최대공약수인 16 cm이다.

```
2)96 64 48
2)48 32 24
2)24 16 12
2)12  8  6
   6  4  3
```

답 16 cm

095

정사각형 모양으로 잘라 손수건을 만들었으므로 손수건의 한 변의 길이는 54와 126의 공약수이고, 가능한 큰 정사각형 모양이어야 하므로 손수건의 한 변의 길이는 54와 126의 최대공약수인 18 cm이다.

```
2)54 126
3)27  63
3) 9  21
   3   7
```

가로로 $54 \div 18 = 3$(장), 세로로 $126 \div 18 = 7$(장) 만들어지므로

만들어진 손수건은 모두 $3 \times 7 = 21$(장)

답 ②

096

타일이 가능한 큰 정사각형이어야 하므로 타일의 한 변의 길이는 60과 48의 최대공약수인 12 cm이다. ——— ❶

```
2)60 48
2)30 24
3)15 12
   5  4
```

가로에 필요한 타일은 $60 \div 12 = 5$(장)

세로에 필요한 타일은 $48 \div 12 = 4$(장) ——— ❷

따라서 필요한 타일은

$5 \times 4 = 20$(장) ——— ❸

답 20장

단계	채점 기준	배점
❶	타일의 한 변의 길이 구하기	40 %
❷	가로, 세로에 필요한 타일의 개수를 각각 구하기	40 %
❸	필요한 타일의 수 구하기	20 %

097

정육면체 모양의 벽돌의 크기를 최대로 해야 하므로 벽돌의 한 모서리의 길이는 42, 18, 36의 최대공약수인 6 cm이다.

```
2)42 18 36
3)21  9 18
   7  3  6
```

가로에 필요한 벽돌은 $42 \div 6 = 7$(장)
세로에 필요한 벽돌은 $18 \div 6 = 3$(장)
높이에 필요한 벽돌은 $36 \div 6 = 6$(장)
따라서 필요한 벽돌은
$7 \times 3 \times 6 = 126$(장)

답 ④

098

(1) 나무 사이의 간격은 108과 84의 공약수이고, 나무의 수를 최소로 하려면 나무 사이의 간격을 최대로 해야 하므로 최대 간격은 108과 84의 최대공약수인 12 m이다.

```
2)108 84
2) 54 42
3) 27 21
    9  7
```

(2) 가로에 심는 나무는 $108 \div 12 = 9$(그루)
세로에 심는 나무는 $84 \div 12 = 7$(그루)
따라서 필요한 나무는
$(9+7) \times 2 = 32$(그루)

답 (1) 12 m (2) 32

099

표지판 사이의 간격은 480과 300의 공약수이고, 표지판의 수를 최소로 하려면 표지판 사이의 간격을 최대로 해야 하므로 최대 간격은 480과 300의 최대공약수인 60 m이다.

```
2)480 300
2)240 150
3)120  75
5) 40  25
    8   5
```

가로에 세우는 표지판은 $480 \div 60 = 8$(개)
세로에 세우는 표지판은 $300 \div 60 = 5$(개)
따라서 최소로 필요한 표지판은
$(8+5) \times 2 = 26$(개)

답 ④

100

화분 사이의 간격은 48, 60, 84의 공약수이고, 화분의 수를 최소로 하려면 화분 사이의 간격을 최대로 해야 하므로 최대 간격은 48, 60, 84의 최대공약수인 12 m이다.

```
2)48 60 84
2)24 30 42
3)12 15 21
   4  5  7
```

답 12 m

101

$70+2=72$, $110-2=108$은 어떤 수로 나누어떨어진다.
따라서 어떤 수는 72, 108의 공약수이므로 가장 큰 수는 72, 108의 최대공약수인 36이다.

```
2)72 108
2)36  54
3)18  27
3) 6   9
   2   3
```

답 36

102

21, 27, 33을 어떤 수로 나눈 나머지가 모두 3이므로
$21-3=18$, $27-3=24$, $33-3=30$
은 어떤 수로 나누어떨어진다.
따라서 어떤 수는 18, 24, 30의 공약수이므로 가장 큰 수는 18, 24, 30의 최대공약수인 6이다.

```
2)18 24 30
3) 9 12 15
   3  4  5
```

답 ③

103

55, 65, 85를 어떤 수로 나눈 나머지가 각각 7, 1, 5이므로
$55-7=48$, $65-1=64$, $85-5=80$은 어떤 수로 나누어떨어진다.
즉, 어떤 수는 48, 64, 80의 공약수이다. ─── ❶
48, 64, 80의 최대공약수는 16이므로 공약수는
1, 2, 4, 8, 16이고 ─── ❷
나머지가 7, 1, 5이므로 어떤 수는 7보다 커야 한다.
따라서 어떤 수는 8과 16이다. ─── ❸

```
2)48 64 80
2)24 32 40
2)12 16 20
2) 6  8 10
   3  4  5
```

답 8, 16

단계	채점 기준	배점
❶	어떤 수가 48, 64, 80의 공약수임을 알기	40 %
❷	48, 64, 80의 공약수 구하기	20 %
❸	어떤 수 모두 구하기	40 %

104

생선전 970개와 호박전 650개를 같은 개수로 나누어 줄 때 10개씩 남았으므로 최대 학생 수는
$970-10=960$, $650-10=640$의 최대공약수인 320이다.

```
20)960 640
16) 48  32
     3   2
```

답 ③

105

최대 학생 수는
$51-3=48$, $93+3=96$, $70+2=72$
의 최대공약수인 24이다.

```
8)48 96 72
3) 6 12  9
   2  4  3
```

답 ④

106

친구의 수는 $65-5=60$, $88-4=84$의 공약수이다.
60과 84의 최대공약수는 12이므로 공약수는
1, 2, 3, 4, 6, 12이다.
그런데 구하는 친구의 수는 12보다 작고, 초콜릿을 나누어 주고 남은 개수 5보다 커야 하므로 6이다.

```
2)60 84
2)30 42
3)15 21
   5  7
```

답 6

107

구하는 n의 값은 56과 98의 공약수 중에서 가장 큰 수이므로 56과 98의 최대공약수인 14이다.

$$\begin{array}{r|rr} 2 & 56 & 98 \\ 7 & 28 & 49 \\ \hline & 4 & 7 \end{array}$$

답 14

108

n은 48과 64의 공약수이고, 48과 64의 최대공약수는 $16=2^4$이므로 n의 개수는

$4+1=5$

$$\begin{array}{r|rr} 16 & 48 & 64 \\ \hline & 3 & 4 \end{array}$$

답 ③

109

n은 27과 117의 공약수이다. ❶

27과 117의 최대공약수가 9이므로

n의 값은 1, 3, 9이다. ❷

$\therefore 1+3+9=13$ ❸

$$\begin{array}{r|rr} 3 & 27 & 117 \\ 3 & 9 & 39 \\ \hline & 3 & 13 \end{array}$$

답 13

단계	채점 기준	배점
❶	n이 27과 117의 공약수임을 알기	30 %
❷	n의 값 구하기	50 %
❸	n의 값의 합 구하기	20 %

110

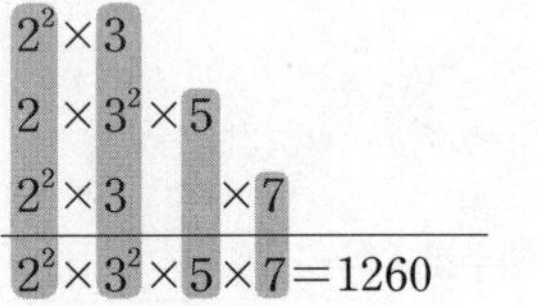

$2^2\times3$
$2\times3^2\times5$
$2^2\times3\times7$
$2^2\times3^2\times5\times7=1260$

답 ④

111

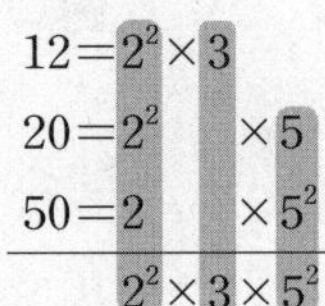

$12=2^2\times3$
$20=2^2\times5$
$50=2\times5^2$
$2^2\times3\times5^2$

답 ④

112

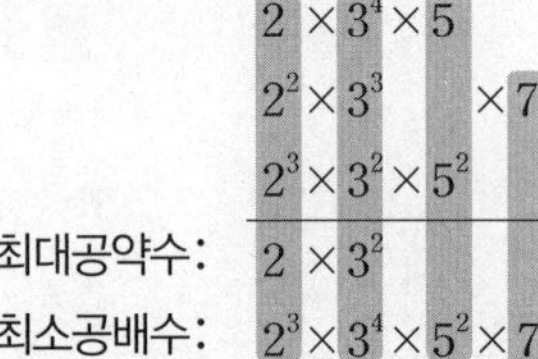

$2\times3^4\times5$
$2^2\times3^3\times7$
$2^3\times3^2\times5^2$
최대공약수: 2×3^2
최소공배수: $2^3\times3^4\times5^2\times7$

답 ②

113

두 자연수 A, B의 공배수는 최소공배수인 48의 배수이므로 200보다 작은 공배수는 48, 96, 144, 192의 4개이다.

답 ③

114

두 자연수 A, B의 공배수는 최소공배수인 12의 배수이므로

12, 24, 36, 48, ⋯, 96, 108, ⋯

이 중에서 100에 가장 가까운 수는 96이다.

답 96

115

주어진 두 수의 최소공배수가 $2^3\times3\times5=120$이므로 800 이하의 공배수는 120, 240, 360, 480, 600, 720의 6개이다.

답 6

116

주어진 두 수의 공배수는 최소공배수인 $5^3\times7^2$의 배수이다.

① $5^2\times7^2$은 $5^3\times7^2$의 배수가 아니므로 공배수가 아니다.

답 ①

117

$$\begin{array}{r|rrr} n & 4\times n & 5\times n & 6\times n \\ 2 & 4 & 5 & 6 \\ \hline & 2 & 5 & 3 \end{array}$$

최소공배수가 180이므로

$n\times2\times2\times5\times3=180 \qquad \therefore n=3$

답 ②

118

$$\begin{array}{r|rrr} n & 9\times n & 6\times n & 15\times n \\ 3 & 9 & 6 & 15 \\ \hline & 3 & 2 & 5 \end{array}$$

최소공배수가 180이므로

$n\times3\times3\times2\times5=180 \qquad \therefore n=2$

따라서 세 자연수의 최대공약수는

$2\times3=6$

답 6

119

$$\begin{array}{r|rrr} n & 3\times n & 6\times n & 15\times n \\ 3 & 3 & 6 & 15 \\ \hline & 1 & 2 & 5 \end{array}$$

최소공배수가 150이므로

$n\times3\times1\times2\times5=150 \qquad \therefore n=5$ ❶

따라서 세 자연수의 최대공약수는 $5\times3=15$이므로 공약수는 1, 3, 5, 15이다. ❷

$\therefore 1+3+5+15=24$ ❸

답 24

단계	채점 기준	배점
❶	n의 값 구하기	50 %
❷	세 자연수의 공약수 구하기	40 %
❸	세 자연수의 공약수의 합 구하기	10 %

120

세 자연수를 $4\times x$, $5\times x$, $6\times x$라고 하면

$$\begin{array}{r|lll} x & 4\times x & 5\times x & 6\times x \\ \hline 2 & 4 & 5 & 6 \\ \hline & 2 & 5 & 3 \end{array}$$

최소공배수가 720이므로

$x\times2\times2\times5\times3=720 \quad \therefore x=12$

따라서 세 자연수는 $4\times12=48$, $5\times12=60$, $6\times12=72$이므로 그 합은 $48+60+72=180$ 　답 180

121

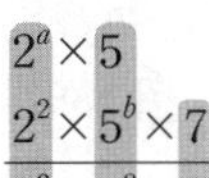

$2^a\times5$

$2^2\times5^b\times7$

$2^3\times5^2\times7$ ⇦ 최소공배수

따라서 $a=3$, $b=2$이므로 $a+b=3+2=5$ 　답 ③

122

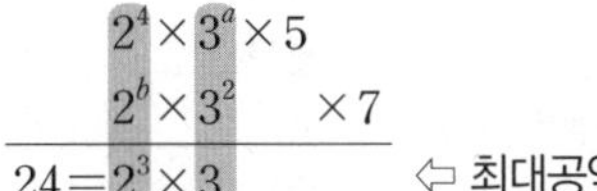

$2^4\times3^a\times5$

$2^b\times3^2\quad\times7$

$24=2^3\times3$ ⇦ 최대공약수

따라서 $a=1$, $b=3$이므로 $a+b=1+3=4$ 　답 4

123

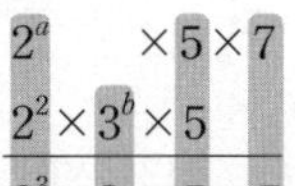

$2^a\quad\times5\times7$

$2^2\times3^b\times5$

$2^3\times3\times5\times7$ ⇦ 최소공배수

이므로 $a=3$, $b=1$ ――― ❶

즉, 두 수가 $2^3\times5\times7$, $2^2\times3\times5$이므로

최대공약수는 $2^2\times5=2^2\times c$에서 $c=5$ ――― ❷

$\therefore a+b+c=3+1+5=9$ ――― ❸

답 9

단계	채점 기준	배점
❶	a, b의 값 각각 구하기	40 %
❷	c의 값 구하기	40 %
❸	$a+b+c$의 값 구하기	20 %

124

$2^a\times3^3\times5$

$2^2\times3^2\times5^b$

$2^2\times3^c\quad\times7^2$

$2^2\times3$ ⇦ 최대공약수

이므로 $c=1$

최소공배수가 $2^3\times3^3\times5^4\times7^d$이므로

$a=3$, $b=4$, $d=2$

$\therefore a+b+c+d=3+4+1+2=10$ 　답 10

125

$2^4\times5\times7$

$\square\times5^2$

$2^4\times5^2\times7$ ⇦ 최소공배수

따라서 □ 안에 들어갈 수 있는 수는 $2^4\times7$의 약수이다.

즉, 구하는 자연수의 개수는

$(4+1)\times(1+1)=10$ 　답 10

126

최대공약수가 7이므로 $n=7\times k$(k는 자연수)라고 하면

$35=5\times7$, $42=2\times3\times7$이고

4최소공배수는 $20=2^2\times3\times5\times7$이므로

$n=k\quad\times7$

$35=\quad5\times7$

$42=2\times3\quad\times7$

$420=2^2\times3\times5\times7$ ⇦ 최소공배수

이때 k의 값이 될 수 있는 가장 작은 자연수는 $2^2=4$이다.

따라서 가장 작은 자연수 n의 값은 $k=4$일 때이므로

$n=7\times4=28$ 　답 28

› 참고 k의 값이 될 수 있는 자연수는 2^2, $2^2\times3$, $2^2\times5$, $2^2\times3\times5$이다.

127

$4=2^2$, $49=7^2$이고 최소공배수는 $980=2^2\times5\times7^2$이므로

n은 5의 배수이면서 980의 약수이다.

① $20=2^2\times5$　② $40=2^3\times5$

③ $50=2\times5^2$　④ $70=2\times5\times7$

⑤ $140=2^2\times5\times7$

따라서 980의 약수가 될 수 없는 것은 ②, ③이므로 n의 값이 될 수 없는 것은 ②, ③이다. 　답 ②, ③

128

세 자연수 36, 54, A의 최대공약수가 18이므로 A를 18로 나눈 몫을 a라고 하면 오른쪽과 같이 나타낼 수 있다.

$$\begin{array}{r|lll} 18 & 36 & 54 & A \\ \hline & 2 & 3 & a \end{array}$$

최소공배수 $540=18\times2\times3\times5$이므로

$a=5$, 5×2, 5×3, $5\times2\times3$

$A=18\times a$이므로 $A=90$, 180, 270, 540

따라서 주어진 수 중에서 A의 값이 될 수 없는 것은 ③ 240이다.

답 ③

129

지하철 1호선과 4호선이 동시에 출발한 후 처음으로 다시 동시에 출발하는 시각은 6과 8의 최소공배수인 24분만큼의 시간이 지난 후이다.

$$\begin{array}{r|ll} 2 & 6 & 8 \\ \hline & 3 & 4 \end{array}$$

따라서 처음으로 다시 동시에 출발하는 시각은 오전 8시 24분이다.

답 오전 8시 24분

130

지호와 현서가 지난 일요일에 만난 후 처음으로 다시 만나게 되는 날은 6과 4의 최소공배수인 12일 후이다.
따라서 $12=7+5$이므로 처음으로 다시 만나게 되는 날은 일요일의 5일 후인 금요일이다.

2)6 4
　3 2

답 금요일

131

두 사람이 동시에 출발한 후 처음으로 출발점에서 다시 만나는 때는 12와 15의 최소공배수인 60분 후이다.
따라서 동시에 출발한 후 2시간 30분 동안 출발점에서 다시 만나는 횟수는 2회이다.

3)12 15
　4 5

답 2회

132

A, B, C 세 노선가 동시에 출발한 후 처음으로 다시 동시에 출발하는 시각은 버스는 20, 30, 40의 최소공배수인 120분(=2시간)만큼의 시간이 지난 후이다.
따라서 오전 중에 세 노선의 버스가 동시에 출발하는 것은 오전 7시 10분, 9시 10분, 11시 10분의 3번이다.

2)20 30 40
5)10 15 20
2) 2 3 4
　1 3 2

답 ②

133

세 열차가 동시에 출발한 후 처음으로 다시 동시에 출발하는 시각은 40, 25, 10의 최소공배수만큼의 시간이 지난 후이다. ❶
40, 25, 10의 최소공배수는 200이므로 ❷
세 열차는 오전 10시부터 200분(=3시간 20분)이 지난 오후 1시 20분에 처음으로 다시 동시에 출발하게 된다. ❸

5)40 25 10
2) 8 5 2
　4 5 1

답 오후 1시 20분

단계	채점 기준	배점
❶	최소공배수를 이용함을 알기	40 %
❷	최소공배수 구하기	30 %
❸	동시에 출발하는 시각 구하기	30 %

134

A 등대는 10초 동안 켜졌다가 14초 동안 꺼지므로 $10+14=24$(초)마다 불이 켜지고, B 등대는 20초 동안 켜졌다가 16초 동안 꺼지므로 $20+16=36$(초)마다 불이 켜진다.
따라서 두 등대 A, B가 동시에 켜진 후 다시 동시에 켜질 때까지 걸리는 시간은 24와 36의 최소공배수인 72초이다.

2)24 36
2)12 18
3) 6 9
　2 3

답 72초

135

같은 톱니에서 처음으로 다시 맞물릴 때까지 맞물리는 톱니의 수는 36과 48의 최소공배수인 144개이다.
따라서 A는 $144\div36=4$(바퀴) 회전해야 한다.

2)36 48
2)18 24
3) 9 12
　3 4

답 ④

136

같은 톱니에서 처음으로 다시 맞물릴 때까지 맞물리는 톱니의 수는 20과 36의 최소공배수인 180개이다.

2)20 36
2)10 18
　5 9

답 180개

137

같은 톱니에서 처음으로 다시 맞물릴 때까지 맞물리는 톱니의 수는 72, 36, 24의 최소공배수인 72개이다.
따라서 C는 $72\div24=3$(바퀴) 회전해야 한다.

2)72 36 24
2)36 18 12
3)18 9 6
2) 6 3 2
3) 3 3 1
　1 1 1

답 3바퀴

138

만들 수 있는 정사각형의 한 변의 길이는 21과 15의 공배수이고, 가장 작은 정사각형의 한 변의 길이는 21과 15의 최소공배수인 105 cm이다.

3)21 15
　7 5

답 105 cm

139

만들 수 있는 정육면체의 한 모서리의 길이는 12, 10, 6의 공배수이고, 가장 작은 정육면체의 한 모서리의 길이는 12, 10, 6의 최소공배수인 60 cm이다.

2)12 10 6
3) 6 5 3
　2 5 1

답 60 cm

140

정육면체의 한 모서리의 길이는 10, 8, 16의 최소공배수인 80 mm이다. ❶
가로에 필요한 나무 블록은 $80\div10=8$(개)
세로에 필요한 나무 블록은 $80\div8=10$(개)
높이에 필요한 나무 블록은 $80\div16=5$(개) ❷
따라서 필요한 나무 블록은
$8\times10\times5=400$(개) ❸

2)10 8 16
2) 5 4 8
2) 5 2 4
　5 1 2

답 400개

단계	채점 기준	배점
❶	정육면체의 한 모서리의 길이 구하기	50 %
❷	가로, 세로, 높이에 필요한 나무 블록의 개수 각각 구하기	각 10 %
❸	정육면체를 만들 때 필요한 나무 블록의 개수 구하기	20 %

141

포장 상자는 가능한 한 작은 정육면체 모양이므로 포장 상자의 한 모서리의 길이는 15, 20, 6의 최소공배수인 60 cm이다.

$$\begin{array}{r|rrr} 2 & 15 & 20 & 6 \\ 3 & 15 & 10 & 3 \\ 5 & 5 & 10 & 1 \\ \hline & 1 & 2 & 1 \end{array}$$

가로에 들어가는 블록은 $60 \div 15 = 4$(개),
세로에 들어가는 블록은 $60 \div 20 = 3$(개),
높이에 들어가는 블록은 $60 \div 6 = 10$(개)
이므로 한 상자에 들어가는 블록은
$4 \times 3 \times 10 = 120$(개)
따라서 블록 720개를 모두 포장하면
$720 \div 120 = 6$(상자)가 된다. 답 6상자

142

5, 8, 10의 어느 수로 나누어도 3이 남는 자연수는 5, 8, 10의 최소공배수인 40의 배수 40, 80, 120, ⋯에 3을 더한 수이므로 43, 83, 123, ⋯이다.

$$\begin{array}{r|rrr} 2 & 5 & 8 & 10 \\ 5 & 5 & 4 & 5 \\ \hline & 1 & 4 & 1 \end{array}$$

이 중에서 가장 작은 두 자리의 자연수는 43이다. 답 43

143

4, 5, 6의 어느 수로 나누어도 나머지가 1인 자연수는 4, 5, 6의 최소공배수인 60의 배수 60, 120, 180, ⋯에 1을 더한 수이므로 61, 121, 181, ⋯이다.

$$\begin{array}{r|rrr} 2 & 4 & 5 & 6 \\ \hline & 2 & 5 & 3 \end{array}$$

이 중에서 가장 작은 세 자리의 자연수는 121이다. 답 121

144

구하는 자연수는 6, 7, 8의 어느 수로 나누어도 2가 부족하므로 6, 7, 8의 최소공배수인 168의 배수 168, 336, 504, ⋯보다 2만큼 작은 수인 166, 334, 502, ⋯이다.

$$\begin{array}{r|rrr} 2 & 6 & 7 & 8 \\ \hline & 3 & 7 & 4 \end{array}$$

이 중에서 가장 작은 세 자리의 자연수는 166이다. 답 166

145

구하는 학생 수는 6, 5, 4의 어느 수로 나누어도 3이 부족하므로 6, 5, 4의 최소공배수인 60의 배수 60, 120, 180, ⋯보다 3만큼 작은 수인 57, 117, 177, ⋯이다.

$$\begin{array}{r|rrr} 2 & 6 & 5 & 4 \\ \hline & 3 & 5 & 2 \end{array}$$

학생은 100명 이상 150명 미만이므로 구하는 학생은 117명이다.
답 ②

146

$84 \times A = 420 \times 14$
$\therefore A = 70$ 답 70

147

최소공배수를 L이라고 하면
$2^2 \times 3^2 \times 5 \times 7 = L \times 2 \times 3$, $1260 = L \times 6$
$\therefore L = 1260 \div 6 = 210$ 답 210

148

최대공약수가 24인 두 수를
$A = 24 \times a$, $B = 24 \times b$(a, b는 서로소, $a < b$)
라고 하면 두 수의 최소공배수가 144이므로

$$\begin{array}{r|rr} 24 & A & B \\ \hline & a & b \end{array}$$

$24 \times a \times b = 144$ $\therefore a \times b = 6$
(i) $a = 1$, $b = 6$일 때
$A = 24 \times 1 = 24$, $B = 24 \times 6 = 144$
$\therefore A + B = 24 + 144 = 168$
(ii) $a = 2$, $b = 3$일 때
$A = 24 \times 2 = 48$, $B = 24 \times 3 = 72$
$\therefore A + B = 48 + 72 = 120$
(i), (ii)에서 $A + B$의 값은 168 또는 120이다. 답 ②, ④
› 참고 $a > b$일 때도 결과는 마찬가지이다.

149

최대공약수가 3인 두 수를
$A = 3 \times a$, $B = 3 \times b$(a, b는 서로소, $a < b$)
라고 하면 두 수의 최소공배수가 54이므로

$$\begin{array}{r|rr} 3 & A & B \\ \hline & a & b \end{array}$$

$3 \times a \times b = 54$ $\therefore a \times b = 18$
(i) $a = 1$, $b = 18$일 때
$A = 3 \times 1 = 3$, $B = 3 \times 18 = 54$
$\therefore A + B = 3 + 54 = 57$
(ii) $a = 2$, $b = 9$일 때
$A = 3 \times 2 = 6$, $B = 3 \times 9 = 27$
$\therefore A + B = 6 + 27 = 33$
(iii) $a = 3$, $b = 6$일 때
a, b는 서로소이어야 하므로 조건을 만족하지 않는다.
(i), (ii), (iii)에서 합이 33인 두 수는 6과 27이다. 답 6, 27

150

곱하는 기약분수를 $\frac{a}{b}$라고 할 때, $\frac{a}{b}$가 가장 작은 수가 되려면
$a = $(15, 48의 최소공배수)$= 240$
$b = $(7, 35의 최대공약수)$= 7$
따라서 구하는 기약분수는 $\frac{240}{7}$이다. 답 $\frac{240}{7}$

151

구하는 수는 1과 100 사이의 자연수 중에서 3, 5의 공배수이므로 15, 30, 45, 60, 75, 90의 6개이다.

답 6

152

n은 30과 78의 공약수이고, 가장 큰 자연수 n은 30과 78의 최대공약수인 6이다.

$$\begin{array}{r|rr} 2 & 30 & 78 \\ 3 & 15 & 39 \\ \hline & 5 & 13 \end{array}$$

답 6

153

곱하는 기약분수를 $\frac{a}{b}$라고 할 때, $\frac{a}{b}$가 되려면 가장 작은 수가

a=(12, 16, 32의 최소공배수)=96 ❶

b=(5, 15, 25의 최대공약수)=5 ❷

$\therefore a-b=96-5=91$ ❸

답 91

단계	채점 기준	배점
❶	a의 값 구하기	40 %
❷	b의 값 구하기	40 %
❸	$a-b$의 값 구하기	20 %

만점에 도전하기 32~33쪽

154

a와 b의 공약수는 1, 2, 3, 4, 6, 12이고,
b와 c의 공약수는 1, 2, 3, 6, 9, 18이다.
따라서 a, b, c의 최대공약수는 6이다.

답 6

155

$24 ◎ 36$=(24와 36의 최소공배수)=72

$\therefore (24 ◎ 36) * 30 = 72 * 30$

=(72와 30의 최대공약수)=6

답 6

156

5월에 5와 서로소인 날은 5의 배수인 5일, 10일, 15일, 20일, 25일, 30일을 제외한 나머지이므로

$a=31-6=25$

7월에 7의 배수인 날은 7일, 14일, 21일, 28일이므로

$b=4$

$\therefore a+b=25+4=29$

답 29

157

$A=2^a\times3^2\times7^b$, $B=2^2\times3^c\times d$의

최대공약수가 $36=2^2\times3^2$이고,

최소공배수가 $6552=2^3\times3^2\times7\times13$이므로

$a=3$, $b=1$, $c=2$, $d=13$

$\therefore a+b+c+d=3+1+2+13=19$

답 19

158

147, 189, 168의 최대공약수는 21이므로 최대 21개의 동아리를 만들 수 있다. ❶

$$\begin{array}{r|rrr} 3 & 147 & 189 & 168 \\ 7 & 49 & 63 & 56 \\ \hline & 7 & 9 & 8 \end{array}$$

각 동아리에서

1학년 학생은 147÷21=7(명)

2학년 학생은 189÷21=9(명)

3학년 학생은 168÷21=8(명) ❷

따라서 한 동아리의 학생은

7+9+8=24(명) ❸

답 24명

단계	채점 기준	배점
❶	최대한 많이 만들 수 있는 동아리의 수 구하기	30 %
❷	각 동아리의 학년별 학생 수 구하기	각 20 %
❸	한 동아리의 학생 수 구하기	10 %

159

오른쪽 그림과 같이 종이를 나누어 보면 구하는 정사각형의 한 변의 길이는 16, 36, 40의 최대공약수인 4 cm이다.

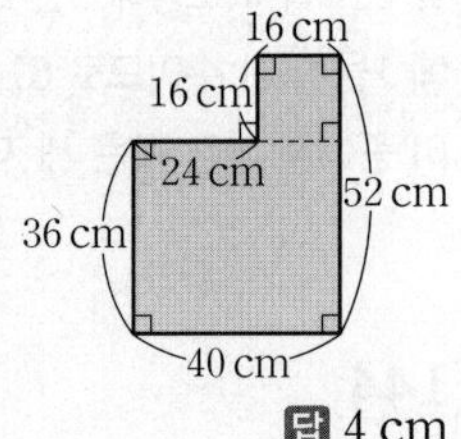

답 4 cm

160

사과 100개, 귤 170개를 똑같이 나누어 주었더니 사과는 4개, 귤은 2개가 남았으므로 학생수는 100−4=96, 170−2=168의 공약수이다.

96과 168의 최대공약수는 24이므로 두 수의 공약수는 1, 2, 3, 4, 6, 8, 12, 24이고, 나머지가 4, 2이므로 학생 수는 4보다 커야 한다.

따라서 학생 수가 될 수 있는 것은 6, 8, 12, 24이므로 학생 수가 될 수 없는 것은 ④이다.

$$\begin{array}{r|rr} 2 & 96 & 168 \\ 2 & 48 & 84 \\ 2 & 24 & 42 \\ 3 & 12 & 21 \\ \hline & 4 & 7 \end{array}$$

답 ④

161

세 분수 $\frac{66}{a}$, $\frac{78}{a}$, $\frac{b}{a}$가 모두 자연수이므로 a는 66, 78, b의 공약수이다.

66과 78의 최대공약수가 6이므로 두 수의 공약수는 1, 2, 3, 6이고, $\frac{b}{a}$가 가장 작을 때이므로 a는 최대공약수인 6이다.

$$\begin{array}{r|rr} 2 & 66 & 78 \\ \hline 3 & 33 & 39 \\ \hline & 11 & 13 \end{array}$$

즉, $\frac{66}{6}<\frac{78}{6}<\frac{b}{6}$에서 $11<13<\frac{b}{6}$를 만족하는 b의 값 중 가장 작은 것을 구해야 하므로

$\frac{b}{6}=14$

$\therefore b=6\times14=84$

답 84

162

최소공배수가 $105=3\times5\times7$이고, 서로소가 아니므로 최대공약수는 1이 아니다.

따라서 배수와 약수의 관계도 아닌 두 자연수는 다음과 같다.

최대공약수가 3일 때, $3\times5=15$와 $3\times7=21$

최대공약수가 5일 때, $5\times3=15$와 $5\times7=35$

최대공약수가 7일 때, $7\times3=21$과 $7\times5=35$

답 15와 21, 15와 35, 21과 35

163

세 수 $14=2\times7$, $35=5\times7$, m의 최소공배수가 $140=2^2\times5\times7$이므로 m의 값이 될 수 있는 가장 작은 자연수는

$a=2^2=4$ ——— ❶

세 수 $36=2^2\times3^2$, $360=2^3\times3^2\times5$, n의 최대공약수가 $18=2\times3^2$이므로 n의 값이 될 수 있는 가장 작은 자연수는

$b=2\times3^2=18$ ——— ❷

$\therefore a+b=4+18=22$ ——— ❸

답 22

단계	채점 기준	배점
❶	a의 값 구하기	40 %
❷	b의 값 구하기	40 %
❸	$a+b$의 값 구하기	20 %

164

A 등대는 $10+6=16$(초),

B 등대는 $26+10=24$(초),

C 등대는 $16+8=36$(초)마다 불이 켜진다.

따라서 세 등대에 처음으로 다시 동시에 불이 켜지는 것은 16, 24, 36의 최소공배수인 144초 후이다.

$$\begin{array}{r|rrr} 2 & 16 & 24 & 36 \\ \hline 2 & 8 & 12 & 18 \\ \hline 2 & 4 & 6 & 9 \\ \hline 3 & 2 & 3 & 9 \\ \hline & 2 & 1 & 3 \end{array}$$

답 144초

165

5, $6=2\times3$, a의 최소공배수가 $90=2\times3^2\times5$이므로 a의 값이 될 수 있는 수는

$3^2=9$, $2\times3^2=18$, $3^2\times5=45$, $2\times3^2\times5=90$

답 9, 18, 45, 90

166

구하는 자연수는 5, 6, 7의 어느 수로 나누어도 1이 부족하므로 5, 6, 7의 최소공배수인 210의 배수 210, 420, 630, 840, 1050, …보다 1만큼 작은 수이다.

따라서 구하는 수는

$1050-1=1049$

답 1049

167

(두 수의 곱)=(최소공배수)×(최대공약수)에서

$605=$(최소공배수)$\times11$

$\therefore$ (최소공배수)$=55$

최대공약수가 11인 두 자연수를

$A=11\times a$, $B=11\times b$ (a, b는 서로소, $a<b$)

라고 하면 두 수의 최소공배수가 55이므로

$11\times a\times b=55$ $\quad\therefore a\times b=5$

따라서 $a=1$, $b=5$이므로

$A=11\times1=11$, $B=11\times5=55$

$\therefore A+B=11+55=66$

답 66

168

두 자연수의 최소공배수가 630이므로 두 자연수는 630의 약수이다.

$630=2\times3^2\times5\times7$이므로 두 자연수가 될 수 있는 수는 1, 2, 3, …, $2\times3\times5\times7$, $3^2\times5\times7$, $2\times3^2\times5\times7$이고 이 중 합이 160이 되는 두 수는 $2\times3^2\times5=90$, $2\times5\times7=70$이다.

따라서 두 수의 차는

$90-70=20$

답 20

3 정수와 유리수

개념 확인하기 35, 37쪽

169

답 (1) $+3000$, -1000 (2) $+10$, -5
(3) -2, $+8$ (4) -5, $+10$

170

답 (1) -3℃ (2) $+20$분 (3) -1점
(4) $+12$ % (5) $+1352$ m (6) -5 kg

171

답 (1) -5 (2) $+8$ (3) $+3.5$ (4) -2.7 (5) $+\frac{1}{5}$ (6) $-\frac{3}{4}$

172

답 (1) $+2$, $\frac{9}{3}$ (2) -4 (3) $+2$, 0, -4, $\frac{9}{3}$

173

양의 정수는 $+9$, 16, 100의 3개이고, 음의 정수는 -7, -50, -35의 3개이다.

답 양의 정수: 3개, 음의 정수: 3개

174

답 (1) $+2$, 10, $+\frac{8}{3}$ (2) $+2$, $-\frac{1}{5}$, 0, 10, -2.2, $+\frac{8}{3}$

175

답 (1) -5.3, $-\frac{5}{3}$, 3.4, $\frac{3}{4}$
(2) 양의 유리수: $+7$, 3.4, $\frac{3}{4}$ / 음의 유리수: -5.3, $-\frac{5}{3}$, -2

176

답 A: -4, B: $-\frac{4}{3}$, C: 0, D: $+\frac{3}{2}$, E: $+3$

177

답 (수직선: A는 -3, D는 -2와 -1 사이, C는 0과 $+1$ 사이, B는 $+1$; 눈금 -3, -2, -1, 0, $+1$, $+2$, $+3$)

178

답 (1) 9 (2) 3.2 (3) $\frac{3}{4}$ (4) 25

179

(5) 절댓값이 3 미만인 정수는 절댓값이 0, 1, 2인 경우이므로 구하는 수는 -2, -1, 0, 1, 2

답 (1) $+2$, -2 (2) $+\frac{1}{6}$, $-\frac{1}{6}$ (3) $+1.3$ (4) $-\frac{3}{5}$
(5) -2, -1, 0, 1, 2

180

(1) $0>$(음수)이므로 $0>-2$
(2) (음수)$<$(양수)이므로 $-4<+2$
(3) $\left|+\frac{9}{2}\right|>|+4|$이고, 양수끼리는 절댓값이 큰 수가 더 크므로 $+\frac{9}{2}>+4$
(4) $|-3|<|-5|$이고, 음수끼리는 절댓값이 큰 수가 더 작으므로 $-3>-5$
(5) (음수)<0이므로 $-\frac{1}{3}<0$
(6) (양수)$>$(음수)이므로 $\frac{1}{4}>-1$
(7) $\left|-\frac{1}{15}\right|=\frac{1}{15}$, $|-0.1|=\left|-\frac{1}{10}\right|=\frac{1}{10}$에서 $\frac{1}{15}<\frac{1}{10}$이고, 음수끼리는 절댓값이 큰 수가 더 작으므로 $-\frac{1}{15}>-0.1$
(8) $\frac{2}{5}=\frac{6}{15}$, $\frac{1}{3}=\frac{5}{15}$에서 $\frac{6}{15}>\frac{5}{15}$이므로 $\frac{2}{5}>\frac{1}{3}$

답 (1) $>$ (2) $<$ (3) $>$ (4) $>$ (5) $<$ (6) $>$ (7) $>$ (8) $>$

181

(음수)$<$(양수)이고 양수끼리는 절댓값이 큰 수가 더 크고 음수끼리는 절댓값이 큰 수가 더 작다.

(1) $-1<-0.5<\frac{1}{4}<1.3<2$
(2) $-5<-2<-\frac{3}{2}(=-1.5)<\frac{6}{5}(=1.2)<1.4$

답 (1) -1, -0.5, $\frac{1}{4}$, 1.3, 2 (2) -5, -2, $-\frac{3}{2}$, $\frac{6}{5}$, 1.4

182

(작지 않다.)$=$(크거나 같다.)$=$(이상이다.)
(크지 않다.)$=$(작거나 같다.)$=$(이하이다.)

답 (1) $a\geq\frac{2}{3}$ (2) $a\leq-5$ (3) $a\geq-\frac{1}{4}$
(4) $-2<a\leq6$ (5) $-1<a<5.3$

필수유형 다지기 38~46쪽

183

⑤ 10000원 손해: -10000원 답 ⑤

184

② 10분 전에: -10분 답 ②

185

⑤ 0보다 15만큼 큰 수: $+15$ 답 ⑤

186

(1) 양의 정수, 0, 음의 정수를 통틀어 정수라고 하므로 정수는

$-3, 0, -\frac{10}{5}(=-2), 7$이다.

(2) 양의 정수는 자연수에 양의 부호 $+$를 붙인 수이고,

양의 부호 $+$는 생략할 수 있으므로 7이다.

(3) 음의 정수는 자연수에 음의 부호 $-$를 붙인 수이므로

$-3, -\frac{10}{5}(=-2)$이다.

답 (1) $-3, 0, -\frac{10}{5}, 7$ (2) 7 (3) $-3, -\frac{10}{5}$

187

정수는 $-5, 0, \frac{6}{2}=3, 6$의 4개이다. 답 4

188

ㄴ. 가장 작은 정수는 알 수 없다.

ㄹ. 양의 정수, 0, 음의 정수를 통틀어 정수라고 한다.

따라서 보기 중 옳은 것은 ㄱ, ㄷ이다. 답 ②

189

① 정수는 $0, \frac{21}{3}(=7)$의 2개이다.

② 자연수는 $\frac{21}{3}(=7)$의 1개이다.

③ 주어진 수는 모두 유리수이므로 유리수는 5개이다.

④ 양의 유리수는 $\frac{3}{5}, \frac{21}{3}$의 2개이다.

⑤ 음의 유리수는 $-2.9, -\frac{5}{2}$의 2개이다.

따라서 옳지 않은 것은 ③이다. 답 ③

190

$\frac{6}{3}=2$이므로 정수이다.

따라서 정수가 아닌 유리수는 $-\frac{4}{5}, 1.7, \frac{1}{2}$의 3개이다. 답 3

191

양의 유리수는 $0.333, \frac{2}{13}$의 2개이므로 $a=2$ ❶

음의 유리수는 $-\frac{9}{4}, -\frac{51}{17}$의 2개이므로 $b=2$ ❷

정수가 아닌 유리수는 $-\frac{9}{4}, 0.333, \frac{2}{13}$의 3개이므로 $c=3$ ❸

$\therefore a-b+c=2-2+3=3$ ❹

답 3

단계	채점 기준	배점
❶	a의 값 구하기	30 %
❷	b의 값 구하기	30 %
❸	c의 값 구하기	30 %
❹	$a-b+c$의 값 구하기	10 %

192

⑤ 유리수는 양의 유리수, 0, 음의 유리수로 이루어져 있다. 답 ⑤

193

① 0, 음의 정수는 정수이지만 자연수가 아니다.

② 가장 작은 양의 정수는 $+1$이다.

③ 정수는 양의 정수(자연수), 0, 음의 정수로 이루어져 있다.

④ 서로 다른 두 유리수 사이에는 무수히 많은 유리수가 있다.

⑤ 모든 유리수는 분수로 나타낼 수 있다.

따라서 옳은 것은 ④이다. 답 ④

194

ㄴ. 0과 1 사이에는 무수히 많은 유리수가 있다.

ㄷ. $-\frac{1}{3}$과 1.9 사이의 정수는 0, 1의 2개이다.

ㄹ. 음의 정수가 아닌 정수는 0 또는 양의 정수이다.

따라서 보기 중 옳은 것은 ㄱ, ㄷ, ㅁ이다. 답 ㄱ, ㄷ, ㅁ

195

① A: -4 ② B: -2 ④ D: $+4$ ⑤ E: $+5$

답 ③

196

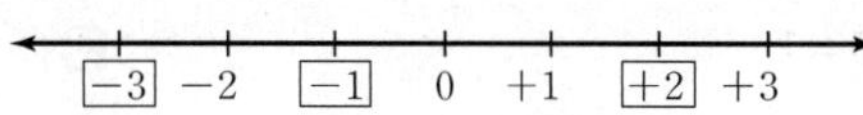

답 $-3, -1, +2$

197

② B: $-1\frac{3}{4}=-\frac{7}{4}$ 답 ②

198

주어진 수를 각각 구하여 수직선 위에 나타내면 다음과 같다.

① -5　② $\frac{1}{2}$　③ $-\frac{7}{3}$　④ $\frac{13}{3}$　⑤ -1

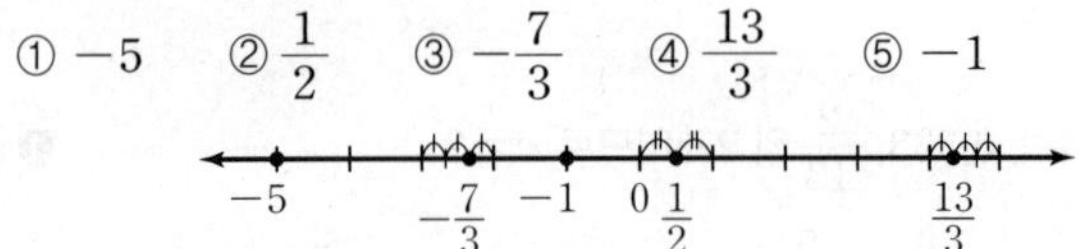

따라서 가장 오른쪽에 있는 수는 ④ $\frac{13}{3}$이다.　답 ④

199

ㄴ.

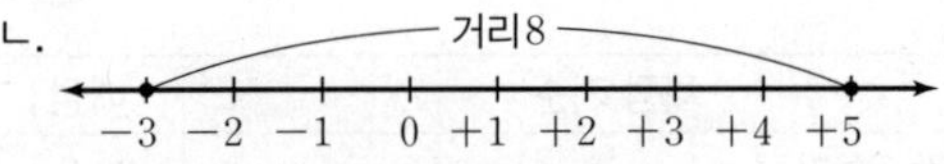

ㄷ. -3은 0보다 3만큼 작은 수이다.

ㄹ. -3과 $+5$ 사이에 있는 정수는 -2, -1, 0, $+1$, $+2$, $+3$, $+4$의 7개이다.

따라서 옳지 않은 것은 ㄷ, ㄹ이다.　답 ㄷ, ㄹ

200

$\frac{2}{3}$와 $-\frac{7}{4}$을 수직선 위에 나타내면 다음과 같다.

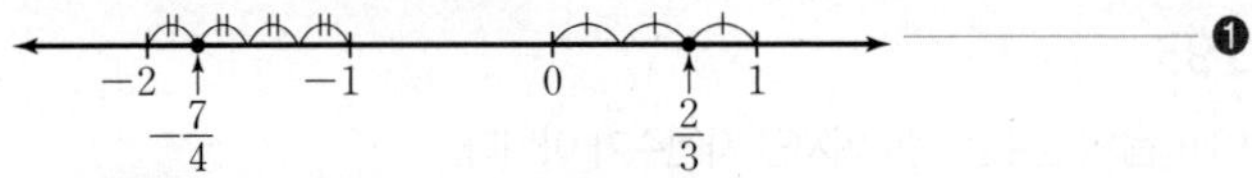

❶

수직선 위에서 $\frac{2}{3}$에 가장 가까운 정수는 $a=1$ ❷

수직선 위에서 $-\frac{7}{4}$에 가장 가까운 정수는 $b=-2$ ❸

따라서 -2와 1 사이에 있는 분모가 4인 기약분수는

$-\frac{7}{4}, -\frac{5}{4}, -\frac{3}{4}, -\frac{1}{4}, \frac{1}{4}, \frac{3}{4}$ ❹

답 $-\frac{7}{4}, -\frac{5}{4}, -\frac{3}{4}, -\frac{1}{4}, \frac{1}{4}, \frac{3}{4}$

단계	채점 기준	배점
❶	$\frac{2}{3}$와 $-\frac{7}{4}$을 수직선 위에 나타내기	30 %
❷	a의 값 구하기	20 %
❸	b의 값 구하기	20 %
❹	a, b 사이에 있는 분모가 4인 기약분수 모두 구하기	30 %

201

(-4와 6 사이의 거리)$=6-(-4)=10$이므로

두 점의 한가운데에 있는 점이 나타내는 수는

$-4+\frac{10}{2}=-4+5=1$　답 ③

202

-3을 나타내는 점으로부터의 거리가 6인 점을 수직선 위에 나타내면 다음과 같으므로 구하는 수는

$-3+6=+3$, $-3-6=-9$

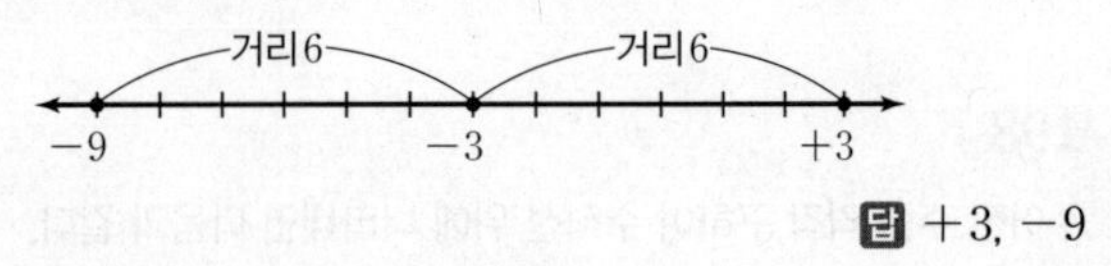

답 $+3$, -9

203

(점 A와 점 D 사이의 거리)$=9-(-3)=12$

네 점 A, B, C, D에 대하여 각 점 사이의 거리가 모두 같으므로

(점 A와 B 사이의 거리)=(점 B와 C 사이의 거리)

=(점 C와 D 사이의 거리)

$=12\times\frac{1}{3}=4$

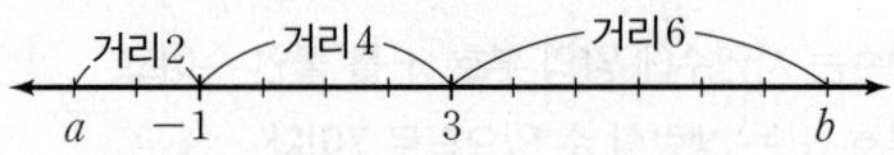

따라서 두 점 B, C가 나타내는 수는 각각 $-3+4=1$, $9-4=5$이므로 구하는 곱은

$1\times5=5$　답 5

204

주어진 조건을 수직선 위에 나타내면 다음과 같다.

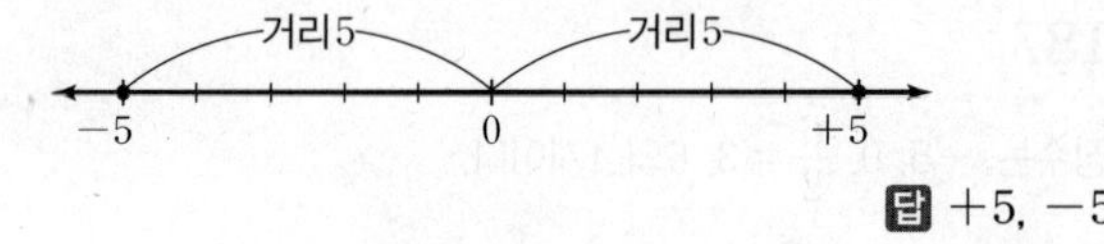

따라서 b는 수직선 위에서 3을 나타내는 점으로부터 오른쪽으로 거리가 6인 점이 나타내는 수이므로 $3+6=9$　답 9

205

원점으로부터의 거리가 5인 점이 나타내는 수는 $+5$와 -5이다.

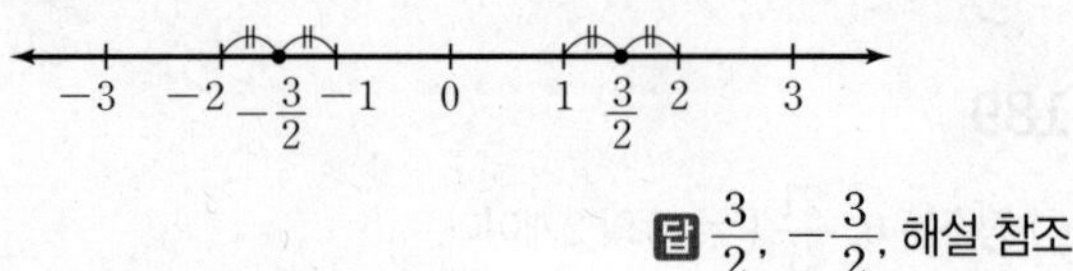

답 $+5$, -5

206

원점으로부터의 거리가 $\frac{3}{2}$인 수는 $\frac{3}{2}$과 $-\frac{3}{2}$이므로 수직선 위에 나타내면 다음과 같다.

답 $\frac{3}{2}$, $-\frac{3}{2}$, 해설 참조

207

$|a|=|-3|=3$, $|b|=\left|\frac{5}{2}\right|=\frac{5}{2}$, $|c|=\left|-\frac{1}{3}\right|=\frac{1}{3}$이므로

$|a|+|b|+|c|=3+\frac{5}{2}+\frac{1}{3}=\frac{35}{6}$　답 $\frac{35}{6}$

208

주어진 수의 절댓값을 구하면

① 3.5　② $\frac{17}{4}\left(=4\frac{1}{4}\right)$　③ 4　④ $\frac{7}{8}$　⑤ $\frac{7}{6}\left(=1\frac{1}{6}\right)$

따라서 절댓값이 가장 큰 수는 ② $-\frac{17}{4}$이다.　답 ②

209

⑤ $a=+1$, $b=-2$이면 $a>b$이지만 $|a|<|b|$이다.　답 ⑤

210

주어진 수의 절댓값을 차례대로 구하면

$1,\ 6,\ \frac{7}{2}\left(=3\frac{1}{2}\right),\ 0,\ \frac{13}{6}\left(=2\frac{1}{6}\right),\ 7$

절댓값이 작은 수부터 차례대로 나열하면

$0,\ -1,\ +\frac{13}{6},\ -\frac{7}{2},\ +6,\ -7$

따라서 두 번째에 오는 수는 -1이다.　답 -1

211

ㄱ. $a<0$이면 $|a|=-a$이다.

ㄷ. 절댓값이 3인 수는 -3과 3이다.

따라서 옳은 것은 ㄴ, ㄹ이다.　답 ㄴ, ㄹ

› 참고 $|a|=\begin{cases}-a & (a<0)\\ a & (a\geq 0)\end{cases}$

212

절댓값이 같고 부호가 반대인 두 수는 원점으로부터 같은 거리에 있다. 이때 두 수에 대응하는 두 점 사이의 거리가 12이므로 두 수는 원점으로부터 각각 6만큼 떨어진 점에 대응하는 수, 즉 $+6$, -6이다.

답 $+6$, -6

213

절댓값이 같고 부호가 반대인 두 수는 원점으로부터 같은 거리에 있다. 이때 두 수에 대응하는 두 점 사이의 거리가 8이므로 두 수는 원점으로부터 각각 4만큼 떨어진 점에 대응하는 수, 즉 $+4$, -4이다.

따라서 두 수 중 작은 수는 -4이다.　답 ②

214

절댓값이 같은 서로 다른 두 수는 원점으로부터 같은 거리에 있고 부호가 반대이다.

이때 두 수의 차가 14이므로 두 수는 원점으로부터 각각 7만큼 떨어진 점에 대응하는 수, 즉 $+7$, -7이다.　답 $+7$, -7

215

절댓값이 같고 $A-B=\frac{4}{3}$이므로 A와 B를 나타내는 점은 원점으로부터 각각 $\frac{4}{3}\times\frac{1}{2}=\frac{2}{3}$만큼 떨어져 있다.

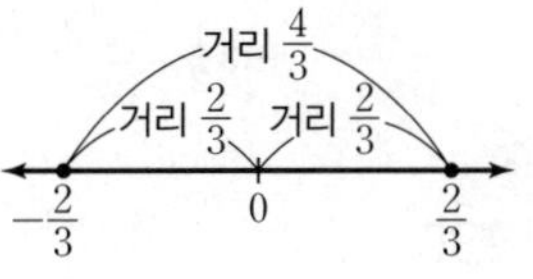

따라서 두 수는 $\frac{2}{3}$, $-\frac{2}{3}$이고 $A-B=\frac{4}{3}$에서 $A>B$이므로

$A=\frac{2}{3}$, $B=-\frac{2}{3}$　답 $A=\frac{2}{3}$, $B=-\frac{2}{3}$

216

두 수 A, B의 절댓값이 같으므로 두 수를 나타내는 점은 원점으로부터 같은 거리에 있다.

이때 A가 B보다 6만큼 작으므로 원점으로부터 A는 왼쪽으로 3만큼, B는 오른쪽으로 3만큼 떨어진 곳에 있다.

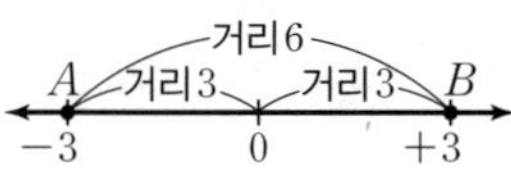

$\therefore A=-3$, $B=+3$　답 $A=-3$, $B=+3$

217

두 수 A, B의 절댓값이 같으므로 두 수를 나타내는 점은 원점으로부터 같은 거리에 있다.

이때 A가 B보다 $\frac{6}{7}$만큼 크므로 원점으로부터 A에 대응하는 점은 오른쪽으로 $\frac{3}{7}$만큼, B에 대응하는 점은 왼쪽으로 $\frac{3}{7}$만큼 떨어진 곳에 있다.

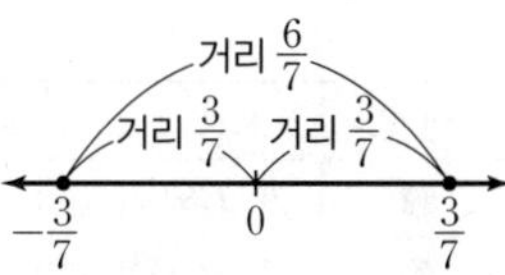

$\therefore B=-\frac{3}{7}$　답 ②

218

(가), (나)에서 a, b는 절댓값이 같고 부호가 서로 다른 수임을 알 수 있다. ❶

그런데 (다)에서 a와 b를 나타내는 두 점 사이의 거리가 $\frac{8}{5}$이므로 두 점은 원점으로부터 각각 $\frac{8}{5}\times\frac{1}{2}=\frac{4}{5}$만큼 떨어져 있다. ❷

따라서 두 수는 $\frac{4}{5}$, $-\frac{4}{5}$이다. ❸

그런데 (가)에서 $a>b$이므로 $a=\frac{4}{5}$, $b=-\frac{4}{5}$ ❹

답 $a=\frac{4}{5}$, $b=-\frac{4}{5}$

단계	채점 기준	배점
❶	a, b는 절댓값이 같고 부호가 다른 수임을 알기	30 %
❷	두 점이 원점으로부터 떨어진 거리 구하기	30 %
❸	두 수 구하기	20 %
❹	a, b의 값 구하기	20 %

219

절댓값이 3보다 작은 수는 -2, 1.8, $-\frac{7}{4}$의 3개이다.　답 ③

220

절댓값이 5 이상 9 미만인 정수는 원점으로부터의 거리가 5, 6, 7, 8인 정수이므로 -8, -7, -6, -5, 5, 6, 7, 8의 8개이다.　답 ③

221

절댓값이 $\frac{11}{3}\left(=3\frac{2}{3}\right)$ 이하인 정수는 원점으로부터의 거리가 0, 1, 2, 3인 정수이므로 $-3, -2, -1, 0, 1, 2, 3$이고 이 중에서 음의 정수는 $-3, -2, -1$이다. 답 $-3, -2, -1$

222

A는 절댓값이 4이므로 $+4$ 또는 -4이다.

B는 절댓값이 6이므로 $+6$ 또는 -6이다.

이때 $A<0<B$이므로 $A=-4$, $B=6$ ❶

따라서 -4와 6 사이에 있는 정수는 $-3, -2, -1, 0, 1, 2, 3, 4, 5$의 9개이다. ❷

답 9

단계	채점 기준	배점
❶	A, B의 값 각각 구하기	각 30 %
❷	A, B 사이에 있는 정수의 개수 구하기	40 %

223

$|-4|=4$, $|5|=5$이므로 $(-4)◎5=4$

$|2|=2$, $|-3|=3$이므로 $2◎(-3)=2$

$\therefore \{(-4)◎5\}-\{2◎(-3)\}=4-2=2$ 답 2

224

$|4|=4$, $|-2|=2$이므로 $\mathrm{M}(4, -2)=4$

$\left|-\frac{7}{2}\right|=\frac{7}{2}$, $|3|=3$이므로 $\mathrm{M}\left(-\frac{7}{2}, 3\right)=\frac{7}{2}$

$\therefore \mathrm{M}(4, -2)+\mathrm{M}\left(-\frac{7}{2}, 3\right)=4+\frac{7}{2}=\frac{15}{2}$ 답 ⑤

225

$|-5|>|3|$이므로 $(-5)\triangle 3=3$ ❶

즉, $\{(-5)\triangle 3\}◎\left(-\frac{7}{3}\right)=3◎\left(-\frac{7}{3}\right)$에서 $|3|>\left|-\frac{7}{3}\right|$이므로

$\{(-5)\triangle 3\}◎\left(-\frac{7}{3}\right)=3◎\left(-\frac{7}{3}\right)=3$ ❷

답 3

단계	채점 기준	배점
❶	$(-5)\triangle 3$의 값 구하기	50 %
❷	$\{(-5)\triangle 3\}◎\left(-\frac{7}{3}\right)$의 값 구하기	50 %

226

① $\frac{8}{3}=\frac{32}{12}$, $\frac{9}{4}=\frac{27}{12}$이므로 $\frac{8}{3}>\frac{9}{4}$

② (음수)<0이므로 $-2.1<0$

③ (음수)$<$(양수)이므로 $-1.3<0.3$

④ $\left|-\frac{1}{2}\right|=\frac{1}{2}=\frac{3}{6}$, $\left|-\frac{1}{3}\right|=\frac{1}{3}=\frac{2}{6}$이고, $\frac{3}{6}>\frac{2}{6}$

음수끼리는 절댓값이 클수록 작은 수이므로

$-\frac{1}{2}<-\frac{1}{3}$

⑤ $\left|-\frac{2}{3}\right|=\frac{2}{3}=\frac{8}{12}$, $|-0.75|=0.75=\frac{3}{4}=\frac{9}{12}$이고, $\frac{8}{12}<\frac{9}{12}$

음수끼리는 절댓값이 클수록 작은 수이므로 $-\frac{2}{3}>-0.75$

따라서 옳지 않은 것은 ⑤이다. 답 ⑤

> 참고 (1) 부호가 같은 분수끼리의 대소 관계
> ⇨ 통분한 후 분자의 크기 비교
> (2) 분수와 소수의 대소 관계
> ⇨ 분수 또는 소수로 통일하여 크기 비교

227

① $|-2|=2$이므로 $|-2|>0$

② $|-5|=5$이므로 $|-5|>3$

③ $|-1|=1$

④ $-3<-2$

⑤ $|-7|=7$이므로 $|-7|>-6$

따라서 옳은 것은 ②이다. 답 ②

228

① $\left|-\frac{1}{2}\right|=\frac{1}{2}$, $|-1|=1$이고, $\frac{1}{2}<1$이므로

$-\frac{1}{2}\boxed{>}-1$

② $\frac{3}{2}=1.5$이므로 $1.6\boxed{>}\frac{3}{2}$

③ $\frac{10}{3}=3\frac{1}{3}$, $|-3.2|=3.2=3\frac{1}{5}$이므로 $\frac{10}{3}\boxed{>}|-3.2|$

④ $\left|-\frac{3}{7}\right|=\frac{3}{7}$이므로 $\left|-\frac{3}{7}\right|\boxed{>}0$

⑤ $\left|-\frac{4}{5}\right|=\frac{4}{5}=\frac{24}{30}$, $\left|-\frac{5}{6}\right|=\frac{5}{6}=\frac{25}{30}$이고,

$\frac{24}{30}<\frac{25}{30}$이므로 $\left|-\frac{4}{5}\right|\boxed{<}\left|-\frac{5}{6}\right|$

따라서 부등호가 다른 하나는 ⑤이다. 답 ⑤

229

주어진 수를 수직선 위에 나타낼 때, 가장 왼쪽에 있는 것은 가장 작은 수이므로 ④ $-3\frac{1}{2}$이다. 답 ④

> 참고 주어진 수를 수직선 위에 나타내면 다음과 같다.

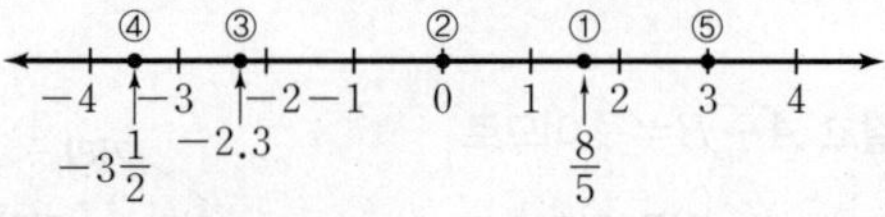

230

$-\frac{3}{4}$을 나타내는 점보다 오른쪽에 있는 수는 $-\frac{3}{4}$보다 큰 수이므로 $\frac{5}{3}$, 1, 0, -0.3의 4개이다. 답 ④

231

주어진 수를 수직선 위에 나타내면 다음과 같다.

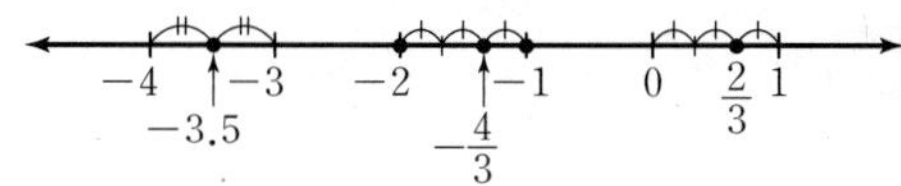

따라서 왼쪽에서 세 번째에 있는 수는 $-\frac{4}{3}$이다. 답 ⑤

232

양수는 절댓값이 클수록 큰 수이므로 작은 수부터 차례대로 나열하면

$0.3, \frac{6}{5}, \frac{5}{3}$ ❶

음수는 절댓값이 클수록 작은 수이므로 작은 수부터 차례대로 나열하면

$-2.7, -\frac{3}{2}, -\frac{4}{3}$ ❷

(음수)$<0<$(양수)이므로 주어진 수를 작은 수부터 차례대로 나열하면

$-2.7, -\frac{3}{2}, -\frac{4}{3}, 0, 0.3, \frac{6}{5}, \frac{5}{3}$ ❸

답 $-2.7, -\frac{3}{2}, -\frac{4}{3}, 0, 0.3, \frac{6}{5}, \frac{5}{3}$

단계	채점 기준	배점
❶	양수를 작은 수부터 차례대로 나열하기	30 %
❷	음수를 작은 수부터 차례대로 나열하기	30 %
❸	주어진 수를 작은 수부터 차례대로 나열하기	40 %

233

⑤ 음수는 그 수를 나타내는 점이 원점에서 가까울수록 더 크다. 답 ⑤

234

주어진 수를 작은 수부터 차례대로 나열하면

$-4.2, -\frac{7}{3}, -0.4, \frac{11}{5}, 2\frac{3}{4}$

③ -0.4보다 큰 수는 $\frac{11}{5}, 2\frac{3}{4}$의 2개이다. 답 ③

235

④ a는 1보다 작지 않고 3 이하이다. ⇨ $1 \le a \le 3$ 답 ④

236

$-5 \le a \le 3$인 정수 a는 $-5, -4, -3, -2, -1, 0, 1, 2, 3$의 9개이다. 답 ③

237

$a \le 7$인 양의 정수 a는 $1, 2, 3, 4, 5, 6, 7$ ❶

$-3 < b \le 4$인 정수 b는 $-2, -1, 0, 1, 2, 3, 4$ ❷

따라서 b의 값 중에서 a의 값이 될 수 없는 수는

$-2, -1, 0$의 3개이다. ❸

답 3

단계	채점 기준	배점
❶	a의 값 구하기	40 %
❷	b의 값 구하기	40 %
❸	b의 값 중 a의 값이 될 수 없는 수의 개수 구하기	20 %

238

수직선 위에 $-\frac{11}{2}\left(=-5\frac{1}{2}\right)$과 $\frac{11}{3}\left(=3\frac{2}{3}\right)$을 나타내면 다음과 같다.

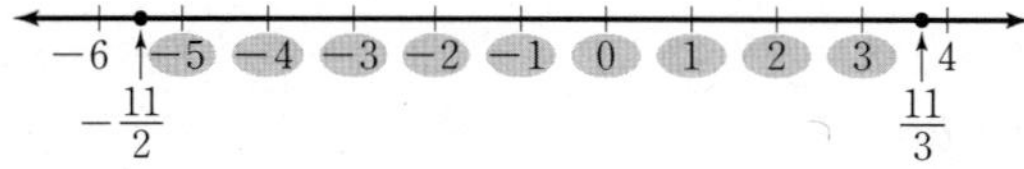

따라서 두 유리수 사이에 있는 정수는 $-5, -4, -3, -2, -1, 0, 1, 2, 3$의 9개이다. 답 ④

239

① $-2 < -1\frac{4}{5}$이므로 -2는 $-1\frac{4}{5} < x \le 2$인 유리수 x의 값이 될 수 없다. 답 ①

240

$-\frac{2}{3} = -\frac{8}{12}, \frac{1}{4} = \frac{3}{12}$이므로 두 유리수 $-\frac{2}{3}$와 $\frac{1}{4}$ 사이에 있는 정수가 아닌 유리수 중에서 기약분수로 나타내었을 때 분모가 12인 유리수는 $-\frac{7}{12}, -\frac{5}{12}, -\frac{1}{12}, \frac{1}{12}$의 4개이다. 답 4

만점에 도전하기 47쪽

241

$|a| \le 3$이므로

$a = -3, -2, -1, 0, 1, 2, 3$

$|b| \ge 3$이므로

$b = -3, -4, -5, -6, \cdots$ 또는 $b = 3, 4, 5, 6, \cdots$

따라서 a의 값도 될 수 있고 b의 값도 될 수 있는 수는 -3과 3이다.

답 $-3, 3$

242

$|a| = 3$이므로 $a = 3$ 또는 $a = -3$

(i) $a = 3$일 때, 오른쪽 그림에서

$b = -5$

(ii) $a = -3$일 때, 오른쪽 그림에서

$b = 1$

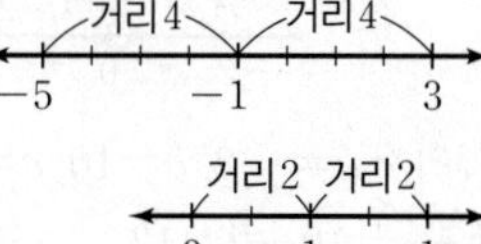

(i), (ii)에서 음수 b의 값은 -5이다. 답 -5

243

$|a| \geq 0$, $|b| \geq 0$이므로 $|a|+|b|=3$과 $a>b$를 모두 만족하는 경우는

(i) $|a|=3$, $|b|=0$일 때

$a=3$, $b=0$ ❶

(ii) $|a|=2$, $|b|=1$일 때

$a=2$, $b=1$ 또는 $a=2$, $b=-1$ ❷

(iii) $|a|=1$, $|b|=2$일 때

$a=1$, $b=-2$ 또는 $a=-1$, $b=-2$ ❸

(iv) $|a|=0$, $|b|=3$일 때

$a=0$, $b=-3$ ❹

답 $a=3$, $b=0$ 또는 $a=2$, $b=1$ 또는 $a=2$, $b=-1$ 또는 $a=1$, $b=-2$ 또는 $a=-1$, $b=-2$ 또는 $a=0$, $b=-3$

단계	채점 기준	배점
❶	$\|a\|=3$, $\|b\|=0$일 때, a, b의 값 구하기	20 %
❷	$\|a\|=2$, $\|b\|=1$일 때, a, b의 값 구하기	30 %
❸	$\|a\|=1$, $\|b\|=2$일 때, a, b의 값 구하기	30 %
❹	$\|a\|=0$, $\|b\|=3$일 때, a, b의 값 구하기	20 %

244

$a=\frac{17}{3}\left(=5\frac{2}{3}\right)$, $b=\frac{7}{2}\left(=3\frac{1}{2}\right)$이므로

정수 x에 대하여 $\frac{7}{2} \leq |x| < \frac{17}{3}$인 $|x|$의 값은 4, 5이다.

따라서 구하는 정수 x는 -5, -4, 4, 5의 4개이다. 답 ③

245

조건 (나)에서 $|a|=10$이고, 조건 (가)에서 $a>-10$이므로 $a=10$

조건 (다), (라)에서 $a<c<b$ 답 $a<c<b$

246

조건 (가), (라)에 의해 $B<0<A$

조건 (나), (다)에 의해 $D<C<0$

따라서 조건 (가)에서 B가 네 수 중 가장 작으므로

$B<D<C<A$ 답 ③

247

조건 (가), (나), (다)에 의해 두 점 A, C 사이의 거리는 4이고 두 점 B, C 사이의 거리는 8이다.

따라서 세 점 A, B, C를 수직선 위에 나타내면 다음과 같다.

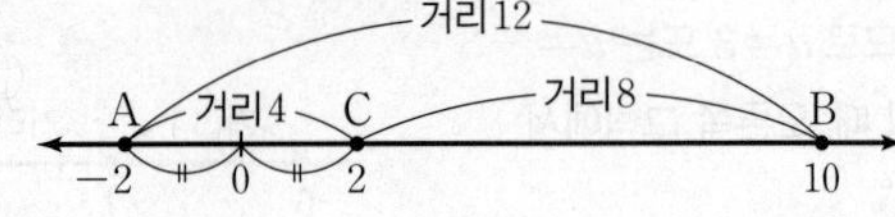

따라서 $a=-2$, $b=10$, $c=2$이므로

$b+c=10+2=12$ 답 12

4 정수와 유리수의 계산

개념 확인하기 49, 51쪽

248

답 (1) $(+5)+(-6)=\boxed{-1}$

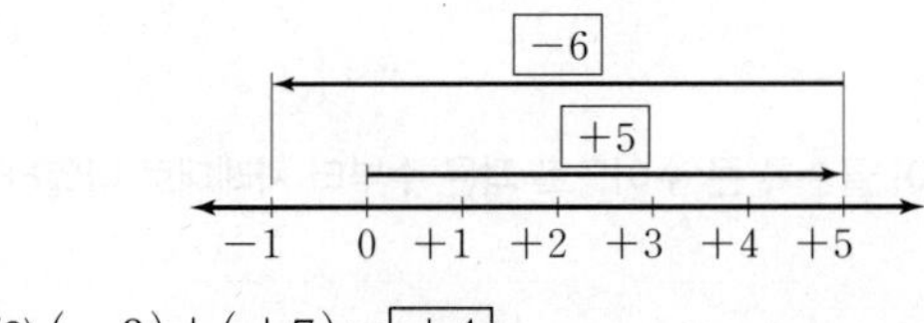

(2) $(-3)+(+7)=\boxed{+4}$

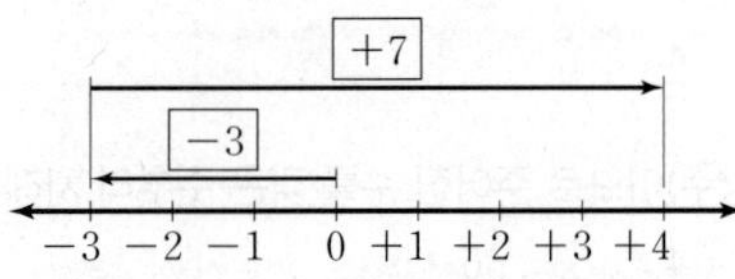

249

(1) $(+5)+(+7)=+(5+7)=+12$

(2) $(-4)+(-9)=-(4+9)=-13$

(3) $(+9)+(-5)=+(9-5)=+4$

(4) $(-6)+(+2)=-(6-2)=-4$

(5) $\left(-\frac{3}{5}\right)+\left(-\frac{4}{5}\right)=-\left(\frac{3}{5}+\frac{4}{5}\right)=-\frac{7}{5}$

(6) $\left(+\frac{3}{4}\right)+\left(-\frac{4}{3}\right)=\left(+\frac{9}{12}\right)+\left(-\frac{16}{12}\right)$

$=-\left(\frac{16}{12}-\frac{9}{12}\right)=-\frac{7}{12}$

(7) $(-2.9)+(-3.2)=-(2.9+3.2)=-6.1$

(8) $(+4.2)+\left(-\frac{5}{2}\right)=(+4.2)+(-2.5)$

$=+(4.2-2.5)=+1.7$

답 (1) $+12$ (2) -13 (3) $+4$ (4) -4 (5) $-\frac{7}{5}$ (6) $-\frac{7}{12}$ (7) -6.1 (8) $+1.7$

250

(1) $(+6)+(-9)+(+3)=\{(+6)+(+3)\}+(-9)$

$=(+9)+(-9)=0$

(2) $(-11)+(+5)+(-7)=\{(-11)+(-7)\}+(+5)$

$=(-18)+(+5)=-13$

(3) $\left(-\frac{2}{3}\right)+\left(-\frac{1}{4}\right)+\left(+\frac{1}{2}\right)$

$=\left\{\left(-\frac{8}{12}\right)+\left(-\frac{3}{12}\right)\right\}+\left(+\frac{6}{12}\right)$

$=\left(-\frac{11}{12}\right)+\left(+\frac{6}{12}\right)=-\frac{5}{12}$

(4) $\left(+\frac{1}{3}\right)+\left(-\frac{2}{5}\right)+\left(-\frac{1}{3}\right)=\left\{\left(+\frac{1}{3}\right)+\left(-\frac{1}{3}\right)\right\}+\left(-\frac{2}{5}\right)$

$=0+\left(-\frac{2}{5}\right)=-\frac{2}{5}$

(5) $(-1.8)+(+5.6)+(-3.2)$
$=\{(-1.8)+(-3.2)\}+(+5.6)$
$=(-5)+(+5.6)=+0.6$

답 (1) 0 (2) -13 (3) $-\frac{5}{12}$ (4) $-\frac{2}{5}$ (5) $+0.6$

251

(1) $(+7)-(+12)=(+7)+(-12)=-5$
(2) $(-4)-(+10)=(-4)+(-10)=-14$
(3) $(-8)-(-11)=(-8)+(+11)=+3$
(4) $(+9)-(-5)=(+9)+(+5)=+14$
(5) $\left(-\frac{2}{5}\right)-\left(+\frac{4}{5}\right)=\left(-\frac{2}{5}\right)+\left(-\frac{4}{5}\right)=-\frac{6}{5}$
(6) $\left(-\frac{3}{2}\right)-\left(-\frac{1}{3}\right)=\left(-\frac{3}{2}\right)+\left(+\frac{1}{3}\right)$
$=\left(-\frac{9}{6}\right)+\left(+\frac{2}{6}\right)=-\frac{7}{6}$
(7) $(+4.9)-(+2.5)=(+4.9)+(-2.5)=+2.4$
(8) $(+2.7)-(-6.2)=(+2.7)+(+6.2)=+8.9$

답 (1) -5 (2) -14 (3) $+3$ (4) $+14$ (5) $-\frac{6}{5}$ (6) $-\frac{7}{6}$ (7) $+2.4$ (8) $+8.9$

252

(1) $(+5)+(-9)-(+3)=(+5)+\{(-9)+(-3)\}$
$=(+5)+(-12)=-7$
(2) $(-8)-(-6)+(-2)=(-8)+(+6)+(-2)$
$=\{(-8)+(-2)\}+(+6)$
$=(-10)+(+6)=-4$
(3) $(+10)-(+13)-(-5)=(+10)+(-13)+(+5)$
$=\{(+10)+(+5)\}+(-13)$
$=(+15)+(-13)=+2$
(4) $\left(+\frac{1}{3}\right)-\left(-\frac{3}{4}\right)+(-2)$
$=\left(+\frac{1}{3}\right)+\left(+\frac{3}{4}\right)+(-2)$
$=\left\{\left(+\frac{4}{12}\right)+\left(+\frac{9}{12}\right)\right\}+\left(-\frac{24}{12}\right)$
$=\left(+\frac{13}{12}\right)+\left(-\frac{24}{12}\right)=-\frac{11}{12}$
(5) $\left(-\frac{3}{4}\right)+\left(+\frac{1}{2}\right)-\left(-\frac{7}{4}\right)$
$=\left(-\frac{3}{4}\right)+\left(+\frac{1}{2}\right)+\left(+\frac{7}{4}\right)$
$=\left\{\left(-\frac{3}{4}\right)+\left(+\frac{7}{4}\right)\right\}+\left(+\frac{1}{2}\right)$
$=(+1)+\left(+\frac{1}{2}\right)=+\frac{3}{2}$
(6) $(-2.4)-(+3.5)+(-4.9)$
$=\{(-2.4)+(-3.5)\}+(-4.9)$
$=(-5.9)+(-4.9)=-10.8$

답 (1) -7 (2) -4 (3) $+2$ (4) $-\frac{11}{12}$ (5) $+\frac{3}{2}$ (6) -10.8

253

(1) $-6+2-7=(-6)+(+2)-(+7)$
$=(-6)+(+2)+(-7)$
$=\{(-6)+(-7)\}+(+2)$
$=(-13)+(+2)=-11$
(2) $9-13+5=(+9)-(+13)+(+5)$
$=(+9)+(-13)+(+5)$
$=\{(+9)+(+5)\}+(-13)$
$=(+14)+(-13)=1$
(3) $\frac{1}{4}+\frac{5}{3}-\frac{3}{2}=\left(+\frac{1}{4}\right)+\left(+\frac{5}{3}\right)-\left(+\frac{3}{2}\right)$
$=\left(+\frac{1}{4}\right)+\left(+\frac{5}{3}\right)+\left(-\frac{3}{2}\right)$
$=\left\{\left(+\frac{3}{12}\right)+\left(+\frac{20}{12}\right)\right\}+\left(-\frac{18}{12}\right)$
$=\left(+\frac{23}{12}\right)+\left(-\frac{18}{12}\right)$
$=\frac{5}{12}$
(4) $-\frac{3}{2}+\frac{2}{5}-\frac{1}{3}=\left(-\frac{3}{2}\right)+\left(+\frac{2}{5}\right)-\left(+\frac{1}{3}\right)$
$=\left(-\frac{3}{2}\right)+\left(+\frac{2}{5}\right)+\left(-\frac{1}{3}\right)$
$=\left\{\left(-\frac{45}{30}\right)+\left(-\frac{10}{30}\right)\right\}+\left(+\frac{12}{30}\right)$
$=\left(-\frac{55}{30}\right)+\left(+\frac{12}{30}\right)$
$=-\frac{43}{30}$
(5) $1.9+1.6-3.2=(+1.9)+(+1.6)-(+3.2)$
$=\{(+1.9)+(+1.6)\}+(-3.2)$
$=(+3.5)+(-3.2)$
$=0.3$

답 (1) -11 (2) 1 (3) $\frac{5}{12}$ (4) $-\frac{43}{30}$ (5) 0.3

254

(1) $(+6)\times(+4)=+(6\times4)=+24$
(2) $(-5)\times(-8)=+(5\times8)=+40$
(3) $(+3)\times(-10)=-(3\times10)=-30$
(4) $(-20)\times0=0$
(5) $\left(+\frac{1}{2}\right)\times\left(+\frac{4}{5}\right)=+\left(\frac{1}{2}\times\frac{4}{5}\right)=+\frac{2}{5}$
(6) $\left(-\frac{16}{3}\right)\times\left(-\frac{9}{2}\right)=+\left(\frac{16}{3}\times\frac{9}{2}\right)=+24$
(7) $\left(+\frac{4}{15}\right)\times\left(-\frac{3}{8}\right)=-\left(\frac{4}{15}\times\frac{3}{8}\right)=-\frac{1}{10}$
(8) $\left(-\frac{3}{10}\right)\times\left(+\frac{5}{9}\right)=-\left(\frac{3}{10}\times\frac{5}{9}\right)=-\frac{1}{6}$

답 (1) $+24$ (2) $+40$ (3) -30 (4) 0 (5) $+\frac{2}{5}$ (6) $+24$ (7) $-\frac{1}{10}$ (8) $-\frac{1}{6}$

255

(1) (주어진 식)$=-(2\times5\times8)=-80$

(2) (주어진 식)$=+(8\times2\times3)=+48$

(3) (주어진 식)$=+\left(\frac{2}{7}\times\frac{14}{3}\times\frac{5}{2}\right)=+\frac{10}{3}$

(4) (주어진 식)$=-(1\times2\times3\times4\times5)=-120$

답 (1) -80 (2) $+48$ (3) $+\frac{10}{3}$ (4) -120

256

(1) $(-4)^2=(-4)\times(-4)=+16$

(2) $(-3)^3=(-3)\times(-3)\times(-3)=-27$

(3) $(-2)^5=(-2)\times(-2)\times(-2)\times(-2)\times(-2)=-32$

(4) $-5^2=-(5\times5)=-25$

(5) $\left(-\frac{2}{3}\right)^2=\left(-\frac{2}{3}\right)\times\left(-\frac{2}{3}\right)=+\frac{4}{9}$

(6) $\left(-\frac{3}{4}\right)^3=\left(-\frac{3}{4}\right)\times\left(-\frac{3}{4}\right)\times\left(-\frac{3}{4}\right)=-\frac{27}{64}$

(7) $-\left(\frac{1}{2}\right)^3=-\left(\frac{1}{2}\times\frac{1}{2}\times\frac{1}{2}\right)=-\frac{1}{8}$

(8) $-\left(-\frac{1}{3}\right)^3=-\left\{\left(-\frac{1}{3}\right)\times\left(-\frac{1}{3}\right)\times\left(-\frac{1}{3}\right)\right\}$

$=-\left(-\frac{1}{27}\right)=+\frac{1}{27}$

답 (1) $+16$ (2) -27 (3) -32 (4) -25
(5) $+\frac{4}{9}$ (6) $-\frac{27}{64}$ (7) $-\frac{1}{8}$ (8) $+\frac{1}{27}$

> 참고 -4^2과 $(-4)^2$은 서로 다른 수이다. 헷갈리지 말자!
$-4^2=-(4\times4)=-16$
$(-4)^2=(-4)\times(-4)=+16$

257

(3) $(-2)^2=4$이므로 4의 역수는 $\frac{1}{4}$이다.

답 (1) $-\frac{1}{5}$ (2) $\frac{2}{5}$ (3) $\frac{1}{4}$ (4) $-\frac{3}{4}$

258

(1) $(-15)\div(-3)=+(15\div3)=+5$

(2) $(+21)\div(-7)=-(21\div7)=-3$

(3) $(-40)\div(+10)=-(40\div10)=-4$

(4) $0\div(-12)=0$

(5) $\left(-\frac{2}{3}\right)\div(-4)=\left(-\frac{2}{3}\right)\times\left(-\frac{1}{4}\right)=+\frac{1}{6}$

(6) $\left(+\frac{1}{3}\right)\div\left(-\frac{11}{6}\right)=\left(+\frac{1}{3}\right)\times\left(-\frac{6}{11}\right)=-\frac{2}{11}$

(7) $\left(-\frac{8}{15}\right)\div\left(+\frac{2}{5}\right)=\left(-\frac{8}{15}\right)\times\left(+\frac{5}{2}\right)=-\frac{4}{3}$

(8) $\left(-\frac{5}{6}\right)\div\left(+\frac{5}{3}\right)=\left(-\frac{5}{6}\right)\times\left(+\frac{3}{5}\right)=-\frac{1}{2}$

답 (1) $+5$ (2) -3 (3) -4 (4) 0
(5) $+\frac{1}{6}$ (6) $-\frac{2}{11}$ (7) $-\frac{4}{3}$ (8) $-\frac{1}{2}$

259

(1) (주어진 식)$=\left(-\frac{8}{5}\right)\times\left(-\frac{10}{3}\right)\times\left(+\frac{5}{6}\right)$

$=+\left(\frac{8}{5}\times\frac{10}{3}\times\frac{5}{6}\right)=+\frac{40}{9}$

(2) (주어진 식)$=2\times(-12)\times\left(-\frac{5}{3}\right)\times\left(-\frac{1}{4}\right)$

$=-\left(2\times12\times\frac{5}{3}\times\frac{1}{4}\right)=-10$

(3) (주어진 식)$=16\times(-3)\times\frac{3}{8}\times\frac{1}{6}$

$=-\left(16\times3\times\frac{3}{8}\times\frac{1}{6}\right)=-3$

답 (1) $+\frac{40}{9}$ (2) -10 (3) -3

260

(1) $10-(-2)\times(-6)=10-(+12)$
$=-2$

(2) $(-50)\div\{8+(-3)\}=(-50)\div(+5)$
$=-10$

(3) $(-3)^2-12\div(-3)+2^4=9-12\div(-3)+16$
$=9-(-4)+16$
$=13+16=29$

(4) $(-3)\times\frac{1}{12}-6\div\left(-\frac{2}{3}\right)=\left(-\frac{1}{4}\right)-6\times\left(-\frac{3}{2}\right)$
$=\left(-\frac{1}{4}\right)-(-9)$
$=\left(-\frac{1}{4}\right)+\left(+\frac{36}{4}\right)=\frac{35}{4}$

(5) $3\div\left\{(-4)^2+\left(4\div\frac{4}{3}-7\right)\right\}\times\frac{1}{3}$
$=3\div\left\{16+\left(4\times\frac{3}{4}-7\right)\right\}\times\frac{1}{3}$
$=3\div\{16+(3-7)\}\times\frac{1}{3}$
$=3\div12\times\frac{1}{3}$
$=3\times\frac{1}{12}\times\frac{1}{3}=\frac{1}{12}$

답 (1) -2 (2) -10 (3) 29 (4) $\frac{35}{4}$ (5) $\frac{1}{12}$

필수유형 다지기

52~66쪽

261

원점에서 왼쪽으로 3만큼 간 점에서 다시 오른쪽으로 5만큼 간 점이 나타내는 수는 2이다.
⇨ $(-3)+(+5)=+2$

답 ②

262

원점에서 오른쪽으로 5만큼 간 점에서 다시 왼쪽으로 7만큼 간 점이 나타내는 수는 -2이다.

⇨ $(+5)+(-7)=-2$ 답 ⑤

263

원점에서 왼쪽으로 1만큼 간 점에서 다시 왼쪽으로 3만큼 간 점이 나타내는 수는 -4이다.

⇨ $(-1)+(-3)=-4$ 답 $(-1)+(-3)=-4$

264

② $\left(-\frac{1}{4}\right)+\left(-\frac{3}{2}\right)=\left(-\frac{1}{4}\right)+\left(-\frac{6}{4}\right)$

$=-\left(\frac{1}{4}+\frac{6}{4}\right)=-\frac{7}{4}$ 답 ②

265

ㄱ. $(+5)+(-4)=+(5-4)=+1$

ㄴ. $(+3)+\left(-\frac{7}{2}\right)=\left(+\frac{6}{2}\right)+\left(-\frac{7}{2}\right)=-\left(\frac{7}{2}-\frac{6}{2}\right)=-\frac{1}{2}$

ㄷ. $\left(-\frac{1}{2}\right)+\left(-\frac{3}{2}\right)=-\left(\frac{1}{2}+\frac{3}{2}\right)=-2$

ㄹ. $\left(-\frac{3}{5}\right)+\left(+\frac{5}{2}\right)=\left(-\frac{6}{10}\right)+\left(+\frac{25}{10}\right)$

$=+\left(\frac{25}{10}-\frac{6}{10}\right)=+\frac{19}{10}$

따라서 보기 중 계산 결과가 음수인 것은 ③ ㄴ, ㄷ이다. 답 ③

266

① $(+9)+(-4)=+(9-4)=+5$

② $(+3)+(+2)=+(3+2)=+5$

③ $(+10)+(-5)=+(10-5)=+5$

④ $(-4)+(-1)=-(4+1)=-5$

⑤ $(-6)+(+11)=+(11-6)=+5$

따라서 나머지 넷과 다른 하나는 ④이다. 답 ④

267

① $(-4)+(-5)=-(4+5)=-9$

② $(-7)+(+4)=-(7-4)=-3$

③ $(+3)+(+6)=+(3+6)=+9$

④ $(-6)+(+6)=0$

⑤ $(+12)+(-8)=+(12-8)=+4$

따라서 계산 결과가 가장 작은 것은 ①이다. 답 ①

268

주어진 수의 절댓값을 차례대로 구하면

$\frac{7}{6}$, $\frac{3}{5}$, 2, $\frac{1}{2}$, 1.5이므로 절댓값이 가장 작은 수는 $\frac{1}{2}$, 절댓값이 가장 큰 수는 -2이다. ―――― ❶

따라서 구하는 세 수의 합은

$\frac{7}{6}+\left(-\frac{3}{5}\right)+(-1.5)=\frac{7}{6}+\left(-\frac{3}{5}\right)+\left(-\frac{3}{2}\right)$

$=\frac{35}{30}+\left(-\frac{18}{30}\right)+\left(-\frac{45}{30}\right)$

$=-\frac{28}{30}=-\frac{14}{15}$ ―――― ❷

답 $-\frac{14}{15}$

단계	채점 기준	배점
❶	절댓값이 가장 작은 수와 가장 큰 수 구하기	50 %
❷	❶에서 구한 수를 제외한 세 수의 합 구하기	50 %

269

$-\frac{16}{3}=-5\frac{1}{3}$, $\frac{8}{3}=2\frac{2}{3}$이므로 $-\frac{16}{3}$과 $\frac{8}{3}$ 사이에 있는 정수는 $-5, -4, \cdots, 0, 1, 2$이다.

이 중 가장 큰 수는 2이고 가장 작은 수는 -5이므로 두 수의 합은 $2+(-5)=-3$ 답 ①

270

답 (가) 덧셈의 교환법칙, (나) 덧셈의 결합법칙

> 참고 덧셈의 교환법칙은 계산하기 편리하도록 두 수의 순서를 바꿀 때, 덧셈의 결합법칙은 계산하기 편리한 두 수를 묶어서 먼저 계산할 때 이용된다.

271

답 ②

272

① $\left(+\frac{1}{4}\right)-(+3)=\left(+\frac{1}{4}\right)+(-3)$

$=\left(+\frac{1}{4}\right)+\left(-\frac{12}{4}\right)=-\frac{11}{4}$

② $(+2)-\left(+\frac{1}{3}\right)=(+2)+\left(-\frac{1}{3}\right)$

$=\left(+\frac{6}{3}\right)+\left(-\frac{1}{3}\right)=\frac{5}{3}$

③ $\left(-\frac{1}{2}\right)-\left(-\frac{5}{6}\right)=\left(-\frac{1}{2}\right)+\left(+\frac{5}{6}\right)$

$=\left(-\frac{3}{6}\right)+\left(+\frac{5}{6}\right)=\frac{1}{3}$

④ $\left(-\frac{2}{5}\right)-\left(+\frac{2}{5}\right)=\left(-\frac{2}{5}\right)+\left(-\frac{2}{5}\right)$

$=-\frac{4}{5}$

⑤ $\left(-\frac{3}{5}\right)-\left(+\frac{7}{4}\right)=\left(-\frac{3}{5}\right)+\left(-\frac{7}{4}\right)$

$=\left(-\frac{12}{20}\right)+\left(-\frac{35}{20}\right)=-\frac{47}{20}$

따라서 계산 결과가 옳지 않은 것은 ④이다. 답 ④

273

① $(+3)-(-5)=(+3)+(+5)=8$
② $(-1)-(-6)=(-1)+(+6)=5$
③ $(+9)-(+4)=(+9)+(-4)=5$
④ $(+8)-(-3)=(+8)+(+3)=11$
⑤ $(-6)-(+9)=(-6)+(-9)=-15$
따라서 계산 결과가 가장 큰 것은 ④이다.

답 ④

274

주어진 수의 절댓값을 차례대로 구하면 $\frac{7}{2}$, 3, $\frac{10}{3}$, 0, $\frac{1}{6}$, $\frac{12}{5}$

절댓값이 가장 큰 수는 $-\frac{7}{2}$, 절댓값이 가장 작은 수는 0이므로

$a=-\frac{7}{2}$, $b=0$

$\therefore b-a=0-\left(-\frac{7}{2}\right)=0+\left(+\frac{7}{2}\right)=\frac{7}{2}$

답 $\frac{7}{2}$

275

수직선 위에 $\frac{8}{3}$과 $-\frac{11}{6}$을 나타내면 다음과 같다.

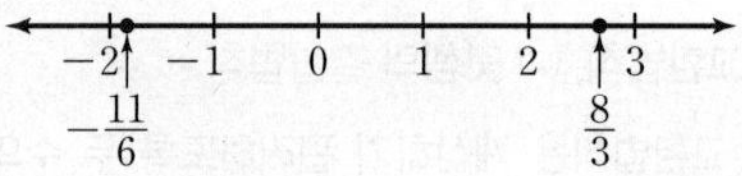

따라서 $a=3$, $b=-2$이므로
$a-b=3-(-2)=3+(+2)=5$

답 ⑤

276

최고 기온은 1.8 ℃, 최저 기온은 -6.4 ℃이므로
$(+1.8)-(-6.4)=(+1.8)+(+6.4)=8.2$(℃)

답 8.2 ℃

277

$A=\left(-\frac{1}{2}\right)+\left(-\frac{3}{5}\right)=\left(-\frac{5}{10}\right)+\left(-\frac{6}{10}\right)=-\frac{11}{10}$

$B=(+0.75)-\left(-\frac{1}{2}\right)=\left(+\frac{3}{4}\right)+\left(+\frac{1}{2}\right)$
$=\left(+\frac{3}{4}\right)+\left(+\frac{2}{4}\right)=+\frac{5}{4}$

$\therefore A-B=\left(-\frac{11}{10}\right)-\left(+\frac{5}{4}\right)$
$=\left(-\frac{22}{20}\right)+\left(-\frac{25}{20}\right)=-\frac{47}{20}$

답 $-\frac{47}{20}$

278

$a=\frac{2}{5}$ 또는 $a=-\frac{2}{5}$이고, $b=\frac{1}{2}$ 또는 $b=-\frac{1}{2}$이므로

(i) $a=\frac{2}{5}$, $b=\frac{1}{2}$인 경우

$a+b=\frac{2}{5}+\frac{1}{2}=\frac{4}{10}+\frac{5}{10}=\frac{9}{10}$

(ii) $a=\frac{2}{5}$, $b=-\frac{1}{2}$인 경우

$a+b=\frac{2}{5}+\left(-\frac{1}{2}\right)=\frac{4}{10}+\left(-\frac{5}{10}\right)=-\frac{1}{10}$

(iii) $a=-\frac{2}{5}$, $b=\frac{1}{2}$인 경우

$a+b=\left(-\frac{2}{5}\right)+\frac{1}{2}=\left(-\frac{4}{10}\right)+\frac{5}{10}=\frac{1}{10}$

(iv) $a=-\frac{2}{5}$, $b=-\frac{1}{2}$인 경우

$a+b=\left(-\frac{2}{5}\right)+\left(-\frac{1}{2}\right)=\left(-\frac{4}{10}\right)+\left(-\frac{5}{10}\right)=-\frac{9}{10}$

(i), (ii), (iii), (iv)에서 $a+b$의 값이 될 수 없는 수는 ④ $\frac{3}{10}$이다.

답 ④

279

$|A|=7$이므로 $A=+7$ 또는 $A=-7$ ❶
$|B|=10$이므로 $B=+10$ 또는 $B=-10$ ❷
$A-B$의 가장 큰 값은 A가 최대, B가 최소일 때이므로
$(+7)-(-10)=(+7)+(+10)=17$ ❸

답 17

단계	채점 기준	배점
❶	A의 값 구하기	30 %
❷	B의 값 구하기	30 %
❸	가장 큰 $A-B$의 값 구하기	40 %

280

두 정수 a, b에 대하여
$|a|<5$이므로 $a=-4, -3, -2, \cdots, 2, 3, 4$
$|b|<7$이므로 $b=-6, -5, -4, \cdots, 4, 5, 6$
$a-b$의 가장 큰 값은 a가 최대, b가 최소일 때이므로
$M=(+4)-(-6)=(+4)+(+6)=+10$
$a-b$의 가장 작은 값은 a가 최소, b가 최대일 때이므로
$m=(-4)-(+6)=(-4)+(-6)=-10$
$\therefore M-m=(+10)-(-10)=20$

답 ⑤

281

(주어진 식)$=\left(-\frac{3}{4}\right)+\left(-\frac{1}{3}\right)+\left(+\frac{1}{6}\right)+\left(+\frac{7}{12}\right)$
$=\left\{\left(-\frac{9}{12}\right)+\left(-\frac{4}{12}\right)\right\}+\left\{\left(+\frac{2}{12}\right)+\left(+\frac{7}{12}\right)\right\}$
$=\left(-\frac{13}{12}\right)+\left(+\frac{9}{12}\right)=-\frac{4}{12}=-\frac{1}{3}$

답 ②

282

$(-50)-(-40)+(-30)-(-20)-(+10)$
$=(-50)+(+40)+(-30)+(+20)+(-10)$
$=\{(-50)+(-30)+(-10)\}+\{(+40)+(+20)\}$
$=(-90)+(+60)=-30$

답 -30

283

$a=-\frac{5}{2},\ b=-2,\ c=+\frac{4}{3},\ d=+\frac{9}{4}$

$\therefore a+b-c+d=\left(-\frac{5}{2}\right)+(-2)-\left(+\frac{4}{3}\right)+\left(+\frac{9}{4}\right)$

$=\left\{\left(-\frac{30}{12}\right)+\left(-\frac{24}{12}\right)+\left(-\frac{16}{12}\right)\right\}+\left(+\frac{27}{12}\right)$

$=\left(-\frac{70}{12}\right)+\left(+\frac{27}{12}\right)=-\frac{43}{12}$ 답 $-\frac{43}{12}$

284

$\frac{2}{5}-\frac{5}{6}-2=\left(+\frac{2}{5}\right)-\left(+\frac{5}{6}\right)-(+2)$

$=\left(+\frac{12}{30}\right)+\left(-\frac{25}{30}\right)+\left(-\frac{60}{30}\right)=-\frac{73}{30}$ 답 ③

285

$A=-3-8+11$

$=(-3)-(+8)+(+11)$

$=(-3)+(-8)+(+11)=0$

$B=6-10-17$

$=(+6)-(+10)-(+17)$

$=(+6)+(-10)+(-17)=-21$

$\therefore A-B=0-(-21)=21$ 답 ⑤

286

$A=7-\frac{13}{4}+\frac{9}{5}-3$

$=(+7)-\left(+\frac{13}{4}\right)+\left(+\frac{9}{5}\right)-(+3)$

$=(+7)+\left(-\frac{65}{20}\right)+\left(+\frac{36}{20}\right)+(-3)$

$=\{(+7)+(-3)\}+\left\{\left(-\frac{65}{20}\right)+\left(+\frac{36}{20}\right)\right\}$

$=(+4)+\left(-\frac{29}{20}\right)=\frac{51}{20}$

따라서 A보다 작은 자연수는 1, 2이므로 구하는 합은

$1+2=3$ 답 ②

287

뺄셈에서는 교환법칙이 성립하지 않으므로 처음으로 잘못된 부분은 (가)이고, 바르게 계산하면

$\frac{5}{3}-2+\frac{2}{3}=\left(+\frac{5}{3}\right)+(-2)+\left(+\frac{2}{3}\right)$

$=\left(+\frac{5}{3}\right)+\left(-\frac{6}{3}\right)+\left(+\frac{2}{3}\right)$

$=\left\{\left(+\frac{5}{3}\right)+\left(+\frac{2}{3}\right)\right\}+\left(-\frac{6}{3}\right)$

$=\left(+\frac{7}{3}\right)+\left(-\frac{6}{3}\right)=\frac{1}{3}$ 답 (가), $\frac{1}{3}$

288

$\frac{1}{2}-\frac{3}{4}=\left(+\frac{1}{2}\right)+\left(-\frac{3}{4}\right)=\left(+\frac{2}{4}\right)+\left(-\frac{3}{4}\right)=-\frac{1}{4}$

$-\frac{1}{8}+1=\left(-\frac{1}{8}\right)+(+1)=\left(-\frac{1}{8}\right)+\left(+\frac{8}{8}\right)=+\frac{7}{8}$

$\therefore$ (주어진 식)$=\left|-\frac{1}{4}\right|-\left|+\frac{7}{8}\right|=\frac{1}{4}-\frac{7}{8}$

$=\left(+\frac{2}{8}\right)+\left(-\frac{7}{8}\right)=-\frac{5}{8}$ 답 ②

289

$1-2+3-4+5-6+\cdots+99-100$

$=(1-2)+(3-4)+(5-6)+\cdots+(99-100)$ ❶

$=\underbrace{(-1)+(-1)+(-1)+\cdots+(-1)}_{50\text{개}}$

$=-50$ ❷

답 -50

단계	채점 기준	배점
❶	규칙성에 따라 항을 두 개씩 묶기	50 %
❷	답 구하기	50 %

290

ㄱ. $-6+5-0.5=\{(-6)+(-0.5)\}+(+5)$

$=(-6.5)+(+5)=-1.5$

ㄴ. $\frac{1}{2}-\frac{1}{5}+\frac{3}{10}=\left(+\frac{1}{2}\right)+\left(-\frac{1}{5}\right)+\left(+\frac{3}{10}\right)$

$=\left\{\left(+\frac{5}{10}\right)+\left(+\frac{3}{10}\right)\right\}+\left(-\frac{2}{10}\right)$

$=\left(+\frac{8}{10}\right)+\left(-\frac{2}{10}\right)=\frac{6}{10}=\frac{3}{5}$

ㄷ. $-1.9-1.1+\frac{1}{2}=\{(-1.9)+(-1.1)\}+(+0.5)$

$=(-3)+(+0.5)=-2.5$

ㄹ. $\frac{1}{3}-\frac{1}{2}-\frac{7}{6}=\left(+\frac{1}{3}\right)+\left(-\frac{1}{2}\right)+\left(-\frac{7}{6}\right)$

$=\left(+\frac{2}{6}\right)+\left\{\left(-\frac{3}{6}\right)+\left(-\frac{7}{6}\right)\right\}$

$=\left(+\frac{2}{6}\right)+\left(-\frac{10}{6}\right)=-\frac{8}{6}=-\frac{4}{3}$

따라서 계산한 값이 작은 것부터 차례대로 나열하면 ㄷ, ㄱ, ㄹ, ㄴ이다.

답 ㄷ, ㄱ, ㄹ, ㄴ

291

$-\frac{7}{5}$보다 $-\frac{2}{7}$만큼 작은 수는

$\left(-\frac{7}{5}\right)-\left(-\frac{2}{7}\right)=\left(-\frac{7}{5}\right)+\left(+\frac{2}{7}\right)$

$=\left(-\frac{49}{35}\right)+\left(+\frac{10}{35}\right)$

$=-\frac{39}{35}$ 답 ④

292

$-\frac{2}{3}$보다 $\frac{1}{2}$만큼 큰 수는

$\left(-\frac{2}{3}\right)+\frac{1}{2}=\left(-\frac{4}{6}\right)+\frac{3}{6}=-\frac{1}{6}$

$-\frac{2}{3}$보다 $\frac{1}{2}$만큼 작은 수는

$\left(-\frac{2}{3}\right)-\frac{1}{2}=\left(-\frac{2}{3}\right)+\left(-\frac{1}{2}\right)=\left(-\frac{4}{6}\right)+\left(-\frac{3}{6}\right)=-\frac{7}{6}$

답 $-\frac{1}{6}$, $-\frac{7}{6}$

293

① $(-2)-2=-4$　② $0-\left(-\frac{5}{2}\right)=\frac{5}{2}$

③ $5+(-1)=4$　④ $\left(-\frac{1}{2}\right)-\frac{1}{2}=-1$

⑤ $(-3)+(-2)=-5$

따라서 가장 작은 수는 ⑤이다.　답 ⑤

294

절댓값이 4인 수는 $+4$, -4이고 이 중에서 작은 수는 -4이므로

$a=-4$

$b=(-5)-(-4)=(-5)+(+4)=-1$

$\therefore a-b=(-4)-(-1)=(-4)+(+1)=-3$　답 ②

295

$A=\left(-\frac{5}{6}\right)-\left(-\frac{2}{3}\right)=\left(-\frac{5}{6}\right)+\left(+\frac{2}{3}\right)$

$=\left(-\frac{5}{6}\right)+\left(+\frac{4}{6}\right)=-\frac{1}{6}$ ❶

절댓값이 $\frac{3}{4}$인 수는 $+\frac{3}{4}$, $-\frac{3}{4}$이고 이 중에서 작은 수는 $-\frac{3}{4}$이므로

$B=-\frac{3}{4}$ ❷

$\therefore A-B=\left(-\frac{1}{6}\right)-\left(-\frac{3}{4}\right)=\left(-\frac{1}{6}\right)+\left(+\frac{3}{4}\right)$

$=\left(-\frac{2}{12}\right)+\left(+\frac{9}{12}\right)=\frac{7}{12}$ ❸

답 $\frac{7}{12}$

단계	채점 기준	배점
❶	A의 값 구하기	30 %
❷	B의 값 구하기	30 %
❸	$A-B$의 값 구하기	40 %

296

$a=\frac{3}{2}-\frac{5}{3}=\frac{9}{6}-\frac{10}{6}=-\frac{1}{6}$이므로

$b=\left|\left(-\frac{1}{6}\right)+3\right|=\left|\left(-\frac{1}{6}\right)+\frac{18}{6}\right|=\frac{17}{6}$

$\therefore a+b=\left(-\frac{1}{6}\right)+\frac{17}{6}=\frac{16}{6}=\frac{8}{3}$　답 $\frac{8}{3}$

297

$a=(-8)-(-3)=(-8)+(+3)=-5$

$b=\left(-\frac{3}{2}\right)+\frac{5}{2}=1$

따라서 $-5<x<1$을 만족하는 정수 x는 -4, -3, -2, -1, 0의 5개이다.　답 5

298

(1) □$-(+3)=+6$

⇨ □보다 $+3$만큼 작은 수는 $+6$이다.

⇨ □는 $+6$보다 $+3$만큼 큰 수이다.

⇨ □$=(+6)+(+3)=+9$

(2) □$-(-9)=+1$

⇨ □보다 -9만큼 작은 수는 $+1$이다.

⇨ □는 $+1$보다 -9만큼 큰 수이다.

⇨ □$=(+1)+(-9)=-8$　답 (1) $+9$ (2) -8

299

□$+\left(+\frac{1}{2}\right)=-\frac{2}{3}$

⇨ □보다 $\frac{1}{2}$만큼 큰 수는 $-\frac{2}{3}$이다.

⇨ □는 $-\frac{2}{3}$보다 $\frac{1}{2}$만큼 작은 수이다.

⇨ □$=\left(-\frac{2}{3}\right)-\left(+\frac{1}{2}\right)=\left(-\frac{4}{6}\right)+\left(-\frac{3}{6}\right)=-\frac{7}{6}$　답 $-\frac{7}{6}$

300

□$+(-2)=\frac{1}{2}$

⇨ □보다 -2만큼 큰 수는 $\frac{1}{2}$이다.

⇨ □는 $\frac{1}{2}$보다 -2만큼 작은 수이다.

⇨ □$=\frac{1}{2}-(-2)=\frac{1}{2}+\left(+\frac{4}{2}\right)=\frac{5}{2}$　$\therefore a=\frac{5}{2}$

□$-\left(-\frac{1}{3}\right)=1$

⇨ □보다 $-\frac{1}{3}$만큼 작은 수는 1이다.

⇨ □는 1보다 $-\frac{1}{3}$만큼 큰 수이다.

⇨ □$=1+\left(-\frac{1}{3}\right)=\frac{3}{3}+\left(-\frac{1}{3}\right)=\frac{2}{3}$　$\therefore b=\frac{2}{3}$

$\therefore a-b=\frac{5}{2}-\frac{2}{3}=\frac{15}{6}-\frac{4}{6}=\frac{11}{6}$　답 ⑤

301

$0+a+(-3)=0$에서 $a=3$

$b+2+(-3)=0$에서 $b=1$

$0+c+1=0$에서 $c=-1$

$\therefore a+b+c=3+1+(-1)=3$　답 3

302

$9+(-1)+(-3)+(-2)=3$ ❶
$(-2)+5+(-4)+A=3$에서 $A=4$ ❷
$9+B+(-3)+4=3$에서 $B=-7$ ❸
$\therefore A-B=4-(-7)=4+(+7)=11$ ❹

답 11

단계	채점 기준	배점
❶	삼각형의 한 변에 놓인 네 수의 합 구하기	30 %
❷	A의 값 구하기	30 %
❸	B의 값 구하기	30 %
❹	$A-B$의 값 구하기	10 %

303

$(-2)+3+(-4)=-3$
$A+(-1)+(-4)=-3$에서 $A=2$
$-2+B+2=-3$에서 $B=-3$
$3+(-1)+C=-3$에서 $C=-5$
$(-2)+(-1)+D=-3$에서 $D=0$
$(-4)+E+0=-3$에서 $E=1$

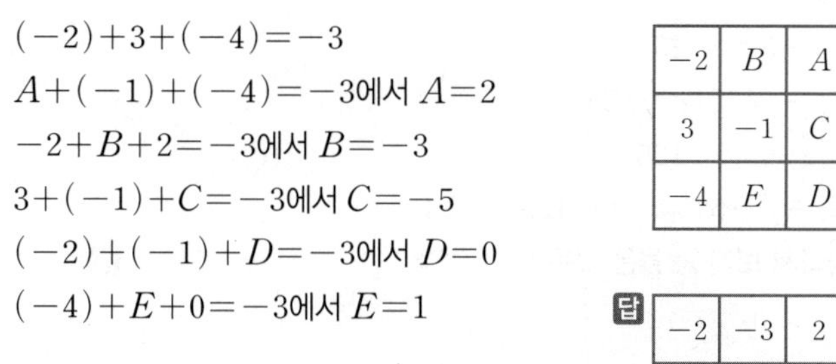

−2	B	A
3	−1	C
−4	E	D

답

−2	−3	2
3	−1	−5
−4	1	0

304

어떤 유리수를 □라고 하면 $\square+\left(-\frac{2}{3}\right)=\frac{3}{2}$이므로

$\therefore \square=\frac{3}{2}-\left(-\frac{2}{3}\right)=\frac{3}{2}+\left(+\frac{2}{3}\right)=\frac{9}{6}+\left(+\frac{4}{6}\right)=\frac{13}{6}$

따라서 바르게 계산하면

$\frac{13}{6}-\left(-\frac{2}{3}\right)=\frac{13}{6}+\left(+\frac{2}{3}\right)=\frac{13}{6}+\left(+\frac{4}{6}\right)=\frac{17}{6}$ 답 ③

305

(1) $A-\left(-\frac{7}{2}\right)=-\frac{1}{6}$ ❶

$\therefore A=\left(-\frac{1}{6}\right)+\left(-\frac{7}{2}\right)=\left(-\frac{1}{6}\right)+\left(-\frac{21}{6}\right)$

$=-\frac{22}{6}=-\frac{11}{3}$ ❷

(2) 바르게 계산하면

$\left(-\frac{11}{3}\right)+\left(-\frac{7}{2}\right)=\left(-\frac{22}{6}\right)+\left(-\frac{21}{6}\right)=-\frac{43}{6}$ ❸

답 (1) $-\frac{11}{3}$ (2) $-\frac{43}{6}$

단계	채점 기준	배점
❶	잘못 계산한 식 세우기	30 %
❷	유리수 A 구하기	30 %
❸	바르게 계산한 답 구하기	40 %

306

$a+\left(-\frac{3}{4}\right)=\frac{11}{12}$이므로

$a=\frac{11}{12}-\left(-\frac{3}{4}\right)=\frac{11}{12}+\left(+\frac{3}{4}\right)=\frac{11}{12}+\left(+\frac{9}{12}\right)=\frac{5}{3}$

따라서 어떤 유리수는 $\frac{5}{3}$이므로 바르게 계산한 답은

$b=\frac{5}{3}+\frac{4}{3}=3$

$\therefore a-b=\frac{5}{3}-3=-\frac{4}{3}$ 답 $-\frac{4}{3}$

307

① $\left(-\frac{2}{5}\right)\times(-10)=+\left(\frac{2}{5}\times10\right)=+4$
② $\left(+\frac{2}{3}\right)\times\left(-\frac{9}{4}\right)=-\left(\frac{2}{3}\times\frac{9}{4}\right)=-\frac{3}{2}$
③ $\left(-\frac{5}{2}\right)\times\left(+\frac{12}{5}\right)=-\left(\frac{5}{2}\times\frac{12}{5}\right)=-6$
④ $(+1.5)\times(-0.6)=-(1.5\times0.6)=-0.9$
⑤ $(-7)\times(-3)=+(7\times3)=+21$

따라서 계산 결과가 옳은 것은 ④이다. 답 ④

> 참고 덧셈과 곱셈의 부호를 헷갈리지 않도록 주의한다.

덧셈	곱셈
(−)+(−) ⇨ (−)	(−)×(−) ⇨ (+)
(−)+(+) ⇨ 절댓값이 큰 수의 부호	(−)×(+) ⇨ (−)

308

① $(-6)\times(-4)=+(6\times4)=+24$
② $(-7)\times(+2)=-(7\times2)=-14$
③ $(+15)\times0=0$
④ $(+9)\times(+2)=+(9\times2)=+18$
⑤ $(+3)\times(-11)=-(3\times11)=-33$

따라서 계산 결과가 가장 큰 것은 ①이다. 답 ①

309

$A=\left(+\frac{2}{3}\right)\times\left(-\frac{15}{4}\right)=-\left(\frac{2}{3}\times\frac{15}{4}\right)=-\frac{5}{2}$ ❶

$B=(-6)\times\left(-\frac{2}{9}\right)=+\left(6\times\frac{2}{9}\right)=+\frac{4}{3}$ ❷

$\therefore A\times B=\left(-\frac{5}{2}\right)\times\left(+\frac{4}{3}\right)=-\left(\frac{5}{2}\times\frac{4}{3}\right)=-\frac{10}{3}$ ❸

답 $-\frac{10}{3}$

단계	채점 기준	배점
❶	A의 값 구하기	30 %
❷	B의 값 구하기	30 %
❸	$A\times B$의 값 구하기	40 %

310

①, ②, ③ 음수가 홀수 개 곱해졌으므로 결과는 음수이다.

④ 0이 곱해져 있으므로 결과는 0이다.

⑤ 곱하는 수 중 음수가 짝수 개이므로 결과는 양수이다.

따라서 계산 결과가 양수인 것은 ⑤이다. 답 ⑤

311

ㄱ. 곱하는 수 중 음수가 3개(홀수 개)이므로 결과는 음수이다.

ㄴ. $(99-9)\times(99-19)\times(99-29)\times\cdots\times(99-199)$
$=90\times80\times70\times\cdots\times0\times\cdots\times(-100)=0$

ㄷ. 곱하는 수 중 음수가 9개(홀수 개)이므로 결과는 음수이다.

따라서 보기 중 계산 결과가 음수인 것은 ④ ㄱ, ㄷ이다. 답 ④

312

네 수 $\frac{7}{4}$, $-\frac{3}{2}$, 7, -4에서 서로 다른 세 수를 뽑아 곱한 값 중에서

(i) 결과가 가장 큰 수: a(양수)

음수 2개와 양수 1개의 곱이어야 하며, 이때 양수는 2개의 양수 중에서 절댓값이 큰 수이어야 하므로

$a=\left(-\frac{3}{2}\right)\times(-4)\times7=42$ ❶

(ii) 결과가 가장 작은 수: b(음수)

양수 2개와 음수 1개의 곱이어야 하며, 이때 음수는 2개의 음수 중에서 절댓값이 큰 수이어야 하므로

$b=\frac{7}{4}\times7\times(-4)=-49$ ❷

(i), (ii)에서 $a-b=42-(-49)=91$ ❸

답 91

단계	채점 기준	배점
❶	a의 값 구하기	40 %
❷	b의 값 구하기	40 %
❸	$a-b$의 값 구하기	20 %

313

답 (가) 곱셈의 교환법칙, (나) 곱셈의 결합법칙

314

답 교환, 결합

315

$$\left(-\frac{6}{5}\right)\times(-8)\times\left(-\frac{10}{9}\right)=\left(-\frac{6}{5}\right)\times\left(-\frac{10}{9}\right)\times(-8)$$
$$=\left\{\left(-\frac{6}{5}\right)\times\left(-\frac{10}{9}\right)\right\}\times(-8)$$
$$=\frac{4}{3}\times(-8)=-\frac{32}{3}$$

따라서 $a=-\frac{10}{9}$, $b=\frac{4}{3}$, $c=-\frac{32}{3}$이므로

$a+b+c=-\frac{10}{9}+\frac{4}{3}+\left(-\frac{32}{3}\right)=-\frac{94}{9}$ 답 $-\frac{94}{9}$

316

① $\left(-\frac{1}{3}\right)^2=\left(-\frac{1}{3}\right)\times\left(-\frac{1}{3}\right)=\frac{1}{9}$

② $\left(+\frac{1}{2}\right)^2=\left(+\frac{1}{2}\right)\times\left(+\frac{1}{2}\right)=\frac{1}{4}$

③ $\left(-\frac{1}{3}\right)^3=\left(-\frac{1}{3}\right)\times\left(-\frac{1}{3}\right)\times\left(-\frac{1}{3}\right)=-\frac{1}{27}$

④ $-\left(+\frac{1}{2}\right)^3=-\left\{\left(+\frac{1}{2}\right)\times\left(+\frac{1}{2}\right)\times\left(+\frac{1}{2}\right)\right\}=-\frac{1}{8}$

⑤ $-\left(-\frac{2}{3}\right)^3=-\left\{\left(-\frac{2}{3}\right)\times\left(-\frac{2}{3}\right)\times\left(-\frac{2}{3}\right)\right\}$
$=-\left(-\frac{8}{27}\right)=\frac{8}{27}$

따라서 옳지 않은 것은 ⑤이다. 답 ⑤

317

ㄱ. $-5^2=-25$

ㄴ. $-(-5)^2=-25$

ㄷ. $-5^3=-125$

ㄹ. $-(-5)^3=-(-125)=+125$

따라서 보기 중 옳은 것은 ㄴ, ㄷ이다. 답 ㄴ, ㄷ

318

$-10^3=-1000$

$(-10)^2=+100$

$-(-10)^2=-(+100)=-100$

$-(-10^3)=-(-1000)=+1000$ ❶

가장 큰 수는 $+1000$, 가장 작은 수는 -1000이므로 ❷

$(+1000)\times(-1000)=-1000000$ ❸

답 -1000000

단계	채점 기준	배점
❶	각각의 수의 값 계산하기	각 20 %
❷	가장 큰 수와 가장 작은 수 구하기	10 %
❸	가장 큰 수와 가장 작은 수의 곱 구하기	10 %

319

(주어진 식)$=\left(-\frac{125}{27}\right)\times\left(+\frac{1}{25}\right)\times(+36)\times(-1)$
$=+\left(\frac{125}{27}\times\frac{1}{25}\times36\times1\right)$
$=\frac{20}{3}$ 답 $\frac{20}{3}$

320

$(-1)^{100}-(-1)^{101}-(-1)^{102}+(-1)^{103}$
$=(+1)-(-1)-(+1)+(-1)$
$=1+1-1-1=0$

답 ③

321

n이 짝수이므로 $(-1)^n=1$

$n+1$은 홀수이므로 $(-1)^{n+1}=-1$

$n+2$는 짝수이므로 $(-1)^{n+2}=1$

$\therefore (-1)^n-(-1)^{n+1}+(-1)^{n+2}=1-(-1)+1$

$=1+1+1=3$

답 ⑤

322

n이 홀수이므로 $n+2$도 홀수이고, $n+1$은 짝수이다.

$\therefore -1^{n+1}-\{(-1)^n-(-1)^{n+1}\}-(-1)^{n+2}$

$=-1-\{(-1)-1\}-(-1)$

$=-1-(-2)+1$

$=-1+2+1=2$

답 ④

323

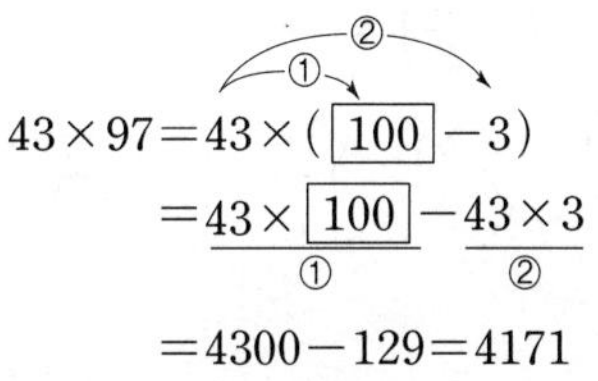

$43\times97=43\times(\boxed{100}-3)$

$=\underset{①}{\underline{43\times\boxed{100}}}-\underset{②}{\underline{43\times3}}$

$=4300-129=4171$

따라서 □ 안에 공통으로 들어가는 수는 100이다.

답 100

324

$(-2.75)\times135+(-2.75)\times(-35)$

$=(-2.75)\times\{135+(-35)\}$

$=(-2.75)\times100=-275$

답 -275

325

$a\times(b+c)=a\times b+a\times c=-7$

$a\times b=10$이므로 $10+a\times c=-7$

$\therefore a\times c=-7-10=-17$

답 -17

326

$(-9)\times7-(-9)\times10+(-3)\times19$

$=(-9)\times(7-10)+(-3)\times19$ ❶

$=(-9)\times(-3)+(-3)\times19$

$=(-3)\times(-9)+(-3)\times19$

$=(-3)\times\{(-9)+19\}$ ❷

$=(-3)\times10=-30$ ❸

답 -30

단계	채점 기준	배점
❶	분배법칙을 이용하여 -9로 묶어 내기	40 %
❷	분배법칙을 이용하여 -3으로 묶어 내기	40 %
❸	답 구하기	20 %

327

① 1의 역수는 1이다.

② $\frac{1}{3}$의 역수는 3이다.

③ $-0.3=-\frac{3}{10}$이므로 -0.3의 역수는 $-\frac{10}{3}$이다.

④ $0.2=\frac{1}{5}$이므로 0.2의 역수는 5이다.

⑤ $\left(-1\frac{1}{2}\right)\times\left(-\frac{2}{3}\right)=\left(-\frac{3}{2}\right)\times\left(-\frac{2}{3}\right)=1$

이므로 $-1\frac{1}{2}$과 $-\frac{2}{3}$는 서로 역수이다.

따라서 두 수가 서로 역수 관계인 것은 ⑤이다.

답 ⑤

328

$-\frac{5}{6}$의 역수는 $a=-\frac{6}{5}$ ❶

$-0.4=-\frac{2}{5}$이므로 -0.4의 역수는 $b=-\frac{5}{2}$ ❷

$\therefore a\times b=\left(-\frac{6}{5}\right)\times\left(-\frac{5}{2}\right)=3$ ❸

답 3

단계	채점 기준	배점
❶	a의 값 구하기	40 %
❷	b의 값 구하기	40 %
❸	$a\times b$의 값 구하기	20 %

329

$a=\frac{1}{3}\times\left(-\frac{1}{2}\right)=-\frac{1}{6}$이고 b는 a의 역수이므로

$b=-6$

답 -6

330

주사위에서 마주 보는 면에 있는 두 수의 곱이 1이므로 두 수는 서로 역수 관계이다.

$-0.5=-\frac{1}{2}$의 역수는 -2

2의 역수는 $\frac{1}{2}$

$1\frac{3}{4}=\frac{7}{4}$의 역수는 $\frac{4}{7}$

따라서 보이지 않는 세 면에 있는 수의 곱은

$(-2)\times\frac{1}{2}\times\frac{4}{7}=-\frac{4}{7}$

답 $-\frac{4}{7}$

331

① $\left(+\frac{2}{3}\right)\div(+4)=\left(+\frac{2}{3}\right)\times\left(+\frac{1}{4}\right)=\frac{1}{6}$

② $\left(-\frac{5}{6}\right)\div\left(-\frac{10}{9}\right)=\left(-\frac{5}{6}\right)\times\left(-\frac{9}{10}\right)=\frac{3}{4}$

③ $\left(-\frac{3}{2}\right)\div(+0.5)=\left(-\frac{3}{2}\right)\div\left(+\frac{1}{2}\right)$

$=\left(-\frac{3}{2}\right)\times(+2)=-3$

④ $(+36)\div(-3)\div(-4)=(+36)\times\left(-\frac{1}{3}\right)\times\left(-\frac{1}{4}\right)$

$=+\left(36\times\frac{1}{3}\times\frac{1}{4}\right)=3$

⑤ $\left(+\frac{12}{5}\right)\div\left(-\frac{2}{9}\right)\div(-2)=\left(+\frac{12}{5}\right)\times\left(-\frac{9}{2}\right)\times\left(-\frac{1}{2}\right)$

$=+\left(\frac{12}{5}\times\frac{9}{2}\times\frac{1}{2}\right)=\frac{27}{5}$

따라서 계산 결과가 옳지 않은 것은 ②이다. 답 ②

332

$A=\frac{1}{2}\times(-6)=-3$ ❶

$B\times\left(-\frac{2}{3}\right)=\frac{1}{3}$에서

$B=\frac{1}{3}\div\left(-\frac{2}{3}\right)=\frac{1}{3}\times\left(-\frac{3}{2}\right)=-\frac{1}{2}$ ❷

$C=A\times\frac{1}{3}=(-3)\times\frac{1}{3}=-1$ ❸

$\therefore A+B+C=(-3)+\left(-\frac{1}{2}\right)+(-1)$

$=(-4)+\left(-\frac{1}{2}\right)=-\frac{9}{2}$ ❹

답 $-\frac{9}{2}$

단계	채점 기준	배점
❶	A의 값 구하기	20 %
❷	B의 값 구하기	30 %
❸	C의 값 구하기	20 %
❹	$A+B+C$의 값 구하기	30 %

333

$(-5)^2\times\left(-\frac{1}{3}\right)^2\div\left(-\frac{5}{3}\right)^3=25\times\frac{1}{9}\div\left(-\frac{125}{27}\right)$

$=-\left(25\times\frac{1}{9}\times\frac{27}{125}\right)=-\frac{3}{5}$

따라서 구하는 수는 $-\frac{3}{5}$의 역수이므로 $-\frac{5}{3}$이다. 답 $-\frac{5}{3}$

334

$A=\left(-\frac{3}{4}\right)\times\frac{8}{21}\times\left(-\frac{7}{12}\right)$

$=+\left(\frac{3}{4}\times\frac{8}{21}\times\frac{7}{12}\right)=+\frac{1}{6}$ ❶

$B=\left(-\frac{1}{2}\right)\times\left(-\frac{4}{3}\right)\times\left(-\frac{2}{3}\right)$

$=-\left(\frac{1}{2}\times\frac{4}{3}\times\frac{2}{3}\right)=-\frac{4}{9}$ ❷

$\therefore A\div B=\left(+\frac{1}{6}\right)\div\left(-\frac{4}{9}\right)$

$=\left(+\frac{1}{6}\right)\times\left(-\frac{9}{4}\right)$

$=-\left(\frac{1}{6}\times\frac{9}{4}\right)=-\frac{3}{8}$ ❸

답 $-\frac{3}{8}$

단계	채점 기준	배점
❶	A의 값 구하기	40 %
❷	B의 값 구하기	40 %
❸	$A\div B$의 값 구하기	20 %

335

$\left(-\frac{3}{2}\right)\div\square\times\left(-\frac{3}{5}\right)=\frac{3}{10}$에서

$\left(-\frac{3}{2}\right)\div\square=\frac{3}{10}\div\left(-\frac{3}{5}\right)=\frac{3}{10}\times\left(-\frac{5}{3}\right)=-\frac{1}{2}$

$\therefore \square=\left(-\frac{3}{2}\right)\div\left(-\frac{1}{2}\right)=\left(-\frac{3}{2}\right)\times(-2)=3$ 답 3

› 참고 $A\times\square=B \Rightarrow \square=B\div A$

$\square\times A=B \Rightarrow \square=B\div A$

$A\div\square=B \Rightarrow \square=A\div B$

$\square\div A=B \Rightarrow \square=B\times A$

336

$A=(-5)\times(-3)=+15$

$B=(+12)\div(-4)=-3$

$\therefore A\div(-5)\times B=(+15)\div(-5)\times(-3)$

$=(-3)\times(-3)=9$ 답 9

337

답 ㄹ, ㅁ, ㄷ, ㄴ, ㄱ

338

$A=1+3\div\left(-\frac{1}{3}\right)=1+3\times(-3)$

$=1+(-9)=-8$

$B=7\div\left(\frac{1}{18}-\frac{5}{6}\right)=7\div\left(\frac{1}{18}-\frac{15}{18}\right)$

$=7\div\left(-\frac{14}{18}\right)$

$=7\times\left(-\frac{18}{14}\right)=-9$

$\therefore A>B$ 답 >

339

(주어진 식)$=1-\left[\frac{9}{2}+(-9)\div\left\{\left(-\frac{2}{5}\right)+2\right\}\right]$

$=1-\left\{\frac{9}{2}+(-9)\div\left(+\frac{8}{5}\right)\right\}$

$=1-\left\{\frac{9}{2}+(-9)\times\left(+\frac{5}{8}\right)\right\}$

$=1-\left\{\frac{9}{2}+\left(-\frac{45}{8}\right)\right\}$

$=1-\left\{\frac{36}{8}+\left(-\frac{45}{8}\right)\right\}$

$=1-\left(-\frac{9}{8}\right)$

$=1+\left(+\frac{9}{8}\right)=\frac{17}{8}$

답 ④

340

가장 큰 수는 $a=\frac{12}{5}$ ❶

가장 작은 수는 $b=-\frac{11}{2}$ ❷

주어진 수의 절댓값을 차례대로 구하면

$5, \frac{12}{5}, \frac{3}{4}, \frac{1}{2}, 2.3, \frac{11}{2}$이므로

절댓값이 가장 큰 수는 $c=-\frac{11}{2}$ ❸

절댓값이 가장 작은 수는 $d=\frac{1}{2}$ ❹

$\therefore a\div c+d\div b=\frac{12}{5}\div\left(-\frac{11}{2}\right)+\frac{1}{2}\div\left(-\frac{11}{2}\right)$

$=\frac{12}{5}\times\left(-\frac{2}{11}\right)+\frac{1}{2}\times\left(-\frac{2}{11}\right)$

$=\left(-\frac{24}{55}\right)+\left(-\frac{1}{11}\right)$

$=\left(-\frac{24}{55}\right)+\left(-\frac{5}{55}\right)$

$=-\frac{29}{55}$ ❺

답 $-\frac{29}{55}$

단계	채점 기준	배점
❶	a의 값 구하기	15 %
❷	b의 값 구하기	15 %
❸	c의 값 구하기	15 %
❹	d의 값 구하기	15 %
❺	$a\div c+d\div b$의 값 구하기	40 %

› 참고 분배법칙을 이용하여 식을 계산할 수도 있다.

$a\div c+d\div b=\frac{12}{5}\times\left(-\frac{2}{11}\right)+\frac{1}{2}\times\left(-\frac{2}{11}\right)$

$=\left(\frac{12}{5}+\frac{1}{2}\right)\times\left(-\frac{2}{11}\right)$

$=\frac{29}{10}\times\left(-\frac{2}{11}\right)=-\frac{29}{55}$

341

$a=\{(+3)+(+1)\}+\{(-5)+(-7)\}$

$=(+4)+(-12)=-8$

$b=4\times(-9)\div1=-36$

$c=\frac{1}{2}\times\frac{8}{3}+3\times\left(\frac{5}{3}-6\times\frac{1}{9}\right)$

$=\frac{4}{3}+3\times\left(\frac{5}{3}-\frac{2}{3}\right)=\frac{4}{3}+3=\frac{13}{3}$

$\therefore b<a<c$

답 $b<a<c$

342

규칙에 따라 A → B → C 순으로 계산하면

A에 의한 계산 결과는

$\boxed{\frac{2}{3}}\times\frac{3}{4}+\frac{3}{2}=\frac{1}{2}+\frac{3}{2}=\boxed{2}$

B에 의한 계산 결과는

$\{\boxed{2}-(-1)\}\div\frac{1}{3}=3\times3=\boxed{9}$

C에 의한 계산 결과는

$\boxed{9}\times2-1=18-1=17$

답 17

343

$\left\{\left(-\frac{1}{4}\right)\triangle\left(+\frac{2}{3}\right)\right\}\triangle\left(-\frac{1}{6}\right)$

$=\left\{\left(-\frac{1}{4}\right)+\left(+\frac{2}{3}\right)-\frac{1}{2}\right\}\triangle\left(-\frac{1}{6}\right)$

$=\left\{\left(-\frac{3}{12}\right)+\left(+\frac{8}{12}\right)-\frac{6}{12}\right\}\triangle\left(-\frac{1}{6}\right)$

$=\left(-\frac{1}{12}\right)\triangle\left(-\frac{1}{6}\right)$

$=\left(-\frac{1}{12}\right)+\left(-\frac{1}{6}\right)-\frac{1}{2}$

$=\left(-\frac{1}{12}\right)+\left(-\frac{2}{12}\right)-\frac{6}{12}$

$=-\frac{9}{12}=-\frac{3}{4}$

답 ①

344

$2\triangle(-3)=2\times(-3)-1=-6-1=-7$

$(-2)\triangle(-4)=(-2)\times(-4)-1=8-1=7$

$\therefore \{2\triangle(-3)\}\bigstar\{(-2)\triangle(-4)\}=(-7)\bigstar7$

$=(-7)\div7+2$

$=(-1)+2$

$=1$

답 1

345

$10^*=\left(-\frac{1}{2}\right)\times\left(-\frac{2}{3}\right)\times\left(-\frac{3}{4}\right)\times\cdots\times\left(-\frac{9}{10}\right)$

$=-\left(\frac{1}{2}\times\frac{2}{3}\times\frac{3}{4}\times\cdots\times\frac{9}{10}\right)$

$=-\frac{1}{10}$

답 $-\frac{1}{10}$

346

$a<0$, $b>0$일 때

① $-a \Rightarrow -(-) \Rightarrow (+)$

$\therefore -a>0$

② $a^2=a\times a \Rightarrow (-)\times(-) \Rightarrow (+)$

$\therefore a^2>0$

③ $b-a \Rightarrow (+)-(-) \Rightarrow (+)+(+) \Rightarrow (+)$

$\therefore b-a>0$

④ $a\times b \Rightarrow (-)\times(+) \Rightarrow (-)$

$\therefore a\times b<0$

⑤ $a^2\times b \Rightarrow (+)\times(+) \Rightarrow (+)$

$\therefore a^2\times b>0$

따라서 옳지 않은 것은 ⑤이다. 답 ⑤

347

ㄱ. $a>0$, $b<0$이므로 두 수의 부호는 다르다.
그런데 $|a|<|b|$, 즉 음수의 절댓값이 양수의 절댓값보다 크므로 $a+b<0$

ㄴ. $a-b \Rightarrow (+)-(-) \Rightarrow (+)+(+) \Rightarrow (+)$

$\therefore a-b>0$

ㄷ. $b-a \Rightarrow (-)-(+) \Rightarrow (-)+(-) \Rightarrow (-)$

$\therefore b-a<0$

ㄹ. $a\div b \Rightarrow (+)\div(-) \Rightarrow (-)$

ㅁ. $|a|<|b| \Rightarrow |b|-|a| \Rightarrow (+)$

$\therefore |b|-|a|>0$

따라서 보기 중 계산 결과가 항상 양수인 것은 ② ㄴ, ㅁ이다. 답 ②

› 참고 $a<b$일 때, $a-b<0$이고 $b-a>0$이다.

348

$a=-\frac{1}{2}$을 대입하면

① $a=-\frac{1}{2}$

② $\frac{1}{a}=1\div\left(-\frac{1}{2}\right)=-2$

③ $a^2=\left(-\frac{1}{2}\right)^2=\frac{1}{4}$

④ $\frac{1}{a^2}=1\div\frac{1}{4}=4$

⑤ $a^3=\left(-\frac{1}{2}\right)^3=-\frac{1}{8}$

따라서 가장 큰 값은 ④이다. 답 ④

349

$a<b$이고 $a\times b<0$이므로 $a<0$, $b>0$

$a<0$이고 $a\times c>0$이므로 $c<0$

$\therefore a<0, b>0, c<0$ 답 ④

350

$a-b<0$이므로 $a<b$이고, $\frac{a}{b}<0$이므로 $a<0$, $b>0$

① $b-a \Rightarrow (+)-(-) \Rightarrow (+)+(+) \Rightarrow (+)$

② $-\frac{a}{b} \Rightarrow -\frac{(-)}{(+)} \Rightarrow -(-) \Rightarrow (+)$

③ $\{-(-a)\}^2=a^2 \Rightarrow (-)^2 \Rightarrow (+)$

④ $-a^2\times(-1)^2=-a^2\times(+1)=-a^2$
$\Rightarrow -(+) \Rightarrow (-)$

⑤ $a^2\times(-1)^{99}=a^2\times(-1)=-a^2$
$\Rightarrow -(+) \Rightarrow (-)$

따라서 옳은 것은 ③이다. 답 ③

351

$\frac{a}{b}>0$에서 a와 b의 부호는 서로 같다.

$b\times c<0$에서 b와 c의 부호는 서로 다르다.

따라서 a와 c의 부호는 서로 다르다.

그런데 $a-c>0$에서 $a>c$이므로 $a>0$, $c<0$이다.

$\therefore a>0, b>0, c<0$ 답 ②

352

두 점 B, C 사이의 거리는

$\frac{1}{2}-\left(-\frac{2}{3}\right)=\frac{1}{2}+\left(+\frac{2}{3}\right)=\frac{7}{6}$

한 구간의 길이는 $\frac{7}{6}\div 7=\frac{7}{6}\times\frac{1}{7}=\frac{1}{6}$

따라서 점 A가 나타내는 수는 $-\frac{2}{3}$보다 $\frac{1}{6}\times 5=\frac{5}{6}$만큼 큰 수이므로

$\left(-\frac{2}{3}\right)+\frac{5}{6}=\left(-\frac{4}{6}\right)+\frac{5}{6}=\frac{1}{6}$ 답 $\frac{1}{6}$

353

두 점 사이의 거리는 $\frac{7}{3}-\left(-\frac{1}{3}\right)=\frac{8}{3}$

한 구간의 길이는 $\frac{8}{3}\div 4=\frac{8}{3}\times\frac{1}{4}=\frac{2}{3}$

따라서 점 A가 나타내는 수는 $-\frac{1}{3}$보다 $\frac{2}{3}$만큼 큰 수이므로

$\left(-\frac{1}{3}\right)+\frac{2}{3}=\frac{1}{3}$ 답 ①

354

두 점 A, B 사이의 거리는

$\frac{1}{2}-\left(-\frac{7}{4}\right)=\frac{2}{4}+\left(+\frac{7}{4}\right)=\frac{9}{4}$ ❶

점 M이 나타내는 수는 $-\frac{7}{4}$보다 $\frac{9}{4}\div 2$만큼 큰 수이므로

$-\frac{7}{4}+\frac{9}{4}\div 2=-\frac{7}{4}+\frac{9}{4}\times\frac{1}{2}$

$=-\frac{14}{8}+\frac{9}{8}=-\frac{5}{8}$ ❷

점 N이 나타내는 수는 $\frac{1}{2}$보다 $\frac{9}{4}\div 3$만큼 작은 수이므로

$\frac{1}{2}-\frac{9}{4}\div 3=\frac{1}{2}-\frac{9}{4}\times\frac{1}{3}$

$=\frac{2}{4}-\frac{3}{4}=-\frac{1}{4}$ ❸

따라서 두 점 M, N 사이의 거리는

$\left(-\frac{1}{4}\right)-\left(-\frac{5}{8}\right)=\left(-\frac{2}{8}\right)+\left(+\frac{5}{8}\right)=\frac{3}{8}$ ❹

답 $\frac{3}{8}$

단계	채점 기준	배점
❶	두 점 A, B 사이의 거리 구하기	20 %
❷	점 M이 나타내는 수 구하기	30 %
❸	점 N이 나타내는 수 구하기	30 %
❹	두 점 M, N 사이의 거리 구하기	20 %

> 참고 두 수 a, b를 나타내는 점 A, B의 한가운데에 있는 점
⇨ A, B 사이의 거리를 1 : 1로 나누는 점이 나타내는 수
⇨ $\frac{a+b}{2}$

만점에 도전하기 67~68쪽

355

<5, −8> $=-8$이므로 $-8+$<□, 2>$=-15$에서

<□, 2>$=-7$ ∴ □$=-7$

답 -7

356

절댓값이 6인 음의 정수는 -6이므로 세 정수 중 나머지 두 수의 곱은 $+4$이다.

한편 곱해서 $+4$가 되는 두 음의 정수는 -2, -2 또는 -1, -4이고, 세 정수는 서로 다른 수이므로 나머지 두 정수는 -1, -4이다.

따라서 구하는 세 정수의 합은

$(-6)+(-1)+(-4)=-11$

답 -11

357

$a>0$, $b<0$이고 조건 ㈏에서 수직선 위에서 a, b를 나타내는 두 점 사이의 거리가 6이므로 $a-b=6$이다. 즉, a, b는 다음과 같다.

a	1	2	3	4	5
b	−5	−4	−3	−2	−1

조건 ㈎에서 $|a|=2\times|b|$를 만족하는 a, b의 값은 $a=4$, $b=-2$

∴ $a\times b=-8$

답 -8

358

호서는 12번 이기고 8번 졌으므로 호서의 점수는

$12\times(+2)+8\times(-1)=24+(-8)=16$(점)

민주는 8번 이기고 12번 졌으므로 민주의 점수는

$8\times(+2)+12\times(-1)=16+(-12)=4$(점)

따라서 구하는 값은 $16-4=12$(점)

답 12점

359

(주어진 식)$=\left(\frac{1}{10}-\frac{1}{11}\right)+\left(\frac{1}{11}-\frac{1}{12}\right)+\left(\frac{1}{12}-\frac{1}{13}\right)+\cdots+\left(\frac{1}{19}-\frac{1}{20}\right)$

$=\frac{1}{10}-\frac{1}{20}=\frac{2}{20}-\frac{1}{20}=\frac{1}{20}$

답 $\frac{1}{20}$

360

$a=5-(-3)\times\{(-2)^2-24\div(-2)^3\}\div(-1)^9$

$=5-(-3)\times\{(+4)-24\div(-8)\}\div(-1)$

$=5-(-3)\times\{(+4)-(-3)\}\div(-1)$

$=5-(-3)\times(+7)\div(-1)$

$=5-(+21)=5+(-21)=-16$ ❶

$b=(-1)^3\times(-1)^4-5\times\{(-8)+(-3^2)\div 9\}$

$=(-1)\times(+1)-5\times\{(-8)+(-9)\div 9\}$

$=(-1)-5\times\{(-8)+(-1)\}$

$=(-1)-5\times(-9)=(-1)-(-45)=+44$ ❷

∴ $a-b=(-16)-(+44)$

$=(-16)+(-44)=-60$ ❸

답 -60

단계	채점 기준	배점
❶	a의 값 구하기	40 %
❷	b의 값 구하기	40 %
❸	$a-b$의 값 구하기	20 %

361

$-\frac{1}{7}$이 적힌 면과 마주 보는 면을 A, $\frac{2}{5}$가 적힌 면과 마주 보는 면을 B, -1이 적힌 면과 마주 보는 면을 C라고 하면 마주 보는 면에 적힌 두 수의 곱이 1이므로 A, B, C에 들어가는 수는 오른쪽 그림과 같다.

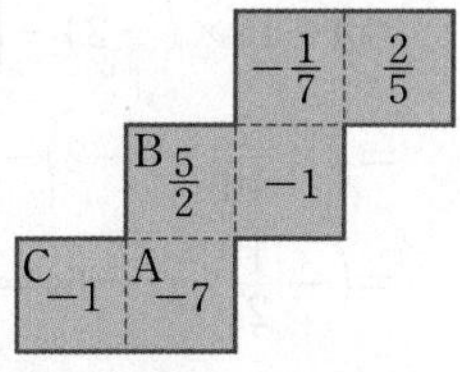

따라서 세 수의 곱은 $-7\times\frac{5}{2}\times(-1)=\frac{35}{2}$

답 $\frac{35}{2}$

362

$a\div b$의 값을 크게 하려면 우선 부호가 같은 두 수를 뽑아 계산한 결과가 양수가 되도록 해야 하고, 가장 큰 수가 되려면 뽑힌 두 수 중에서 절댓값이 작은 수로 나누어야 한다.

부호가 같은 두 수를 뽑아 절댓값이 작은 수로 나누면

(i) $a\div b=\left(-\frac{5}{4}\right)\div\left(-\frac{1}{2}\right)=\left(-\frac{5}{4}\right)\times(-2)=\frac{5}{2}$

(ii) $a\div b=1.25\div\frac{2}{3}=\frac{5}{4}\times\frac{3}{2}=\frac{15}{8}$

$\frac{5}{2}>\frac{15}{8}$이므로 가장 큰 $a\div b$의 값은 $\frac{5}{2}$이다. 답 $\frac{5}{2}$

363

$a=b+\frac{12}{5}$에서 $a>b$

$|a|=|b|$이고 a와 b의 차가 $\frac{12}{5}$이므로 두 수는 수직선에서 원점으로부터의 거리가 각각 $\frac{12}{5}\times\frac{1}{2}=\frac{6}{5}$인 수이다.

따라서 $a=\frac{6}{5}$, $b=-\frac{6}{5}$이므로

$a^2+b^2=\left(\frac{6}{5}\right)^2+\left(-\frac{6}{5}\right)^2=\frac{36}{25}+\frac{36}{25}=\frac{72}{25}$ 답 $\frac{72}{25}$

364

$3>-2$이므로

$3◎(-2)=3\times(-2)+3+(-2)=-5$

$\therefore (-10)◎\{3◎(-2)\}=(-10)◎(-5)$

$-10<-5$이므로

$(-10)◎(-5)=(-10)\times(-5)-(-10)-(-5)$

$=50+(+10)+(+5)=65$ 답 65

365

$[4.3]=4$, $\left[-\frac{7}{2}\right]=[-3.5]=-4$, $\left[-\frac{5}{4}\right]=[-1.25]=-2$,

$\left[\frac{1}{2}\right]=[0.5]=0$, $[3.1]=3$

$\therefore [4.3]\div\left[-\frac{7}{2}\right]^2\times\left[-\frac{5}{4}\right]-\left\{\left(\left[\frac{1}{2}\right]-[3.1]\right)\div\frac{1}{2}\right\}$

$=4\div(-4)^2\times(-2)-\left\{(0-3)\div\frac{1}{2}\right\}$

$=4\div16\times(-2)-\left\{(-3)\div\frac{1}{2}\right\}$

$=4\times\frac{1}{16}\times(-2)-\{(-3)\times2\}$

$=\left(-\frac{1}{2}\right)-(-6)=\left(-\frac{1}{2}\right)+(+6)=\frac{11}{2}$ 답 $\frac{11}{2}$

366

$a\times b>0$이고 $a+b<0$이므로 $a<0$, $b<0$

ㄱ. $a-b$ ⇨ $(-)-(-)$ ⇨ $(-)+(+)$

즉, 부호가 정해지지 않는다.

ㄴ. $a\div b$ ⇨ $(-)\div(-)$ ⇨ $(+)$

$\therefore a\div b>0$

ㄷ. a^2 ⇨ $(-)\times(-)$ ⇨ $(+)$

b^2 ⇨ $(-)\times(-)$ ⇨ $(+)$

a^2+b^2 ⇨ $(+)+(+)$ ⇨ $(+)$

$\therefore a^2+b^2>0$

ㄹ. $a+b<0$이므로

$(a+b)^2$ ⇨ $(-)\times(-)$ ⇨ $(+)$

$\therefore (a+b)^2>0$

따라서 보기 중 옳은 것은 ㄴ, ㄹ이다. 답 ㄴ, ㄹ

367

(가), (라)에서 $c\times d>0$이므로 c, d는 같은 부호이다.

(다)에서 $a+c+d=0$이므로 a는 c, d와 다른 부호이다.

그런데 (나)에서 $a<d$이므로 $a<0$, $c>0$, $d>0$

(가)에서 $a\times b<0$이므로 $b>0$ 답 ③

368

$-\frac{1}{3}$과 $\frac{37}{6}$ 사이의 거리는

$\frac{37}{6}-\left(-\frac{1}{3}\right)=\frac{39}{6}=\frac{13}{2}$

수들 사이의 일정한 간격은 $\frac{13}{2}\div4=\frac{13}{2}\times\frac{1}{4}=\frac{13}{8}$

a에 $\frac{13}{8}$씩 3번 더한 수가 $-\frac{1}{3}$이므로

$a=-\frac{1}{3}-\left(\frac{13}{8}\times3\right)=-\frac{1}{3}-\frac{39}{8}$

$=-\frac{8}{24}-\frac{117}{24}=-\frac{125}{24}$ 답 $-\frac{125}{24}$

369

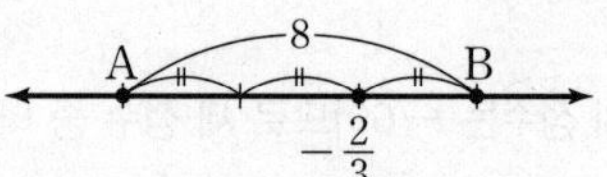

두 점 A, B 사이의 거리를 3등분하는 한 구간의 길이는

$8\div3=\frac{8}{3}$ ❶

점 A가 나타내는 수는

$\left(-\frac{2}{3}\right)-\frac{8}{3}\times2=-\frac{18}{3}=-6$ ❷

점 B가 나타내는 수는

$\left(-\frac{2}{3}\right)+\frac{8}{3}=\frac{6}{3}=2$ ❸

답 A: -6, B: 2

단계	채점 기준	배점
❶	두 점 A, B 사이를 3등분하는 한 구간의 길이 구하기	40 %
❷	점 A가 나타내는 수 구하기	30 %
❸	점 B가 나타내는 수 구하기	30 %

Ⅱ. 문자와 식

1 문자의 사용과 식의 계산

개념 확인하기 71, 73쪽

370

(1) $(\text{평균})=\frac{(\text{세 수의 합})}{3}=\frac{a+b+c}{3}$

(2) (정사각형의 둘레의 길이)$=4\times$(한 변의 길이)

$=4\times a(\text{cm})$

(3) (거리)=(속력)×(시간)

$=60\times x(\text{km})$

(4) (한 개의 길이)=(전체 길이)÷3

$=b\div 3(\text{cm})$

(5) (거스름돈)=(지불한 금액)−(물건의 값)

$=3000-a\times 10$(원)

(6) (물건의 값)=(볼펜 a자루의 값)+(공책 b권의 값)

$=700\times a+1500\times b$(원)

답 (1) $\frac{a+b+c}{3}$ (2) $(4\times a)$ cm (3) $(60\times x)$ km (4) $(b\div 3)$ cm (5) $(3000-a\times 10)$원 (6) $(700\times a+1500\times b)$원

371

(3) $a\times b\times a\times b\times a=a\times a\times a\times b\times b=a^3b^2$

답 (1) $0.1a$ (2) $-7b$ (3) a^3b^2 (4) $5(a+b)$

372

(4) $x\div 4\div y=x\times\frac{1}{4}\times\frac{1}{y}=\frac{x}{4y}$

답 (1) $\frac{x}{5}$ (2) $-\frac{y}{6}$ (3) $\frac{8}{x+y}$ (4) $\frac{x}{4y}$

373

(2) $x\times(-3)\div y=-3x\div y=\frac{-3x}{y}=-\frac{3x}{y}$

(4) $x\div z\times x\div z\times y=x\times\frac{1}{z}\times x\times\frac{1}{z}\times y=\frac{x^2y}{z^2}$

답 (1) $3a-b$ (2) $-\frac{3x}{y}$ (3) $\frac{a}{5}+\frac{b}{c}$ (4) $\frac{x^2y}{z^2}$

374

답 (1) $5\times a\times b\times b$ (2) $9\times(a+b)$ (3) $-3\times a\times a\times b\times c$ (4) $2\times(a-b)\times(a-b)$ (5) $7\div x$ (6) $(x+y)\div 3$ (7) $5+y\div x$ (8) $4\div(x-y)$

375

(1) $-2x=-2\times(-3)=6$

(2) $5x+1=5\times(-3)+1=(-15)+1=-14$

(3) $7x+10=7\times(-3)+10=(-21)+10=-11$

(4) $-x^2=-(-3)^2=-9$

(5) $2x^2+x-1=2\times(-3)^2+(-3)-1$

$=18+(-3)-1=14$

(6) $\frac{6}{x}+5=6\div(-3)+5=(-2)+5=3$

답 (1) 6 (2) -14 (3) -11 (4) -9 (5) 14 (6) 3

376

(1) $\frac{3xy}{8}=\frac{3\times 4\times(-2)}{8}=-3$

(2) $5x-y=5\times 4-(-2)=22$

(3) $x^2-y^2=4^2-(-2)^2=16-4=12$

(4) $-2x^2y=-2\times 4^2\times(-2)=64$

답 (1) -3 (2) 22 (3) 12 (4) 64

377

(1) $\frac{1}{x}=1\div x=1\div\left(-\frac{1}{2}\right)=1\times(-2)=-2$

(2) $-\frac{x}{4}=\left(-\frac{1}{4}\right)\times x=\left(-\frac{1}{4}\right)\times\left(-\frac{1}{2}\right)=\frac{1}{8}$

(3) $2x+3=2\times\left(-\frac{1}{2}\right)+3=(-1)+3=2$

(4) $1-x^2=1-\left(-\frac{1}{2}\right)^2=1-\frac{1}{4}=\frac{3}{4}$

답 (1) -2 (2) $\frac{1}{8}$ (3) 2 (4) $\frac{3}{4}$

378

$2x+6y-4=2x+6y+(-4)$

$5x^2-\frac{x}{3}+1=5x^2+\left(-\frac{1}{3}x\right)+1$

답

다항식	$2x+6y-4$	$5x^2-\frac{x}{3}+1$
항	$2x$, $6y$, -4	$5x^2$, $-\frac{x}{3}$, 1
상수항	-4	1
계수	x의 계수: (2) y의 계수: (6)	x^2의 계수: (5) x의 계수: ($-\frac{1}{3}$)
차수	1	2

379

답 (1) 1 (2) 1 (3) 2 (4) 1 / 일차식: (1), (2), (4)

380

(3) $-7x\div\frac{1}{3}=-7x\times3=-7\times3\times x=-21x$

(4) $\left(-\frac{1}{4}x\right)\div\left(-\frac{1}{2}\right)=\left(-\frac{1}{4}x\right)\times(-2)$
$=\left(-\frac{1}{4}\right)\times(-2)\times x$
$=\frac{1}{2}x$

답 (1) $-12x$ (2) $-9x$ (3) $-21x$ (4) $\frac{1}{2}x$

381

(3) $(6x+10)\div(-2)=(6x+10)\times\left(-\frac{1}{2}\right)$
$=6x\times\left(-\frac{1}{2}\right)+10\times\left(-\frac{1}{2}\right)$
$=-3x-5$

(4) $(12x+9)\div\frac{3}{5}=(12x+9)\times\frac{5}{3}$
$=12x\times\frac{5}{3}+9\times\frac{5}{3}$
$=20x+15$

답 (1) $21x-9$ (2) $-5+3x$ (3) $-3x-5$ (4) $20x+15$

382

(1) $2a-7+3a+5=2a+(-7)+3a+5$ (동류항: $2a$와 $3a$, 동류항: -7과 5)

(2) $\frac{1}{3}a+5b-2-a+b+3=\frac{1}{3}a+5b+(-2)+(-a)+b+3$ (동류항: $5b$와 b, 동류항: $\frac{1}{3}a$와 $-a$, 동류항: -2와 3)

답 (1) $2a$와 $3a$, -7과 5 (2) $\frac{1}{3}a$와 $-a$, $5b$와 b, -2와 3

383

(4) $b-\frac{b}{2}+\frac{b}{4}=\left(1-\frac{1}{2}+\frac{1}{4}\right)b=\frac{3}{4}b$

(5) $3x-2-x+\frac{1}{2}=3x-x-2+\frac{1}{2}=2x-\frac{3}{2}$

(6) $-4x+6-x-1=-4x-x+6-1=-5x+5$

답 (1) $-4a$ (2) $6a$ (3) $\frac{7}{4}b$ (4) $\frac{3}{4}b$ (5) $2x-\frac{3}{2}$ (6) $-5x+5$

384

(1) $(3x-5)+(2x-3)=3x-5+2x-3$
$=(3+2)x-5-3$
$=5x-8$

(2) $(6-a)-(4a+7)=6-a-4a-7$
$=(-1-4)a+6-7$
$=-5a-1$

(3) $(5x+1)+2(x-3)=5x+1+2x-6$
$=(5+2)x+1-6$
$=7x-5$

(4) $\frac{1}{2}(2a-6)-(3-4a)=a-3-3+4a$
$=(1+4)a-3-3$
$=5a-6$

(5) $3(3x+1)+2(7-3x)=9x+3+14-6x$
$=(9-6)x+3+14$
$=3x+17$

(6) $6(2x-3)-\frac{1}{3}(6x-3)=12x-18-2x+1$
$=(12-2)x-18+1$
$=10x-17$

답 (1) $5x-8$ (2) $-5a-1$ (3) $7x-5$ (4) $5a-6$ (5) $3x+17$ (6) $10x-17$

385

(1) $\frac{1}{2}(4x-5)+\frac{1}{3}(6x-5)=2x-\frac{5}{2}+2x-\frac{5}{3}$
$=(2+2)x-\frac{5}{2}-\frac{5}{3}$
$=4x-\frac{25}{6}$

(2) $\frac{x-3}{2}-\frac{x-1}{3}=\frac{3(x-3)-2(x-1)}{6}$
$=\frac{3x-9-2x+2}{6}=\frac{x-7}{6}$

답 (1) $4x-\frac{25}{6}$ (2) $\frac{x-7}{6}$

> 다른 풀이

(2) $\frac{x-3}{2}-\frac{x-1}{3}=\left(\frac{x}{2}-\frac{3}{2}\right)-\left(\frac{x}{3}-\frac{1}{3}\right)$
$=\frac{x}{2}-\frac{x}{3}-\frac{3}{2}+\frac{1}{3}=\frac{x}{6}-\frac{7}{6}$

필수유형 다지기

74~83쪽

386

③ $a\times a\times0.1\times b=0.1a^2b$ 답 ③

387

$(-5)\times x\times y\times x\times y\times y$
$=(-5)\times x\times x\times y\times y\times y=-5x^2y^3$ 답 $-5x^2y^3$

388

$(x+y)\times(x+y)\times(-3)\times a=-3a(x+y)^2$ 답 ④

389

④ $1\div a\div a\div a=1\times\frac{1}{a}\times\frac{1}{a}\times\frac{1}{a}=\frac{1}{a^3}$ 답 ④

390

$10+(a+b)\div(-3)=10+\frac{a+b}{-3}$

$=10-\frac{a+b}{3}$ 답 ⑤

391

$a\div5\div(b\div c)=a\div5\div\frac{b}{c}=a\times\frac{1}{5}\times\frac{c}{b}=\frac{ac}{5b}$ 답 ②

392

① $x\div3\times y=x\times\frac{1}{3}\times y=\frac{xy}{3}$ 답 ①

393

② $a\div b\div c=a\times\frac{1}{b}\times\frac{1}{c}=\frac{a}{bc}$

③ $a\times\frac{1}{b}\div c=\frac{a}{b}\times\frac{1}{c}=\frac{a}{bc}$

④ $a\div b\times c=a\times\frac{1}{b}\times c=\frac{ac}{b}$

⑤ $a\div(b\times c)=a\times\frac{1}{bc}=\frac{a}{bc}$

따라서 나머지 넷과 다른 하나는 ④이다. 답 ④

394

$a\div(5+b)\times c=\frac{a}{5+b}\times c=\frac{ac}{5+b}$ 답 $\frac{ac}{5+b}$

395

(사다리꼴의 넓이)

$=\frac{1}{2}\times$ {(윗변의 길이)+(아랫변의 길이)} × (높이)

$=\frac{1}{2}\times(a+b)\times h=\frac{(a+b)h}{2}$ 답 $\frac{(a+b)h}{2}$

396

주어진 사각형의 넓이는 두 삼각형의 넓이의 합과 같다. ❶

∴ (사각형의 넓이) $=\frac{1}{2}\times8\times a+\frac{1}{2}\times6\times b$

$=4a+3b(\text{cm}^2)$ ❷

답 $(4a+3b)\ \text{cm}^2$

단계	채점 기준	배점
❶	사각형의 넓이 구하는 방법 알기	20 %
❷	사각형의 넓이를 문자를 사용한 식으로 나타내기	80 %

397

길의 폭이 3 m로 일정하므로

(길의 넓이) $=3\times a+3\times b-3\times3$

$=3a+3b-9(\text{m}^2)$ 답 $(3a+3b-9)\ \text{m}^2$

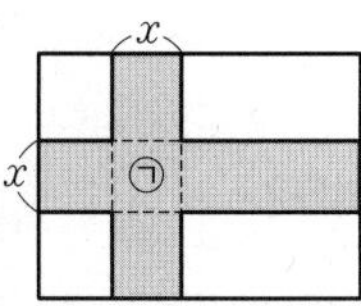

> 참고 직사각형 모양의 땅에 폭이 x로 일정한 길을 만들었을 때, ㉠ 부분은 가로, 세로에 놓인 길이 교차하는 부분이다. 따라서 길의 넓이를 구할 때 가로, 세로에 놓인 길의 넓이를 각각 구하여 더했다면 ㉠ 부분의 넓이는 한 번 빼주어야 한다.

∴ (十 모양의 넓이)

= (가로 길의 넓이) + (세로 길의 넓이) − (㉠의 넓이)

398

① $1000\times\frac{10a}{100}=100a$(원)

② $2000\times\frac{b}{100}=20b$(명)

③ $x\times\frac{20}{100}=\frac{x}{5}(\text{m})$

④ $y\times\frac{7}{100}=0.07y(\text{L})$

⑤ $1000a\times\frac{25}{100}=250a(\text{g})$

따라서 옳지 않은 것은 ⑤이다. 답 ⑤

399

$x\times100+7\times10+y\times1=100x+y+70$ 답 $100x+y+70$

400

① 1 mL는 $\frac{1}{1000}$ L이므로

x mL는 $\frac{1}{1000}\times x=\frac{x}{1000}(\text{L})$

② 1분은 60초이므로 a분 20초는

$60\times a+20=60a+20$(초)

③ 1 cm는 $\frac{1}{100}$ m이므로 x m b cm는

$x+\frac{1}{100}\times b=x+\frac{b}{100}(\text{m})$

④ 1 km는 1000 m이므로 a km b m는

$1000\times a+b=1000a+b(\text{m})$

⑤ 1분은 $\frac{1}{60}$시간이므로 x시간 y분은

$x+\frac{1}{60}\times y=x+\frac{y}{60}$ (시간)

따라서 옳지 않은 것은 ⑤이다. 답 ⑤

401

(지불해야 할 금액)=(정가)−(할인 금액)

$=a-a\times\frac{20}{100}=a-\frac{1}{5}a$

$=\left(1-\frac{1}{5}\right)a=\frac{4}{5}a$(원) 답 $\frac{4}{5}a$원

402

연필 2자루에 a원이므로 연필 한 자루는 $\frac{a}{2}$원이다.

공책 3권에 b원이므로 공책 한 권은 $\frac{b}{3}$원이다.

따라서 연필 3자루와 공책 4권을 샀을 때, 지불해야 할 금액은

$\frac{a}{2}\times3+\frac{b}{3}\times4=\frac{3}{2}a+\frac{4}{3}b$(원) 답 $\left(\frac{3}{2}a+\frac{4}{3}b\right)$원

403

(판매 가격)=(원가)+(이윤)

$=a+a\times\frac{x}{100}=a+\frac{ax}{100}$(원) 답 ④

404

정가가 x원인 공책을 $10\ \%$ 할인한 가격은

$x-x\times\frac{10}{100}=x-\frac{1}{10}x=\frac{9}{10}x$(원) ❶

공책 5권의 가격은 $\frac{9}{10}x\times5=\frac{9}{2}x$(원) ❷

∴ (거스름돈)=(낸 돈)−(공책 5권의 값)$=10000-\frac{9}{2}x$(원) ❸

답 $\left(10000-\frac{9}{2}x\right)$원

단계	채점 기준	배점
❶	10 % 할인한 공책의 가격을 식으로 나타내기	40 %
❷	공책 5권의 가격을 식으로 나타내기	30 %
❸	거스름돈을 문자를 사용한 식으로 나타내기	30 %

405

x시간 동안 간 거리는 $v\times x=vx$(km)

따라서 남은 거리는 $(a-vx)$ km 답 ②

406

버스가 터널을 완전히 통과하기 위해 이동한 거리는 $(a+b)$ m이므로 걸리는 시간은

(시간)$=\frac{(거리)}{(속력)}=\frac{a+b}{150}$(분) 답 ③

> 참고 버스가 터널을 완전히 통과하려면 그림과 같이 버스의 뒷부분까지 터널 밖으로 완전히 나와야 하므로 버스가 터널을 완전히 통과하기 위해 이동하는 거리는 (터널의 길이)+(버스의 길이)가 되어야 한다.

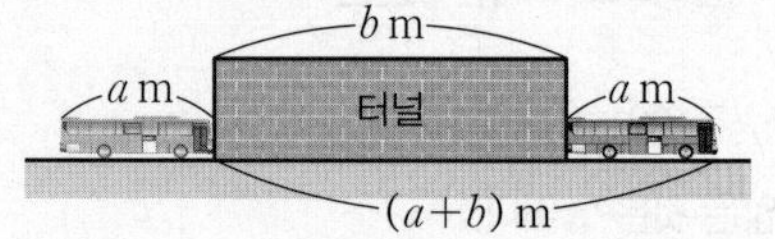

407

버스를 타고 x km 가는 데 걸린 시간은 $\frac{x}{60}$(시간)

정류장에서 머문 시간은 $\frac{y}{60}\times5=\frac{y}{12}$(시간)

따라서 구하는 시간은 $\left(\frac{x}{60}+\frac{y}{12}\right)$시간 답 ②

408

$5\ \%$의 소금물 a g에 들어 있는 소금의 양은

$a\times\frac{5}{100}=\frac{1}{20}a$(g)

$7\ \%$의 소금물 b g에 들어 있는 소금의 양은

$b\times\frac{7}{100}=\frac{7}{100}b$(g)

따라서 구하는 소금의 양은 $\left(\frac{1}{20}a+\frac{7}{100}b\right)$ g

답 $\left(\frac{1}{20}a+\frac{7}{100}b\right)$ g

409

$70\times\frac{x}{100}=\frac{7}{10}x$(g) 답 ②

410

$x\ \%$의 소금물 100 g에 들어 있는 소금의 양은

$100\times\frac{x}{100}=x$(g) ❶

$y\ \%$의 소금물 200 g에 들어 있는 소금의 양은

$200\times\frac{y}{100}=2y$(g) ❷

두 소금물을 섞어서 만든 소금물에 들어 있는 소금의 양은

$(x+2y)$ g ❸

따라서 구하는 소금물의 농도는

$\frac{x+2y}{100+200}\times100=\frac{x+2y}{3}$(%) ❹

답 $\frac{x+2y}{3}$ %

단계	채점 기준	배점
❶	x %의 소금물에 들어 있는 소금의 양 구하기	30 %
❷	y %의 소금물에 들어 있는 소금의 양 구하기	30 %
❸	섞어서 만든 소금물에 들어 있는 소금의 양 구하기	10 %
❹	섞어서 만든 소금물의 농도 구하기	30 %

411

$5a^2-\frac{1}{2}b^2=5\times3^2-\frac{1}{2}\times(-4)^2$

$=45-8=37$ 답 37

412

$(-a)^2-4a=(-2)^2-4\times2$

$=4-8=-4$ 답 -4

413

① $-x^2=-(-1)^2=-1$

② $1-2x^2=1-2\times(-1)^2=1-2\times1=-1$

③ $-(-x^3)=x^3=(-1)^3=-1$

④ $\frac{1}{x^2}=\frac{1}{(-1)^2}=\frac{1}{1}=1$

⑤ $x^5=(-1)^5=-1$

따라서 나머지 넷과 다른 하나는 ④이다. 답 ④

414

$\frac{1}{a}=2$, $\frac{1}{b}=3$, $\frac{1}{c}=-6$이므로

$$\begin{aligned}\frac{2}{a}-\frac{3}{b}+\frac{1}{c}&=2\times\frac{1}{a}-3\times\frac{1}{b}+\frac{1}{c}\\&=2\times2-3\times3+(-6)\\&=4-9-6\\&=-11\end{aligned}$$

답 -11

> 다른 풀이 $$\begin{aligned}\frac{2}{a}-\frac{3}{b}+\frac{1}{c}&=2\div a-3\div b+1\div c\\&=2\div\frac{1}{2}-3\div\frac{1}{3}+1\div\left(-\frac{1}{6}\right)\\&=2\times2-3\times3+1\times(-6)\\&=4-9+(-6)=-11\end{aligned}$$

415

$\frac{9}{5}a+32$에 $a=30$을 대입하면

$\frac{9}{5}\times30+32=54+32=86(^\circ\mathrm{F})$ 답 $86\ ^\circ\mathrm{F}$

416

(마름모의 넓이)$=\frac{1}{2}\times a\times b=\frac{ab}{2}(\mathrm{cm}^2)$ ——— ❶

$a=6$, $b=4$를 대입하면 $\frac{6\times4}{2}=12(\mathrm{cm}^2)$ ——— ❷

답 $\frac{ab}{2}\ \mathrm{cm}^2$, $12\ \mathrm{cm}^2$

단계	채점 기준	배점
❶	마름모의 넓이를 문자를 사용한 식으로 나타내기	50 %
❷	$a=6$, $b=4$를 대입하여 넓이 구하기	50 %

417

$l=156$, $w=63$을 대입하면

$$\begin{aligned}(\text{비만도})&=\frac{63}{(156-100)\times0.9}\times100=\frac{63}{56\times0.9}\times100\\&=\frac{630}{56\times9}\times100=125(\%)\end{aligned}$$

따라서 비만 정도는 '비만'이다. 답 비만

418

$331+0.6x$에 $x=15$를 대입하면

$331+0.6\times15=331+9=340$

따라서 소리의 속력이 초속 340 m이므로 번개가 친 곳까지의 거리는

$340\times5=1700(\mathrm{m})$ 답 1700 m

419

차수가 가장 높은 항은 $-5x^2$이므로 다항식의 차수는 2이다.

즉, $a=2$

x의 계수는 -4이므로 $b=-4$

상수항은 8이므로 $c=8$

$\therefore a+b+c=2+(-4)+8=6$ 답 6

420

⑤ 차수가 가장 높은 항은 $-2x^2$이므로 다항식의 차수는 2이다. 답 ⑤

421

① $2x^2-3x-2$의 상수항은 -2이다.

② $5x-7y+7$에서 y의 계수는 -7이다.

④ $4x^2-y-3$에서 항은 $4x^2$, $-y$, -3의 3개이다.

⑤ $-\frac{x}{2}+y+1$에서 x의 계수는 $-\frac{1}{2}$이다.

따라서 옳은 것은 ③이다. 답 ③

422

① x^3의 차수가 3이므로 일차식이 아니다.

② x가 분모에 있으므로 일차식이 아니다.

③ $-x^2$의 차수가 2이므로 일차식이 아니다.

④ $7x$의 차수가 1이므로 일차식이다.

⑤ $0\times x+5=5$이므로 일차식이 아니다.

따라서 일차식 것은 ④이다. 답 ④

423

ㄷ. $-x^3$의 차수가 3이므로 일차식이 아니다.

ㄹ. x^2의 차수가 2이므로 일차식이 아니다.

ㅂ. x가 분모에 있으므로 일차식이 아니다.

따라서 일차식은 ㄱ, ㄴ, ㅁ의 3개이다. 답 3개

424

① $0.1x$의 차수는 1이므로 일차식이다.

② $x+1$과 같이 단항식이 아닌 일차식도 있다.

③ x의 계수는 0이 아닌 수로 다양하다.

⑤ $3x$와 같이 상수항이 0일 때도 있다.

따라서 옳은 것은 ④이다. 답 ④

425

⑤ $(8x-12)\div\left(-\frac{4}{3}\right)=(8x-12)\times\left(-\frac{3}{4}\right)$

$=8x\times\left(-\frac{3}{4}\right)-12\times\left(-\frac{3}{4}\right)$

$=-6x+9$

답 ⑤

426

$(20x-25)\div5=(20x-25)\times\frac{1}{5}$

$=20x\times\frac{1}{5}-25\times\frac{1}{5}=4x-5$

따라서 x의 계수는 4이고, 상수항은 -5이므로 구하는 합은

$4+(-5)=-1$

답 -1

427

$\frac{3x-2}{4}\times(-8)=\left(\frac{3}{4}x-\frac{1}{2}\right)\times(-8)$

$=\frac{3}{4}x\times(-8)-\frac{1}{2}\times(-8)$

$=-6x+4$ ❶

즉, $-6x+4=ax+b$에서 $a=-6$, $b=4$ ❷

$\therefore a+b=-6+4=-2$ ❸

답 -2

단계	채점 기준	배점
❶	(일차식)×(수) 계산하기	50 %
❷	a, b의 값 각각 구하기	각 20 %
❸	$a+b$의 값 구하기	10 %

428

$-3(4x-5)=-12x+15$

① $(4x+5)\times3=12x+15$

② $(-4x+5)\div\left(-\frac{1}{3}\right)=(-4x+5)\times(-3)$

$=12x-15$

③ $(4x-5)\div\frac{1}{3}=(4x-5)\times3$

$=12x-15$

④ $(-4x+5)\div\frac{1}{3}=(-4x+5)\times3$

$=-12x+15$

⑤ $(-4x+5)\times(-3)=12x-15$

따라서 결과가 $-3(4x-5)$와 같은 것은 ④이다.

답 ④

429

① 문자는 같지만 차수가 다르다.

③ 같은 문자끼리 차수가 다르다.

④ $\frac{1}{x}$은 x가 분모에 있으므로 일차식이 아니다.

⑤ 차수는 같지만 문자가 다르다.

답 ②

430

문자는 x이고 차수는 1인 것을 찾으면 ④ $-\frac{1}{5}x$이다.

답 ④

431

①, ③ 문자는 같지만 차수가 다르다.

② 문자와 차수가 모두 다르다.

④ 차수는 같지만 문자가 다르다.

답 ⑤

432

문자는 x이고 차수는 2인 것을 찾으면 $-5x^2$, $\frac{x^2}{3}$이다.

답 $-5x^2$, $\frac{x^2}{3}$

433

① $a+a=(1+1)a=2a$

② $3a-8a=(3-8)a=-5a$

③ $5a$와 -4는 동류항이 아니므로 더 이상 간단히 할 수 없다.

④ $6x+x-3x=(6+1-3)x=4x$

⑤ $2x-10x=(2-10)x=-8x$

따라서 옳지 않은 것은 ③이다.

답 ③

434

ㄱ. $x+3x=4x$

ㄹ. $3b+7b-5a=10b-5a$

따라서 옳은 것은 ③ ㄴ, ㄷ이다.

답 ③

435

$3x-2y+4+2x+y-5=(3+2)x+(-2+1)y+4-5$

$=5x-y-1$

따라서 x의 계수 $a=5$, y의 계수 $b=-1$, 상수항 $c=-1$이므로

$a+b+c=5+(-1)+(-1)=3$

답 ③

436

$ax+7y+3-by+4x-9=(a+4)x+(7-b)y+3-9$

$=2x+5y+c$

따라서 $a+4=2$, $7-b=5$, $3-9=c$이므로

$a=-2$, $b=2$, $c=-6$

$\therefore a+b+c=(-2)+2+(-6)=-6$

답 -6

437

$2(5x-6)-3(4-3x)=10x-12-12+9x$

$=19x-24$

따라서 x의 계수는 19이고 상수항은 -24이므로 구하는 합은

$19+(-24)=-5$

답 -5

438

$(ax+3)-(x-b)=ax+3-x+b$

$=(a-1)x+3+b$

따라서 $a-1=-3$, $3+b=4$에서 $a=-2$, $b=1$이므로

$ab=(-2)\times 1=-2$ 답 ④

439

수학 시험 점수의 총합은

$2x+(2x+3)+(3x-6)+(x+9)+(2x-1)$

$=2x+2x+3x+x+2x+3-6+9-1$

$=10x+5$ ❶

$\therefore$ (평균)$=\dfrac{10x+5}{5}$ ❷

$=2x+1$(점) ❸

답 $(2x+1)$점

단계	채점 기준	배점
❶	점수의 총합 구하기	40 %
❷	평균 구하는 식 세우기	30 %
❸	평균을 x에 대한 식으로 나타내기	30 %

440

(색칠한 부분의 넓이)

=(큰 직사각형의 넓이)−(작은 직사각형의 넓이)

$=10x-(10-4)\times(x-4)$

$=10x-6(x-4)$

$=10x-6x+24$

$=4x+24$ 답 $4x+24$

441

$3x^2-5x+7+ax^2+x-8=(3+a)x^2-4x-1$

주어진 다항식이 x에 대한 일차식이 되려면 x^2의 계수가 0이어야 하므로

$3+a=0$ $\quad\therefore a=-3$ 답 -3

442

$4x-ax+7=(4-a)x+7$

주어진 다항식이 x에 대한 일차식이므로 $4-a\neq 0$

$\therefore a\neq 4$ 답 ⑤

443

$7x-5+ax-b=(7+a)x-5-b$

주어진 다항식이 상수항이 0인 일차식이 되려면 (x의 계수)$\neq$0이고 (상수항)=0이어야 하므로 $7+a\neq 0$, $-5-b=0$

$\therefore a\neq -7$, $b=-5$ 답 ②

444

$-2x^2+3x-a+bx^2-4x+5=(-2+b)x^2-x-a+5$

주어진 다항식이 x에 대한 일차식이 되려면 x^2의 계수가 0이어야 하므로

$-2+b=0$ $\quad\therefore b=2$

상수항이 1이므로 $-a+5=1$ $\quad\therefore a=4$

$\therefore a-b=4-2=2$ 답 2

445

$\dfrac{3x+1}{4}-\dfrac{x-2}{3}=\dfrac{3(3x+1)-4(x-2)}{12}$

$=\dfrac{9x+3-4x+8}{12}$

$=\dfrac{5x+11}{12}$ 답 ③

446

$x+2y-[2x-y-\{3(x+y)-4(x-y)\}]$

$=x+2y-\{2x-y-(3x+3y-4x+4y)\}$

$=x+2y-\{2x-y-(-x+7y)\}$

$=x+2y-(2x-y+x-7y)$

$=x+2y-(3x-8y)$

$=x+2y-3x+8y$

$=-2x+10y$ 답 $-2x+10y$

447

$0.5(5x+1)-\dfrac{1}{3}(2x-2)=\dfrac{1}{2}(5x+1)-\dfrac{1}{3}(2x-2)$

$=\dfrac{3(5x+1)-2(2x-2)}{6}$

$=\dfrac{15x+3-4x+4}{6}$

$=\dfrac{11x+7}{6}$

따라서 $a=\dfrac{11}{6}$, $b=\dfrac{7}{6}$이므로

$a+b=\dfrac{11}{6}+\dfrac{7}{6}=\dfrac{18}{6}=3$ 답 3

448

$2x-\left[\dfrac{2}{3}x+2\left\{-x+\dfrac{1}{2}(8x-5)\right\}\right]$

$=2x-\left\{\dfrac{2}{3}x+2\left(-x+4x-\dfrac{5}{2}\right)\right\}$

$=2x-\left\{\dfrac{2}{3}x+2\left(3x-\dfrac{5}{2}\right)\right\}$

$=2x-\left(\dfrac{2}{3}x+6x-5\right)$

$=2x-\left(\dfrac{20}{3}x-5\right)$

$=2x-\dfrac{20}{3}x+5=-\dfrac{14}{3}x+5$ ❶

따라서 x의 계수는 $-\frac{14}{3}$, 상수항은 5이므로

$a=-\frac{14}{3}$, $b=5$ ——— ❷

$\therefore 3a+5b=3\times\left(-\frac{14}{3}\right)+5\times5$

$=(-14)+25=11$ ——— ❸

답 11

단계	채점 기준	배점
❶	주어진 식 간단히 하기	50 %
❷	a, b의 값 각각 구하기	각 10 %
❸	$3a+5b$의 값 구하기	30 %

449

$2A-B=2(3x-5y)-(2x+y)$

$=6x-10y-2x-y$

$=4x-11y$

답 ③

450

$A-\frac{1}{2}B-3C=(2x+1)-\frac{1}{2}(6x-2)-3(-3x+4)$

$=2x+1-3x+1+9x-12$

$=8x-10$

답 $8x-10$

451

$-A+5B+3(A-2B)=-A+5B+3A-6B$

$=2A-B$

$=2(4x-3)-(-x+2)$

$=8x-6+x-2$

$=9x-8$

답 ③

452

$3(x☆y)-(x★y)=3(2x-3y)-(-3x+2y)$

$=6x-9y+3x-2y$

$=9x-11y$

따라서 x의 계수는 9, y의 계수는 -11이므로 구하는 합은

$9+(-11)=-2$

답 -2

453

어떤 식을 □라고 하면

$\square+(3x-5)=-5x+2$

$\therefore \square=-5x+2-(3x-5)$

$=-5x+2-3x+5=-8x+7$

따라서 바르게 계산한 식은

$(-8x+7)-(3x-5)=-8x+7-3x+5$

$=-11x+12$

답 $-11x+12$

454

(가) $A-(3x+2)=-x+5$에서

$A=-x+5+(3x+2)=2x+7$ ——— ❶

(나) $B+(7-4x)=A$에서

$B=A-(7-4x)=(2x+7)-(7-4x)$

$=2x+7-7+4x=6x$ ——— ❷

$\therefore A+B=(2x+7)+6x=8x+7$ ——— ❸

답 $8x+7$

단계	채점 기준	배점
❶	A 구하기	40 %
❷	B 구하기	40 %
❸	$A+B$ 간단히 하기	20 %

455

$(x-5)+A=3x-1$에서

$A=3x-1-(x-5)=3x-1-x+5=2x+4$

$B=(2x+3)+(x-5)=3x-2$

$C=(3x-2)+(3x-1)=6x-3$

$\therefore A-B+C=(2x+4)-(3x-2)+(6x-3)$

$=2x+4-3x+2+6x-3=5x+3$

답 $5x+3$

456

가운데 가로줄에 있는 세 다항식의 합은

$(x+2)+(2x-1)+(3x-4)=6x-3$이므로

$-3+(x+2)+A=6x-3$에서 $(x-1)+A=6x-3$

$\therefore A=6x-3-(x-1)=6x-3-x+1=5x-2$

$(5x-2)+(2x-1)+B=6x-3$에서

$(7x-3)+B=6x-3$

$\therefore B=6x-3-(7x-3)=6x-3-7x+3=-x$

$\therefore 2A-B=2(5x-2)-(-x)$

$=10x-4+x=11x-4$

답 $11x-4$

만점에 도전하기 84~85쪽

457

| + ⬡ + ⬡ + ⋯ ⇨ ⬡⬡ ⋯

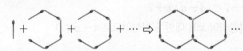

위의 그림과 같이 정육각형을 하나 더 만들 때마다 성냥개비는 5개씩 더 필요하다. 즉,

정육각형(개)	1	2	3	⋯
성냥개비(개)	$1+5\times1$	$1+5\times2$	$1+5\times3$	⋯

따라서 n개의 정육각형을 만들려면 $1+5\times n=5n+1$(개)의 성냥개비가 필요하다.

답 $5n+1$

458

1년 만기 정기 예금이므로 1년 후 받게 되는 이자는 $\frac{5}{100}A$원이고,

세금은 $\frac{5}{100}A\times\frac{20}{100}=\frac{1}{100}A$(원)이다.

따라서 만기 후 찾게 되는 금액은

$$\begin{aligned}(\text{예금액})+(\text{이자})-(\text{세금})&=A+\frac{5}{100}A-\frac{1}{100}A\\&=\left(1+\frac{5}{100}-\frac{1}{100}\right)A\\&=\frac{104}{100}A=\frac{26}{25}A(\text{원})\end{aligned}$$

답 ②

459

(정가)$=a+a\times0.2=a+0.2a=1.2a$(원)

따라서 구하는 판매 가격은

$1.2a-1.2a\times0.1=1.2a-0.12a=1.08a$(원)

답 $1.08a$원

460

a를 3으로 나누면 몫은 m, 나머지는 2이므로 $a=3m+2$

b를 3으로 나누면 몫은 n, 나머지는 2이므로 $b=3n+2$

$$\begin{aligned}\therefore a+b&=(3m+2)+(3n+2)\\&=3m+3n+4\\&=3(m+n+1)+1\end{aligned}$$

따라서 $a+b$를 3으로 나누었을 때의 몫은 $m+n+1$

답 $m+n+1$

461

$$\left(4,\ -\frac{1}{2},\ 2\right)=\frac{4\times\left(-\frac{1}{2}\right)+\left(-\frac{1}{2}\right)\times2+2\times4}{4+\left(-\frac{1}{2}\right)+2}$$

(분자)$=4\times\left(-\frac{1}{2}\right)+\left(-\frac{1}{2}\right)\times2+2\times4=-2-1+8=5$

(분모)$=4+\left(-\frac{1}{2}\right)+2=\frac{11}{2}$

$\therefore \left(4,\ -\frac{1}{2},\ 2\right)=5\div\frac{11}{2}=5\times\frac{2}{11}=\frac{10}{11}$

답 $\frac{10}{11}$

462

$\frac{1}{b}-\frac{1}{a}=3$에서 $\frac{a-b}{ab}=3$이므로 $a-b=3ab$

$$\begin{aligned}\therefore \frac{5a-ab-5b}{10a-9ab-10b}&=\frac{5(a-b)-ab}{10(a-b)-9ab}\\&=\frac{5\times3ab-ab}{10\times3ab-9ab}\\&=\frac{15ab-ab}{30ab-9ab}\\&=\frac{14ab}{21ab}=\frac{2}{3}\end{aligned}$$

답 $\frac{2}{3}$

463

(가) (직사각형의 둘레의 길이)$=2\{x+(x+3)\}$

$=2(2x+3)$

$=4x+6$(cm)

$\therefore a=6$

(나) (남은 거리)$=10-2x$(km)　　$\therefore b=-2$

$\therefore a+b=6+(-2)=4$

답 4

464

x의 계수가 -5이므로 일차식을 $-5x+k$라고 하자.

$x=-1$일 때의 식의 값이 a이므로

$a=(-5)\times(-1)+k=5+k$

$x=2$일 때의 식의 값이 b이므로

$b=(-5)\times2+k=-10+k$

$$\begin{aligned}\therefore a-b&=(5+k)-(-10+k)\\&=5+k+10-k=15\end{aligned}$$

답 15

465

$$\begin{aligned}\frac{x}{4}-\frac{2x-1}{3}-\frac{2x+3}{8}&=\frac{1}{4}x-\frac{2}{3}x+\frac{1}{3}-\frac{2}{8}x-\frac{3}{8}\\&=\left(\frac{1}{4}-\frac{2}{3}-\frac{2}{8}\right)x+\frac{1}{3}-\frac{3}{8}\\&=-\frac{2}{3}x-\frac{1}{24}\end{aligned}$$

따라서 $a=-\frac{2}{3}$, $b=-\frac{1}{24}$이므로

$\frac{a}{b}=-\frac{2}{3}\div\left(-\frac{1}{24}\right)=-\frac{2}{3}\times(-24)=16$

답 16

> 다른 풀이 $\frac{x}{4}-\frac{2x-1}{3}-\frac{2x+3}{8}=\frac{6x-16x+8-6x-9}{24}$

$=\frac{-16x-1}{24}=-\frac{2}{3}x-\frac{1}{24}$

따라서 $a=-\frac{2}{3}$, $b=-\frac{1}{24}$이므로

$\frac{a}{b}=-\frac{2}{3}\div\left(-\frac{1}{24}\right)=-\frac{2}{3}\times(-24)=16$

466

직사각형 2개를 겹쳐서 만든 도형의 둘레의 길이는

$$\begin{aligned}2(x+12)+2\left(\frac{1}{2}x+6\right)&=2x+24+x+12\\&=3x+36(\text{cm})\end{aligned}$$

답 $(3x+36)$ cm

467

(남학생의 점수의 합)$=19m$(점)

(여학생의 점수의 합)$=15(m+4)$(점)

(전체 학생의 점수의 합)$=19m+15(m+4)$

$=34m+60$(점)

따라서 학생 전체의 수학 점수의 평균은

$$\frac{34m+60}{19+15}=\frac{34m+60}{34}$$

$$=m+\frac{30}{17}(\text{점})$$

답 $\left(m+\frac{30}{17}\right)$점

468

$$A-4B=(a+2)x^2-5x+3-4(3x^2-x+2)$$
$$=(a+2)x^2-5x+3-12x^2+4x-8$$
$$=(a-10)x^2-x-5$$

주어진 다항식이 x에 대한 일차식이 되려면

$a-10=0$이므로 $a=10$

$$\therefore -a^2+3a+9=-10^2+3\times10+9$$
$$=-100+30+9$$
$$=-61$$

답 -61

469

어떤 식을 □라고 하면 $\square-\frac{3x-1}{5}=\frac{x-2}{10}$

$$\therefore \square=\frac{x-2}{10}+\frac{3x-1}{5}=\frac{x-2+2(3x-1)}{10}$$
$$=\frac{x-2+6x-2}{10}=\frac{7x-4}{10}$$ ❶

따라서 바르게 계산한 식은

$$A=\frac{7x-4}{10}+\frac{3x-1}{5}=\frac{7x-4+2(3x-1)}{10}$$
$$=\frac{7x-4+6x-2}{10}=\frac{13x-6}{10}$$ ❷

$$\therefore 5x-2-10A=5x-2-10\times\frac{13x-6}{10}$$
$$=5x-2-(13x-6)$$
$$=5x-2-13x+6$$
$$=-8x+4$$ ❸

답 $-8x+4$

단계	채점 기준	배점
❶	어떤 식 구하기	40 %
❷	바르게 계산한 식 A 구하기	40 %
❸	$5x-2-10A$ 간단히 하기	20 %

470

A의 정답을 맞힌 학생은 a명이므로

B의 정답을 맞힌 학생은 $(a+10)$명

A, B의 정답을 모두 맞힌 학생은

$(a+10)\times0.4=0.4a+4$(명)

따라서 A, B 중에서 적어도 한 문제의 정답을 맞힌 학생은

$$a+(a+10)-(0.4a+4)=a+a+10-0.4a-4$$
$$=1.6a+6(\text{명})$$

답 $(1.6a+6)$명

471

n이 자연수일 때, $2n$은 짝수이고 $2n+1$은 홀수이므로

$(-1)^{2n}=1$, $(-1)^{2n+1}=-1$

$$\therefore (-1)^{2n}\left(\frac{a+b}{2}\right)-(-1)^{2n+1}\left(\frac{a-b}{2}\right)$$
$$=\frac{a+b}{2}-\left(-\frac{a-b}{2}\right)$$
$$=\frac{a+b}{2}+\frac{a-b}{2}=\frac{2a}{2}=a$$

답 a

472

$a+\frac{1}{b}=1$에서 $a=1-\frac{1}{b}=\frac{b-1}{b}$

$b+\frac{2}{c}=1$에서 $\frac{2}{c}=1-b$, $\frac{c}{2}=\frac{1}{1-b}$이므로 $c=\frac{2}{1-b}$

$$\therefore abc=\frac{b-1}{b}\times b\times\frac{2}{1-b}$$
$$=\frac{b-1}{b}\times b\times\frac{-2}{b-1}=-2$$

$$\therefore \frac{2}{abc}=\frac{2}{-2}=-1$$

답 -1

2 일차방정식

개념 확인하기 ············ 87, 89쪽

473

답 (1) × (2) ○ (3) ○ (4) × (5) ○ (6) ×

474

답 (1) $10-15=-5$ (2) $3x+5=11$ (3) $4a=20$ (4) $x+24=3x$

475

각 방정식의 x에 2를 대입하면

ㄱ. $2-5=-3$　　ㄴ. $4\times2\neq-6+2$

ㄷ. $10-2=8$　　ㄹ. $2\times2-1=3$

ㅁ. $7-2\times2\neq-3$　　ㅂ. $2\times2+3=3\times2+1$

따라서 해가 2인 것은 ㄱ, ㄷ, ㄹ, ㅂ이다.　답 ㄱ, ㄷ, ㄹ, ㅂ

476

(1) $x=3$을 대입하면 $2\times3+3\neq3$

(2) $x=2$를 대입하면 $\frac{1}{2}\times2+1=2$

(3) $x=-3$을 대입하면 $-3\times(-3)-2=7$

(4) $x=-1$을 대입하면 $3\times(-1)\neq2\times(-1+1)$

따라서 [ ] 안의 수가 방정식의 해인 것은 (2), (3)이다.　답 (2), (3)

477

(5) (좌변)$=2(x-4)=2x-8$

즉, (좌변)=(우변)이므로 항등식이다.

답 (1) × (2) ○ (3) ○ (4) × (5) ○

478

답 (1) $6x+4=40$ (2) $2(3x+6)=6(x+2)$ / 항등식: (2)

479

(1) $a=2b$의 양변에 5를 더하면 $a+5=2b+5$

(2) $3a=-9b$의 양변을 3으로 나누면 $a=-3b$

(3) $\frac{a}{2}=b$의 양변에 2를 곱하면 $a=2b$

(4) $5a+3=5b+3$의 양변에서 3을 빼면 $5a=5b$

$5a=5b$의 양변을 5로 나누면 $a=b$

답 (1) $2b+5$ (2) $-3b$ (3) $2b$ (4) b

480

(1) $x-6=-3$
$x-6+6=-3+6$ ← 양변에 6을 더한다.
$\therefore x=3$

(2) $x+10=-6$
$x+10-10=-6-10$ ← 양변에서 10을 뺀다.
$\therefore x=-16$

(3) $3x=-12$
$\frac{3x}{3}=\frac{-12}{3}$ ← 양변을 3으로 나눈다.
$\therefore x=-4$

(4) $-\frac{x}{5}=4$
$-\frac{x}{5}\times(-5)=4\times(-5)$ ← 양변에 -5를 곱한다.
$\therefore x=-20$

(5) $2x-3=7$
$2x-3+3=7+3$ ← 양변에 3을 더한다.
$2x=10$
$\frac{2x}{2}=\frac{10}{2}$ ← 양변을 2로 나눈다.
$\therefore x=5$

(6) $5x+2=12$
$5x+2-2=12-2$ ← 양변에서 2를 뺀다.
$5x=10$
$\frac{5x}{5}=\frac{10}{5}$ ← 양변을 5로 나눈다.
$\therefore x=2$

답 (1) $x=3$ (2) $x=-16$ (3) $x=-4$ (4) $x=-20$ (5) $x=5$ (6) $x=2$

481

답 (1) $2x=5+3$ (2) $3x=2-5$ (3) $-5x+x=10$ (4) $5x-2x=6-3$

482

(1) $2x+3=7$ ⇨ $2x-4=0$ (일차방정식)

(2) $3x=x-5$ ⇨ $2x+5=0$ (일차방정식)

(3) $x^2-1=x+1$ ⇨ $x^2-x-2=0$ (일차방정식이 아니다.)

(4) $3x+3=3x-1$ ⇨ $0\times x+4=0$ (방정식이 아니다.)

(5) $x^2-4x-7=-x^2$ ⇨ $2x^2-4x-7=0$ (일차방정식이 아니다.)

(6) $4x-10=2x+9$ ⇨ $2x-19=0$ (일차방정식)

답 (1) ○ (2) ○ (3) × (4) × (5) × (6) ○

483

(1) $2x-9=5$
$2x=5+9$ ← -9를 이항한다.
$2x=14$
$\therefore x=7$ ← 양변을 2로 나눈다.

(2) $3x+14=5x$
$3x-5x=-14$ ← +14, $5x$를 이항한다.
$-2x=-14$
$\therefore x=7$ ← 양변을 -2로 나눈다.

답 (1) 14, 7 (2) -2, 7

484

(1) $2x+5=17$에서 $2x=17-5$
$2x=12$ $\quad\therefore x=6$
(2) $3-4x=5x$에서 $-4x-5x=-3$
$-9x=-3$ $\quad\therefore x=\frac{1}{3}$
(3) $3x+5=-4x-9$에서 $3x+4x=-9-5$
$7x=-14$ $\quad\therefore x=-2$
(4) $7-3x=2x-28$에서 $-3x-2x=-28-7$
$-5x=-35$ $\quad\therefore x=7$

답 (1) $x=6$ (2) $x=\frac{1}{3}$ (3) $x=-2$ (4) $x=7$

485

(1) $2(x-3)=4+x$에서 괄호를 풀면
$2x-6=4+x$, $2x-x=4+6$ $\quad\therefore x=10$
(2) $x-9=3(x-1)+4$에서 괄호를 풀면
$x-9=3x-3+4$, $x-3x=-3+4+9$
$-2x=10$ $\quad\therefore x=-5$
(3) $6(1-3x)=4(5-x)$에서 괄호를 풀면
$6-18x=20-4x$, $-18x+4x=20-6$
$-14x=14$ $\quad\therefore x=-1$
(4) $2(x+3)=5-(1+2x)$에서 괄호를 풀면
$2x+6=5-1-2x$, $2x+2x=5-1-6$
$4x=-2$ $\quad\therefore x=-\frac{1}{2}$

답 (1) $x=10$ (2) $x=-5$ (3) $x=-1$ (4) $x=-\frac{1}{2}$

486

(1) $0.4x-0.5=1.3$의 양변에 10을 곱하면
$4x-5=13$, $4x=13+5$, $4x=18$ $\quad\therefore x=\frac{9}{2}$
(2) $0.2x-0.1=0.25x$의 양변에 100을 곱하면
$20x-10=25x$, $20x-25x=10$
$-5x=10$ $\quad\therefore x=-2$
(3) $2.4x-0.24=-0.08x-5.2$의 양변에 100을 곱하면
$240x-24=-8x-520$, $240x+8x=-520+24$
$248x=-496$ $\quad\therefore x=-2$
(4) $3.2x-0.6=3(x-0.4)$에서
괄호를 풀면 $3.2x-0.6=3x-1.2$
양변에 10을 곱하면 $32x-6=30x-12$
$32x-30x=-12+6$, $2x=-6$ $\quad\therefore x=-3$

답 (1) $x=\frac{9}{2}$ (2) $x=-2$ (3) $x=-2$ (4) $x=-3$

> 다른 풀이 (4) 양변에 10을 먼저 곱한 후에 괄호를 풀어도 된다.
> $32x-6=30(x-0.4)$, $32x-6=30x-12$
> $2x=-6$ $\quad\therefore x=-3$

487

(1) $\frac{1}{2}x+3=\frac{5}{3}$의 양변에 6을 곱하면
$3x+18=10$, $3x=10-18$, $3x=-8$ $\quad\therefore x=-\frac{8}{3}$
(2) $\frac{3x-1}{2}=1$의 양변에 2를 곱하면
$3x-1=2$, $3x=2+1$, $3x=3$ $\quad\therefore x=1$
(3) $\frac{1}{2}-\frac{2x+4}{3}=x$의 양변에 6을 곱하면
$3-2(2x+4)=6x$, $3-4x-8=6x$
$-4x-6x=-3+8$, $-10x=5$ $\quad\therefore x=-\frac{1}{2}$
(4) $\frac{4-x}{6}=\frac{2x+5}{3}$의 양변에 6을 곱하면
$4-x=2(2x+5)$, $4-x=4x+10$
$-x-4x=10-4$, $-5x=6$ $\quad\therefore x=-\frac{6}{5}$

답 (1) $x=-\frac{8}{3}$ (2) $x=1$ (3) $x=-\frac{1}{2}$ (4) $x=-\frac{6}{5}$

488

(1) $(x+1):5=2:1$에서 $x+1=5\times 2$
$x+1=10$ $\quad\therefore x=9$
(2) $(x-5):(x+4)=5:8$에서
$8(x-5)=5(x+4)$, $8x-40=5x+20$
$3x=60$ $\quad\therefore x=20$

답 (1) 9 (2) 20

필수유형 다지기 ········· 90~99쪽

489

①, ③ 등호가 없으므로 등식이 아니다.
④, ⑤ 부등호가 있으므로 등식이 아니다.
따라서 등식인 것은 ②이다.

답 ②

490

② 부등호가 있으므로 등식이 아니다.

답 ②

491

ㄱ, ㄴ. 부등호가 있으므로 등식이 아니다.

ㅁ. 등호가 없으므로 등식이 아니다.

따라서 등식인 것은 ③ ㄷ, ㄹ이다. 답 ③

492

ㄱ, ㄹ. 등호가 없으므로 등식이 아니다.

ㄴ. 부등호가 있으므로 등식이 아니다.

따라서 등식인 것은 ㄷ, ㅁ, ㅂ의 3개이다. 답 ③

493

① $3x<10$ ② $5x+7$ ③ $2(x+4)$

④ $2x-5=9$ ⑤ $3x+5x$

따라서 등식으로 나타낼 수 있는 것은 ④이다. 답 ④

494

(1) 어떤 수 x를 7배한 수보다 2만큼 큰 수는 $7x+2$이므로

$7x+2=3x$

(2) x명의 학생들에게 사과를 4개씩 주면 3개가 남으므로 사과의 개수는 $(4x+3)$개, 6개씩 주면 1개가 부족하므로 $(6x-1)$개이다.

$\therefore 4x+3=6x-1$

답 (1) $7x+2=3x$ (2) $4x+3=6x-1$

495

④ $50-6x=-2$ 답 ④

496

① $x=3$일 때만 참이므로 방정식이다.

② $x=0$일 때만 참이므로 방정식이다.

③ $x=0$일 때만 참이므로 방정식이다.

④ x의 값에 관계없이 항상 거짓이다.

⑤ (좌변)$=2(x-3)=2x-6$

즉, (좌변)=(우변)이므로 x의 값에 관계없이 항상 참이다.

따라서 항등식인 것은 ⑤이다. 답 ⑤

497

①, ②, ⑤는 등식이 아니므로 방정식이 아니다.

③ $x=1$일 때만 참이므로 방정식이다.

④ 항상 참인 등식인 항등식이다.

따라서 방정식인 것은 ③이다. 답 ③

498

ㄱ. $x=1$일 때만 참이다.

ㄴ. (좌변)$=3(x+2)=3x+6$

즉, (좌변)=(우변)이므로 x의 값에 관계없이 항상 참이다.

ㄷ. $x=\frac{5}{4}$일 때만 참이다.

ㄹ. 등식이 아니다.

ㅁ. (우변)$=(4x-3)+(5x+6)=9x+3$

즉, (좌변)=(우변)이므로 x의 값에 관계없이 항상 참이다.

따라서 x가 어떤 값을 갖더라도 항상 참이 되는 등식은 ㄴ, ㅁ의 2개이다. 답 ②

499

주어진 방정식에 $x=-1$을 대입하면

① $2\times(-1)-7=-1-8$ ② $1-(-1)\neq-1-1$

③ $2\times(-1-3)\neq-1-5$ ④ $4\times(-1)\neq-1+3$

⑤ $3\times(-1)+1\neq-1+1$

따라서 해가 $x=-1$인 것은 ①이다. 답 ①

500

주어진 방정식에 $x=3$을 대입하면

① $3\times3=3+6$ ② $3-2\neq5-2\times3$

③ $2\times(3-1)=3\times3-5$ ④ $2\times3-11=-5$

⑤ $3\times3+2=3+8$

따라서 해가 $x=3$이 아닌 것은 ②이다. 답 ②

501

① $x=2$를 대입하면 $-2+5\neq7$

② $x=-2$를 대입하면 $-2+3\neq-5$

③ $x=-8$을 대입하면 $2\times(-8)-16\neq0$

④ $x=-7$을 대입하면 $3\times(-7)-6\neq15$

⑤ $x=-6$을 대입하면 $\frac{-6}{6}+1=0$

따라서 [ ] 안의 수가 방정식의 해가 되는 것은 ⑤이다. 답 ⑤

502

절댓값이 2인 수는 2, -2이므로 $x=2$ 또는 $x=-2$

(i) 주어진 방정식에 $x=2$를 대입하면

$2(-2+5)+3\times2\neq8$

(ii) 주어진 방정식에 $x=-2$를 대입하면

$2\times(2+5)+3\times(-2)=8$

(i), (ii)에서 주어진 방정식의 해는 $x=-2$이다. 답 $x=-2$

503

(좌변)$=-2(x-4)=-2x+8$이므로

$-2x+8=8+kx$

이 등식이 x에 대한 항등식이므로 $k=-2$ 답 ③

504
$-ax+6=3(x+2)$에서 $-ax+6=3x+6$ $\quad\therefore a=-3$
$bx+5x-12=4(x-3)$에서 $(b+5)x-12=4x-12$이므로
$b+5=4$ $\quad\therefore b=-1$
$\therefore a+b=(-3)+(-1)=-4$ 답 ②

505
$3x+2b=ax-8$이 x에 대한 항등식이므로
$3=a$, $2b=-8$에서 $a=3$, $b=-4$
$\therefore a-b=3-(-4)=7$ 답 ②

506
$-3(x-2)=x+\square$가 항등식이므로 (좌변)=(우변)이어야 한다.
$\therefore \square=-3(x-2)-x$
$=-3x+6-x$
$=-4x+6$ 답 ④

507
$2x+b=ax-5+4x$에서 $2x+b=(a+4)x-5$
이 등식이 x에 대한 항등식이므로
$2=a+4$에서 $a=-2$, $b=-5$
$\therefore ab=(-2)\times(-5)=10$ 답 ⑤

508
(좌변)$=5(x-1)=5x-5$
(우변)$=-x+ax-b=(a-1)x-b$
$5x-5=(a-1)x-b$가 x에 대한 항등식이므로
$5=a-1$, $-5=-b$에서 $a=6$, $b=5$
$\therefore 2a-b=2\times6-5=7$ 답 ②

509
(우변)$=3(x+2b)+2x$
$=3x+6b+2x=5x+6b$ ——— ❶
$(a-2)x+12=5x+6b$가 x에 대한 항등식이므로
$a-2=5$, $12=6b$에서 $a=7$, $b=2$ ——— ❷
$\therefore a+b=7+2=9$ ——— ❸
답 9

단계	채점 기준	배점
❶	우변 정리하기	30 %
❷	a, b의 값 각각 구하기	각 25 %
❸	$a+b$의 값 구하기	20 %

510
③ $\frac{a}{4}=\frac{b}{3}$의 양변에 12를 곱하면 $3a=4b$ 답 ③

511
⑤ $10a=5b$의 양변을 10으로 나누면 $a=\frac{b}{2}$
양변에 4를 더하면 $a+4=\frac{b}{2}+4$
$\therefore a+4=\frac{b+8}{2}$ 답 ⑤

512
ㄴ. $a=2$, $b=3$, $x=0$이면 $2\times0=3\times0$이지만 $2\neq3$
ㅁ. $\frac{1}{2}x=-3y$의 양변에 2를 곱하면 $x=-6y$
따라서 옳은 것은 ㄱ, ㄷ, ㄹ의 3개이다. 답 3
> 참고 '$a=b$이면 $\frac{a}{c}=\frac{b}{c}$ 이다.'는 거짓이다. 왜냐하면 분모는 0이 아니므로 반드시 $c\neq0$이라는 조건이 필요하기 때문이다.

513
$5x-3=7 \xrightarrow[\text{ㄱ}]{(\text{양변})+3} 5x=10 \xrightarrow[\text{ㄹ}]{(\text{양변})\div5} x=2$ 답 ②

514
$2x+5=11$의 양변에서 5를 빼면 ㉠
$2x+5-5=11-5$, $2x=6$
양변을 2로 나누면 $x=3$
따라서 ㉠의 과정에서 $c=5$ 답 ④

515
(가) 양변에 12를 곱한다. ⇨ ㄷ
(나) 양변에 12를 더한다. ⇨ ㄱ
(다) 양변을 9로 나눈다. ⇨ ㄹ 답 ㄷ, ㄱ, ㄹ

516
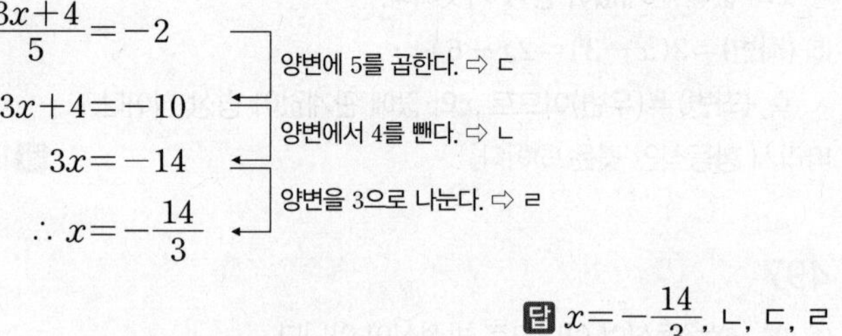
$\frac{3x+4}{5}=-2$
양변에 5를 곱한다. ⇨ ㄷ
$3x+4=-10$
양변에서 4를 뺀다. ⇨ ㄴ
$3x=-14$
양변을 3으로 나눈다. ⇨ ㄹ
$\therefore x=-\frac{14}{3}$

답 $x=-\frac{14}{3}$, ㄴ, ㄷ, ㄹ

517
$-\frac{x}{3}+4=x$의 양변에 -3을 곱하면
$\left(-\frac{x}{3}+4\right)\times(-3)=x\times(-3)$, $x-12=-3x$
양변에 $3x$를 더하면 $x-12+3x=-3x+3x$이므로 $4x-12=0$
양변에 12를 더하면 $4x-12+12=12$이므로 $4x=12$
$\therefore a=12$ 답 ③

518

① $\underline{x-3}=5 \Rightarrow x=5\underline{+3}$

② $5x=7\underline{-2x} \Rightarrow 5x\underline{+2x}=7$

③ $\underline{-2x}=10 \Rightarrow 0=10+2x$

이항은 항을 옮기는 것이므로 계수 -2만 옮길 수 없다.

⑤ $-x\underline{+5}=\underline{3x}-3 \Rightarrow -x\underline{-3x}=-3\underline{-5}$

따라서 바르게 이항한 것은 ④이다. 답 ④

519

$4x+3=19$에서 3을 우변으로 이항하면 $4x=19-3$이므로 양변에 -3을 더하거나 양변에서 3을 뺀 것과 같다.

따라서 좌변의 3을 이항한 것과 결과가 같은 것은 ①, ⑤이다.

답 ①, ⑤

520

$2x+9=5-3x$에서 우변의 5, $-3x$를 좌변으로 이항하면

$2x+9-5+3x=0$이므로 $5x+4=0$ ❶

따라서 $a=5$, $b=4$이므로 ❷

$a+b=5+4=9$ ❸

답 9

단계	채점 기준	배점
❶	이항만을 이용하여 $ax+b=0$의 꼴로 나타내기	50 %
❷	a, b의 값 각각 구하기	각 15 %
❸	$a+b$의 값 구하기	20 %

521

① $x=0$이므로 일차방정식이다.

② 등식이 아니므로 방정식이 될 수 없다.

③ $0\times x=0$이므로 일차방정식이 아니다.

④ $0\times x+5=0$이므로 일차방정식이 아니다.

⑤ $x^2+x+1=0$이므로 일차방정식이 아니다.

따라서 일차방정식인 것은 ①이다. 답 ①

› 참고 ③ $x+7=7+x$는 항등식이다.

522

① $2x=0$은 일차방정식이다.

② $3x+1=x-5$에서 $2x+6=0$이므로 일차방정식이다.

③ $x^2-4x=x^2+6$에서 $-4x-6=0$이므로 일차방정식이다.

④ $x-9=x-9$이므로 항등식이다.

⑤ $8x+5=4-8x$에서 $16x+1=0$이므로 일차방정식이다.

따라서 일차방정식이 아닌 것은 ④이다. 답 ④

523

① $\dfrac{x+25}{2}=35$, $x+25=70$이므로 $x-45=0$ (일차방정식)

② $x^2=16$이므로 $x^2-16=0$ (일차방정식이 아니다.)

③ $3x=4x-x$이므로 $0\times x=0$ (일차방정식이 아니다.)

④ $10000-5x=6500$이므로 $-5x+3500=0$ (일차방정식)

⑤ $3x=9$이므로 $3x-9=0$ (일차방정식)

따라서 일차방정식이 아닌 것은 ②, ③이다. 답 ②, ③

› 참고 ③ $3x=4x-x$는 항등식이다.

524

ㄱ. 등식이 아니므로 방정식이 될 수 없다.

ㄴ. $3x+4x=7x \Rightarrow 0\times x=0$ (일차방정식이 아니다.)

ㄷ. $2x+3=3x+2 \Rightarrow -x+1=0$ (일차방정식)

ㄹ. $x(x-1)=x^2+5 \Rightarrow -x-5=0$ (일차방정식)

ㅁ. $-x^2+x=2+x^2 \Rightarrow -2x^2+x-2=0$ (일차방정식이 아니다.)

따라서 일차방정식은 ㄷ, ㄹ의 2개이다. 답 ②

525

$3x+b=ax-2$에서 $3x-ax+b+2=0$

$(3-a)x+(b+2)=0$

이 방정식이 x에 대한 일차방정식이려면 x의 계수가 0이 아니어야 하므로

$3-a\neq0 \quad \therefore a\neq3$

따라서 일차방정식이 되기 위한 조건은 ②이다. 답 ②

› 참고 b는 어떤 값을 가져도 상관없다.

526

$4x^2+2x+a=ax^2-x-5$에서

$(4-a)x^2+3x+a+5=0$

이 방정식이 x에 대한 일차방정식이려면 x^2의 계수가 0이어야 하므로

$4-a=0 \quad \therefore a=4$ 답 4

527

$a(x+1)=-2x+5$를 정리하면

$ax+a=-2x+5$, $(a+2)x+a-5=0$

이 방정식이 x에 대한 일차방정식이려면 x의 계수가 0이 아니어야 하므로

$a+2\neq0 \quad \therefore a\neq-2$

따라서 a의 값이 될 수 없는 것은 ①이다. 답 ①

528

① $x+5=4$에서 $x=4-5 \quad \therefore x=-1$

② $2x+10=x+11$에서 $2x-x=11-10 \quad \therefore x=1$

③ $9x=4x+5$에서 $9x-4x=5$, $5x=5 \quad \therefore x=1$

④ $-4x+7=4-x$에서 $-4x+x=4-7$

$-3x=-3 \quad \therefore x=1$

⑤ $3x-7=x-5$에서 $3x-x=-5+7$

$2x=2 \quad \therefore x=1$

따라서 해가 나머지 넷과 다른 하나는 ①이다. 답 ①

529

① $5x-1=3x+9$에서 $2x=10$ $\quad\therefore x=5$

② $3+x=-2x+9$에서 $3x=6$ $\quad\therefore x=2$

③ $3x+4=10+x$에서 $2x=6$ $\quad\therefore x=3$

④ $4x+6=x+3$에서 $3x=-3$ $\quad\therefore x=-1$

⑤ $2x-5=5x+13$에서 $-3x=18$ $\quad\therefore x=-6$

따라서 해의 절댓값이 가장 큰 것은 ⑤이다. 답 ⑤

530

$2x+7=-5x-7$에서 $7x=-14$ $\quad\therefore x=-2$

따라서 $a=-2$이므로

$a^2+a=(-2)^2+(-2)=4-2=2$ 답 ②

531

$3(2x+5)+4=5-x$에서 괄호를 풀면

$6x+15+4=5-x$, $7x=-14$

$\therefore x=-2$ 답 ②

532

ㄱ. $10x-14=5x+1$, $5x=15$ $\quad\therefore x=3$

ㄴ. $4x=2x+2-5$, $2x=-3$ $\quad\therefore x=-\frac{3}{2}$

ㄷ. $3+2x+4=4+x$ $\quad\therefore x=-3$

ㄹ. $2x-10=4x-7$, $-2x=3$ $\quad\therefore x=-\frac{3}{2}$

따라서 해가 같은 일차방정식은 ㄴ과 ㄹ이다. 답 ⑤

533

$2x-[x+3\{4x-(5x-1)\}]=5x+2$에서

$2x-\{x+3(4x-5x+1)\}=5x+2$

$2x-\{x+3(-x+1)\}=5x+2$

$2x-(x-3x+3)=5x+2$

$2x-(-2x+3)=5x+2$

$2x+2x-3=5x+2$

$-x=5$

$\therefore x=-5$ 답 $x=-5$

534

$\frac{3x-2}{5}=\frac{x-4}{3}+2$의 양변에 15를 곱하면

$3(3x-2)=5(x-4)+30$, $9x-6=5x-20+30$

$4x=16$

$\therefore x=4$ 답 ④

535

$0.05x=0.1(2.5x-4)$의 괄호를 풀면

$0.05x=0.25x-0.4$

양변에 100을 곱하면 $5x=25x-40$

$-20x=-40$

$\therefore x=2$ 답 ④

536

$\frac{3}{2}x-\frac{1}{4}=\frac{2}{3}x+1$의 양변에 12를 곱하면

$18x-3=8x+12$

이항하여 정리하면 $10x=\boxed{15}$

$\therefore x=\frac{15}{10}=\boxed{\frac{3}{2}}$ 답 15, $\frac{3}{2}$

537

$\frac{x+3}{2}-\frac{3x-1}{4}=1$의 양변에 4를 곱하면

$2(x+3)-(3x-1)=4$, $2x+6-3x+1=4$

$-x=-3$ $\quad\therefore x=3$

따라서 $a=3$이므로

$a^2-4a=3^2-4\times3=9-12=-3$ 답 -3

538

$\frac{2x+1}{5}=0.4(4x-3)$에서 $\frac{2x+1}{5}=\frac{2}{5}(4x-3)$

양변에 5를 곱하면 $2x+1=2(4x-3)$

$2x+1=8x-6$, $-6x=-7$ $\quad\therefore x=\frac{7}{6}$ 답 $x=\frac{7}{6}$

539

① 양변에 10을 곱하면 $10x-8=12x+40$

$-2x=48$ $\quad\therefore x=-24$

② 양변에 10을 곱하면 $2(x+3)=3x-10$

$2x+6=3x-10$, $-x=-16$ $\quad\therefore x=16$

③ 양변에 4를 곱하면 $5x+40=2(x-7)$

$5x+40=2x-14$, $3x=-54$ $\quad\therefore x=-18$

④ 양변에 6을 곱하면 $3x+42=2x-5$ $\quad\therefore x=-47$

⑤ 양변에 10을 곱하면 $2x-5(x-3)=3$

$2x-5x+15=3$, $-3x=-12$ $\quad\therefore x=4$

따라서 해가 가장 작은 것은 ④이다. 답 ④

540

$0.2(x-3)=\frac{1}{2}(x+3)$에서 $\frac{1}{5}(x-3)=\frac{1}{2}(x+3)$

양변에 10을 곱하면 $2(x-3)=5(x+3)$

$2x-6=5x+15$, $-3x=21$

$\therefore x=-7$ $\quad\therefore a=-7$ ——— ❶

$\frac{2x-1}{3}=0.5x+3$에서 $\frac{2x-1}{3}=\frac{1}{2}x+3$

양변에 6을 곱하면 $2(2x-1)=3x+18$

$4x-2=3x+18$ $\quad \therefore x=20$ $\quad \therefore b=20$ ❷
$\therefore a^2+b^2=(-7)^2+20^2=49+400=449$ ❸

답 449

단계	채점 기준	배점
❶	a의 값 구하기	40 %
❷	b의 값 구하기	40 %
❸	a^2+b^2의 값 구하기	20 %

541

$(x+1):3=(2x-3):4$에서 $4(x+1)=3(2x-3)$
$4x+4=6x-9$, $-2x=-13$ $\quad \therefore x=\frac{13}{2}$ 답 ⑤

542

$(x-4):(3x-2)=3:4$에서 $4(x-4)=3(3x-2)$
$4x-16=9x-6$, $-5x=10$ $\quad \therefore x=-2$
$x=-2$를 해로 갖는 것은 ④이다. 답 ④
> 참고 주어진 방정식의 해를 각각 구하면
① $x=\frac{3}{2}$ ② $x=6$ ③ $x=3$ ④ $x=-2$ ⑤ $x=-4$

543

$\frac{x-3}{2}:5=(0.3x+1):4$에서
$2(x-3)=5(0.3x+1)$, $2x-6=1.5x+5$
양변에 10을 곱하면 $20x-60=15x+50$
$5x=110$ $\quad \therefore x=22$ 답 ⑤

544

$x=8$을 $3x+a=\frac{1}{2}x+5a$에 대입하면
$24+a=4+5a$, $-4a=-20$ $\quad \therefore a=5$ 답 ⑤

545

$x=-5$를 $ax-3=7-2x$에 대입하면
$-5a-3=7+10$, $-5a=20$ $\quad \therefore a=-4$ 답 -4

546

$x=-4$를 $\frac{x-a}{2}-\frac{x+1}{6}=1$에 대입하면
$\frac{-4-a}{2}-\frac{-4+1}{6}=1$, $\frac{-4-a}{2}=\frac{1}{2}$
$-4-a=1$, $-a=5$ $\quad \therefore a=-5$
$\therefore a^2+3a=(-5)^2+3\times(-5)=25+(-15)=10$ 답 ③

547

$x=3$을 $\frac{x+3}{6}-\frac{2x-a}{4}=2$에 대입하면
$\frac{3+3}{6}-\frac{2\times 3-a}{4}=2$, $1-\frac{6-a}{4}=2$
양변에 4를 곱하면 $4-6+a=8$, $a-2=8$ $\quad \therefore a=10$ ❶
$x=3$을 $4(2x-1)=2(x-b)$에 대입하면
$4\times(6-1)=2(3-b)$, $20=6-2b$, $2b=-14$ $\quad \therefore b=-7$ ❷
$\therefore a+b=10+(-7)=3$ ❸

답 3

단계	채점 기준	배점
❶	a의 값 구하기	40 %
❷	b의 값 구하기	40 %
❸	$a+b$의 값 구하기	20 %

548

$x+3=\frac{1}{4}x$의 양변에 4를 곱하면
$4x+12=x$, $3x=-12$ $\quad \therefore x=-4$
$x=-4$를 $a(x-2)=3a+9$에 대입하면
$a(-4-2)=3a+9$, $-6a=3a+9$
$-9a=9$ $\quad \therefore a=-1$ 답 -1

549

$0.6x-1.2=x+1.6$의 양변에 10을 곱하면
$6x-12=10x+16$, $-4x=28$ $\quad \therefore x=-7$
$x=-7$을 $a-2x=ax+10$에 대입하면
$a+14=-7a+10$, $8a=-4$
$\therefore a=-\frac{1}{2}$ 답 $-\frac{1}{2}$

550

$\frac{3}{5}x+0.3=1.1x-\frac{1}{5}$의 양변에 10을 곱하면
$6x+3=11x-2$, $-5x=-5$ $\quad \therefore x=1$
$x=1$을 $\frac{2x+a}{4}-5x=1$에 대입하면
$\frac{2+a}{4}-5=1$, $\frac{2+a}{4}=6$, $2+a=24$
$\therefore a=22$ 답 ④

551

$(x-a):2=(4+x):3$에서 $3(x-a)=2(4+x)$
$3x-3a=8+2x$ $\quad \therefore x=8+3a$ ❶
$x=8+3a$를 $\frac{2}{3}x+1=\frac{1}{2}x+\frac{a}{6}$에 대입하면
$\frac{2}{3}(8+3a)+1=\frac{1}{2}(8+3a)+\frac{a}{6}$ ❷

양변에 6을 곱하면 $4(8+3a)+6=3(8+3a)+a$

$32+12a+6=24+9a+a$

$2a=-14 \quad \therefore a=-7$ ❸

답 -7

단계	채점 기준	배점
❶	비례식을 만족하는 x의 값 구하기	40 %
❷	x의 값을 일차방정식에 대입하기	20 %
❸	a의 값 구하기	40 %

› 다른 풀이 $(x-a):2=(4+x):3$에서

$x=8+3a$ …… ㉠

일차방정식 $\frac{2}{3}x+1=\frac{1}{2}x+\frac{a}{6}$의 양변에 6을 곱하면

$4x+6=3x+a \quad \therefore x=a-6$ …… ㉡

㉠, ㉡에서 x의 값이 서로 같으므로

$8+3a=a-6,\ 2a=-14 \quad \therefore a=-7$

552

$2(x-4)=1-a$에서 $2x-8=1-a,\ 2x=9-a$

$\therefore x=\frac{9-a}{2}$

자연수 a에 대하여 $\frac{9-a}{2}$가 자연수가 되려면 $9-a$가 9보다 작은 2의 배수이어야 하므로 $9-a=2,\ 9-a=4,\ 9-a=6,\ 9-a=8$이다.

따라서 구하는 자연수 a는 1, 3, 5, 7의 4개이다. 답 ④

553

$x-2(x+a)=4x-9$에서 $x-2x-2a=4x-9$

$-5x=2a-9$

$\therefore x=\frac{9-2a}{5}$

자연수 a에 대하여 $\frac{9-2a}{5}$가 자연수가 되려면 $9-2a$가 9보다 작은 5의 배수이어야 한다.

즉, $9-2a=5$이므로 $-2a=-4 \quad \therefore a=2$

이때 주어진 일차방정식의 해는

$x=\frac{5}{5}=1$ 답 $a=2,\ x=1$

554

$-\frac{1}{6}(x+5a)+x=-5$의 양변에 6을 곱하면

$-(x+5a)+6x=-30,\ 5x=5a-30$

$\therefore x=a-6$

자연수 a에 대하여 $a-6$이 음의 정수가 되려면 구하는 자연수 a는 6보다 작은 자연수 1, 2, 3, 4, 5이므로 그 합은

$1+2+3+4+5=15$ 답 15

555

$5(7-2x)=a$에서 $35-10x=a$

$-10x=a-35$

$\therefore x=\frac{35-a}{10}$

자연수 a에 대하여 $\frac{35-a}{10}$가 양의 정수가 되려면 $35-a$가 35보다 작은 10의 배수이어야 한다.

(i) $35-a=10$일 때, $a=25$

(ii) $35-a=20$일 때, $a=15$

(iii) $35-a=30$일 때, $a=5$

(i), (ii), (iii)에서 구하는 자연수 a는 5, 15, 25이므로 그 합은

$5+15+25=45$ 답 45

만점에 도전하기 100~101쪽

556

$ax^2+\frac{x+1}{3}=0.5(x^2-bx+3)$의 양변에 6을 곱하면

$6ax^2+2(x+1)=3(x^2-bx+3)$

$(6a-3)x^2+(2+3b)x-7=0$

이 식이 일차방정식이 되기 위한 조건은

$6a-3=0,\ 2+3b\neq 0$

$\therefore a=\frac{1}{2},\ b\neq -\frac{2}{3}$ 답 ④

557

그림을 식으로 나타내면

$x \overset{+5}{\Rightarrow} x+5 \overset{\times 2}{\Rightarrow} 2(x+5) \overset{\div 3}{\Rightarrow} \frac{2(x+5)}{3} \overset{-7}{\Rightarrow} \frac{2(x+5)}{3}-7$

따라서 방정식은 $\frac{2(x+5)}{3}-7=5$ ❶

$\frac{2(x+5)}{3}=12,\ 2(x+5)=36$

$x+5=18 \quad \therefore x=13$ ❷

답 13

단계	채점 기준	배점
❶	방정식 세우기	50 %
❷	x의 값 구하기	50 %

558

㉠ $5x-1=7+x$에서 $4x=8 \quad \therefore x=2$

㉡ $\frac{14x+1}{3}=5$에서 $14x+1=15,\ 14x=14 \quad \therefore x=1$

㉢ $(4x-2):(x+1)=2:1$에서 $4x-2=2(x+1)$

$4x-2=2x+2,\ 2x=4 \quad \therefore x=2$

㉣ $0.1(x+1)=0.5x-2.3$에서

$x+1=5x-23$, $-4x=-24$ $\therefore x=6$

따라서 자물쇠의 비밀번호는 2126이다. 답 2126

559

$(3-a)x-1=2x-a$가 x에 대한 항등식이므로

$3-a=2$, $-1=-a$ $\therefore a=1$

$a=1$을 $2x-\frac{x-a}{3}=a-4$에 대입하면

$2x-\frac{x-1}{3}=1-4$, $2x-\frac{x-1}{3}=-3$

양변에 3을 곱하면 $6x-x+1=-9$

$5x=-10$ $\therefore x=-2$ 답 ②

560

(가)에서 $3x-4+2x=6$, $5x=10$ $\therefore x=2$ ❶

(나)에 $x=2$를 대입하면

$0.2(2a-3)-0.3(2+a)=1.6$

양변에 10을 곱하면 $2(2a-3)-3(2+a)=16$

$4a-6-6-3a=16$ $\therefore a=28$ ❷

(다)에 $x=2$를 대입하면

$\frac{2-b}{6}-1=b+1$

양변에 6을 곱하면 $2-b-6=6b+6$

$-7b=10$ $\therefore b=-\frac{10}{7}$ ❸

$\therefore ab=28\times\left(-\frac{10}{7}\right)=-40$ ❹

답 -40

단계	채점 기준	배점
❶	(가)의 해 구하기	30 %
❷	a의 값 구하기	30 %
❸	b의 값 구하기	30 %
❹	ab의 값 구하기	10 %

561

㉠에서 $6x=\frac{3}{2}$ $\therefore x=\frac{1}{4}$

㉡의 해는 ㉠의 해의 4배이므로 $x=\frac{1}{4}\times 4=1$

$x=1$을 ㉡에 대입하면 $a+3b=2$

$\therefore 2a+6b=2(a+3b)=2\times 2=4$ 답 4

562

$4x-3=2x-1$에서 우변의 x의 계수 2를 a로 잘못 보았다고 하면

$4x-3=ax-1$

위의 식에 $x=-2$를 대입하면 등식이 성립해야 하므로

$-8-3=-2a-1$, $2a=10$

$\therefore a=5$ 답 5

563

$x*5=5x-(x-5)=4x+5$

$(x+1)*2=2(x+1)-(x+1-2)=x+3$

$x*5-\{(x+1)*2\}=10$이므로

$4x+5-(x+3)=10$, $4x+5-x-3=10$

$3x=8$ $\therefore x=\frac{8}{3}$ 답 $\frac{8}{3}$

564

$0.3-0.2x=0.2(x-1)+0.1$의 양변에 10을 곱하면

$3-2x=2(x-1)+1$, $3-2x=2x-2+1$

$-4x=-4$ $\therefore x=1$

즉, 일차방정식 $12x-\frac{3}{5}=6x-2a$의 해는 $x=1$ 또는 $x=-1$이다.

(i) 해가 $x=1$일 때

$12-\frac{3}{5}=6-2a$, $60-3=30-10a$

$10a=-27$ $\therefore a=-\frac{27}{10}$

(ii) 해가 $x=-1$일 때

$-12-\frac{3}{5}=-6-2a$, $-60-3=-30-10a$

$10a=33$ $\therefore a=\frac{33}{10}$

따라서 모든 a의 값의 합은

$-\frac{27}{10}+\frac{33}{10}=\frac{6}{10}=\frac{3}{5}$ 답 $\frac{3}{5}$

565

$\frac{x-1}{4}-\frac{a-3}{2}=1$에서 $x-1-2(a-3)=4$

$x-1-2a+6=4$ $\therefore x=2a-1$

$\frac{x+1-2a}{3}=\frac{a-4}{6}$에서 $2(x+1-2a)=a-4$

$2x+2-4a=a-4$, $2x=5a-6$ $\therefore x=\frac{5a-6}{2}$

두 일차방정식의 해의 비가 2 : 3이므로

$(2a-1):\frac{5a-6}{2}=2:3$, $3(2a-1)=5a-6$

$6a-3=5a-6$ $\therefore a=-3$ 답 ③

566

$2x-\frac{3x-a}{2}=4x-1$에서 $4x-(3x-a)=2(4x-1)$

$x+a=8x-2$, $-7x=-a-2$ $\therefore x=\frac{a+2}{7}$

$\frac{a+2}{7}$가 2의 배수가 되려면 $a+2$가 14의 배수이어야 한다.

이때 a는 가장 작은 자연수이므로

$a+2=14$ $\therefore a=12$ 답 ④

567

$4(6-x)-a=-3$에서 $24-4x-a=-3$

$-4x=-27+a \quad \therefore x=\frac{27-a}{4}$

해가 6의 약수, 즉 1, 2, 3, 6이므로

(i) $\frac{27-a}{4}=1$일 때

$27-a=4,\ -a=-23 \quad \therefore a=23$

(ii) $\frac{27-a}{4}=2$일 때

$27-a=8,\ -a=-19 \quad \therefore a=19$

(iii) $\frac{27-a}{4}=3$일 때

$27-a=12,\ -a=-15 \quad \therefore a=15$

(iv) $\frac{27-a}{4}=6$일 때

$27-a=24,\ -a=-3 \quad \therefore a=3$

따라서 a의 값이 될 수 없는 것은 ②이다. 답 ②

568

$\frac{a}{2}=\frac{b}{3}=\frac{c}{6}$에서 $a=\frac{2}{3}b,\ c=2b$이므로

$2a+b-c=\frac{4}{3}b+b-2b=\frac{1}{3}b$

$a-b+c=\frac{2}{3}b-b+2b=\frac{5}{3}b$

따라서 주어진 일차방정식은 $\frac{1}{3}bx-\frac{5}{3}b=0,\ \frac{1}{3}bx=\frac{5}{3}b$

이때 $b\neq0$이므로 $x=5$ 답 ⑤

569

$2a+b=a+3b$에서 $a=2b$이므로

$\frac{2a-b}{a+b}=\frac{4b-b}{2b+b}=\frac{3b}{3b}=1$

따라서 $x=1$이 방정식 $\frac{7-m}{2}-x=\frac{2+mx}{5}$의 해이므로

$\frac{7-m}{2}-1=\frac{2+m}{5},\ 5(7-m)-10=2(2+m)$

$35-5m-10=4+2m$

$-7m=-21 \quad \therefore m=3$ 답 ③

570

$|x|=\begin{cases}-x & (x<0)\\ x & (x\geq0)\end{cases}$ 이므로 $2x+3|x|=5$에서

(i) $x<0$일 때, $2x-3x=5,\ -x=5 \quad \therefore x=-5$

(ii) $x\geq0$일 때, $2x+3x=5,\ 5x=5 \quad \therefore x=1$

따라서 주어진 방정식의 해는

$x=-5$ 또는 $x=1$ 답 $x=-5$ 또는 $x=1$

3 일차방정식의 활용

개념 확인하기 103쪽

571

(1) A가 B보다 10 cm 더 길므로 A의 길이는

$(x+10)$ cm

(2) A와 B의 길이의 합이 1 m=100 cm이므로

$(x+10)+x=100$

(3) $(x+10)+x=100,\ 2x=90 \quad \therefore x=45$

(4) A의 길이: $45+10=55$(cm)

B의 길이: 45 cm

답 (1) $(x+10)$ cm (2) $(x+10)+x=100$ (3) $x=45$
(4) A의 길이: 55 cm, B의 길이: 45 cm

572

(1) 다른 수는 작은 수보다 1만큼 크므로

$x+1$

(2) 두 자연수의 합이 31이므로

$x+(x+1)=31$

(3) $x+(x+1)=31,\ 2x=30 \quad \therefore x=15$

(4) 작은 수: 15, 다른 수: $15+1=16$

답 (1) $x+1$ (2) $x+(x+1)=31$ (3) $x=15$ (4) 15, 16

573

(1) $10\times x+7=10x+7$

(2) $10x+7=3\times$(각 자리 숫자의 합)이므로

$10x+7=3(x+7)$

(3) $10x+7=3(x+7),\ 10x+7=3x+21$

$7x=14 \quad \therefore x=2$

(4) 십의 자리의 숫자는 2, 일의 자리의 숫자는 7이므로 구하는 자연수는 27이다.

답 (1) $10x+7$ (2) $10x+7=3(x+7)$ (3) $x=2$ (4) 27

574

(1) (올 때 달린 거리)=(갈 때 달린 거리)=x km

(올 때 걸린 시간)$=\frac{\text{(올 때 달린 거리)}}{\text{(올 때의 속력)}}=\frac{x}{60}$(시간)

(2) (갈 때 걸린 시간)+(올 때 걸린 시간)=1(시간)이므로

$\frac{x}{40}+\frac{x}{60}=1$

(3) 양변에 120을 곱하면 $3x+2x=120$

$5x=120 \quad \therefore x=24$

(4) 두 지점 A, B 사이의 거리는 24 km이다.

답 (1) x km, $\frac{x}{60}$시간 (2) $\frac{x}{40}+\frac{x}{60}=1$ (3) $x=24$ (4) 24 km

575

(1) 물 x g을 넣은 후 소금물의 양은 $(300+x)$ g이고, 이 소금물의 농도가 5 %이므로 소금의 양은

$(300+x)\times\frac{5}{100}$(g)

(2) 물을 넣어도 소금의 양은 변하지 않으므로

(7 % 소금물의 소금의 양)=(5 % 소금물의 소금의 양)

$300\times\frac{7}{100}=(300+x)\times\frac{5}{100}$

(3) 양변에 100을 곱하면

$300\times7=5(300+x)$, $2100=1500+5x$

$-5x=-600$ $\quad\therefore x=120$

(4) 120 g의 물을 더 넣었다.

답 (1) $300+x$, $(300+x)\times\frac{5}{100}$

(2) $300\times\frac{7}{100}=(300+x)\times\frac{5}{100}$

(3) $x=120$ (4) 120 g

필수유형 다지기 104~113쪽

576

어떤 수를 x라고 하면 $2x+11=3x-5$

$-x=-16$ $\quad\therefore x=16$ 답 ④

577

어떤 수를 x라고 하면

(잘못 계산한 수)=(구하려고 했던 수)+29이므로

$4x=(x+4)+29$, $3x=33$ $\quad\therefore x=11$ 답 11

578

작은 자연수를 x라고 하면 큰 자연수는 $163-x$이므로

$163-x=x\times11+7$, $-12x=-156$ $\quad\therefore x=13$ 답 ③

579

가운데 수를 x라고 하면 연속한 세 자연수는 $x-1$, x, $x+1$이므로

$(x-1)+x+(x+1)=39$

$3x=39$ $\quad\therefore x=13$

따라서 가운데 수는 13이다. 답 13

580

연속한 두 정수를 x, $x+1$이라고 하면

$x+(x+1)=3x-7$, $-x=-8$ $\quad\therefore x=8$

따라서 연속한 두 정수는 8, 9이다. 답 8, 9

581

가장 작은 수를 x라고 하면 연속한 세 홀수는 x, $x+2$, $x+4$이므로

$x+(x+2)+(x+4)=117$, $3x=111$ $\quad\therefore x=37$

따라서 세 홀수 중에서 가장 작은 수는 37이다. 답 37

582

연속한 세 짝수를 $x-2$, x, $x+2$라고 하면

$3(x+2)=(x-2)+x+32$, $3x+6=2x+30$ $\quad\therefore x=24$

따라서 세 짝수는 22, 24, 26이다. 답 22, 24, 26

583

처음 수의 일의 자리의 숫자를 x라고 하면

처음 수는 $6\times10+x=60+x$

(바꾼 수)=(처음 수)−27이므로

$10x+6=(60+x)-27$, $9x=27$ $\quad\therefore x=3$

따라서 처음 수는 63이다. 답 63

584

십의 자리의 숫자를 x라고 하면

두 자리 자연수는 $10x+5$

$(10x+5)-(x+5)=63$

$10x+5-x-5=63$, $9x=63$ $\quad\therefore x=7$

따라서 구하는 자연수는 75이다. 답 75

585

처음 수의 일의 자리의 숫자를 x라고 하면

처음 수는 $3\times10+x$

(바꾼 수)$=2\times$(처음 수)+7이므로

$10x+3=2(30+x)+7$ ······ ❶

$10x+3=60+2x+7$, $8x=64$ $\quad\therefore x=8$ ······ ❷

따라서 처음 수는 38이다. ······ ❸

답 38

단계	채점 기준	배점
❶	방정식 세우기	40 %
❷	방정식 풀기	40 %
❸	처음 수 구하기	20 %

586

십의 자리의 숫자를 x라고 하면 일의 자리의 숫자는 $x+3$이므로 두 자리의 자연수는 $10x+(x+3)$이고, 이 수는 각 자리의 숫자의 합의 4배와 같으므로

$10x+(x+3)=4(x+x+3)$

$11x+3=8x+12$, $3x=9$ $\quad\therefore x=3$

따라서 구하는 자연수는 36이다. 답 36

587

x년 후에 아버지의 나이가 아들의 나이의 3배가 된다고 하면 그때의 아버지의 나이는 $(48+x)$세, 아들의 나이는 $(14+x)$세이므로

$48+x=3(14+x)$, $48+x=42+3x$, $-2x=-6$ $\therefore x=3$

따라서 아버지의 나이가 아들의 나이의 3배가 되는 것은 3년 후이다.

답 ②

588

올해 영주의 나이를 x세라고 하면 어머니의 나이는 $(63-x)$세이다.

또, 12년 후의 영주의 나이는 $(x+12)$세이고 어머니의 나이는 $(63-x+12)$세, 즉 $(75-x)$세이므로

$75-x=2(x+12)$ ❶

$75-x=2x+24$, $-3x=-51$ $\therefore x=17$ ❷

따라서 올해 영주의 나이는 17세이다. ❸

답 17세

단계	채점 기준	배점
❶	방정식 세우기	40 %
❷	방정식 풀기	40 %
❸	올해 영주의 나이 구하기	20 %

589

현재 이모의 나이를 x세라 하면 다연이의 나이는 $(x-24)$세이다.

또, 6년 후의 이모의 나이는 $(x+6)$세이고

다연이의 나이는 $(x-24+6)$세, 즉 $(x-18)$세이므로

$x+6=2(x-18)+4$, $x+6=2x-32$ $\therefore x=38$

따라서 현재 이모의 나이는 38세이다. 답 38세

590

네 자매 중에서 셋째의 나이를 x세라고 하면 가장 큰 언니의 나이는 $(x+4)$세이고, 막내의 나이는 $(x-2)$세이므로

$x+4=2(x-2)-7$, $x+4=2x-4-7$

$-x=-15$ $\therefore x=15$

따라서 셋째의 나이는 15세이다. 답 15세

591

민준이가 정현이에게 딱지를 x장 주었다고 하면

민준이의 딱지는 $(20-x)$장, 정현이의 딱지는 $(32+x)$장이므로

$3(20-x)=32+x$, $60-3x=32+x$, $-4x=-28$ $\therefore x=7$

따라서 민준이는 정현이에게 딱지를 7장 주었다. 답 7장

592

3점짜리 슛을 x골 넣었다고 하면 2점짜리 슛은 $(12-x)$골 넣었으므로

$3x+2(12-x)=28$, $3x+24-2x=28$ $\therefore x=4$

따라서 3점짜리 슛을 4골 넣었다. 답 ④

593

농장에 염소가 x마리 있다고 하면 오리는 $(14-x)$마리이므로

$4x+2(14-x)=40$, $4x+28-2x=40$

$2x=12$ $\therefore x=6$

따라서 염소는 6마리이다. 답 ①

594

카네이션 한 송이의 값을 x원이라고 하면

$8x+5000=30000-1000$

$8x=24000$ $\therefore x=3000$

따라서 카네이션 한 송이의 값은 3000원이다. 답 3000원

595

볼펜 한 자루의 가격을 x원이라 하면

슬기는 $(4000-2x)$원, 연지는 $(3000-x-400)$원이 남으므로

$4000-2x=3000-x-400$

$-x=-1400$ $\therefore x=1400$

따라서 볼펜 한 자루의 가격은 1400원이다. 답 1400원

596

구입한 사과를 x개라고 하면

	사과	배
개수	x개	$(16-x)$개
금액	$800x$원	$1500(16-x)$원

$800x+1500(16-x)=17000$

$8x+15(16-x)=170$

$8x+240-15x=170$

$-7x=-70$ $\therefore x=10$

따라서 사과는 10개, 배는 6개를 구입하였다.

답 사과: 10개, 배: 6개

597

도서 대여점의 1일 연체료를 x원이라고 하면 책 한 권의 대여료는 $(x+500)$원이고,

(책 3권의 대여료)+(책 한 권의 2일 연체료)=2500(원)이므로

$3(x+500)+2x=2500$ ❶

$3x+1500+2x=2500$, $5x=1000$

$\therefore x=200$ ❷

따라서 1일 연체료는 200원이다. ❸

답 200원

단계	채점 기준	배점
❶	방정식 세우기	40 %
❷	방정식 풀기	40 %
❸	1일 연체료 구하기	20 %

598

x개월 후에 두 사람의 예금액이 같아진다고 하면

	동주	남주
현재	40000원	20000원
x개월 후	$(40000+2000x)$원	$(20000+3000x)$원

$40000+2000x=20000+3000x$

$-1000x=-20000 \quad \therefore x=20$

따라서 20개월 후에 두 사람의 예금액이 같아진다.

답 ③

599

x개월 후에 형석이의 예금액이 준구의 예금액의 2배가 된다고 하면

	형석	준구
현재	100000원	10000원
x개월 후	$(100000+5000x)$원	$(10000+5000x)$원

$100000+5000x=2(10000+5000x)$ ❶

$100000+5000x=20000+10000x$

$-5000x=-80000 \quad \therefore x=16$ ❷

따라서 16개월 후에 형석이의 예금액이 준구의 예금액의 2배가 된다. ❸

답 16개월 후

단계	채점 기준	배점
❶	방정식 세우기	40 %
❷	방정식 풀기	40 %
❸	몇 개월 후에 예금액이 2배가 되는지 구하기	20 %

600

10개월 후에 언니의 예금액이 동생의 예금액의 2배가 되므로

	언니	동생
현재	60000원	40000원
10개월 후	$(60000+5000\times 10)$원	$(40000+10x)$원

$60000+5000\times 10=2(40000+10x)$

$110000=80000+20x$

$-20x=-30000 \quad \therefore x=1500$

답 1500

601

원가를 x원이라고 하면

(정가)$=x+0.3x=1.3x$(원)

(판매 가격)$=1.3x-1000$(원)

(이익)=(판매 가격)−(원가)$=(1.3x-1000)-x$

$=0.3x-1000$(원)

원가에 대한 10 %의 이익은 $0.1x$원이므로

$0.3x-1000=0.1x,\ 3x-10000=x,\ 2x=10000 \quad \therefore x=5000$

따라서 이 물건의 원가는 5000원이다.

답 ④

602

상품의 원가를 x원이라고 하면

(정가)$=x+0.05x=1.05x$(원)이므로

$1.05x-600=1500,\ 1.05x=2100$

$105x=210000 \quad \therefore x=2000$

따라서 상품의 원가는 2000원이다.

답 2000원

603

상품의 원가를 x원이라고 하면

(정가)$=x+0.5x=1.5x$(원)

(판매 가격)$=(1-0.3)\times 1.5x=1.05x$(원)

(이익)=(판매 가격)−(원가)이므로

$1.05x-x=1500,\ 0.05x=1500 \quad \therefore x=30000$

따라서 이 상품의 정가는 $1.5\times 30000=45000$(원)

답 45000원

604

상품의 정가를 x원이라고 하면 (판매 가격)$=x-0.2x=0.8x$(원)

(이익)=(판매 가격)−(원가)이므로

$0.8x-10000=\frac{12}{100}\times 10000$

$0.8x=11200 \quad \therefore x=14000$

따라서 상품의 정가는 14000원이다.

답 14000원

605

작년의 여학생 수를 x라고 하면

$x+1.1(800-x)=800+800\times 0.06 \quad \therefore x=320$

따라서 작년의 여학생 수는 320이다.

답 320

606

작년의 학생 수를 x라고 하면

$x-0.05x=893,\ 0.95x=893 \quad \therefore x=940$

따라서 이 학교의 작년의 학생 수는 940이다.

답 940

607

작년의 남학생 수를 x라고 하면

	작년	올해 증감
남학생	x명	$+0.05x$명
여학생	$(1600-x)$명	$-0.03(1600-x)$명
전체	1600명	$+16$명

$0.05x-0.03(1600-x)=16$ ❶

$5x-3(1600-x)=1600,\ 5x-4800+3x=1600$

$8x=6400 \quad \therefore x=800$ ❷

따라서 올해의 남학생 수는

$800+0.05\times 800=840$ ❸

답 840

단계	채점 기준	배점
❶	방정식 세우기	40 %
❷	방정식 풀기	40 %
❸	올해의 남학생 수 구하기	20 %

608

작년의 남학생 수를 x라고 하면

	작년	올해 증감
남학생	x명	$+0.1x$명
여학생	$(280-x)$명	-2명
전체	280명	$+280\times0.05$명

$0.1x-2=14$, $0.1x=16$ $\quad\therefore x=160$

따라서 올해의 남학생 수는

$160+0.1\times160=176$ 답 176

609

학생 수를 x라고 하면

$3x+12=4x-8$, $-x=-20$ $\quad\therefore x=20$

따라서 학생은 모두 20명이다. 답 ④

610

농구 동아리의 학생 수를 x라고 하면

$1500x+800=1600x-1800$

$-100x=-2600$ $\quad\therefore x=26$

따라서 농구공의 가격은

$1500\times26+800=39800$(원) 답 39800원

611

의자의 개수를 x라고 하면

$4x+9=5(x-1)+2$ ❶

$4x+9=5x-3$, $-x=-12$ $\quad\therefore x=12$ ❷

따라서 학생 수는

$4\times12+9=57$ ❸

답 57

단계	채점 기준	배점
❶	방정식 세우기	40 %
❷	방정식 풀기	40 %
❸	학생 수 구하기	20 %

612

텐트의 개수를 x라고 하면

$6x+12=8(x-3)+6$

$6x+12=8x-18$, $-2x=-30$ $\quad\therefore x=15$

따라서 텐트의 개수는 15이고, 학생 수는 $6\times15+12=102$

답 텐트의 개수: 15, 학생 수: 102

613

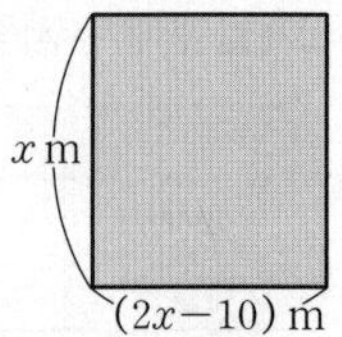

세로의 길이를 x m라고 하면

가로의 길이는 $(2x-10)$ m이므로

$2\{x+(2x-10)\}=34$

$3x-10=17$, $3x=27$

$\therefore x=9$

따라서 가로의 길이는 $2\times9-10=8$(m) 답 8 m

614

사다리꼴의 윗변의 길이를 x cm라고 하면

$\frac{1}{2}\times(x+12)\times7=63$

$7(x+12)=126$, $x+12=18$ $\quad\therefore x=6$

따라서 사다리꼴의 윗변의 길이는 6 cm이다. 답 6 cm

615

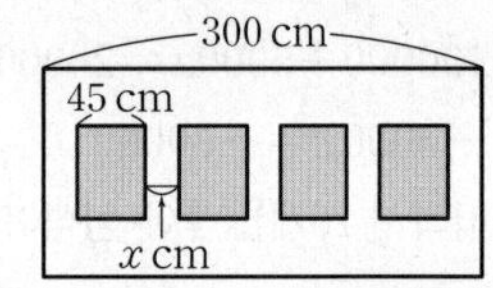

액자 사이의 간격을 x cm라고 하면

$4\times45+5x=300$

$5x=120$ $\quad\therefore x=24$

따라서 액자 사이의 간격은 24 cm이다.

답 24 cm

616

처음 직사각형의 넓이는 $12\times9=108(\text{cm}^2)$

가로의 길이는 x cm 줄이고, 세로의 길이는 4 cm 늘였더니 넓이가 4 cm^2만큼 줄어들었으므로

$(12-x)\times(9+4)=108-4$

$13(12-x)=104$, $12-x=8$

$-x=-4$ $\quad\therefore x=4$ 답 4

617

두 지점 A, B 사이의 거리를 x km라고 하면

(갈 때 걸린 시간)$=\frac{x}{20}$(시간), (올 때 걸린 시간)$=\frac{x}{30}$(시간)

이므로 $\frac{x}{20}+\frac{x}{30}=1$

$3x+2x=60$, $5x=60$ $\quad\therefore x=12$

따라서 두 지점 A, B 사이의 거리는 12 km이다. 답 12 km

618

내려올 때 걸은 거리는 $(x+3)$ km

(올라갈 때 걸린 시간)$=\frac{x}{2}$(시간)

(내려올 때 걸린 시간)$=\frac{x+3}{4}$(시간)

이므로 $\frac{x}{2}+\frac{x+3}{4}=6$ 답 ③

619

뛰어간 거리를 x m라고 하면 걸어간 거리는 $(2400-x)$ m

(뛰어가는 데 걸린 시간)$=\frac{x}{240}$(분)

(걸어가는 데 걸린 시간)$=\frac{2400-x}{120}$(분)

이므로 $\frac{x}{240}+\frac{2400-x}{120}=16$

$x+2(2400-x)=3840$, $x+4800-2x=3840$

$-x=-960$ $\therefore x=960$

따라서 뛰어간 거리는 960 m이다. 답 ④

620

수현이네 집에서 할머니 댁까지의 거리를 x km라고 하면

(시속 45 km로 갈 때 걸리는 시간)$=\frac{x}{45}$(시간)

(시속 60 km로 갈 때 걸리는 시간)$=\frac{x}{60}$(시간)

이고, 5분$=\frac{5}{60}$시간$=\frac{1}{12}$시간이므로 $\frac{x}{45}-\frac{x}{60}=\frac{1}{12}$

$4x-3x=15$ $\therefore x=15$

따라서 수현이네 집에서 할머니 댁까지의 거리는 15 km이다.

답 15 km

621

A도시에서 B도시까지의 거리를 x km라고 하면

(KTX를 타고 갈 때 걸리는 시간)$=\frac{x}{300}$(시간)

(새마을호를 타고 갈 때 걸리는 시간)$=\frac{x}{120}$(시간)

이므로 $\frac{x}{120}-\frac{x}{300}=\frac{1}{2}$

$5x-2x=300$, $3x=300$ $\therefore x=100$

따라서 A도시에서 B도시까지의 거리는 100 km이다. 답 100 km

622

민서가 학교를 출발한 지 x분 후에 연우와 만난다고 하면

민서가 x분 동안 자전거를 타고 간 거리와 연우가 $(x+10)$분 동안 자전거를 타고 간 거리가 같으므로

$200(x+10)=250x$ ──── ❶

$200x+2000=250x$, $-50x=-2000$

$\therefore x=40$ ──── ❷

따라서 민서가 출발한 지 40분 후에 연우와 만난다. ──── ❸

답 40분 후

단계	채점 기준	배점
❶	방정식 세우기	40 %
❷	방정식 풀기	40 %
❸	몇 분 후에 만나는지 구하기	20 %

623

형이 출발한 지 x분 후에 동생과 만난다고 하면

형이 x분 동안 자전거를 타고 간 거리와 동생이 $(x+15)$분 동안 걸어간 거리가 같으므로

$50(x+15)=200x$, $50x+750=200x$

$-150x=-750$ $\therefore x=5$

따라서 형이 출발한 지 5분 후에 동생과 만난다. 답 ②

624

두 사람이 출발한 지 x분 후에 만난다고 하면

(종찬이가 간 거리)$=60x$(m), (찬혁이가 간 거리)$=40x$(m)

(종찬이가 간 거리)+(찬혁이가 간 거리)$=1200$(m)

이므로 $60x+40x=1200$

$100x=1200$ $\therefore x=12$

따라서 두 사람은 출발한 지 12분 후에 만난다. 답 12분 후

625

두 사람이 출발한 지 x분 후에 처음으로 만난다고 하면

(형이 걸은 거리)$=90x$(m), (동생이 걸은 거리)$=60x$(m)

(형이 걸은 거리)+(동생이 걸은 거리)$=3000$(m)

이므로 $90x+60x=3000$

$150x=3000$ $\therefore x=20$

따라서 두 사람은 출발한 지 20분 후에 처음으로 만난다. 답 20분 후

626

B가 출발한 지 x분 후에 A와 처음으로 만난다고 하면 B가 x분 동안 걸은 거리와 A가 $(x+10)$분 동안 걸은 거리의 차가 연못의 둘레의 길이와 같으므로

$120(x+10)-80x=2400$, $120x+1200-80x=2400$

$40x=1200$ $\therefore x=30$

따라서 B가 출발한 지 30분 후에 A와 처음으로 만난다. 답 ③

627

기차가 터널을 완전히 통과하려면 $(x+1800)$ m를 달려야 하고, 철교를 완전히 통과하려면 $(x+600)$ m를 달려야 한다.

이때 기차의 속력, 즉 분속은 일정하므로

$\frac{x+1800}{100}=\frac{x+600}{40}$ 답 ⑤

628

기차의 길이를 x m라고 하면

$\frac{x+240}{24}=\frac{x+180}{20}$, $5(x+240)=6(x+180)$

$5x+1200=6x+1080$, $-x=-120$ $\therefore x=120$

따라서 기차의 길이는 120 m이다. 답 120 m

629

기차의 길이를 x m라고 하면 이 기차가 880 m 길이의 터널을 통과하는 동안 보이지 않을 때는 $(880-x)$ m를 달리는 동안이므로

$\frac{x+570}{26}=\frac{880-x}{32}$

$16(x+570)=13(880-x)$

$16x+9120=11440-13x$, $29x=2320$

$\therefore x=80$

따라서 기차의 길이는 80 m이다. 답 80 m

630

x g의 물을 더 넣는다고 하면 소금물은 $(500+x)$ g이 되고 소금의 양은 변하지 않으므로

$500\times\frac{7}{100}=(500+x)\times\frac{5}{100}$

$3500=2500+5x$, $-5x=-1000$ $\therefore x=200$

따라서 물을 200 g 더 넣어야 한다. 답 200 g

631

(1) (6 %의 소금물에 들어 있는 소금의 양)

$=900\times\frac{6}{100}=54(\text{g})$

(10 %의 소금물에 들어 있는 소금의 양)

$=(900+x)\times\frac{10}{100}(\text{g})$

$\therefore 54+x=(900+x)\times\frac{10}{100}$ ──── ❶

(2) (1)의 방정식을 풀면

$5400+100x=9000+10x$

$90x=3600$ $\therefore x=40$ ──── ❷

답 (1) $54+x=(900+x)\times\frac{10}{100}$ (2) 40

단계	채점 기준	배점
❶	방정식 세우기	50 %
❷	x의 값 구하기	50 %

632

x g의 소금물을 퍼낸다고 하면 x g의 소금물을 퍼내고 남은 소금물에 들어 있는 소금의 양은

$(300-x)\times\frac{8}{100}(\text{g})$

여기서 x g의 물을 부어 6 %의 소금물이 되어도 소금의 양은 변하지 않으므로

$(300-x)\times\frac{8}{100}=(300-x+x)\times\frac{6}{100}$

$8(300-x)=1800$, $2400-8x=1800$

$-8x=-600$ $\therefore x=75$

따라서 컵으로 퍼낸 소금물의 양은 75 g이다. 답 ③

633

12 %의 설탕물을 x g 섞는다고 하면

$600\times\frac{5}{100}+x\times\frac{12}{100}=(600+x)\times\frac{8}{100}$

$3000+12x=4800+8x$, $4x=1800$

$\therefore x=450$

따라서 필요한 12 %의 설탕물의 양은 450 g이다. 답 450 g

634

$15\times\frac{10}{100}+25\times\frac{x}{100}=(15+25)\times\frac{15}{100}$

$150+25x=600$, $25x=450$

$\therefore x=18$ 답 18

635

더 넣은 물의 양을 x g이라고 하면

물을 더 넣어도 소금의 양은 변하지 않으므로 3 %의 소금물 200 g과 6 %의 소금물 100 g에 들어 있는 소금의 양의 합은 2 %의 소금물에 들어 있는 소금의 양과 같다.

$200\times\frac{3}{100}+100\times\frac{6}{100}=(200+100+x)\times\frac{2}{100}$

$600+600=600+2x$, $-2x=-600$ $\therefore x=300$

따라서 더 넣은 물의 양은 300 g이다. 답 ①

636

컵으로 퍼낸 소금물의 양을 x g이라고 하면

$(400-x)\times\frac{12}{100}+x\times\frac{6}{100}=400\times\frac{9}{100}$ ──── ❶

$4800-12x+6x=3600$, $-6x=-1200$

$\therefore x=200$ ──── ❷

따라서 컵으로 퍼낸 소금물의 양은 200 g이다. ──── ❸

답 200 g

단계	채점 기준	배점
❶	방정식 세우기	40 %
❷	방정식 풀기	40 %
❸	컵으로 퍼낸 소금물의 양 구하기	20 %

637

전체 일의 양을 1이라고 하면 석규와 예진이가 하루에 할 수 있는 일의 양은 각각 $\frac{1}{20}$, $\frac{1}{30}$이다.

두 사람이 함께 x일 동안 일을 해서 완성한다고 하면

(석규가 x일 동안 일한 양)+(예진이가 x일 동안 일한 양)=1

이므로 $\frac{1}{20}x+\frac{1}{30}x=1$

$3x+2x=60$, $5x=60$ $\therefore x=12$

따라서 두 사람이 함께 일을 완성하는 데 12일이 걸린다. 답 ②

638

물탱크에 가득 찬 물의 양을 1이라고 하면 A호스는 1시간에 $\frac{1}{3}$, B호스는 1시간에 $\frac{1}{6}$의 물을 채운다.

A, B 두 호스로 물탱크에 물을 가득 채우는 데 걸리는 시간을 x시간이라고 하면

$\frac{1}{3}x+\frac{1}{6}x=1$, $2x+x=6$, $3x=6$ $\therefore x=2$

따라서 두 호스로 물을 가득 채우는 데 걸리는 시간은 2시간이다.

답 ②

639

물탱크에 가득 찬 물의 양을 1이라 하고 물탱크에 물을 가득 채우는 데 걸리는 시간을 x시간이라고 하면 A, B호스는 1시간에 각각 $\frac{1}{2}$, $\frac{1}{3}$의 물을 넣고, C호스는 1시간에 $\frac{1}{6}$의 물을 빼내므로

$\frac{1}{2}x+\frac{1}{3}x-\frac{1}{6}x=1$ ❶

$3x+2x-x=6$, $4x=6$ $\therefore x=\frac{3}{2}$ ❷

따라서 물을 가득 채우는 데 걸리는 시간은

$\frac{3}{2}\times 60=90$(분), 즉 1시간 30분이다. ❸

답 1시간 30분

단계	채점 기준	배점
❶	방정식 세우기	40 %
❷	방정식 풀기	40 %
❸	물을 가득 채우는 데 걸리는 시간 구하기	20 %

640

전체 유기동물을 x마리라고 하면 개는 $\left(\frac{1}{2}x+27\right)$마리이고, 고양이의 수는 $\left(\frac{2}{5}x-2\right)$마리이므로

$\left(\frac{1}{2}x+27\right)+\left(\frac{2}{5}x-2\right)=x$

양변에 10을 곱하면 $5x+270+4x-20=10x$

$-x=-250$ $\therefore x=250$

따라서 고양이는 $\frac{2}{5}\times 250-2=98$(마리)

답 98마리

641

피타고라스의 제자의 수를 x라고 하면

$\frac{1}{2}x+\frac{1}{4}x+\frac{1}{7}x+3=x$

양변에 28을 곱하면 $14x+7x+4x+84=28x$

$-3x=-84$ $\therefore x=28$

따라서 피타고라스의 제자는 28명이다.

답 28명

642

선혜네 주말농장 밭의 넓이를 $x\text{ m}^2$라고 하면

가지를 심은 밭의 넓이는 $\frac{1}{6}x\text{ m}^2$,

고추를 심은 밭의 넓이는 $\frac{5}{6}x\times\frac{1}{4}=\frac{5}{24}x(\text{m}^2)$이므로

$\frac{1}{6}x+\frac{5}{24}x+36+\frac{1}{8}x=x$

양변에 24를 곱하면

$4x+5x+864+3x=24x$, $-12x=-864$ $\therefore x=72$

따라서 선혜네 주말농장 밭의 넓이는 72 m^2이다.

답 72 m^2

643

2시 x분에 시침과 분침이 겹쳐진다고 하면 12시를 기준으로 시침의 회전 각도는

$30^\circ\times 2+0.5^\circ\times x=(60+0.5x)^\circ$

분침의 회전 각도는 $(6x)^\circ$

(시침의 회전 각도)=(분침의 회전 각도)이므로

$60+0.5x=6x$, $-5.5x=-60$

$\therefore x=\frac{600}{55}=10\frac{10}{11}$

따라서 구하는 시각은 2시 $10\frac{10}{11}$분이다.

답 ⑤

> 참고 시계의 시침과 분침이 겹쳐져 있으면 12시를 기준으로 시침과 분침의 회전 각도가 서로 같다.

644

8시 x분에 시침과 분침이 서로 반대 방향으로 일직선을 이룬다고 하면 12시를 기준으로 시침의 회전 각도는

$30^\circ\times 8+0.5^\circ\times x=(240+0.5x)^\circ$

분침의 회전 각도는 $(6x)^\circ$

(시침의 회전 각도)−(분침의 회전 각도)$=180^\circ$이므로

$(240+0.5x)-6x=180$, $-5.5x=-60$

$\therefore x=\frac{600}{55}=10\frac{10}{11}$

따라서 구하는 시각은 8시 $10\frac{10}{11}$분이다.

답 ⑤

645

3시 x분에 시침과 분침이 90°를 이룬다고 하면

12시를 기준으로 시침의 회전 각도는

$30^\circ\times 3+0.5^\circ\times x=(90+0.5x)^\circ$

분침의 회전 각도는 $(6x)^\circ$

(분침의 회전 각도)−(시침의 회전 각도)$=90^\circ$이므로

$6x-(90+0.5x)=90$, $5.5x=180$

$\therefore x=\frac{1800}{55}=32\frac{8}{11}$

따라서 구하는 시각은 3시 $32\frac{8}{11}$분이다.

답 ④

만점에 도전하기 114쪽

646

작은 수를 x라고 하면 큰 수는 $40-x$이다.
작은 수의 일의 자리 뒤에 0을 하나 써넣은 수는 $10x$이므로
$10x-(40-x)=92$, $11x=132$ $\quad\therefore x=12$
따라서 작은 수는 12이다. 답 12

647

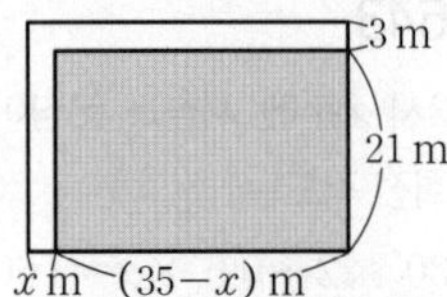

오른쪽 그림과 같이 길을 가장자리로 이동하면 화단은 가로의 길이가 $(35-x)$ m, 세로의 길이가 21 m인 직사각형 모양이므로 그 넓이는

$(35-x)\times 21=(35\times 24)\times\dfrac{80}{100}$

$735-21x=672$, $-21x=-63$ $\quad\therefore x=3$ 답 3

648

x번째 주사위의 각 면에 적혀 있는 여섯 개의 수는
$6x$, $6x-1$, $6x-2$, $6x-3$, $6x-4$, $6x-5$이므로
$6x+(6x-1)+(6x-2)+(6x-3)+(6x-4)+(6x-5)$
$=237$
$36x-15=237$, $36x=252$ $\quad\therefore x=7$
따라서 구하는 주사위는 일곱 번째 주사위이다. 답 일곱 번째

649

합격자 중 남녀의 비가 3 : 2이고 합격자가 200명이므로

합격자 중 남자의 수는 $200\times\dfrac{3}{3+2}=120$

합격자 중 여자의 수는 $200\times\dfrac{2}{3+2}=80$

불합격자 중 남녀의 비가 1 : 1이므로 불합격자 중 남자, 여자의 수를 각각 x라고 하자.

	남자	여자
합격자	120명	80명
불합격자	x명	x명
지원자	$(120+x)$명	$(80+x)$명

지원자 수의 남녀의 비가 5 : 4이므로 위의 표에서
$(120+x):(80+x)=5:4$
$4(120+x)=5(80+x)$, $480+4x=400+5x$
$-x=-80$ $\quad\therefore x=80$
따라서 남자 지원자 수는 $120+80=200$ 답 200

650

민규가 집에서 출발하여 x분 후에 정호를 만났다고 하면

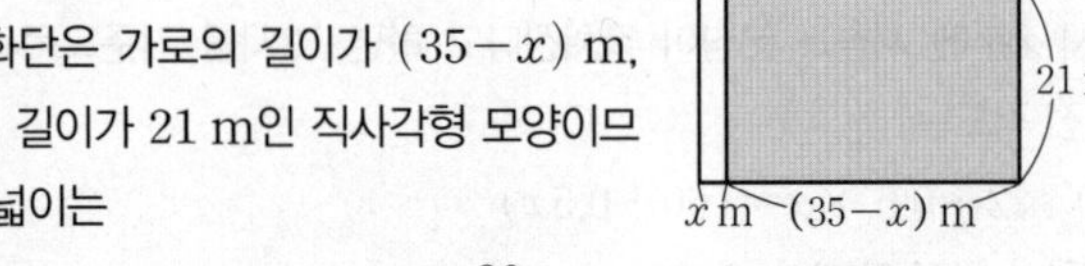

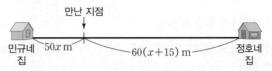

정호가 걸은 총거리는
$2\{50x+60(x+15)\}=220x+1800$(m)
민규가 걸은 총거리는 $2\times 50x=100x$(m)
정호가 걸은 총거리는 민규가 걸은 총거리의 4배이므로
$220x+1800=4\times 100x$
$-180x=-1800$ $\quad\therefore x=10$
따라서 두 집 사이의 거리는
$50\times 10+60(10+15)=2000(m)=2$(km) 답 2 km

651

A열차의 길이를 x m라고 하면 A열차의 속력은 초속 $\dfrac{120+x}{6}$ m이다.
A열차와 B열차가 서로 반대 방향으로 달려서 완전히 지나치는 데 4초가 걸리므로
(A열차가 움직인 거리)$=\dfrac{120+x}{6}\times 4$(m)
(B열차가 움직인 거리)$=20\times 4$(m)
(두 열차가 움직인 거리의 합)=(두 열차의 길이의 합)이므로
$\dfrac{120+x}{6}\times 4+20\times 4=x+135$
$480+4x+480=6x+810$
$-2x=-150$ $\quad\therefore x=75$
따라서 A열차의 길이는 75 m이다. 답 75 m

652

4 %의 소금물의 양을 x g이라고 하면 더 부은 물의 양은 $3x$ g이다.
4 %의 소금물 x g에 들어 있는 소금의 양은
$x\times\dfrac{4}{100}$(g)
6 %의 소금물 $(120-4x)$ g에 들어 있는 소금의 양은
$(120-4x)\times\dfrac{6}{100}$(g)
소금의 양은 변하지 않으므로
$x\times\dfrac{4}{100}+(120-4x)\times\dfrac{6}{100}=120\times\dfrac{3}{100}$ ❶
$4x+6(120-4x)=360$
$4x+720-24x=360$
$-20x=-360$ $\quad\therefore x=18$ ❷
따라서 더 부은 물의 양은 $3\times 18=54$(g) ❸
답 54 g

단계	채점 기준	배점
❶	방정식 세우기	40 %
❷	방정식 풀기	40 %
❸	더 부은 물의 양 구하기	20 %

653

2분 동안 수습생이 빚는 만두를 x개라고 하면 달인은 2분 동안 $(x+15)$개를 빚는다.
달인이 30분 동안 빚는 만두는 $15(x+15)$(개)이고,
수습생이 40분 동안 빚는 만두는 $20x$개이므로
$15(x+15)=20x\times 2$, $15x+225=40x$
$-25x=-225$ $\therefore x=9$
따라서 두 사람이 60분 동안 함께 빚는 만두는
$\{9+(9+15)\}\times 30=990$(개)

답 990개

Ⅲ. 좌표평면과 그래프

1 좌표평면과 그래프

개념 확인하기 117쪽

654

답 A(−3), B(1), C(5)

655

답 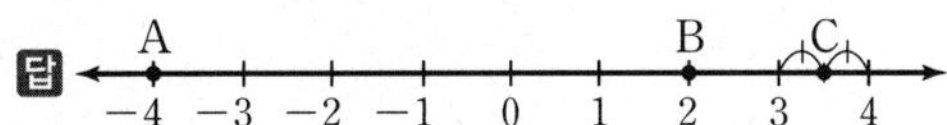

656

답 (1) (1, 3), (1, 4), (1, 5), (2, 3), (2, 4), (2, 5)
(2) (3, 1), (3, 2), (4, 1), (4, 2), (5, 1), (5, 2)

657

답 P(2, 1), Q(−3, 2), R(−2, 0), S(3, −1), T(−1, −3)

658

답 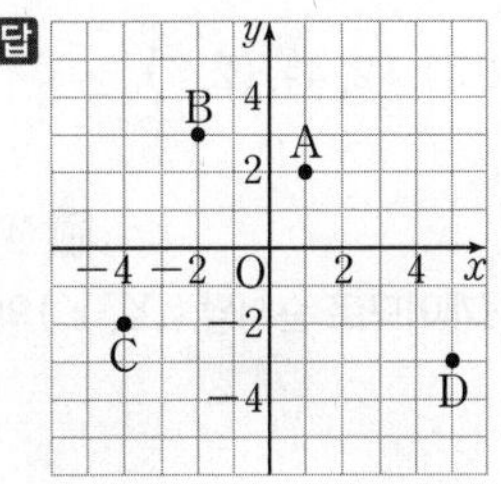

659

답 (1) P(5, 3) (2) Q(−8, 0) (3) R(0, 4)

660

(1) (−3, 7) ⇨ (−, +) ⇨ 제2사분면
(2) (6, 4) ⇨ (+, +) ⇨ 제1사분면
(3) (−5, −2) ⇨ (−, −) ⇨ 제3사분면
(4) (2, −3) ⇨ (+, −) ⇨ 제4사분면

답 (1) 제2사분면 (2) 제1사분면 (3) 제3사분면 (4) 제4사분면

> 참고 주어진 점을 좌표평면 위에 나타내면 다음 그림과 같으므로 각 점이 제 몇 사분면 위의 점인지 알 수 있다.

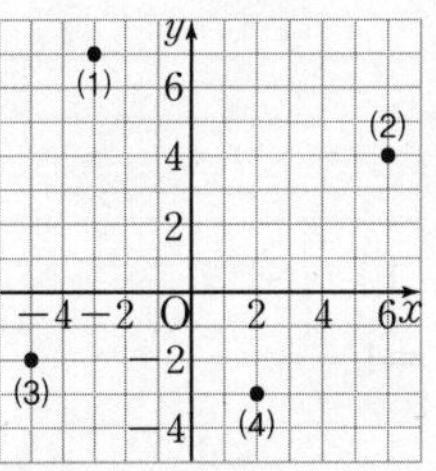

661

점 (a, b)가 제2사분면 위의 점이므로 $a<0, b>0$

(1) $a<0, -b<0$ ⇨ 제3사분면

(2) $b>0, a<0$ ⇨ 제4사분면

답 (1) 제3사분면 (2) 제4사분면

필수유형 다지기

118~124쪽

662

③ $C\left(\frac{1}{2}\right)$

답 ③

663

답 $A(-1.5), B(-1), C\left(\frac{4}{3}\right), D(4)$

664

답

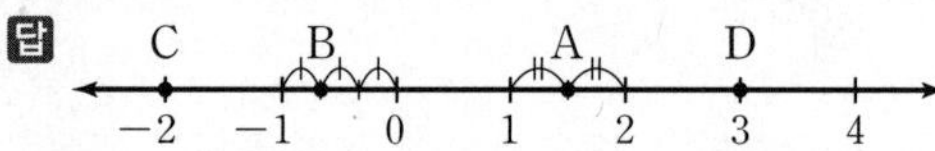

665

순서쌍 (X, Y)는

$(1, 2), (1, 3), (1, 4), (1, 5), (2, 2), (2, 3), (2, 4), (2, 5),$
$(3, 2), (3, 3), (3, 4), (3, 5)$

의 12개이다.

답 ④

> 다른 풀이 X의 값은 3개이고, Y의 값은 4개이므로 순서쌍 (X, Y)의 개수는 $3\times4=12$

666

순서쌍 (X, Y)는

$(1, 7), (2, 6), (3, 5), (4, 4), (5, 3), (6, 2), (7, 1)$

의 7개이다.

답 7

667

주사위의 눈의 수는 1, 2, 3, 4, 5, 6 중 하나이므로 $ab=12$가 되는 순서쌍 (a, b)는 $(2, 6), (3, 4), (4, 3), (6, 2)$이다.

답 $(2, 6), (3, 4), (4, 3), (6, 2)$

668

$2a-4=2-a$이므로

$3a=6 \quad \therefore a=2$ ——— ❶

$b+3=3b+5$이므로

$-2b=2 \quad \therefore b=-1$ ——— ❷

$\therefore a+b=2+(-1)=1$ ——— ❸

답 1

단계	채점 기준	배점
❶	a의 값 구하기	40 %
❷	b의 값 구하기	40 %
❸	$a+b$의 값 구하기	20 %

669

② $B(0, 2)$

답 ②

670

답 $A(-2, 3), B(1, 2), C(2, 0), D(3, -2), E(-1, -3)$

671

답

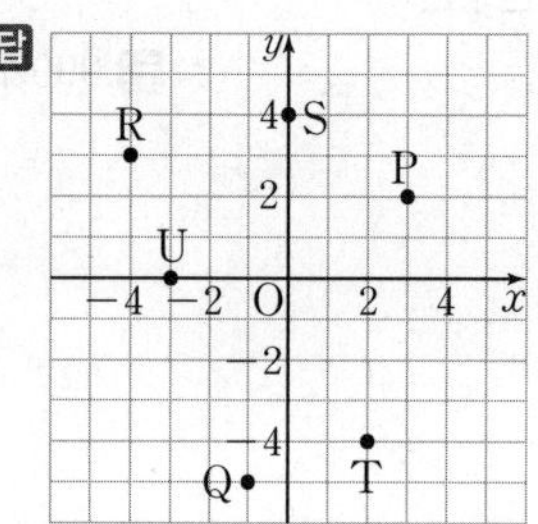

672

x축 위에 있으므로 y좌표는 0이고, x좌표가 -10이므로 구하는 점의 좌표는 $(-10, 0)$이다.

답 ②

673

y축 위에 있으므로 x좌표가 0이고, y좌표가 $-\frac{3}{4}$이므로 구하는 점의 좌표는 $\left(0, -\frac{3}{4}\right)$이다.

답 ②

674

x축 위의 점은 y좌표가 0이므로

$3a+3=0, 3a=-3 \quad \therefore a=-1$

답 ①

675

점 $A(a+3, 2-a)$가 x축 위의 점이므로

$2-a=0 \quad \therefore a=2$ ——— ❶

점 $B(b-5, 2b+1)$이 y축 위의 점이므로

$b-5=0 \quad \therefore b=5$ ——— ❷

따라서 $ab=2\times5=10$ ——— ❸

답 10

단계	채점 기준	배점
❶	a의 값 구하기	40 %
❷	b의 값 구하기	40 %
❸	ab의 값 구하기	20 %

676

세 점을 좌표평면 위에 나타내면 오른쪽 그림과 같으므로 삼각형 ABC의 넓이는

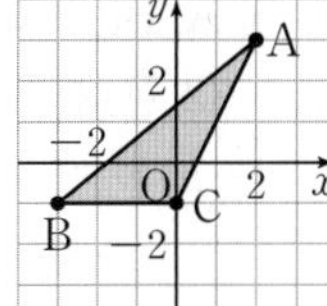

$\frac{1}{2}\times3\times4=6$ 답 6

677

네 점을 좌표평면 위에 나타내면 오른쪽 그림과 같으므로 사각형 ABCD의 넓이는

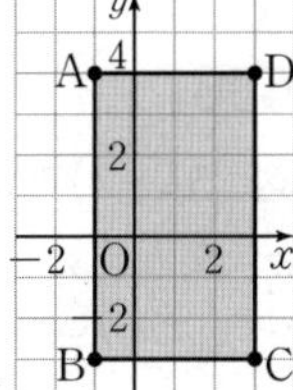

$4\times7=28$ 답 ④

678

네 점을 좌표평면 위에 나타내면 오른쪽 그림과 같고 사각형 ABCD는 사다리꼴이므로 그 넓이는

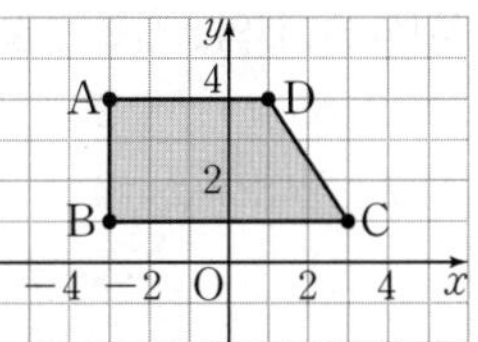

$\frac{1}{2}\times(4+6)\times3=15$ 답 15

679

삼각형 ABC를 좌표평면 위에 나타내면 오른쪽 그림과 같다. ❶

그림에서 $\mathrm{P}(-4, 3)$, $\mathrm{Q}(3, -2)$, $\mathrm{R}(3, 3)$이므로

직사각형 PBQR의 넓이는 $7\times5=35$

삼각형 PBA의 넓이는 $\frac{1}{2}\times2\times5=5$

삼각형 BQC의 넓이는 $\frac{1}{2}\times7\times2=7$

삼각형 ACR의 넓이는 $\frac{1}{2}\times5\times3=\frac{15}{2}$ ❷

따라서 삼각형 ABC의 넓이는

$35-\left(5+7+\frac{15}{2}\right)=\frac{31}{2}$ ❸

답 $\frac{31}{2}$

단계	채점 기준	배점
❶	삼각형 ABC를 좌표평면 위에 나타내기	20 %
❷	사각형 PBQR, 삼각형 PBA, BQC, ACR의 넓이 각각 구하기	각 15 %
❸	삼각형 ABC의 넓이 구하기	20 %

> 참고 꼭짓점의 좌표가 주어진 삼각형의 넓이를 구할 때에는

(1) 좌표평면 위에 점을 찍어 삼각형을 그린다.

(2) 좌표축에 평행한 변이 나오면 그 변을 밑변으로 잡아 넓이를 구하고, 좌표축에 평행한 변이 나오지 않으면
(사각형의 넓이)−(삼각형의 넓이)로 구한다.

680

제4사분면 위의 점은 좌표의 부호가 $(+, -)$이어야 한다.

주어진 점이 속하는 사분면은 다음과 같다.

① 제3사분면 ② 제2사분면 ③ 제4사분면

④ x축 위의 점 ⑤ 제1사분면 답 ③

681

제3사분면 위의 점은 좌표의 부호가 $(-, -)$이어야 한다.

주어진 점이 속하는 사분면은 다음과 같다.

ㄱ. 제3사분면 ㄴ. 제2사분면 ㄷ. 제4사분면

ㄹ. y축 위의 점 ㅁ. 제3사분면 ㄹ. 제1사분면

답 2

682

① 제2사분면

② x축 위의 점(어느 사분면에도 속하지 않는다.)

③ y축 위의 점(어느 사분면에도 속하지 않는다.)

④ 제4사분면

⑤ 제3사분면

따라서 바르게 짝 지은 것은 ⑤이다. 답 ⑤

683

① 제4사분면 ② 제2사분면 ③ 제1사분면

④ y축 위의 점 ⑤ 제3사분면

따라서 어느 사분면에도 속하지 않는 점은 ④ $(0, -3)$이다. 답 ④

684

제2사분면 위의 점이므로 $a<0$

따라서 a의 값이 될 수 있는 것은 ① -1이다. 답 ①

685

② 점 $(3, -8)$은 제4사분면 위의 점이다.

④ 제4사분면 위의 점은 x좌표는 양수, y좌표는 음수이다. 답 ②, ④

686

① x축 위의 모든 점은 y좌표가 0이다.

② 점 $(1, 0)$은 x축 위의 점이다.

④ 점 $(1, -2)$는 제4사분면 위의 점이고, 점 $(-2, 1)$은 제2사분면 위의 점이다.

⑤ x좌표가 양수인 점은 제1사분면 또는 제4사분면 위의 점이다.

따라서 옳은 것은 ③이다. 답 ③

687

$a>0$, $b<0$이므로 $a>0$, $-b>0$

따라서 점 $\mathrm{A}(a, -b)$는 제1사분면 위의 점이다. 답 ①

688

점 $A(a, b)$가 제3사분면 위의 점이므로 $a<0$, $b<0$

따라서 $ab>0$, $a+b<0$이므로 점 $B(ab, a+b)$는 제4사분면 위의 점이다. 답 ④

689

점 $P(a, b)$가 제4사분면 위의 점이므로 $a>0$, $b<0$

따라서 점 $Q(b, a)$는 제2사분면 위의 점이므로 점 Q와 같은 사분면 위의 점은 ③ $C(-4, 5)$이다. 답 ③

690

점 $(x, -y)$가 제1사분면 위의 점이므로

$x>0$, $-y>0$ $\quad \therefore x>0$, $y<0$

① $(x, y) \Rightarrow (+, -)$: 제4사분면

② $(-x, y) \Rightarrow (-, -)$: 제3사분면

③ $(-x, -y) \Rightarrow (-, +)$: 제2사분면

④, ⑤ 어느 사분면에도 속하지 않는다.

따라서 제3사분면 위의 점은 ②이다. 답 ②

691

점 $P(a, b)$가 제2사분면 위의 점이므로 $a<0$, $b>0$

① $ab<0$ ② $\frac{b}{a}<0$ ③ 부호를 알 수 없다.

④ $a-b<0$ ⑤ $b-a>0$

따라서 항상 옳은 것은 ⑤이다. 답 ⑤

692

점 (a, b)가 제4사분면 위의 점이므로 $a>0$, $b<0$

① $(-a, b) \Rightarrow (-, -)$: 제3사분면

② $(-a, -b) \Rightarrow (-, +)$: 제2사분면

③ $(a-b, ab) \Rightarrow (+, -)$: 제4사분면

④ $(-ab, -b) \Rightarrow (+, +)$: 제1사분면

⑤ $(b-a, ab) \Rightarrow (-, -)$: 제3사분면

따라서 제1사분면 위의 점은 ④이다. 답 ④

693

$ab<0$에서 a, b의 부호는 서로 다르고, $b-a>0$에서 $b>a$이므로

$a<0$, $b>0$ ——— ❶

따라서 $a-b<0$, $-b<0$이므로 ——— ❷

점 $(a-b, -b)$는 제3사분면 위의 점이다. ——— ❸

답 제3사분면

단계	채점 기준	배점
❶	a, b의 부호 각각 알기	각 20 %
❷	$a-b$, $-b$의 부호 각각 알기	각 20 %
❸	제몇 사분면 위의 점인지 구하기	20 %

694

두 점 A, B는 x좌표, y좌표의 부호가 각각 서로 반대이므로

$a=-2$, $b=5$

$\therefore a-b=-2-5=-7$ 답 ②

695

x좌표의 부호만 바뀌므로 $(4, 6)$이다. 답 ④

696

점 $(5, -3)$과 x축에 대하여 대칭인 점의 좌표는 $(5, 3)$이므로

$a=5$, $b=3$

$\therefore 3a-2b=3\times5-2\times3=9$ 답 ④

697

두 점 A, B의 x좌표는 같고, y좌표는 부호가 서로 반대이므로

$a+3=5$, $4-b=2$ $\quad \therefore a=2$, $b=2$

$\therefore a+b=2+2=4$ 답 4

698

점 $A(2, 4)$와 x축에 대하여 대칭인 점은 $B(2, -4)$

점 $B(2, -4)$와 y축에 대하여 대칭인 점은 $C(-2, -4)$

답 $C(-2, -4)$

> 참고 점 $A(2, 4)$와 x축, y축에 대하여 대칭인 점 C는 점 A와 원점에 대하여 대칭인 점이다.

699

점 $A(3, 2)$와 원점에 대하여 대칭인 점은

$B(-3, -2)$

점 $A(3, 2)$와 x축에 대하여 대칭인 점은

$C(3, -2)$

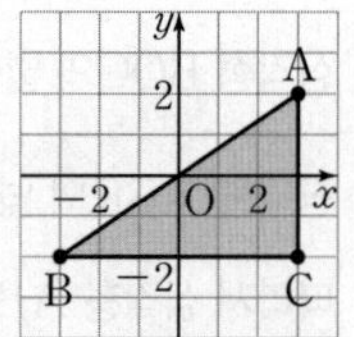

따라서 세 점 $A(3, 2)$, $B(-3, -2)$, $C(3, -2)$를 꼭짓점으로 하는 삼각형은 오른쪽 그림과 같다.

$\therefore$ (삼각형 ABC의 넓이)$=\frac{1}{2}\times6\times4=12$ 답 12

700

두 점 $A(2, a)$, $B(b, -4)$가 x축에 대하여 대칭이므로

$a=4$, $b=2$

따라서 세 점 $A(2, 4)$, $B(2, -4)$, $C(-2, 4)$를 꼭짓점으로 하는 삼각형은 오른쪽 그림과 같다.

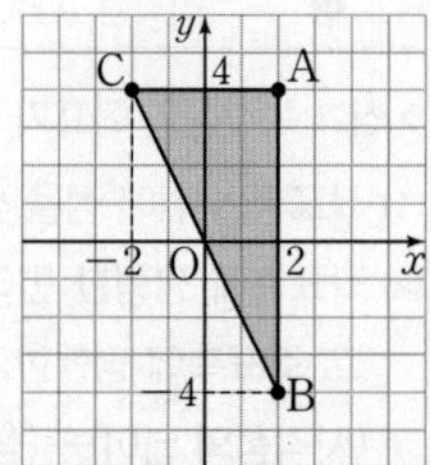

$\therefore$ (삼각형 ABC의 넓이)

$=\frac{1}{2}\times4\times8=16$ 답 16

701

x축에 대하여 대칭이므로 y좌표의 부호만 바뀐다.

즉, $1-2b=-(3b+2)$에서 $1-2b=-3b-2$

$\therefore b=-3$

$a-3=4a+2$에서 $-3a=5$ $\quad\therefore a=-\frac{5}{3}$

$\therefore ab=\left(-\frac{5}{3}\right)\times(-3)=5$ 답 5

702

(1) 주어진 그래프에서 $x=15$일 때 $y=2$이므로 출발한 후 15분 동안 이동한 거리는 2 km이다.

(2) 주어진 그래프에서 $y=3$일 때 $x=20$이므로 3 km를 이동하였을 때는 출발하고 20분 후이다. 답 (1) 2 km (2) 20분 후

703

주어진 그래프에서

$x=2$일 때 $y=35$, $x=6$일 때 $y=75$이므로

35°C에서 75°C가 될 때까지 걸린 시간은 $6-2=4$(분) 답 4분

704

$y=14$일 때 y의 값이 가장 큰 값을 가지므로 가장 빨리 달릴 때의 속력은 시속 14 km이다. 답 시속 14 km

705

(1) 물병의 밑면의 폭이 점점 넓어지면 물의 높이는 서서히 증가하므로 알맞은 그래프는 ㄷ이다.

(2) 물병의 밑면의 폭이 일정하면 물의 높이는 일정하게 높아지므로 알맞은 그래프는 ㄱ이다.

(3) 물병의 밑면이 좁고 일정한 폭을 유지하다가 중간에서 폭이 한 번 넓어지면 물의 높이는 일정하면서 빠르게 증가하다가 어느 한 지점부터 일정하면서 느리게 증가하므로 알맞은 그래프는 ㄹ이다.

답 (1) ㄷ (2) ㄱ (3) ㄹ

706

각 그래프에서 $y=5$일 때 $x=60, 55, 65$이므로

가인이가 도착하는 데 걸린 시간은 60분,

지환이가 도착하는 데 걸린 시간은 55분,

정규가 도착하는 데 걸린 시간은 65분이다.

따라서 목적지에 지환, 가인, 정규의 순서로 도착하였다. 답 ④

707

④ 관람차가 처음으로 지면에 도달하는 데 걸리는 시간은 16분이다.

⑤ 관람차가 처음으로 지면에 도달하는 동안 지면으로부터 50 m 이상의 높이에 있는 시간은 6분부터 10분까지의 4분이다.

따라서 옳지 않은 것은 ④이다. 답 ④

만점에 도전하기 125쪽

708

a는 $-1, 0, 1, 2$의 4개이고, b는 3, 4의 2개이므로

순서쌍 (a, b)의 개수는 $4\times2=8$이다. 답 8

709

오른쪽 그림에서

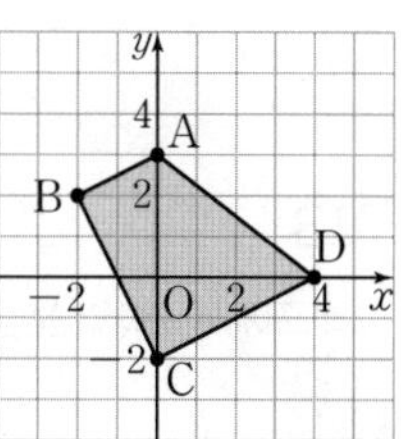

삼각형 ABC의 넓이는 $\frac{1}{2}\times5\times2=5$

삼각형 ACD의 넓이는 $\frac{1}{2}\times5\times4=10$

사각형 ABCD의 넓이는 두 삼각형 ABC, ACD의 넓이의 합과 같으므로

$5+10=15$ 답 ④

710

점 (a, b)가 제4사분면 위의 점이므로

$a>0, b<0$ ❶

$a>0, b<0$이고 $|a|<|b|$이므로 $a+b<0$ ❷

$a^3>0, b<0$이므로 $a^3b<0$ ❸

따라서 점 $(a+b, a^3b)$는 제3사분면 위의 점이다. ❹

답 제3사분면

단계	채점 기준	배점
❶	a, b의 부호 각각 알기	각 10 %
❷	$a+b$의 부호 알기	30 %
❸	a^3b의 부호 알기	30 %
❹	점 $(a+b, a^3b)$가 제몇 사분면 위의 점인지 구하기	20 %

711

두 점 A, B의 x좌표는 같고, y좌표는 부호가 반대이므로

$4a-3=2-3a$, $7a=5$ $\quad\therefore a=\frac{5}{7}$

$5b+2=-(4-3b)$, $5b+2=-4+3b$

$2b=-6$ $\quad\therefore b=-3$

이때 $7a-6=7\times\frac{5}{7}-6=-1$, $b+4=-3+4=1$이므로

점 $(7a-6, b+4)$, 즉 점 $(-1, 1)$은 제2사분면 위의 점이다.

답 제2사분면

712

$0<a<5$이므로 삼각형 ABC를 좌표평면 위에 나타내면 오른쪽 그림과 같다. 오른쪽 그림에서 P$(0, 5)$, Q$(6, 5)$, O$(0, 0)$이므로

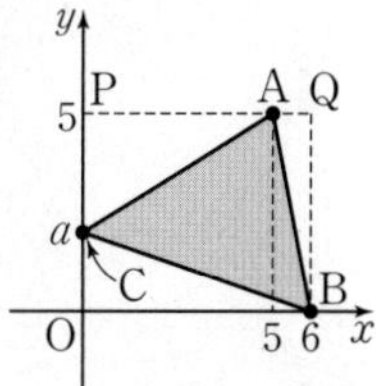

직사각형 POBQ의 넓이는

$6\times5=30$

삼각형 PCA의 넓이는 $\frac{1}{2}\times5\times(5-a)=\frac{5}{2}(5-a)$

삼각형 COB의 넓이는 $\frac{1}{2}\times6\times a=3a$

삼각형 ABQ의 넓이는 $\frac{1}{2}\times1\times5=\frac{5}{2}$

삼각형 ABC의 넓이가 14이므로

$30-\left\{\frac{5}{2}(5-a)+3a+\frac{5}{2}\right\}=14$, $\frac{5}{2}(5-a)+3a+\frac{5}{2}=16$

$5(5-a)+6a+5=32$, $30+a=32$

$\therefore a=2$

답 2

713

그래프에서 y축의 눈금의 변화가 가장 큰 기간은 ④ 7일~8일이다.

답 ④

714

(가) 물통의 밑면의 폭이 좁기 때문에 물의 높이가 빠르게 높아지므로 알맞은 그래프는 ㄷ이다.

(나) 물통의 밑면의 폭이 넓기 때문에 물의 높이가 느리게 높아지므로 알맞은 그래프는 ㄴ이다.

(다) 물통의 밑면의 폭이 넓었다가 좁아지기 때문에 물의 높이가 처음에는 느리게 높아지다가 나중에는 빠르게 높아지므로 알맞은 그래프는 ㄱ이다.

답 (가) ㄷ (나) ㄴ (다) ㄱ

2 정비례와 반비례

개념 확인하기 127, 129쪽

715

답 (1)

x	-2	-1	0	1	2
y	-4	-2	0	2	4

(2)

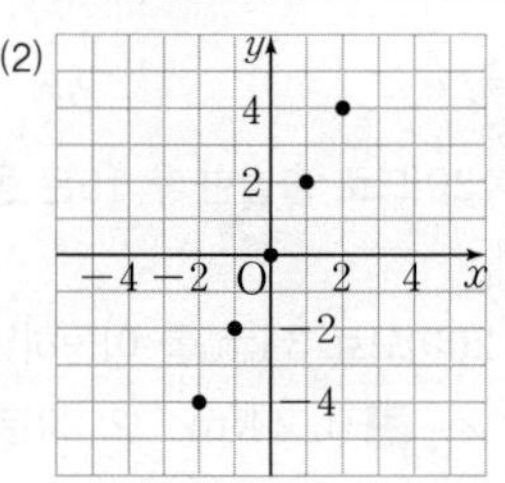

716

(1) x의 값에 대한 y의 값을 구하면 다음과 같다.

x	-2	-1	0	1	2
y	4	2	0	-2	-4

따라서 순서쌍 (x, y)를 좌표평면 위에 나타내면 그래프를 그릴 수 있다.

(2) (1)의 점들을 직선으로 연결하면 그래프를 그릴 수 있다.

답 (1)

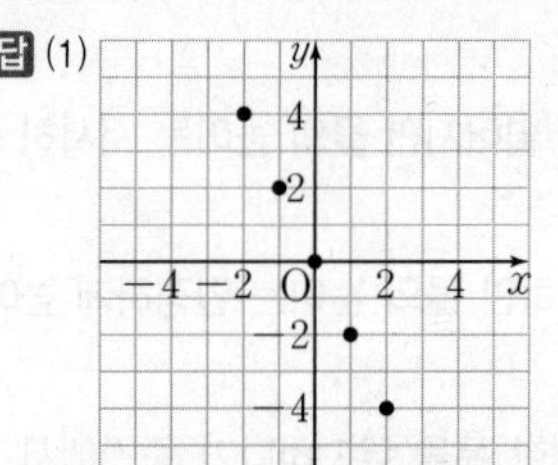

(2)

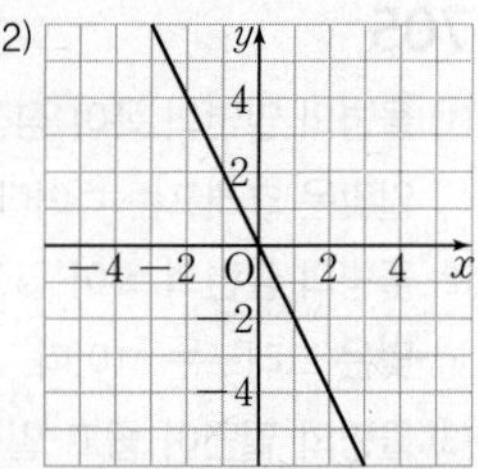

참고 x와 y 사이의 관계식이 같은 함수라도 주어진 x의 값이 다르면 그 그래프가 다르다.

717

함수 $y=ax(a\neq0)$의 그래프는 원점 O를 지나는 직선이므로 이 직선이 지나는 다른 한 점만 알면 그 그래프를 그릴 수 있다.

(1) $x=1$일 때, $y=1$이므로 원점과 점 $(1, 1)$을 지나는 직선이다.

(2) $x=1$일 때, $y=-3$이므로 원점과 점 $(1, -3)$을 지나는 직선이다.

답 (1)

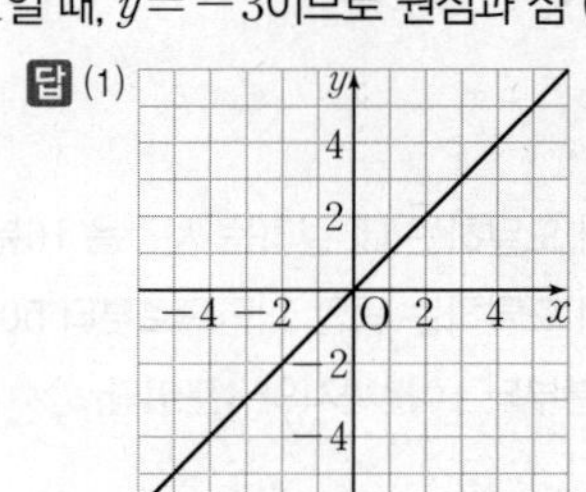

(2)

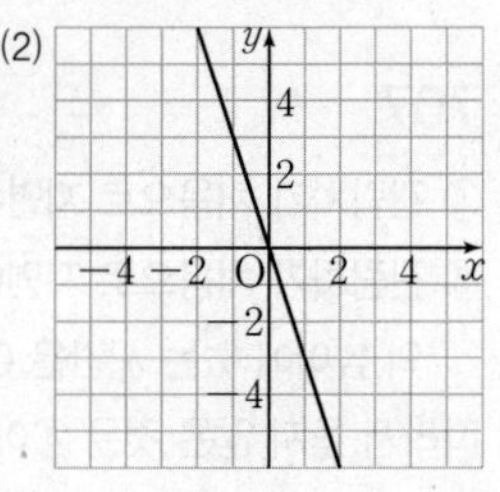

718

(1) $x=2$일 때, $y=1$이므로 원점과 점 $(2,\ 1)$을 지나는 직선이다.

(2) $x=4$일 때, $y=-3$이므로 원점과 점 $(4,\ -3)$을 지나는 직선이다.

답 (1)

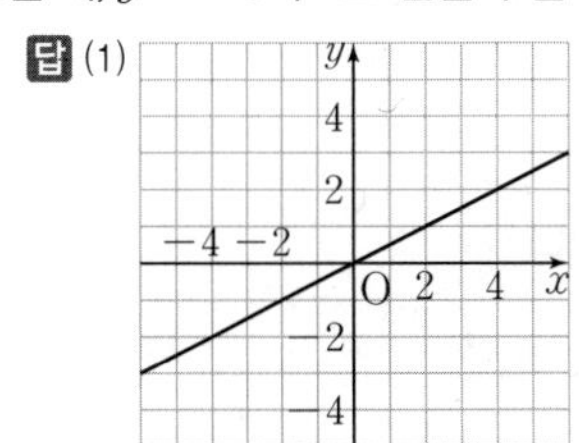

(2)

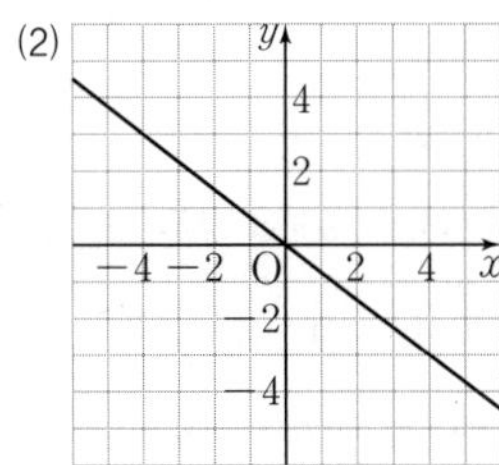

719

(1) 그래프가 원점을 지나는 직선이므로 정비례 관계의 식을 $y=ax$로 놓고, 그래프가 점 $(1,\ 3)$을 지나므로 $y=ax$에 $x=1,\ y=3$을 대입하면 $3=a$ $\quad\therefore y=3x$

(2) 그래프가 원점을 지나는 직선이므로 정비례 관계의 식을 $y=ax$로 놓고, 그래프가 점 $(3,\ -2)$를 지나므로 $y=ax$에 $x=3,\ y=-2$를 대입하면 $-2=3a$ $\quad\therefore a=-\frac{2}{3}$

$\therefore y=-\frac{2}{3}x$

답 (1) $y=3x$ (2) $y=-\frac{2}{3}x$

720

(2) (거리)=(속력)×(시간)이므로 $y=60x$

(3) $y=60x$에 $x=8$을 대입하면 $y=60\times8=480$

따라서 8시간 동안 달린 거리는 480 km이다.

답 (1)

x	1	2	3	4	…
y	60	120	180	240	…

(2) $y=60x$ (3) 480 km

721

답 (1)

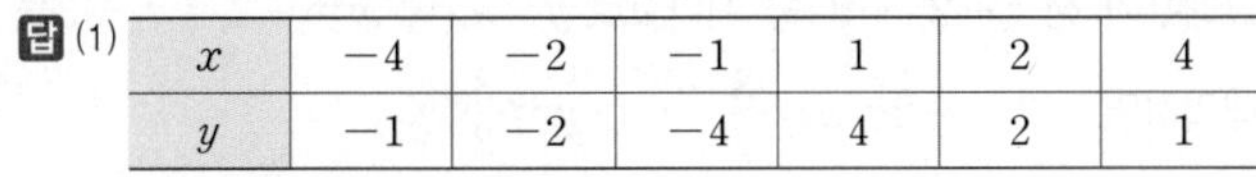

x	-4	-2	-1	1	2	4
y	-1	-2	-4	4	2	1

(2)

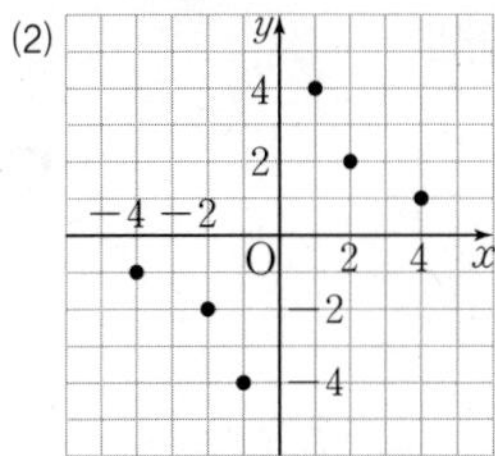

722

(1) x의 값에 대한 y의 값을 구하면 다음과 같다.

x	-6	-3	-2	-1	1	2	3	6
y	1	2	3	6	-6	-3	-2	-1

따라서 순서쌍 $(x,\ y)$를 좌표평면 위에 나타내면 그래프를 그릴 수 있다.

(2) (1)의 점들을 원점에 대하여 대칭인 한 쌍의 매끄러운 곡선으로 연결하면 그래프를 그릴 수 있다.

답 (1)

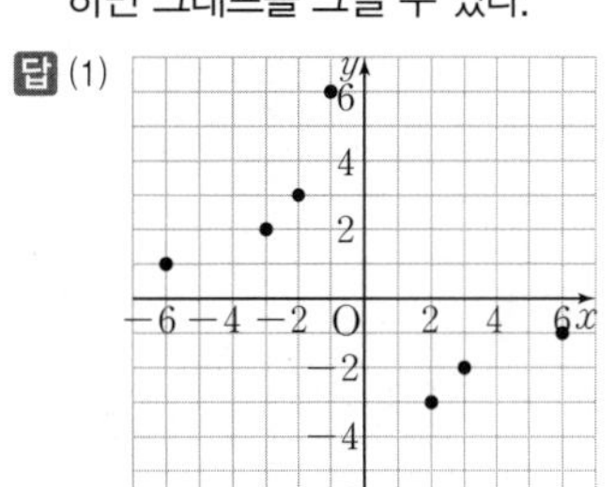

(2)

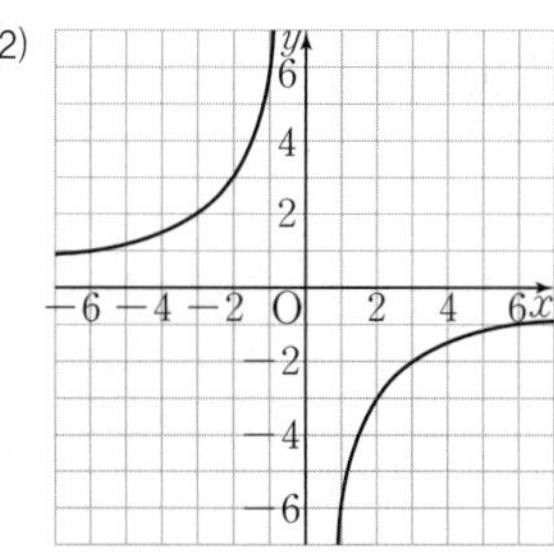

723

x의 값에 대한 y의 값을 구하여 표로 나타내면 각각 다음과 같다.

(1)

x	-4	-2	-1	1	2	4
y	$-\frac{1}{2}$	-1	-2	2	1	$\frac{1}{2}$

(2)

x	-4	-2	-1	1	2	4
y	1	2	4	-4	-2	-1

따라서 순서쌍 $(x,\ y)$를 좌표평면 위에 나타낸 다음 한 쌍의 매끄러운 곡선으로 연결하면 그래프를 그릴 수 있다.

답 (1)

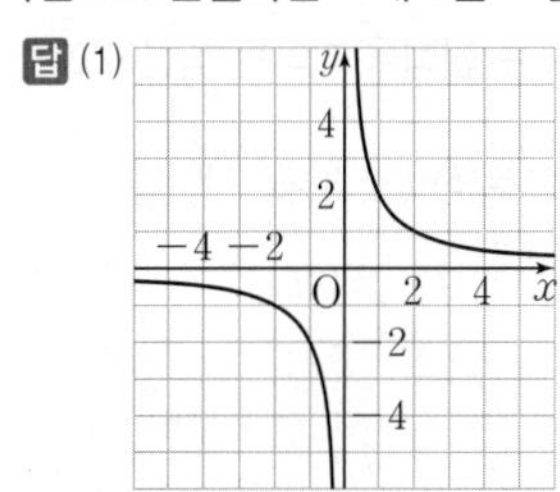

(2)

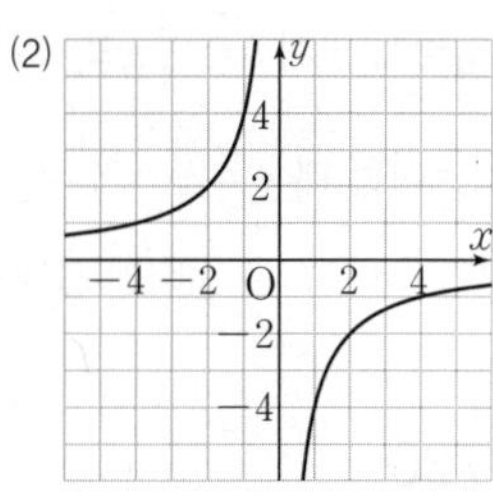

724

(1) 그래프가 점 $(2,\ 3)$을 지나고, 원점에 대하여 대칭인 한 쌍의 곡선이므로 함수의 식을 $y=\frac{a}{x}$로 놓고 $x=2,\ y=3$을 대입하면

$3=\frac{a}{2},\ a=6$ $\quad\therefore y=\frac{6}{x}$

(2) 그래프가 점 $(-2,\ 2)$를 지나고, 원점에 대하여 대칭인 한 쌍의 곡선이므로 함수의 식을 $y=\frac{a}{x}$로 놓고 $x=-2,\ y=2$를 대입하면

$2=-\frac{a}{2},\ a=-4$ $\quad\therefore y=-\frac{4}{x}$

답 (1) $y=\frac{6}{x}$ (2) $y=-\frac{4}{x}$

725

(1) $xy=300$이므로 $y=\frac{300}{x}$

(2) $y=\frac{300}{x}$에 $x=50$을 대입하면 $y=\frac{300}{50}=6$

따라서 매분 50 L씩 일정하게 물을 넣을 때, 물통에 물이 가득 차는 데 걸리는 시간은 6분이다.

답 (1) $y=\frac{300}{x}$ (2) 6분

필수유형 다지기 130~140쪽

726

① $y=\frac{1}{x}$ ③ $y=-\frac{1}{x}$ ⑤ $y=\frac{1}{3}x$

따라서 y가 x에 정비례하는 것은 ⑤이다. 답 ⑤

727

ㄱ. $y=800x$ ㄴ. $y=\frac{200}{x}$ ㄷ. $y=4x$ ㄹ. $y=10-x$

따라서 정비례하지 않는 것은 ㄴ, ㄹ이다. 답 ④

728

y가 x에 정비례하므로 $y=ax(a\neq0)$ 꼴이다.

$y=ax$에 $x=2$, $y=-8$을 대입하면

$-8=2a$에서 $a=-4$ ∴ $y=-4x$ 답 $y=-4x$

729

정비례 관계 $y=\frac{3}{4}x$의 그래프는 원점을 지나는 직선이고,

$x=4$일 때 $y=\frac{3}{4}\times4=3$이므로 점 $(4, 3)$을 지난다.

따라서 구하는 정비례 관계의 그래프는 ①이다. 답 ①

730

$y=\frac{3}{2}x$에서

$x=-2$일 때 $y=\frac{3}{2}\times(-2)=-3$

$x=0$일 때 $y=\frac{3}{2}\times0=0$, $x=2$일 때 $y=\frac{3}{2}\times2=3$

따라서 구하는 정비례 관계의 그래프는 ④이다. 답 ④

731

x의 값에 대한 y의 값을 구하면 다음과 같다.

x	-2	-1	0	1	2
y	6	3	0	-3	-6

따라서 순서쌍 (x, y)를 좌표평면 위에 나타내면 그래프를 그릴 수 있다.

답

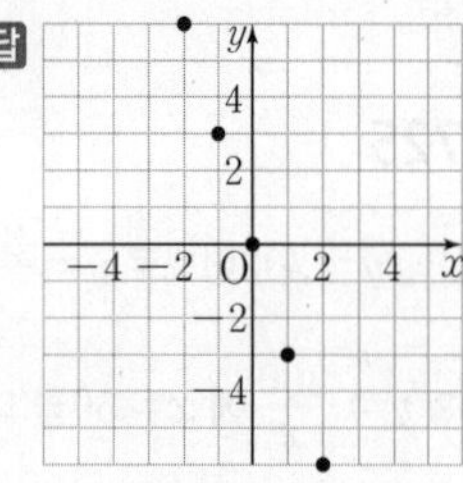

732

③ 제1사분면과 제3사분면을 지난다. 답 ③

733

①, ③, ④, ⑤ 제1사분면과 제3사분면을 지난다.

② 제2사분면과 제4사분면을 지난다. 답 ②

734

보기의 $|a|$의 값은 다음과 같다.

ㄱ. 4 ㄴ. 3 ㄷ. $\frac{1}{2}$ ㄹ. 2 ㅁ. $\frac{7}{2}$ ㅂ. 6

정비례 관계 $y=ax(a\neq0)$의 그래프는 $|a|$의 값이 작을수록 x축에 가까워지므로 x축에 가장 가까운 것부터 차례로 나열하면 ㄷ, ㄹ, ㄴ, ㅁ, ㄱ, ㅂ이다. 답 ㄷ, ㄹ, ㄴ, ㅁ, ㄱ, ㅂ

735

ㄷ. $a>0$일 때 x의 값이 증가하면 y의 값도 증가하고, $a<0$일 때 x의 값이 증가하면 y의 값은 감소한다.

ㄹ. 그래프는 원점을 지나는 직선이다.

따라서 보기 중 옳은 것은 ⑤ ㄱ, ㄴ, ㅁ이다. 답 ⑤

736

$1>0$이고 $|1|<|2|$이므로 정비례 관계 $y=x$의 그래프는 제1, 3사분면을 지나고 정비례 관계 $y=2x$의 그래프보다 x축에 가깝다.

따라서 $y=x$의 그래프가 될 수 있는 것은 ⑤이다. 답 ⑤

737

정비례 관계 $y=ax(a\neq0)$의 그래프가 그림과 같이 정비례 관계 $y=-x$의 그래프와 y축 사이에 있으려면 $a<0$이고, $|a|>1$이어야 한다. 즉, $a<-1$이어야 하므로 그래프 중 직선 (가)가 될 수 있는 것은 ① $y=-3x$이다. 답 ①

738

그래프가 점 $(-2, -3)$을 지나므로 $y=ax$에 $x=-2$, $y=-3$을 대입하면 $-3=-2a$, $a=\frac{3}{2}$ ∴ $y=\frac{3}{2}x$

따라서 $y=\frac{3}{2}x$에 $x=4$, $y=b$를 대입하면

$b=\frac{3}{2}\times4=6$ 답 ④

739

$y=-\frac{x}{2}$에 $x=6$, $y=a$를 대입하면

$a=-\frac{6}{2}=-3$ 답 -3

740

$y=3x$에 $x=m-1$, $y=m-5$를 대입하면

$m-5=3(m-1)$, $m-5=3m-3$

$-2m=2$ ∴ $m=-1$ 답 -1

741

$y=ax$에 $x=-2$, $y=6$을 대입하면

$6=-2a \quad \therefore a=-3$ ❶

$y=-3x$에 $x=1$, $y=b$를 대입하면

$b=-3\times1=-3$ ❷

$\therefore ab=(-3)\times(-3)=9$ ❸

답 9

단계	채점 기준	배점
❶	a의 값 구하기	40 %
❷	b의 값 구하기	40 %
❸	ab의 값 구하기	20 %

742

그래프가 원점과 점 $(3, -4)$를 지나는 직선이므로 구하는 식을 $y=ax$로 놓고 $x=3$, $y=-4$를 대입하면

$-4=3a$, $a=-\frac{4}{3} \quad \therefore y=-\frac{4}{3}x$

답 ①

743

그래프가 원점과 점 $(2, -6)$을 지나는 직선이므로 구하는 식을 $y=ax$로 놓고 $x=2$, $y=-6$을 대입하면

$-6=2a$, $a=-3 \quad \therefore y=-3x$

따라서 $y=-3x$에 각 점의 좌표를 대입한다.

① $x=-3$, $y=-9$를 대입하면 $-9\neq-3\times(-3)$

② $x=-2$, $y=6$을 대입하면 $6=-3\times(-2)$

③ $x=-1$, $y=-3$을 대입하면 $-3\neq-3\times(-1)$

④ $x=\frac{1}{3}$, $y=-1$을 대입하면 $-1=-3\times\frac{1}{3}$

⑤ $x=\frac{1}{2}$, $y=-\frac{1}{6}$을 대입하면 $-\frac{1}{6}\neq-3\times\frac{1}{2}$

따라서 주어진 그래프 위에 있는 점은 ②, ④이다.

답 ②, ④

744

원점을 지나는 직선이므로 구하는 식을 $y=kx$로 놓고, 그래프가 점 $(6, 4)$를 지나므로 $y=kx$에 $x=6$, $y=4$를 대입하면

$4=6k$, $k=\frac{2}{3} \quad \therefore y=\frac{2}{3}x$

$y=\frac{2}{3}x$에 $x=-2$, $y=a$를 대입하면

$a=\frac{2}{3}\times(-2)=-\frac{4}{3}$

답 ①

745

$y=\frac{3}{4}x$에 $x=8$을 대입하면 $y=\frac{3}{4}\times8=6$

따라서 점 A의 좌표는 $(8, 6)$이므로 삼각형 AOB의 넓이는

$\frac{1}{2}\times8\times6=24$

답 24

746

$y=4x$에서 $x=2$일 때, $y=4\times2=8$이므로 점 A의 좌표는 $(2, 8)$

$y=-x$에서 $x=2$일 때, $y=-2$이므로 점 B의 좌표는 $(2, -2)$

따라서 삼각형 AOB에서 선분 AB를 밑변으로 하면 밑변의 길이는 10이고, 높이는 2이므로 삼각형 AOB의 넓이는

$\frac{1}{2}\times10\times2=10$

답 10

747

점 A의 x좌표를 a라 하면 $A(a, -2a)$, $D(a+7, -2a)$이다.

점 D는 정비례 관계 $y=\frac{1}{3}x$의 그래프 위의 점이므로

$-2a=\frac{1}{3}(a+7)$, $-6a=a+7$, $-7a=7 \quad \therefore a=-1$

두 점 $A(-1, 2)$, $D(6, 2)$이므로 삼각형 AOD에서 선분 AD를 밑변으로 하면 밑변의 길이는 7이고 높이는 2이다.

따라서 삼각형 AOD의 넓이는 $\frac{1}{2}\times7\times2=7$

답 7

748

(1) 5분에 2 cm씩 타 들어가므로 1분에는 $\frac{2}{5}$ cm씩 타 들어간다.

따라서 x와 y 사이의 관계식은 $y=\frac{2}{5}x$

(2) $y=\frac{2}{5}x$에 $x=30$을 대입하면 $y=\frac{2}{5}\times30=12$

따라서 30분 동안 타 들어간 양초의 길이는 12 cm이다.

답 (1) $y=\frac{2}{5}x$ (2) 12 cm

749

5 L의 휘발유로 60 km를 갈 수 있으므로 1 L의 휘발유로는

$\frac{60}{5}=12$(km)를 갈 수 있다.

따라서 x와 y 사이의 관계식은 $y=12x$

답 $y=12x$

750

회전하는 동안 맞물려 돌아가는 톱니의 수가 같으므로

$8x=16y \quad \therefore y=\frac{1}{2}x\ (x\geq0)$

따라서 x와 y 사이의 관계를 그래프로 나타내면 ③과 같다.

답 ③

751

상점에서 x원어치의 물건을 구입하였을 때 적립되는 포인트는

$x\times\frac{5}{100}$(원)이므로 $y=x\times\frac{5}{100} \quad \therefore y=\frac{1}{20}x$

$y=\frac{1}{20}x$에 $x=14500$을 대입하면

$y=\frac{1}{20}\times14500=725$

따라서 적립되는 포인트는 725점이다.

답 725점

752

(1) $y=\frac{1}{2}\times x\times 8$ $\quad\therefore y=4x$

(2) $y=4x$에 $y=24$를 대입하면 $24=4x$ $\quad\therefore x=6$

따라서 선분 BP의 길이는 6 cm이다.

답 (1) $y=4x$ (2) 6 cm

753

(1) 사탕의 25 g당 가격이 160원이므로

사탕 4개, 즉 50 g의 가격은 $160\times\frac{50}{25}=320$(원)이다.

따라서 이 사탕 1개의 가격은 $320\div 4=80$(원)이므로 ❶

x와 y 사이의 관계식은 $y=80x$ ❷

(2) $y=80x$에 $x=7$을 대입하면 $y=80\times 7=560$

따라서 사탕 7개의 가격은 560원이다. ❸

답 (1) $y=80x$ (2) 560원

단계	채점 기준	배점
❶	사탕 1개의 가격 구하기	40 %
❷	x와 y 사이의 관계식 구하기	40 %
❸	사탕 7개의 가격 구하기	20 %

754

(1) 승헌이는 그래프가 점 (1, 4)를 지나므로 1분 동안 4상자를 포장한다. 따라서 승헌이의 그래프를 나타내는 식은 $y=4x$

(2) 민영이는 그래프가 점 (4, 12)를 지나므로 4분 동안 12상자, 즉 1분 동안 $\frac{12}{4}=3$(상자)를 포장한다.

따라서 민영이의 그래프를 나타내는 식은 $y=3x$

(3) 각각의 관계식에 $x=27$을 대입하면

승헌: $y=4\times 27=108$(상자)

민영: $y=3\times 27=81$(상자)

따라서 두 사람이 포장한 상자 수의 차는

$108-81=27$(상자)

답 (1) $y=4x$ (2) $y=3x$ (3) 27상자

755

A는 3분 동안 1 km를 달렸으므로 A의 속력은 분속 $\frac{1}{3}$ km이다.

따라서 A의 그래프를 나타내는 식은 $y=\frac{1}{3}x$

B는 5분 동안 1 km를 달렸으므로 B의 속력은 분속 $\frac{1}{5}$ km이다.

따라서 B의 그래프를 나타내는 식은 $y=\frac{1}{5}x$

x분 동안 두 사람이 달린 거리의 차는 $\frac{1}{3}x-\frac{1}{5}x=\frac{2}{15}x$이고

거리의 차가 4 km이므로 $\frac{2}{15}x=4$ $\quad\therefore x=30$

따라서 두 사람이 달린 거리의 차가 4 km가 되는 데 걸리는 시간은 30분이다.

답 ④

756

y가 x에 반비례하는 것은 ㄹ, ㅁ이다.

답 ⑤

757

① $y=15x$ ② $y=\frac{800}{x}$ ③ $y=\frac{20}{x}$

④ $y=\frac{2000}{x}$ ⑤ $y=24-x$

따라서 반비례하지 않는 것은 ①, ⑤이다.

답 ①, ⑤

758

y가 x에 반비례하므로 $y=\frac{a}{x}\,(a\neq 0)$ 꼴이다.

$y=\frac{a}{x}$에 $x=9$, $y=4$를 대입하면

$4=\frac{a}{9}$에서 $a=36$ $\quad\therefore y=\frac{36}{x}$

답 $y=\frac{36}{x}$

759

반비례 관계 $y=-\frac{10}{x}$의 그래프는 원점에 대하여 대칭인 한 쌍의 곡선이다.

$x=-5$일 때, $y=-\frac{10}{-5}=2$이므로 그래프는 점 $(-5, 2)$를 지난다.

따라서 반비례 관계 $y=-\frac{10}{x}$의 그래프는 ④이다.

답 ④

760

x의 값에 대한 y의 값을 구하면 다음과 같다.

x	-8	-4	-2	-1	1	2	4	8
y	-1	-2	-4	-8	8	4	2	1

따라서 순서쌍 (x, y)를 좌표평면 위에 나타내면 그래프를 그릴 수 있다.

답

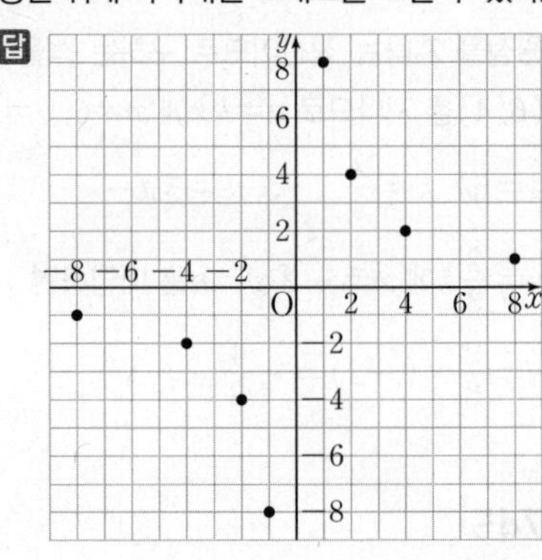

761

② 각 사분면에서 x의 값이 증가하면 y의 값은 감소한다.

답 ②

762

② $y=\frac{1}{3}x$에서 $\frac{1}{3}>0$이므로 제1, 3사분면을 지난다.

④ $y=\frac{3}{x}$에서 $3>0$이므로 제1, 3사분면을 지난다. 답 ②, ④

763

반비례 관계 $y=\frac{a}{x}(a\neq0)$의 그래프는 $|a|$의 값이 클수록 원점에서 멀어지므로 원점에서 가장 먼 것은 ⑤이다. 답 ⑤

764

ㄱ. 반비례 관계 $y=\frac{a}{x}$의 그래프는 원점을 지나지 않는다.

ㄹ. $a<0$일 때, 각 사분면에서 x의 값이 증가하면 y의 값도 증가한다.

따라서 보기 중 옳은 것은 ㄴ, ㄷ이다. 답 ④

765

정비례 관계 $y=3x$의 그래프에 대한 설명으로 옳은 것은 ①, ②, ③, ⑤이고, 반비례 관계 $y=\frac{3}{x}$의 그래프에 대한 설명으로 옳은 것은 ②, ③, ④이다.

따라서 정비례 관계 $y=3x$와 반비례 관계 $y=\frac{3}{x}$의 그래프의 공통점은 ②, ③이다. 답 ②, ③

766

정비례 관계 $y=-4x$의 그래프는 원점과 제2, 4사분면을 지나는 직선이므로 이 그래프와 원점이 아닌 다른 점에서 만나는 그래프의 관계식은 $y=\frac{a}{x}(a<0)$ 꼴인 ⑤이다. 답 ⑤

767

$y=-\frac{6}{x}$에 $x=2$, $y=a$를 대입하면

$a=-\frac{6}{2}=-3$ 답 ①

768

$y=-\frac{8}{x}$에 각 점의 좌표를 대입한다.

① $x=1$, $y=1$을 대입하면 $1\neq-\frac{8}{1}$

② $x=2$, $y=4$를 대입하면 $4\neq-\frac{8}{2}$

③ $x=8$, $y=-2$를 대입하면 $-2\neq-\frac{8}{8}$

④ $x=-1$, $y=-8$을 대입하면 $-8\neq-\frac{8}{-1}$

⑤ $x=-4$, $y=2$를 대입하면 $2=-\frac{8}{-4}$

따라서 반비례 관계 $y=-\frac{8}{x}$의 그래프 위에 있는 점은 ⑤이다. 답 ⑤

769

$y=-\frac{16}{x}$에 $x=8$, $y=a$를 대입하면

$a=-\frac{16}{8}=-2$

$y=-\frac{16}{x}$에 $x=b$, $y=-16$을 대입하면

$-16=-\frac{16}{b}$ $\quad\therefore b=1$

$\therefore a+b=-2+1=-1$ 답 ③

770

$y=\frac{a}{x}$에 $x=-3$, $y=-4$를 대입하면

$-4=\frac{a}{-3}$ $\quad\therefore a=12$ ―― ❶

$y=\frac{12}{x}$에 $x=b$, $y=6$을 대입하면

$6=\frac{12}{b}$ $\quad\therefore b=2$ ―― ❷

$\therefore a-b=12-2=10$ ―― ❸

답 10

단계	채점 기준	배점
❶	a의 값 구하기	40 %
❷	b의 값 구하기	40 %
❸	$a-b$의 값 구하기	20 %

771

$y=ax$에 $x=-2$, $y=-18$을 대입하면

$-18=-2a$ $\quad\therefore a=9$

따라서 $y=\frac{9}{x}$에 각 점의 좌표를 대입한다.

① $x=-\frac{1}{3}$, $y=27$을 대입하면 $27\neq9\div\left(-\frac{1}{3}\right)$

② $x=-\frac{1}{2}$, $y=-18$을 대입하면 $-18=9\div\left(-\frac{1}{2}\right)$

③ $x=\frac{1}{6}$, $y=\frac{1}{3}$을 대입하면 $\frac{1}{3}\neq9\div\frac{1}{6}$

④ $x=3$, $y=\frac{1}{3}$을 대입하면 $\frac{1}{3}\neq\frac{9}{3}$

⑤ $x=6$, $y=\frac{1}{6}$을 대입하면 $\frac{1}{6}\neq\frac{9}{6}$

따라서 $y=\frac{9}{x}$의 그래프 위에 있는 점은 ②이다. 답 ②

772

반비례 관계 $y=\frac{a}{x}$의 그래프가 점 $(3, -3)$을 지나므로

$y=\frac{a}{x}$에 $x=3$, $y=-3$을 대입하면

$-3=\frac{a}{3}$ $\quad\therefore a=-9$ ―― ❶

반비례 관계 $y=-\frac{9}{x}$의 그래프가 점 $(-6, b)$를 지나므로

$x=-6$, $y=b$를 대입하면 $b=-\frac{9}{-6}=\frac{3}{2}$ ❷

$\therefore a+b=-9+\frac{3}{2}=-\frac{15}{2}$ ❸

답 $-\frac{15}{2}$

단계	채점 기준	배점
❶	a의 값 구하기	40 %
❷	b의 값 구하기	40 %
❸	$a+b$의 값 구하기	20 %

773

x좌표와 y좌표가 모두 정수인 점의 좌표는
$(-10, -1)$, $(-5, -2)$, $(-2, -5)$, $(-1, -10)$,
$(1, 10)$, $(2, 5)$, $(5, 2)$, $(10, 1)$
의 8개이다. 답 ③

› 참고 $\frac{10}{x}$의 값이 정수가 되도록 하는 x의 값은 10의 약수와 $-$(10의 약수)이므로 1, 2, 5, 10, -1, -2, -5, -10임을 알 수 있다.

774

그래프가 원점에 대하여 대칭인 한 쌍의 곡선이고 점 $(4, 2)$를 지나므로 구하는 식을 $y=\frac{a}{x}$로 놓고 $x=4$, $y=2$를 대입하면

$2=\frac{a}{4}$, $a=8$ $\therefore y=\frac{8}{x}$ 답 ⑤

775

그래프가 원점에 대하여 대칭인 한 쌍의 곡선이고 점 $(3, -4)$를 지나므로 구하는 식을 $y=\frac{a}{x}$로 놓고 $x=3$, $y=-4$를 대입하면

$-4=\frac{a}{3}$, $a=-12$ $\therefore y=-\frac{12}{x}$ 답 $y=-\frac{12}{x}$

776

그래프가 원점에 대하여 대칭인 한 쌍의 곡선이므로 구하는 식을 $y=\frac{a}{x}$로 놓고, 그래프가 점 $(3, -5)$를 지나므로 $x=3$, $y=-5$를 대입하면

$-5=\frac{a}{3}$, $a=-15$ $\therefore y=-\frac{15}{x}$

또, $y=-\frac{15}{x}$의 그래프가 점 $\left(k, -\frac{1}{2}\right)$을 지나므로

$x=k$, $y=-\frac{1}{2}$을 대입하면

$-\frac{1}{2}=-\frac{15}{k}$ $\therefore k=30$ 답 30

777

y가 x에 반비례하므로 구하는 식을 $y=\frac{a}{x}$로 놓고, 그래프가 점 $(-2, -3)$을 지나므로 $y=\frac{a}{x}$에 $x=-2$, $y=-3$을 대입하면

$-3=\frac{a}{-2}$, $a=6$ $\therefore y=\frac{6}{x}$

즉, $y=\frac{6}{x}$에 각 점의 좌표를 대입한다.

① $x=-3$, $y=2$를 대입하면 $2\neq\frac{6}{-3}$

② $x=-1$, $y=6$을 대입하면 $6\neq\frac{6}{-1}$

③ $x=1$, $y=-6$을 대입하면 $-6\neq\frac{6}{1}$

④ $x=3$, $y=2$를 대입하면 $2=\frac{6}{3}$

⑤ $x=6$, $y=-2$를 대입하면 $-2\neq\frac{6}{6}$

따라서 반비례 관계 $y=\frac{6}{x}$의 그래프 위에 있는 점은 ④이다. 답 ④

778

⑤ 그래프가 원점에 대하여 대칭인 한 쌍의 곡선이고 점 $(-2, 3)$을 지나므로 구하는 식을 $y=\frac{a}{x}$로 놓고 $x=-2$, $y=3$을 대입하면

$3=\frac{a}{-2}$, $a=-6$ $\therefore y=-\frac{6}{x}$ 답 ⑤

779

$y=\frac{a}{x}$에서

$x=1$일 때, $y=\frac{a}{1}=a$이므로 점 P의 y좌표는 a이다.

$x=3$일 때, $y=\frac{a}{3}$이므로 점 Q의 y좌표는 $\frac{a}{3}$이다.

점 P와 점 Q의 y좌표의 차가 6이므로

$a-\frac{a}{3}=6$, $3a-a=18$, $2a=18$ $\therefore a=9$ 답 9

780

그래프가 원점에 대하여 대칭인 한 쌍의 곡선이고 점 $\left(-10, \frac{9}{5}\right)$를 지나므로 구하는 식을 $y=\frac{a}{x}$로 놓고 $x=-10$, $y=\frac{9}{5}$를 대입하면

$\frac{9}{5}=\frac{a}{-10}$ $\therefore a=-18$

따라서 반비례 관계 $y=-\frac{18}{x}$의 그래프 위의 점 중에서 x좌표와 y좌표가 모두 정수인 점은
$(-18, 1)$, $(-9, 2)$, $(-6, 3)$, $(-3, 6)$, $(-2, 9)$, $(-1, 18)$,
$(1, -18)$, $(2, -9)$, $(3, -6)$, $(6, -3)$, $(9, -2)$, $(18, -1)$의
12개이다. 답 12

781

점 P의 x좌표를 a라 하면 $\mathrm{P}\left(a, \frac{12}{a}\right)$이므로 $\mathrm{A}(a, 0)$, $\mathrm{B}\left(0, \frac{12}{a}\right)$

따라서 직사각형 OAPB는 가로의 길이가 a, 세로의 길이가 $\frac{12}{a}$이므로

넓이는 $a\times\frac{12}{a}=12$ 답 12

782

점 A의 좌표를 $(-3, b)$라고 하면 선분 BO의 길이는 3이고, 직사각형 ABOC의 넓이가 15이므로 $3\times b=15$ $\therefore b=5$

따라서 $\mathrm{A}(-3, 5)$이므로 $y=\frac{a}{x}$에 $x=-3$, $y=5$를 대입하면

$5=\frac{a}{-3}$ $\therefore a=-15$ 답 -15

783

직사각형 ABCD의 가로의 길이는 4, 세로의 길이는 $2k$, 넓이는 24이므로 $4\times 2k=8k=24$ $\therefore k=3$

따라서 $\mathrm{A}(2, 3)$, $\mathrm{C}(-2, -3)$이고 두 점 A, C는 반비례 관계 $y=\frac{a}{x}$의 그래프 위에 있으므로

$3=\frac{a}{2}$ $\therefore a=6$ 답 6

784

두 그래프가 점 $\mathrm{P}(2, 8)$을 지나므로

$y=ax$에 $x=2$, $y=8$을 대입하면

$8=2a$ $\therefore a=4$

$y=\frac{b}{x}$에 $x=2$, $y=8$을 대입하면

$8=\frac{b}{2}$ $\therefore b=16$

$\therefore a+b=4+16=20$ 답 20

785

$y=3x$에 $x=2$를 대입하면 $y=6$이므로 점 A의 좌표는 $(2, 6)$이다.

따라서 $y=\frac{a}{x}$에 $x=2$, $y=6$을 대입하면

$6=\frac{a}{2}$ $\therefore a=12$ 답 12

786

$y=-\frac{12}{x}$에 $x=b$, $y=4$를 대입하면

$4=-\frac{12}{b}$, $b=-3$ $\therefore \mathrm{P}(-3, 4)$

따라서 $y=ax$에 $x=-3$, $y=4$를 대입하면

$4=-3a$, $a=-\frac{4}{3}$

$\therefore \frac{a}{b}=\left(-\frac{4}{3}\right)\times\left(-\frac{1}{3}\right)=\frac{4}{9}$ 답 $\frac{4}{9}$

787

(1) 시속 80 km로 3시간 동안 달린 거리는 $80\times 3=240(\mathrm{km})$

시속 x km로 갈 때 y시간이 걸리므로

$(\text{시간})=\frac{(\text{거리})}{(\text{속력})}$, 즉 $y=\frac{240}{x}$

(2) $y=\frac{240}{x}$에 $x=60$을 대입하면 $y=\frac{240}{60}=4$

따라서 시속 60 km로 달리면 4시간이 걸린다.

답 (1) $y=\frac{240}{x}$ (2) 4시간

788

20개의 타일로 가로에 x개, 세로에 y개를 붙여서 직사각형을 만들어야 하므로

$xy=20$ $\therefore y=\frac{20}{x}$ 답 $y=\frac{20}{x}$

789

$(\text{소금물의 농도})=\frac{(\text{소금의 양})}{(\text{소금물의 양})}\times 100(\%)$이므로

$y=\frac{25}{x}\times 100$ $\therefore y=\frac{2500}{x}$ 답 $y=\frac{2500}{x}$

790

회전하는 동안 맞물려 돌아가는 톱니의 수는 같으므로

$42\times 1=x\times y$, $xy=42$ $\therefore y=\frac{42}{x}$

그런데 $x>0$이어야 하므로 $y=\frac{42}{x}(x>0)$이고 x와 y 사이의 관계를 그래프로 나타내면 ③과 같다. 답 ③

791

압력이 x기압일 때, 기체의 부피를 $y\ \mathrm{cm}^3$라고 하면 y는 x에 반비례하므로 구하는 식을 $y=\frac{a}{x}$로 놓고 $x=2$, $y=5$를 대입하면

$5=\frac{a}{2}$, $a=10$ $\therefore y=\frac{10}{x}$

$y=\frac{10}{x}$에 $x=8$을 대입하면 $y=\frac{10}{8}=\frac{5}{4}$

따라서 이 기체의 부피는 $\frac{5}{4}\ \mathrm{cm}^3$이다. 답 $\frac{5}{4}\ \mathrm{cm}^3$

792

수조의 용량은 $3\times 80=240(\mathrm{L})$

물을 매분 x L씩 y분 동안 넣어 수조를 가득 채운다면

$xy=240$ $\therefore y=\frac{240}{x}$

$y=\frac{240}{x}$에 $x=4$를 대입하면 $y=\frac{240}{4}=60$

따라서 매분 4 L씩 물을 넣으면 수조를 가득 채우는 데 60분이 걸린다.

답 ⑤

만점에 도전하기 141~142쪽

793

정비례 관계 $y=-3x$의 그래프 위의 한 점 $(1, -3)$과 y축에 대하여 대칭인 점의 좌표는 $(-1, -3)$이므로 정비례 관계 $y=-3x$의 그래프와 y축에 대하여 대칭인 그래프는 원점과 점 $(-1, -3)$을 지난다.

따라서 $y=ax$에 $x=-1$, $y=-3$을 대입하면

$-3=-a$, $a=3$ $\quad\therefore y=3x$

그러므로 구하는 정비례 관계의 식은 $y=3x$ 답 $y=3x$

794

정비례 관계 $y=kx$의 그래프는 $k>0$이면 제1, 3사분면을 지나고, $k<0$이면 제2, 4사분면을 지나므로

$c>0$, $d>0$ ……㉠

$a<0$, $b<0$ ……㉡

$|k|$의 값이 클수록 y축에 가까우므로

$|c|>|d|$ ……㉢

$|b|>|a|$ ……㉣

㉠, ㉢에서 $0<d<c$

㉡, ㉣에서 $b<a<0$

$\therefore b<a<d<c$ 답 $b<a<d<c$

795

정비례 관계 $y=ax$의 그래프가 선분 AB와 만날 때, a의 값은 점 A$(2, 7)$을 지날 때 가장 크고, 점 B$(5, 2)$를 지날 때 가장 작다.

두 점 A, B의 좌표를 $y=ax$에 각각 대입하면

$x=2$, $y=7$일 때, $7=2a$ $\quad\therefore a=\frac{7}{2}$

$x=5$, $y=2$일 때, $2=5a$ $\quad\therefore a=\frac{2}{5}$

따라서 a의 값의 범위는 $\frac{2}{5}\le a\le\frac{7}{2}$ 답 $\frac{2}{5}\le a\le\frac{7}{2}$

796

점 A의 좌표를 $(a, 2a)$라고 하면 정사각형 ABCD의 한 변의 길이가 3이므로 점 C의 좌표는 $(a+3, 2a-3)$이다.

점 C는 정비례 관계 $y=\frac{1}{2}x$의 그래프 위의 점이므로

$y=\frac{1}{2}x$에 $x=a+3$, $y=2a-3$을 대입하면

$2a-3=\frac{1}{2}(a+3)$, $4a-6=a+3$, $3a=9$ $\quad\therefore a=3$

따라서 점 C의 좌표는 $(6, 3)$이다. 답 $(6, 3)$

797

삼각형 AOB의 넓이는

$\frac{1}{2}\times8\times6=24$ ——— ❶

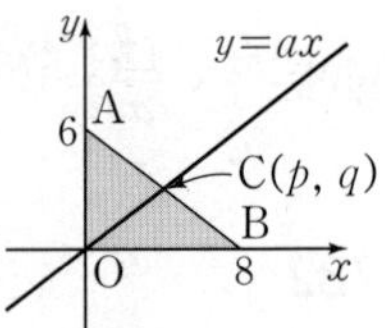

선분 AB와 정비례 관계 $y=ax$의 그래프가 만나는 점을 C(p, q)라고 하면

(삼각형 AOC의 넓이)$=\frac{1}{2}\times6\times p=12$

에서 $p=4$

(삼각형 COB의 넓이)$=\frac{1}{2}\times8\times q=12$

에서 $q=3$

$\therefore$ C$(4, 3)$ ——— ❷

따라서 정비례 관계 $y=ax$의 그래프가 점 $(4, 3)$을 지나므로

$3=4a$ $\quad\therefore a=\frac{3}{4}$ ——— ❸

답 $\frac{3}{4}$

단계	채점 기준	배점
❶	삼각형 AOB의 넓이 구하기	20 %
❷	선분 AB와 정비례 관계 $y=ax$의 그래프가 만나는 점의 좌표 구하기	60 %
❸	a의 값 구하기	20 %

798

사다리꼴 OABD의 넓이는

$\frac{1}{2}\times(4+8)\times2=12$

오른쪽 그림과 같이 정비례 관계 $y=ax$의 그래프는 변 AB 위의 점을 지나야 한다.

그 점을 P라고 하면 점 P의 좌표는 $(8, 8a)$이다.

또, 삼각형 OAP의 넓이는 $12\times\frac{1}{2}=6$이므로

$\frac{1}{2}\times8\times8a=6$, $32a=6$ $\quad\therefore a=\frac{3}{16}$ 답 ②

799

전체 벽면의 넓이를 1이라고 하면 현선이가 1시간 동안 칠한 벽면의 넓이는 $\frac{1}{3}$, 민수가 1시간 동안 칠한 벽면의 넓이는 $\frac{1}{2}$이므로 현선이와 민수가 함께 1시간 동안 칠한 벽면의 넓이는

$\frac{1}{3}+\frac{1}{2}=\frac{5}{6}$

따라서 x시간 동안 칠한 벽면의 넓이는 $\frac{5}{6}x$이므로

x와 y 사이의 관계식은 $y=\frac{5}{6}x$ 답 $y=\frac{5}{6}x$

800

2분 동안 보라는 600 m, 광태는 150 m를 이동하였으므로 1분 동안 보라는 300 m, 광태는 75 m를 이동하였다.

따라서 시간을 x분, 이동한 거리를 y m라고 하면 보라가 이동한 거리는 $y=300x$, 광태가 이동한 거리는 $y=75x$이다.

보라가 1.8 km, 즉 1800 m를 가는 데 걸리는 시간을 구하기 위하여 $y=300x$에 $y=1800$을 대입하면

$1800=300x \qquad \therefore x=6$

광태가 1800 m를 가는 데 걸리는 시간을 구하기 위하여 $y=75x$에 $y=1800$을 대입하면

$1800=75x \qquad \therefore x=24$

따라서 보라가 도착하고 $24-6=18$(분)이 지나야 광태가 도착한다.

답 18분

801

$y=\frac{a}{x}$에 $x=2$, $y=4$를 대입하면 $4=\frac{a}{2}$이므로 $a=8$

$\therefore y=\frac{8}{x}\ (x>0)$

따라서 경계선을 제외한 색칠한 부분에 속하는 x좌표, y좌표가 모두 정수인 점은

(1, 1), (1, 2), (1, 3), (1, 4),
(1, 5), (1, 6), (1, 7), (2, 1),
(2, 2), (2, 3), (3, 1), (3, 2),
(4, 1), (5, 1), (6, 1), (7, 1)

의 16개이다.

답 16

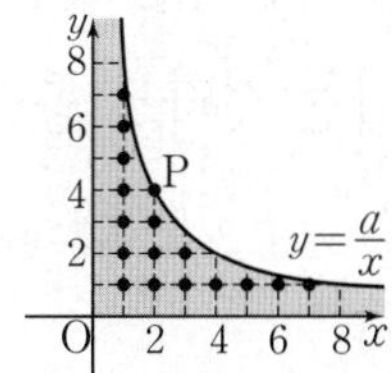

802

점 P가 $y=\frac{18}{x}$의 그래프 위의 점이므로

$y=\frac{18}{x}$에 $x=c$, $y=d$를 대입하면

$d=\frac{18}{c} \qquad \therefore cd=18$

따라서 삼각형 OAP의 넓이는

$\frac{1}{2}\times c\times d=\frac{1}{2}\times 18=9$

답 9

> 참고 점 P가 제3사분면 위에 있어도 삼각형 OAP의 넓이는 같다.

803

반비례 관계 $y=\frac{16}{x}$에서 $xy=16$이므로 이 그래프가 지나는 점은 x좌표와 y좌표의 곱이 항상 일정하다.

즉, 직사각형 AODP와 BOEQ의 넓이는 16으로 같다.

따라서 직사각형 ABCP와 CDEQ의 넓이가 같으므로 직사각형 CDEQ의 넓이는 10이다.

답 10

804

정비례 관계 $y=-\frac{3}{5}x$의 그래프가 점 A$(2, b)$를 지나므로

$b=-\frac{3}{5}\times 2=-\frac{6}{5}$ ❶

반비례 관계 $y=\frac{a}{x}$의 그래프가 점 A$\left(2, -\frac{6}{5}\right)$을 지나므로

$-\frac{6}{5}=\frac{a}{2} \qquad \therefore a=-\frac{12}{5}$ ❷

반비례 관계 $y=-\frac{12}{5x}$의 그래프가 점 B$(4, c)$를 지나므로

$c=-\frac{12}{5\times 4}=-\frac{3}{5}$ ❸

$\therefore a+b+c=-\frac{12}{5}+\left(-\frac{6}{5}\right)+\left(-\frac{3}{5}\right)$

$=-\frac{21}{5}$ ❹

답 $-\frac{21}{5}$

단계	채점 기준	배점
❶	b의 값 구하기	30 %
❷	a의 값 구하기	30 %
❸	c의 값 구하기	30 %
❹	$a+b+c$의 값 구하기	10 %

805

(전체 일을 한 명이 끝내는 데 걸리는 시간)

=(작업한 사람 수)×(일을 끝내는 데 걸리는 시간)

$=9\times 80=720$(분)

이 일을 x명이 작업하여 y분 만에 끝낸다면

$xy=720 \qquad \therefore y=\frac{720}{x}$

답 $y=\frac{720}{x}$

806

물체의 무게를 y kg, G 지점으로부터의 거리를 x cm라고 하면 x와 y 사이에 반비례 관계가 있으므로 $y=\frac{a}{x}$로 놓을 수 있다.

추는 점 G에서 40 cm 떨어져 있고, 추의 무게가 2 kg이므로

$y=\frac{a}{x}$에 $x=40$, $y=2$를 대입하면

$2=\frac{a}{40} \qquad \therefore a=80$

물체 A는 점 G에서 10 cm 떨어져 있으므로

$y=\frac{80}{x}$에 $x=10$을 대입하면

$y=\frac{80}{10}=8$

따라서 물체 A의 무게는 8 kg이다.

답 8 kg

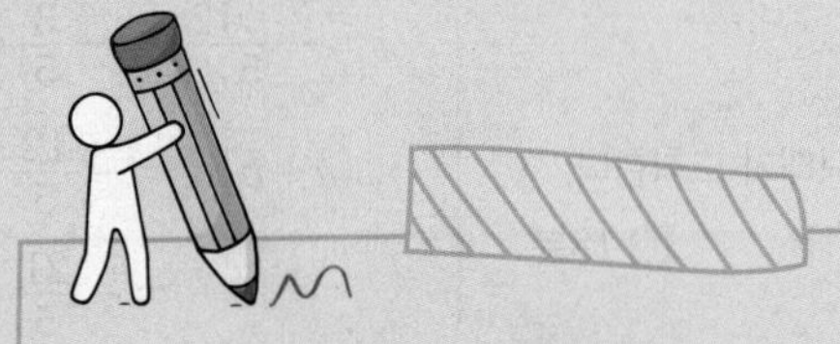

싫증만큼 무서운 것은 없습니다.
싫증을 내는 순간,
실패의 불청객은 슬그머니
머리를 들이밀고 다가옵니다.
꿈을 이루어간다는 것은
싫증을 이겨낸다는 것과도 통합니다.

풍산자 필수유형

정답과 해설

실전북

중학수학

1-1

서술형 집중연습

I. 수와 연산

대표 서술형 2~3쪽

예제 1

step ❶ 180을 소인수분해하면
$180=2^2\times3^2\times5$

step ❷ $180\times a=2^2\times3^2\times5\times a$가 어떤 자연수의 제곱이 되려면 각 소인수의 지수가 모두 짝수가 되어야 하므로 가장 작은 자연수 a는 $a=5$

step ❸ $180\times5=2^2\times3^2\times5\times5$
$=2\times2\times3\times3\times5\times5$
$=(2\times3\times5)^2=30^2$
이므로 $b=30$

step ❹ $\therefore a+b=5+30=35$

유제 1-1

step ❶ 72를 소인수분해하면 $72=2^3\times3^2$

step ❷ $72\times x=2^3\times3^2\times x$가 어떤 자연수의 제곱이 되려면 각 소인수의 지수가 모두 짝수가 되어야 한다.
즉, $x=2\times$(자연수)^{2}의 꼴이므로 x의 값이 될 수 있는 수는 $2, 2\times2^2, 2\times3^2, \cdots$

step ❸ 따라서 x의 값이 될 수 있는 수 중에서 세 번째로 작은 수는 $2\times3^2=18$

유제 1-2

step ❶ 135를 소인수분해하면 $135=3^3\times5$

step ❷ $135=3^3\times5$를 자연수로 나누어 어떤 자연수의 제곱이 되도록 하려면 각 소인수의 지수가 모두 짝수가 되어야 한다.
따라서 나눌 수 있는 가장 작은 자연수는
$3\times5=15$

예제 2

step ❶ $f(120)$은 120의 약수의 개수를 나타내고, 120을 소인수분해하면 $120=2^3\times3\times5$이므로
$f(120)=(3+1)\times(1+1)\times(1+1)=16$

step ❷ $f(120)\times f(x)=48$에서 $16\times f(x)=48$이므로
$f(x)=3$

step ❸ $f(x)=3$이므로 x의 약수의 개수는 3이다.
이때 약수의 개수가 3인 수는 $2^2, 3^2, 5^2, \cdots$과 같이 (소수)^{2}의 꼴이다.
따라서 가장 작은 자연수 x의 값은
$x=2^2=4$

유제 2-1

step ❶ $n(360)$과 $n(56)$은 각각 360과 56의 약수의 개수이고,
$360=2^3\times3^2\times5$, $56=2^3\times7$이므로
$n(360)=(3+1)\times(2+1)\times(1+1)=24$
$n(56)=(3+1)\times(1\times1)=8$

step ❷ $n(360)\div n(56)\times n(x)=18$에서
$24\div8\times n(x)=18$이므로 $n(x)=6$

step ❸ $6=5+1=(2+1)\times(1+1)$이므로
$2^5=32$ 또는 $2^2\times3=12$ 중에서 가장 작은 x의 값은 12이다.

유제 2-2

step ❶ $p(2000)$은 2000의 약수의 개수이고,
$2000=2^4\times5^3$이므로
$p(2000)=(4+1)\times(3+1)=20$

step ❷ $p(2000)=20$이므로 $p(p(2000))$은 $p(20)$의 값과 같다.
따라서 $p(p(2000))=p(20)$은 20의 약수의 개수이고,
$20=2^2\times5$이므로
$p(p(2000))=p(20)=(2+1)\times(1+1)=6$

서술형 실전대비 4~5쪽

1 step ❶ $81=3^4$이므로 $3^a=3^4$ $\quad\therefore a=4$
step ❷ $125=5^3$이므로 $5^b=5^3$ $\quad\therefore b=3$
step ❸ $\therefore a-b=4-3=1$ 답 1

2 step ❶ $7, 7^2, 7^3, 7^4, 7^5, 7^6, 7^7, 7^8, 7^9, \cdots$의 일의 자리의 숫자만 차례대로 나열하면
$7, 9, 3, 1, 7, 9, 3, 1, 7, \cdots$
step ❷ 7의 거듭제곱에서 일의 자리의 숫자는 7, 9, 3, 1의 순서로 반복된다.
step ❸ $50=4\times12+2$이므로 7^{50}의 일의 자리의 숫자는 7^2의 일의 자리의 숫자와 같은 9이다. 답 9

3 step ❶ $108=2^2\times3^3$에 자연수를 곱하여 어떤 자연수의 제곱이 되려면 각 소인수의 지수가 모두 짝수가 되어야 하므로 곱할 수 있는 가장 작은 자연수는 3이다.
$108\times3=2^2\times3^3\times3=2\times2\times3\times3\times3\times3$
$=(2\times3\times3)^2=18^2$
$\therefore a=18$
step ❷ $40=2^3\times5$를 자연수로 나누어 어떤 자연수이 제곱이 되려면 각 소인수의 지수가 모두 짝수가 되어야 하므로 나눌 수 있는 가장 작은 자연수는 $2\times5=10$이다.
$\frac{40}{10}=4=2^2$ $\quad\therefore b=2$
step ❸ $\therefore a+b=18+2=20$ 답 20

4 step ❶ $350=2\times5^2\times7$이므로 350의 약수의 개수는
$(1+1)\times(2+1)\times(1+1)=12$

step ❷ $2^a\times3\times5^b$의 약수의 개수가 12이므로
$(a+1)\times(1+1)\times(b+1)=12$
$(a+1)\times(b+1)=6$
이때 두 자연수 a, b에 대하여 $a>b$이므로
$a+1=3$, $b+1=2$
$\therefore a=2$, $b=1$

step ❸ $\therefore a\times b=2\times1=2$

답 2

5 720을 소인수분해하면 $720=2^4\times3^2\times5$ ❶
따라서 $a=4$, $b=2$, $c=1$이므로 ❷
$a-b+c=4-2+1=3$ ❸

답 3

단계	채점 기준	배점
❶	720을 소인수분해하기	1점
❷	a, b, c의 값 구하기	각 1점
❸	$a-b+c$의 값 구하기	1점

6 $60=2^2\times3\times5$이므로 $2^2\times3\times5\times a=b^2$이 되려면 가장 작은 a는
$a=3\times5=15$
$b^2=2^2\times3\times5\times3\times5=2\times2\times3\times3\times5\times5$
$=(2\times3\times5)^2=30^2$
이므로 $b=30$ ❶
$120=2^3\times3\times5$이므로 $\frac{2^3\times3\times5}{c}=d^2$이 되려면 가장 작은 c는
$c=2\times3\times5=30$
$d^2=\frac{2^3\times3\times5}{2\times3\times5}=\frac{2\times2\times2\times3\times5}{2\times3\times5}=2\times2=2^2$
이므로 $d=2$ ❷
$\therefore a+b+c+d=15+30+30+2=77$ ❸

답 77

단계	채점 기준	배점
❶	a, b의 값 구하기	3점
❷	c, d의 값 구하기	3점
❸	$a+b+c+d$의 값 구하기	1점

7 합이 9가 되는 두 소수는 2와 7뿐이므로 구하는 자연수는 2와 7의 거듭제곱의 곱의 꼴이다. ❶
이러한 자연수 중에서 50보다 크고 60보다 작은 자연수는
$2^3\times7=56$ ❷
따라서 56의 약수의 개수는
$(3+1)\times(1+1)=8$ ❸

답 8

단계	채점 기준	배점
❶	조건을 만족하는 자연수의 특징 알기	2점
❷	조건을 만족하는 자연수 구하기	2점
❸	구한 자연수의 약수의 개수 구하기	2점

8 (가), (나)에서 두 자연수 A, B는 100보다 작고 서로소이다. ❶
(다)에서 약수의 개수가 3인 수는 소수의 제곱인 수이므로 A, B가 될 수 있는 수는 4, 9, 25, 49이다. ❷
그런데 (가), (라)에서 $A<B$이고 $B-A=24$이므로
$A=25$, $B=49$ ❸

답 $A=25$, $B=49$

단계	채점 기준	배점
❶	(가), (나)를 이용하여 A, B의 조건 구하기	2점
❷	(다)에서 A, B가 될 수 있는 수 구하기	2점
❸	A, B의 값 구하기	2점

대표 서술형

6~7쪽

예제 1

step ❶ 똑같이 나누어 줄 수 있는 학생 수는
$58+2=60$, $33-3=30$, $49-4=45$의 공약수이다.
이때 가능한 한 많은 학생들에게 똑같이 나누어 주려고 하므로 60, 30, 45의 최대공약수를 구해야 한다.

step ❷
3) 60 30 45
5) 20 10 15
 4 2 3

따라서 60, 30, 45의 최대공약수는 $3\times5=15$이므로 15명의 학생들에게 나누어 줄 수 있다.

유제 1-1

step ❶ 똑같이 나누어 줄 수 있는 학생 수는
$45-3=42$와 $32+3=35$의 공약수이고, 이 중에서 가능한 한 많은 학생들에게 나누어 주려고 하므로 42와 35의 최대공약수인 7명에게 나누어 줄 수 있다.

step ❷ 한 학생이 받게 되는 연필의 수 a는
$42\div7=6$ $\therefore a=6$
한 학생이 받게 되는 지우개의 수 b는
$35\div7=5$ $\therefore b=5$

step ❸ $\therefore a+b=6+5=11$

유제 1-2

step ❶ 똑같이 나누어 줄 수 있는 어린이의 수는 60과 72의 공약수이고, 이 중에서 가능한 한 많은 어린이에게 나누어 주려고 하므로 60과 72의 최대공약수인 12명에게 나누어 줄 수 있다.

step ❷ 따라서 한 어린이가 받게 되는 초콜릿의 수는

$60\div12=5$

step ❸ 한 어린이가 받게 되는 사탕의 수는

$72\div12=6$

예제 2

step ❶ 9, 12, 18의 어느 수로 나누어도 7이 남는 자연수는 9, 12, 18의 공배수에 7을 더한 수이다.

step ❷
```
3) 9  12  18
2) 3   4   6
3) 3   2   3
   1   2   1
```
⇨ 최소공배수 : $2^2\times3^2=36$

step ❸ 구하는 수는 9, 12, 18의 최소공배수인 36의 배수인 36, 72, 108, …에 7을 더한 수 43, 79, 115, … 중에서 가장 작은 두 자리의 자연수이므로 43이다.

유제 2-1

step ❶ 4로 나누면 2가 남고, 5로 나누면 3이 남고, 8로 나누면 2가 부족한 수는 4, 5, 8로 나누면 모두 2가 부족한 수이다.

즉, 구하는 수를 x라고 하면 $x+2$는 4, 5, 8의 공배수이다.

step ❷ $x+2$는 4, 5, 8의 최소공배수인 40의 배수이므로

40, 80, 120, …이다.

따라서 x는 38, 78, 118, …이므로 이 중에서 가장 작은 자연수는 38이다.

유제 2-2

step ❶ 5로 나누면 2가 남고, 6으로 나누면 3이 남고, 7로 나누면 4가 남는 수는 5, 6, 7로 나누면 모두 3이 부족한 수이다.

즉, 구하는 수를 x라고 하면 $x+3$은 5, 6, 7의 공배수이다.

step ❷ $x+3$은 5, 6, 7의 최소공배수인 210의 배수이므로

210, 420, 630, 840, 1050, …이다.

따라서 x는 207, 417, 627, 837, 1047, …이므로 이 중에서 세 자리의 자연수는 4개이다.

서술형 실전대비

8~9쪽

1 step ❶ $12=2^2\times3$, $504=2^3\times3^2\times7$

step ❷ $2^a\times3^b$과 $2^3\times3\times c$의 최대공약수가 $2^2\times3$, 최소공배수가 $2^3\times3^2\times7$이므로

$a=2$, $b=2$, $c=7$

step ❸ $\therefore a-b+c=2-2+7=7$

답 7

2 step ❶ 가장 큰 정사각형 모양의 타일의 한 변의 길이는 510과 390의 최대공약수인 30 cm이다.

step ❷ 가로에 필요한 타일의 개수는 $510\div30=17$

세로에 필요한 타일의 개수는 $390\div30=13$

step ❸ 따라서 필요한 전체 타일의 개수는

$17\times13=221$

답 221

3 step ❶ 세 학생이 같은 곳에서 동시에 출발하여 같은 방향으로 돌 때, 출발한 곳으로 처음으로 동시에 돌아올 때까지 걸리는 시간은 100, 60, 40의 최소공배수인 600초 후이다.

step ❷ A 학생은 $600\div100=6$(바퀴)

B 학생은 $600\div60=10$(바퀴)

C 학생은 $600\div40=15$(바퀴)

답 A: 6바퀴, B: 10바퀴, C: 15바퀴

4 step ❶ 구하는 수는 $25-1=24$, $50-2=48$, $35-3=32$의 공약수 중에서 나머지인 3보다 큰 수이다.

step ❷ 24, 48, 32의 최대공약수가 8이므로 구하는 수는 8의 약수 중에서 3보다 큰 수인 4, 8이다.

step ❸ $\therefore 4+8=12$

답 12

5 세 수 $63=3^2\times7$, $2^a\times3^2\times7^2$, $2^3\times3\times5^b$의 최소공배수가 어떤 자연수의 제곱이 되므로

(최소공배수)$=2^a\times3^2\times5^b\times7^2$

에서 a, b는 짝수이어야 한다. ——— ❶

a는 3보다 큰 가장 작은 짝수이어야 하므로 $a=4$

b는 가장 작은 짝수이어야 하므로 $b=2$ ——— ❷

$\therefore a+b=4+2=6$ ——— ❸

답 6

단계	채점 기준	배점
❶	a, b는 어떤 수인지 이해하기	3점
❷	a, b의 값 구하기	각 1점
❸	$a+b$의 값 구하기	1점

6 (1) 두 톱니바퀴가 같은 톱니에서 처음으로 다시 맞물릴 때까지 돌아간 톱니의 수는 108과 72의 최소공배수인 216개이다. ——— ❶

(2) 톱니바퀴 A의 톱니의 수는 108이므로

$216\div108=2$(바퀴) ——— ❷

(3) 톱니바퀴 B의 톱니의 수는 72이므로

$216\div72=3$(바퀴) ——— ❸

답 (1) 216 (2) 2바퀴 (3) 3바퀴

단계	채점 기준	배점
❶	처음 위치에서 다시 맞물릴 때까지 돌아간 톱니의 수 구하기	3점
❷	톱니바퀴 A는 몇 바퀴 회전한 후인지 구하기	2점
❸	톱니바퀴 B는 몇 바퀴 회전한 후인지 구하기	2점

7 나무 사이의 간격은 40, 56, 64의 공약수이고, 최소한의 나무를 심으려면 나무 사이의 간격이 되도록 멀어야 하므로 구하는 나무 사이의 간격은 40, 56, 64의 최대공약수인 8 m이다. ❶

이때 땅의 둘레의 길이는 $40+56+64=160$(m)이므로 ❷

나무를 최소한 $160 \div 8=20$(그루) 심어야 한다. ❸

답 20그루

단계	채점 기준	배점
❶	나무 사이의 간격 구하기	3점
❷	땅의 둘레의 길이 구하기	2점
❸	최소한 몇 그루의 나무를 심어야 하는지 구하기	2점

8 $A\times B=G\times L=180$이므로 두 자연수 A, B는 180의 약수이어야 한다. ❶

$A\times B=180=2^2\times3^2\times5$이고, $A+B=28$이므로

180의 약수 중에서 합이 28인 두 자연수를 구하면

$A>B$이므로

$A=2\times3^2=18$, $B=2\times5=10$ ❷

$\therefore A-B=18-10=8$ ❸

답 8

단계	채점 기준	배점
❶	A, B는 어떤 수인지 이해하기	2점
❷	A, B의 값 구하기	각 2점
❸	$A-B$의 값 구하기	1점

대표 서술형 10~11쪽

예제 1

step ❶ 양의 유리수는 $\frac{3}{4}$, $+\frac{7}{2}$, 8, $\frac{1}{5}$의 4개이므로 $a=4$

step ❷ 음의 정수는 -6, $-\frac{20}{5}$의 2개이므로 $b=2$

step ❸ $\therefore a+b=4+2=6$

유제 1-1

step ❶ 정수가 아닌 유리수는 -3.8, $-\frac{1}{2}$의 2개이므로 $a=2$

step ❷ 양수는 $+4$, $\frac{15}{3}$의 2개이므로 $b=2$

step ❸ $\therefore a+b=2+2=4$

유제 1-2

step ❶ 정수는 -2, $+5$, $+\frac{6}{2}$의 3개이므로 $a=3$

step ❷ 자연수는 $+5$, $+\frac{6}{2}$의 2개이므로 $b=2$

step ❸ 음의 유리수는 -2, $-\frac{4}{7}$, -1.8의 3개이므로 $c=3$

step ❹ $\therefore a+b-c=3+2-3=2$

예제 2

step ❶ 두 수 a, b는 절댓값이 같고 a가 b보다 크므로

$a>0$, $b<0$

step ❷ a가 b보다 16만큼 크므로 수직선에서 두 수 a, b에 대응하는 두 점 사이의 거리는 16이다.

두 점은 원점으로부터 같은 거리에 있으므로 두 수 a, b에 대응하는 두 점은 원점으로부터 거리가 각각 16의 반인 8만큼 떨어진 곳에 있다.

step ❸ 따라서 $a=8$, $b=-8$이다.

유제 2-1

step ❶ 조건 (가), (나)에서 두 수 a, b는 절댓값이 같고 $a<b$이므로

$a<0$, $b>0$

step ❷ b가 a보다 $\frac{10}{3}$ 만큼 크고 두 수 a, b에 대응하는 두 점은 원점으로부터 같은 거리에 있으므로 두 점은 원점으로부터 거리가 거리가 각각 $\frac{10}{3}\times\frac{1}{2}=\frac{5}{3}$만큼 떨어진 곳에 있다.

step ❸ 따라서 $a=-\frac{5}{3}$, $b=\frac{5}{3}$이다.

유제 2-2

step ❶ x는 절댓값이 2 이상 5 미만인 정수, 즉 절댓값이 2, 3, 4인 정수이다.

step ❷ 따라서 $2\le|x|<5$인 정수 x는

-4, -3, -2, 2, 3, 4이다.

step ❸ 그러므로 구하는 정수 x의 개수는 6이다.

서술형 실전대비 12~13쪽

1 step ❶ $-\frac{13}{4}=-3\frac{1}{4}$이므로 가장 가까운 정수는 -3이다.

$\therefore a=|-3|=3$

step ❷ -0.5와 3.4 사이에 있는 정수는 0, 1, 2, 3이다.

$\therefore b=0+1+2+3=6$

step ❸ $\therefore a+b=3+6=9$

답 9

2 step ❶ $\left|-\frac{5}{3}\right|=\frac{5}{3}$, $\left|\frac{3}{2}\right|=\frac{3}{2}$이고,

$\frac{5}{3}\left(=\frac{10}{6}\right)>\frac{3}{2}\left(=\frac{9}{6}\right)$이므로 $\left|-\frac{5}{3}\right|>\left|\frac{3}{2}\right|$

$\therefore \left(-\frac{5}{3}\right)\triangle\frac{3}{2}=-\frac{5}{3}$

step ❷ $\left|-\frac{4}{5}\right|=\frac{4}{5}$, $\left|-\frac{5}{3}\right|=\frac{5}{3}$이고,

$\frac{4}{5}\left(=\frac{12}{15}\right)<\frac{5}{3}\left(=\frac{25}{12}\right)$이므로 $\left|-\frac{4}{5}\right|<\left|-\frac{5}{3}\right|$

$\therefore \left(-\frac{4}{5}\right)\triangledown\left\{\left(-\frac{5}{3}\right)\triangle\frac{3}{2}\right\}=\left(-\frac{4}{5}\right)\triangledown\left(-\frac{5}{3}\right)=-\frac{4}{5}$

답 $-\frac{4}{5}$

3 step ❶ $-\frac{2}{3}=-\frac{4}{6}$, $\frac{5}{2}=\frac{15}{6}$

step ❷ 두 유리수 사이에 있는 정수가 아닌 유리수 중에서 기약분수로 나타내었을 때 분모가 6인 유리수는

$-\frac{1}{6}$, $\frac{1}{6}$, $\frac{5}{6}$, $\frac{7}{6}$, $\frac{11}{6}$, $\frac{13}{6}$

step ❸ 따라서 구하는 유리수의 개수는 6이다. 답 6

4 step ❶ -4와 2를 수직선 위에 나타내면 다음과 같으므로 두 점의 한가운데에 있는 점 P가 나타내는 수는 -1이다.

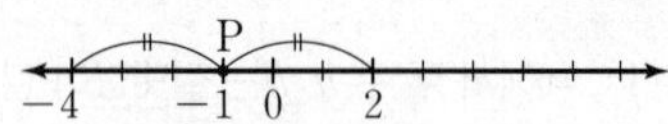

step ❷ 3과 7을 수직선 위에 나타내면 다음과 같으므로 두 점의 한가운데에 있는 점 Q가 나타내는 수는 5이다.

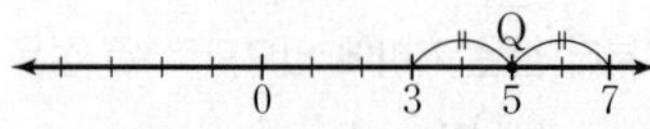

step ❸ 따라서 -1과 5를 수직선 위에 나타내면 다음과 같으므로 두 점의 한가운데에 있는 점이 나타내는 수는 2이다.

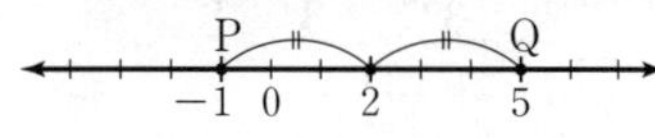

답 2

5 수직선 위에서 두 점 A, B 사이의 거리는 10이다. ❶

이때 두 점 A와 B 사이에 있는 점 P에 대하여 두 점 A, P 사이의 거리와 두 점 P, B 사이의 거리의 비가 2 : 3이므로 점 P는 점 A에서 거리가 $10\times\frac{2}{5}=4$만큼 오른쪽에 있는 점이다. ❷

따라서 점 P가 나타내는 수는 -1에서 거리가 4만큼 오른쪽에 있는 수이므로 3이다.

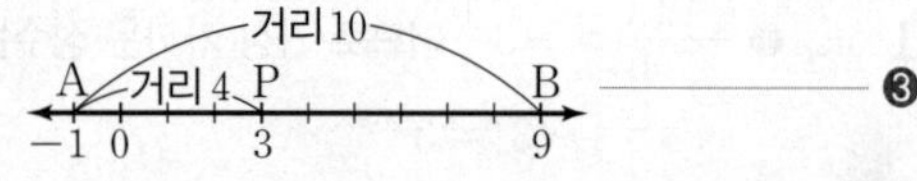

❸

답 3

단계	채점 기준	배점
❶	두 점 A, B 사이의 거리 구하기	1점
❷	두 점 A, P 사이의 거리 구하기	2점
❸	점 P가 나타내는 수 구하기	2점

6 (1) $|a|\le 3$을 만족하는 정수 a의 값은

$-3, -2, -1, 0, 1, 2, 3$ ❶

(2) $-\frac{1}{2}<b\le 3$을 만족하는 정수 b의 값은

$0, 1, 2, 3$ ❷

(3) a의 값 중에서 b의 값이 될 수 없는 수는

$-3, -2, -1$ ❸

답 (1) $-3, -2, -1, 0, 1, 2, 3$ (2) $0, 1, 2, 3$ (3) $-3, -2, -1$

단계	채점 기준	배점
❶	a의 값 구하기	2점
❷	b의 값 구하기	2점
❸	a의 값 중에서 b의 값이 될 수 없는 수 구하기	1점

7 조건 (가)에서 $a>0$, $b<0$ ❶

조건 (나)에서 두 점은 원점으로부터 같은 거리에 있으므로 두 수 a, b에 대응하는 두 점은 원점으로부터 거리가 각각 $\frac{14}{5}\times\frac{1}{2}=\frac{7}{5}$만큼 떨어진 곳에 있다. ❷

$\therefore a=\frac{7}{5}$, $b=-\frac{7}{5}$ ❸

답 $-\frac{7}{5}$

단계	채점 기준	배점
❶	a, b의 부호 결정하기	2점
❷	a, b에 대응하는 점이 원점으로부터 떨어진 거리 구하기	3점
❸	b의 값 구하기	1점

8 조건 (가), (나)에서 $|b|=|d|$이고 $b>d$이므로

$b>0$, $d<0$ ❶

조건 (라)에서 절댓값이 가장 작은 수는 c이므로

$d<c<b$ ❷

조건 (다), (라)에서 a는 가장 작은 수이므로

$a<d<c<b$ ❸

답 $a<d<c<b$

단계	채점 기준	배점
❶	b, d의 부호 결정하기	2점
❷	b, c, d의 대소 관계 알기	2점
❸	a, b, c, d의 대소 관계 알기	2점

대표 서술형 14~15쪽

예제 1

step ❶ a는 -3보다 4만큼 큰 수이므로

$a=(-3)+4=1$

step ❷ b는 6보다 -7만큼 작은 수이므로

$b=6-(-7)=6+7=13$

step ❸ $\therefore a+b=1+13=14$

유제 1-1

step ❶ a는 -1보다 2만큼 작은 수이므로

$a=(-1)-2=-3$

step ❷ b는 -3보다 -5만큼 큰 수이므로

$b=(-3)+(-5)=-8$

step ❸ $\therefore |a|+|b|=|-3|+|-8|=3+8=11$

유제 1-2

step ❶ a는 $\frac{4}{3}$보다 3만큼 작은 수이므로

$a=\frac{4}{3}-3=-\frac{5}{3}$

step ❷ 절댓값이 $\frac{3}{2}$인 수는 $\frac{3}{2}$, $-\frac{3}{2}$이고, b는 음수이므로

$b=-\frac{3}{2}$

step ❸ $\therefore |a-b|=\left|\left(-\frac{5}{3}\right)-\left(-\frac{3}{2}\right)\right|=\left|-\frac{1}{6}\right|=\frac{1}{6}$

예제 2

step ❶ $a=\frac{1}{6}-\left(-\frac{4}{27}\right)\div 2\times\frac{9}{2}$

$=\frac{1}{6}-\left(-\frac{4}{27}\right)\times\frac{1}{2}\times\frac{9}{2}$

$=\frac{1}{6}-\left(-\frac{1}{3}\right)=\frac{1}{2}$

step ❷ $b=\left(-\frac{1}{2}\right)^2\times(-4)+\left\{1+\left(-\frac{1}{4}\right)-(-1)^3\div 8\right\}$

$=\frac{1}{4}\times(-4)+\left\{1+\left(-\frac{1}{4}\right)-(-1)\times\frac{1}{8}\right\}$

$=(-1)+\left\{1+\left(-\frac{1}{4}\right)-\left(-\frac{1}{8}\right)\right\}$

$=(-1)+\frac{7}{8}=-\frac{1}{8}$

step ❸ $\therefore a+b=\frac{1}{2}+\left(-\frac{1}{8}\right)=\frac{3}{8}$

유제 2-1

step ❶ $a=(-2)+(-5)\div(-3)\times 2$

$=(-2)+(-5)\times\left(-\frac{1}{3}\right)\times 2=(-2)+\frac{10}{3}=\frac{4}{3}$

따라서 a에 가장 가까운 정수는 1이다.

step ❷ $b=\left(-\frac{5}{3}\right)-\left\{2+3\times\left(-\frac{1}{6}\right)\right\}$

$=\left(-\frac{5}{3}\right)-\left\{2+\left(-\frac{1}{2}\right)\right\}=\left(-\frac{5}{3}\right)-\frac{3}{2}=-\frac{19}{6}$

따라서 b에 가장 가까운 정수는 -3이다.

step ❸ $\therefore 1+(-3)=-2$

유제 2-2

step ❶ 주어진 수들을 작은 수부터 차례로 나열하면

$-\frac{8}{3}$, -2, 0, $\frac{5}{3}$, 3

$\therefore a=3$, $b=-\frac{8}{3}$

step ❷ 절댓값이 가장 큰 수는 3이므로 $c=3$

절댓값이 가장 작은 수는 0이므로 $d=0$

step ❸ $\therefore a\times b+c-d=3\times\left(-\frac{8}{3}\right)+3-0=-5$

서술형 실전대비 16~17쪽

1 step ❶ (어떤 유리수)$-\frac{1}{2}=-\frac{2}{3}$

step ❷ (어떤 유리수)$=-\frac{2}{3}+\frac{1}{2}=-\frac{4}{6}+\frac{3}{6}=-\frac{1}{6}$

step ❸ 따라서 바르게 계산하면

$\left(-\frac{1}{6}\right)+\frac{1}{2}=\left(-\frac{1}{6}\right)+\frac{3}{6}=\frac{2}{6}=\frac{1}{3}$ 답 $\frac{1}{3}$

2 step ❶ $1.6=\frac{16}{10}=\frac{8}{5}$의 역수는 $\frac{5}{8}$이므로 $a=\frac{5}{8}$

step ❷ $-\frac{b}{3}$의 역수는 $-\frac{3}{b}=\frac{3}{4}$이므로 $b=-4$

step ❸ $\therefore a\times b=\frac{5}{8}\times(-4)=-\frac{5}{2}$ 답 $-\frac{5}{2}$

3 step ❶ 가장 큰 수가 되려면 곱한 결과가 양수이어야 하므로 음수 2개, 양수 1개를 뽑아야 한다. 이때 양수는 주어진 두 수 중에서 큰 수를 뽑으면 되므로

$x=(-4)\times(-7)\times 5=140$

step ❷ 가장 작은 수가 되려면 곱한 결과가 음수이어야 하므로 양수 2개, 음수 1개를 뽑아야 한다. 이때 음수는 주어진 두 수 중에서 절댓값이 큰 수를 뽑으면 되므로

$y=5\times 4\times(-7)=-140$

step ❸ $\therefore x+y=140+(-140)=0$ 답 0

4 step ❶ $x=-\frac{3}{5}$ 또는 $x=\frac{3}{5}$이고, $y=-\frac{1}{4}$ 또는 $y=\frac{1}{4}$이므로

$x-y$의 값 중에서 가장 큰 수는 $x=\frac{3}{5}$, $y=-\frac{1}{4}$인 경우이다.

$\therefore M=\frac{3}{5}-\left(-\frac{1}{4}\right)=\frac{12}{20}+\frac{5}{20}=\frac{17}{20}$

step ❷ $x-y$의 값 중에서 가장 작은 수는 $x=-\frac{3}{5}$, $y=\frac{1}{4}$인 경우이다.

$\therefore m=-\frac{3}{5}-\frac{1}{4}=-\frac{12}{20}-\frac{5}{20}=-\frac{17}{20}$

step ❸ $\therefore M\div m=\frac{17}{20}\div\left(-\frac{17}{20}\right)=-1$ 답 -1

5 유리수의 곱셈에서 교환법칙이 성립하므로

$a\times b=\left(1\times\frac{1}{3}\times\frac{1}{9}\times\frac{1}{27}\times\frac{1}{54}\times\frac{1}{108}\right)$

$\times\{(-3)\times 9\times(-27)\times 54\times(-108)\}$

$=1\times\frac{1}{3}\times(-3)\times\frac{1}{9}\times 9\times\frac{1}{27}\times(-27)$

$\times\frac{1}{54}\times 54\times\frac{1}{108}\times(-108)$

$=-1$ ······ ❶

$\therefore (a\times b)^{2025}=(-1)^{2025}=-1$ ······ ❷

답 -1

단계	채점 기준	배점
❶	$a\times b$의 값 구하기	3점
❷	$(a\times b)^{2025}$의 값 구하기	2점

6 $8+3+(-2)+(-7)=2$ ❶
$5+a+(-6)+8=2$에서 $a=-5$
$(-7)+g+6+(-4)=2$에서 $g=7$
$(-5)+c+(-2)+7=2$에서 $c=2$
$(-6)+3+f+6=2$에서 $f=-1$
$8+d+1+(-4)=2$에서 $d=-3$
$b+2+3+(-3)=2$에서 $b=0$
$5+0+e+(-7)=2$에서 $e=4$ ❷

답 $a=-5,\ b=0,\ c=2,\ d=-3,\ e=4,\ f=-1,\ g=7$

단계	채점 기준	배점
❶	네 수의 합 구하기	1점
❷	$a\sim g$의 값 구하기	각 1점

7 $(-3)◎2=(-3)\times2-2=-8$ ❶
$(-6)*(-2)=(-6)\div(-2)+1=3+1=4$ ❷
$\therefore \{(-3)◎2\}*\{(-6)*(-2)\}=(-8)*4$
$=(-8)\div4+1$
$=(-2)+1$
$=-1$ ❸

답 -1

단계	채점 기준	배점
❶	$(-3)◎2$의 값 구하기	2점
❷	$(-6)*(-2)$의 값 구하기	2점
❸	주어진 식의 값 구하기	3점

8 (가)에서
$\left(\frac{2}{3}\right)^2\div\left(-\frac{4}{3}\right)=\frac{4}{9}\times\left(-\frac{3}{4}\right)=-\frac{1}{3}$ ❶
(나)에서
$(-3)^2\times\left(-\frac{2}{3}\right)+8=9\times\left(-\frac{2}{3}\right)+8=-6+8=2$ ❷
(다)에서
$2\div10-\frac{6}{5}=2\times\frac{1}{10}-\frac{6}{5}=\frac{1}{5}-\frac{6}{5}=-1$ ❸

답 -1

단계	채점 기준	배점
❶	(가)에서 계산된 값 구하기	2점
❷	(나)에서 계산된 값 구하기	2점
❸	(다)에서 계산된 값 구하기	2점

Ⅱ. 문자와 식

대표 서술형

18~19쪽

예제 1

step ❶ 선수가 얻은 점수를 $a,\ b,\ c$를 사용한 식으로 나타내면
$1\times \underline{a}+2\times \underline{b}+3\times \underline{c}=\underline{a+2b+3c}$(점)

step ❷ $\underline{a+2b+3c}$에 $a=5,\ b=10,\ c=2$를 각각 대입하면 이 선수가 얻은 점수는
$\underline{a+2b+3c}=\underline{5}+2\times\underline{10}+3\times\underline{2}=\underline{31}$(점)

유제 1-1

step ❶ y분 동안 타는 양초의 길이는 $\underline{xy}$ cm이므로 남은 양초의 길이를 $x,\ y$를 사용한 식으로 나타내면
$\underline{30-xy}$(cm)

step ❷ $\underline{30-xy}$에 $x=0.5,\ y=20$을 대입하면 남은 양초의 길이는
$\underline{30-xy=30-0.5\times20=20(\text{cm})}$

유제 1-2

step ❶ (색칠한 부분의 넓이)
=(사다리꼴의 넓이)−(삼각형의 넓이)
$=\frac{1}{2}(a+b)\times10-\frac{1}{2}\times b\times4$
$=5a+5b-2b=5a+3b$

step ❷ $\underline{5a+3b}$에 $a=6,\ b=12$를 대입하면 색칠한 부분의 넓이는
$\underline{5a+3b=5\times6+3\times12=66}$

예제 2

step ❶ $5x-[4x-9-\{2x+(3x-7)\}]$
$=5x-\{4x-9-(\underline{5x-7})\}$
$=5x-(4x-9-\underline{5x}+\underline{7})$
$=5x-(\underline{-x-2})$
$=5x+\underline{x}+\underline{2}=\underline{6x+2}$

step ❷ $\underline{6x+2}=ax+b$이므로
$a=\underline{6},\ b=\underline{2}$

step ❸ $\therefore a-b=\underline{6-2=4}$

유제 2-1

step ❶ $\frac{x+2}{2}-\frac{5x-7}{3}=\frac{3(x+2)-2(5x-7)}{6}$
$=\frac{3x+6-10x+14}{6}$
$=\frac{-7x+20}{6}$
$=-\frac{7}{6}x+\frac{10}{3}$

step ❷ 따라서 x의 계수가 $-\frac{7}{6}$, 상수항이 $\frac{10}{3}$이므로

$a=-\frac{7}{6}$, $b=\frac{10}{3}$

step ❸ $\therefore 6a-3b=6\times\left(-\frac{7}{6}\right)-3\times\frac{10}{3}=-17$

유제 2-2

step ❶ $-\frac{3}{2}(4x-2y-6)-(6x-9y+5)\div 3$

$=-6x+3y+9-\left(2x-3y+\frac{5}{3}\right)$

$=-6x+3y+9-2x+3y-\frac{5}{3}$

$=-8x+6y+\frac{22}{3}$

step ❷ 이때 x의 계수는 -8, 상수항은 $\frac{22}{3}$이다.

step ❸ 따라서 x의 계수와 상수항의 합은

$-8+\frac{22}{3}=-\frac{2}{3}$

서술형 실전대비 20~21쪽

1 step ❶ $|a|=3$에서 $a=3$ 또는 $a=-3$

이때 $a>0$이므로 $a=3$

step ❷ $|b|=5$에서 $b=5$ 또는 $b=-5$

이때 $b<0$이므로 $b=-5$

step ❸ $\therefore \frac{3a+2b}{a^2-b^2}=\frac{3\times3+2\times(-5)}{3^2-(-5)^2}=\frac{1}{16}$

답 $\frac{1}{16}$

2 step ❶ 주어진 식을 간단히 하면

$|a|x^2+4x-3-2x^2+2(ax-1)$

$=|a|x^2+4x-3-2x^2+2ax-2$

$=(|a|-2)x^2+(4+2a)x-5$

step ❷ 주어진 식이 x에 대한 일차식이 되려면

$|a|-2=0$이고 $4+2a\neq0$이어야 하므로 $a=2$

step ❸ 따라서 $a=2$일 때의 일차식을 구하면

$(|2|-2)x^2+(4+2\times2)x-5=8x-5$

답 $a=2$, $8x-5$

3 step ❶ 어떤 식을 $\square$라고 하면

$(-4x+3)+\square=x-1$이므로

$\square=x-1-(-4x+3)$

$=x-1+4x-3=5x-4$

step ❷ 따라서 바르게 계산하면

$(-4x+3)-(5x-4)=-4x+3-5x+4$

$=-9x+7$

답 $-9x+7$

4 step ❶ n이 짝수이므로 $n+1$은 홀수, $n+2$는 짝수이다.

$\therefore (-1)^{n+1}=-1$, $(-1)^{n+2}=1$

step ❷ $(-1)^{n+1}(2a-3)+(-1)^{n+2}(2a+3)$

$=-(2a-3)+(2a+3)$

$=-2a+3+2a+3=6$

답 6

5 $\frac{6x-3}{2}-\frac{3x-1}{3}=\frac{3(6x-3)-2(3x-1)}{6}$

$=\frac{18x-9-6x+2}{6}$

$=\frac{12x-7}{6}=2x-\frac{7}{6}$

$\therefore a=2$ ❶

$8\left(\frac{y}{2}-1\right)-10\left(\frac{4}{5}y-2\right)=4y-8-8y+20$

$=-4y+12$

$\therefore b=-4$ ❷

$\therefore a+b=2+(-4)=-2$ ❸

답 -2

단계	채점 기준	배점
❶	a의 값 구하기	3점
❷	b의 값 구하기	2점
❸	$a+b$의 값 구하기	1점

6 가운데 세로줄의 세 식의 합이

$(x-4)+(3x-2)+5x=9x-6$ ❶

이므로 $A+(x-4)+(6x-3)=9x-6$에서

$A+7x-7=9x-6$

$\therefore A=9x-6-(7x-7)=2x+1$

또, $(2x+1)+(3x-2)+B=9x-6$에서

$5x-1+B=9x-6$

$\therefore B=9x-6-(5x-1)=4x-5$ ❷

$\therefore B-A=4x-5-(2x+1)$

$=2x-6$ ❸

답 $2x-6$

단계	채점 기준	배점
❶	세 식의 합 구하기	2점
❷	두 식 A, B 각각 구하기	각 2점
❸	$B-A$ 간단히 하기	2점

7 정사각형을 1개, 2개, 3개, ⋯ 만들 때, 사용한 성냥개비는

4개 → $(4+3)$개 → $(4+3\times2)$개 → ⋯ ❶

따라서 정사각형을 a개 만들었을 때 사용한 성냥개비를 a에 대한 식으로 나타내면

$4+3(a-1)=4+3a-3=3a+1$(개) ❷

또, 정사각형을 8개 만들었을 때 사용한 성냥개비는

$3a+1$에 $a=8$을 대입하면

$3\times8+1=25$(개) ❸

답 $(3a+1)$개, 25개

단계	채점 기준	배점
❶	사용한 성냥개비의 수의 규칙 찾기	2점
❷	성냥개비의 수를 a에 대한 식으로 나타내기	2점
❸	정사각형을 8개 만들었을 때 사용한 성냥개비는 몇 개인지 구하기	3점

8 (1) $A+(x+7)=-4x+5$에서
$A=-4x+5-(x+7)$
$=-4x+5-x-7=-5x-2$
$B-(2x-7)=A$에서 $B-(2x-7)=-5x-2$이므로
$B=-5x-2+(2x-7)$
$=-5x-2+2x-7=-3x-9$
$C\times(-3)=B$에서 $C\times(-3)=-3x-9$이므로
$C=(-3x-9)\div(-3)$
$=(-3x-9)\times\left(-\frac{1}{3}\right)=x+3$ ❶
(2) $A-B+C=(-5x-2)-(-3x-9)+(x+3)$
$=-5x-2+3x+9+x+3$
$=-x+10$ ❷
답 (1) $A=-5x-2$, $B=-3x-9$, $C=x+3$ (2) $-x+10$

단계	채점 기준	배점
❶	세 다항식 A, B, C 각각 구하기	각 2점
❷	$A-B+C$ 간단히 하기	2점

대표 서술형 22~23쪽

예제 1
step ❶ 우변을 정리하면
$(a+1)x-1=3x+3+b$
step ❷ $a+1=3$이므로 $a=2$
step ❸ $-1=3+b$이므로 $b=-4$
step ❹ $\therefore a+b=2+(-4)=-2$

유제 1-1
step ❶ 우변을 정리하면
$(a-3)x+8=5x+8b$
step ❷ $a-3=5$이므로 $a=8$
step ❸ $8=8b$이므로 $b=1$
step ❹ $\therefore a+b=8+1=9$

유제 1-2
step ❶ 양변을 정리하면
$7x-b=ax-2a+9$
step ❷ $a=7$
step ❸ $-b=-2a+9=-2\times7+9=-5$이므로 $b=5$
step ❹ $\therefore a-b=7-5=2$

예제 2
step ❶ $x=2$를 $3x+a(x-1)=4$에 대입하면
$3\times2+a(2-1)=4$, $6+a=4$
$\therefore a=-2$
step ❷ $\therefore a^2+a=(-2)^2+(-2)=2$

유제 2-1
step ❶ $x=-3$을 $4-\frac{x-a}{2}=a-x$에 대입하면
$4-\frac{-3-a}{2}=a-(-3)$
양변에 2를 곱하면
$8-(-3-a)=2a+6$
$8+3+a=2a+6$ $\therefore a=5$
step ❷ $\therefore 2a^2-a=2\times5^2-5=45$

유제 2-2
step ❶ $x=-1$을 $11+2(a-x)=8-7x$에 대입하면
$11+2\{a-(-1)\}=8-7\times(-1)$
$11+2(a+1)=15$, $2(a+1)=4$
$a+1=2$ $\therefore a=1$
step ❷ $a=1$을 $2.6x-a=-0.8x-7.8$에 대입하면
$2.6x-1=-0.8x-7.8$
양변에 10을 곱하면
$26x-10=-8x-78$
$34x=-68$ $\therefore x=-2$

서술형 실전대비 24~25쪽

1 step ❶ $ax^2-x+7=-bx+4$에서
$ax^2+(b-1)x+3=0$
step ❷ 이 방정식이 x에 대한 일차방정식이 되려면 x^2의 계수는 0이어야 하고, x의 계수는 0이 아니어야 하므로
$a=0$, $b\neq1$ 답 $a=0$, $b\neq1$

2 step ❶ $3x-1=x+7$에서 $2x=8$ $\therefore x=4$
step ❷ $-3(2x-1)=4(x-3)-5$에서
$-6x+3=4x-12-5$
$-10x=-20$ $\therefore x=2$
step ❸ 따라서 $a=4$, $b=2$이므로
$a-b=4-2=2$ 답 2

3 step ❶ $0.5(x-0.6)+2=0.3x$의 양변에 10을 곱하면
$5(x-0.6)+20=3x$이므로 처음으로 잘못된 부분은 ㉠이다.

step ❷ 따라서 해를 바르게 구하면

$5(x-0.6)+20=3x$에서 $5x-3+20=3x$

$2x=-17 \quad \therefore x=-\frac{17}{2}$ 답 ㉠, $x=-\frac{17}{2}$

4 step ❶ $\frac{x+5}{6}-2=\frac{3x-1}{8}$의 양변에 24를 곱하면

$4(x+5)-48=3(3x-1)$, $4x-28=9x-3$

$-5x=25 \quad \therefore x=-5$

step ❷ $x=-5$를 $4-3x=a$에 대입하면

$4-3\times(-5)=a \quad \therefore a=19$ 답 19

5 (좌변)$=2-\frac{ax+5}{3}=\frac{6-ax-5}{3}=-\frac{a}{3}x+\frac{1}{3}$ ❶

$-\frac{a}{3}x+\frac{1}{3}=-\frac{2}{3}x+b$가 x에 대한 항등식이므로

$-\frac{a}{3}=-\frac{2}{3}$에서 $a=2$, $b=\frac{1}{3}$ ❷

따라서 방정식 $ax-b=0$은 $2x-\frac{1}{3}=0$이므로

$2x=\frac{1}{3} \quad \therefore x=\frac{1}{6}$ ❸

답 $x=\frac{1}{6}$

단계	채점 기준	배점
❶	좌변 정리하기	2점
❷	a, b의 값 각각 구하기	각 1점
❸	방정식 $ax-b=0$ 풀기	2점

6 $0.2(x+3)-0.7=0.1x+0.3$의 양변에 10을 곱하면

$2(x+3)-7=x+3$

$2x+6-7=x+3$

$\therefore x=4$ ❶

따라서 일차방정식 $\frac{x+a}{4}-\frac{1}{2}x=1$의 해는 $x=2$이므로 ❷

$x=2$를 대입하면 $\frac{2+a}{4}-\frac{1}{2}\times2=1$, $\frac{2+a}{4}=2$

$2+a=8 \quad \therefore a=6$ ❸

답 6

단계	채점 기준	배점
❶	일차방정식 $0.2(x+3)-0.7=0.1x+0.3$ 풀기	3점
❷	일차방정식 $\frac{x+a}{4}-\frac{1}{2}x=1$의 해 구하기	2점
❸	a의 값 구하기	2점

7 $8x+a=4(x+3)$에서

$8x+a=4x+12$, $4x=12-a$

$\therefore x=\frac{12-a}{4}$ ❶

자연수 a에 대하여 $\frac{12-a}{4}$가 자연수가 되려면 $12-a$가 12보다 작은 4의 배수이어야 한다. ❷

따라서 구하는 자연수 a는 4, 8이다. ❸

답 4, 8

단계	채점 기준	배점
❶	일차방정식의 해 구하기	2점
❷	$12-a$가 12보다 작은 4의 배수가 됨을 알기	3점
❸	조건을 만족하는 모든 자연수 a의 값 구하기	3점

8 $(x◎3)◎2=(3x+6)◎2$

$=3(3x+6)+2\times2$

$=9x+18+4$

$=9x+22$ ❶

즉, $9x+22=4$이므로

$9x=-18 \quad \therefore x=-2$

따라서 구하는 x의 값은 -2이다. ❷

답 -2

단계	채점 기준	배점
❶	$(x◎3)◎2$를 간단히 정리하기	4점
❷	x의 값 구하기	3점

대표 서술형

26~27쪽

예제 1

step ❶ 처음 자연수의 십의 자리의 숫자를 x라고 하면 처음 자연수는 $10x+9$이고, 십의 자리의 숫자와 일의 자리의 숫자를 바꾼 수는 $9\times10+x$이므로

$90+x=3(10x+9)+5$

step ❷ 이 방정식을 풀면

$90+x=30x+32$, $-29x=-58 \quad \therefore x=2$

step ❸ 따라서 처음 수는 29이다.

유제 1-1

step ❶ 처음 자연수의 일의 자리의 숫자를 x라고 하면 처음 자연수는 $7\times10+x$이고, 십의 자리의 숫자와 일의 자리의 숫자를 바꾼 수는 $10\times x+7$이므로

$10x+7=(70+x)+9$

step ❷ 이 방정식을 풀면

$10x+7=79+x$, $9x=72 \quad \therefore x=8$

step ❸ 따라서 처음 수는 78이다.

유제 1-2

step ❶ 처음 자연수의 십의 자리의 숫자를 x라고 하면 일의 자리의 숫자는 $8-x$이므로 처음 자연수는 $10x+(8-x)$이고, 십의 자리의 숫자와 일의 자리의 숫자를 바꾼 수는

$10(8-x)+x$이므로

$10(8-x)+x=10x+(8-x)+18$

step ❷ 이 방정식을 풀면

$-9x+80=9x+26$, $-18x=-54$ $\quad\therefore x=3$

step ❸ 따라서 처음 수는 35이다.

예제 2

step ❶ 두 지점 A, B 사이의 거리를 x km라고 하면

(갈 때 걸린 시간)+(올 때 걸린 시간)=(2시간 15분)이므로

$\frac{x}{30}+\frac{x}{20}=2+\frac{15}{60}$

step ❷ $2x+3x=120+15$, $5x=135$ $\quad\therefore x=27$

step ❸ 따라서 두 지점 A, B 사이의 거리는 27 km이다.

유제 2-1

step ❶ 국립공원 입구에서 제비봉까지의 거리를 x km라고 하면

(올라갈 때 걸린 시간)−(내려올 때 걸린 시간)=(30분)이므로

$\frac{x}{3}-\frac{x}{4}=\frac{30}{60}$

step ❷ 위의 식의 양변에 12를 곱하면

$4x-3x=6$ $\quad\therefore x=6$

step ❸ 따라서 국립공원 입구에서 제비봉까지의 거리는 6 km이다.

유제 2-2

step ❶ 다리의 길이를 x m라고 하면

화물열차의 속력은 초속 $\frac{x+240}{60}$ m이고,

여객열차의 속력은 초속 $\frac{x+430}{24}$ m이므로

$\frac{x+430}{24}=\frac{x+240}{60}\times 3$

step ❷ 위의 식의 양변에 120을 곱하면

$5(x+430)=6(x+240)$

$5x+2150=6x+1440$ $\quad\therefore x=710$

step ❸ 따라서 다리의 길이는 710 m이다.

서술형 실전대비 28~29쪽

1 step ❶ 연속한 세 짝수를 $x-2$, x, $x+2$라고 하면

$(x-2)+x+(x+2)=108$

step ❷ $3x=108$ $\quad\therefore x=36$

step ❸ 따라서 세 짝수는 34, 36, 38이므로 가장 큰 수와 가장 작은 수의 합은

$34+38=72$

답 72

2 step ❶ 학생 수를 x라고 하면

$4x+2=5x-4$

step ❷ $-x=-6$ $\quad\therefore x=6$

step ❸ 따라서 학생 수는 6이고, 볼펜 수는

$4\times6+2=26$

답 학생 수: 6, 볼펜 수: 26

3 step ❶ 직사각형의 세로의 길이를 x cm라고 하면 가로의 길이는 $(2x+3)$ cm이므로 직사각형의 둘레의 길이는

$2\{(2x+3)+x\}=30$

step ❷ $3x+3=15$, $3x=12$ $\quad\therefore x=4$

step ❸ 따라서 직사각형의 가로의 길이는

$2\times4+3=11$(cm)

답 11 cm

4 step ❶ 전체 일의 양을 1이라고 하면 A, B가 하루에 할 수 있는 일의 양은 각각 $\frac{1}{12}$, $\frac{1}{18}$이다.

A와 B가 함께 일한 날을 x일이라고 하면

$\frac{1}{12}\times2+\left(\frac{1}{12}+\frac{1}{18}\right)\times x=1$

step ❷ 위의 식의 양변에 36을 곱하면

$6+(3+2)x=36$, $5x=30$ $\quad\therefore x=6$

step ❸ 따라서 A와 B가 함께 일한 날은 6일이다.

답 6일

5 어떤 수를 x라고 하면

(잘못 계산한 수)=(구하려고 했던 수)−12이므로

$3x+5=(5x+3)-12$ ―― ❶

$-2x=-14$ $\quad\therefore x=7$ ―― ❷

따라서 구하려고 했던 수는

$5\times7+3=38$ ―― ❸

답 38

단계	채점 기준	배점
❶	방정식 세우기	3점
❷	방정식 풀기	2점
❸	구하려고 했던 수 구하기	2점

6 효준이가 동생에게 주어야 하는 우표를 x장이라고 하면

$(35-x):(25+x)=2:3$ ―― ❶

$3(35-x)=2(25+x)$, $105-3x=50+2x$

$-5x=-55$ $\quad\therefore x=11$ ―― ❷

따라서 동생에게 11장의 우표를 주어야 한다. ―― ❸

답 11장

단계	채점 기준	배점
❶	방정식 세우기	3점
❷	방정식 풀기	2점
❸	효준이가 동생에게 주어야 하는 우표의 수 구하기	1점

7 원가를 A원이라 하고, 원가에 x %의 이익을 붙여서 정가를 정했다고 하면 판매가는

$A\times\left(1+\frac{x}{100}\right)\times\left(1-\frac{20}{100}\right)=A\times\left(1+\frac{4}{100}\right)$ ❶

A는 양수이므로 양변을 A로 나누면

$\left(1+\frac{x}{100}\right)\times\frac{8}{10}=\frac{104}{100}$, $\frac{8(100+x)}{1000}=\frac{104}{100}$

$800+8x=1040$, $8x=240$ $\therefore x=30$ ❷

따라서 원가에 30 %의 이익을 붙여서 정가를 정한 것이다. ❸

답 30 %

단계	채점 기준	배점
❶	방정식 세우기	4점
❷	방정식 풀기	2점
❸	정가는 원가에 몇 %의 이익을 붙여서 정했는지 구하기	1점

8 수현이가 하늘이에게 자신의 소금물 절반을 부으면 하늘이의 그릇에 들어 있는 소금물의 양은 $(100+x)$ g이고, 소금의 양은

$x\times\frac{10}{100}+100\times\frac{6}{100}=\frac{1}{10}x+6$(g) ❶

다시 하늘이가 수현이의 그릇에 자신의 소금물의 절반을 부으면 수현이의 그릇에 들어 있는 소금물의 양은

$100+\frac{1}{2}(100+x)=\frac{1}{2}x+150$(g)이고, 소금의 양은

$100\times\frac{6}{100}+\frac{1}{2}\left(\frac{1}{10}x+6\right)=\frac{1}{20}x+9$(g) ❷

이때 수현이의 소금물의 농도가 7 %가 되었으므로

$\frac{1}{20}x+9=\left(\frac{1}{2}x+150\right)\times\frac{7}{100}$ ❸

위의 식의 양변에 200을 곱하면

$10x+1800=7x+2100$, $3x=300$ $\therefore x=100$

따라서 처음 하늘이의 그릇에 들어 있던 소금물의 양은 100 g이다. ❹

답 100 g

단계	채점 기준	배점
❶	수현이가 하늘이에게 소금물의 절반을 부었을 때, 하늘이의 소금물의 양, 소금의 양 구하기	2점
❷	다시 하늘이가 수현이에게 소금물의 절반을 부었을 때, 수현이의 소금물의 양, 소금의 양 구하기	2점
❸	방정식 세우기	2점
❹	방정식을 풀어 답 구하기	2점

Ⅲ. 좌표평면과 그래프

대표 서술형

30~31쪽

예제 1

step ❶ 점 $\mathrm{P}(a, b)$가 제4사분면 위의 점이므로
(x좌표)$=a>0$, (y좌표)$=b<0$이다.

step ❷ $a>0$, $b<0$에서 $b-a<0$, $ab<0$이므로
점 Q의 (x좌표)$=b-a<0$, (y좌표)$=ab<0$이다.

step ❸ 따라서 점 $\mathrm{Q}(b-a, ab)$는 제3사분면 위의 점이다.

유제 1-1

step ❶ 점 $\mathrm{P}\left(\frac{b}{a}, a-b\right)$가 제2사분면 위의 점이므로
$\frac{b}{a}<0$, $a-b>0$

step ❷ $\frac{b}{a}<0$이므로
$a>0$, $b<0$ 또는 $a<0$, $b>0$
그런데 $a-b>0$이므로
$a>0$, $b<0$

step ❸ 따라서 점 $\mathrm{Q}(a, b)$는 제4사분면 위의 점이다.

유제 1-2

step ❶ $xy>0$이므로
$x>0$, $y>0$ 또는 $x<0$, $y<0$
그런데 $x+y<0$이므로
$x<0$, $y<0$

step ❷ 점 $\mathrm{P}(x, -y)$와 원점에 대하여 대칭인 점 Q의 좌표는
$(-x, y)$이다.

step ❸ 따라서 $-x>0$, $y<0$이므로 점 $\mathrm{Q}(-x, y)$는 제4사분면 위의 점이다.

예제 2

step ❶ 태은이의 그래프는 점 $(10, 200)$을 지나고, 태웅이의 그래프는 점 $(10, 300)$을 지나므로 10분 동안 태은이는 200 m를 가고, 태웅이는 300 m를 간다.

step ❷ 따라서 두 사람 사이의 거리는
$300-200=100$(m)

유제 2-1

step ❶ 선준이의 그래프는 점 $(8, 1500)$을 지나고, 정욱이의 그래프는 점 $(2, 1500)$을 지나므로 도서관에 도착할 때까지 선준이는 8분, 정욱이는 2분이 걸린다.

step ❷ 따라서 정욱이가 기다려야 하는 시간은
$8-2=6$(분)

유제 2-2

step ❶ 그래프에서 A, B가 처음으로 다시 만나는 점의 좌표는 (50, 300)이므로 이 점의 x좌표는 50, y좌표는 300이다.

step ❷ 따라서 두 사람은 출발하여 50초가 될 때 다시 만나고, 그때까지 달린 거리는 300 m이다.

서술형 실전대비 32~33쪽

1 step ❶ 두 순서쌍 $(3a-1, b+5)$, $(5, 3b-1)$이 서로 같으므로
$3a-1=5$에서 $3a=6$ $\quad\therefore a=2$

step ❷ $b+5=3b-1$에서 $-2b=-6$ $\quad\therefore b=3$

step ❸ $\therefore a+b=2+3=5$

답 5

2 step ❶ 점 A의 y좌표는 0이므로
$a+6=0$ $\quad\therefore a=-6$

step ❷ 점 B의 x좌표는 0이므로
$2b+8=0$, $2b=-8$ $\quad\therefore b=-4$

step ❸ $\therefore ab=-6\times(-4)=24$

답 24

3 step ❶ y축에 대하여 대칭인 두 점의 x좌표는 부호가 반대이고, y좌표는 같으므로
$3a=-4$, $-1=b-2$
$\therefore a=-\frac{4}{3}$, $b=1$

step ❷ 따라서 점 $\mathrm{P}\left(-\frac{4}{3}, 1\right)$은 제2사분면 위의 점이다.

답 제2사분면

4 step ❶

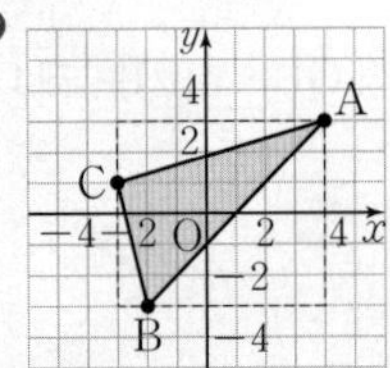

step ❷ (삼각형 ABC의 넓이)
$=7\times6-\left(\frac{1}{2}\times7\times2+\frac{1}{2}\times1\times4+\frac{1}{2}\times6\times6\right)$
$=42-(7+2+18)$
$=42-27=15$

답 해설 참조, 15

5 a가 양수이므로 세 점 $\mathrm{A}(6, a)$, $\mathrm{B}(0, 5)$, $\mathrm{C}(6, -1)$을 좌표평면 위에 나타내면 오른쪽 그림과 같다.

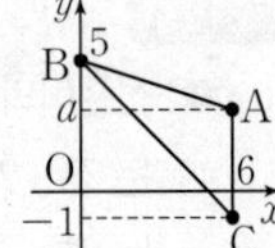

삼각형 ABC의 넓이가 12이므로
$\frac{1}{2}\times(a+1)\times6=12$
$3(a+1)=12$, $a+1=4$ $\quad\therefore a=3$

답 3

단계	채점 기준	배점
❶	세 점을 좌표평면 위에 나타내기	3점
❷	a의 값 구하기	3점

6 점 A가 제2사분면 위의 점이므로 x좌표는 음수이고 y좌표는 양수이다. ❶
$a-3<0$에서 $a<3$
$a+5>0$에서 $a>-5$
$\therefore -5<a<3$ ❷
따라서 구하는 정수 a는 $-4, -3, -2, -1, 0, 1, 2$의 7개이다. ❸

답 7

단계	채점 기준	배점
❶	점 A의 x좌표, y좌표의 부호 각각 알기	각 1점
❷	a의 값의 범위 구하기	2점
❸	정수 a의 개수 구하기	2점

7 점 $\mathrm{A}(a, b+2)$가 x축 위의 점이므로
$b+2=0$ $\quad\therefore b=-2$ ❶
점 $\mathrm{B}(3b, a-1)$이 x축 위의 점이므로
$a-1=0$ $\quad\therefore a=1$ ❷
$\therefore \mathrm{A}(1, 0)$, $\mathrm{B}(-6, 0)$, $\mathrm{C}(2, 2)$ ❸
따라서 삼각형 ABC를 좌표평면 위에 나타내면 오른쪽 그림과 같다. ❹

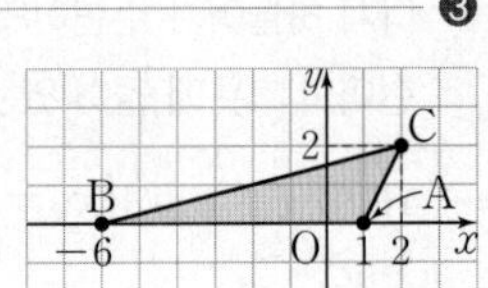

$\therefore$ (삼각형 ABC의 넓이)
$=\frac{1}{2}\times7\times2=7$ ❺

답 7

단계	채점 기준	배점
❶	b의 값 구하기	2점
❷	a의 값 구하기	2점
❸	세 점 A, B, C의 좌표 구하기	1점
❹	삼각형 ABC를 좌표평면 위에 나타내기	1점
❺	삼각형 ABC의 넓이 구하기	2점

8 점 $\mathrm{P}(a, b)$가 제2사분면 위에 있으므로
$a<0$, $b>0$ ❶
점 $\mathrm{Q}(c, d)$가 제3사분면 위에 있으므로
$c<0$, $d<0$ ❷
따라서 $ac>0$, $b-d>0$이므로 ❸
점 $\mathrm{R}(ac, b-d)$는 제1사분면 위의 점이다. ❹

답 제1사분면

단계	채점 기준	배점
❶	a, b의 부호 각각 구하기	각 1점
❷	c, d의 부호 각각 구하기	각 1점
❸	ac, $b-d$의 부호 각각 구하기	각 1점
❹	점 R이 제몇 사분면 위의 점인지 구하기	2점

대표 서술형

34~35쪽

예제 1

step ❶ 그래프가 원점을 지나는 직선이므로 관계식을 $y=ax$로 놓자.

step ❷ $y=ax$의 그래프가 점 $(3, 2)$를 지나므로

$y=ax$에 $x=3$, $y=2$를 대입하면

$2=3a$, $a=\frac{2}{3}$ $\quad\therefore y=\frac{2}{3}x$

step ❸ $y=\frac{2}{3}x$의 그래프가 점 $(k, -12)$를 지나므로

$y=\frac{2}{3}x$에 $x=k$, $y=-12$를 대입하면

$-12=\frac{2}{3}k$ $\quad\therefore k=-12\times\frac{3}{2}=-18$

유제 1-1

step ❶ $y=ax$의 그래프가 점 $(2, -3)$을 지나므로

$y=ax$에 $x=2$, $y=-3$을 대입하면

$-3=2a$ $\quad\therefore a=-\frac{3}{2}$

step ❷ $y=-\frac{3}{2}x$의 그래프가 점 $(b, 6)$을 지나므로

$y=-\frac{3}{2}x$에 $x=b$, $y=6$을 대입하면

$6=-\frac{3}{2}b$ $\quad\therefore b=-4$

step ❸ $\therefore a+b=\left(-\frac{3}{2}\right)+(-4)=-\frac{11}{2}$

유제 1-2

step ❶ 주어진 그래프가 원점에 대하여 대칭인 한 쌍의 곡선이므로 관계식을 $y=\frac{a}{x}$로 놓자.

step ❷ $y=\frac{a}{x}$의 그래프가 점 $(3, -6)$을 지나므로

$y=\frac{a}{x}$에 $x=3$, $y=-6$을 대입하면

$-6=\frac{a}{3}$, $a=-18$ $\quad\therefore y=-\frac{18}{x}$

step ❸ $y=-\frac{18}{x}$의 그래프가 점 $(-4, k)$를 지나므로

$y=-\frac{18}{x}$에 $x=-4$, $y=k$를 대입하면

$k=-\frac{18}{-4}=\frac{9}{2}$

예제 2

step ❶ 회전하는 동안 맞물려 돌아가는 톱니의 수가 같으므로

$x\times y=16\times 30$ $\quad\therefore y=\frac{480}{x}$

step ❷ $y=\frac{480}{x}$에 $x=24$를 대입하면

$y=\frac{480}{24}=20$

따라서 톱니바퀴 B는 20번 회전한다.

유제 2-1

step ❶ 전체 일의 양은 일정하므로

$x\times y=4\times 15$ $\quad\therefore y=\frac{60}{x}$

step ❷ $y=\frac{60}{x}$에 $x=12$를 대입하면

$y=\frac{60}{12}=5$

따라서 12일 만에 일을 완성하려면 5명이 함께 일해야 한다.

유제 2-2

step ❶ x분 후 수면의 높이는 $4x$ cm이므로 수조에 담긴 물의 부피는

$20\times 30\times 4x=2400x$ (cm^3)

$\therefore y=2400x$

step ❷ $y=2400x$에 $x=5$를 대입하면

$y=2400\times 5=12000$

따라서 물을 넣기 시작한 지 5분 후 수조에 담긴 물의 부피는 12000 cm^3이다.

서술형 실전대비

36~37쪽

1 step ❶ $y=-\frac{3}{x}$에 $x=a$, $y=-1$을 대입하면

$-1=-\frac{3}{a}$ $\quad\therefore a=3$

$y=-\frac{3}{x}$에 $x=\frac{1}{2}$, $y=b$를 대입하면

$b=(-3)\div\frac{1}{2}=(-3)\times 2=-6$

step ❷ $\therefore a+b=3+(-6)=-3$

답 -3

2 step ❶ y가 x에 반비례하므로 $y=\frac{a}{x}$로 놓고

$x=3$, $y=-12$를 대입하면

$-12=\frac{a}{3}$ $\quad\therefore a=-36$

$\therefore y=-\frac{36}{x}$

step ❷ $y=-\frac{36}{x}$에 $x=k$, $y=9$를 대입하면

$9=-\frac{36}{k}$ $\quad\therefore k=-\frac{36}{9}=-4$

답 -4

3 step ❶ $y=-\frac{2}{3}x$의 그래프가 점 $\mathrm{P}(-3, b)$를 지나므로

$y=-\frac{2}{3}x$에 $x=-3$, $y=b$를 대입하면

$b=-\frac{2}{3}\times(-3)=2$

step ❷ $y=\frac{a}{x}$의 그래프가 점 $\mathrm{P}(-3, 2)$를 지나므로

$y=\frac{a}{x}$에 $x=-3$, $y=2$를 대입하면

$2=\frac{a}{-3}$ $\quad\therefore a=-6$

step ❸ $\therefore a+b=(-6)+2=-4$ 답 -4

4 step ❶ 양초가 1시간에 3 cm씩 타므로 x시간 동안 $3x$ cm만큼 탄다.

$\therefore y=3x$

step ❷ $y=3x$에 $x=6$을 대입하면

$y=3\times6=18$

따라서 양초를 6시간 동안 켜 놓았을 때, 탄 양초의 길이는 18 cm이다. 답 $y=3x$, 18 cm

5 $y=\frac{a}{x}$에 $x=\frac{3}{2}$, $y=4$를 대입하면

$4=a\div\frac{3}{2}$, $a=4\times\frac{3}{2}=6$ $\quad\therefore y=\frac{6}{x}$ ❶

$y=\frac{6}{x}$의 그래프 위에 있는 점 중에서 x좌표, y좌표가 모두 정수인 점의 좌표는

$(-6, -1)$, $(-3, -2)$, $(-2, -3)$, $(-1, -6)$,
$(1, 6)$, $(2, 3)$, $(3, 2)$, $(6, 1)$

의 8개이다. ❷

답 8

단계	채점 기준	배점
❶	그래프의 식 구하기	2점
❷	x좌표, y좌표가 모두 정수인 점의 개수 구하기	4점

6 점 C의 x좌표를 a라고 하면 점 C는 $y=\frac{20}{x}$의 그래프 위의 점이므로 $\mathrm{C}\left(a, \frac{20}{a}\right)$이다. ❶

따라서 직사각형 AOBC의 가로의 길이는 a, 세로의 길이는 $\frac{20}{a}$이므로 구하는 넓이는

$a\times\frac{20}{a}=20$ ❷

답 20

단계	채점 기준	배점
❶	점 C의 좌표 나타내기	3점
❷	직사각형 AOBC의 넓이 구하기	3점

7 선분 AP의 길이는 4이므로 선분 BP의 길이는 8이다.

즉, 점 B의 x좌표는 -8이다. ❶

또, 점 A의 x좌표가 4이므로 $y=2x$에 $x=4$를 대입하면

$y=2\times4=8$

즉, 점 B의 y좌표는 8이다. ❷

따라서 $y=ax$의 그래프가 점 $\mathrm{B}(-8, 8)$을 지나므로

$y=ax$에 $x=-8$, $y=8$을 대입하면

$8=-8a$ $\quad\therefore a=-1$ ❸

답 -1

단계	채점 기준	배점
❶	점 B의 x좌표 구하기	2점
❷	점 B의 y좌표 구하기	2점
❸	a의 값 구하기	3점

8 (1) 수조 A의 그래프가 원점을 지나는 직선이므로 관계식을 $y=ax$로 놓고 $x=10$, $y=30$을 대입하면

$30=10a$, $a=3$ $\quad\therefore y=3x$ ❶

(2) 수조 B의 그래프가 원점을 지나는 직선이므로 관계식을 $y=bx$로 놓고 $x=20$, $y=40$을 대입하면

$40=20b$, $b=2$ $\quad\therefore y=2x$ ❷

(3) $y=3x$에 $y=300$을 대입하면 $300=3x$ $\quad\therefore x=100$

$y=2x$에 $y=300$을 대입하면 $300=2x$ $\quad\therefore x=150$

따라서 A, B 두 수조에서 모두 물을 빼는 데 걸리는 시간은 각각 100분, 150분이므로 구하는 시간의 차는

$150-100=50$(분) ❸

답 (1) $y=3x$ (2) $y=2x$ (3) 50분

단계	채점 기준	배점
❶	수조 A의 x와 y 사이의 관계식 구하기	2점
❷	수조 B의 x와 y 사이의 관계식 구하기	2점
❸	물을 모두 빼는 데 걸리는 시간의 차 구하기	3점

최종 점검 TEST

실전 TEST 1회 40~43쪽

01 ②	02 ④	03 ⑤	04 ⑤	05 ②
06 ①	07 ⑤	08 ③	09 ②	10 ③
11 ②	12 ⑤	13 ②	14 ②	15 ③
16 ③	17 ②	18 ③	19 ②	20 ④
21 12	22 $\frac{27}{35}$	23 $-\frac{19}{24}$	24 -20	

25 (1) $-x+2$ (2) $2x+3$ (3) $x+5$

01 두 수의 최대공약수는
① 2 ② 1 ③ 7 ④ 7 ⑤ 3
따라서 두 수가 서로소인 것은 최대공약수가 1인 ②이다.

02 ㄱ. $51=3\times17$이므로 소수가 아니다.
ㄴ. $2^3\times7^2$의 약수의 개수는
$(3+1)\times(2+1)=12$
ㄷ. 24를 소인수분해하면 $2^3\times3$이다.
ㅁ. $7=1\times7$이지만 소수이다.
따라서 보기 중 옳은 것은 ④ ㄴ, ㄹ이다.

03 ⑤ $|-1.24|=1.24$, $\left|-\frac{3}{2}\right|=\frac{3}{2}=1.5$이고,
$1.24<1.5$이므로 $-1.24>-\frac{3}{2}$

04 $a=\left(\frac{3}{8}\text{의 역수}\right)=\frac{8}{3}$
$b=(-6\text{의 역수})=-\frac{1}{6}$
$\therefore a+b=\frac{8}{3}+\left(-\frac{1}{6}\right)=\frac{16}{6}+\left(-\frac{1}{6}\right)$
$=\frac{15}{6}=\frac{5}{2}$

05 $-\frac{9}{2}$와 $\frac{17}{5}$을 수직선 위에 나타내면 다음과 같다.

-5, -4, -3, -2, -1, 0, 1, 2, 3, 4
$-\frac{9}{2}$ $\frac{17}{5}$

따라서 두 유리수 $-\frac{9}{2}$와 $\frac{17}{5}$ 사이에 있는 정수는
$-4, -3, -2, -1, 0, 1, 2, 3$이므로
$(-4)+(-3)+(-2)+(-1)+0+1+2+3=-4$

06 (가) 덧셈의 교환법칙
(나) 덧셈의 결합법칙

07 ① $(-3)\div6\times4=(-3)\times\frac{1}{6}\times4=-2$
② $4+(-2)\times3=4+(-6)=-2$
③ $2^4\div(-2)^3=16\div(-8)=-2$
④ $16\div(-2)-(-6)=(-8)+(+6)=-2$
⑤ $(-10)\div(-5)\times(-1)^2=-10\times\left(-\frac{1}{5}\right)\times1=2$
따라서 계산 결과가 다른 하나는 ⑤이다.

08 ③ $2x-y\div7=2x-\frac{y}{7}$

09 한 개에 a원인 사과 x개의 가격은 $(a\times x)$원이므로 b원을 냈을 때 거스름돈은 $(b-ax)$원이다.

10 ① $2^3\times9=2^3\times3^2$의 약수의 개수는
$(3+1)\times(2+1)=12$
② $2^3\times25=2^3\times5^2$의 약수의 개수는
$(3+1)\times(2+1)=12$
③ $2^3\times36=2^5\times3^2$의 약수의 개수는
$(5+1)\times(2+1)=18$
④ $2^3\times49=2^3\times7^2$의 약수의 개수는
$(3+1)\times(2+1)=12$
⑤ $2^3\times256=2^{11}$의 약수의 개수는 $11+1=12$
따라서 □ 안에 들어갈 수 없는 수는 ③이다.

11 n은 24와 56의 공약수이어야 하므로 24와 56의 최대공약수인 $2^3=8$의 약수이다.
따라서 자연수 n은 1, 2, 4, 8의 4개이다.

12 타일의 한 변의 길이는 64와 48의 공약수이어야 하고, 타일이 되도록 큰 정사각형이어야 한다.
따라서 타일의 한 변의 길이는 64와 48의 최대공약수인 16 cm이다.

13 철호와 경희가 동시에 출발한 후 처음으로 출발점에서 다시 만나게 되는 것은 16과 20의 최소공배수인 80분 후이다.

14 ㄱ. 정수는 음의 정수, 0, 양의 정수로 이루어져 있으므로 가장 작은 정수는 알 수 없다.
ㄴ. 절댓값이 0인 수는 0뿐이다.
ㄷ. 유리수는 음수, 0, 양수로 이루어져 있다.
ㄹ. 절댓값이 4보다 작은 정수는 $-3, -2, -1, 0, 1, 2, 3$의 7개이다.
따라서 보기 중 옳은 것은 ㄹ, ㅁ의 2개이다.

15 ① 양수를 나타내는 점은 점 C, D의 2개이다.
② (점 C가 나타내는 수)=(점 D가 나타내는 수)-2
즉, $3=5-2$이다.

③ 수직선에서 점 A가 점 B의 왼쪽에 있으므로 점 A가 나타내는 수는 점 B가 나타내는 수보다 작다.
④ 점 C가 나타내는 수는 3이므로 절댓값이 3이다.
⑤ 두 점 B와 D가 나타내는 수는 각각 -5, 5이므로 원점으로부터의 거리가 5이다.
따라서 옳지 않은 것은 ③이다.

16 $a=-2$를 대입하여 값을 각각 구하면
① -3 ② 1 ③ 3 ④ $-\frac{1}{2}$ ⑤ $\frac{1}{4}$
따라서 그 값이 가장 큰 것은 ③이다.

17 $(-2)^2\times(-3)+\{6+18\div(-3)^2\}\div2$
$=4\times(-3)+(6+18\div9)\div2$
$=-12+(6+2)\div2$
$=-12+4=-8$

18 • 은찬: $\frac{6}{x}$은 x가 분모에 있으므로 일차식이 아니다.
• 준호: 다항식 $3x^2-x$에서 차수가 가장 큰 항은 $3x^2$이므로 차수는 2이다.
• 동주: $-\frac{x}{5}=-\frac{1}{5}\times x$이므로 x의 계수는 $-\frac{1}{5}$이다.
• 희은: $-2x$와 $-2x^2$은 차수가 다르므로 동류항이 아니다.
• 효재: $5x^2-8x+7$의 항은 $5x^2$, $-8x$, 7의 3개이다.
따라서 바르게 설명한 사람은 동주이다.

19 $16x-9y-\{6x-7y-2(-x-8y)\}$
$=16x-9y-(6x-7y+2x+16y)$
$=16x-9y-(8x+9y)$
$=16x-9y-8x-9y$
$=8x-18y$

20 80, 60, 95를 어떤 수로 나눈 나머지가 각각 8, 6, 5이므로 $80-8=72$, $60-6=54$, $95-5=90$은 각각 어떤 수로 나누어떨어진다. 즉, 어떤 수는 72, 54, 90의 공약수이다.
72, 54, 90의 최대공약수가 18이므로 공약수는 1, 2, 3, 6, 9, 18이고 나머지가 8, 6, 5이므로 어떤 수는 8보다 커야 한다.

```
2)72  54  90
3)36  27  45
3)12   9  15
   4   3   5
```

따라서 어떤 수가 될 수 있는 수는 9, 18이므로 구하는 합은
$9+18=27$

21 최대공약수가 $2^3\times3$이므로 $a=3$ ❶
최소공배수가 $2^4\times b$이므로 $b=3^2=9$ ❷
$\therefore a+b=3+9=12$ ❸

단계	채점 기준	배점
❶	a의 값 구하기	2점
❷	b의 값 구하기	2점
❸	$a+b$의 값 구하기	1점

22 어떤 유리수를 □라고 하면
$\square-\frac{3}{5}=-\frac{3}{7}$ ❶
$\therefore \square=-\frac{3}{7}+\frac{3}{5}=-\frac{15}{35}+\frac{21}{35}=\frac{6}{35}$ ❷
따라서 바르게 계산한 답은
$\square+\frac{3}{5}=\frac{6}{35}+\frac{21}{35}=\frac{27}{35}$ ❸

단계	채점 기준	배점
❶	잘못 계산한 식 세우기	1점
❷	어떤 유리수 구하기	2점
❸	바르게 계산한 답 구하기	2점

23 $|a|=\frac{5}{12}$이므로 $a=\frac{5}{12}$ 또는 $a=-\frac{5}{12}$ ❶
$|b|=\frac{3}{8}$이므로 $b=\frac{3}{8}$ 또는 $b=-\frac{3}{8}$ ❷
가장 작은 $a-b$의 값은 a의 값이 최소, b의 값이 최대일 때이므로 $a=-\frac{5}{12}$, $b=\frac{3}{8}$
$\therefore a-b=\left(-\frac{5}{12}\right)-\frac{3}{8}$
$=\left(-\frac{10}{24}\right)-\frac{9}{24}=-\frac{19}{24}$ ❸

단계	채점 기준	배점
❶	a의 값 구하기	2점
❷	b의 값 구하기	2점
❸	가장 작은 $a-b$의 값 구하기	2점

24 4개의 정수 3, -2, -4, 5 중에서 세 개를 뽑아 곱한 수가 가장 큰 수가 되려면 음수 2개, 양수 1개를 곱해야 하고 양수는 절댓값이 큰 수를 곱해야 하므로
$a=(-2)\times(-4)\times5=40$ ❶
가장 작은 수가 되려면 양수 2개, 음수 1개를 곱해야 하고 음수는 절댓값이 큰 수를 곱해야 하므로
$b=3\times5\times(-4)=-60$ ❷
$\therefore a+b=40+(-60)=-20$ ❸

단계	채점 기준	배점
❶	a의 값 구하기	3점
❷	b의 값 구하기	3점
❸	$a+b$의 값 구하기	1점

25 (1) (가)에서 $A+(2x-3)=x-1$이므로
$A=(x-1)-(2x-3)$
$=x-1-2x+3=-x+2$ ❶
(2) (나)에서 $B-A=3x+1$이므로
$B-(-x+2)=3x+1$에서
$B=3x+1+(-x+2)$
$=3x+1-x+2=2x+3$ ❷

(3) $A+B=(-x+2)+(2x+3)$

$=x+5$ ――― ❸

단계	채점 기준	배점
❶	일차식 A 구하기	2점
❷	일차식 B 구하기	2점
❸	$A+B$ 간단히 하기	1점

실전 TEST 2회 44~47쪽

01 ③	02 ④	03 ②	04 ③	05 ④
06 ②	07 ④	08 ⑤	09 ⑤	10 ②
11 ⑤	12 ④	13 ②	14 ⑤	15 ③
16 ④	17 ①	18 ⑤	19 ②	20 ④
21 (1) 140 (2) 5바퀴			22 $\frac{1}{3}$	23 9
24 10	25 $2x-3$			

01 $600=2^3\times3\times5^2$
따라서 600의 약수가 아닌 것은 ③이다.

02 ① 2는 소수이지만 홀수가 아니다.
② 2와 5는 소수이지만 $2\times5=10$이므로 짝수이다.
③ 자연수는 1과 소수, 합성수로 이루어져 있다.
⑤ 9의 약수는 1, 3, 9의 3개, 즉 홀수 개이다.
따라서 옳은 것은 ④이다.

03 두 수 $2\times3^2\times5^2$, $2^2\times3\times5^3$의 최대공약수가 $2\times3\times5^2$이므로 ② 2×3^3은 공약수가 될 수 없다.

04 최소공배수가 $2^3\times3^4\times5^3\times7$이므로 $a=3$, $c=7$
최대공약수가 $2^2\times3^2$이므로 $b=2$
$\therefore a+b+c=3+2+7=12$

05 ① 주어진 수는 모두 유리수이므로 유리수는 7개이다.
② 자연수는 10의 1개이다.
③ 음의 정수는 -4의 1개이다.
④ 정수가 아닌 유리수는 $\frac{2}{3}$, 3.6, $-\frac{2}{5}$, $-\frac{1}{2}$의 4개이다.
⑤ 절댓값이 가장 작은 수는 0이다.
따라서 옳은 것은 ④이다.

06 ② x는 $\frac{1}{2}$보다 크지 않다. ⇨ x는 $\frac{1}{2}$보다 작거나 같다.
⇨ $x\le\frac{1}{2}$

07 $\left(-\frac{1}{2}\right)\div\left(-\frac{1}{4}\right)+9\times\left\{\frac{2}{3}+(-2)^2\right\}$
$=\left(-\frac{1}{2}\right)\times(-4)+9\times\frac{14}{3}$
$=2+42=44$

08 ① 5000원짜리 문화상품권 n장의 값은 $5000n$원이다.
② 한 변의 길이가 x cm인 정사각형의 넓이는 x^2 cm^{2}이다.
③ 정가가 a원인 옷을 30 % 할인하여 살 때, 지불한 금액은
(정가)$-$(할인 금액)$=a-\frac{3}{10}a=\frac{7}{10}a$(원)
④ (거리)$=$(속력)$\times$(시간)이므로 시속 60 km로 일정하게 달리는 자동차가 x시간 동안 이동한 거리는 $60x$ km이다.
⑤ 2 %의 소금물 x g에 들어 있는 소금의 양은
$x\times\frac{2}{100}=\frac{1}{50}x$(g)
4 %의 소금물 y g에 들어 있는 소금의 양은
$y\times\frac{4}{100}=\frac{1}{25}y$(g)
따라서 두 소금물을 섞은 소금물에 들어 있는 소금물의 양은
$\left(\frac{1}{50}x+\frac{1}{25}y\right)$g
따라서 옳은 것은 ⑤이다.

09 ① $\frac{5y-1}{3}\times6=10y-2$
② $(3x-10)\times(-5)=-15x+50$
③ $(4y+7)\div\left(-\frac{1}{2}\right)=(4y+7)\times(-2)=-8y-14$
④ $-\frac{1}{3}(-12a+15)=4a-5$
⑤ $(9-3a)\div(-6)=(9-3a)\times\left(-\frac{1}{6}\right)=-\frac{3}{2}+\frac{a}{2}$
따라서 옳은 것은 ⑤이다.

10 $\frac{2x-5}{3}-\frac{x-3}{2}=\frac{2(2x-5)-3(x-3)}{6}$
$=\frac{4x-10-3x+9}{6}$
$=\frac{x-1}{6}=\frac{1}{6}x-\frac{1}{6}$
따라서 $a=\frac{1}{6}$, $b=-\frac{1}{6}$이므로
$a-b=\frac{1}{6}-\left(-\frac{1}{6}\right)=\frac{2}{6}=\frac{1}{3}$

11 $160=2^5\times5$가 어떤 자연수의 제곱이 되려면 각 소인수의 지수가 모두 짝수가 되어야 한다.
이때 가장 작은 자연수 b의 값을 구해야 하므로 $a=2\times5$
$160\times a=(2^5\times5)\times(2\times5)$
$=2\times2\times2\times2\times2\times2\times5\times5$
$=(2^3\times5)^2=40^2=b^2$
$\therefore b=40$

12 구하는 수는 $36-4=32$, $50-2=48$의 최대공약수인 16이다.

$$\begin{array}{r|rr} 2 & 32 & 48 \\ 2 & 16 & 24 \\ 2 & 8 & 12 \\ 2 & 4 & 6 \\ & 2 & 3 \end{array}$$

13 구하는 수는 15와 24의 최소공배수인 120이다.

$$\begin{array}{r|rr} 3 & 15 & 24 \\ & 5 & 8 \end{array}$$

14 -5와 7을 나타내는 두 점 사이의 거리는
$7-(-5)=12$
따라서 네 점 사이의 거리는 모두 $12\div3=4$로 같으므로
$a=-5+4=-1$
$b=7-4=3$
$\therefore a+b=-1+3=2$

15 $(-1)+(-1)^2+(-1)^3+\cdots+(-1)^{1000}$
$=(-1)+(+1)+(-1)+(+1)+\cdots+(-1)+(+1)$
$=\{(-1)+(+1)\}+\{(-1)+(+1)\}+\cdots+\{(-1)+(+1)\}$
$=0+0+\cdots+0=0$

16 $a-c<0$이므로 $a<c$이고, $a\times c<0$이므로 a와 c는 서로 다른 부호이다.
따라서 $a<0$, $c>0$이다.
또, $\dfrac{b}{c}>0$이므로 b와 c는 같은 부호이고, $c>0$이므로 $b>0$이다.
$\therefore a<0,\ b>0,\ c>0$

17 $x^2y+\dfrac{1}{2}xy^2=\left(\dfrac{1}{2}\right)^2\times(-4)+\dfrac{1}{2}\times\dfrac{1}{2}\times(-4)^2$
$=\dfrac{1}{4}\times(-4)+\dfrac{1}{2}\times\dfrac{1}{2}\times16$
$=(-1)+4$
$=3$

18 어떤 식을 $\square$라고 하면
$\square-(3x-4)=6x+3$
$\therefore \square=(6x+3)+(3x-4)=9x-1$
따라서 바르게 계산한 식은
$(9x-1)+(3x-4)=12x-5$

19 (가), (다), (라)에서 $-2<a<c$, $c=2$
(나)에서 $2<b$
$\therefore a<c<b$

20 $\dfrac{5}{2}\bigstar(-2.4)=\dfrac{5}{2}\times(-2.4)+2=-6+2=-4$
$\therefore \left(-\dfrac{5}{2}\right)\bigstar\left\{\dfrac{5}{2}\bigstar(-2.4)\right\}=\left(-\dfrac{5}{2}\right)\bigstar(-4)$
$=\left(-\dfrac{5}{2}\right)\times(-4)+2$
$=10+2=12$

21 (1) 같은 톱니에서 처음으로 다시 맞물릴 때까지 맞물리는 톱니의 수는 28과 20의 최소공배수인
$2^2\times5\times7=140$ ❶

$$\begin{array}{r|rr} 2 & 28 & 20 \\ 2 & 14 & 10 \\ & 7 & 5 \end{array}$$

(2) 톱니바퀴 A는 $140\div28=5$(바퀴) 회전해야 한다. ❷

단계	채점 기준	배점
❶	같은 톱니에서 처음으로 다시 맞물릴 때까지 맞물리는 톱니의 수 구하기	3점
❷	같은 톱니에서 처음으로 다시 맞물릴 때까지 톱니바퀴 A의 회전 수 구하기	2점

22 -2와 6을 수직선 위에 나타내면 다음과 같으므로 한가운데에 있는 점에 대응하는 수는 2임을 알 수 있다.

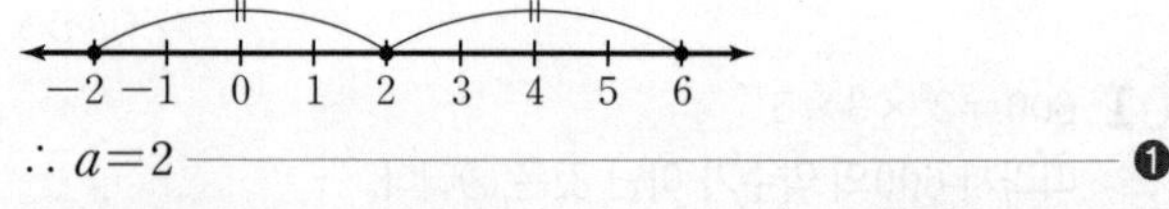

$\therefore a=2$ ❶
-2에 대응하는 점으로부터의 거리가 4인 점을 수직선 위에 나타내면 다음과 같다.

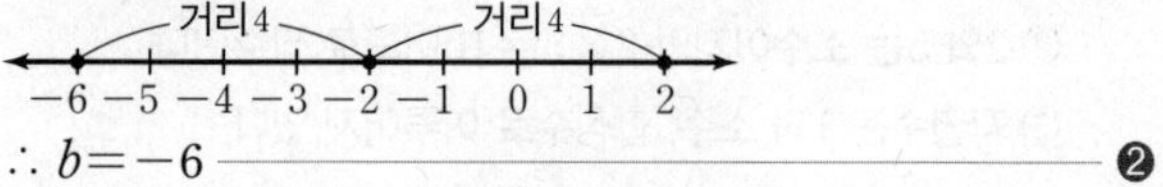

$\therefore b=-6$ ❷
따라서 a의 역수와 b의 역수의 합을 구하면
$\dfrac{1}{2}+\left(-\dfrac{1}{6}\right)=\dfrac{3}{6}+\left(-\dfrac{1}{6}\right)=\dfrac{2}{6}=\dfrac{1}{3}$ ❸

단계	채점 기준	배점
❶	a의 값 구하기	2점
❷	b의 값 구하기	2점
❸	a의 역수와 b의 역수의 합 구하기	2점

23 $\dfrac{1}{4}=\dfrac{2}{8}$, $\dfrac{5}{2}=\dfrac{20}{8}$ ❶
이므로 두 유리수 $\dfrac{2}{8}$, $\dfrac{20}{8}$ 사이에 있는 유리수 중에서 기약분수로 나타내었을 때, 분모가 8인 유리수는
$\dfrac{3}{8}, \dfrac{5}{8}, \dfrac{7}{8}, \dfrac{9}{8}, \dfrac{11}{8}, \dfrac{13}{8}, \dfrac{15}{8}, \dfrac{17}{8}, \dfrac{19}{8}$ ❷
따라서 구하는 유리수의 개수는 9이다. ❸

단계	채점 기준	배점
❶	주어진 두 유리수를 분모가 8인 분수로 나타내기	2점
❷	조건에 맞는 수 구하기	2점
❸	조건에 맞는 수의 개수 구하기	1점

24 $|a|=2$이므로 $a=-2$ 또는 $a=2$
$|b|=3$이므로 $b=-3$ 또는 $b=3$ ──── ❶
가장 큰 $a+b$의 값은 $a=2$, $b=3$인 경우이므로
$p=2+3=5$ ──── ❷
가장 작은 $a-b$의 값은 $a=-2$, $b=3$인 경우이므로
$q=(-2)-3=-5$ ──── ❸
$\therefore |p|+|q|=|5|+|-5|=5+5=10$ ──── ❹

단계	채점 기준	배점
❶	a, b의 값 구하기	2점
❷	p의 값 구하기	2점
❸	q의 값 구하기	2점
❹	$\lvert p\rvert+\lvert q\rvert$의 값 구하기	1점

25 (가)에서 $A\times(-2)=-6x+2$이므로
$A=(-6x+2)\div(-2)$
$=(-6x+2)\times\left(-\frac{1}{2}\right)=3x-1$ ──── ❶
(나)에서 $B+(-x+3)=-2x+1$이므로
$B=-2x+1-(-x+3)$
$=-2x+1+x-3=-x-2$ ──── ❷
$\therefore A+B=3x-1+(-x-2)$
$=2x-3$ ──── ❸

단계	채점 기준	배점
❶	일차식 A 구하기	2점
❷	일차식 B 구하기	2점
❸	$A+B$ 간단히 하기	1점

실전 TEST 3회 48~51쪽

01 ⑤ **02** ④ **03** ②, ③ **04** ③ **05** ④
06 ③ **07** ④ **08** ③ **09** ⑤ **10** ②
11 ① **12** ④ **13** ② **14** ⑤ **15** ③
16 ① **17** ① **18** ② **19** ③ **20** ③
21 3 **22** 8 km **23** -10
24 (1) $y=\frac{72}{x}$ (2) 9일 **25** 해설 참조

01 ⑤ 좌변을 정리하면
$-2(x+5)+4=-2x-10+4=-2x-6$
따라서 (좌변)=(우변)이므로 항등식이다.

02 주어진 방정식에 $x=-3$을 대입하면
① $11-2\times(-3)\neq15$
② $2\times(-3)+5\neq-11$
③ $-5(-3-3)\neq0$
④ $25-(-3)=-5\times(-3)+13$
⑤ $\frac{1}{2}(-3-5)\neq4$
따라서 해가 $x=-3$인 것은 ④이다.

03 ① $a=b$의 양변에서 b를 빼면 $a-b=b-b$
즉, $a-b=0$이다.
② $2a=3b$의 양변에 2를 더하면 $2(a+1)=3b+2$이다.
③ $x=y-1$의 양변에서 1을 빼면 $x-1=y-2$이다.
④ $\frac{x}{3}=\frac{y}{4}$의 양변에 12를 곱하면 $4x=3y$이다.
⑤ $-2(a+3)=-2(b+3)$의 양변을 -2로 나누면
$a+3=b+3$이고, 다시 양변에서 3을 빼면 $a=b$이다.
따라서 옳지 않은 것은 ②, ③이다.

04 ① $4x+2=10$, $4x=8$ $\therefore x=2$
② $4x=-x+10$, $5x=10$ $\therefore x=2$
③ $9-3x=15$, $-3x=6$ $\therefore x=-2$
④ $12-6x=x-2$, $-7x=-14$ $\therefore x=2$
⑤ $2x+6=5x$, $-3x=-6$ $\therefore x=2$
따라서 해가 나머지 넷과 다른 하나는 ③이다.

05 어떤 수를 x라고 하면 $5x-8=2(x+17)$
$5x-8=2x+34$, $3x=42$ $\therefore x=14$

06 $a+b=5$가 되는 순서쌍 (a, b)는 $(1, 4)$, $(2, 3)$, $(3, 2)$의 3개이다.

07 오른쪽 그림과 같이 점 Q는 y축 위에 있으므로 x좌표가 0이고, y좌표는 점 P의 y좌표와 같다.
따라서 점 Q의 좌표는 $(0, -8)$이다.

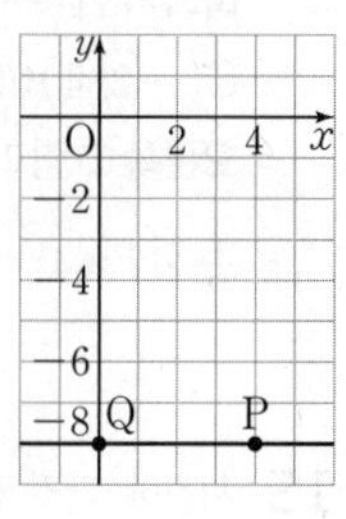

08 ③ 점 $(1, -4)$는 제4사분면 위의 점이다.

09 $\frac{1}{3}x=\frac{1}{2}x-2$의 양변에 6을 곱하면
$2x=3x-12$, $-x=-12$ $\therefore x=12$
$0.2(x+1)=0.3x+0.5$의 양변에 10을 곱하면
$2(x+1)=3x+5$, $2x+2=3x+5$
$-x=3$ $\therefore x=-3$
따라서 $a=12$, $b=-3$이므로 $a+b=12+(-3)=9$

10 $5:(11-3x)=4:(x+2)$에서
$5(x+2)=4(11-3x)$
$5x+10=44-12x$, $17x=34$
$\therefore x=2$

11 연속한 세 자연수를 x, $x+1$, $x+2$라고 하면
$x+(x+1)+(x+2)=72$, $3x+3=72$
$3x=69 \qquad \therefore x=23$
따라서 세 자연수 중에서 가장 작은 수는 23이다.

12 8 %의 소금물 400 g에 들어 있는 소금의 양은
$400\times\frac{8}{100}=32(\text{g})$이므로 증발한 물의 양을 x g이라고 하면
$(400-x)\times\frac{10}{100}=32$, $400-x=320 \qquad \therefore x=80$
따라서 10 %의 소금물 320 g에 소금 80 g을 더 넣으면 소금물의 농도는
$\frac{32+80}{400}\times100=28(\%)$

13 점 $(a, 3a+2)$는 x축 위의 점이므로 y좌표는 0이다.
즉, $3a+2=0$, $3a=-2 \qquad \therefore a=-\frac{2}{3}$
점 $(-b+3, 2b-1)$은 y축 위의 점이므로 x좌표는 0이다.
즉, $-b+3=0$, $-b=-3 \qquad \therefore b=3$
$\therefore ab=\left(-\frac{2}{3}\right)\times3=-2$

14 두 점 A, B가 x축 위의 점이므로
$b-2=0$에서 $b=2$
$a+1=0$에서 $a=-1$
따라서 A$(-1, 0)$, B$(6, 0)$, C$(-2, 4)$이고 삼각형 ABC는 오른쪽 그림과 같으므로 넓이는
$\frac{1}{2}\times7\times4=14$

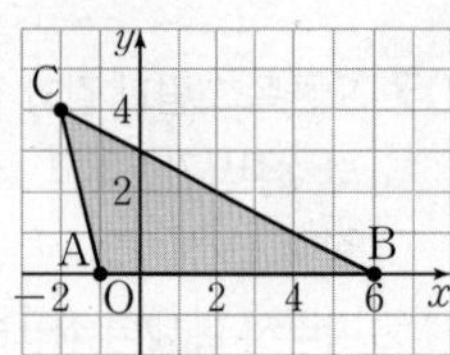

15 시간에 따라 움직인 거리가 빠르게 늘어나므로 그래프로 바르게 나타낸 것은 ③이다.

16 점 P의 y좌표가 4이므로 $y=\frac{1}{3}x$에 $y=4$를 대입하면
$4=\frac{1}{3}x \qquad \therefore x=12$
따라서 점 P의 좌표는 $(12, 4)$이고, 점 Q의 좌표는 $(12, 0)$이므로 삼각형 POQ의 넓이는
$\frac{1}{2}\times12\times4=24$

17 1시간 동안 시침은 $\frac{360°}{12}=30°$를 움직이고, 분침은 360°를 움직이므로 시침이 1° 움직이는 동안 분침은 12° 움직인다.
따라서 x와 y 사이의 관계식은 $y=12x$

18 $y=-\frac{3}{2}x$에 $x=-2$를 대입하면 $y=-\frac{3}{2}\times(-2)=3$
따라서 $y=-\frac{3}{2}x$의 그래프는 원점과 점 $(-2, 3)$을 지나는 직선이므로 ②이다.

19 $y=-\frac{8}{x}$의 그래프가 점 P를 지나므로
$y=-\frac{8}{x}$에 $x=-4$를 대입하면 $y=-\frac{8}{-4}=2$
따라서 점 P의 좌표는 $(-4, 2)$이다.
이때 점 P$(-4, 2)$가 $y=ax$의 그래프 위에 있으므로
$y=ax$에 $x=-4$, $y=2$를 대입하면
$2=-4a \qquad \therefore a=-\frac{1}{2}$

20 선분 BP의 길이를 x cm, 삼각형 ABP의 넓이를 y cm²라고 하면 $y=12x$
$y=12x$에 $y=216$을 대입하면
$216=12x \qquad \therefore x=18$
점 P가 움직인 거리는 $24+30+24+18=96(\text{cm})$
점 P는 매초 3 cm씩 움직이므로 삼각형 ABP의 넓이가 처음으로 216 cm²가 되는 것은 출발한 지 $\frac{96}{3}=32$(초) 후이다.

21 $x=5$를 $a(x-1)=12$에 대입하면
$4a=12 \qquad \therefore a=3$ ········ ❶
$a=3$을 $4x+a(x+2)=13$에 대입하면
$4x+3(x+2)=13$, $7x=7$, $x=1 \qquad \therefore b=1$ ········ ❷
$\therefore ab=3\times1=3$ ········ ❸

단계	채점 기준	배점
❶	a의 값 구하기	2점
❷	b의 값 구하기	2점
❸	ab의 값 구하기	1점

22 걸은 거리를 x km라고 하면 달린 거리는 $(12-x)$ km이고, 걷는 데 걸린 시간은 $\frac{x}{4}$시간, 달리는 데 걸린 시간은 $\frac{12-x}{6}$시간이다.
2시간 40분은 $\frac{8}{3}$시간이므로 $\frac{x}{4}+\frac{12-x}{6}=\frac{8}{3}$ ········ ❶
$3x+2(12-x)=32$
$3x+24-2x=32 \qquad \therefore x=8$ ········ ❷
따라서 걸은 산책로의 길이는 8 km이다. ········ ❸

단계	채점 기준	배점
❶	방정식 세우기	3점
❷	방정식 풀기	2점
❸	걸은 산책로의 길이 구하기	1점

23 y가 x에 정비례하므로 $y=ax(a\neq0)$의 꼴이다.

$y=ax$에 $x=3$, $y=6$을 대입하면

$6=3a$에서 $a=2$ $\quad\therefore y=2x$ ——— ❶

$y=2x$에 $x=-5$를 대입하면

$y=2\times(-5)=-10$ ——— ❷

단계	채점 기준	배점
❶	정비례 관계식 구하기	3점
❷	y의 값 구하기	2점

24 (1) 72쪽의 분량을 x일 동안 매일 y쪽씩 공부하여 끝낸다면

$xy=72$ $\quad\therefore y=\frac{72}{x}$ ——— ❶

(2) $y=\frac{72}{x}$에 $y=8$을 대입하면

$8=\frac{72}{x}$ $\quad\therefore x=9$

따라서 매일 8쪽씩 공부하면 9일 만에 끝낼 수 있다. ——— ❷

단계	채점 기준	배점
❶	x와 y 사이의 관계식 구하기	3점
❷	공부를 끝내는 데 걸리는 날수 구하기	3점

25 $y=\frac{a}{x}$의 그래프가 점 $\left(4, \frac{3}{2}\right)$을 지나므로

$y=\frac{a}{x}$에 $x=4$, $y=\frac{3}{2}$을 대입하면

$\frac{3}{2}=\frac{a}{4}$ $\quad\therefore a=6$ ——— ❶

따라서 반비례 관계 $y=\frac{6}{x}$의 그래프를 그리면 다음 그림과 같다.

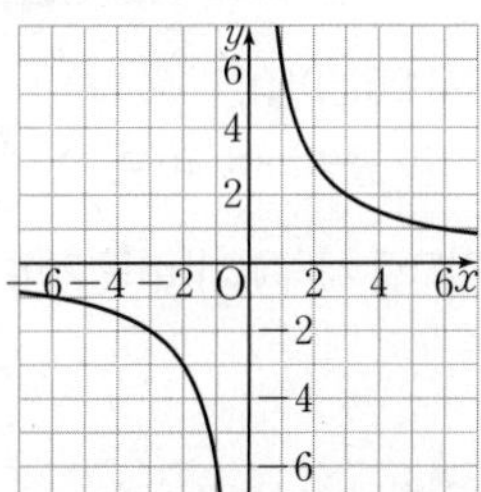

——— ❷

단계	채점 기준	배점
❶	a의 값 구하기	3점
❷	반비례 관계 $y=\frac{a}{x}$의 그래프 그리기	2점

실전 TEST 4회 52~55쪽

01 ⑤	02 ②	03 ③	04 ⑤	05 ④
06 ④	07 ④	08 ⑤	09 ④	10 ②
11 ⑤	12 ②	13 ⑤	14 ④	15 ①
16 ⑤	17 ②	18 ④	19 ③	20 ③
21 1	22 제3사분면		23 20	24 $\frac{5}{7}$
25 $y=\frac{4}{3}x$				

01 ⑤ $50-6x=8$

02 $-\frac{3}{2}+2x=\frac{9}{2}$
(가) 양변에 2를 곱한다. ⇨ ㄷ
$-3+4x=9$
(나) 양변에 3을 더한다. ⇨ ㄱ
$4x=12$
(다) 양변을 4로 나눈다. ⇨ ㄹ
$x=3$

따라서 등식의 성질을 차례로 나열한 것은 ②이다.

03 $(a-2)x+12=3x+6b$가 항등식이므로

$a-2=3$, $12=6b$

따라서 $a=5$, $b=2$이므로 $a-b=5-2=3$

04 텐트 한 개에 9명씩 자면 3명이 남으므로

(학생 수)$=9x+3$

11명씩 자면 2개의 텐트가 남고 어느 한 텐트에서 8명이 자게 되므로

(학생 수)$=11(x-3)+8=11x-25$

학생 수는 같으므로 방정식을 세우면

$9x+3=11x-25$

05 ④ 점 $(-2, -1)$과 점 $(-1, -2)$는 서로 다른 점이다.

06 ① 제4사분면 ② 제2사분면 ③ 제1사분면

④ 제3사분면 ⑤ 어느 사분면에도 속하지 않는다.

따라서 바르게 짝 지어진 것은 ④이다.

07 ④ x의 값이 2배가 되면 y의 값도 2배가 된다.

08 ① 원점을 지나지 않는다.

② x축과 만나지 않는다.

③ $y=-\frac{12}{x}$에 $x=-3$, $y=-4$를 대입하면 $-4\neq-\frac{12}{-3}$

이므로 점 $(-3, -4)$를 지나지 않는다.

④ 제2, 4사분면을 지나는 한 쌍의 곡선이다.

따라서 옳은 것은 ⑤이다.

09 $y=ax$, $y=\frac{a}{x}$의 그래프는 $a>0$일 때, 제1, 3사분면을 지나므로 보기 중 그 그래프가 제3사분면을 지나는 것은 ㄱ, ㄹ, ㅁ, ㅂ의 4개이다.

10 y는 x에 정비례하므로 $y=ax(a\neq0)$로 놓으면
$x=30$일 때, $y=48$이므로 $48=30a$ $\quad\therefore a=\frac{8}{5}$
따라서 x와 y 사이의 관계식은 $y=\frac{8}{5}x$

11 주어진 방정식의 양변에 6을 곱하면
$8(x-3)=9-3(1-x)$
$8x-24=9-3+3x$
$5x=30$ $\quad\therefore x=6$

12 상품의 원가를 x원이라고 하면
(정가)$=x+0.1x=1.1x$(원)
4000원을 할인하여 팔았더니 10000원의 이익이 생겼으므로
$1.1x-4000=x+10000$
$0.1x=14000$ $\quad\therefore x=140000$
따라서 상품의 원가는 140000원이다.

13 점 $(-b, ab)$가 제4사분면 위의 점이므로 $-b>0$, $ab<0$
즉, $a>0$, $b<0$
① $(-a, b)$ ⇨ $(-, -)$: 제3사분면
② $(-a, -b)$ ⇨ $(-, +)$: 제2사분면
③ $(a-b, ab)$ ⇨ $(+, -)$: 제4사분면
④ $(b-a, ab)$ ⇨ $(-, -)$: 제3사분면
⑤ $(-ab, -b)$ ⇨ $(+, +)$: 제1사분면
따라서 제1사분면 위의 점은 ⑤이다.

14 $xy=300$이므로 $y=\frac{300}{x}$
$y=\frac{300}{x}$에 $x=50$을 대입하면 $y=\frac{300}{50}=6$
따라서 매분 50 L씩 물을 넣을 때, 물통에 물이 가득 차는 데 걸리는 시간은 6분이다.

15 $y=ax$의 그래프가 오른쪽 아래로 향하는 직선이므로 $a<0$
따라서 $-a>0$이므로 $y=-\frac{a}{x}$의 그래프는 원점에 대하여 대칭인 한 쌍의 곡선이고 제1, 3사분면을 지나므로 ①과 같다.

16 구하는 순서쌍은 $(1, 12)$, $(2, 6)$, $(3, 4)$, $(4, 3)$, $(6, 2)$, $(12, 1)$의 6개이다.

17 $y=\frac{a}{x}$에 $x=5$, $y=2$를 대입하면
$2=\frac{a}{5}$이므로 $a=10$
$y=\frac{10}{x}$에 $x=b$, $y=-4$를 대입하면
$-4=\frac{10}{b}$이므로 $b=-\frac{5}{2}$
$\therefore ab=10\times\left(-\frac{5}{2}\right)=-25$

18 평균 해수면이 매년 1.5 mm씩 높아지므로 x년 동안 높아지는 해수면의 높이는 $1.5x$ mm이다. $\quad\therefore y=1.5x$
$y=1.5x$에 $x=40$을 대입하면
$y=1.5\times40=60$
따라서 평균 해수면은 60 mm, 즉 6 cm 높아진다.

19 삼각형 ABC를 좌표평면 위에 나타내면 오른쪽 그림과 같다.
세 점 $\mathrm{P}(-3, 3)$, $\mathrm{Q}(-3, -2)$, $\mathrm{R}(4, -2)$에 대하여
사각형 PQRA의 넓이는 $7\times5=35$
삼각형 PBA의 넓이는 $\frac{1}{2}\times7\times3=\frac{21}{2}$
삼각형 BQC의 넓이는 $\frac{1}{2}\times5\times2=5$
삼각형 ACR의 넓이는 $\frac{1}{2}\times2\times5=5$
따라서 삼각형 ABC의 넓이는
$35-\left(\frac{21}{2}+5+5\right)=\frac{29}{2}$

20 집에서 학교까지의 거리를 x km라고 하면
(시속 8 km로 갈 때 걸린 시간)
$-$(시속 24 km로 갈 때 걸린 시간)$=$(40분)
이므로
$\frac{x}{8}-\frac{x}{24}=\frac{2}{3}$, $3x-x=16$, $2x=16$ $\quad\therefore x=8$
즉, 시속 8 km로 가면 $\frac{8}{8}=1$(시간)이 걸리므로 집을 출발한 시각은 9시 20분의 1시간 전인 8시 20분이다.
따라서 정각 9시에 도착하려면 집을 출발하여 40분, 즉 $\frac{2}{3}$시간 만에 도착해야 하고, $8\div\frac{2}{3}=12$이므로 시속 12 km로 가야 한다.

21 $4(0.1x-0.5)=-1.1x+1$의 양변에 10을 곱하면
$4(x-5)=-11x+10$, $4x-20=-11x+10$
$15x=30$ $\quad\therefore x=2$ ——— ❶
$x=2$를 $4x-a=3x+1$에 대입하면
$8-a=6+1$, $-a=-1$ $\quad\therefore a=1$ ——— ❷

단계	채점 기준	배점
❶	일차방정식 $4(0.1x-0.5)=-1.1x+1$ 풀기	3점
❷	a의 값 구하기	2점

22 점 $P(a, b)$가 제3사분면 위에 있으므로
$a<0, b<0$ ❶
점 $Q(c, d)$가 제2사분면 위에 있으므로
$c<0, d>0$ ❷
따라서 $a+c<0$, $\frac{d}{b}<0$이므로 점 $R\left(a+c, \frac{d}{b}\right)$는 제3사분면 위의 점이다. ❸

단계	채점 기준	배점
❶	a, b의 부호 결정하기	2점
❷	c, d의 부호 결정하기	2점
❸	점 R이 제몇 사분면 위의 점인지 구하기	1점

23 두 점 C, D는 각각 두 점 A, B와 y축에 대하여 대칭이므로
C(2, 2), D(3, −2) ❶
네 점 A, B, C, D를 꼭짓점으로 하는 사각형은 오른쪽 그림과 같은 사다리꼴이다.

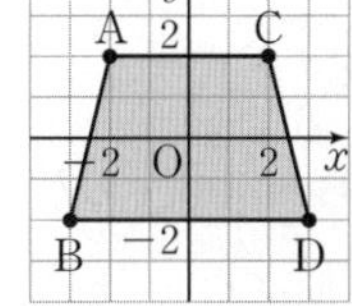

❷
따라서 구하는 사각형의 넓이는
$\frac{1}{2}\times(4+6)\times4=20$ ❸

단계	채점 기준	배점
❶	두 점 C, D의 좌표 구하기	2점
❷	좌표평면 위에 사각형 ABCD 나타내기	2점
❸	사각형의 넓이 구하기	1점

24 $y=3x$의 그래프가 점 $A(a, 9)$를 지나므로
$y=3x$에 $x=a$, $y=9$를 대입하면
$9=3a \quad \therefore a=3$ ❶
정사각형 ABCD의 넓이가 16이므로 정사각형 ABCD의 한 변의 길이는 4이다. ❷
점 A의 좌표는 A(3, 9)이고 정사각형 ABCD의 한 변의 길이는 4이므로
C(3+4, 9−4), 즉 C(7, 5) ❸
$y=bx$의 그래프가 점 C를 지나므로
$y=bx$에 $x=7$, $y=5$를 대입하면
$5=7b \quad \therefore b=\frac{5}{7}$ ❹

단계	채점 기준	배점
❶	a의 값 구하기	2점
❷	정사각형 ABCD의 한 변의 길이 구하기	1점
❸	점 C의 좌표 구하기	2점
❹	b의 값 구하기	2점

25 $y=\frac{12}{x}$에 $x=3$, $y=k$를 대입하면
$k=\frac{12}{3}=4$ ❶
직선은 원점과 점 (3, 4)를 지나므로 구하는 식을
$y=ax$로 놓고 $x=3$, $y=4$를 대입하면
$4=3a \quad \therefore a=\frac{4}{3}$ ❷
따라서 구하는 식은 $y=\frac{4}{3}x$ ❸

단계	채점 기준	배점
❶	k의 값 구하기	3점
❷	$y=ax$에서 a의 값 구하기	2점
❸	직선을 나타내는 그래프의 식 구하기	1점

MEMO

MEMO

MEMO

MEMO

풍산자
필수유형

중학수학

1-1

YEARLY PLAN

(각 달마다 중요한 일정을 기록해 보세요)

1 JAN

2 FEB

3 MAR

4 APR

5 MAY

6 JUN

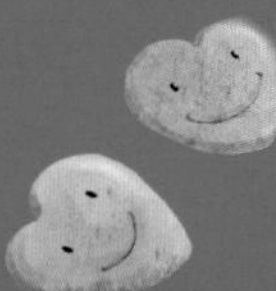

완전 소중한 말씀 *NOTE*

YEARLY PLAN

(각 달마다 중요한 일정을 기록해 보세요)

7 JUL

8 AUG

9 SEP

10 OCT

11 NOV

12 DEC

복 있는 사람은 악인들의 꾀를 따르지 아니하며 죄인들의 길에 서지 아니하며 오만한 자들의 자리에 앉지 아니하고
(시 1:1)

☑ To do List

- ☐
- ☐
- ☐
- ☐

Blessed is the man who does not walk in the counsel of the wicked or stand in the way of sinners or sit in the seat of mockers.
(Ps 1:1)

counsel [káunsəl] 상담, 조언 **mocker** [mákər] 놀리는 사람

그러므로 악인들은 심판을
견디지 못하며 죄인들이
의인들의 모임에
들지 못하리로다
(시 1:5)

☑ To do List

- ☐
- ☐
- ☐
- ☐

Therefore the wicked will not
stand in the judgment,
nor sinners in the assembly
of the righteous.
(Ps 1:5)

judgment [dʒʌ́dʒmənt] 심판 **assembly** [əsémbli] 집회, 모임

여호와께서 나를 위하여 보상해
주시리이다 여호와여 주의 인자하심이
영원하오니 주의 손으로
지으신 것을 버리지 마옵소서
(시 138:8)

☑ To do List

- ☐
- ☐
- ☐
- ☐

The LORD will fulfill his purpose
for me; your love, O LORD,
endures forever-do not abandon
the works of your hands.
(Ps 138:8)

purpose [pɜ:rpəs] 목적, 목표
abandon [əbǽndən] 버리다, 포기하다

의인의 마음은
대답할 말을 깊이 생각하여도
악인의 입은 악을 쏟느니라
(잠 15:28)

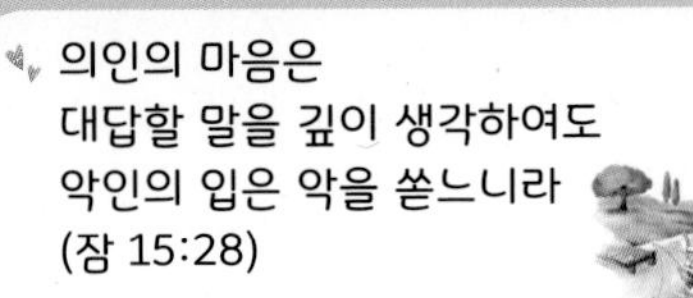

☑ To do List

- ☐
- ☐
- ☐
- ☐

The heart of the righteous weighs
its answers, but the mouth of
the wicked gushes evil.
(Pr 15:28)

weigh [wei] 무게를 달다, 심사숙고하다
gush [gʌʃ] (말, 소리 등이) 세차게 내뿜다

주의 권능의 날에 주의 백성이
거룩한 옷을 입고 즐거이 헌신하니
새벽 이슬 같은
주의 청년들이 주께 나오는도다
(시 110:3)

☑ To do List

- ☐
- ☐
- ☐
- ☐

Your troops will be willing on your day of battle. Arrayed in holy majesty, from the womb of the dawn you will receive the dew of your youth.
(Ps 110:3)

battle [bǽtl] 전투, 싸움 **receive** [risí:v] 받다, 얻다

여호와여 주의 이름을 아는 자는 주를 의지하오리니 이는 주를 찾는 자들을 버리지 아니하심이니이다 (시 9:10)

☑ To do List

- ☐
- ☐
- ☐
- ☐

Those who know your name will trust in you, for you, LORD, have never for saken those who week you. (Ps 9:10)

trust [trʌst] 신임, 신뢰(하다) **forsake** [fərséik] 저버리다

여호와의 말씀은 순결함이여
흙 도가니에 일곱 번
단련한 은 같도다
(시 12:6)

☑ To do List

☐

☐

☐

☐

flawless, like silver refined in
a furnace of clay,
purified seven times.
(Ps 12:6)

flawless [flɔ́:lis] 흠없는
refine [rifáin] 정제하다, ~을 세련되게 하다

그의 능하신 행동을 찬양하며
그의 지극히 위대하심을 따라
찬양할지어다
(시 150:2)

☑ To do List

- ☐
- ☐
- ☐
- ☐

Praise him for his acts of power;
praise him for his surpassing
greatness.
(Ps 150:2)

surpassing [sərpǽsiŋ] 출중한, 뛰어난
greatness [gréitnis] 위대함, 탁월함, 절대적임

내가 여호와를 항상 내 앞에
모심이여 그가 나의 오른쪽에
계시므로 내가 흔들리지
아니하리로다
(시 16:8)

☑ To do List

- ☐
- ☐
- ☐
- ☐

I have set the LORD always
before me. Because he is at
my right hand,
I will not be shaken.
(Ps 16:8)

set [set] 놓다, 앉히다, 임명하다

오직 나는 주의 풍성한
사랑을 힘입어 주의 집에 들어가
주를 경외함으로 성전을 향하여
예배하리이다
(시 5:7)

☑ To do List

- ☐
- ☐
- ☐
- ☐

But I, by your great mercy,
will come into your house;
inreverence will I bow down
toward your holy temple.
(Ps 5:7)

mercy [mə́ːrsi] 자비(보통 a mercy), 하나님의 은총
reverence [révərəns] 경외, 존경, 숭배

자비로운 자에게는
주의 자비로우심을 나타내시며
완전한 자에게는
주의 완전하심을 보이시며
(시 18:25)

☑ To do List

- ☐
- ☐
- ☐
- ☐

To the faithful you show yourself faithful, to the blameless you show yourself blameless.
(Ps 18:25)

faithful [féiθfəl] 충실한, 신의 있는
blameless [bléimlis] 비난할 점이 없는, 죄가 없는

내가 날 때부터 주께 맡긴 바 되었고
모태에서 나올 때부터
주는 나의 하나님이 되셨나이다
(시 22:10)

☑ To do List

☐

☐

☐

☐

From birth I was cast upon you;
from my mother's womb you
have been my God.
(Ps 22:10)

cast [kæst] 던지다, 맡기다 **womb [wu:m]** 자궁(uterus)

문들아 너희 머리를 들지어다
영원한 문들아 들릴지어다
영광의 왕이 들어가시리로다
(시 24:7)

☑ To do List

- ☐
- ☐
- ☐
- ☐

Lift up your heads, O you gates;
be lifted up, you ancient doors,
that the King of
glory may come in.
(Ps 24:7)

ancient [éinʃənt] 고대의, 오래된, 옛날의

게으른 자여
네가 어느 때까지 누워 있겠느냐
네가 어느 때에 잠이 깨어
일어나겠느냐
(잠 6:9)

☑ To do List

☐

☐

☐

☐

How long will you lie there, you sluggard? When will you get up from your sleep?
(Pr 6:9)

sluggard [slʌgərd] 게으름뱅이
consider [kənsídər] 고려하다, 주의하여 보다

대저 여호와께서 그 사랑하시는
자를 징계하시기를 마치 아비가
그 기뻐하는 아들을
징계함 같이 하시느니라
(잠 3:12)

☑ To do List

- [ ]
- [ ]
- [ ]
- [ ]

Because the LORD disciplines
those he loves, as a father
the son he delights in.
(Pr 3:12)

delight [diláit] 기쁨

지혜 있는 자에게 교훈을 더하라
그가 더욱 지혜로워질 것이요
의로운 사람을 가르치라
그의 학식이 더하리라
(잠 9:9)

☑ To do List

- ☐
- ☐
- ☐
- ☐

Instruct a wise man and he will be wiser still; teach a righteous man and he will add to his learning.
(Pr 9:9)

instruct [instrʌkt] 가르치다, 지시하다 **add [æd]** 더하다

여호와의 눈은 의인을 향하시고
그의 귀는 그들의 부르짖음에
기울이시는도다
(시 34:15)

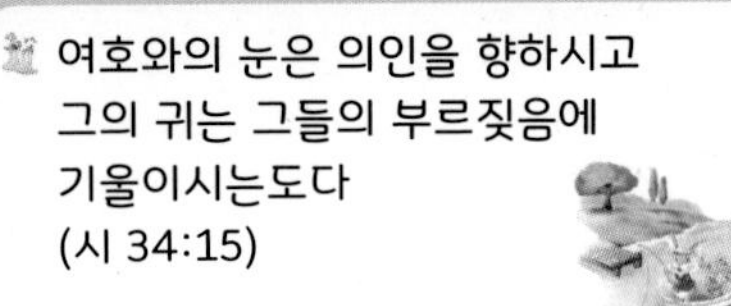

☑ To do List

- ☐
- ☐
- ☐
- ☐

The eyes of the LORD are on
the righteous and his ears are
attentive to their cry.
(Ps 34:15)

attentive [əténtiv] 경청하는, 주의 깊은, 친절한, 세심한

주의 빛과 주의 진리를 보내시어
나를 인도하시고
주의 거룩한 산과 주께서 계시는
곳에 이르게 하소서
(시 43:3)

☑ To do List

- ☐
- ☐
- ☐
- ☐

Send forth your light and your
truth, let them guide me; let them
bring me to your holy mountain,
to the place where you dwell.
(Ps 43:3)

send forth 내다(발하다), 방출하다
guide [gaɪd] 안내하다, 인도하다 **dwell [dwel]** 살다

지혜로운 자는 지식을 간직하거니와 미련한 자의 입은 멸망에 가까우니라 (잠 10:14)

☑ To do List

- ☐
- ☐
- ☐
- ☐

Wise men store up knowledge, but the mouth of a fool invites ruin. (Pr 10:14)

store up 비축하다, 저장하다 **ruin [rú:in]** 파멸(시키다), 몰락

나의 반석이시요
나의 구속자이신 여호와여
내 입의 말과 마음의 묵상이
주님 앞에 열납되기를 원하나이다
(시 19:14)

☑ To do List

- ☐
- ☐
- ☐
- ☐

May the words of my mouth
and the meditation of my heart
be pleasing in your sight, O LORD,
my Rock and my Redeemer.
(Ps 19:14)

meditation [mèdətéiʃən] 묵상
redeemer [ridíːmər] 구세주, 예수 그리스도

미련한 자는
행악으로 낙을 삼는 것 같이
명철한 자는 지혜로 낙을 삼느니라
(잠 10:23)

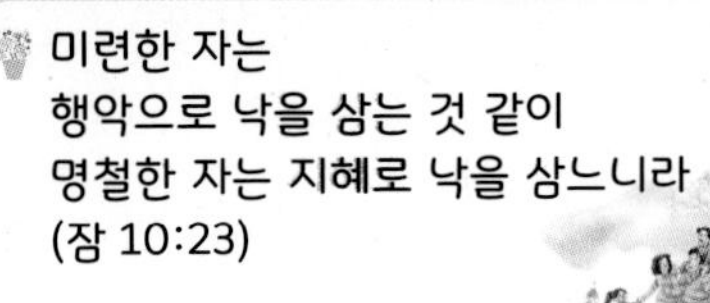

☑ To do List

- ☐
- ☐
- ☐
- ☐

A fool finds pleasure in evil conduct,
but a man of understanding
delights in wisdom.
(Pr 10:23)

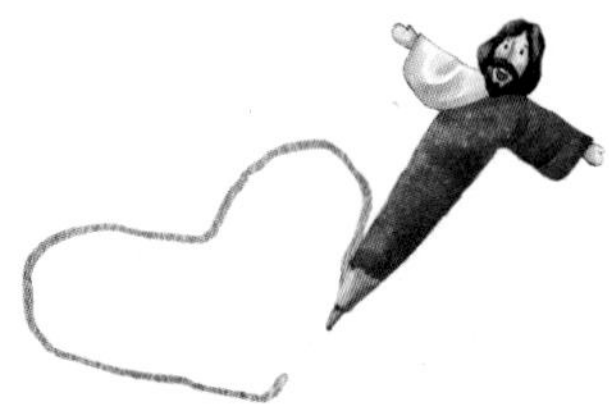

conduct [kándʌkt] 행위, 행동(하다) **delight** [diláit] 기쁨, 낙

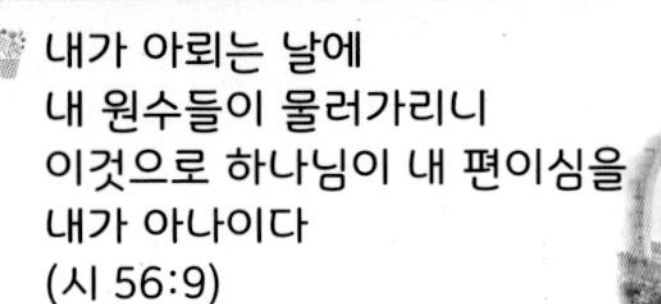

내가 아뢰는 날에
내 원수들이 물러가리니
이것으로 하나님이 내 편이심을
내가 아나이다
(시 56:9)

☑ To do List

- ☐
- ☐
- ☐
- ☐

Then my enemies will turn back
when I call for help.
By this I will know that
God is for me.
(Ps 56:9)

enemy [enəmi] 적, 장애물

정직한 자의 성실은
자기를 인도하거니와
사악한 자의 패역은
자기를 망하게 하느니라
(잠 11:3)

☑ To do List

- ☐
- ☐
- ☐
- ☐

The integrity of the upright guides them, but the unfaithful are destroyed by their duplicity.
(Pr 11:3)

integrity [intégrəti] 고결, 완전 **unfaithful [ʌnféɪθfl]** 성실하지 않은
duplicity [dju:plísəti] 불성실, 이중성

의인은 여호와로 말미암아
즐거워하며 그에게 피하리니
마음이 정직한 자는
다 자랑하리로다
(시 64:10)

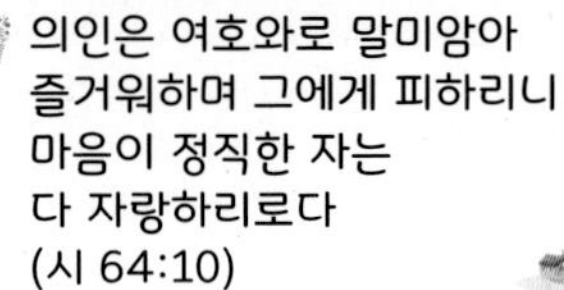

☑ To do List

- ☐
- ☐
- ☐
- ☐

Let the righteous rejoice in the
LORD and take refuge in him;
let all the upright
in heart praise him!
(Ps 64:10)

rejoice **[ridʒɔ́is]** 기뻐하다 **refuge** **[réfjuːdʒ]** 피난처, 대피

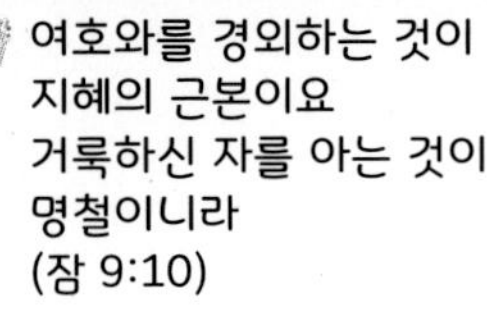

여호와를 경외하는 것이
지혜의 근본이요
거룩하신 자를 아는 것이
명철이니라
(잠 9:10)

☑ To do List

- ☐
- ☐
- ☐
- ☐

The fear of the LORD is the
beginning of wisdom,
and knowledge of the
Holy One is understanding.
(Pr 9:10)

wisdom [wízdəm] 지혜
understanding [ʌndərstǽndiŋ] 이해, 지식

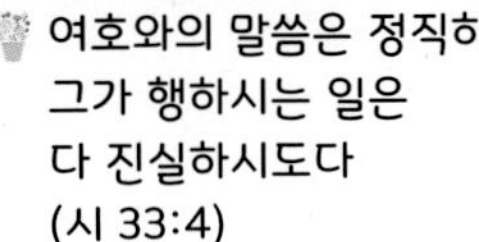

여호와의 말씀은 정직하며
그가 행하시는 일은
다 진실하시도다
(시 33:4)

☑ To do List

- [ ]
- [ ]
- [ ]
- [ ]

For the word of the LORD is right
and true; he is faithful
in all he does.
(Ps 33:4)

faithful [feɪθfl] 충실한, 신앙인들

하나님이여 내가 근심하는 소리를
들으시고 원수의 두려움에서
나의 생명을 보존하소서
(시 64:1)

☑ To do List

- ☐
- ☐
- ☐
- ☐

Hear me, O God, as I voice my complaint; protect my life from the threat of the enemy.
(Ps 64:1)

complaint [kəmpleɪnt] 불평 **protect** [prətekt] 보호하다, 지키다

마음이 굽은 자는
여호와께 미움을 받아도
행위가 온전한 자는
그의 기뻐하심을 받느니라
(잠 11:20)

☑ To do List

- ☐
- ☐
- ☐
- ☐

The LORD detests men of perverse heart but he delights in those whose ways are blameless.
(Pr 11:20)

detest [ditést] 몹시 미워하다
perverse [pərvə́ːrs] 괴팍한, 잘못된

게으른 자는 그 잡을 것도
사냥하지 아니하나니
사람의 부귀는
부지런한 것이니라
(잠 12:27)

☑ To do List

- ☐
- ☐
- ☐
- ☐

The lazy man does not roast his
game, but the diligent man
prizes his possessions.
(Pr 12:27)

roast [roust] 굽다 **possession** [pəzéʃən] 소유, 재산, 부

입을 지키는 자는
자기의 생명을 보전하나
입술을 크게 벌리는 자에게는
멸망이 오느니라
(잠 13:3)

☑ To do List

☐

☐

☐

☐

He who guards his lips guards
his life, but he who speaks
rashly will come to ruin.
(Pr 13:3)

guard **[gaːrd]** 지키다 **rashly** **[rǽʃli]** 무모하게도, 경솔히

♥ 하나님이여
나를 구원하소서
물들이 내 영혼에까지
흘러 들어왔나이다
(시 69:1)

☑ To do List

☐

☐

☐

☐

Save me, O God, for the waters
have come up to my neck.
(Ps 69:1)

save [seɪv] (죽음 · 손상 · 손실 등에서)구하다, (돈을)모으다

말씀을 멸시하는 자는
자기에게 패망을 이루고
계명을 두려워하는 자는
상을 받느니라
(잠 13:13)

☑ To do List

☐

☐

☐

☐

He who scorns instruction will
pay for it, but he who respects
a command is rewarded.
(Pr 13:13)

scorn [skɔːrn] 경멸하다 **instruction** [instrʌkʃən] 교훈
respect [rispékt] 존중하다, 중요시하다

♥ 날마다 우리 짐을 지시는 주
곧 우리의 구원이신 하나님을
찬송할지로다 (셀라)
(시 68:19)

☑ To do List

- ☐
- ☐
- ☐
- ☐

Praise be to the Lord, to God
our Savior, who daily bears
our burdens. (Selah)
(Ps 68:19)

bear [bɛər] (비용 · 책임 등을)지다, 견디다

burden [bə́:rdn] 짐, 부담

이웃을 업신여기는 자는 죄를
범하는 자요 빈곤한 자를 불쌍히
여기는 자는 복이 있는 자니라
(잠 14:21)

☑ To do List

- ☐
- ☐
- ☐
- ☐

He who despises his neighbor
sins, but blessed is he
who is kind to the needy.
(Pr 14:21)

despise [dispáiz] 경멸하다, 얕보다 **sin [sin]** 죄, 죄를 짓다

거만한 자를 책망하지 말라
그가 너를 미워할까 두려우니라
지혜 있는 자를 책망하라
그가 너를 사랑하리라
(잠 9:8)

☑ To do List

- ☐
- ☐
- ☐
- ☐

Do not rebuke a mocker or he will hate you; rebuke a wise man and he will love you.
(Pr 9:8)

rebuke [ribjú:k] 비난하다
mocker [mákər] 조롱하는 사람, 거만한 자

내가 측량할 수 없는 주의 공의와 구원을 내 입으로 종일 전하리이다 (시 71:15)

☑ To do List

- ☐
- ☐
- ☐
- ☐

My mouth will tell of your righteousness, of your salvation all day long, though I know not its measure. (Ps 71:15)

salvation [sælvéiʃən] 구원 **measure** [meʒə(r)] 측정하다

홀로 기이한 일들을 행하시는
여호와 하나님
곧 이스라엘의 하나님을 찬송하며
(시 72:18)

☑ To do List

- ☐
- ☐
- ☐
- ☐

Praise be to the LORD God,
the God of Israel, who alone
does marvelous deeds.
(Ps 72:18)

marvelous **[mά:rvələs]** 놀라운, 기묘한 **deed** **[di:d]** 행위, 업적

주께서는 경외 받을 이시니
주께서 한 번 노하실 때에
누가 주의 목전에 서리이까
(시 76:7)

☑ To do List

- ☐
- ☐
- ☐
- ☐

You alone are to be feared.
Who can stand before you
when you are angry?
(Ps 76:7)

fear [fiər] 신에 대한 두려움, 경외

하늘에서는
주 외에 누가 내게 있으리요
땅에서는
주 밖에 내가 사모할 이 없나이다
(시 73:25)

☑ To do List

- [ ]
- [ ]
- [ ]
- [ ]

Whom have I in heaven but you?
And earth has nothing
I desire besides you.
(Ps 73:25)

desire [dizáiər] 몹시 바라다
besides [bisáidz] ~말고는, ~을 제외하고

채소를 먹으며 서로 사랑하는 것이
살진 소를 먹으며 서로 미워하는
것보다 나으니라
(잠 15:17)

☑ To do List

- ☐
- ☐
- ☐
- ☐

Better a meal of vegetables
where there is love than
a fattened calf with hatred.
(Pr 15:17)

fatten [fætn] 살찌우다 **calf** [kæf] 송아지
hatred [héitrid] 미움, 증오

네가 만일 지혜로우면 그 지혜가
네게 유익할 것이나
네가 만일 거만하면 너 홀로
해를 당하리라
(잠 9:12)

☑ To do List

- [ ]
- [ ]
- [ ]
- [ ]

If you are wise, your wisdom will
reward you; if you are a mocker,
you alone will suffer.
(Pr 9:12)

reward [riwɔ́:rd] 가치가 있다
suffer [sʌfər] 고생하다(고생), 고통을 겪다

하나님이여
일어나사 세상을 심판하소서
모든 나라가 주의 소유이기
때문이니이다
(시 82:8)

☑ To do List

- [ ]
- [ ]
- [ ]
- [ ]

Rise up, O God, judge the earth,
for all the nations are your
inheritance.
(Ps 82:8)

judge [dʒʌdʒ] 판단하다, 심사하다
inheritance [inhérətəns] 상속, 소유

사람의 행위가 자기 보기에는
모두 깨끗하여도 여호와는
심령을 감찰하시느니라
(잠 16:2)

☑ To do List

- ☐
- ☐
- ☐
- ☐

All a man's ways seem innocent
to him, but motives are
weighed by the LORD.
(Pr 16:2)

innocent [ínəsənt] 때묻지 않은
motive [móutiv] 동기, 심령 **weigh** [wei] 무게를 재다, 평가하다

사람의 행위가 여호와를 기쁘시게 하면
그 사람의 원수라도
그와 더불어 화목하게 하시느니라
(잠 16:7)

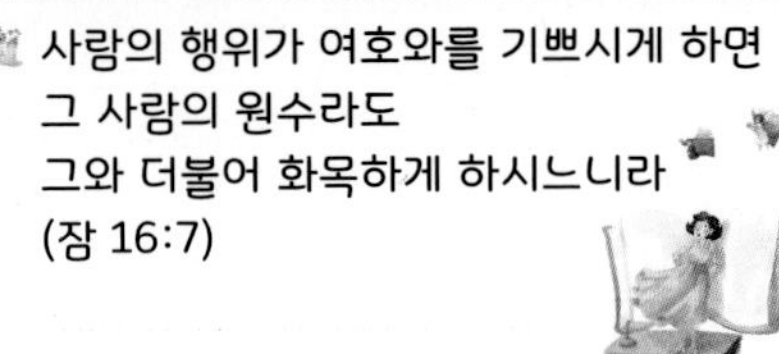

☑ To do List

- ☐
- ☐
- ☐
- ☐

When a man's ways are pleasing
to the LORD, he makes even his
enemies live at peace with him.
(Pr 16:7)

pleasing [plí:ziŋ] 좋은, 기쁜, 만족스러운
enemy [énəmi] 적 **peace** [pi:s] 평화

여호와여 주의 도를 내게 가르치소서
내가 주의 진리에 행하오리니
일심으로
주의 이름을 경외하게 하소서
(시 86:11)

☑ To do List

☐

☐

☐

☐

Teach me your way, O LORD, and
I will walk in your truth;
give me an undivided heart,
that I may fear your name.
(Ps 86:11)

undivided [ʌndɪvaɪdɪd] 나눌 수 없는 **fear** [fiər] 경외, 무서움

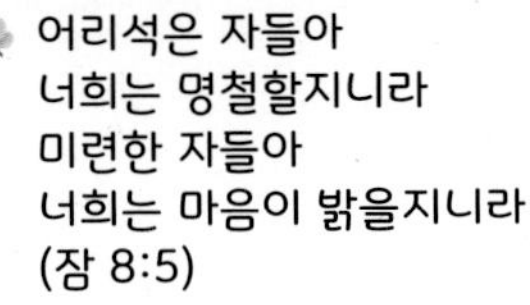

어리석은 자들아
너희는 명철할지니라
미련한 자들아
너희는 마음이 밝을지니라
(잠 8:5)

☑ To do List

- ☐
- ☐
- ☐
- ☐

You who are simple, gain prudence; you who are foolish, gain understanding.
(Pr 8:5)

simple [símpl] 단순한, 어리석은
prudence [prú:dns] 신중, 현명함, 명철

악을 행하는 자는 사악한
입술이 하는 말을 잘 듣고 거짓말을
하는 자는 악한 혀가 하는 말에
귀를 기울이느니라
(잠 17:4)

☑ To do List

- [ ]
- [ ]
- [ ]
- [ ]

A wicked man listens to evil lips;
a liar pays attention to
a malicious tongue.
(Pr 17:4)

pay attention to ~에 주의를 기울이다
malicious [məlíʃəs] 악의 있는

겸손한 자와 함께 하여
마음을 낮추는 것이
교만한 자와 함께 하여
탈취물을 나누는 것보다 나으니라
(잠 16:19)

☑ To do List

☐

☐

☐

☐

Better to be lowly in spirit and
among the oppressed than to
share plunder with the proud.
(Pr 16:19)

lowly [lóuli] 낮은 **oppress** [əprés] 억압하다, 학대하다
plunder [plʌndər] 약탈(하다), 강탈품

여호와께서
내게 도움이 되지 아니하셨더면
내 영혼이 벌써 침묵 속에
잠겼으리로다
(시 94:17)

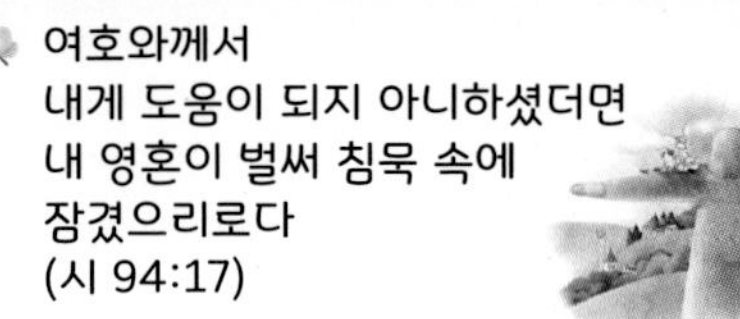

☑ To do List

- ☐
- ☐
- ☐
- ☐

Unless the LORD had given me help,
I would soon have dwelt
in the silence of death.
(Ps 94:17)

silence [sáiləns] 침묵, 묵념, 고요 **death** [deθ] 죽음, 사망

계명을 지키는 자는
자기의 영혼을 지키거니와
자기의 행실을 삼가지 아니하는
자는 죽으리라
(잠 19:16)

☑ To do List

- ☐
- ☐
- ☐
- ☐

He who obeys instructions guards his life, but he who is contemptuous of his ways will die.
(Pr 19:16)

obey [oubéi] 복종하다, 따르다, 응하다
contemptuous [kəntémptʃuəs] 경멸적인, 업신여기는

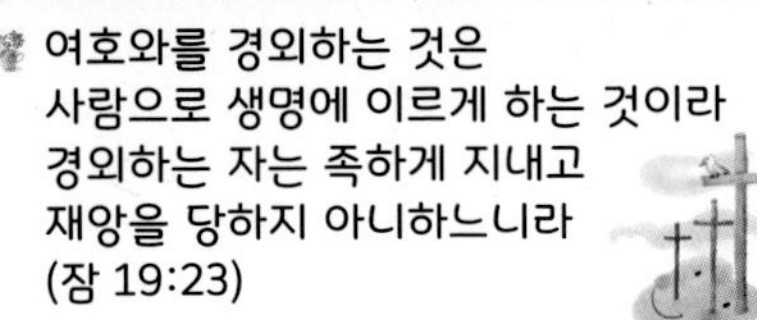
여호와를 경외하는 것은
사람으로 생명에 이르게 하는 것이라
경외하는 자는 족하게 지내고
재앙을 당하지 아니하느니라
(잠 19:23)

☑ To do List

- ☐
- ☐
- ☐
- ☐

The fear of the LORD leads
to life: Then one rests
content, ntouched by trouble.
(Pr 19:23)

fear [fiər] 경외, 두려움
untouched [ʌntʌtʃt] 영향받지 않은, 손대지 않은
trouble [trʌbl] 문제, 곤란, 어려움

나를 사랑하는 자들이
나의 사랑을 입으며
나를 간절히 찾는 자가
나를 만날 것이니라
(잠 8:17)

☑ To do List

- ☐
- ☐
- ☐
- ☐

I love those who love me,
and those who seek
me find me.
(Pr 8:17)

seek [si:k] 찾다 **find** [faind] 발견하다

존귀와 위엄이 그의 앞에 있으며 능력과 아름다움이 그의 성소에 있도다
(시 96:6)

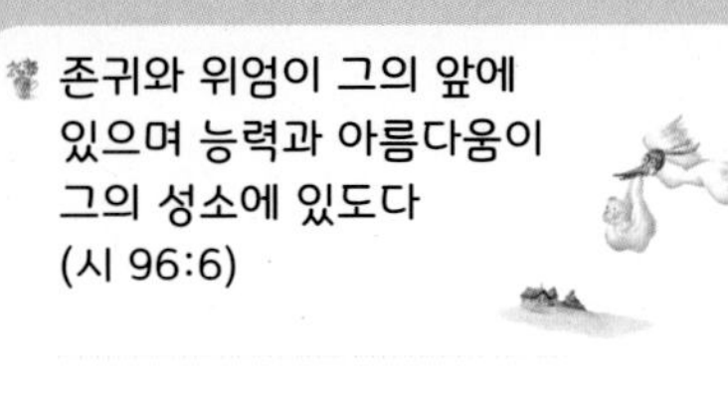

☑ To do List

- ☐
- ☐
- ☐
- ☐

Splendor and majesty are before him; strength and glory are in his sanctuary.
(Ps 96:6)

majesty [mǽdʒəsti] 폐하, 위엄, 웅장함
sanctuary [sǽŋktʃuèri] 피난처, 성역

사람의 행위가 자기 보기에는 모두 정직하여도 여호와는 마음을 감찰하시느니라 (잠 21:2)

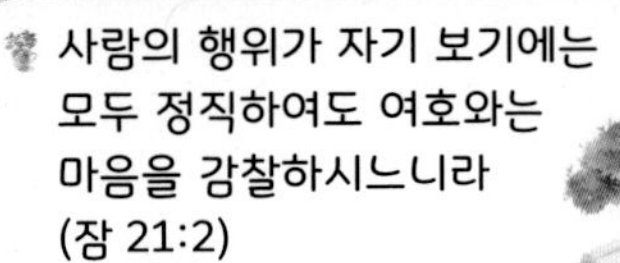

☑ To do List

- ☐
- ☐
- ☐
- ☐

All a man's ways seem right to him, but the LORD weighs the heart. (Pr 21:2)

innocent **[ínəsənt]** 때묻지 않은 **motive** **[móutiv]** 동기, 심령
weigh **[wei]** 무게를 재다, 평가하다

부지런한 자의 경영은 풍부함에 이를 것이나 조급한 자는 궁핍함에 이를 따름이니라 (잠 21:5)

☑ To do List

- ☐
- ☐
- ☐
- ☐

The plans of the diligent lead to profit as surely as haste l eads to poverty. (Pr 21:5)

diligent [dílədʒənt] 부지런한, 근면한

profit [práfit] 이익, 수익 **poverty** [pávərti] 가난, 빈곤

여호와의 영광이 영원히 계속할지며
여호와는 자신께서 행하시는 일들로
말미암아 즐거워하시리로다
(시 104:31)

☑ To do List

- ☐
- ☐
- ☐
- ☐

May the glory of the LORD
endure forever; may the
LORD rejoice in his works.
(Ps 104:31)

endure [indjúər] 견디다, 지속하다
rejoice [ridʒɔ́is] 기뻐하다, 환호하다

네가 자기의 일에 능숙한
사람을 보았느냐 이러한 사람은
왕 앞에 설 것이요
천한 자 앞에 서지 아니하리라
(잠 22:29)

☑ To do List

- ☐
- ☐
- ☐
- ☐

Do you see a man skilled in his
work? He will serve before
kings; he will not
serve before obscure men.
(Pr 22:29)

skilled [skild] 숙련된, 노련한
obscure [əbskjúər] 무명의, 불명료한, 모호한

그의 거룩한 이름을 자랑하라
여호와를 구하는 자들은
마음이 즐거울지로다
(시 105:3)

☑ To do List

- ☐
- ☐
- ☐
- ☐

Glory in his holy name; let the
hearts of those who seek
the LORD rejoice.
(Ps 105:3)

glory [glɔ́:ri] 영광　**holy** [hóuli] 신성한, 거룩한
seek [si:k] 찾다, 구하다

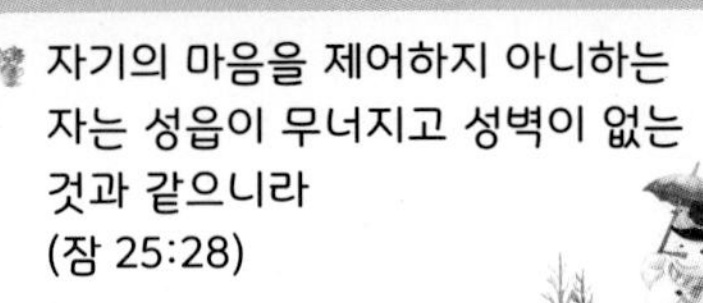

자기의 마음을 제어하지 아니하는 자는 성읍이 무너지고 성벽이 없는 것과 같으니라
(잠 25:28)

☑ To do List

- ☐
- ☐
- ☐
- ☐

Like a city whose walls are broken down is a man who lacks self-control.
(Pr 25:28)

lack [læk] 부족, ~이 없다, (~하기에)모자라다
self-control [self-kəntróul] 자제, 제어

나의 모든 길과 내가 눕는 것을
살펴 보셨으므로
나의 모든 행위를 익히 아시오니
(시 139:3)

☑ To do List

☐

☐

☐

☐

You discern my going out and
my lying down; you are
familiar with all my ways.
(Ps 139:3)

discern [dɪsɜ:rn] 식별하다, 분간하다
familiar [fəmíljər] 익숙한, 친숙한

네 자식을 징계하라 그리하면 그가 너를
평안하게 하겠고 또 네 마음에 기쁨을 주리라 (잠 29:17)

Discipline your son, and he will give you peace; he will bring delight to your soul. (Pr 29:17)

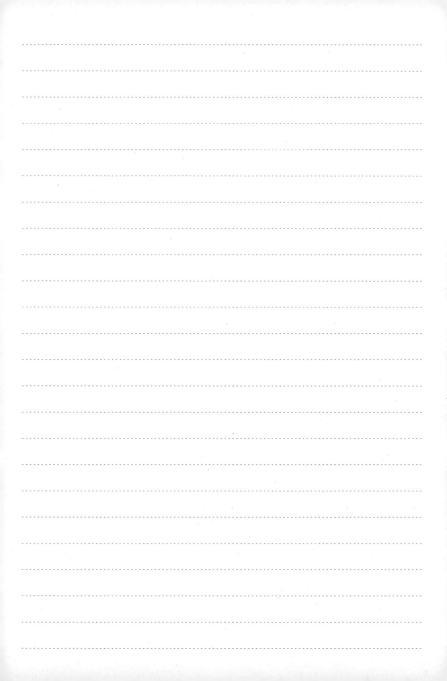

너는 마음을 다하여 여호와를 신뢰하고 네 명철을
의지하지 말라 (잠 3:5)

Your wife will be like a fruitful vine within your house; your
sons will be like olive shoots around your table. (Ps 3:5)

낮의 해가 너를 상하게 하지 아니하며 밤의 달도 너를 해치지 아니하리로다(시 121:6)

The sun will not harm you by day, nor the moon by night. (Ps 121:6)

나는 오직 주의 사랑을 의지하였사오니 나의 마음은 주의 구원을 기뻐하리이다 (시 13:5)

But I trust in your unfailing love; my heart rejoices in your salvation. (Ps 13:5)

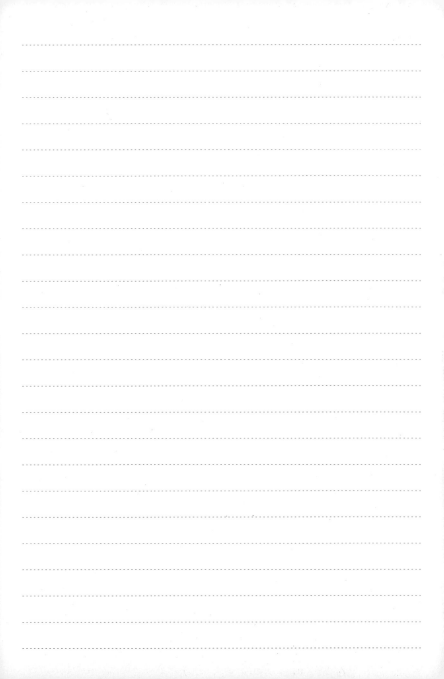

좌로나 우로나 치우치지 말고 네 발을 악에서 떠나게 하라
(잠 4:27)

Do not swerve to the right or the left; keep your foot from evil. (Pr 4:27)

여호와여 주의 이름을 위하여 나를 살리시고 주의 의로
내 영혼을 환난에서 끌어내소서 (시 143:11)

For your name's sake, O LORD, preserve my life: in your righteousness, bring me out of trouble. (Ps 143:11)

인자와 진리가 네게서 떠나지
말게 하고 그것을 네 목에 매며
네 마음판에 새기라 (잠 3:3)

Let love and faithfulness never leave you;
bind them around your neck, write them on
the tablet of your heart. (Pr 3:3)

깨끗한 자에게는 주의 깨끗하심을
보이시며 사악한 자에게는 주의
거스르심을 보이시리니 (시 18:26)

To the pure you show yourself pure,
but to the crooked you show yourself
shrewd. (Ps 18:26)

거만한 자를 징계하는 자는
도리어 능욕을 받고
악인을 책망하는 자는
도리어 흠이 잡히느니라 (잠 9:7)

Whoever corrects a mocker invites insult;
whoever rebukes a wicked man incurs
abuse. (Pr 9:7)

울며 씨를 뿌리러 나가는 자는
반드시 기쁨으로 그 곡식 단을
가지고 돌아오리로다 (시 126:6)

He who goes out weeping,
carrying seed to sow, will return with songs
of joy, carrying sheaves with him. (Ps 126:6)

여호와여 나를 버리지 마소서
나의 하나님이여
나를 멀리하지 마소서 (시 38:21)

O LORD, do not forsake me;
be not far from me, O my God. (Ps 38:21)

감사로 하나님께 제사를 드리며
지존하신 이에게 네 서원을 갚으며
(시 50:14)

Sacrifice thank offerings to God,
fulfill your vows to the Most High.
(Ps 50:14)

하나님의 말씀은 다 순전하며
하나님은 그를 의지하는 자의
방패시니라
(잠 30:5)

Every word of God is flawless:
he is a shield to those who take
refuge in him.
(Pr 30:5)

여호아께서는 모든 넘어지는
자들을 붙드시며 지극한 자들을
일으키시는도다
(시 145:14)

---

the LORD uphods all those who fall and lifts up all who are bowed down.
(Ps 145:14)

여호와는 내 편이시라
내가 두려워하지 아니하리니
사람이 내게 어찌할까
(시 118:6)

The LORD is with me; I will not be afraid. What can man do to me?
(Ps 118:6)

사람의 영혼은 여호와의 등불이라
사람의 깊은 속을 살피느니라
(잠 20:27)

The lamp of the LORD searches
out his inmost being.
(Pr 20:27)

내 영혼에게 가까이하사 구원하시며
내 원수로 말미암아 나를 속량하소서
(시 69:18)

Come near and rescue me; redeem me
because of my foes.
(Ps 69:18)

주는 나의 도움이시요 나를 건지시는 이시오니 여호와여 지체하지 마소서 (시 70:5 후반절)

You are my help and my deliverer; O LORD, do not delay. (Ps 70:5)

내 아들아 들으라 내 말을 받으라
그리하면 네 생명의 해가 길리라
(잠 4:10)

Listen, my son, accept what I say,
and the years of your life will be
many.
(Pr 4:10)

이름 _name

생년월일 _birthday

휴대폰 _telephone

주소 _address

이메일 _email

Tel. 02)2203-2739 Fax. 02)2203-2738
Email. ccm2you@gmail.com Homepage. www.ccm2u.com
등록No. 1999년 9월 21일 / 제54호
서울시 송파구 백제고분로 27길 12 (삼전동)

도서출판 신교횃불